TRAITÉ

ÉLÉMENTAIRE

D'ASTRONOMIE PHYSIQUE.

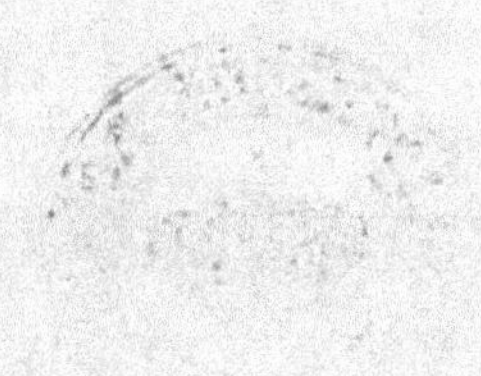

IMPRIMERIE DE BACHELIER,
rue du Jardinet, 12.

TRAITÉ

ÉLÉMENTAIRE

D'ASTRONOMIE PHYSIQUE,

PAR J.-B. BIOT,

Membre de l'Académie des Sciences et du Bureau des Longitudes ; membre libre de l'Académie des Inscriptions et Belles-Lettres ; professeur de Physique mathématique au Collége de France, et d'Astronomie à la Faculté des Sciences de Paris ; membre des Sociétés royales de Londres et d'Édimbourg ; de l'Académie impériale de Saint-Pétersbourg ; des Académies royales de Stockholm, Upsal, Turin, Munich, Lucques, Berlin, Milan, Naples, Messine, Catane et Palerme ; membre honoraire de l'Université de Wilna ; de l'Institution royale de Londres ; de la Société philosophique de Cambridge ; astronomique de Londres ; des Antiquaires d'Écosse ; littéraire et philosophique de Saint-Andrews ; de Manchester ; de la Société pour l'avancement des Sciences naturelles, de Marbourg ; de Halle ; de la Société helvétique des Sciences naturelles ; de la Société de Médecine d'Aberdeen ; de la Société italienne des Sciences résidante à Modène ; de l'Académie américaine des Sciences et Arts de Boston ; de la Société littéraire et historique de Québec ; des Académies de Nancy, d'Arras, et de la Société philomatique de Paris.

Omnium rerum principia parva sunt ;
sed suis progressionibus usa, augentur.

Cic., *de Fin.*, lib. V.

Troisième édition, corrigée et augmentée.

TOME QUATRIÈME.

PARIS,

BACHELIER, IMPRIMEUR-LIBRAIRE

DU BUREAU DES LONGITUDES, DE L'ÉCOLE ROYALE POLYTECHNIQUE, ETC.,

QUAI DES AUGUSTINS, N° 55.

1847.

AVERTISSEMENT

RELATIF AU PRÉSENT VOLUME.

Dans chacun des trois volumes qui ont précédé celui-ci, j'avais eu l'obligation de présenter avec détail, sous des formes quelquefois nouvelles, plusieurs théories physiques et mathématiques dont l'intelligence, sans avoir paru jusqu'ici indispensable aux astronomes praticiens, leur est pourtant devenue presque continuellement nécessaire pour donner aux observations célestes la précision et la certitude qu'elles peuvent maintenant recevoir. Telles sont, par exemple : l'exposition des lois qui règlent les réfractions atmosphériques, près de la surface de la terre et à de grandes hauteurs ; l'analyse exacte des appareils optiques avec lesquels on observe les astres ; la discussion ainsi que la rectification des instruments qui servent à fixer leurs positions apparentes et à mesurer leurs mouvements ; la théorie des opérations par lesquelles on détermine la figure de la terre, les variations de la pesanteur en diverses parties de sa surface, et les différences de niveau des continents qui en surgissent, ou des mers qui la recouvrent. Dans ce quatrième volume, j'ai eu à traiter une question encore plus difficile, et qui appartient plus immédiatement à l'astronomie observatrice. Je commençais à exposer les mouvements propres des astres, et en particulier du soleil. Comme fondement nécessaire de cette étude, il m'a fallu présenter dans son ensemble et dans ses détails la théorie de la précession, qui est indispensable à l'astronome pour discerner et séparer, dans les coordonnées angulaires des astres qu'il observe, les changements qui résultent de leurs mouvements véritables, et ceux qui proviennent du déplacement des plans ou des origines auxquels on les rapporte. J'ai mis à cette exposition tout le soin dont je suis capable. Je me suis imposé, pour première règle, d'y faire partout nettement distinguer les notions, ou les lois générales des mouvements mécaniques du sphéroide terrestre, que l'on emprunte à la théorie de l'attraction; et les évaluations des constantes de ces mouvements que les observations astronomiques font connaître. J'ai maintenu cette séparation jusque dans les formules finales que j'emploie pour transporter les coordonnées angulaires des astres d'une époque à une autre; en sorte que l'on peut toujours y voir ce qui est propre aux données astronomiques générales, ce qui vient de la théorie mécanique, et ce qui est particulier à l'astre que l'on veut considérer. Je m'attache à trouver ces données par un procédé direct et logique, qui n'emploie comme élément déterminatif qu'un petit nombre d'étoiles convenablement choisies; assez diverses pour que les erreurs occasionnelles des observations, et les accidents des mouvements propres, s'éteignent suffisamment dans leur ensemble; et, de ce petit nombre, je fais sortir toutes les constantes numériques de la précession, avec autant, ou plus de certitude qu'on n'en obtiendrait par des milliers d'observations indistinctement agglomérées. J'ai été soutenu, dans ce pénible travail, par l'espérance, oserai-je dire, par le sentiment de son utilité pour le perfectionnement définitif des Catalogues d'étoiles, et pour l'établissement assuré des mouvements propres, dont la mesure précise est une condition à laquelle la stabilité et l'avenir de l'astronomie sont attachés. Je n'ai négligé aucune peine pour atteindre ce but, et l'on en pourra juger par la table analytique très-étendue que j'ai placée en tête de ce volume, où j'expose dans tous ses détails la marche d'idées que j'ai suivie, et les résultats auxquels je suis arrivé. Aurai-je réussi dans cette tâche que j'avais si tardivement entreprise? Les astronomes en décideront; pour moi, je ne puis répondre que de mon zèle et de mes efforts. Mais chacun de nous n'est pas obligé à autre chose; et, en accomplissant ce devoir avec fidélité, chacun de nous aussi peut espérer que ses travaux, même les plus humbles, entreront pour une petite part d'utilité dans l'édifice scientifique que nous sommes chargés en commun d'entretenir et d'élever.

M. Delaunay m'a continué, pour l'impression de ce quatrième volume, la même assistance qu'il m'avait donnée pour le précédent. Je lui dois ainsi d'avoir pu le publier aujourd'hui ; et ce secours m'a permis de préparer, dès à présent, la rédaction du volume suivant, qui, si je l'achève, complétera la tâche que j'avais entreprise.

1er août 1847.

TABLE DES CHAPITRES

contenus dans ce quatrième volume,

ET INDICATION DES PRINCIPAUX OBJETS QUI Y SONT TRAITÉS.

CHAPITRE PREMIER.

CHAPITRE II.

CHAPITRE III.

CHAPITRE IV.

CHAPITRE V.

CHAPITRE VI.

CHAPITRE VII.

Pages.

(*) Au commencement de la page 249, dans la formule rapportée ligne 4, et qui exprime la déclinaison transportée d, on a, mal à propos, substitué la lettre a, qui exprime, dans la formule précédente, l'ascension droite transportée. On devra corriger cette faute évidente en restituant la lettre d.

(*) Dans le tableau de la page 344, on a, par erreur, écrit le chiffre 1840 à la deuxième colonne, dans l'indication de la date du Catalogue de Piazzi ; il faut substituer 1800 et lire : le 1er janvier 1800, au midi de Palerme.

Pages.

CHAPITRE VIII

CHAPITRE IX.

Pages.

CHAPITRE X.

CHAPITRE XI.

ADDITION AU CHAPITRE XI.

CHAPITRE XII.

CHAPITRE XIII.

CHAPITRE XIV.

CHAPITRE XV.

Pages

CHAPITRE XVI.

CHAPITRE XVII.

CHAPITRE XVIII.

CHAPITRE XIX.

CHAPITRE XX.

FIN DE LA TABLE DU QUATRIÈME VOLUME.

TRAITÉ
ÉLÉMENTAIRE
D'ASTRONOMIE PHYSIQUE.

LIVRE SECOND.

THÉORIE DU SOLEIL.

CHAPITRE PREMIER.

Des mouvements propres des astres, et des moyens de les déterminer.

Dans les premiers volumes de cet ouvrage, où nous avons traité de l'astronomie, nous avons déterminé, par des mesures certaines, la forme de la terre, ses dimensions et la place qu'elle occupe dans l'espace. Nous avons trouvé dans sa configuration des données fixes pour faire reconnaître exactement la position des points du ciel. Nous avons construit des instruments à limbes divisés, munis de lunettes contenant des réticules formés de fils d'une finesse extrême, au moyen desquels nous pouvons fixer, avec une rigueur presque mathématique, la direction actuelle des rayons lumineux venus à notre œil de chaque point des astres que nous observons. Nous avons aussi fabriqué des horloges à pendule qui mesurent les plus petites fractions de temps, et nous avons trouvé le moyen de rendre leurs indications absolument rigoureuses, en les rapportant sans cesse à la grande horloge céleste que nous offre la rotation diurne du ciel, dont nous avons prouvé l'inaltérable uniformité. Munis de ces secours et de ces résultats, nous pouvons maintenant suivre tous les mouvements des astres par des observations très-précises, et en déterminer très-exactement les lois; mais il n'y a qu'une marche sûre pour parvenir à ce but, et comme il importe de la bien connaître d'avance, je vais l'indiquer brièvement.

Lorsqu'un corps se meut rapidement près de la terre, nous pouvons, si nous l'avons observé, reconnaître à peu près sa direction et la route qu'il a suivie; mais, à la distance où les astres sont placés, leurs mouvements sont trop lents pour que nos yeux puissent les apercevoir. Nous ne pouvons les découvrir qu'en comparant leurs positions observées à des époques différentes, car nous trouvons alors qu'elles ont changé de place dans le ciel.

Et de même que, lorsqu'on veut tracer une ligne courbe dont on ignore la forme et la loi, on détermine par observation quelques-uns de ses points, que l'on unit ensuite par un trait continu; de même, pour déterminer les mouvements des astres, on observe chaque jour le point où ils se trouvent sur la sphère céleste, à telle heure, telle minute, telle seconde de temps; puis on détermine la forme apparente de chaque trajectoire décrite, d'après la condition que l'astre ait passé successivement par toutes ces positions, dans l'ordre où on les a observées, ainsi que dans les intervalles de temps reconnus.

On fixe le lieu apparent de l'astre, pour chaque jour, en déterminant, par des observations simultanées, sa distance zénithale méridienne et l'instant de son passage au méridien, déterminations que l'on rapporte au centre de son disque, s'il a un disque sensible, à l'aide d'artifices de compensation que j'ai déjà indiqués, et que nous aurons l'occasion de rappeler en les appliquant. La distance zénithale méridienne, combinée avec la distance du pôle au zénith, ou avec la latitude géographique du lieu, mesurées préalablement, fait connaître la distance polaire actuelle de l'astre, ou, par complément, sa déclinaison; l'instant du passage au méridien fait connaître son ascension droite, comptée de l'occident vers l'orient, à partir du point de l'équateur céleste, que l'on a pris pour origine fixe. Ces deux éléments réunis déterminent le point précis de la sphère céleste où le centre apparent de l'astre se trouvait placé à l'instant auquel on l'observait.

Si l'on marquait tous ces points dans un globe où l'on aurait tracé à angles droits deux grands cercles pour représenter l'équateur et le premier méridien, leur réunion formerait sur le globe la représentation de la marche de l'astre dans le ciel, comme l'indique la *fig.* 1, en le considérant comme un simple point qui aurait occupé successivement les diverses positions où les rayons visuels l'ont ainsi transporté. Le calcul permet de faire cette opération avec une exactitude beaucoup plus grande : d'abord en liant par de simples interpolations numériques les valeurs consécutives des coordonnées angulaires que l'on a conclues de l'observation, puis en cherchant à découvrir empiriquement les lois de succession mathématique, qui les reproduisent avec continuité dans des limites d'écart proportionnées aux petites incertitudes qu'elles comportent. On obtient de cette manière l'expression générale de la courbe apparente que l'astre décrit, et qui marque sa trace sur la concavité de la sphère céleste.

Mais on n'a encore ainsi que la projection optique de ses positions successives sur cette sphère. Pour connaître complétement les mouvements réels des astres observés, il reste à déterminer les variations de leurs distances absolues à l'œil de l'observateur. S'ils ont un disque d'une amplitude sensible, on y emploie, comme premier élément de détermination, les mesures de leur diamètre apparent, qui augmente à mesure qu'ils s'approchent, et diminue quand ils s'éloignent. Ou, si leur diamètre apparent est trop petit pour que les mesures que l'on en pourrait faire fournissent autre chose que des indications approximatives, ce qui a lieu, par exemple, pour les comètes et les planètes, on les compare, par des artifices trigonométriques, avec des objets célestes, comme le soleil, dont on a préalablement déterminé la marche par ces procédés, dans les limites d'approximation qu'ils peuvent atteindre.

A mesure que ces observations s'accumulent, on les rapproche les unes des autres ; on corrige leur discontinuité, et même leurs plus petites erreurs, en saisissant pour chacune d'elles les époques les plus favorables, celles où chacune des constantes mathématiques qui entrent dans leur expression générale se montre successivement isolée des autres, avec une influence prédominante qui en fasse obtenir plus sûrement la valeur. Par tous ces efforts, suivis d'âge en âge avec une longue persévérance, on parvient enfin à connaître très-exactement l'*état du ciel,* à savoir ce qui y demeure constant et ce qui y change chaque jour, chaque année, ou dans des intervalles de temps plus considérables.

Alors la tâche de l'astronomie observatrice est terminée, et celle de l'astronomie théorique commence; celle-ci a pour but de rechercher, parmi les lois mécaniques des mouvements d'un corps libre, celles qui peuvent reproduire avec continuité les mouvements angulaires et les variations des distances absolues qui ont été constatés par les observations. Pour cela, on rapproche les phénomènes semblables, afin de découvrir leurs rapports, c'est-à-dire les grandes lois auxquelles ils sont soumis, et qui sont comme la source commune de laquelle ils dérivent, en sorte qu'ils s'y trouvent tous compris implicitement. On cherche ensuite, d'après les règles de la mécanique, quelle doit être la force qui agit sur les corps célestes pour que ces lois existent, et que les mouvements soient tels qu'on les observe réellement. On parvient ainsi à déterminer cette force, et l'on voit qu'il n'y en a qu'une seule, unique pour tous les astres, qui les pousse les uns vers les autres, en raison inverse du carré des distances, et qu'en conséquence on a nommée *attraction:* non pas qu'on veuille par là exprimer sa nature, mais seulement indiquer la manière dont elle agit. Les effets de cette force, modifiés par l'éloignement des différents corps célestes, produisent tous les phénomènes astronomiques, qui se trouvent ainsi expliqués dans leurs moindres détails, et l'astronomie devient un grand problème de mécanique, dont les éléments sont donnés par l'observation.

C'est alors que l'on peut revenir sur ses pas, réduire en nombres les formules des mouvements célestes déduites de la connaissance de leur cause générale, et former ce que l'on appelle des *Tables astronomiques*. Par ces Tables, on sait précisément quel sera l'état du ciel dans les siècles futurs, quel il était dans les siècles passés: elles fournissent aux navigateurs des moyens de reconnaître leur route; aux géographes, des signaux pour déterminer la position des lieux; aux cultivateurs, des procédés pour régler leurs travaux; aux nations, des époques pour fixer leur histoire. L'astronomie parvient ainsi à son résultat définitif, qui est, comme pour toutes les sciences, l'utilité générale et le perfectionnement de la société. Mais, pour atteindre complétement ce but, elle a besoin de la dernière exactitude; c'est l'objet constant des travaux des astronomes. On imagine difficilement le degré de précision où ils sont arrivés, mais on peut en juger par ce seul fait. Si l'on dirige aujourd'hui une lunette vers un point déterminé du ciel, on peut prévoir plusieurs années d'avance le jour, l'heure, la minute, la seconde à laquelle un astre désigné viendra se placer exactement au centre de la lunette et y couvrir un fil plus fin qu'un cheveu. Les erreurs des Tables actuelles sont comprises dans l'épaisseur de ce fil.

CHAPITRE II.

Application au soleil. Théorie de son mouvement circulaire.

Suivons le plan que nous venons de tracer, et appliquons-le d'abord à la recherche des mouvements du soleil, non plus par des approximations imparfaites, comme nous l'avons fait au commencement de cet ouvrage, mais avec la rigueur presque idéale que peuvent fournir les instruments de précision que nous avons maintenant preparés.

Pour mesurer la déclinaison et l'ascension droite du centre du soleil, d'après des observations qui ne peuvent se faire que sur les bords de son disque, on applique les procédés de compensation que j'ai expliqués dans le tome II de cet ouvrage, aux pages 392 et 337. Je ne ferai d'abord ici qu'en rappeler l'emploi tel qu'il est généralement pratiqué; quand j'aurai exposé dans un exemple les données qu'ils fournissent, nous discuterons les conditions de détails auxquelles il est nécessaire de les astreindre pour que l'application s'en fasse avec assez de rigueur non-seulement au soleil, mais aux planètes et à la lune, dont les positions ne peuvent être pareillement déterminées que par des observations faites sur les contours des disques que ces astres présentent.

Mesure de la déclinaison du soleil.

1. La déclinaison du soleil s'obtient par l'observation des distances zénithales des sommets de son disque prises dans le méridien, ou ramenées à cette condition par le calcul. Dans les observatoires fixes que je veux ici spécialement considérer, on mesure ces distances sur le contour d'un grand quart de cercle ou d'un cercle mural dirigé à demeure sur le plan du même méridien, et muni d'une lunette achromatique dont l'axe optique physique décrit exactement ce plan. Deux fils fixes d'une extrême finesse, rectangulaires entre eux, l'un horizontal, l'autre vertical, se croisent

centralement sur cet axe dans le plan focal de l'objectif. Pendant que l'astre traverse le champ de la lunette, dans un intervalle de temps très-court avant et après l'instant prévu où son centre doit se trouver au méridien, on amène successivement le fil horizontal en contact tangentiel avec le bord supérieur, puis avec l'inférieur du disque, soit extérieurement, soit intérieurement, mais, dans les deux cas, de la même manière; et on lit sur le limbe les deux distances zénithales correspondantes. On ajoute à chacune de ces distances la réfraction actuelle qui s'y applique, et la demi-somme des valeurs ainsi obtenues donne, ou du moins *est censée donner* la distance zénithale méridienne du centre du disque, prise du point de la surface terrestre où se fait l'observation. De ce résultat on retranche la parallaxe actuelle de hauteur de l'astre, et l'on a sa distance méridienne telle qu'on l'aurait observée du centre de la terre. La distance du pôle au zénith du lieu d'observation est connue par des déterminations antérieures. Faisant la somme ou la différence de ces distances, selon que l'astre est au sud ou au nord du zénith, on obtient sa distance polaire actuelle, et le complément de celle-ci à un quadrant, ou son excès sur un quadrant, donne la déclinaison, qui est boréale dans le premier cas, australe dans le second. Pour avoir le diamètre apparent du disque, on prend la différence des distances zénithales vraies de l'axe central du fil, observées dans les deux contacts, et, s'ils ont été effectués extérieurement, on en retranche le diamètre apparent du fil, ou on l'y ajoute s'ils ont été opérés intérieurement. Pour le soleil, ce second mode est d'une application plus sûre que le premier, parce que le moindre trait de lumière solaire qui déborde le fil frappe très-vivement l'organe, au lieu que, dans l'approche extérieure, le corps opaque du fil disparaît presque dans l'auréole lumineuse dont le disque est entouré. C'est ainsi que, dans les éclipses de soleil, on aperçoit très-difficilement le premier contact extérieur de son disque par le bord opaque de la lune, au lieu que lorsqu'elle se projette sur lui comme une tache noire, on juge très-bien l'instant précis où elle commence à s'en séparer intérieurement.

Admettant donc provisoirement ces diverses pratiques, que je ne veux d'abord ici qu'exposer, je rapporterai comme exemple les observations suivantes, faites par Piazzi à l'observatoire de Palerme, le 7 décembre 1791. Le soleil se trouvait alors près du solstice d'hiver. Piazzi faisait les contacts extérieurs, et il évaluait le diamètre apparent de son fil à 9 secondes sexagésimales; mais j'ai converti cette donnée, ainsi que tous les autres éléments de l'opération, en parties de la graduation décimale du cercle, d'après la règle exposée précédemment au tome II, page 235, parce que ce genre de division, quoique n'étant pas usuellement adopté, nous sera ici, dans l'exposition des méthodes, infiniment commode pour combiner, par de simples opérations arithmétiques, les résultats numériques que nous obtiendrons. Dans le calcul de la déclinaison du soleil que j'expose ici, j'ai appliqué par anticipation la parallaxe de hauteur pour arriver tout de suite aux résultats définitifs. En indiquant la nécessité de cette correction dans le tome III, page 420, j'ai annoncé qu'elle n'a pu être obtenue que par des voies indirectes, à cause de sa petitesse excessive; aussi ne l'a-t-on introduite que très-tardivement dans les calculs astronomiques, et jusque-là on la négligeait, ou, ce qui était pire, on lui attribuait des valeurs démesurément exagérées. Les réfractions mêmes n'ont commencé à être appliquées habituellement que depuis Tycho, et, pendant bien longtemps après cette époque, on n'en avait que des évaluations très-imparfaites. Cela, joint aux inexactitudes des instruments qui servaient à mesurer le temps et les angles, rend aujourd'hui les observations anciennes et celles du moyen âge très-peu susceptibles d'être employées comme éléments de nos déterminations; mais elles n'en ont pas moins été extrêmement utiles à l'astronomie, en faisant découvrir les circonstances les plus générales des mouvements célestes, et même leurs lois fondamentales, que les modernes ont eu seulement à déterminer avec plus de précision. Après cet aperçu préliminaire, je consigne dans le tableau suivant les détails de l'observation de Piazzi, qui va nous servir d'exemple. J'y désigne les résultats qui ont été obtenus dans un contact *inférieur*, en plaçant *au-dessus* le signe ^{o}, et ceux qui ont été obtenus dans un contact *supérieur*, en plaçant *au-dessous* ce même signe $_{o}$, ce qui rappellera figurativement la situation relative du disque dans les deux cas. Je ferai généralement usage de cette notation dans tout ce qui va suivre; mais elle désignera seulement le mode d'obtention de chaque résultat, et non pas l'ordre d'antériorité suivant lequel ils ont été observés. Nous spécifierons cette dernière circonstance par d'autres indices quand il nous deviendra nécessaire de la caractériser (*).

	Contact inférieur.	Contact supérieur.
Distance zénithale apparente de l'axe central du fil dans chaque contact............	$67^{gr},8003$	$67^{gr},1941$
Réfraction actuelle (additive).	$+\ 0^{gr},0311$	$+\ 0^{gr},0304$
Distance zénithale vraie de l'axe central du fil dans chaque contact.........	$\overset{0}{Z} = 67^{gr},8314$	$\underset{0}{Z} = 67^{gr},2245$
Demi-somme ou distance zénithale méridienne supposée du centre du disque $\frac{1}{2}(\overset{0}{Z} + \underset{0}{Z})$...		$67^{gr},5279$
Parallaxe de hauteur pour cette distance zénithale (soustractive)...........................		$-\ 0^{gr},0023$
Distance zénithale supposée du centre du disque, prise du centre de la terre................		$67^{gr},5256$

(*) Les astronomes emploient par abréviation le caractère ⊙ pour désigner le soleil; ainsi, dans un registre astronomique, au lieu de cette phrase: « Distance du bord supérieur du soleil au zénith », on écrirait: « ⊙, bord supérieur ». Il est curieux à remarquer que ce signe ⊙, aujourd'hui généralement usité dans notre astronomie moderne, se trouve déjà employé, pour désigner le soleil, dans l'écriture hiéroglyphique des anciens Égyptiens, et dans celle des anciens Chinois; mais, très-probablement, cette identité de convention n'a pas eu d'autre cause que l'identité de forme apparente de l'objet qu'on voulait désigner, et l'intention commune de reproduire figurativement la circularité du disque solaire, car on ne voit pas ce symbole dans les anciens manuscrits grecs, et il ne s'est introduit en Europe que très-tardivement, par une spontanéité d'imitation matérielle. On en peut dire autant du signe ☾, représentant la lune en croissant, et qui nous sert aussi pour désigner cet astre, car on le retrouve également avec le même usage dans les hiéroglyphes égyptiens.

Distance du pôle au zénith dans la salle d'observation	$57^{gr},6531$
Somme ou distance polaire du centre du soleil. .	$125^{gr},1787$
Déclinaison du soleil au moment de son passage au méridien à l'observatoire de Palerme, le 7 décembre 1791 (australe).	$25^{gr},1787$
Arc vertical compris entre les positions vraies de l'axe central du fil dans les deux contacts $Z^{''}-Z_{''}$.	$0^{gr},6969$
Diamètre apparent du fil soustractif, les contacts étant opérés extérieurement.	$-\ 0^{gr},0028$
Diamètre apparent du soleil le 7 décembre 1791, au moment de midi, à Palerme	$0^{gr},6941$

Les trois premières lignes de ce tableau ne sont que l'expression exacte de faits observés, du moins en admettant, comme nous devons le faire, que l'instrument qui sert à mesurer les distances zénithales est bien réglé, c'est-à-dire que son axe optique physique, déterminé par le point de croisement des fils du réticule, décrit exactement le méridien, qu'il est parallèle au limbe divisé sur lequel ses déplacements angulaires se mesurent, et que le fil transversal sur lequel les contacts s'opèrent est tendu dans une direction parfaitement horizontale qui le rend toujours perpendiculaire au méridien dans toutes les positions que la lunette peut parcourir. Les procédés qui servent pour remplir ces conditions ont été exposés au chap. IX du tome II.

Mais la quatrième ligne du tableau présente déjà une déduction qui a besoin d'être justifiée. Je le ferai d'abord dans la supposition idéale où les deux contacts auraient pu être opérés simultanément sur les deux sommets opposés du disque situés dans le méridien même, à l'instant physique précis où son centre se trouvait dans ce plan. Nous examinerons ensuite en quoi les circonstances réelles des observations telles qu'on les pratique s'écartent de ces particularités, et j'indiquerai les réductions qu'il faut faire subir aux résultats qu'elles donnent pour corriger les effets de ces écarts.

Raisonnant donc dans le cas idéal que je viens de spécifier, nommons f le diamètre apparent du fil transversal, c'est-à-dire l'angle visuel qu'il soutend sur un grand cercle de la sphère céleste; puis supposons que les deux contacts aient été opérés extérieurement, comme Piazzi le pratiquait. Alors les distances zénithales des deux bords du disque, prises de la station d'observation, seront évidemment :

Dans le contact inférieur, $\overset{0}{Z} - \frac{1}{2}f$;

Dans le contact supérieur, $\underset{0}{Z} + \frac{1}{2}f$.

Soit Θ le diamètre apparent du disque dans le sens vertical, à l'instant physique où ces deux contacts sont supposés simultanément effectués. Le centre étant alors dans le plan du méridien, ils auront eu lieu aux extrémités opposées d'un même diamètre. Donc, en nommant Z la distance zénithale de ce centre, mesurée aussi dans le plan du méridien, et corrigée de la réfraction, comme l'ont été d'abord les distances observées, on aura rigoureusement

$$(1)\qquad \begin{cases} \text{Par le contact inférieur,} & Z + \frac{1}{2}\Theta = \overset{0}{Z} - \frac{1}{2}f, \\ \text{Par le contact supérieur,} & Z - \frac{1}{2}\Theta = \underset{0}{Z} + \frac{1}{2}f, \end{cases}$$

et l'on en conclura avec une égale exactitude

$$(2)\qquad Z = \tfrac{1}{2}(\overset{0}{Z} + \underset{0}{Z}), \qquad \Theta = (\overset{0}{Z} - \underset{0}{Z}) - f.$$

Si les deux contacts avaient été effectués intérieurement, mais toujours, par supposition, dans le méridien, et à l'instant où le centre du disque se trouve dans ce plan, le raisonnement eût été le même; seulement le demi-diamètre apparent du fil aurait dû leur être appliqué dans un sens arithmétique inverse. Il suffira donc de donner à la lettre f une valeur négative dans les formules précédentes pour les adapter à cette seconde manière d'opérer par des contacts intérieurs.

2. Les observations, telles qu'on les effectue en réalité, non

seulement sur le soleil, mais aussi sur la lune et les planètes, diffèrent de ce cas idéal par plusieurs circonstances qu'il nous faut maintenant y introduire. La principale, dont toutes les autres dérivent, c'est que les deux contacts sont toujours opérés à des instants distincts, le centre du disque se trouvant hors du méridien, antérieurement à son passage dans ce plan pour l'un des contacts, postérieurement pour l'autre. Outre l'influence que cet écart doit avoir sur les distances zénithales ainsi mesurées, la distance polaire du centre du disque ne peut pas être supposée absolument la même dans les deux opérations, parce que le mouvement propre de l'astre en déclinaison la fait généralement varier d'une petite quantité, pendant l'intervalle de temps qui les sépare. Cela devient surtout nécessaire à considérer quand on n'a pu opérer le contact que sur un seul des deux bords, comme cela arrive quelquefois pour le soleil, et même presque toujours pour la Lune, parce que l'illumination habituellement incomplète de son disque permet de les voir rarement tous deux dans un même passage, et alors l'effet du mouvement de déclinaison qui transporte le centre jusqu'à ce qu'il arrive dans le méridien, ne peut plus se détruire, même partiellement par compensation. A la rigueur, le diamètre apparent de l'astre n'est pas constant non plus dans les deux contacts, puisqu'on le trouve différent à différentes époques. Mais ses changements s'opèrent avec tant de lenteur, qu'on peut toujours les considérer comme insensibles, pendant un si court intervalle de temps. Enfin, l'observation telle qu'on la peut pratiquer, ne fait voir le contact qu'à travers l'atmosphère, et du point de la surface terrestre où se trouve l'observateur. Pour obtenir les vrais éléments du lieu de l'astre, dégagés de ces particularités qui lui sont étrangères, il faut transformer l'opération en un contact direct et géocentrique, tel qu'on l'aurait effectué au même instant physique, si les rayons visuels avaient pu être conduits directement à l'astre, à travers le vide, à partir du centre de gravité de la terre, autour duquel on doit considérer tous les mouvements célestes comme opérés, soit en apparence, soit en réalité. Ou encore, ce centre n'étant pas connu, on peut, sans doute très-approximativement, lui substituer celui de l'ellipsoïde terrestre, que les mesures géodésiques déterminent et qui doit en être très-proche. Tout cet ensemble de réductions est évidemment nécessaire pour ramener les observations des contacts à donner des résultats comparables, quels que soient les temps et les lieux où on les a effectuées.

J'aurais voulu pouvoir développer ici ces rectifications indispensables, surtout pour les observations des planètes et de la lune. Mais cela m'entraînerait dans des détails pour lesquels le temps me manque, et qui m'éloigneraient trop du simple but d'exposition que je puis encore espérer d'atteindre. Je me bornerai donc à dire qu'on les déduit de ce que, dans les observations de ce genre, le contact du disque est toujours effectué sur le fil transversal du réticule, à une très-petite distance angulaire du fil méridien central. Toutefois, pour tirer de cette circonstance les avantages qu'elle peut fournir, il ne faut pas introduire immédiatement la petitesse de l'écart, comme élément d'approximation, pour en déduire des développements en série, que l'on combine ensuite par de simples aperçus géométriques; car, par cette voie, on peut être conduit à des expressions imparfaites ou occasionnellement inexactes, comme cela est arrivé à Delambre lui-même pour quelques-unes de celles qu'il a données sur ce sujet dans la préface des Tables du Bureau des Longitudes. Il vaut mieux chercher d'abord des relations finies et rigoureuses, qui s'obtiennent avec quelque adresse, entre les éléments trigonométriques du contact vrai, géocentrique, et les éléments du contact apparent tel qu'on l'effectue par l'observation à travers l'atmosphère. On introduit alors aisément, et sans crainte d'erreur, dans ces expressions finies, les conditions d'approximation légitimées par la petitesse de l'écart des contacts apparents, autour du fil méridien central, et l'on arrive ainsi à des résultats dont l'approximation est assurée généralement dans des limites certaines.

Supposant donc ces rectifications appliquées aux distances méridiennes apparentes des bords du soleil, ou rendues négligeables pour cet astre par les circonstances de l'observation, une suite de mesures ainsi effectuées, jour par jour, donnera la succession des distances zénithales méridiennes de son centre, telles qu'on les aurait obtenues si l'on avait pu se placer au centre du sphéroïde terrestre et mener au centre du disque solaire des rayons visuels directs. De là on déduira ses déclinaisons successives, comme nous l'avons fait pour l'observation de Piazzi que j'ai rapportée plus haut.

Détermination de l'ascension droite du soleil.

3. Pour mesurer le mouvement du soleil en ascension droite, c'est-à-dire parallèlement à l'équateur, on observe chaque jour l'instant de son passage au méridien, et on le compare à l'instant du passage immédiatement *antérieur* d'une étoile connue. Cela se fait en observant le contact de son bord antérieur et celui de son bord postérieur, aux fils verticaux de la lunette méridienne, et prenant une moyenne arithmétique entre ces instants. L'erreur qui provient de l'épaisseur du fil se compense ici, comme dans la mesure des distances au zénith, et il est inutile d'y avoir égard. Le temps qui s'écoule entre les passages de l'étoile et du soleil, étant converti en arc, fait connaître l'angle dièdre, compris entre leurs plans horaires actuels. Celui de l'étoile pourrait être très-approximativement supposé fixe pendant le cours d'une année; mais on achève de le rendre tel, par le calcul, en y corrigeant aussi les effets de ces déplacements très-petits, tant apparents que réels, que j'ai annoncés sous les noms d'*aberration*, *nutation* et *précession*. Le plan horaire du soleil, au contraire, étant rapporté jour par jour à celui de l'étoile devenu fixe, se montre affecté d'un mouvement continuel dirigé d'occident en orient. C'est pourquoi il convient de le rapporter toujours au passage antérieur de l'étoile, afin que la mesure de l'angle dièdre intermédiaire ne soit pas affectée par sa mobilité. On a opéré ainsi, en construisant le tableau des observations qui vont être mises sous les yeux du lecteur. La même méthode sert à déterminer les instants du passage méridien des centres des planètes et de la lune, d'après les passages méridiens des bords de leurs disques. Mais, lorsqu'un de ces bords a pu être seul observé, comme cela arrive habituellement pour la lune, l'époque du passage du centre ne s'obtient qu'après des rectifications de calcul très-délicates, analogues à

celles qu'exigent les observations des distances zénithales méridiennes, et que je ne puis pareillement qu'indiquer.

Combinaisons des mesures de l'ascension droite avec les mesures de la déclinaison.

4. En réunissant les résultats de ces deux genres d'observations, nous aurons tout ce qu'il faut pour déterminer la loi des mouvements du centre du soleil, et tracer sa route sur la sphère céleste. Tel est l'objet du tableau suivant, dans lequel les lettres A et B sont employées pour indiquer si les déclinaisons sont australes ou boréales. Je dois aussi prévenir que désormais, afin de rendre les calculs d'exposition plus simples, je n'y emploierai que des mesures décimales pour la division du cercle et du jour. Si l'on a besoin de convertir les résultats en mesures sexagésimales, il sera facile de le faire d'après les rapports qu'ont entre elles ces deux espèces de divisions, rapports que j'ai exposés dans le tome II de cet ouvrage (*).

(*) Tous les détails de ces opérations se trouvent présentés et mis en pratique sur des exemples, aux endroits suivants du tome II.

1°. Conversion de la graduation sexagésimale du cercle, en graduation décimale, et réciproquement, page 235.

2°. Conversion de la division sexagésimale du temps en division décimale, et réciproquement, page 308.

3°. Conversion des arcs de l'équateur en temps, soit sexagésimal, soit décimal, et réciproquement, page 404.

En renvoyant, pour les démonstrations, aux articles que je viens de citer, j'en extrairai en particulier les rapports suivants, dont l'emploi va nous devenir nécessaire :

1°. Chaque *seconde de la graduation décimale du cercle* vaut, *en secondes de la graduation sexagésimale*, 0",324.

2°. Chaque *seconde de temps décimal* vaut, *en secondes de temps sexagésimal*, 0^s,864

DATES des observations.	DISTANCES du centre du soleil au zénith.	DIAMÈTRE apparent du soleil.	DÉCLINAISON du soleil.	TEMPS ÉCOULÉ depuis le passage de la Lyre au mér. jusqu'au passage suivant du soleil.
	gr	gr	gr	h
18 déc. 1806.	80,26553	0,60327	26,00195 A	9,66654
20...........	80,31938	0,60339	26,05580	9,72820
22...........	80,33570	0,60358	26,07212	9,78990
27...........	80,22443	0,60358	25,96085	9,94413
1 janv. 1807.	79,89685	0,60358	25,63328	0,09796
2...........	79,80503	0,60358	25,54145	0,12864
9...........	78,93162	0,60346	24,66804	0,34217
10...........	78,77373	0,60346	24,51015	0,37245
11...........	78,60771	0,60340	24,34413	0,40266
25...........	75,50265	0,60260	21,23908	0,81729
28...........	73,54879	0,60241	19,28521	0,90438
3 février....	72,81919	0,60185	18,55562	1,07452
7...........	71,47855	0,60142	17,21497	1,18642
11...........	70,06419	....	15,80061	1,29683
13...........	69,32823	0,60074	15,06465	1,35148
15...........	68,57743	0,60049	14,31385	1,40589
16...........	68,19588	0,60037	13,93230	1,43277
26...........	64,20185	0,59895	9,93827	1,69845
1 mars......	62,94865	0,59852	8,68508	1,77677
3...........	62,10350	0,59821	7,83992	1,82870
17...........	56,03196	0,59593	1,76838	2,18699
19...........	55,15451	0,59543	0,89093	2,23761
20...........	54,71562	0,59531	0,45204	2,26289
21...........	54,27915	0,59525	0,01557 A	2,28815
22...........	53,83982	0,59512	0,42375 B	2,31339
23...........	53,40102	0,59494	0,86256	2,33862
25...........	52,52645	0,59457	1,73713	2,38907
8 avril	46,62128	0,59222	7,64230	2,74274
9...........	46,10423	0,59204	8,15935	2,76811
25...........	39,84884	0,58944	14,41474	3,17940
1 mai.......	37,73571	....	16,52787	3,33695
2...........	37,40009	0,58840	16,86349	3,36341
16...........	33,02902	0,58654	21,05456	3,74093
17...........	32,95230	0,58642	21,31128	3,76839
25...........	31,11454	0,58556	23,14904	3,99026
27...........	30,71881	0,58531	23,54477	4,04635
12 juin	28,56958	0,58420	25,69400	4,50225

DATES des observations.	DISTANCES du centre du soleil au zénith.	DIAMÈTRE apparent du soleil.	DÉCLINAISON du soleil.	TEMPS ÉCOULÉ depuis le passage de la Lyre au mér. jusqu'au passage suivant du soleil.
	gr	gr	gr	h
13 juin 1807.	28,49815	0,58414	25,76543 B	4,53104
20...........	28,20467	0,58383	26,05891	4,73312
22...........	28,19159	0,58383	26,07199	4,79066
24...........	28,20822	0,58377	26,05536	4,84842
9 juillet	29,29340	0,58370	24,97015	5,27919
10...........	29,42631	0,58377	24,83727	5,30762
11...........	29,56420	....	24,69938	5,33601
22...........	31,54352	0,58420	22,72006	5,64452
25...........	32,21426	0,58438	22,04932	5,72736
28...........	....	....	....	5,80960
10 août......	36,71062	0,58562	17,55296	6,15892
11...........	37,03412	0,58574	17,22946	6,18531
12...........	37,36312	0,58586	17,90046	6,21162
20...........	40,14870	0,58679	14,11488	6,41981
23...........	41,25785	0,58722	13,00573	6,49692
1 septembre.	....	....	....	6,72590
3...........	45,57087	0,58870	8,69271	6,77622
4...........	45,97935	0,58889	8,28423	6,80139
16...........	51,02079	0,59123	3,24279	7,10153
17...........	51,45029	0,59154	2,81329	7,12646
21...........	53,17293	0,59179	1,09065	7,22618
22...........	53,60617	....	0,65741	7,25112
23...........	54,03951	....	0,22407 B	7,27608
3 octobre ...	58,37610	0,59358	4,11252 A	7,52691
4...........	58,80646	0,59370	4,54288	7,55216
19...........	65,09719	0,59630	10,83361	7,93663
20...........	65,49976	0,59648	11,23618	7,96275
25...........	67,46993	0,59728	13,20635	8,09455
2 novembre	70,44074	....	16,17719	8,30986
3...........	70,79413	....	16,53055	8,33718
3 décembre .	....	....	....	9,20099
8...........	79,45958	0,60265	25,19600	9,35238
10...........	79,68376	0,60265	25,42018	9,41334
17...........	80,21513	0,60321	25,95155	9,62810
28...........	80,25738	0,60327	25,99380	9,65889
4 janv. 1808.	79,62339	0,60346	25,35981	0,18251
6...........	79,38572	0,60346	25,12214	0,24358

8. On a réuni dans le tableau précédent un grand nombre d'observations du soleil, faites à Paris à l'Observatoire, par MM. Bouvard et Mathieu, pendant le cours de l'année 1807. Les passages du soleil au méridien y sont rapportés à l'étoile α de la constellation de la Lyre, qui, étant très-brillante, et placée loin de l'équateur, bien au delà des parallèles que le soleil atteint, peut être observée en toute saison dans nos lunettes méridiennes, même lorsqu'elle passe au méridien en même temps que le soleil (*). Les intervalles des passages de l'étoile et du soleil sont comptés en temps sidéral décimal, depuis 0^h jusqu'à 10^h, d'occident en orient, et ils expriment les temps écoulés depuis le passage de la Lyre au méridien jusqu'au passage suivant du soleil. Pour avoir toujours un point de départ fixe, on a tout rapporté au passage de la Lyre, tel qu'il a eu lieu le 1er janvier 1807, et l'on a supposé qu'à partir de cette époque, la position de l'étoile sur le ciel restait invariablement la même, c'est-à-dire que l'on a corrigé les effets de ses petites variations. Si l'on voulait suivre rigoureusement la marche d'invention, il aurait fallu rapporter chaque jour le passage du soleil au passage apparent de l'étoile, tel qu'on l'observe en réalité, c'est-à-dire affecté de la précession, de l'aberration et de la nutation; mais alors les petits déplacements éprouvés par l'étoile en vertu de ces trois causes, pendant la du-

(*) Avec une bonne lunette astronomique, on voit en plein jour les étoiles les plus brillantes; mais il faut, pour cela, connaître d'avance la direction dans laquelle on doit les trouver. On a cet avantage avec les lunettes méridiennes, parce que l'on sait toujours à fort peu près l'instant du passage de l'étoile au méridien et sa hauteur; de sorte qu'en dirigeant la lunette quelques instants d'avance, on peut attendre et saisir avec exactitude l'instant où elle doit y passer. Outre ces précautions, il faut encore que l'étoile ne soit pas trop voisine du soleil, car alors l'éclat de cet astre l'affaiblit tellement, qu'il empêche de la distinguer. C'est pourquoi j'ai présenté ici comme type α de la Lyre. Pour la pratique réelle, ce ne serait pas la plus sûre que l'on pût choisir dans le climat de Paris, parce que, son passage méridien ayant lieu très-près du zénith, l'observation de l'époque où il arrive est physiquement moins certaine que pour une autre étoile plus basse, celle qui serait, par exemple, α de l'Aigle; mais, ces passages pouvant toujours être rapportés l'un à l'autre par la différence des ascensions droites, celui de la Lyre nous suffira comme terme constant de comparaison.

rée des observations, qui est d'une année, se reporteraient tout entiers sur le soleil, dont le mouvement paraîtrait affecté de ces petites irrégularités. Cependant cette marche finirait aussi par conduire aux mêmes résultats que l'autre, et c'est réellement celle qu'ont suivie les astronomes; car l'effet de ces déplacements, presque imperceptibles dans l'intervalle d'une année, deviendrait très-sensible après de longs intervalles de temps, et, lorsque les erreurs se seraient ainsi accumulées, l'application même des premiers résultats suffirait pour les redresser et pour indiquer les corrections qu'ils nécessitent. Mais, en employant d'abord ces légères corrections pour réduire nos observations à des termes comparables, nous avons l'avantage d'obtenir les résultats définitifs dès la première approximation, au lieu que nous aurions été forcés d'y revenir à plusieurs reprises en suivant pas à pas la marche des inventeurs. Cette anticipation n'altérera point la rigueur du raisonnement, car elle n'influera nullement sur les considérations par lesquelles nous découvrirons l'existence et la mesure des petits mouvements apparents auxquels toutes les étoiles sont soumises.

6. Après cette explication nécessaire, considérons d'abord les déclinaisons du soleil rapportées dans notre tableau, et examinons suivant quelles lois elles varient. Si nous suivons l'ordre dans lequel elles sont observées, nous voyons qu'elles ont commencé par être australes dans le mois de décembre 1806; elles ont atteint leur plus grande valeur le 22 de ce même mois. Alors la déclinaison du soleil était $26^{gr},0721$. Depuis cette époque, elles ont été en diminuant, le soleil s'est rapproché de l'équateur, et enfin le changement des déclinaisons australes en boréales montre qu'il a passé dans ce plan vers le 21 mars; c'était l'instant de l'*équinoxe*, c'est-à-dire qu'alors la durée du jour était égale à celle de la nuit par toute la terre. La marche du soleil continuant toujours dans le même sens, il commence à s'éloigner de l'équateur en s'approchant du pôle nord: les déclinaisons boréales augmentent; enfin elles atteignent leur *maximum* vers le 22 juin, et ce *maximum* est encore à fort peu près de $26^{gr},0721$, comme pour les déclinaisons australes. A partir de cette époque, le soleil commence à redescendre vers l'équateur; les déclinaisons diminuent. Cet astre re-

vient dans l'équateur vers le 24 septembre, ce qui produit un second équinoxe; alors il continue à redescendre, les déclinaisons redeviennent australes et croissantes, jusqu'à leur limite accoutumée, qu'elles atteignent de nouveau, comme la première fois, vers le 22 décembre. Arrivées à ce terme, elles recommencent à diminuer de la même manière, et le mouvement du soleil vers l'équateur recommence aussi par les mêmes degrés. Ces phénomènes se reproduisent constamment, toutes les années, suivant les mêmes lois.

7. Si l'on prend les différences des déclinaisons consécutives, on voit que leurs variations se font d'une manière régulière et symétrique, de part et d'autre de l'équateur; mais la marche de ces variations est inégale. Elles sont les plus rapides quand le soleil approche du plan de l'équateur, et c'est là que leur valeur est la plus grande. Elles diminuent à mesure que le soleil s'éloigne de ce plan, et deviennent insensibles vers les plus grandes déclinaisons; alors les hauteurs méridiennes de cet astre changent très-peu d'un jour à l'autre, et il paraît comme stationnaire. Aussi a-t-on nommé *solstices* les parallèles qu'il décrit dans le ciel à cette époque; on les appelle aussi *tropiques*, d'un mot grec qui signifie *retour*, parce que le soleil, parvenu à ce terme, semble retourner sur ses pas. Celui qui est au nord s'appelle le *tropique du Cancer*; l'autre est le *tropique du Capricorne*. Ces dénominations paraissent avoir été données par des peuples situés au nord de l'équateur, qui, voyant le soleil reculer vers le midi après son passage au tropique boréal, ont attribué à ce parallèle le signe du cancer ou de l'écrevisse, animal qui marche souvent en arrière. Au contraire, le soleil leur paraissant s'élancer du tropique austral pour remonter vers l'équateur, ils ont affecté à ce parallèle le signe du capricorne, parce que le capricorne, ou la chèvre, est un animal grimpant. Quoi qu'il en soit, ces deux parallèles sont situés à égale distance de l'équateur, et cette distance, en 1807, était de $26^{gr},0721$, comme on le voit par les observations contenues dans le tableau que nous avons rapporté.

8. Venons au mouvement en ascension droite. Si le soleil a d'abord passé au méridien en même temps que l'étoile à laquelle

on le compare, le lendemain il y revient plus tard, et il s'éloigne ainsi d'elle de jour en jour, en allant d'occident en orient. C'est ce que prouvent les intervalles des passages, qui surpassent toujours la durée d'un jour sidéral. Mais la marche du soleil, à cet égard, n'est point uniforme; elle est tantôt plus lente, tantôt plus rapide, comme on peut aisément s'en convaincre en prenant, dans notre tableau, la différence des époques des passages consécutifs.

Cette comparaison, faite dans les différents temps de l'année, donne les valeurs suivantes pour le retard diurne du passage du soleil sur celui de l'étoile, abstraction faite des petites irrégularités accidentelles dues aux observations.

	h
22 décembre........	0,03085
11 février..........	0,02732
26 mars............	0,02527
15 mai.............	0,02746
23 juin.............	0,02788
28 juillet...........	0,02748
16 septembre.......	0,02493
1er novembre.......	0,02732

La plus petite de ces valeurs est $0^h,02493$; la plus grande est $0^h,03085$. Entre ces deux extrêmes, on voit souvent revenir, à quelques dixièmes de seconde près, la valeur $0^h,02739$, qui est comme le terme moyen autour duquel oscille le retard diurne. Cette quantité, évaluée en secondes temporaires de la division sexagésimale, vaut $273^s,9 \times 0,864$ ou $236^s,65$, et elle représente un intervalle de temps sidéral. Or, dans le tome Ier de cet ouvrage, page 65, j'ai annoncé que, dans les usages habituels, l'unité de temps généralement adoptée n'est pas le jour sidéral, mais l'intervalle moyen de temps qui s'écoule entre deux retours consécutifs du soleil à un même méridien, et que l'on appelle le *jour moyen solaire*. Nous pouvons maintenant évaluer le rapport de ces deux espèces d'unités; en effet, les $236^s,65$ trouvées ici nous donnent l'excès du jour solaire moyen sur le jour sidéral, exprimé en temps sidéral. Donc la durée du jour solaire moyen, en temps sidéral, est $86400^s + 236^s,65$. Partageons de même cette durée en 24 heures subdivisées en 1440 minutes et 86400 secondes, représentant des fractions propres de temps; alors 86400 secondes solaires moyennes équivaudront à $86400 + 236,65$ ou 86636,65 secondes sidérales. Donc, inversement, le jour sidéral, exprimé en parties du jour solaire moyen pris pour unité, vaudra $\frac{86400}{86636,65}$; et, si on l'exprime en secondes solaires moyennes, il vaudra $86400^s \times \frac{86400}{86636,65}$. Cette expression réduite donne $86400^s - 236^s,00$; mais ce ne peut être là évidemment qu'une évaluation approximative, à cause du petit nombre de valeurs partielles dont la donnée fondamentale est déduite, et il faut seulement y voir un exemple de ce mode de conversion. Toutefois l'erreur est fort petite, car nous trouverons plus loin que l'expression exacte est $86400^s - 235^s,9091$ (*).

(*) Quoique les opérations indiquées dans ce paragraphe soient fort simples, je ne crois pas inutile d'en donner le détail, pour remettre sous les yeux du lecteur des rapports que nous allons avoir sans cesse à employer, et de petits artifices numériques auxquels il devra continuellement recourir.

Prenant la quantité donnée $0^h,02739$, qui est exprimée en heures décimales, je la transforme d'abord en secondes de cette même espèce de division, ce qui la change en $273^s,9$; alors, conformément à la règle rappelée page 15, je la multiplie par le facteur 0,864, ce qui la convertit en secondes de temps sexagésimal. Le produit exact est. . . . . . . $236^s,6496$

ou, par abréviation. . . . . $236^s,65$

Désignant cette quantité par a^s, la durée du jour solaire moyen, exprimée en secondes sexagésimales de temps sidéral, sera. . . . . $86400^s + a^s$, et, inversement, la durée du jour sidéral, exprimée en secondes solaires moyennes, sera, comme on l'a vu dans le texte,

$$86400^s \times \frac{86400}{86400 + a}.$$

Pour évaluer commodément cette quantité sans avoir à opérer sur de grands nombres, je décompose d'abord le numérateur du second facteur en

Le soleil, s'avançant tous les jours vers l'orient d'une quantité exprimée par son retard diurne, passe ainsi successivement par toutes les valeurs de l'ascension droite. Après avoir fait le tour entier du ciel, il rejoint de nouveau l'étoile, que nous supposons être immobile ; alors ses retards journaliers recommencent dans le même ordre. Le mouvement de cet astre, parallèlement à l'équateur, se fait ainsi, d'occident en orient, d'une manière régulière, mais inégale, et dans l'intervalle d'une année.

9. En réunissant ces considérations, on est conduit à reconnaître dans le soleil deux mouvements propres, l'un parallèle, l'autre perpendiculaire à l'équateur ; ou, ce qui revient au même, il faut lui supposer un seul mouvement, oblique aux méridiens et aux parallèles, qui produise à la fois ces deux effets.

10. Si l'on porte chaque jour sur un globe les ascensions droites

---

$86400 + a - a$, et, en séparant la partie entière du quotient, elle devient

$$86400^s - \frac{86400^s a}{86400 + a};$$

ou, en transportant l'indice des unités concrètes au facteur a du second terme,

$$86400^s - \frac{86400\, a^s}{86400 + a};$$

alors je décompose encore le facteur 86400 de ce terme en $86400 + a - a$, ce qui dégage la partie entière du quotient, a^s, et donne pour expression finale

$$86400^s - a^s + \frac{aa^s}{86400 + a}.$$

Le terme qui reste maintenant à calculer ne contient plus de grands nombres à son numérateur, et, en l'évaluant par les Tables de logarithmes ordinaires, on le trouve égal à $+ 0^s,6464$ ou $0^s,65$, en se bornant aux deux premières décimales. L'ajoutant donc à $- a^s$, qui est $- 236^s,65$, on a pour résultat définitif

$$86400^s - 236^s,00;$$

c'est ce que j'ai énoncé dans le texte. Il faut faire attention au petit artifice de décomposition employé ici, parce qu'il nous deviendra continuellement nécessaire, dans ce qui va suivre, pour éviter d'opérer sur de grands nombres quand on peut s'en dispenser.

et les déclinaisons de cet astre, on trouve qu'il décrit ainsi un grand cercle de la sphère céleste. On a représenté ce résultat dans la *fig.* 2, où EAA′ désigne l'équateur, AA′, AA″,... les ascensions droites comptées du point A comme origine, et AS, A′S′, A″S″,... les déclinaisons observées du point O. La suite des points S, S′, S″,... détermine le grand cercle, oblique à l'équateur, que le soleil décrit sur la sphère céleste. Le calcul, infiniment plus exact que toutes les constructions graphiques, confirme parfaitement ce résultat lorsqu'on détermine par la trigonométrie sphérique les positions successives du centre du soleil, indiquées par la série continue des observations. J'insère, à la fin du présent chapitre, une Note dans laquelle un pareil calcul est établi sur les observations rapportées dans notre tableau; et, par les applications qui sont conduites jusqu'aux nombres, on verra avec quelle surprenante précision les positions observées s'accordent à suivre le plan d'un même grand cercle de la sphère céleste; mais la vérification de ce fait capital sera utilement préparée et rendue plus facile par la discussion préalable à laquelle nous allons soumettre les données d'observation que nous avons réunies.

Le cercle que décrit ainsi le soleil est borné au nord et au midi par les deux tropiques; on lui a donné le nom d'*écliptique*, parce que la lune se trouve toujours dans ce plan ou près de ce plan lorsqu'elle est éclipsée. En effet ce phénomène, étant produit par l'ombre de la terre, ne peut arriver que dans la direction de cette ombre, c'est-à-dire dans le plan de l'orbite du soleil. Par une raison semblable, les éclipses du soleil par la lune se font aussi dans ce plan ou à une distance assez petite pour que l'ombre de la lune puisse encore rencontrer la terre: de là est venu le nom d'écliptique.

11. Si l'écliptique est réellement un grand cercle de la sphère céleste, elle doit couper l'équateur, qui est aussi un grand cercle, en deux points opposés, c'est-à-dire dont les ascensions droites diffèrent d'une demi-circonférence. Examinons, d'après le tableau d'observations, si cette condition est remplie. Nous voyons d'abord que, le 21 mars à midi, la déclinaison du soleil a été de $0^{gr},01557$ australe, et le lendemain elle s'est trouvée de $0^{gr},42375$ boréale.

C'est donc entre ces deux instants que le soleil a dû percer le plan de l'équateur, et beaucoup plus près du premier que du second. L'époque précise de ce phénomène est facile à déterminer, car, en prenant l'intervalle des deux midis en temps sidéral, on voit qu'il a été de $10^h,02524$, et, pendant ce temps, la déclinaison du soleil a changé de $0^{gr},01557 + 0^{gr},42375$ ou $0^{gr},43932$; ainsi, en supposant que ce changement se soit fait d'une manière uniforme, ce qui, pour un temps si court, s'écarte peu de la vérité, on en conclura, par une simple proportion, l'intervalle de temps nécessaire pour compléter les $0^{gr},01557$ qui restaient encore à décrire le 21 mars; ce sera $\dfrac{10^h,02524 \cdot 0,01557}{0,43932}$, ou $0^h,35531$. Cette quantité, ajoutée au midi du 21 mars, donnera l'heure à laquelle le soleil a dû se trouver dans le plan de l'équateur. Maintenant, puisque, dans l'intervalle de deux midis, l'ascension droite du soleil relativement à la Lyre change, vers cette époque, de $0^h,02524$, il est clair qu'en $0^h,35531$ elle changera de $\dfrac{0^h,02524 \cdot 0,35531}{10,02524}$ ou $0^h,00089$. Cette quantité, étant ajoutée à $2^h,28815$, donnera $2^h,28904$ pour la différence des ascensions droites du soleil et de la Lyre à l'instant de l'équinoxe.

On serait arrivé plus directement à ce résultat en établissant tout de suite la proportionnalité entre les changements correspondants de déclinaison et d'ascension droite; car alors, depuis le midi du 21 mars jusqu'à l'instant de l'équinoxe, le changement de l'ascension droite serait égal à $\dfrac{0^h,02524 \cdot 0,01557}{0,43932}$, ou $0^h,00089$, comme nous venons de le trouver par une marche plus détournée.

Si l'on répète un calcul analogue sur les déclinaisons observées les 22 et 23 septembre, pour lesquelles la variation diurne est, en déclinaison, $0^{gr},43334$, en ascension droite, $0^h,02496$, l'intervalle de deux midis étant $10^h,02496$, on trouvera que le soleil a dû entrer dans le plan de l'équateur à $5^h,18368$ après le midi du 23 septembre, c'est-à-dire le 24 à $0^h,18368$ après minuit; et la différence d'ascension droite du soleil et de la Lyre à la même époque était $7^h,27608 + 0^h,01291$, ou $7^h,28899$.

En comparant ce résultat à celui du 21 mars, on voit que l'ascension droite du soleil a varié, dans l'intervalle, de $4^h,99995$, ou à fort peu près de cinq heures décimales, c'est-à-dire d'une demi-circonférence. En négligeant la petite différence $0^h,00005$, qui peut être attribuée aux erreurs des observations, on voit que les deux points où l'orbite du soleil rencontre l'équateur, sont diamétralement opposés comme ils doivent l'être en effet, l'orbite étant plane.

On peut répéter la même épreuve sur deux points quelconques de l'orbite, opposés en ascension droite, c'est-à-dire dont les ascensions droites diffèrent de cinq heures décimales, et l'on trouvera toujours qu'ils répondent à des déclinaisons égales et opposées de part et d'autre de l'équateur. On peut en particulier effectuer aisément cette comparaison sur les observations des 9 janvier et 11 juillet; 7 février et 11 août; 1er mai et 3 novembre, qui sont déjà, à très-peu de chose près, dans le cas dont nous parlons, et qui peuvent s'y réduire exactement, d'après le calcul de la marche diurne du soleil à chacune de ces époques. Cette opposition montre la symétrie parfaite du plan de l'orbite de part et d'autre de l'équateur.

12. Les deux intersections de l'équateur avec l'écliptique se nomment *équinoxes* ou *points équinoxiaux*, parce que, quand le soleil y passe, le jour est égal à la nuit, par toute la terre. En effet, cet astre se trouve alors dans le plan de l'équateur, qui coupe la terre en deux parties égales. Ainsi, en considérant les rayons qu'il nous envoie comme parallèles entre eux, ce qui s'écarte bien peu de la vérité, la terre se trouve alors éclairée d'un pôle à l'autre, voyez *fig.* 4, et le cercle qui sépare sur sa surface la lumière de l'ombre est un méridien dont le plan est perpendiculaire aux rayons solaires. Ce méridien tourne avec le soleil par l'effet du mouvement diurne, et chaque parallèle se trouve éclairé pendant une demi-révolution du ciel.

Les plans de l'équateur et de l'écliptique se coupent, suivant une ligne droite qui passe par les points équinoxiaux, et que l'on nomme, pour cette raison, *la ligne des équinoxes*. Il ne faut pas la confondre avec la trace de l'équateur sur la terre, trace que les navigateurs appellent *la ligne équinoxiale*, ou simplement *la ligne*.

Celui des deux équinoxes par lequel le soleil passe en remontant du tropique austral vers le nord, s'appelle l'*équinoxe du printemps*, et on le désigne ordinairement, en astronomie, par le signe ♈. Le second équinoxe, par lequel le soleil passe en redescendant du tropique boréal vers le sud, s'appelle l'*équinoxe d'automne*, et se désigne par le caractère ♎. Ces dénominations sont tirées des divisions de l'année auxquelles ces points servent d'origine : nous en reparlerons plus loin.

15. Les astronomes sont dans l'usage de prendre le point ♈ de l'équateur, ou l'équinoxe du printemps, pour l'origine d'où ils comptent les ascensions droites du soleil et de tous les astres. Ils y placent le premier point du signe astronomique, appelé le *Bélier* ou *Aries*, qu'ils désignent par le caractère ♈. Au moyen des résultats que nous venons d'obtenir, il nous devient facile de nous conformer à cet usage. Car nous avons trouvé, par les observations du 21 mars, que l'équinoxe du printemps, rapporté au méridien de la Lyre, avait pour ascension droite $2^h,28904$. Si nous voulons que ce point devienne l'origine des ascensions droites, il n'y a qu'à retrancher $2^h,28904$ de toutes les ascensions droites du soleil, rapportées au méridien de la Lyre. Par conséquent, l'ascension droite de la Lyre elle-même rapportée à cet équinoxe, et comptée dans le même sens que les autres, sera le complément de cette quantité à 10^h ou $7^h,71096$. On trouverait également celle de toutes les autres étoiles, dont on connaîtrait la différence d'ascension droite avec le soleil ou avec la Lyre. Les résultats précédents sont exprimés en temps; mais si l'on voulait les convertir en arcs, il suffirait de les multiplier par 40, puisqu'une heure décimale vaut quarante grades.

Les astronomes, ayant choisi le point ♈ pour l'origine des ascensions droites, devaient naturellement choisir ce même point de l'équateur, pour mesurer par son mouvement le *temps sidéral absolu*, dont l'origine est arbitraire. C'est ce qu'ils ont fait; et dans chaque lieu le temps sidéral absolu est mesuré, à chaque instant, par l'angle horaire de l'équinoxe du printemps avec le plan du méridien. Mais il y a une discordance sur le commencement du jour sidéral. Les uns en placent l'origine à l'instant du passage du point équinoxial au méridien supérieur, et ils comptent alors 0^h de temps sidéral. C'est l'usage adopté dans les anciennes Tables astronomiques. Les autres pensent qu'il vaut mieux faire commencer le jour sidéral à l'instant du passage du point équinoxial au méridien inférieur; ce qui est conforme à l'usage général de la société, où le jour commence à minuit. Ce changement a été introduit dans les nouvelles Tables astronomiques, publiées par le Bureau des Longitudes de France.

14. Pour achever de déterminer dans le ciel la position du plan de l'écliptique, il ne nous reste plus qu'à connaître l'angle dièdre qu'il fait avec le plan de l'équateur, car la position d'un plan est déterminée quand on connaît sa trace et son inclinaison sur un plan fixe. Dans cette recherche, nous pouvons faire abstraction du mouvement diurne de la sphère céleste qui, étant commun à l'équateur et à l'écliptique, n'a aucune influence sur leurs positions respectives. Soient C, *fig.* 3, le centre de la terre, E$q'q''$ l'équateur, ESe l'écliptique, Ee la commune section de ces deux plans, ou la ligne des équinoxes. Menons un méridien PSQ, dont le plan soit perpendiculaire à cette commune section. Ce méridien coupera le plan de l'équateur suivant la droite CQ, l'écliptique suivant CS, et l'angle SCQ sera l'obliquité de l'écliptique, qu'il s'agit de déterminer.

Or, de tous les rayons visuels CS, Cs', Cs'', que l'on peut mener successivement du centre de la terre au soleil, dans les différents temps de l'année, CS est celui qui fait avec l'équateur le plus grand angle : par conséquent, *l'obliquité de l'écliptique sur l'équateur est égale à la plus grande déclinaison du soleil.*

15. Pour la connaître avec la dernière exactitude, il suffirait d'observer la hauteur méridienne du soleil, le jour du solstice, si le solstice arrivait à midi. Cette circonstance n'ayant jamais lieu que pour un seul méridien terrestre, il serait comme impossible de s'y astreindre. Mais on doit remarquer que, lorsque le soleil approche du tropique, ses hauteurs méridiennes varient très-peu d'un jour à l'autre, et le jour qu'il est dans son dernier parallèle, il reste presque constamment à la même distance de l'équateur. Ainsi, dans quelque lieu que l'on ait observé la plus grande déclinaison du soleil, on pourra, dans une première approximation, la considérer comme égale à l'obliquité de l'écliptique; je dis dans une première approximation, parce que l'on verra bientôt qu'il existe des méthodes au moyen desquelles on peut calculer ce qu'il faut ajouter au résultat de l'observation directe, pour le ramener à ce qu'il aurait été si l'on eût observé à l'instant précis du solstice.

Dans notre tableau d'observations, les plus grandes déclinaisons du soleil sont $26^{gr},07212$ et $26^{gr},07199$. L'obliquité de l'écliptique peut donc être considérée, dans une première approximation, comme égale à $26^{gr},07205$, pour l'année 1807.

On obtiendrait de même l'obliquité de l'écliptique, sans connaître la latitude, en observant les distances méridiennes du soleil au zénith, dans les deux solstices, et prenant la moitié de leur différence; car les rayons visuels, menés du centre de la terre aux deux solstices, étant dirigés suivant une même ligne droite, doivent faire avec l'équateur des angles égaux.

Par exemple, dans notre tableau d'observations, les distances du soleil au zénith dans les deux solstices sont $80^{gr},33570$ le 22 décembre 1806, et $28^{gr},19159$ le 22 juin 1807. Leur différence est $52^{gr},14411$, dont la moitié, $26^{gr},07205$, est la valeur très-approchée de l'obliquité en 1807.

16. Quand on connaît l'obliquité de l'écliptique, il suffit d'observer une seule déclinaison du soleil pour trouver la position des points équinoxiaux. En effet, en reprenant la *fig.* 3, si s' est la position méridienne du soleil pour un certain jour, on connaîtra par l'observation la déclinaison $s'q'$. Alors dans le triangle sphérique $s'q'E$ rectangle en q', on aura le côté $s'q'$, et l'angle opposé $s'Eq'$, égal à l'obliquité de l'écliptique. On pourra donc, par les règles de la trigonométrie sphérique, calculer le côté Eq' qui est l'ascension droite du soleil par rapport au point équinoxial E (*).

(*) Soient ω l'obliquité de l'écliptique, d la déclinaison du soleil, α son

Si de plus on observe, le même jour, la différence d'ascension droite entre le soleil et une étoile, qui passe au méridien après lui, et qu'on ajoute au résultat l'arc $q'E$, on aura l'ascension droite de l'étoile, par rapport au point équinoxial E. La position de ce point sur l'équateur sera donc très-rigoureusement déterminée, ainsi que celle de l'équinoxe opposé e, qui en est à 200^{gr} de distance. On répétera cette opération un grand nombre de fois, pour les mêmes étoiles, afin d'éviter les petites erreurs que les observations comportent; puis, prenant une moyenne entre tous les résultats, on connaîtra la distance de l'équinoxe à chaque étoile, et par conséquent la position de la ligne des équinoxes avec une extrême précision.

17. Une ligne droite perpendiculaire au plan de l'écliptique et menée par le centre de la terre, s'appelle l'*axe de l'écliptique*, par analogie avec l'axe de l'équateur. Les deux points opposés où cette droite prolongée perce la sphère céleste, s'appellent les *pôles de l'écliptique*. On appelle *pôle boréal* celui qui est situé du côté boréal de l'équateur; l'autre s'appelle le *pôle austral*.

Les axes de l'équateur et de l'écliptique étant tous deux perpendiculaires à leurs plans respectifs, l'angle qu'ils forment entre eux est égal à l'inclinaison de ces plans ou à $26^{gr},0720$ en l'an 1807. Ainsi, la distance angulaire des pôles de l'écliptique au plan de l'équateur est égale à $100^{gr} - 26^{gr},0720$, ou à $73^{gr},9280$.

Les deux parallèles célestes qui ont cette déclinaison de part et d'autre de l'équateur se nomment, pour cette raison, *cercles polaires*.

Il est facile de trouver le lieu des pôles de l'écliptique dans le ciel; car on connaît déjà les parallèles, sur lesquels ils sont placés. On sait de plus qu'ils sont dans un même plan, perpendiculaire à l'équateur et à l'écliptique, par conséquent aussi perpendiculaire à la ligne des équinoxes. La trace de ce plan sur l'équateur sera donc à 100^{gr} de distance des points équinoxiaux; ainsi l'ascension

---

ascension droite, on a, par une formule connue,

$$\sin \alpha = \frac{\tang d}{\tang \omega}.$$

droite du pôle austral de l'écliptique sera de 100^{gr}, celle du pôle boréal de 300^{gr}; ces ascensions droites étant comptées depuis l'équinoxe du printemps, et d'occident en orient, dans le sens du mouvement propre du soleil (*).

Le pôle boréal de l'écliptique est le seul que nous puissions apercevoir en Europe. Il est maintenant situé dans la constellation du Dragon, entre deux étoiles que l'on nomme ζ et δ. Il est un peu plus près de la dernière étoile.

18. La position de l'orbe solaire étant ainsi complétement déterminée, on peut calculer le lieu du soleil dans l'écliptique, d'après la seule connaissance de sa déclinaison ou de son ascension droite. En effet, considérons de nouveau le triangle sphérique $s'Eq'$, *fig.* 3. La position du soleil est déterminée par l'angle $s'CE$ que forme le rayon visuel $s'C$ avec la ligne des équinoxes. C'est ce que l'on nomme la *longitude du soleil*. Or cet angle ou l'arc Es' qui le mesure est facile à calculer, lorsque l'on connaît l'obliquité de l'écliptique et la déclinaison ou l'ascension droite du soleil (**).

19. En répétant chaque jour la même observation et le même calcul, on connaîtra successivement les angles décrits par le soleil sur l'écliptique, à partir de l'équinoxe, ou les longitudes du soleil.

(*) Ces résultats sont encore représentés dans la *fig.* 3. CP est l'axe de l'équateur, P son pôle boréal que nous voyons en Europe; de même, $P'CP''$ est l'axe perpendiculaire à l'écliptique, dont P' est le pôle boréal, et P'' le pôle austral. Le point E représente l'équinoxe du printemps, et le point e l'équinoxe d'automne. Cela posé, si l'on conçoit le méridien qui passe par les deux axes CP', CP'', il est évident qu'il coupera l'équateur suivant la ligne Qq perpendiculaire à la ligne des équinoxes; et, en projetant les points P', P'' sur l'équateur, par le moyen des cercles horaires qui leur correspondent, il est visible que l'ascension droite du point P'' ou du pôle austral de l'écliptique, comptée du point E, sera égale à l'arc QE ou à 100^{gr}, tandis que l'ascension droite du point opposé P', c'est-à-dire du pôle boréal, comptée du même équinoxe, sera égale à $EQeq$ ou 300^{gr}.

(**) Soient ω l'obliquité de l'écliptique, a l'ascension droite, d la déclinaison observée, l la longitude du soleil que l'on cherche. Selon qu'on voudra la déduire de la déclinaison ou de l'ascension droite, on emploiera l'une ou l'autre de ces formules

$$\sin l = \frac{\sin d}{\sin \omega}, \qquad \operatorname{tang} l = \frac{\operatorname{tang} a}{\cos \omega}.$$

Ces longitudes se comptent, comme les ascensions droites, depuis l'équinoxe du printemps, et de 0^{gr} à 400^{gr}, dans le sens du mouvement du soleil. En prenant leur différence d'un jour à l'autre, on connaîtra la marche diurne de cet astre sur le plan de l'écliptique.

Quand on aura réuni un grand nombre d'observations de ce genre, on pourra en former des Tables qui indiqueront d'avance, pour chaque jour et chaque instant du jour, la longitude du soleil, à partir de l'équinoxe, et sa déclinaison. Ce seront des *Tables du soleil*. On pourra, si l'on veut, les calculer en temps sidéral compté depuis le passage du point équinoxial au méridien d'un lieu déterminé. Ou bien, si l'on veut, on peut les calculer en temps moyen, en fixant l'origine de ce temps à un phénomène astronomique connu. C'est ce que font les astronomes, comme nous l'avons déjà annoncé. Dans ces Tables, les différences des longitudes, d'un jour à l'autre, pourront être très-exactes, parce qu'elles redeviennent les mêmes chaque année, et qu'elles se reproduisent dans le même ordre, ce qui permet de les corriger avec le temps. S'il reste quelque incertitude, elle portera donc sur l'*époque* à laquelle le soleil aura eu telle longitude; par exemple, sur l'instant de l'équinoxe. Il pourra aussi rester quelque doute sur la véritable valeur de l'obliquité. Ainsi, pour perfectionner les Tables, il faudra s'attacher à rectifier ces deux éléments.

La recherche des mouvements du soleil a donc, comme tous les problèmes d'astronomie, deux parties très-distinctes : la formation des Tables, d'après les premiers résultats observés; la correction de ces Tables, en supposant leurs éléments à peu près connus.

20. Le premier que l'on cherche à bien déterminer est l'obliquité de l'écliptique. Quinze jours avant et après le solstice, l'astronome commence à observer les hauteurs méridiennes du soleil avec le mural, ou mieux encore avec le cercle répétiteur, pour en conclure les déclinaisons. Celle qu'il observe le jour du solstice serait la plus grande possible, si le solstice arrivait à midi; mais il peut arriver un demi-jour plus tôt ou plus tard : dans cet intervalle la longitude change d'environ $0^{gr},55$, en supposant le mouvement du soleil de $1^{gr},1$ par jour, ce qui est à peu près sa valeur moyenne. Or, $0^{gr},55$ d'erreur sur la longitude ne donnent que $0^{gr},0020$ d'erreur sur la déclinaison solsticiale, parce que, très-près du solstice, les déclinaisons du soleil devenant perpendiculaires à l'écliptique, un petit changement sur la longitude en produit un beaucoup plus faible sur la déclinaison. Telle est donc la plus grande erreur que l'on puisse commettre en déterminant directement la déclinaison solsticiale par une observation faite le jour même du solstice (*).

Mais on peut corriger cette erreur en calculant, d'après les Tables déjà faites, la quantité dont le soleil est encore éloigné du solstice à l'instant où on l'a observé; car de là on peut conclure avec beaucoup d'exactitude ce qui manque à sa déclinaison pour atteindre la déclinaison solsticiale. En ajoutant cette quantité à la déclinaison observée le jour même du solstice, on aura la déclinaison solsticiale, c'est-à-dire l'obliquité de l'écliptique, avec toute l'exactitude que l'on peut attendre de l'observation; avec la même précision que si le solstice fût arrivé à midi même. Le calcul de cette réduction, comme celui des hauteurs observées près du méridien, n'exige pas des données bien précises : il suffit que l'on connaisse approximativement l'obliquité de l'écliptique et la longitude du soleil.

On peut faire un semblable calcul pour les jours qui précèdent et pour ceux qui suivent, toujours avec la même exactitude. On peut donc ainsi réunir les observations de 20 et 30 jours, les *réduire au solstice*, par le secours des Tables; et le résultat moyen déduit de leur ensemble donnera la déclinaison solsticiale avec la dernière précision, surtout en calculant les réductions au solstice par les Tables modernes qui sont déjà si parfaites.

L'obliquité de l'écliptique, déduite de ces observations, est encore assujettie à une cause d'erreur extrêmement petite à la vérité, mais dont il faut toutefois la dépouiller pour obtenir la dernière exactitude. Cette erreur tient à ce que la route du soleil dans

(*) Cette proposition sera démontrée à la fin du présent chapitre, dans la Note II.

le ciel, ou l'écliptique, n'est pas tout à fait plane. Cependant, comme cet écart est extrêmement petit, les astronomes conservent, pour plus de simplicité, l'idée d'une orbite plane, et ils regardent les écarts du soleil au-dessus et au-dessous de ce plan, comme de petites inégalités dont ils tiennent comptent, de manière à ramener toujours cet astre par le calcul dans le plan de l'écliptique. En effet, cette réduction rend toutes les observations comparables. La théorie de l'attraction a fait connaître que ces petites oscillations sont dues à l'action de la lune et des planètes qui, déplaçant un peu le centre de la terre, le font sortir du plan de l'écliptique, et y causent les petits dérangements que nous reportons au soleil, parce que nous nous croyons immobiles, de sorte que cet astre nous semble les éprouver en sens contraire. En même temps, la théorie a donné la loi de ces dérangements, et on les trouve dans les Tables du soleil, sous le titre de *mouvement du soleil en latitude*. Comme ils affectent la déclinaison de cet astre, leur effet se porterait en entier sur l'obliquité conclue des déclinaisons solsticiales, et par conséquent il faut d'abord en dépouiller ces dernières pour obtenir l'obliquité véritable.

Enfin, pour ramener tous les résultats à des termes exactement comparables, il faut encore les corriger des petites variations périodiques que l'obliquité subit, et qui tantôt l'augmentent, tantôt la diminuent. Nous parlerons plus loin de ces petites oscillations. En attendant, on peut concevoir qu'il faut en tenir compte pour avoir les valeurs de l'*obliquité moyenne*, qui seules sont comparables entre elles.

C'est par cette méthode, ainsi corrigée, et appliquée avec tout le soin imaginable, que M. Delambre a trouvé l'obliquité moyenne de l'écliptique pour 1800, égale à $26^{gr},07315$. C'est $23°27'57''$ en mesures sexagésimales.

21. Passons maintenant aux équinoxes : pendant un mois entier, moitié avant, moitié après l'équinoxe, on observe chaque jour la hauteur méridienne du centre du soleil, soit avec des cercles muraux fixes, soit avec des cercles répétiteurs, qui permettent de suivre l'astre quelque temps avant et après son passage méridien. Ces observations, combinées avec la latitude géographique du lieu, font connaître la déclinaison ; de celle-ci, avec l'obliquité antérieurement connue, on déduit, par le calcul, la longitude correspondante du centre de l'astre, comme cela a été expliqué § 18.

Cette longitude étant comparée à celle que donnent les Tables, fait connaître l'erreur dont ces Tables sont affectées. Or, d'après l'ensemble d'observations sur lesquelles elles sont construites, surtout d'après la continuité des formules algébriques sur lesquelles elles sont calculées, il est évident que l'erreur qu'elles comportent ne peut pas varier brusquement d'un jour à l'autre, et qu'elle doit ainsi rester à peu près la même pendant le court intervalle de quelques jours consécutifs. Si donc l'observation de hauteur méridienne à laquelle on compare les Tables pouvait être supposée tout à fait exacte, la correction qui s'en déduirait pourrait être encore appliquée à tous les jours suivants ; et avec les Tables ainsi corrigées, on pourrait calculer exactement l'instant de l'équinoxe. Mais, comme on ne peut pas espérer qu'une seule observation de hauteur donne l'erreur des Tables avec toute la précision requise, on répète les observations de hauteur plusieurs jours avant et après l'équinoxe, comme nous l'avons dit ; et chaque observation étant calculée à part, donne une valeur de l'erreur des Tables solaires. On a ainsi 20 ou 30 observations de cette erreur, qui s'accordent à très-peu près, et l'on prend une moyenne arithmétique entre elles. Avec les Tables, corrigées de cette erreur moyenne en longitude, on calcule l'instant de l'équinoxe, ce qui est facile, puisqu'à cet instant la longitude doit être 0 dans un équinoxe de printemps, ou 200^g grades dans un équinoxe d'automne. Dans ce calcul, il faut entendre que les Tables ont égard aux petites perturbations qui écartent le soleil de sa marche uniforme, et particulièrement à la petite inégalité qui le fait osciller de part et d'autre du plan de l'écliptique, comme nous l'avons dit en parlant de l'obliquité.

Si l'on ne veut pas se servir de Tables, on verra, par la comparaison des distances zénithales méridiennes observées chaque jour, à quelle heure, de quel jour, la distance du soleil au pôle aura été égale à 100 grades. Ce sera l'instant de l'équinoxe. C'est ainsi que nous en avons usé plus haut. Mais cette méthode, pour être tout à fait admissible, exigerait une interpolation fort exacte, qui serait peut-être moins commode que le calcul rigoureux fondé sur les Tables, et les astronomes ne s'en servent point.

22. Ces méthodes supposent toujours que l'on connaît exactement la distance de l'équateur au zénith du lieu où l'on observe, c'est-à-dire la latitude. Cependant on pourrait craindre qu'il ne restât encore à cet égard quelque incertitude. Pour la faire disparaître, on observe de même l'équinoxe opposé, et on prend un milieu entre les erreurs des Tables qui en résultent. Il est visible, en effet, que l'erreur de la latitude étant la même dans les deux équinoxes, a sur la longitude du soleil une influence contraire selon que cet astre monte ou descend vers l'équateur.

23. Maintenant que nous savons déterminer avec la plus grande exactitude la position des équinoxes et des solstices, nous pouvons considérer l'arrivée du soleil dans ces points du ciel, comme des phénomènes astronomiques propres à établir de grandes divisions du temps, qui, se subdivisant elles-mêmes en périodes plus petites, permettent de fixer facilement les époques des évènements historiques, et de désigner commodément tous les instants de la durée. Cette belle application de l'astronomie va nous occuper dans le chapitre suivant.

NOTE I.

Relations mathématiques qui doivent exister entre les ascensions droites et les déclinaisons du soleil, en supposant que le centre de cet astre décrit annuellement un grand cercle de la sphère céleste. Comparaison de cette hypothèse avec les observations.

Admettons pour un moment que la route du soleil soit réellement un grand cercle de la sphère céleste, et voyons si cette hypothèse satisfait aux observations.

Soient donc, *fig.* 3, ESS′ ce grand cercle, EQq′ l'équateur. Le centre de la terre, qui est aussi le centre de la sphère céleste, sera placé en C, centre commun de ces deux cercles, et Cs′, Cs″ représenteront les rayons visuels menés à chacune des positions successives du soleil. Nous supposerons encore, pour fixer les idées, que le mouvement de cet astre est dirigé dans le sens Es′s″, en s'éloignant du point E; maintenant la position de l'orbite serait connue si l'on connaissait la ligne Ee, intersection des deux plans, et l'angle dièdre SEQ, qui est leur inclinaison commune. Nommons cet angle ω. Dans le triangle sphérique s′Eq′, on aura, par les règles de la trigonométrie,

$$\text{tang } s'q' = \sin Eq' . \text{tang } \omega.$$

s′q′ est la déclinaison du soleil le jour de l'observation; nous la nommerons d. Quant à Eq′, c'est la différence des ascensions droites des points E et q′, ces ascensions droites étant comptées dans le sens Eq′ du mouvement du soleil, et à partir d'un point quelconque fixe de l'équateur, par exemple du méridien de la Lyre, dans les observations que nous avons rapportées; puis donc que la position du point E sur l'équateur est inconnue, nommons α son ascension droite, comptée comme nous venons de le dire, et désignons par a celle du point q′ ou du soleil, comptée de la même origine et dans le même sens. Nous aurons alors $Eq' = a - \alpha$, et, en substituant ces notations dans notre équation, il viendra

$$\text{tang } d = \sin (a - \alpha) \text{ tang } \omega.$$

Nous avons donc ainsi une relation entre les inconnues α et ω, car les quantités d et a sont connues par l'observation des hauteurs et des passages. Deux observations faites à différents jours suffiront donc pour déterminer nos deux inconnues. Quand on connaîtra leurs valeurs, on pourra se donner a et en déduire d, c'est-à-dire calculer la déclinaison du soleil d'après son ascension droite; ou, réciproquement, on pourra se donner la déclinaison et calculer l'ascension droite. En comparant le résultat du calcul à celui qu'a donné l'observation, leur accord montrera si l'orbite du soleil est réellement un grand cercle de la sphère céleste.

La détermination de α et de ω par deux observations n'offre pas un calcul bien difficile; car, en nommant d' et a' les nouvelles quantités observées, on aura encore

$$\operatorname{tang} d' = \sin (a' - \alpha) \operatorname{tang} \omega;$$

éliminant tang ω, il vient

$$\operatorname{tang} d . \sin (a' - \alpha) = \operatorname{tang} d' . \sin (a - \alpha),$$

ou, en développant les sinus et divisant par cos α,

$$\operatorname{tang} d \sin a' - \operatorname{tang} d . \cos a' \operatorname{tang} \alpha = \operatorname{tang} d' \sin a - \operatorname{tang} d' \cos a \operatorname{tang} \alpha,$$

et enfin

$$\operatorname{tang} \alpha = \frac{\operatorname{tang} d' \sin a - \operatorname{tang} d \sin a'}{\operatorname{tang} d' \cos a - \operatorname{tang} d \cos a'};$$

après quoi, α étant connu, on déterminera facilement tang ω; mais, pour une simple vérification comme celle que l'on se propose ici, il sera bien plus simple de déterminer d'abord α directement, comme nous l'avons fait dans le texte, en discutant les observations où le soleil s'est trouvé très-près de l'équateur; et, au contraire, pour déterminer ω, on prendra celles où il s'est trouvé le plus éloigné de ce plan. D'après ce que nous avons vu, on aura ainsi pour données : $\alpha = 2^h,28904$, ascension droite du soleil à l'occident de la Lyre lorsqu'il traverse l'équateur en passant du sud au nord de ce plan, après le midi du 21 mars, et $\omega = 26^g,0721$ exprimant ses plus grandes déclinaisons aux époques des solstices. Après ces valeurs, on pourra se donner a arbitrairement et calculer d. Or, si l'on effectue ce calcul pour tel jour que l'on voudra, la valeur de d s'accordera toujours avec la déclinaison du soleil rapportée dans notre tableau d'observations, ou, du moins, les écarts, si l'on en trouve, seront presque infiniment petits. Cette comparaison prouvera, de la manière la plus rigoureuse, que l'orbite décrite par le soleil est réellement un grand cercle de la sphère céleste, et le grand cercle que nous venons d'assigner.

Quand on voudra faire l'épreuve précédente pour un jour donné, on prendra, dans la dernière colonne du tableau, la valeur de a qui est propre à l'observation de ce jour; puis, ayant formé la différence $a - \alpha$, on la multipliera par 40 pour la transformer en grades. Alors, afin de n'avoir pas trop de conversions à effectuer, on achèvera le calcul avec les Tables décimales de sinus et de tangentes qui se trouvent annexées aux Tables sexagésimales, dans les éditions de Callet. Lorsqu'on aura obtenu ainsi la valeur de la déclinaison d, on la comparera à celle du même jour qui a été trouvée par l'observation, et qui est rapportée dans l'avant-dernière colonne du tableau.

Je prends comme exemple le 1er mai 1807.

Pour ce jour-là, notre tableau donne, en temps. . . .	$a =$	$3^h,33695$
J'en soustrais la constante.	$\alpha =$	$2^h,28904$
Donc, en temps.	$a-\alpha =$	$1^h,04791$
Et en arc.	$a-\alpha =$	$41^{gr},9164$

Alors, au moyen des Tables décimales, le calcul s'achève comme il suit :

$$\log \sin (a - \alpha) = \bar{1},7866583$$
$$\log \operatorname{tang} \omega = \bar{1},6375737$$
$$\log \operatorname{tang} d = \bar{1},4242320$$

De là on tire, par les mêmes Tables. $d = 16^{gr},52719$

Or, pour ce même jour 1er mai,

l'observation a donné . . . . $d = 16^{gr},52787$

Donc, excès de l'observation . . . . . . $0^{gr},00068$

Si l'on veut apprécier cet excès en mesures sexagésimales, il faudra se rappeler que, d'après la règle de conversion établie au tome II, page 236, chaque seconde décimale, ou $0^g,0001$, vaut, en secondes sexagésimales, $0'',324$. L'excès trouvé ici étant donc, en secondes décimales, 6,8, sa valeur en secondes sexagésimales sera $0'',324 \times 6,8$ ou $2'',203$.

Tel sera donc, dans cet exemple, l'écart occasionnel de la déclinaison observée, comparée à la déclinaison calculée dans une orbite plane. Or, si l'on considère que les éléments constants α, ω, qui caractérisent le plan où nous plaçons l'astre, ont été déterminés seulement par un procédé approximatif, on concevra que nous ne pouvions pas espérer un plus grand accord, d'autant qu'une partie de cet écart peut être légitimement attribuée aux petites incertitudes que comporte l'observation elle-même. Enfin nous reconnaîtrons plus loin que l'orbe solaire n'est pas tout à fait plane ; mais on voit déjà, par cet exemple, qu'elle ne peut différer du plan que par des quantités excessivement petites, dont l'appréciation devra exiger le concours d'un grand nombre d'observations.

Ici la valeur de $a - \alpha$ s'est trouvée moindre qu'une demi-circonférence ou 200 grades ; son sinus était par conséquent positif, ce qui a rendu pareillement positif tang d. La valeur positive de d que nous en avons déduite appartenait à une déclinaison boréale, et nous l'avons employée comme telle.

Ceci entraîne une conséquence conventionnelle. Lorsque la valeur de $a - \alpha$, convertie en arc, se trouvera surpasser une demi-circonférence ou 200 grades, son sinus deviendra négatif et communiquera son signe à tang d. Alors on donnera ce même signe à l'arc d, et on l'emploiera comme représentant une déclinaison australe.

Pour légitimer cette double interprétation analytique, il faut remarquer que l'équation trigonométrique qui exprime tang d doit être employée de manière à reproduire successivement tous les points du plan auquel on l'applique. Or cette condition sera remplie en faisant suivre aux déclinaisons d le signe de sin $(a - \alpha)$, et portant les positives au nord de l'équateur, les négatives au sud, chacune au degré d'ascension droite $a - \alpha$ qui lui appartient.

En évaluant les différences $a - \alpha$ d'après les nombres rapportés dans la dernière colonne de notre tableau, il faudra y rétablir au besoin la continuité de la numération des heures, que l'on a occasionnellement interrompue, en y marquant seulement l'excès actuel de a sur 10 heures de l'horloge. Par exemple, pour combiner les deux valeurs de a relatives aux observations de 1808, avec $\alpha = 2^h,28904$, on devra ajouter à chacune 10 heures, afin qu'elles se trouvent rapportées à la même origine de temps que α. Par une raison semblable, si l'on veut employer les valeurs de a relatives aux observations de 1806, il faudra les combiner avec $\alpha = 12^h,28904$; car telle serait l'expression de α rapportée à la même origine de temps.

Ces rectifications occasionnelles et nécessaires étant supposées faites, les différences $a - \alpha$ se trouveront négatives pour toutes les observations *antérieures* à l'équinoxe vernal de 1807; et, quand on les aura converties en arc, en conservant leur signe, elles seront toutes moindres qu'une demi-circonférence ou 200 grades. Cela montre qu'elles appartiennent à des points de l'orbite situés au sud de l'équateur, antérieurement à l'équinoxe vernal, et dont la distance à ce point en ascension droite est exprimée par les valeurs correspondantes des arcs négatifs $a - \alpha$, ainsi obtenus. On prendra donc les sinus de ces arcs, que l'on affectera du signe négatif, et, en les associant à la valeur constante de tang ω dans l'expression générale de tang d, on obtiendra les valeurs négatives de d, c'est-à-dire les déclinaisons australes qui y correspondent.

NOTE II.

Sur la détermination de la déclinaison solsticiale du soleil par la combinaison d'observations faites à des époques peu distantes des solstices.

Soit D la déclinaison du soleil déduite de sa hauteur méridienne observée à une époque peu distante du solstice; soient ω l'obliquité de l'écliptique, et L la longitude du soleil correspondante à la déclinaison D. Cela posé, dans le triangle sphérique rectangle formé par la longitude L, la déclinaison D et l'ascension droite, la proportionnalité des sinus des angles à ceux des côtés opposés donnera

$$\sin D = \sin \omega \sin L.$$

Si l'observation tombait à l'instant même du solstice, la déclinaison du soleil serait exactement égale à l'obliquité de l'écliptique, et sa longitude serait égale à un angle droit. On aurait donc alors $D = \omega$ et $L = 100$ grades; mais puisque, par supposition, l'observation est faite très-près de cette époque, on aura

$$D = \omega - D', \quad L = 100^{gr} - L',$$

D' et L' étant de très-petites quantités. En substituant ces valeurs dans la relation précédente, elle devient

$$\sin \omega \cos D' - \cos \omega . \sin D' = \sin \omega . \cos L'.$$

Ainsi transformée, elle se trouve appartenir à cette grande classe d'équations qui revient sans cesse en astronomie, où le sinus et le cosinus d'une quantité que l'on sait être très-petite entrent l'un et l'autre seulement à la première puissance. Nous avons déjà été conduits à un cas pareil dans le tome III, page 79, et j'ai exposé alors un raisonnement très-simple par lequel on trouve tout de suite les deux premiers termes du développement qui exprime le sinus du petit angle inconnu, ce qui suffit presque toujours; après quoi on peut obtenir au besoin tous les suivants par les séries, comme je l'ai expliqué dans la Note insérée au même volume, page 87. Employant donc d'abord ici cette même forme de raisonnement, dont l'application à chaque cas sera aussi courte et plus évidente que d'en rappeler le résultat, nous voyons d'abord que, sin D' devant être très-petit, le premier terme de son évaluation s'obtiendra en supposant cos D' égal à +1, ce qui donnera d'abord

$$\sin D' = 2 \tang \omega \sin^2 \tfrac{1}{2} L',$$

et la petitesse convenue de L' rendra, en effet, cette valeur fort petite; de là on tire, avec une approximation de l'ordre ultérieur,

$$\cos D' = (1 - \sin^2 D')^{\frac{1}{2}} = 1 - \tfrac{1}{2}\sin^2 D' = 1 - 2\,\text{tang}^2\,\omega \sin^4 \tfrac{1}{2} L'.$$

Substituant donc cette valeur plus approchée de $\cos D'$ au lieu de l'unité, dans l'équation primitive, et dégageant de nouveau $\sin D'$, il en résultera

$$\sin D' = 2\,\text{tang}\,\omega \sin^2 \tfrac{1}{2} L' - 2\,\text{tang}^3\,\omega \sin^4 \tfrac{1}{2} L';$$

ce sont les deux premiers termes du développement de $\sin D'$. On obtiendrait les suivants par les séries indiquées dans la Note que j'ai citée; mais ces deux-là suffiront jusqu'à 20 grades du solstice, c'est-à-dire quand même on aurait $L' = 20$ grades. C'est pourquoi j m'y bornerai dans les considérations générales que je me propose d'exposer ici.

Au moyen de cette formule, on peut aisément *réduire au solstice* une observation de hauteur méridienne du soleil faite avant ou après cette époque, mais toujours à un intervalle peu éloigné. Pour cela on calculera, par les Tables astronomiques déjà formées, quelle a dû être la longitude du soleil à l'époque de l'observation; ce sera la valeur de L. On la retranchera de 100 grades, et le reste sera L', ou la distance du soleil au solstice à l'époque de l'observation. Connaissant L', on aura tout de suite D' par la formule précédente, et D', ajouté à la déclinaison observée D, donnera la déclinaison solsticiale $D + D'$, précisément comme si on l'eût observée à l'instant du solstice même.

Il est évident que, dans cette manière d'opérer, il ne peut y avoir d'incertitude que sur la valeur de L' donnée par les Tables que nous supposons imparfaites. Supposons donc que cette valeur, au lieu d'être L', soit $L' + e = L''$, e étant l'erreur que les Tables comportent, et, pour voir l'altération qui en résultera sur D', bornons-nous au premier terme de $\sin D'$, qui donne

$$\sin D' = 2\,\text{tang}\,\omega \sin^2 \tfrac{1}{2} L'.$$

Maintenant, si l'on suppose que la substitution de L'' pour L' change D' en D'', on aura de même

$$\sin D'' = 2\,\text{tang}\,\omega \sin^2 \tfrac{1}{2} L''.$$

Retranchant ces deux équations l'une de l'autre, et mettant pour les différences des sinus leurs valeurs en fonction de la différence des arcs, on trouve

$$\sin \tfrac{1}{2}(D'' - D') \cos \tfrac{1}{2}(D'' + D') = \text{tang}\,\omega \sin \tfrac{1}{2}(L'' - L') \sin \tfrac{1}{2}(L'' + L').$$

$D'' - D'$ est l'erreur de la déclinaison solsticiale correspondante à l'erreur $L'' - L'$ de la longitude. Si nous nous bornons aux premières puissances de ces petits arcs, on pourra substituer leur rapport à celui de leurs sinus. On pourra ensuite faire $L'' = L'$ et $D'' = D'$ dans les autres termes de l'équation; on aura ainsi

$$D'' - D' = \frac{e\,\text{tang}\,\omega \sin L''}{\cos D''}.$$

On peut encore simplifier un peu cette expression en substituant l'unité au dénominateur cos D'', car, dans ce calcul, nous nous bornons à la première puissance de sin D''; et comme $\cos D'' = 1 - 2\sin^2 \frac{1}{2} D''$, on voit que la différence de cos D'' à l'unité est de l'ordre des termes que nous négligeons. On aura donc ainsi, par une approximation suffisante,

$$D'' - D' = e \operatorname{tang} \omega . \sin L''.$$

On voit par cette formule que l'erreur de la déclinaison est bien moindre que l'erreur e de la longitude, puisque celle-ci est multipliée par le facteur sin L'', qui est très-petit dans les observations faites à peu de distance du solstice, et qui devient nul au solstice même. Pour en apprécier l'influence, supposons que l'on n'ait, pour évaluer L'', que des Tables imparfaites, qui puissent donner une erreur d'un demi-jour sur l'instant du solstice, et, par conséquent, une erreur de $0^{gr},55$ sur la longitude, de sorte qu'on ait $e = 0^{gr},55$; alors il faudrait se borner à observer le plus près possible du solstice, par exemple le jour du solstice même. Dans ce cas, la distance au solstice étant au plus d'un demi-jour, il est clair que L'' serait au plus égal à $0^{gr},55$, en supposant le mouvement diurne du soleil égal à $1^{gr},1$, comme nous l'avons fait dans le texte. Dans ces suppositions exagérées on aurait

$$D'' - D' = 0^{gr},55 . \sin 0^{gr},55 . \operatorname{tang} 26^{gr},0720,$$

en prenant $26^{gr},0720$ pour l'obliquité de l'écliptique. Cette formule, évaluée numériquement par les Tables trigonométriques, donne $D'' - D' = 0^{gr},00206$, ou $6'',7$ en mesures sexagésimales.

Mais si, au lieu d'employer de pareilles Tables pour calculer L'', on en emploie d'autres moins imparfaites dont l'erreur soit 100 fois plus petite et ne s'élève qu'à $0^{gr},0055$, l'erreur de la déclinaison solsticiale, conclue d'une observation faite le jour même du solstice, deviendra aussi 100 fois moindre et sera réduite à $0^{gr},0000206$, ou $0'',067$ en mesures sexagésimales, quantité déjà presque insensible.

Une erreur de $0^{gr},0055$ sur la longitude du soleil répond à 5 minutes de temps décimal, ou à $0^{h},0500$, à raison de $1^{gr},1$ pour un jour. Dans nos Tables astronomiques actuelles, l'erreur en temps s'élève bien rarement à $0^{h},0050$, ce qui réduit proportionnellement l'erreur e de la longitude à $0^{gr},000055$, en sorte qu'à égale distance du solstice, elle est 100 fois moindre que la précédente. L'erreur correspondante de la déclinaison solsticiale deviendra donc aussi 100 fois plus petite, c'est-à-dire qu'elle se trouvera réduite à $0^{gr},000000206$, quantité tout à fait insensible. En raison de cette petitesse, on peut ne pas borner les observations au jour même du solstice, comme nous venons de le supposer. On peut les étendre jusqu'à quinze jours avant et après le solstice, sans que l'erreur des Tables devienne sensible par la réduction.

On trouvera à la fin de ce livre un exemple numérique de ces réductions au solstice.

CHAPITRE III.

Du calendrier.

24. C'est le mouvement du soleil qui détermine les diverses périodes employées dans la société pour la distribution du temps. Le choix de ces périodes et l'ordre de cette distribution composent ce que l'on appelle le *calendrier*. Je me propose surtout ici de spécifier la forme qu'on lui a maintenant donnée dans le monde chrétien, parce que c'est le calendrier chrétien qui est employé généralement dans les Tables astronomiques modernes pour l'énumération des temps. Je remettrai à un chapitre ultérieur l'exposition de son synchronisme avec les autres institutions analogues dont la connaissance est le plus nécessaire pour l'étude de l'astronomie ancienne, de la chronologie et de l'histoire.

25. Le temps que le soleil emploie à revenir au même équinoxe, ou en général au même point de l'écliptique, forme *l'année tropique*. Sa durée a de tout temps intéressé les hommes. C'était, en effet, une mesure naturelle des travaux qui demandent de longs intervalles, et qui dépendent du changement des saisons : sa connaissance était nécessaire pour l'agriculture, le commerce et les voyages; aussi a-t-on mis beaucoup de soin à la déterminer.

Ce qui se présente d'abord de plus simple, c'est de savoir combien l'année contient de jours solaires, sans avoir égard à leur inégalité. Dans le chapitre IV du tome Ier, j'ai exposé plusieurs procédés d'observation que la nécessité a suggérés aux anciens peuples, pour obtenir ce résultat avec une approximation qui suffisait à leurs besoins sociaux. Le plus simple consiste à compter le nombre de jours après lesquels le soleil, dans la période de sa course annuelle, revient se lever ou se coucher au même point de l'horizon. Un autre procédé plus raffiné, et peut-être moins exact, consiste à ériger, sur un plan horizontal, un style vertical rectiligne, invariablement fixe, et à mesurer chaque jour la plus petite longueur des ombres qu'il projette successivement. Ce sera l'ombre méridienne. Le jour de l'année où elle se trouvera la plus courte sera celui du solstice d'été. Le jour où elle se trouvera la plus longue sera celui du solstice d'hiver, et le nombre de jours écoulés entre deux retours consécutifs du soleil au même solstice donnera la durée entière de sa révolution. Après quelques épreuves ainsi réitérées, on trouverait évidemment que l'année tropique contient environ trois cent soixante-cinq jours.

On a pu se borner d'abord à ce résultat, mais son inexactitude n'a pas dû tarder à devenir sensible, par l'accumulation des erreurs. En observant le même solstice pendant plusieurs années consécutives, on le voit arriver plus tard qu'il ne devrait, si l'année était exactement de 365 jours. L'erreur est de quinze jours en soixante ans, et d'un mois entier de trente jours après cent vingt ans; il devient donc impossible de la méconnaître si l'observation qui a donné l'évaluation première est réitérée après de tels intervalles et comparée à une énumération continue des jours écoulés. On a su, par là, que l'année était plus grande d'un quart de jour qu'on ne l'avait faite d'abord, et l'on a pris pour sa durée $365^j,25$.

Cette évaluation a été connue et adoptée par les Chinois depuis un temps immémorial. Ils la fondaient sur des longueurs d'ombres mesurées aux solstices d'hiver successifs. Les Grecs l'ont aussi connue de bonne heure, soit par eux-mêmes, d'après des longueurs d'ombres observées aux solstices d'été, soit comme une notion qui leur venait de peuples plus anciens, et qu'ils n'ont fait que vérifier ainsi.

26. Cette seconde estimation, beaucoup plus approchée que la première, est encore bien loin d'être exacte; et l'on s'en aperçoit de la même manière, par l'erreur qu'elle donne après de longs intervalles de temps, continûment énumérés. Mais la recherche de son erreur suppose déjà le sentiment de la précision scientifique. La plus ancienne notion que nous ayons qu'on l'ait remarquée nous vient des Grecs. Hipparque, en comparant une observation de solstice faite par lui-même, avec une autre faite par Aristarque, cent quarante-cinq ans auparavant, trouva que le dernier solstice était arrivé un demi-jour plus tôt qu'il n'aurait dû, si l'année eût été de $365^j,25$; c'était donc $0^j,5$ d'erreur en cent quarante-cinq ans, ou $\frac{1}{330}$ de jour par année. D'après beaucoup de comparaisons effectuées ainsi, Hipparque adopta en moyenne $\frac{1}{300}$ ou $0^j,003333$, ce qui, retranché de $365^j,25$, donne la longueur de l'année égale à $365^j,246667$. Mais, dans un Traité spécial qu'il avait composé sur ce sujet, et qui malheureusement n'est pas arrivé jusqu'à nous, il déclara, au dire de Ptolémée, que les observations antérieures desquelles il avait déduit ce résultat ne lui semblaient ni assez anciennes ni assez précises, pour qu'il s'en tînt complétement assuré.

27. On verra plus loin que la théorie de l'attraction nous met aujourd'hui en état de calculer qu'à l'époque d'Hipparque, 128 ans environ avant l'ère chrétienne, la véritable durée moyenne de l'année solaire était $365^j,242392$, plus longue qu'à présent de $0^j,000128$, et plus courte de $0^j,004275$ qu'Hipparque ne la supposait. L'erreur des anciennes évaluations tient surtout à l'inexactitude des observations des solstices. En effet, les hauteurs méridiennes du soleil, croissant, vers cette époque, par des degrés insensibles, l'ombre du style suit les mêmes périodes, et il est impossible de reconnaître exactement l'instant où le soleil doit arriver au solstice. On évite cet inconvénient, si l'on prend pour termes de comparaison, non plus les retours du soleil à un solstice de même dénomination, mais son retour à toute autre phase de sa route annuelle, dont l'identité se reconnaisse, tant par l'égalité des ombres méridiennes, que par l'égalité de leurs variations diurnes pour s'allonger ou se raccourcir. L'intervalle de temps compris entre deux époques consécutives ainsi choisies, donnera de même la durée d'une seule année, et la comparaison faite entre deux époques pareilles, séparées par plusieurs révolutions complètes de l'astre, en fournira une évaluation moyenne plus exacte.

C'est surtout vers les équinoxes que ce genre d'observation doit se faire avec le plus d'avantage, parce qu'alors les hauteurs méridiennes du soleil changent très-sensiblement d'un jour à l'autre. Aussi Hipparque observa-t-il plusieurs équinoxes dans cette intention. Mais l'imperfection de ses instruments était trop grande pour qu'il pût conclure la longueur de l'année par des observations aussi rapprochées les unes des autres ; et il fallait attendre un grand nombre de siècles pour que leur incertitude fût compensée par l'éloignement. Aujourd'hui que la perfection des instruments a rendu les observations beaucoup plus sûres, cette méthode est encore celle que les astronomes mettent en usage pour déterminer la vraie longueur de l'année tropique. Mais les gnomons à style, dont se servaient les Grecs, n'auraient jamais pu leur en donner une évaluation exacte, même en employant cette méthode, à cause de l'incertitude que comporte l'observation de l'extrémité de l'ombre, comme nous l'avons remarqué dans le tome Ier.

28. Si le mouvement propre du soleil était parfaitement uniforme, il suffirait d'observer deux équinoxes avec toute la précision des procédés que nous avons décrits ; et en comptant le nombre de jours, et de fractions de jours solaires, qui se seraient écoulés entre ces deux époques, ce nombre serait la vraie longueur de l'année. Mais les inégalités du mouvement propre du soleil altèrent cette simplicité, et rendent le problème beaucoup plus difficile. Car il en résulte que cet astre ne revient pas toujours aux mêmes équinoxes, après des intervalles de temps exactement égaux ; et comme les causes et les effets de ces variations ne peuvent être appréciés que par la théorie de la pesanteur universelle, on voit qu'il faut s'élever jusque-là avant de pouvoir dépouiller complétement le mouvement du soleil de ces irrégularités, et par conséquent aussi avant de déterminer avec la dernière précision la durée moyenne de l'année tropique. Ceci est encore un nouvel exemple des approximations successives auxquelles l'astronomie est sans cesse obligée d'avoir recours.

Nous pouvons toutefois éluder une partie de ces difficultés, et trouver dès à présent, sans aucune pétition de principes, une valeur très-approchée de l'année moyenne. En effet, on verra, par la suite, que les inégalités du mouvement du soleil sont de deux sortes. Les unes, que l'on appelle *périodiques*, se développent tout entières dans l'intervalle d'une année ou d'un petit nombre d'années ; et, après cet intervalle de temps, elles se compensent d'elles-mêmes, en repassant par les mêmes valeurs ; de sorte qu'elles font osciller continuellement le soleil autour d'un état moyen dont il s'écarte peu. Les autres inégalités, au contraire, sont comprises dans des périodes si longues, qu'on les a nommées *séculaires*, et elles ont été continuellement croissantes ou décroissantes depuis les plus anciens astronomes jusqu'à nous. Leurs effets accumulés doivent donc inévitablement se faire sentir dans la comparaison des anciennes observations avec les nôtres. Mais il n'en est pas de même des inégalités périodiques ; celles-ci ont dû se compenser d'autant plus de fois, qu'il s'est écoulé plus de temps entre les époques que l'on compare. Par conséquent, tous leurs effets intermédiaires doivent disparaître quand on compare des équinoxes fort éloignés, et il ne doit rester de leur influence que ce qui appartient à la première époque et à la dernière. Or, cette influence s'affaiblit beaucoup dans le résultat moyen où elle est divisée par le nombre des années comprises entre les observations que l'on compare, et l'on pourrait imaginer des observations assez éloignées les unes des autres, pour que l'effet des erreurs extrêmes fût tout à fait insensible. C'est absolument ce même principe qui fait que, dans les observations au cercle répétiteur, l'arc moyen n'est affecté que des erreurs extrêmes, et nullement des défauts intermédiaires de la division.

L'année moyenne conclue de cette manière, par la comparaison d'un de nos équinoxes avec un ancien équinoxe, observé, par exemple, par Hipparque, pourrait donc être regardée comme indépendante des inégalités périodiques du mouvement du soleil, et affectée seulement par les inégalités séculaires. Mais, outre que celles-ci sont fort petites, on conçoit qu'elles n'ont pu être déterminées et corrigées que dans une seconde approximation. Par conséquent, il ne faut pas espérer de les éviter d'une autre manière. Seulement, après avoir prévenu de leur existence, nous supposerons, pour abréger, qu'on y a eu égard, et nous emploierons dès à présent, pour la durée définitive de l'année moyenne à l'époque actuelle, $365^{j},242264$. C'est le résultat que Delambre a obtenu en comparant un très-grand nombre d'observations d'équinoxes faites avec toute la précision de l'astronomie moderne, et corrigées de toutes les inégalités périodiques dont le mouvement du soleil est affecté. Cette espèce d'anticipation, dont nous avons déjà fait plusieurs fois usage, n'ôte rien à la rigueur des raisonnements, quand on en conçoit bien l'esprit, et qu'on y voit seulement un moyen d'éviter la nécessité de revenir sur ses pas, pour effectuer les approximations successives que les astronomes ont employées et dont il suffit de bien sentir la nécessité.

29. Pour appliquer ces résultats à la vie civile, et rendre leur usage vulgaire, il faut les présenter dégagés des fractions qui les accompagnent et qui les rendraient trop difficiles à retenir.

La première idée qui se présente, c'est de négliger ces fractions. On a dès lors des années de trois cent soixante-cinq jours. Elles ont été autrefois employées par les Égyptiens qui en ont conservé l'usage pendant beaucoup de siècles. Les 365 jours qui composent cette période formant une somme moindre que la durée d'une année solaire, elle se trouvait toujours révolue avant que celle-ci fût terminée. En conséquence, chaque jour égyptien, d'une dénomination fixe, revenait plus tôt que la phase solaire avec laquelle il avait précédemment coïncidé; et, reculant ainsi devant elle, de plus en plus, à chaque retour, il se transportait successivement dans toutes les saisons. C'est pourquoi les chronologistes et les astronomes ont appelé cette forme d'année, *une année vague*. Geminus, écrivain grec, quelque peu postérieur à Hipparque, rapporte que les Égyptiens s'accommodaient de ce transport, en disant que toutes les parties des saisons se trouvaient ainsi successivement sanctifiées par les fêtes et les sacrifices attachés à chacun des 365 jours de leur calendrier. Ils auraient pu en donner des raisons meilleures. Car, d'abord, le fait de son déplacement étant une fois accepté ou justifié, elle était si commode par la simplicité de sa numération, que Ptolémée l'a préférée à toute autre pour la construction de ses Tables astronomiques, quoiqu'il connût bien la période de $365^j\frac{1}{4}$ qui, de son temps, était employée dans le calendrier romain à Alexandrie d'Égypte, où il résidait. Ensuite, pour appliquer au ciel leur année vague, les Égyptiens avaient seulement à constater le cours naturel du soleil et de la lune dans la série des jours, sans se mettre en peine de les concilier, comme les Grecs et les Romains s'efforcèrent si longtemps et si vainement de le faire. Nous avons hérité d'eux cette préoccupation; et l'adoption de la religion chrétienne nous en a fait une nécessité, parce que plusieurs fêtes principales de l'année y sont attachées fixement à certaines phases solaires et lunaires. Or la période de 365 jours détruirait rapidement cette concordance. En effet, admettons, pour notre temps, l'année solaire moyenne égale à $365^{j},242264$; chaque année de 365 jours révolue se trouvera en arrière sur le soleil de $0^{j},242264$, ou un peu moins que $\frac{1}{4}$ de jour. Donc, après 1508 années pareilles, ce retard accumulé 1508 fois formera $365^{j},334112$, ou une année solaire complète, plus $0^{j},091848$. Alors chaque jour vague de dénomination fixe, après avoir parcouru toutes les saisons, sera revenu presque rigoureusement à la même phase solaire moyenne avec laquelle il avait d'abord coïncidé. Au temps d'Hipparque, si l'on suppose l'année solaire moyenne égale à $365^{j},2424$, le même retour devait s'opérer après 1506 périodes de 365 jours, produisant un retard total de $365^{j},0544$, ou une année solaire complète moins $0^{j},188$. Ce nombre 1506 n'est mentionné par aucun écrivain ancien; mais, comme ils supposaient généralement l'année solaire égale à $365^{j}\frac{1}{4}$ juste, ils arrivaient, par le même mode de computation, à un résultat inexact qu'ils ont universellement répété. En effet, suivant cette évaluation fautive, les phases solaires se trouvaient retardées d'un jour après 4 périodes de 365; donc, après 4 fois 365 ou 1460 périodes pareilles, elles étaient retardées de 365 jours ou d'une année vague complète qui devait encore s'écouler avant de les rejoindre; ce qui en portait le nombre total à 1461, et non pas à 1506, comme nous le trouvons pour le temps d'Hipparque, résultat qui a encore subsisté, sans erreur sensible, à des époques beaucoup plus anciennes (*). Aussi Geminus et tous les écrivains postérieurs qui ont

(*) Ces résultats seront plus facilement saisis en mettant en regard les nombres des diverses espèces d'années qui approchent le plus de contenir un même nombre entier de jours. Soient S la durée de l'année solaire moyenne en jours, à chaque époque que l'on veut considérer; V le nombre constant 365 que contient l'année vague égyptienne. Comptons les temps en années fixes de $365\frac{1}{4}$ jours, à partir de l'ère chrétienne, comme on le fait dans nos Tables astronomiques, en désignant par le signe + les époques postérieures à cette ère, et les antérieures par le signe —. Ceci convenu, si l'on adopte les valeurs de S qui se déduisent des formules théoriques de la *Mécanique céleste*, on

voulu, comme lui, mentionner la révolution de l'année vague égyptienne dans l'année solaire, ont-ils adopté ce même nombre 1461 pour en exprimer la durée; mais l'erreur de leur calcul s'élevant ainsi à 45 ou 46 ans vagues, elle n'aurait pas pu échapper aux observations les plus grossières si les Égyptiens avaient effectivement suivi la marche de leur année dans les phases solaires, avec une énumération continue des jours, pendant une de ses révolutions entières; et comme nous savons, par les monuments, qu'ils ont employé usuellement l'année vague de 365 jours pendant un intervalle de temps beaucoup plus considérable, nous devons en conclure que la continuité des observations, ou de la transmission des dates égyptiennes, a dû être interrompue de manière à empêcher la comparaison astronomique des époques extrêmes. Des considérations historiques concourent à rendre ce fait très-probable: cela explique pourquoi Ptolémée n'a employé, ni même mentionné aucun phénomène astronomique qui eût été anciennement observé par les Égyptiens (*).

---

aura les égalités suivantes :

$$\text{En } -4250,\ S = 365^{j},242600;\quad 1506\,V = 1505\,S - 0^{j},1130.$$
$$\text{En } -250,\ S = 365,242400;\quad 1506\,V = 1505\,S + 0,1880.$$
$$\text{En } -128,\ S = 365,242392;\quad 1506\,V = 1505\,S + 0,2004.$$

On voit par ce tableau que, pendant toute la durée que l'on puisse idéalement attribuer à l'empire égyptien, 1506 années vagues de 365 jours ont été sensiblement égales à 1505 années solaires vraies; mais je prouverai plus loin que l'année usitée en Égypte n'a été portée à ce nombre de 365 qu'à l'époque — 1780, et qu'antérieurement elle était bornée à 360 jours; elle était donc dès lors vague dans l'année solaire, et revenait concourir avec elle bien plus rapidement qu'elle ne fit depuis qu'on l'eut complétée.

Si l'on nomme de même J la durée de l'année composée de $365\frac{1}{4}$ jours, on aura identiquement

$$1461\,V = 1460\,J;$$

c'est le rapport d'équivalence que les écrivains grecs et latins ont inexactement supposé entre l'année vague de 365 jours et l'année solaire.

(*) Mémoire sur plusieurs points d'Astronomie ancienne. (*Académie des Sciences*, tome XX.)

30. En se donnant comme nous, pour condition, de maintenir le calendrier en concordance constante avec les phases solaires, on aurait à prendre un parti, en apparence bien simple. On pourrait faire abstraction du nombre de jours que contient l'année usuelle, et en regarder le commencement et la fin comme des phénomènes astronomiques, que l'on fixerait par les retours du soleil à un même équinoxe. Telle a été pendant quelque temps en France l'année prescrite par la loi. Elle commençait à minuit, avec le jour dans lequel arrivait l'équinoxe vrai d'automne, à Paris. Chaque année était divisée en douze *mois* de trente jours, après lesquels on plaçait cinq jours, que l'on nommait *complémentaires*. Cette manière de compter les années avait pour *ère*, c'est-à-dire pour origine, le 22 septembre 1792, jour de la fondation de la République. Mais comme les retours du soleil au même équinoxe ne comprennent pas un nombre entier de jours, et qu'il s'y joint une fraction, on voit qu'en adoptant cette méthode, les années ne sont plus des périodes de temps faciles à décomposer en jours; ce qui est un très-grand défaut pour la chronologie, déjà embarrassée par tant d'autres incertitudes.

31. Pour éviter ces inconvénients, on a imaginé la méthode des *intercalations*. Elle consiste à donner à l'année civile 365 jours, en prenant soin de corriger la petite erreur annuelle, avant qu'elle se soit accumulée, et lorsqu'elle s'élève seulement à un jour. De cette manière, les corrections sont assez fréquentes; mais aussi l'*année civile* ne fait qu'osciller dans des limites peu étendues, autour de l'année moyenne véritable, et l'influence de cette erreur sur les travaux de la société est tout à fait insensible. On sent d'ailleurs qu'il ne faut s'occuper ici que de l'année moyenne; car, pour les usages civils, on n'a pas besoin de tenir compte des petites inégalités périodiques qui font varier les retours du soleil à un même équinoxe, tantôt en plus, tantôt en moins.

L'intercalation la plus simple est celle d'un jour tous les quatre ans. Elle suppose l'année moyenne de $365^{j},25$, ou 365 jours un quart, ce qui est peu différent de la vérité. Cette intercalation fut prescrite par *Jules César*, et prit, de lui, le nom de *correction julienne*. Il est très-présumable qu'elle vient originairement des

Égyptiens, qui paraissent l'avoir connue très-anciennement sans en faire un usage pratique, lui préférant leur année vague de 365 jours, dont le déplacement progressif, dans les phases solaires, ne répugnait point à leurs habitudes, et se trouvait consacré par leur religion. Les Romains, au contraire, avaient de tout temps cherché à rendre leur année usuelle constamment concordante avec le mouvement du soleil, et même avec celui de la lune. Mais, dans leur profonde ignorance de l'astronomie, et des sciences en général, ils firent de vains efforts pour y parvenir; et les pontifes chargés de ce soin étaient sans cesse obligés de recourir à des corrections arbitraires qui troublaient la continuité de l'énumération des temps. Jules César, devenu maître de Rome, entreprit de faire cesser ce désordre, et de rendre l'année usuelle constamment concordante avec le cours du soleil, en dérangeant le moins possible les époques consacrées aux fêtes religieuses; il adopta pour ce but l'année de $365^j,25$, ignorant, ou négligeant, l'inexactitude qu'Hipparque y avait reconnue. Toutefois, cette réforme n'ayant pas été d'abord appliquée correctement par les pontifes, il en résulta une nouvelle confusion, à laquelle Auguste dut remédier; et ce fut seulement depuis ce dernier que la forme julienne fut régulièrement établie chez les Romains, de qui elle nous est parvenue. Suivant cette manière de compter, les *années communes* sont de 365 jours; elles sont partagées en douze mois de trente ou de trente et un jours, à l'exception de février qui n'en a que vingt-huit. Le jour intercalaire se place, tous les quatre ans, à la fin de février. L'année a alors 366 jours, et prend le nom de *bissextile*: en sorte que, suivant cette règle, il y a toujours trois années communes entre deux bissextiles. L'assemblage de cent années juliennes de $365^j,25$ forme le *siècle*, qui est la plus longue des périodes employées dans la société pour mesurer le temps, et qui suffit jusqu'à présent à la chronologie.

Quoique la division des mois en jours soit connue de tout le monde, cependant, comme on a très-souvent besoin, dans les calculs astronomiques, d'évaluer le nombre précis de jours compris entre deux dates rapportées à des quantièmes de différents mois, j'ai rassemblé dans le tableau suivant les nombres particuliers de jours contenus dans chaque mois, avec l'indication du rang ordinal que le premier de chacun d'eux occupe dans l'énumération continue des jours d'une même année. Je choisis, comme exemple, une année commune de 365 jours, et j'expliquerai ensuite les corrections qu'il faut faire à ces nombres, pour les appliquer à une année bissextile de 366.

Année commune de 365 jours.

DÉSIGNATION des mois.	NOMBRE TOTAL de jours contenus dans chacun d'eux.	RANG ORDINAL du 1er de chaque mois dans la série continue des jours de l'année.
Janvier.......	31	1
Février.......	28	32
Mars.........	31	60
Avril.........	30	91
Mai..........	31	121
Juin	30	152
Juillet........	31	182
Août........	31	213
Septembre....	30	244
Octobre	31	274
Novembre. ..	30	305
Décembre.....	31	335

Si l'année est bissextile, ajoutez 1 jour au mois de février; et augmentez d'une unité le quantième ordinal du premier jour de chacun des mois suivants.

32. Il ne faut pas confondre la correction julienne avec la *période julienne*, inventée par Scaliger : celle-ci est une période artificielle qui sert à fixer la date des événements historiques, d'après les positions simultanées du soleil et de la lune; nous en parlerons plus loin.

33. L'intercalation julienne s'est transmise à tous les peuples de l'Europe, mais leur ère est différente de celle des Romains, qui comptaient depuis la fondation de Rome. Dans l'*ère chrétienne*, on compte les années depuis la naissance de Jésus-Christ, ou plutôt depuis une certaine année fixée astronomiquement par rapport à nous, et à laquelle on rapporte cet événement, dont l'époque précise est incertaine, comme on le voit par les opinions diverses des chronologistes (*). Mais cela est indifférent pour la progression successive des années; et l'origine de l'ère est tout à fait arbitraire. Il suffit qu'on ait fixé une seule des années, par l'observation de quelque phénomène astronomique. Or on sait que, lors de la tenue du concile de Nicée, l'équinoxe arrivait le 21 mars, et, suivant les calculs des chronologistes, il devait, à l'instant de cet équinoxe, s'être écoulé, depuis l'ère chrétienne, 325 ans. Il n'en faut pas davantage pour rattacher toute la chronologie à cette époque, et rapporter toutes les ères à l'ère chrétienne.

54. On continua à compter de cette manière jusqu'en 1582; mais, comme on supposait l'année de $365^j,25$, tandis qu'elle n'est réellement que de $365^j,242264$, la petite différence annuelle $0^j,007736$ s'était accumulée, et avait produit, en 1257 ans, $9^j,72415$, c'est-à-dire environ dix jours dont on était en retard sur l'année solaire. Les équinoxes s'éloignaient donc successivement de l'instant de l'année auquel le concile de Nicée les avait rapportés, et la différence était à peu près d'un jour en 132 ans. Ce fut ce qui porta le pape Grégoire XIII à faire, dans le calendrier, un nouveau changement auquel on donna le nom de *réforme grégorienne*.

On commença par réparer le retard des dix jours, en ordonnant que le lendemain du 4 octobre 1582 s'appellerait, non le 5, mais le 15 octobre. On continua ensuite à employer l'intercalation julienne, d'un jour tous les quatre ans; en sorte que *toutes les années dont le nombre est divisible par quatre sont bissextiles.* Mais on convint de supprimer ce jour intercalaire dans les années séculaires 1700, 1800 et 1900, en le laissant subsister dans l'an 2000, et ainsi de suite à perpétuité, de sorte que *trois années sé-*

(*) D. Petau, *Ration. temp. pars secunda*, page 16. Paris, 1652, in 12.

culaires communes sont toujours suivies d'une année séculaire bissextile. Cette intercalation très-simple est en même temps très-approchée de l'exactitude, car la différence annuelle $0^j,007736$ de l'intercalation julienne donne, après quatre cents ans, $3^j,0944$, c'est-à-dire à peu près trois jours qu'il faut retrancher. L'erreur de l'intercalation séculaire n'est donc que de $0^j,0944$, en 400 ans, ou de $0^j,944$ en 4000 ans. Elle est donc plus que suffisante pour tous les besoins de l'histoire, et en convenant de retrancher encore une bissextile tous les 4000 ans, elle sera longtemps suffisante pour les siècles à venir.

La manière précédente de compter les années forme ce qu'on appelle le *calendrier grégorien*, suivant lequel l'équinoxe du printemps arrive toujours du 19 au 21 mars. Ce calendrier n'a pas été adopté dans son origine par tous les États de l'Europe, ce qui occasionnait une différence dans la manière de dater. Ceux qui conservaient le calendrier julien comptaient dix jours de moins que les autres, depuis 1582 jusqu'à 1700, onze jours depuis 1700 jusqu'à 1800, et ainsi de suite. Mais, à l'exception de la Russie, qui conserve encore le style julien, le calendrier grégorien est maintenant employé dans tous les États de la chrétienté.

Nous donnerons plus tard quelques détails sur les principaux calendriers usités chez les anciens peuples, sur les principales périodes astronomiques qu'ils avaient imaginées, et enfin sur les *ères* les plus célèbres dans l'histoire. Mais, pour pouvoir apprécier aisément les rapports de ces périodes entre elles, et le degré d'exactitude qu'elles comportent, il faut attendre que nous connaissions exactement les mouvements du soleil et de la lune qui s'y trouvent souvent combinés. Notre objet, dans ces commencements, était seulement de profiter des premiers résultats obtenus pour dater et mettre en ordre les observations, et c'est ainsi que les premiers astronomes ont dû faire.

38. On a partagé l'année en quatre *saisons* analogues aux travaux de l'agriculture ; ce sont : le *printemps*, l'*été*, l'*automne* et l'*hiver*. Le printemps se compte depuis l'entrée du soleil dans l'équateur, jusqu'à son arrivée au tropique boréal; l'équinoxe qui lui sert d'origine s'appelle l'équinoxe du printemps. Le

temps qui s'écoule ensuite jusqu'au retour du soleil à l'équateur forme l'été, et se termine par un nouvel équinoxe qui est l'équinoxe d'automne. Cette saison s'étend jusqu'à l'arrivée du soleil au tropique austral, et son retour de ce point à l'équateur forme l'hiver, qui ferme le cercle de l'année tropique.

Les dates des deux équinoxes de l'année 1807, que nous avons déduites du tableau de la page 16, nous fournissent un résultat curieux sur la manière dont ces deux époques partagent actuellement la durée totale de l'année tropique. Nous avons trouvé alors que l'équinoxe vernal avait eu lieu $0^h,35531$ *après* le midi du 21 mars, et l'équinoxe automnal $5^h,18368$ *après* le midi du 23 septembre. Ces deux nombres d'heures converties en fractions de jour valent $0^j,035531$ et $0^j,518368$; je les ajoute respectivement au quantième ordinal des jours auxquels elles appartiennent, quantièmes que donne immédiatement le tableau de la page 54, puisque l'année 1807 est commune. J'obtiens ainsi les résultats suivants, où les temps sont énumérés continûment en jours solaires vrais, à partir du 1er janvier 1807, à midi.

Date de l'équinoxe vernal de 1807.	$80^j,035531$
Date de l'équinoxe automnal suivant.. . . .	266,518368
Différence, ou intervalle de temps compris par le printemps et l'été..	186,482837
Durée moyenne de l'année tropique entière.	365,242264
Complément, ou intervalle de temps compris par l'automne et l'hiver..	178,759427

Ce calcul nous montre que, *à l'époque actuelle*, le printemps et l'été, pris ensemble, ont une durée beaucoup plus longue que ne l'est celle de l'automne et de l'hiver. J'avais déjà annoncé ce résultat dans le tome Ier, comme indiqué par les plus simples approximations, mais on le voit ici constaté en nombres. Le partage de l'année par les équinoxes a été tout différent dans d'autres siècles, comme nous le reconnaîtrons plus loin. Chacun des deux intervalles est aussi partagé inégalement par le solstice qui s'y trouve compris ; mais les observations rapportées dans le tableau de la page 16 ne donneraient pas immédiatement les dates absolues de ces deux phénomènes avec une précision suffisante pour qu'on pût en déduire sans incertitude ce mode de partage.

56. Chacune des saisons ramène, dans les productions de la nature, un nouvel ordre de phénomènes, analogue aux divers degrés d'intensité de la chaleur solaire. A mesure que les hauteurs méridiennes du soleil augmentent, ses rayons tombent plus à plomb sur l'horizon, et la terre en retient mieux la chaleur. Mais lorsque cet astre s'abaisse, ses rayons obliques, déjà affaiblis par l'atmosphère, se réfléchissent en grande partie, et vont se perdre dans l'espace.

Les hauteurs du soleil ont donc une influence marquée sur la température. Cependant elles redeviennent successivement les mêmes pendant le printemps et pendant l'été, quoique la chaleur ne soit pas la même dans ces deux saisons. Cela vient de ce que l'impression produite par le soleil résulte à la fois de l'intensité de sa lumière et de la durée de sa présence. Lorsque le soleil s'avance dans l'hémisphère boréal, son action ne fait que commencer à s'exercer sur nous, et la terre commence à s'échauffer. Mais lorsque cet astre a quitté le tropique, la terre a éprouvé plusieurs mois de chaleur. Chaque jour un nouveau degré s'ajoute à ce qu'elle avait déjà ; c'est alors que les effets de l'astre qui la réchauffe deviennent surtout sensibles par leur accumulation. On observe de même que la plus grande chaleur du jour n'a pas lieu à midi, mais environ deux ou trois heures après.

Il en faut dire autant de l'automne et de l'hiver. Dans ces deux saisons la chaleur envoyée par le soleil est égale, mais la terre est différemment disposée à la recevoir. En automne, sa surface conserve quelque chose de la chaleur de l'été, qu'elle ne perd que peu à peu ; mais, lorsque l'hiver arrive, la terre, refroidie, est couverte de neige et de glace. Elle ne peut se réchauffer que lentement, par l'action prolongée des rayons du soleil.

Ceci doit s'entendre seulement de la surface de la terre. La couche qui est au-dessous du sol, à quelque profondeur, ne participe point à ces variations. Lorsque le soleil passe, l'été, au-dessus d'elle, il s'écoule un temps considérable avant qu'elle ressente sa chaleur; réciproquement, cet astre peut faire sa révolution entière, avant que son départ lui soit sensible. Il doit donc s'établir dans l'intérieur du sol un état moyen, proportionné à l'exposition de la surface extérieure, et intermédiaire entre les plus grands froids de l'hiver et les plus grandes chaleurs de l'été. L'expérience confirme ce résultat. Si l'on prend une moyenne arithmétique entre les hauteurs du thermomètre, observées dans un même pays, pendant une longue suite d'années, ce sera pour ce pays la température constante des souterrains. J'aurai occasion de revenir sur cet objet quand nous comparerons les températures des divers pays, d'après leur position sur la surface du globe.

37. Les notions que nous venons d'acquérir sur la longueur de l'année, peuvent servir à trouver le *moyen mouvement* du soleil dans l'écliptique, c'est-à-dire l'arc moyen qu'il décrit sur ce cercle dans l'intervalle d'un jour. Car sa révolution annuelle comprenant 400^{gr}, sa marche, en la supposant uniforme, serait, pour un jour, $\frac{400^{gr}}{365,242264}$ ou $1^{gr},0951635$. Ce résultat sera tantôt trop fort, tantôt trop faible, et quelquefois exact; mais, au bout de l'année, tout se trouvera compensé. Il est fort ordinaire aux géomètres et aux astronomes d'accommoder ainsi les choses irrégulières à des règles exactes, qui en approchent autant qu'il est possible, et que l'on modifie ensuite par des corrections, de manière à les plier de plus en plus à la vérité.

La même méthode nous fera connaître le moyen mouvement du soleil parallèlement à l'équateur, et puisque cet astre fait ainsi le tour du ciel dans l'intervalle d'une année, sa marche moyenne en ascension droite sera encore, pour un jour, $1^{gr},0951635$, comme tout à l'heure.

38. Les astronomes sont dans l'usage de rapporter tous les mouvements des astres à celui d'un soleil fictif, qui aurait précisément la marche uniforme que nous venons de déterminer. Ils appellent *jour moyen solaire* l'intervalle de temps qui s'écoule entre deux retours consécutifs de ce soleil fictif au méridien; et ils nomment en général *temps moyen* les instants de la durée

marqués par ses positions successives. D'après les résultats que nous venons d'obtenir, il est facile de trouver le rapport du jour moyen solaire au jour sidéral, que nous avons adopté jusqu'ici pour unité de temps. Car le mouvement propre $1^{gr},0951635$ étant dirigé d'occident en orient en sens contraire du mouvement diurne du ciel, cet arc s'ajoute à la rotation de la sphère céleste, et le soleil moyen ne revient au méridien d'un jour à l'autre qu'après avoir décrit parallèlement à l'équateur $401^{gr},0951635$. Si donc la durée d'un jour solaire moyen est représentée par 10^h, le temps que cet astre emploie à décrire l'arc diurne $1^{gr},0951635$ sera $\frac{10^h . 1^{gr},0951635}{401^{gr},0951635}$ ou $0^{j.sol.},00273043$. Cette quantité, retranchée de dix heures moyennes, donne $9^h,9726957$ pour la durée de la rotation diurne de la sphère céleste, exprimée en temps moyen solaire. La petite différence $0^{j.sol.},00273043$ est l'excès du jour moyen solaire sur le sidéral, exprimé aussi en temps moyen. C'est $3'55'',9091$, quand on adopte la division sexagésimale du jour. Ce résultat est d'accord avec celui que nous avons trouvé par une première approximation dans le § 8. Mais il est ici établi d'une manière bien plus sûre et plus précise.

59. Si l'on voulait prendre le jour sidéral pour unité, ce que l'on fait souvent en astronomie, le jour moyen solaire serait exprimé par $\frac{1}{0,99726957}$ ou $1^{j.sid.},00273791$. La petite différence $0^{j.sid.},00273791$ ou $0^h,0273791$, est l'excès moyen du jour solaire sur le jour sidéral, cet excès étant exprimé en temps sidéral. Ce serait $3'56'',5554$, en adoptant la division sexagésimale du jour. C'est la quantité dont une horloge réglée sur le mouvement des étoiles doit avancer d'un jour à l'autre sur le soleil, en n'ayant égard qu'au mouvement moyen de cet astre. Cette avance étant de $3'56'',5554$ sidérales dans un jour sidéral, est, pour une heure, $9'',8565$, et pour $\frac{1}{10}$ d'heure, $0'',98565$. C'est donc à très-peu près $1''$ pour 6 minutes sexagésimales de temps sidéral.

Le nombre $0^j,00273791$ diffère peu de $0^j,00273043$ qui représente le même arc $1^{gr},0951635$ compté en temps moyen solaire. Cela tient au peu de différence qui existe entre le jour moyen solaire et le jour sidéral, différence qui devient presque insensible sur le petit arc $1^{gr},0951635$, qu'il s'agit d'évaluer. Cependant la première de ces deux périodes est un peu plus grande que la seconde; voilà pourquoi le même intervalle est représenté par un nombre plus petit en temps moyen solaire qu'en temps sidéral.

40. Les comparaisons que nous venons de faire entre le jour moyen et le jour sidéral ne donnent que la durée absolue du jour moyen. Mais elles ne déterminent pas une position absolue du *soleil moyen*, et par conséquent elles ne font pas connaître le *temps moyen absolu*. En effet, il reste encore ici une quantité arbitraire, c'est l'époque à partir de laquelle on veut commencer à compter en temps moyen. Quand on se sera donné une seule position du soleil moyen, on en déduira ensuite toutes ses positions passées et futures, puisque l'on connaît son mouvement; et l'on sera en état d'assigner son angle horaire à un instant quelconque, relativement à tel méridien terrestre que l'on voudra. Mais le premier angle horaire, d'où l'on part, est absolument arbitraire. Ce qu'il y a de plus simple, c'est de supposer qu'à une époque connue et déterminée par un phénomène astronomique, le soleil moyen coïncidait avec le soleil véritable. C'est aussi ce qu'ont fait les astronomes. Mais le phénomène astronomique qu'ils ont pris pour origine ne peut être expliqué qu'après que l'on connaît les lois du mouvement du soleil vrai. C'est pourquoi nous sommes forcés de remettre plus loin la définition du temps moyen absolu, et jusque-là nous continuerons à fixer les dates et les instants des observations en temps sidéral, compté depuis le passage de l'équinoxe du printemps à un méridien connu. Mais j'ai cru devoir dès à présent insister sur ce point, afin que l'on voie bien la différence qui existe entre la détermination des périodes de temps, qui sont données par la nature, et celle du temps absolu, dont l'origine est arbitraire.

41. Il est visible qu'une petite erreur sur la longueur de l'année n'aurait qu'une influence presque insensible sur les arcs diurnes que nous venons de calculer, à cause du grand nombre de jours entre lesquels l'erreur totale se trouverait répartie. Tel est l'avantage que présentent les résultats moyens, lorsqu'on les conclut d'observations très-distantes les unes des autres.

42. Après avoir établi ces résultats dans l'ordre naturel, suivant lequel ils auraient pu être inventés, et sans anticiper sur les découvertes postérieures, nous pouvons maintenant indiquer les méthodes modernes que l'on emploie pour les rectifier, et les porter au dernier degré de précision.

Aujourd'hui que les observations se font avec une extrême exactitude, aujourd'hui que l'on connaît toutes les inégalités du mouvement du soleil, qu'on les a réduites en Tables, et qu'on n'a plus à corriger que des erreurs presque insensibles, on peut douter si les équinoxes observés par les anciens astronomes grecs valent la peine d'être calculés. La manière dont ils les ont observés était fort grossière, et ne peut tirer quelque précision que de son éloignement. Ces observations se faisaient avec des *armilles*; c'étaient des cercles de cuivre dirigés dans le plan des cercles célestes, et nous en avons déjà parlé dans le tome Ier. Pour déterminer les équinoxes, les astronomes observaient le temps où l'ombre du cercle qui représentait l'équateur était renfermée tout entière dans le plan de ce cercle; mais il est évident que la réfraction altérait plus ou moins le résultat, suivant la hauteur où se trouvait le soleil à l'instant de l'équinoxe. Le changement de réfraction, plus rapide vers l'horizon que le mouvement en déclinaison, leur a fait quelquefois observer deux équinoxes le même jour. En effet, si le soleil se lève le matin fort près de l'équinoxe, la réfraction très-forte à l'horizon pourra compenser son éloignement, et le faire paraître dans le plan de l'équateur. Mais, à mesure que les astres s'élèvent, la réfraction diminue avec rapidité; le soleil, plus élevé sur l'horizon, paraîtra donc plus près de son véritable lieu, et, si son mouvement en déclinaison n'a pas compensé cet abaissement, il reparaîtra au-dessous de l'équinoxe, où il pourra passer dans la journée.

Si l'on veut cependant tirer parti des anciens équinoxes pour déterminer la longueur de l'année, la méthode la plus simple est de regarder chacun de ces équinoxes comme une longitude observée, qui est de 0^{gr} au printemps, et de 200^{gr} en automne. On calculera le lieu du soleil par les Tables actuelles, pour la même époque. Si la longitude vraie est autre que 0^{gr} ou 200^{gr}, la différence sera l'erreur du mouvement moyen des Tables, pour le temps écoulé depuis l'ancien équinoxe jusqu'à nous. Cette erreur, divisée par le nombre des jours écoulés, donnera la correction du mouvement moyen employé dans les Tables : ce mouvement étant ainsi rectifié, on en conclura la longueur de l'année par une simple proportion (*).

43. Il n'y a pas beaucoup d'avantage à rechercher ces anciennes observations, sur lesquelles on ne peut compter à un demi-jour près, ce qui fait $0^{gr},55$ sur la longitude observée. En effet, $0^{gr},55$, divisés par 2000 ans, donnent $0^{gr},00027$ ($0'',9$ sex.) par année. Une observation de Bradley ou de Lacaille, faite il y a cinquante ans, ne comporte pas une erreur de $0^{gr},0015$ ($5''$ sex.), qui, répartis sur cet intervalle, ne font que $0^{gr},00003$ ($0'',1$ sex.) par année. Telle est donc la petite incertitude qui peut rester sur le mouvement moyen du soleil, en le concluant des observations modernes. Celui que Delambre avait adopté pour ses premières Tables, imprimées dans l'*Astronomie* de Lalande, était $40000^{gr},851851$ pour 100 années juliennes de $365^j,25$, ou simplement $0^{gr},851851$ ($46'$ sex.), en omettant les 100 circonférences entières, qui ne peuvent occasionner aucun doute : c'est ce que l'on nomme le *mouvement séculaire* du soleil. On en déduit, par une simple proportion, le temps d'une révolution complète, qui est $\dfrac{36525^j.400}{40000,851851}$ ou $365^j,2422221$. Telle était la longueur de l'année tropique jusqu'à présent adoptée. Mais, d'après un nouveau travail, Delambre a trouvé ce mouvement séculaire trop fort de $0^{gr},004629$; ce qui le réduit à $40000^{gr},847222$, ou simplement à $0^{gr},847222$ ($45'45''$), et la vraie valeur de l'année tropique, qui en résulte, est $365^j,242264$ ou $365^j 5^h 48^m 51^s,6$ en mesures sexagésimales. Cette valeur est celle que nous avons rapportée dans le chapitre précédent.

(*) Le mouvement diurne corrigé est à un jour comme 400 grades à la longueur totale de l'année.

Quoique cet excellent astronome ait calculé plus de 1200 observations pour arriver à ce résultat, il a désiré que l'on observât encore de nouveaux équinoxes pour le confirmer. Il en est de même de l'obliquité de l'écliptique : quoiqu'elle soit aujourd'hui fort bien connue, cependant les astronomes ne manquent jamais l'occasion de l'observer à chaque solstice. C'est par cette continuité d'observations et de vérifications qu'ils s'assurent de la bonté de leurs Tables, qu'ils les rectifient et qu'ils les portent enfin à un point de précision presque incroyable.

44. On voit encore ici se vérifier la remarque que nous avons souvent faite sur la marche, tour à tour progressive et rétrograde, par laquelle l'astronome arrive aux résultats les plus exacts, par des approximations successives. La simple observation des mouvements diurnes du soleil en déclinaison et en ascension droite nous a fait découvrir qu'il décrit annuellement un grand cercle de la sphère céleste. Ces premières observations nous ont fait connaître, d'une manière approchée, la position des solstices et des équinoxes. A l'aide de ces résultats imparfaits et d'une longue série d'observations, nous avons conçu que l'on pouvait parvenir à connaître la marche du soleil sur son grand cercle et son mouvement, tantôt plus lent, tantôt plus rapide, avec une approximation suffisante pour en prédire à peu près les variations régulières, qui reviennent dans le même ordre chaque année. Ces résultats nous ont servi de base pour en trouver d'autres plus parfaits, et pour déterminer avec plus d'exactitude l'obliquité de l'écliptique, et la position des équinoxes, par des observations correspondantes réduites, à l'aide des Tables, à une époque commune. Ces nouveaux résultats, à leur tour, serviraient donc de base à de nouvelles Tables plus exactes que les premières ; et ainsi, d'approximation en approximation, on s'élèverait jusqu'à la perfection des Tables modernes, qui sont des modèles de précision et d'exactitude. Mais cette marche a été singulièrement éclairée et accélérée par la théorie de l'attraction universelle, dont nous avons donné une idée dans le premier livre, et dont nous avons dès lors indiqué l'application. Cette théorie, déduite des observations nombreuses, mais encore imparfaites, des premiers astronomes, a découvert le secret de toutes les inégalités du mouvement du soleil. Elle en a indiqué l'époque et la marche. Elle a montré comment on pouvait conclure leurs valeurs des observations. Alors on a pu former des Tables du soleil où rien n'est oublié. On s'est servi de ces Tables pour réduire les observations d'équinoxes et de solstices à une même époque, et l'on a dû ainsi obtenir ces divers éléments avec une extrême précision. Telle est, en effet, la marche que les astronomes ont suivie; et c'est aussi celle qu'ils suivent encore aujourd'hui pour perfectionner, par de nouvelles observations, leurs Tables déjà si parfaites.

CHAPITRE IV.

Manière de rapporter la position des astres au plan de l'écliptique.

45. Pour déterminer la position des divers points du ciel, nous les avons d'abord rapportés à deux plans, l'horizon et le méridien, qui sont fixes, pour chaque lieu de la surface terrestre. Le besoin de comparer facilement les observations faites en différents lieux nous a fait chercher d'autres plans indépendants de la position des observateurs et même de la figure de la terre. Lorsque nous avons connu le lieu de l'équateur céleste, et la manière d'évaluer les angles des méridiens par la mesure du temps, nous nous sommes servis de ces données pour déterminer la position des astres, au moyen de leur ascension droite et de leur déclinaison observées.

Enfin, comme une grande partie des phénomènes célestes, relatifs à notre système planétaire, se passent sur le plan de l'écliptique, ou dans des plans qui lui sont peu inclinés, nous allons y rapporter les astres de la même manière, ce qui est d'un usage continuel en astronomie.

Pour cela on conçoit, par chaque point du ciel, un grand cercle perpendiculaire au plan de l'écliptique; c'est ce que l'on nomme le *cercle de latitude*. Alors la position d'un astre se détermine par deux éléments.

Le premier est l'arc de grand cercle compris entre l'écliptique et l'astre. Cet arc s'appelle *la latitude de l'astre*.

Le second est l'arc de l'écliptique compris depuis l'équinoxe du printemps jusqu'au cercle de latitude. Cet arc se compte comme l'ascension droite, d'occident en orient, dans le sens du mouvement propre du soleil; et on le nomme *la longitude de l'astre*, par analogie avec la longitude du soleil.

Dans la *fig*. 5, C est le centre de la sphère céleste. ♈Q♎ représente l'équateur, ♈E♎ l'écliptique, ♈♎ la ligne des équinoxes, SA la déclinaison d'un astre ♈S; A son ascension droite; SL sa latitude; ♈L sa longitude. La latitude est *boréale* quand l'astre est situé au nord de l'écliptique; *australe* quand il est au sud.

46. On n'observe pas immédiatement la latitude et la longitude des astres, parce que l'instrument qui les donnerait serait trop difficile à vérifier; mais on les déduit, par le calcul, de la déclinaison et de l'ascension droite observées. Il ne faut pour cela que résoudre un triangle sphérique.

En effet, par le centre de la sphère céleste, menez les deux rayons visuels CP, CP′, le premier au pôle de l'équateur, le second au pôle de l'écliptique. L'angle P′CP sera égal à l'obliquité de l'écliptique sur l'équateur, § 17. Prolongez indéfiniment le cercle de déclinaison AS, et le cercle de latitude SL. Le premier ira passer par le pôle P, le second par le pôle P′; en sorte que, dans le triangle sphérique P′PS, P′ P sera l'obliquité de l'écliptique, PS le complément de la déclinaison, P′ S le complément de la latitude; car les arcs PA, P′L, sont chacun de 100 grades. Examinons maintenant les angles en P et en P′. Si l'on mène par le pôle P le cercle de déclinaison P♈ qui passe par l'équinoxe, l'angle ♈PP′ sera droit; car le plan du cercle P′P ou CP′P étant perpendiculaire à la ligne des équinoxes, réciproquement tous les plans qui passent par cette ligne lui sont perpendiculaires. De plus, les arcs P♈, PA étant de 100 grades, l'angle ♈PA aura pour mesure l'arc ♈A, et sera par conséquent égal à l'ascension droite de l'astre : ainsi l'angle total P′PS sera égal à $100^{gr} + ♈A$. De même, si par le pôle P′ on mène le cercle de latitude P′♈, l'angle ♈P′P sera droit, et les arcs P′♈, P′L seront de 100 grades. L'angle ♈P′L aura donc pour mesure l'arc ♈L compté sur l'écliptique, et sera égal à la longitude de l'astre. Par conséquent, l'angle SP′P sera égal à $100^{gr} - ♈L$, c'est-à-dire qu'il sera le complément de la longitude. Ainsi, les éléments du triangle SP′P sont l'obliquité de l'écliptique, l'ascension droite de l'astre, sa déclinaison, sa longitude et sa latitude. Les formules de la trigonométrie sphérique étant appliquées à ce triangle, offrent le moyen le plus simple de déterminer les rapports de toutes ces quantités (*).

(*) Afin que l'on ne soit pas embarrassé dans l'interprétation de quelques termes usités dans les anciens ouvrages d'astronomie, j'ajouterai ici que le

47. Veut-on, par exemple, déterminer la longitude et la latitude, en supposant l'ascension droite et la déclinaison connues. Alors dans le triangle SPP′, on connaîtra les côtés PP′, SP, et l'angle P′PS, c'est-à-dire deux côtés et l'angle compris. On pourra donc aisément trouver le troisième côté P′S complément de la latitude, l'angle PP′S complément de la longitude, et même, si l'on veut, l'angle PSP′, que l'on nomme *l'angle de position de l'astre*.

48. Au contraire, se donne-t-on la latitude et la longitude, et veut-on déterminer l'ascension droite et la déclinaison. Alors, dans le triangle SPP′, ce seront les côtés P′P, P′S, qui seront connus, avec l'angle PP′S. On aura donc encore deux côtés, et l'angle compris. On pourra donc aisément déterminer le troisième côté PS, complément de la déclinaison ; l'angle P′PS égal à 100 grades + l'ascension droite, et même, si l'on veut, l'angle de position S.

49. Il existe, entre ces deux systèmes de coordonnées angulaires, une relation très-simple, qui est aussi très-utile pour la vérification des calculs numériques. Elle se découvre en joignant les points S et ♈, par un arc de grand cercle, comme on l'a fait dans la *fig.* 5 *bis*, qui n'est que la répétition de la *fig.* 5, sauf cette addition. Il en résulte deux triangles sphériques rectangles, ♈AS, ♈LS, qui ont leur hypoténuse commune, les côtés étant, pour le premier, l'ascension droite et la déclinaison de l'astre ; pour le second, sa longitude et sa latitude. L'identité des hypoténuses étant exprimée en calcul, donne une condition d'égalité entre les produits des co-

---

grand cercle PP′, qui passe par les pôles de l'équateur et de l'écliptique, et qui contient les points solsticiaux, a été nommé *colure des solstices*. De même le grand cercle P♈, qui passe par les pôles de l'équateur et par la ligne des équinoxes, a été nommé par eux *colure des équinoxes*. Ces singulières dénominations paraissent avoir une origine encore plus bizarre ; elles viennent du mot grec κόλουρος, qui signifie *tronqué à la queue*. Suivant Macrobe (*Songe de Scipion*, I, § XV), elles auraient été données aux cercles qu'elles désignent, *à cause de leur incomplète conversion*, c'est-à-dire, probablement, parce que, dans la portion boréale de la terre, seule connue des Grecs et des Romains, la partie de ces cercles la plus voisine du pôle austral reste toujours cachée sous l'horizon, ce qui les présente comme tronqués dans ces arcs extrêmes de leur contour.

sinus des arcs qui forment, dans chaque système, les deux coordonnées angulaires de l'astre S.

On trouvera, dans un appendice au présent chapitre, les formules analytiques déduites des considérations précédentes, qui expriment ces diverses conversions, dont on a sans cesse besoin. Je ne les insère pas ici, pour ne pas interrompre les raisonnements par les exemples numériques qu'il est nécessaire d'y joindre, afin de montrer à en faire des applications exactes dans tous les cas qui peuvent se présenter.

50. La détermination des latitudes et longitudes des astres, telles que nous venons de les exposer, suppose un observateur placé au centre de la terre. Mais, comme nous nous trouvons toujours à sa surface, il en résulte, dans les valeurs des latitudes et longitudes apparentes, des corrections tout à fait analogues aux parallaxes de déclinaison et d'ascension droite. Cette analogie est tellement complète, que les mêmes formules que nous avons trouvées alors serviront encore dans le cas actuel, comme on va le voir.

Pour cela nous ferons une construction tout à fait semblable à celle que nous avons employée pour la parallaxe de hauteur, tome III, pages 397 et 413. Soient, *fig.* 6, C le centre de la terre supposée elliptique, COZ un rayon terrestre, O l'observateur, Z le zénith vrai (*). Soit P′ le pôle de l'écliptique, et supposons que le plan du tableau passe par les lignes CP′ et CZ. Alors le plan de l'écliptique qui doit être perpendiculaire à la ligne CP′, sera projeté dans la figure suivant une ligne droite CE. L'arc ZP′ sera la distance du zénith vrai au pôle de l'écliptique, et l'arc ZE, complément de cette distance, sera la *latitude du zénith*. J'entends ici la *latitude*

(*) Ici, comme dans le chap. XXII du tome III, où j'ai exposé le calcul des parallaxes, j'appelle *zénith vrai* l'intersection de la sphère céleste par le rayon mené du centre de l'ellipsoïde terrestre, au point de la surface où se trouve l'observateur, et je nomme *zénith apparent* l'intersection de cette sphère par la normale locale menée du même point; ce sont les définitions que j'ai établies tome III, page 413. Le zénith vrai est souvent appelé, par les astronomes, le *zénith géocentrique*, et cette dénomination est peut-être préférable à celle que j'ai employée, parce qu'elle le spécifie plus immédiatement.

céleste rapportée au plan de l'écliptique, et non pas la *latitude géographique*.

Maintenant, si l'observateur O mène un rayon visuel à l'astre L, il le verra en S sur la sphère céleste. L'arc ZS sera la distance apparente de l'astre au zénith vrai. L'arc P'S sera sa distance au pôle de l'écliptique, ou le complément de sa latitude apparente; enfin l'angle au pôle SP'Z compris entre les cercles de latitude, menés par le zénith et par l'astre, sera la différence apparente des longitudes de l'astre et du zénith. J'entends toujours ici les *longitudes célestes* comptées sur l'écliptique, et non pas les *longitudes géographiques*.

Mais si du centre C de la terre on mène au même astre le rayon visuel CLS', qui le projette en S' sur la sphère céleste, S' sera le lieu vrai de l'astre; ZS' sa distance vraie au zénith; P'S' sa distance vraie au pôle de l'écliptique, ou le complément de sa latitude vraie; enfin l'angle au pôle S'P'Z sera la différence des longitudes vraies de l'astre et du zénith. Les différences de ces éléments avec ceux du lieu apparent seront les parallaxes correspondantes. Ainsi la différence SS' des distances zénithales sera la parallaxe de hauteur; la différence des distances polaires P'S, P'S' sera la *parallaxe de latitude*; enfin l'angle SP'S' sera la *parallaxe de longitude*.

Or l'analogie que nous avons annoncée se montre ici avec la plus parfaite évidence. Car la figure dont nous faisons usage n'est que celle qui nous a servi pour les déclinaisons et les ascensions droites, dans la page 408 du tome III. Le système des coordonnées en latitudes et longitudes est absolument de la même nature; les conséquences sont donc pareilles. Qui ne voit que la parallaxe de latitude répond à la parallaxe de déclinaison, et la parallaxe de longitude à la parallaxe d'angle horaire ou d'ascension droite? Pour appliquer ici les formules trouvées alors, il suffit évidemment de donner aux lettres qu'elles renferment la signification que nous voulons leur attribuer ici. On aura donc ainsi, sans aucun calcul nouveau, les expressions des parallaxes de longitude et de latitude (*).

(*) Soient L la longitude du zénith vrai, Λ sa latitude rapportée au plan

Seulement, comme l'angle S'P'Z qui répond à l'angle horaire est ici la différence des longitudes du zénith vrai et de l'astre, il nous devient nécessaire de savoir déterminer la longitude de ce zénith. Pour cela il n'y a rien de plus simple que de chercher d'abord la déclinaison du zénith vrai, rapportée au plan de l'équateur, et son ascension droite, relativement au point équinoxial. Après quoi on convertira ces coordonnées en longitude et latitude, relatives au plan de l'écliptique, comme on convertirait celles d'un astre, par les formules que nous donnerons, pour cet objet, dans l'appendice à ce chapitre.

---

de l'écliptique; soient l et λ les quantités analogues pour l'astre observé, ces quantités étant prises de dessus la surface terrestre. Si l'on suppose que, dans la figure, l'astre est à l'occident du zénith au delà du plan EZP', et que le point équinoxial ♈ se trouve aussi au delà de ce même plan à l'occident de l'astre, la différence des longitudes $L - l$ représentera l'angle SP'Z, compté du méridien apparent et d'orient en occident, comme les angles horaires. Cet angle est analogue à l'angle horaire apparent P', dans le cas où il s'agissait de déclinaison et d'ascension droite. Pour compléter l'analogie, soient D' la distance du zénith au pôle de l'écliptique, P la différence des longitudes apparentes $L - l$, et Δ la distance apparente de l'astre à ce même pôle, ce qui donne $D' = 100^{gr} - \Lambda$, $\Delta = 100^{gr} - \lambda$. Il suffira de substituer ces quantités à leurs analogues dans les formules de la page 408 du tome III, et, marquant d'un accent les éléments du lieu vrai, comme nous l'avons fait alors, on aura, par approximation,

Parallaxe de longitude, $P - P' = \dfrac{\Pi \sin D' \sin P'}{\sin \Delta'}$;

Parallaxe de latitude, $\Delta - \Delta' = \Pi (\sin \Delta' \cos D' - \cos \Delta' \sin D' \cos P')$;

et, comme $P - P' = L - l - (L - l') = l' - l$, on aura la longitude apparente l et la distance apparente de l'astre au pôle de l'écliptique, ou Δ, par les formules suivantes :

$$l = l' - \frac{\Pi . \sin D' . \sin (L - l')}{\sin \Delta'},$$

$$\Delta = \Delta' + \Pi [\sin \Delta' \cos D' - \cos \Delta' . \sin D' . \cos (L - l')].$$

Π est la parallaxe horizontale relative au rayon terrestre qui passe par l'observateur. Pour la simplicité du calcul, j'ai conservé dans les formules les distances polaires Δ, Δ' qui, pouvant se compter de o grade à 200 grades, n'exigent, dans les différents cas, aucun soin particulier, si ce n'est d'obser-

La déclinaison du zénith vrai est très-facile à obtenir, c'est la distance de ce zénith à l'équateur. Comme CZ est le rayon terrestre, qui diffère de la verticale, il faudra, pour obtenir cette distance, retrancher, de la latitude géographique du lieu de l'observation, l'angle du rayon avec la verticale. Ceci est une application de la règle générale établie à la page 413 du tome III, et qui a été rendue sensible alors par la figure numérotée 69, *Pl. XIV.*

Quant à l'ascension droite du zénith, elle est évidemment mesurée par l'angle horaire variable, que forme le point équinoxial ♈ avec le plan fixe du méridien du lieu. C'est le temps sidéral converti en degrés de l'équateur. Pour l'obtenir on suivra le procédé enseigné dans la page 17 du tome III. On cherchera l'angle horaire d'une étoile connue, d'après l'observation de la hauteur, cet angle étant supposé compté du méridien supérieur, et de 0° à 360° dans le sens du mouvement diurne. On y ajoutera l'ascension droite de l'étoile, et, retranchant de la somme les circonférences entières, s'il y en a, le reste sera le temps sidéral ou la distance du point équinoxial ♈ au plan du méridien.

Cette distance sera l'ascension droite du zénith. C'est ce que

---

ver le jeu des signes algébriques dans les expressions trigonométriques. Sous ce rapport, elles sont beaucoup plus commodes que les déclinaisons et les latitudes qui, comptées à partir d'un plan, exigent qu'on ait soin de les faire positives d'un côté et négatives de l'autre. Quant à la différence des longitudes l' et L, son emploi n'offrira non plus aucune difficulté, et n'exigera aucune construction particulière, pourvu qu'on s'astreigne toujours à compter les longitudes l' et L de la même manière, d'occident en orient, à partir du même point équinoxial, comme on compte les ascensions droites sur l'équateur. Enfin la distance D du zénith au pôle de l'écliptique ne doit pas être comptée à partir de la verticale, mais à partir du zénith vrai déterminé par le prolongement du rayon terrestre, comme nous l'avons fait pour les parallaxes d'ascension droite et de déclinaison.

En restant fidèle à ces conventions générales, il n'y aura aucun autre soin à avoir dans chaque cas particulier. On voit aussi, par ces expressions, que la parallaxe doit s'ajouter aux éléments du lieu vrai avec le signe que lui donne la formule, pour avoir les éléments du lieu apparent. N'oublions pas que les formules précédentes ne sont qu'approchées, et qu'il faut recourir aux séries pour avoir les formules exactes.

les astronomes appellent *l'ascension droite du milieu du ciel.* On l'obtiendrait plus simplement encore en observant des passages d'étoiles ou du soleil à la lunette méridienne, et calculant l'ascension droite de ces astres pour l'instant de l'observation ; car, puisqu'ils se trouvaient alors dans le méridien, leur ascension droite était celle du méridien même.

Connaissant la déclinaison du zénith et son ascension droite, on calculera aisément sa longitude et sa latitude. Et comme l'une des deux premières coordonnées, savoir l'ascension droite, est variable à chaque instant par l'effet du mouvement diurne, on voit que les deux autres, qui toutes deux la contiennent, seront variables aussi. La latitude et la longitude du zénith changent donc à chaque instant. Cela était facile à prévoir d'après la direction oblique du plan de l'écliptique, relativement au mouvement diurne. Mais on a, par ce qui précède, le moyen d'obtenir à chaque instant les valeurs de ces coordonnées variables.

51. Les astronomes ont appelé *nonagésime* le point E de l'écliptique, où ce plan est rencontré par le cercle de latitude ZP′ qui passe par le zénith. Le mot de *nonagésime* signifie quatre-vingt-dixième. Cette dénomination paraît venir de ce que le point E se trouve à 90° sexagésimaux du point de l'écliptique qui se trouve au même instant dans l'horizon. En effet, si par le centre C de la terre, on mène un plan perpendiculaire au rayon CZ, et par conséquent horizontal, ce plan sera représenté dans la figure par la ligne droite CH, comme l'écliptique l'est par la ligne droite CE. L'intersection de ces deux plans sera donc une ligne droite, menée par le point C perpendiculairement au plan de la figure. Par conséquent, l'angle de cette droite avec CE et CH sera un angle droit.

Ce point de l'écliptique, situé ainsi dans l'horizon, à 90° du point E, ou du nonagésime, s'appelait anciennement l'*horoscope*, et l'espèce de superstition appelée l'*astrologie judiciaire* consistait à croire que le point de l'écliptique qui se levait ainsi au moment où un événement était arrivé, avait sur lui une influence favorable ou funeste. On calculait donc la position de ce point dans l'écliptique, et, selon qu'il appartenait à telle partie ou à telle autre, on en tirait des présages heureux ou malheureux : c'est ce que l'on appelait *tirer l'horoscope.* Il suffit d'énoncer cette superstitieuse pratique pour en faire sentir l'absurdité.

82. D'après les définitions précédentes, la distance angulaire du point E au plan de l'horizon, ou l'angle ECH, s'appelle en astronomie la *hauteur du nonagésime.* Cette distance est évidemment égale à l'angle P′ CZ, distance du pôle de l'écliptique au zénith vrai. Ces dénominations étant fort employées en astronomie, il est utile de savoir ce qu'elles signifient. Mais il est évident qu'elles sont aussi peu caractéristiques que peu nécessaires, et que les expressions générales de *longitude et latitude du zénith* sont bien plus convenables; nous les emploierons toujours dans la suite de cet ouvrage, car il ne faut pas multiplier les termes techniques sans nécessité.

APPENDICE AU CHAPITRE IV.

Formules pour transformer les ascensions droites et les déclinaisons en longitudes et latitudes, ou inversement.

35. Reportons-nous aux *fig.* 5 et 5 *bis*, qui ont été expliquées dans les pages 67 et 68, et exprimons analytiquement les relations géométriques que nous avons constatées entre leurs parties. Pour cela, nommons ω l'obliquité de l'écliptique, d la déclinaison de l'astre, a son ascension droite, λ sa latitude, l sa longitude. Si c'est l'ascension droite et la déclinaison qui sont connues, on aura la longitude et la latitude par les formules suivantes, tirées du troisième cas des Triangles sphériques obliquangles de Legendre :

$$\cos P'S = \sin P'P \sin SP \cos P'PS + \cos P'P \cos SP,$$

$$\cot PP'S = \frac{\cot SP.\ \sin P'P - \cos P'PS.\ \cos P'P}{\sin P'PS}.$$

En adoptant les dénominations que nous venons d'établir, et observant que $\cos P'PS = \cos(100^{gr} + a) = -\sin a$, il vient :

$$\sin\lambda = -\sin\omega\cos d\sin a + \cos\omega\sin d,$$

$$\tang l = \frac{\tang d\sin\omega + \sin a\cos\omega}{\cos a}.$$

Il faut joindre à ces expressions la condition d'égalité que j'ai indiquée § 49, et qui lie les coordonnées simultanées des deux systèmes. Elle s'établit sur l'identité de l'hypoténuse ΥS, commune aux deux triangles ΥAS, ΥLS, de la *fig.* 5 *bis*. En effet, par le deuxième cas des Triangles sphériques rectangles de Legendre, on aura :

dans le triangle ΥAS, $\cos \Upsilon S = \cos d \cos a$;

dans le triangle ΥLS, $\cos \Upsilon S = \cos\lambda \cos l$;

par conséquent,

$$\cos\lambda \cos l = \cos d \cos a.$$

Lorsqu'on a effectué numériquement la transformation de d et a, en λ et l, par les expressions directes, pour quelque application particulière, il est bon de voir si cette relation d'égalité est satisfaite par les valeurs obtenues pour constater que les calculs ont été faits correctement.

Mais elle a encore un autre usage qui est souvent utile analytiquement. Multipliez-la membre à membre par celle qui donne tang l, le dénominateur de celle-ci disparaîtra, et l'on obtiendra

$$\cos\lambda \sin l = \sin d \sin\omega + \cos d \sin a \cos\omega;$$

on aura donc $\cos\lambda \sin l$ exprimé en a et d, *sous forme linéaire*, comme on a déjà $\cos\lambda \cos l$. Cela devient très-commode dans des opérations où il s'agit d'éliminer des fonctions de λ et de l, lorsqu'elles peuvent se décomposer dans ces deux produits, comme il arrive fréquemment.

Les formules qui donnent $\sin\lambda$ et tang l, peuvent s'accommoder au calcul logarithmique, en prenant un angle auxiliaire φ, tel qu'on ait

$$(1) \qquad \operatorname{tang}\varphi = \frac{\sin a}{\operatorname{tang} d};$$

car alors, en éliminant $\sin a$ de la première et tang d de la seconde, elles deviennent

$$(2) \qquad \sin\lambda = \sin d \, \frac{\cos(\varphi + \omega)}{\cos\varphi},$$

$$(3) \qquad \operatorname{tang} l = \operatorname{tang} a \, \frac{\sin(\varphi + \omega)}{\sin\varphi}.$$

84. Prenons maintenant le cas inverse, celui où l'on cherche la déclinaison et l'ascension droite, connaissant la latitude et la longitude. La même proposition trigonométrique appliquée à ces

nouvelles données, fournira les deux équations suivantes :

$$\cos PS = \sin P'P \sin P'S \cos PP'S + \cos P'P \cos P'S,$$

$$\cot P'PS = \frac{\cot P'S . \sin P'P - \cos PP'S \cos P'P}{\sin PP'S};$$

ou, en mettant pour ces quantités leurs valeurs, et observant que $\cot P'PS = - \tang a$,

$$\sin d = \sin \omega \cos \lambda \sin l + \cos \omega \sin \lambda,$$

$$\tang a = \frac{- \tang \lambda \sin \omega + \sin l \cos \omega}{\cos l}.$$

Il faudra encore y joindre la condition d'identité des hypoténuses, qui donnera, comme tout à l'heure,

$$\cos d \cos a = \cos \lambda \cos l,$$

et de cette équation, combinée avec l'expression de $\tang a$, on déduira

$$\cos d \sin a = - \sin \lambda \sin \omega + \cos \lambda \sin l \cos \omega.$$

On aura ainsi les produits $\cos d \cos a$ et $\cos d \sin a$, exprimés en λ et l sous forme linéaire; comme on avait obtenu leurs analogues, dans le problème précédent.

Ces nouvelles équations ressemblent à celles qui nous ont donné d'abord la latitude et la longitude. La latitude répond à la déclinaison, et la longitude à l'ascension droite ; il n'y a de différence que dans l'obliquité ω, qui prend ici une valeur négative. En suivant cette analogie, les valeurs de $\sin d$ et de $\tang a$ pourront s'obtenir par un angle auxiliaire φ', tel qu'on ait

[1] $$\tang \varphi' = \frac{\sin l}{\tang \lambda};$$

et en éliminant $\sin l$ de la première et $\tang \lambda$ de la seconde, elles deviendront

$$[2] \qquad \sin d = \frac{\sin \lambda \cos (\varphi' - \omega)}{\cos \varphi},$$

$$[3] \qquad \operatorname{tang} a = \operatorname{tang} l \, \frac{\sin (\varphi' - \omega)}{\sin \varphi}.$$

Enfin, si l'on voulait l'angle de position PSP', que nous nommerons S, on l'obtiendrait avec facilité en observant que, dans tout triangle sphérique, les sinus des angles sont entre eux comme les sinus des côtés opposés, ce qui donnerait

$$\sin S = \frac{\sin \omega \cos a}{\cos \lambda}, \quad \text{ou} \quad \sin S = \frac{\sin \omega \cos l}{\cos d}.$$

L'identité de ces deux valeurs de sin S reproduit l'équation de condition que nous avons tout à l'heure trouvée directement.

Les formules précédentes ont été établies en supposant que le pied du cercle de latitude de l'astre se trouve dans le premier quart de l'écliptique à partir de l'équinoxe du printemps; mais, pour les étendre à toutes les autres positions, il suffit d'observer fidèlement le jeu des signes algébriques, en faisant les sinus, cosinus et tangentes positifs ou négatifs, selon la valeur des arcs auxquels ils répondent. Cela ne fait aucune difficulté pour l'ascension droite et la longitude, qui sont toutes deux comptées à partir d'un même point de leur cercle, et toujours dans le même sens de 0^{gr} à 400^{gr}; mais, relativement à la déclinaison et à la latitude qui sont comptées chacune à partir d'un plan, comme elles ont été prises positivement d'un côté, il faut les prendre négatives de l'autre. Ainsi, puisque nous avons regardé comme positives les déclinaisons et les latitudes boréales, il faut regarder les australes comme négatives. Le seul jeu des signes algébriques appliqué aux lignes trigonométriques fera le reste, et lèvera toute ambiguïté d'interprétation.

En effet, considérons d'abord les latitudes λ, et les déclinaisons d; celle des deux que l'on cherche s'obtient directement, dans nos formules, par son sinus, dont on trouve le signe, et la valeur en nombres. Celle-ci fait connaître la grandeur de l'arc, toujours moindre qu'un quadrant du cercle. Le signe positif ou négatif indique sa situation boréale ou australe. Il est donc complétement défini.

Venons aux longitudes et aux ascensions droites. Chacune d'elles s'obtient de deux manières : par sa tangente d'abord ; puis par son cosinus, après que la latitude ou la déclinaison a été directement calculée. Les signes simultanés de la tangente et du cosinus font connaître le quadrant du cercle dans lequel l'arc se termine. La valeur numérique de ces quantités assigne sa grandeur. Il est donc également défini.

Quand on se trouve avoir à calculer un grand nombre de conversions de a et d, en λ et l, ou inversement, ce qui est très-habituel aux astronomes praticiens, on peut utilement se servir des angles auxiliaires, qui facilitent le calcul logarithmique. Cela est alors sans danger pour la justesse des résultats, parce que leur succession même montre toujours à quels quadrants du cercle ces angles doivent être attribués. Mais, pour des applications isolées, il m'a toujours paru plus sûr, et tout aussi court, d'effectuer le calcul par les formules directes, en passant par les évaluations partielles qu'elles exigent; parce que, avec le seul soin de suivre correctement les règles des signes algébriques, on n'a jamais aucune méprise à redouter. Seulement, si l'une ou l'autre des coordonnées qu'il s'agit d'obtenir se trouvait devoir approcher beaucoup de l'angle droit, ces formules pourraient bien ne pas la donner avec toute l'exactitude désirable; mais alors, quand on aurait calculé celle des deux qui n'est pas sujette à cet inconvénient, on déduirait l'autre de l'équation de condition

$$\cos a \cos d = \cos \lambda \cos l,$$

qui, la donnant par son cosinus, en fournirait une évaluation très-exacte, puisque ce cosinus serait très-petit. Dans ce cas encore il serait bon de calculer aussi cette même coordonnée par la formule directe, pour s'assurer que l'on n'a pas commis de faute numérique dans la suite des opérations. Du reste, quelque marche que l'on veuille suivre, il est indispensable de prendre très-exactement les parties proportionnelles des nombres et des logarithmes que l'on cherche dans les Tables. Car sans cela on ne trouverait pas les concordances qui doivent exister entre les résultats obtenus par les voies diverses que j'ai indiquées.

55. La nécessité d'effectuer de semblables transformations se présente sans cesse, dans les questions qui ont trait aux théories de l'astronomie, ou à son histoire; il faut également y recourir pour appliquer à des recherches d'antiquité ou d'histoire d'anciens documents astronomiques qui peuvent quelquefois les éclairer. Je crois donc utile d'en donner ici un exemple, choisi dans un des cas où les calculs numériques sont le plus difficiles à exécuter avec précision.

En discutant toutes les observations de Bradley, Bessel en a déduit que les coordonnées de l'étoile polaire (α petite Ourse), et l'obliquité de l'écliptique, avaient, au commencement de l'année 1755, les valeurs suivantes, lesquelles sont dépouillées des petites inégalités périodiques dont ces éléments se trouvent affectés :

Ascension droite. $a = \quad 10^{\circ}\, 55'\, 34''$.
Déclinaison . . . $d = +\, 87^{\circ}\, 59'\, 41'',12$ (boréale).
Obliquité . . . . $\omega = \quad 23^{\circ}\, 28'\, 15'',2$.

On demande de calculer, pour la même époque, la longitude l de l'étoile, et sa latitude λ.

Je cherche d'abord ces coordonnées par les formules directes :

$$\sin \lambda = -\sin \omega \cos d \sin a + \cos \omega \sin d;$$

$$\operatorname{tang} l = \frac{\operatorname{tang} d \sin \omega}{\cos a} + \operatorname{tang} a \cos \omega;$$

et, comme vérification :

$$\cos a \cos d = \cos \lambda \cos l.$$

La déclinaison d étant fort grande comparativement à l'ascension droite a, l'expression de $\operatorname{tang} l$ montre d'avance que la longitude l approchera beaucoup de 90°, ce qui rendra l'évaluation numérique de sa tangente particulièrement difficile. En conséquence, il convient d'employer l'équation de vérification, pour obtenir une seconde évaluation de l par son cosinus, quand λ sera connu, afin de confirmer ces résultats l'un par l'autre. Voici maintenant le tableau des opérations effectuées avec les Tables ordinaires de logarithmes à sept décimales. Pour plus d'exactitude, les parties proportionnelles des nombres n'ont pas été prises dans les petites Tables auxiliaires qui sont en marge des pages; on les a calculées directement par multiplications ou par divisions, d'après les différences totales des deux logarithmes entre lesquels chaque élément se trouve compris : quant aux lignes trigonométriques, on a eu soin de remplacer les arcs par leurs compléments à 90°, lorsque cela a pu faire rentrer les quantités à évaluer dans la partie des Tables où les logarithmes des sinus et des tangentes sont donnés de seconde en seconde de degré. Après ces explications, la disposition des calculs successifs, et l'ordre dans lequel les résultats s'obtiennent, se comprendront d'un seul coup d'œil.

1°. *Calcul direct de λ et indirect de l.*

$\log \sin \omega = \bar{1},6001918 -$	$\log \cos \omega = \bar{1},9624937$	$\log \cos d = \bar{2},5439560$
$\log \cos d = \bar{2},5439560$	$\log \sin d = \bar{1},9997340$	$\log \cos a = \bar{1},9920551$
$\log \sin a = \bar{1},2777076$	$\bar{1},9622277$	$\bar{2},5360111$
$\bar{3},4218554 -$	$+0,916701041 67$	$\log \cos \lambda = \bar{1},6080767$
$-0,00264152909$	$-0,002641529 09$	$\log \cos l = \bar{2},9279344$
	$\sin \lambda = +0,914059512 58$	$l = 90° - 4° 51' 33'',645$
	$\log \sin \lambda = \bar{1},96097447$	$l = 85° 8' 26'',355$
	$\lambda = +66° 4' 21'',0430$	

Le signe positif de cos l montre que l'arc l doit se terminer dans le premier ou le quatrième quadrant du cercle. Mais le signe de tang l étant également positif, ainsi qu'on va le voir, cette simultanéité décide l'alternative pour le premier cas.

2°. Calcul direct de l.

$$
\begin{array}{rlrl}
\log\sin\omega = & \bar{1},6001918 & \log\cos\omega = & \bar{1},9624937 \\
\log\operatorname{tang} d = & 1,4557779 & \log\operatorname{tang} a = & \bar{1},2856526 \\
\hline
 & 1,0559697 & & \bar{1},2481463 \\
\log\cos a = & \bar{1},9920551 & + & 0,1770705306 \\
\hline
 & 1,0639146 & + & 11,5854960000 \\
\hline
 & +\ 11,58549600 & \operatorname{tang} l = & 11,7625665306
\end{array}
$$

$$
\begin{array}{rl}
\log\operatorname{tang} l = & 1,0705021 \\
\log\operatorname{tang}(90^\circ - l) = & \bar{2},9294979
\end{array}
$$

$$l = 90^\circ - 4^\circ\, 51'\, 33'',632 \quad \text{ou} \quad l = 85^\circ\, 8'\, 26'',368.$$

On voit que dans cet exemple, particulièrement choisi comme difficile, les deux évaluations de l concordent jusque dans les dixièmes de seconde, et presque dans les centièmes. Il en sera donc toujours ainsi en général quand on aura opéré exactement. Il convient de faire marcher simultanément les calculs directs de λ et de l, parce que les logarithmes des lignes trigonométriques qu'il faut prendre pour les effectuer, ou se répètent, ou se vérifient mutuellement.

Tel est le degré de précision que l'on peut toujours obtenir avec les Tables ordinaires à sept décimales. Si l'on voulait pouvoir répondre des centièmes de seconde, ce dont on a des occasions bien rares, il faudrait employer des Tables qui donnent des décimales plus nombreuses, ou introduire dans les détails des calculs des artifices de transformation qui pussent y suppléer. Ici, par exemple, une seule unité de différence sur la septième décimale du logarithme de sin λ, produit sur l'arc λ une variation de $0'',1075$. Or, comme il est impossible de répondre d'une unité de cet ordre, après une série d'opérations et d'évaluations consécutives, effectuées avec des logarithmes ainsi restreints, on voit que, dans un tel cas, on peut tout au plus espérer d'obtenir la valeur de λ exacte jusqu'aux dixièmes de seconde par ce mode de calcul direct, quelque soin que l'on mette à l'appréciation des parties proportionnelles, en la formant.

56. Je vais maintenant calculer λ et l d'après les mêmes données, en me servant des formules qui emploient l'angle auxiliaire φ. Pour cela, il faut d'abord évaluer cet angle par la condition

$$\tan g\,\varphi = \frac{\sin a}{\tan g\, d};$$

après quoi on trouvera λ et l par les expressions suivantes :

$$\sin\lambda = \sin d\,\frac{\cos(\varphi+\omega)}{\cos\varphi}, \qquad \tan g\, l = \tan g\, a\,\frac{\sin(\varphi+\omega)}{\sin\varphi}.$$

En conséquence, je commence par chercher l'angle φ, comme il suit :

$$\begin{aligned}\log\sin a &= \bar{1},2777076\\ \log\tan g\, d &= 1,4557779\\ \hline \log\tan g\,\varphi &= \bar{3},8219297\end{aligned}$$

de là on tire

$$\varphi = 0^\circ\,22'48'',827\,;\ \log\sin\varphi = \bar{3},8219201;\ \log\cos\varphi = \bar{1},9999904.$$

La petitesse de l'angle φ nécessite une précaution particulière pour passer du logarithme de sa tangente à celui de son sinus. On le fera très-commodément, et avec toute la précision convenable, en considérant $\sin\varphi$ sous la forme $\tan g\,\varphi\cos\varphi$, ce qui donne

$$\log\sin\varphi = \log\tan g\,\varphi + \log\cos\varphi.$$

En effet, l'arc φ étant connu par sa tangente, le logarithme de son cosinus est donné par les Tables; or, pour de très-petits arcs comme celui-là, un changement de $1''$ influe tout au plus sur la dernière décimale de ce logarithme, de sorte qu'on peut le prendre presque à vue très-exactement. Alors, en l'ajoutant au logarithme de la tangente qui est donné, on obtiendra celui du sinus. C'est ainsi que j'ai opéré. On obtiendrait sans doute un résultat équivalent si, ayant trouvé l'angle φ, on cherchait directement $\log\sin\varphi$, dans la colonne affectée aux sinus, en calculant la partie proportionnelle pour la fraction de seconde 0,827 d'après les différences prises dans cette colonne même. Mais cela serait beaucoup plus pénible ; et encore, pour atteindre une précision égale, faudrait-il que le calcul des parties proportionnelles fût fait très-complétement. Car, par exemple, si l'on voulait évaluer ainsi log sin φ, d'après l'angle φ, en ne prenant les parties proportionnelles que pour les dixièmes de seconde, on trouverait finalement plus de $0'',4$ d'erreur sur l'évaluation de l. Une fois ce logarithme obtenu ainsi exactement, par l'intervention du cosinus, le calcul s'achèvera de la manière suivante :

$$\begin{array}{l}
\varphi = 0^\circ 22' 48'',827 \\
\omega = 23.28.15,200 \\
\hline
\varphi+\omega = 23^\circ 51' 4'',027
\end{array}
\qquad
\begin{array}{r}
\log\cos(\varphi+\omega) = \bar{1},9612309 \\
\log\cos\varphi = \bar{1},9999904 \\
\hline
\bar{1},9612405 \\
\log\sin d = \bar{1},9997340 \\
\hline
\log\sin\lambda = \bar{1},9609745 \\
\lambda = 66^\circ 4' 21'',0752
\end{array}
\qquad
\begin{array}{r}
\log\sin(\varphi+\omega) = \bar{1},6067698 \\
\log\sin\varphi = \bar{3},8219201 \\
\hline
1,7848497 \\
\log\operatorname{tang} a = \bar{1},2856526 \\
\hline
\log\operatorname{tang} l = 1,0705023 \\
l = 85^\circ 8' 26'',379
\end{array}$$

Ces nouvelles valeurs s'accordent encore avec les précédentes dans les dixièmes de seconde ; mais on y voit reparaître quelques petites différences dans les centièmes, résultat inévitable de l'incertitude qui affecte la dernière décimale des logarithmes employés. Cette seconde manière d'opérer est un peu plus courte que la première. Aussi les astronomes l'emploient-ils habituellement par préférence. Mais, pour atteindre l'exactitude qu'on en peut espérer, il faut apporter à l'évaluation précise de l'angle auxiliaire φ, des précautions qu'on ne prend pas toujours. En outre, elle ne fournit pas de vérifications immédiates des résultats obtenus ; et elle perdrait tout l'avantage de sa brièveté relative, si l'on formait les nouvelles évaluations de logarithmes et de nombres qui seraient nécessaires pour se les procurer.

37. Par la difficulté que l'on éprouve pour assurer ici l'exactitude des dixièmes de seconde dans l'évaluation de l'arc λ, on peut prévoir que l'on aurait à craindre bien plus d'incertitude encore si l'on voulait calculer la déclinaison d, d'après les valeurs données de λ et de l; et l'on conçoit que le même inconvénient se présentera toutes les fois que les coordonnées cherchées devront amener l'astre très-près du pôle auquel elles se rapportent. Dans de tels cas on peut améliorer les résultats, par un artifice de transformation qui amène comme inconnue la distance polaire même que l'on sait devoir être très-petite, et qui la donne d'autant plus exactement, que sa valeur est moindre; pour montrer l'usage de ce procédé, je l'appliquerai à l'exemple même que je viens d'énoncer.

On se donne λ et l, et on demande d, que l'on sait devoir différer peu de 90°; alors la formule générale donne

$$\sin d = \sin \omega \cos \lambda \sin l + \cos \omega \sin \lambda.$$

Prenons de nouvelles variables telles qu'on ait

$$d = 90^\circ - \pi\,; \quad \lambda = 90 - \pi'\,; \quad l = 90 - L\,;$$

π et π' seront les distances polaires que l'on veut introduire. Par leur substitution notre équation, devient

$$\cos \pi = \sin \omega \sin \pi' \cos L + \cos \omega \cos \pi'.$$

C'est à quoi l'on arriverait directement par l'inspection du triangle polaire PP′S de la *fig.* 5, si l'on demandait d'y déterminer le côté PS qui est π, étant donnés les deux autres côtés P′S, P′P, ou π' et ω, avec l'angle compris PP′S, qui est $90^\circ - l$ ou L.

Si l'on remplace, dans cette équation, cos L par $1 - 2\sin^2 \frac{1}{2} L$, elle devient

$$\cos \pi = \cos(\omega - \pi') - 2 \sin \omega \sin \pi' \sin^2 \tfrac{1}{2} L\,;$$

et, en faisant subir aux deux cosinus restants une transformation semblable, on a enfin

$$\sin^2 \tfrac{1}{2} \pi = \sin^2 \tfrac{1}{2} (\omega - \pi') + \sin \omega \sin \pi' \sin^2 \tfrac{1}{2} L.$$

En effectuant le calcul numérique du second membre, avec les valeurs obtenues tout à l'heure pour λ et l, lesquelles deviennent ici les données du problème, on trouve les résultats suivants :

$$
\begin{array}{rl}
1^{\text{er}}\ \text{terme}\ldots & 0{,}00001\,58767\,87546 \\
2^{\text{e}}\ \text{terme}\ldots & \underline{0{,}00029\,03076\,66666} \\
\sin^2 \frac{1}{2}\pi = & 0{,}00030\,61844\,54212
\end{array}
$$

J'étends exprès l'évaluation des décimales fort au delà des limites où l'on peut les obtenir avec sûreté, par de simples proportionnalités établies sur les différences données par les Tables, afin de constater l'ordre des erreurs finales que l'on ne peut éviter. En opérant avec les mêmes précautions, sur cette valeur de $\sin^2 \frac{1}{2}\pi$, j'en tire

$$\log \sin^2 \tfrac{1}{2}\pi = \bar{4},485\,9831; \quad \log \sin \tfrac{1}{2}\pi = \bar{2},2429915\ 5;$$

et, par suite,

$$\tfrac{1}{2}\pi = 1^{\circ}0'9'',4318; \quad \pi = 2^{\circ}0'18'',8636; \quad d = 87^{\circ}59'41'',1364.$$

Ce résultat présente un excès de $0'',016$ sur la déclinaison d, qui nous avait primitivement servi de données pour calculer λ et l, dont nous entreprenons ici de la déduire par une marche inverse. Les soins que nous avons apportés dans toutes les parties de ces calculs semblent montrer qu'on ne peut éviter des erreurs de cet ordre sur des transformations qui s'appliquent à des distances polaires si petites, quand on n'emploie que les Tables ordinaires à sept décimales; heureusement elles ne sont pas d'une grande importance pour l'astronomie. Car les difficultés que cette circonstance oppose à la rigueur des calculs numériques se reproduisent sous une forme physique dans toutes les déterminations que l'on voudrait établir sur des observations faites dans les cas où elle intervient. C'est pourquoi on n'y compte que sous cette réserve. Pour ne pas sortir du cas spécial que nous venons de prendre pour exemple, la déclinaison de la polaire, toute grande qu'elle est, peut être obtenue avec une précision très-grande, parce qu'on la tire immédiatement des observations de distances zénithales. Mais quant à sa latitude comptée de l'écliptique, son incertitude propre et inévitable dépasse de beaucoup les inexactitudes que comporte le calcul numérique des transformations effectuées par les Tables ordinaires à sept décimales. Car l'ascension droite, qui est un de ses éléments déterminatifs, ne s'obtient, pour cet astre, à cause de sa proximité du pôle, qu'avec une incertitude de plusieurs secondes de degré. On en a la preuve dans les recherches que Bessel a faites avec tant de soin sur sa détermination. Dans le catalogue tiré des observations de Bradley, qui est annexé à son ouvrage intitulé *Fundamenta Astronomiæ*, il assigne aux coordonnées équatoriales de l'étoile polaire les valeurs que j'ai prises ici pour données de calcul. Mais, à la fin du livre, des considérations ultérieures lui ont fait augmenter l'ascension droite de 10″ entières, en laissant la déclinaison la même. Or, si l'on recommence le calcul des coordonnées écliptiques par notre première formule avec l'ascension droite ainsi modifiée, on trouve que la latitude en est diminuée de 0″,355; et la longitude, au contraire, en est augmentée de 0″,234. Ces changements dépassent de beaucoup les erreurs numériques que l'on peut commettre dans les calculs de transformation effectués par nos formules lorsqu'ils sont faits avec soin.

CHAPITRE V.

Diminution progressive de l'obliquité de l'écliptique. Mouvement général des étoiles parallèlement à l'écliptique, d'où résulte la précession des équinoxes, considérée dans ses apparences observables.

Section I. — *Variation de l'obliquité de l'écliptique sur l'équateur.*

58. Les valeurs assignées à l'obliquité de l'écliptique par les astronomes des différents siècles ne s'accordent point entre elles. Elles vont toujours en diminuant, depuis les plus anciens astronomes jusqu'à nous. Ces différences ne peuvent pas être entièrement attribuées à l'imperfection des instruments et des observations; car, en vertu de cette imperfection même, les résultats obtenus auraient dû se trouver tantôt trop forts, tantôt trop faibles, et il serait infiniment peu probable qu'ils s'accordassent tous pour indiquer une diminution progressive de l'obliquité de l'écliptique, si cette diminution n'était pas réelle. En effet, la théorie de l'attraction a confirmé complétement ce résultat. Elle a prouvé que l'attraction des diverses planètes qui composent notre système planétaire, doit nécessairement déplacer peu à peu le plan de l'écliptique dans le ciel, et, selon la disposition actuelle du système, diminuer son inclinaison sur l'équateur d'une quantité à peu près égale à 160",83 par siècle, ce qui fait par année 1",6083 (0",52109 sex.). Voici sur ce point les résultats comparés de la théorie et des observations, tels qu'ils se trouvent dans un Mémoire de Laplace, inséré dans la *Connaissance des Temps* pour 1811.

ÉPOQUES des observat.	NOMS des observateurs.	LIEU de l'observation.	OBLIQUITÉ observée.	OBLIQUITÉ calculée.	EXCÈS de l'observat.
Observations antérieures à l'ère chrétienne.					
			gr	gr	gr
1100	Tcheou-Koung .	Chine	26,55617	26,51792	+0,03825
350	Pythéas........	Marseille	26,46913	26,40957	+0,05956
250	Ératosthène ...	Alexandrie...	26,40092	26,39475	+0,00617
50	Lieou-Hiang ...	Chine	26,40092	26,37142	+0,02950
Observations postérieures à notre ère.					
173	....	Chine	26,32499	26,33858	−0,01359
461	Tsou-Choug....	Chine	26,27542	26,29415	−0,01873
629	Litchou-Foung.	Chine........	26,29756	26,26450	+0,03306
850	Albatenius.....	Arabie.......	26,21635	26,20771	+0,00864
1000	Ebn-Jounis	Le Caire.....	26,19321	26,20063	−0,00742
1279	Cocheou-King..	Pékin........	26,14889	26,15509	−0,00620
1437	Ulugbey	Samarkande .	26,14444	26,13117	+0,01327

L'ensemble de ces observations établit d'une manière incontestable la diminution successive de l'obliquité de l'écliptique. Leur accord avec les formules déduites de la théorie, dont elles s'écartent tantôt dans un sens, tantôt dans un autre, ne laisse aucun lieu de douter qu'en effet cette diminution est uniquement due, comme la théorie l'indique, à l'attraction des planètes, les unes sur les autres et sur le soleil.

On reconnaît encore les effets de cette diminution, en comparant les positions des mêmes étoiles relativement à l'écliptique, à des époques très-éloignées. C'est ce que l'on remarque principalement sur les étoiles voisines des solstices d'été et d'hiver. Celles qui étaient autrefois au nord de l'écliptique près du solstice d'été, sont maintenant remontées plus au nord en s'éloignant de ce plan. Au contraire, les étoiles qui, suivant le témoignage des anciens astronomes, étaient autrefois situées au midi de l'écliptique près du solstice d'été, se sont rapprochées de ce plan, et quelques-unes s'y trouvent maintenant comprises ou même l'ont dépassé en se portant vers le nord. Des changements analogues ont eu lieu vers le solstice d'hiver. Toutes les étoiles participent à ce mouvement, mais diversement et d'autant moins, qu'elles sont plus voisines de la ligne des équinoxes : de sorte que cette ligne semble être comme une charnière autour de laquelle cette rotation paraît s'exécuter. Il est naturel de conclure de ces phénomènes que le plan de l'écliptique se déplace réellement dans le ciel, et produit en sens contraire, relativement aux étoiles, les apparences que nous observons : car de supposer que ces mouvements appartiennent réellement aux étoiles, cela serait presque impossible, puisqu'il faudrait pour cela imaginer entre tous les corps célestes un accord inconcevable.

59. Mais ce qu'il est important de savoir, et ce que la théorie a également prouvé, la diminution de l'obliquité de l'écliptique ne sera pas toujours progressive. Il arrivera un temps où ce mouvement commencera à se ralentir; puis il cessera entièrement, et alors l'obliquité de l'écliptique sur l'équateur paraîtra constante : après quoi le déplacement de ce plan recommencera en sens contraire. Il s'éloignera peu à peu de l'équateur, suivant les mêmes périodes par lesquelles il s'en était approché, et ces états alternatifs produiront une oscillation éternelle, comprise entre des limites fixes. La théorie n'a pas encore pu parvenir à déterminer ces limites ; mais, d'après la constitution du système planétaire, elle a démontré qu'elles existent et qu'elles sont très-peu étendues. Ainsi, à ne considérer que le seul effet des causes constantes qui agissent actuellement sur le système du monde, on peut affirmer que le plan de l'écliptique n'a jamais coïncidé et ne coïncidera jamais avec le plan de l'équateur : phénomène qui, s'il arrivait, produirait sur la terre un printemps perpétuel.

60. Nous n'avons parlé ici que de la diminution lente et séculaire de l'obliquité de l'écliptique. Cette obliquité éprouve, en outre, de petites oscillations qui tour à tour l'écartent de sa valeur moyenne, dans des sens opposés. Parmi ces oscillations, la plus considérable est soumise à une période de 18 ans, c'est-à-dire

qu'au bout de 18 ans, tout ce qui dépend de cette inégalité se trouve compensé, et il ne reste plus que l'effet général et constant de la diminution progressive. L'observation a fait connaître la loi de ces petites oscillations, et la théorie en a fait connaître la cause. Elles sont produites par l'action de la lune, et font partie du phénomène nommé *nutation*. Mais, comme leur valeur et leur période dépendent du mouvement de cet astre, j'en dois retarder encore l'exposition. Il nous suffira ici d'être prévenu de leur effet sur l'obliquité. Il y a aussi un petit effet du même genre produit par le soleil, mais il est beaucoup moins considérable : sa période est d'une demi-année tropique.

Pour ne pas séparer de ces notions phénoménales les procédés de calcul qui les spécifient, et qu'il faut sans cesse y joindre dans les applications, je rapporterai ici d'avance les formules qui expriment les valeurs tant séculaires que périodiques de l'obliquité de l'écliptique, que je viens de présenter comme de simples faits. Je les emprunte à la *Mécanique céleste*, et c'est là seulement qu'on en peut voir la démonstration. Mais, en les acceptant comme mathématiquement prouvées, leur emploi nous deviendra infiniment utile pour donner dès à présent, aux faits observables, l'enchaînement et la précision qu'il serait impossible d'y introduire sans ce secours.

61. Je commence par considérer la variation séculaire de l'obliquité de l'écliptique : pour l'exprimer, on part de l'époque de 1750, que les travaux de Lacaille ont rendue célèbre, et qui est devenue par cette raison l'origine convenue de presque toutes les déterminations astronomiques, dont l'évaluation doit changer par le progrès du temps. A cette époque fondamentale, l'obliquité *moyenne*, c'est-à-dire corrigée de toutes les petites oscillations renfermées dans de courtes périodes, était, selon les dernières appréciations de Laplace, $26^g,0812$, ou, en parties de la graduation sexagésimale, $23^o 28' 23''$. Nommons-la, par abréviation, ω_0. Soit ω' la valeur du même élément après un nombre $+t$ d'années comptées depuis cette époque, t devant être supposé négatif, pour les années antérieures. Ceci convenu, en n'ayant égard qu'au changement séculaire de l'obliquité observable, on aura, suivant les formules de la *Mécanique céleste*, tome III, page 158 (*) :

$$\omega' = \omega_0 - 1^g,03304 \sin t \,.\, 99'',1227 - 0^g,73532 \sin^2 t \,.\, 21'',5223.$$

Les termes qui s'adjoignent à la valeur primitive de ω' sont donnés originairement par des séries. Mais on les rassemble sous des formes périodiques comme on le voit ici, pour en pouvoir étendre l'application à des époques très-distantes, sans que leur influence s'exagère. Je présenterai plus loin cette même expression et ses analogues, rapportées à la graduation sexagésimale du cercle, ce qui les appropriera mieux à l'usage des Tables trigonométriques que l'on a communément dans les mains. Pour le moment je conserverai la forme décimale, afin de raccorder les applications que nous allons faire avec celles que l'on trouve dans la *Mécanique céleste* et dans le *Système du Monde*.

(*) La valeur $26^g,0812$, que j'attribue ici à ω_0, diffère tant soit peu de celle qui lui est assignée à l'endroit cité de la *Mécanique céleste*. Le nombre que Laplace y donne est $26^g,0776$; plus tard, dans les Additions à la *Connaissance des Temps* pour 1811, page 433, il éleva cette constante à $26^g,0796$, et il l'adjoignit ainsi à sa formule pour le calcul des observations chinoises. Cela équivant, en mesures sexagésimales, à $23°\,28'\,17'',9$, ou, en nombres ronds, à $23°\,28'\,18''$. C'est la valeur que Bessel a employée dans les *Fundamenta Astronomiæ*, et dans les *Tabulæ Regiomontanæ*, comme tirée de la *Mécanique céleste*; mais elle doit être encore un peu augmentée pour se concilier avec les résultats postérieurement adoptés par Laplace : car, dans l'*Exposition du Système du Monde*, édition de 1824, page 6, il est dit que l'obliquité de l'écliptique, au commencement de 1801, est $26^g,073$, nombre qui a dû sans doute être conclu des nombreuses observations de solstices faites vers cette époque. Or, si l'on suppose $t = +51$ dans l'expression de ω' de la *Mécanique céleste* que j'ai ici rapportée, on trouve que, depuis 1750 jusqu'à 1801, l'obliquité a dû *diminuer* de $0^g,0082$. Donc, pour qu'en 1801 on la trouvât égale à $26^g,073$, il fallait qu'elle fût, en 1750, $26^g,073 + 0^g,0082$, ou $26^g,0812$. C'est la valeur que j'ai attribuée à ω_0 pour me conformer à ce dernier énoncé de Laplace; j'aurais même dû la porter à $26^g,0814$ si j'eusse remarqué qu'à la page 408 du même ouvrage, il fait l'obliquité du commencement de 1801 égale à $26^g,0732$. Ces oscillations montrent les petites incertitudes dont cet élément astronomique est encore affecté. Il y en a d'analogues sur toutes les autres constantes de la précession que je rapporterai, et l'on ne pourrait espérer de les faire disparaître qu'en reprenant tous les éléments de cette théorie dans un calcul simultané, où on les déterminerait tous à la fois par le concours d'un grand nombre d'observations, les plus exactes que l'on pût choisir.

A l'époque de 1750, on avait $t = 0$; tous les termes s'évanouissent, excepté le premier, et il reste $\omega' = \omega_0 = 26^g,0812$. Cela devait être, puisque cette époque est prise pour origine.

Aux chapitres III et V du Ve livre de la *Syntaxe mathématique*, ouvrage que nous appelons aujourd'hui, d'après les Arabes, l'*Almageste*, Ptolémée rapporte deux observations du soleil et de la lune, qui ont été faites par Hipparque, à *Rhodes*, vers l'an 128 avant l'ère chrétienne (*). On avait donc, à cette époque,

$$t = -(1750 + 128) = -1878.$$

En employant cette valeur on trouve

$$\omega' = \omega_0 + 0^g,29482.$$

L'obliquité moyenne qui avait lieu alors surpassait donc celle de 1750, de $0^g,29482$; elle était par conséquent, selon la théorie, $26^g,37602$, ou, en parties de la graduation sexagésimale, $23^o 44' 18''$. Hipparque la supposait égale à $23^o 51' 20''$, presque la même que l'avait trouvée Érathostène, peut-être un demi-siècle auparavant; et Ptolémée employait encore cette même valeur, près de trois siècles après Hipparque, tant l'imperfection des instruments rendait ces déterminations difficiles alors!

62. En faisant varier t d'une unité dans l'expression de ω', et séparant la différence ainsi formée, on aura le changement *annuel* de l'obliquité dans les différents siècles (**). Son expression sera

$$\begin{aligned} &- 1'',60846 \cos(t.\ 99'',1227 + 49'',5613) \\ &- 0'',24859 \sin(t.\ 43'',0446 + 21'',5223). \end{aligned}$$

(*) Pour ne pas interrompre l'ordre des raisonnements, je ne rapporte ici que la date moderne toute réduite. J'agirai de même, par le même motif, dans tous les cas où j'aurai besoin de mentionner des résultats d'observations anciennes comme simples éléments de calcul; mais j'exposerai plus loin, dans un chapitre spécial, les conditions de concordance d'après lesquelles on effectue ces conversions des dates anciennes en dates modernes, pour les divers modes de computation des temps, dans les recherches d'astronomie, de chronologie ou d'histoire.

(**) Comme le mode de calcul que j'emploie ici se représentera fréquemment, dans ce qui va suivre, pour des expressions analogues à celle de ω',

Cette expression est entièrement négative lorsque t est positif. Elle l'est même encore, en somme pour t négatif, fort au delà de toutes les époques où l'on puisse avoir sujet d'en faire des applications réelles. Ainsi, depuis la plus haute antiquité historique jusqu'à nos jours, l'obliquité a toujours progressivement diminué. Au commencement de 1750, on avait $t = 0$. Le calcul effectué pour ce cas donne

$$-1'',60846 - 0'',000084044 = -1'',608468,$$

---

je saisis cette première occasion d'indiquer la série d'opérations par lesquelles il s'effectue.

L'expression générale assignée à ω' est de cette forme

$$\omega' = \omega_0 + A \sin at + B \sin^2 bt;$$

ω_0 désigne la constante $26^{g},0812$; a, b les arcs enveloppés sous les lignes trigonométriques, et A, B des coefficients numériques dont la valeur propre en grades est fort restreinte.

Le temps t est censé exprimé en années juliennes moyennes, chacune de $365^{j},25$. Si on le fait *croître* d'une unité, et que l'on désigne la valeur résultante de ω' par ω'_1, on aura évidemment

$$\omega'_1 = \omega_0 + A \sin(at + a) + B \sin^2(bt + b).$$

Formant alors la différence $\omega'_1 - \omega'$, le terme constant ω_0 disparaît comme commun; et, si l'on applique aux différences des facteurs trigonométriques les transformations généralement connues qui sont consignées au n° 28 de la *Trigonométrie* de Legendre, on trouve

$$\omega'_1 - \omega' = 2A \sin \tfrac{1}{2} a \cos\left(at + \tfrac{1}{2} a\right) + B \sin b \sin(2bt + b).$$

C'est l'expression dont j'ai fait usage dans le texte; elle est analytiquement rigoureuse, mais sa réduction en nombres peut être simplifiée par la considération que a et b sont de très-petits arcs qu'on peut prendre proportionnels à leurs sinus sans aucune erreur appréciable aux Tables usuelles. La formule devient alors

$$\omega'_1 - \omega' = A\left(\frac{a}{R''}\right) \cos\left(at + \tfrac{1}{2} a\right) + B\left(\frac{b}{R''}\right) \sin(2bt + b).$$

Comme a et b sont exprimés en secondes décimales, il faut employer R'' exprimé de la même manière. La valeur de son logarithme tabulaire est alors 5,8038801. On peut s'en convaincre aisément en y ajoutant le logarithme de 0,324, car on retrouve ainsi sa valeur correspondante en division sexagési-

c'est-à-dire qu'avec les Tables logarithmiques ordinaires, le premier terme reste sensiblement le même que si son facteur analytique était 1 ; et le deuxième terme est presque nul. La diminution annuelle de l'obliquité en 1750 était donc 1″,608468; ou, par siècle, 160″,8468. Cela fait en secondes décimales 160,8468.0,324 ou 52″,114. On trouverait exactement le même résultat si l'on faisait $t = +1$ dans l'expression complète de ω', et que l'on évaluât ce qui se soustrait alors de ω_0.

65. Dans le langage habituel des astronomes, ce qu'on appelle *la variation annuelle* d'un élément astronomique, ce n'est pas la différence finie de ses valeurs après un intervalle d'une année, comme nous venons de la calculer ici, et comme on devrait le croire en prenant cette dénomination dans son acception précise : c'est le changement idéal que l'élément considéré éprouverait, après une année, si, depuis chaque époque prise pour point de départ, il conservait, pendant toute cette période de temps, la même vitesse de variation qu'il a au moment où elle commence. Le résultat conventionnel ainsi obtenu doit évidemment différer des changements annuels effectifs, d'autant moins que la variation de l'élément est plus lente; et il ne s'en écarte pas sensiblement, par exemple, pour celui que nous venons de considérer; mais il est essentiel d'être averti de cette distinction, et, pour achever de la spécifier, je rapporte ici, en note, le procédé analytique par lequel on obtient

---

male, 5,3144251, que nous avons tant de fois employée. Si, de plus, on convertit A et B en secondes décimales en les multipliant par 10000, le calcul numérique s'effectue comme il suit :

$$\begin{array}{rlcrl}
\log a = & 1,9961732 & \qquad & \log b = & 1,3328887 \\
\log R'' = & 5,8038801 & & \log R'' = & 5,8038801 \\
\hline
\log \sin a = & \bar{4},1922931 & & \log \sin b = & \bar{5},5290086 \\
\log A'' = & 4,0141171 - & & \log B'' = & 3,8664764 - \\
\hline
 & 0,2064102 - & & & \bar{1},3954850 -
\end{array}$$

$$A''\left(\frac{a}{R''}\right) = -1'',608460, \qquad B''\left(\frac{b}{R''}\right) = -0,248591.$$

Ce sont les nombres que j'ai rapportés dans le texte.

généralement les variations annuelles des éléments astronomiques telles que les astronomes les conçoivent (*).

64. Je viens maintenant aux inégalités périodiques dont l'obliquité de l'écliptique est affectée. Soient ω' sa valeur au commencement d'une année quelconque, et D′ sa diminution annuelle, prise dans le sens astronomique, pour la même époque. ω' ainsi que D′ pourront et devront être déduites des formules exposées plus haut. Alors, quand il se sera écoulé un nombre n de jours, depuis le commen-

---

(*) Prenons la durée fixe de l'année julienne pour unité de temps, et, comptant le temps t en années pareilles à partir d'une époque définie, représentons généralement par $\varphi(t)$ l'expression analytique de l'élément variable que nous voulons considérer. Faisons-y alors croître t d'une fraction d'année infiniment petite désignée par τ, dont la petitesse conventionnelle nous permettra de négliger toutes les puissances supérieures à la première. t devenant $t+\tau$, la fonction $\varphi(t)$, arrêtée ainsi au premier terme de son développement, prendra généralement la forme suivante :

$$\varphi(t) + \tau\varphi'(t).$$

$\varphi'(t)$ est une autre fonction de t, qui *dérive* de $\varphi(t)$ par l'opération analytique du développement, et que l'on appelle, en conséquence, sa *fonction dérivée* ou son *coefficient différentiel*.

Ceci convenu, supposons que la fraction τ reçoive progressivement diverses valeurs 2τ, 3τ, 4τ,... qui, bien que différentes les unes des autres, soient cependant toutes infiniment petites. L'accroissement $\tau\varphi'(t)$ de l'élément considéré variera dans le même rapport, puisque $\varphi'(t)$ ne changera point. Pour caractériser cette vitesse *initiale* de variation, calculons l'effet total qu'elle produirait si elle se continuait *idéalement* telle pendant une année entière, c'est-à-dire pendant l'unité de temps totale dont τ est une fraction infiniment petite. Le résultat proportionnel qui s'obtiendra ainsi sera évidemment $\varphi'(t)$, c'est-à-dire la *fonction dérivée* elle-même. C'est là ce que les astronomes appellent la *variation annuelle* d'un élément astronomique dont les valeurs changent avec le temps. C'est précisément ainsi que, dans la Mécanique, les vitesses variables se définissent par la vitesse constante que le mobile prendrait à chaque instant de son cours si les forces accélératrices ou retardatrices qui le sollicitent cessaient tout à coup d'agir sur lui.

Lorsqu'un élément astronomique varie avec beaucoup de lenteur, il n'y a que peu ou point de différence appréciable entre sa variation annuelle *idéale*, calculée comme nous venons de le dire, et les changements *absolus* de ses valeurs réelles prises au commencement et à la fin d'une même année. C'est ce qui arrive, par exemple, pour les variations annuelles de l'obliquité de

cement de l'année, l'obliquité *apparente* et actuelle E' aura la valeur suivante :

$$E' = \omega' - n \frac{D'}{365,25} + 1'',3411 \cos 2L + 29'',7222 \cos N.$$

L désigne la longitude actuelle du soleil, et N la longitude actuelle du *nœud ascendant de la lune*. On appelle ainsi celle des deux intersections de l'orbe de la lune avec le plan de l'écliptique par laquelle la lune passe, lorsqu'elle *monte* du sud au nord de ce plan. Ce point ou *nœud* de la lune se meut sur l'écliptique en sens contraire du mouvement propre du soleil, et il décrit le contour entier de ce cercle en dix-huit ans, plus environ 214 jours, comme on le verra plus loin. Voilà ce qui constitue la période de la *nutation lunaire*, car on appelle ainsi l'effet de cette oscillation. On voit que l'obliquité contient encore une autre petite oscillation dépendante de la position du soleil sur l'écliptique. La période de celle-ci est évidemment d'une demi-année, puisque, après cet intervalle de temps, la longitude du soleil ayant augmenté de 200 grades, l'arc 2L a augmenté de 400 grades; d'où il suit que cos 2L reprend périodiquement les mêmes valeurs. Cette seconde inégalité vient de ce que l'action du soleil produit sur l'équateur un balancement analogue

---

l'écliptique, que nous avons calculées dans la note précédente; car, si l'on se reporte à l'expression générale que nous avons formée de $\omega'_1 - \omega'$, l'évaluation de la fonction dérivée, pour un tel cas, se réduirait évidemment à supprimer dans cette expression les petits arcs $\frac{1}{2}a$ et b, sous les signes périodiques où ils se trouveraient avoir pour facteurs le petit accroissement τ, au lieu de 1. Mais, à cause de l'excessive petitesse de ces arcs, leur conservation sous ces signes, avec le simple facteur 1, ne peut apporter, dans les produits dont ils font partie, que des changements toujours inappréciables aux observations. C'est ce qui amène l'identité ou la presque identité des résultats.

Après avoir averti de cette distinction, je continuerai, dans ce qui va suivre, à discuter les éléments astronomiques qui varient avec beaucoup de lenteur, en évaluant leurs variations annuelles absolues, et non pas virtuelles, ce qui me paraît en donner une notion plus réelle et plus immédiate que la convention astronomique; mais je ne le ferai que dans les seuls cas où cette lenteur sera telle, qu'il n'y aura pas de différence appréciable entre les résultats des deux modes d'évaluation.

à celui que produit l'action de la lune : on le nomme, par analogie, *nutation solaire*, comme on nomme l'autre *nutation lunaire*. Je ne rapporte ici ces explications et ces formules que pour ne rien laisser de vague relativement aux inégalités dont nous parlons, et afin que, par la suite, quand nous en aurons développé les lois par l'observation, on en puisse retrouver les expressions aux endroits où elles se rapportent naturellement.

En avançant dans l'astronomie, nous verrons que tous les éléments du système du monde sont soumis, de même que l'obliquité, à des variations de deux sortes. Les unes sont si lentes dans leur cours, que la marche en paraît progressive, depuis les plus anciens astronomes jusqu'à nous. On les a nommées pour cette raison *inégalités séculaires*. Les autres, plus rapides dans leur marche, redeviennent les mêmes après des intervalles de temps qui ne sont pas très-considérables, et les astronomes ont déjà observé plusieurs de leurs révolutions. On les a nommées *inégalités périodiques* pour les distinguer des précédentes, qui pourtant sont aussi périodiques, mais comprises dans des périodes incomparablement plus étendues.

Section II. — *Des variations qui surviennent dans les longitudes des astres, par l'effet du phénomène appelé la précession.*

68. Nous avons vu plus haut que, lorsqu'on avait déterminé par observation, pour une certaine époque, l'instant du passage du soleil par l'équinoxe du printemps, rien n'était plus facile que de rapporter à ce point les ascensions droites de toutes les étoiles. Il suffit, à cet effet, d'observer ou de calculer la différence d'ascension droite comprise entre chaque étoile et le point équinoxial, différence que nous avons appris à déterminer, § 15. Or, en répétant cette observation sur les mêmes étoiles à différentes époques, même après des intervalles d'un petit nombre d'années, on y trouve des changements très-sensibles, dont le résultat général est que toutes les ascensions droites des étoiles peu distantes de l'équateur vont en augmentant ; de sorte que leurs méridiens semblent continuellement s'éloigner de celui de l'équinoxe, dans le sens du mouvement propre du soleil, c'est-à-dire en se portant de l'occident vers l'orient. Mais ce n'est pas là le sens absolu du mouvement qu'elles éprouvent, car leurs déclinaisons changent aussi, de sorte que celles qui se trouvaient dans l'équateur à une certaine époque n'y sont plus à une autre. Par suite, l'axe de ce grand cercle, autour duquel s'opère la rotation diurne de la sphère céleste, se trouve aussi dirigé vers des étoiles diverses en différents temps. Ces déplacements continus, qui affectent tout le ciel stellaire, deviennent, à la longue, si considérables, que la situation des diverses constellations, relativement à l'équateur et aux équinoxes, est aujourd'hui tout à fait différente de celle que les anciens astronomes ont décrite pour les époques où ils observaient. Et, cependant, les positions relatives des étoiles entre elles se montrent encore exactement telles qu'ils les ont spécifiées.

66. Ce caractère de fixité relative montre que les déplacements dont il s'agit, quelque bizarres qu'ils paraissent, doivent résulter d'un mouvement général qui affecte simultanément toute la sphère céleste. Rapportés au plan de l'équateur et aux équinoxes, nous venons de voir qu'ils semblent excessivement complexes. Mais, si on les rapporte au plan de l'écliptique, en considérant leurs effets sur les longitudes et les latitudes, toute leur complication disparaît. Quand on prend les valeurs de ces coordonnées déterminées pour une certaine époque, et qu'on les compare à leurs valeurs antérieures ou postérieures, relativement à la même étoile située n'importe dans quelle partie du ciel, la loi générale du phénomène se découvre avec évidence. On voit tout de suite que les latitudes des étoiles n'éprouvent que des variations nulles ou très-petites, par exemple celle qui résulte naturellement de la diminution séculaire de l'obliquité; tandis que tous les changements se portent sur les longitudes, qui vont sans cesse en augmentant pour toutes les étoiles, et pour toutes d'une égale quantité. De sorte que ces astres semblent ainsi se mouvoir dans le ciel, parallèlement au plan de l'écliptique; ou, pour s'exprimer d'une manière rigoureuse et géométrique, les phénomènes se passent comme si la sphère céleste tournait autour de l'axe de l'écliptique, avec un mouvement très-

lent, dirigé d'occident en orient, dans le même sens que celui du soleil.

Pour donner une image sensible de cet important résultat, construisons la *fig.* 7 exactement pareille aux *fig.* 5 et 5 *bis*; mais, pour ne pas la compliquer, traçons-y seulement les deux grands cercles de l'équateur et de l'écliptique avec leurs axes propres CP, CP'; puis concevons qu'à une certaine époque, une étoile S_1, située dans l'écliptique, se soit trouvée exactement sur la direction visuelle du point équinoxial ♈. A toute époque *postérieure* cette étoile se trouvera encore dans l'écliptique, du moins si l'on fait abstraction de quelques déplacements très-petits que ce plan lui-même éprouve dans le ciel, par la suite des siècles, et que nous devrons ultérieurement considérer. Mais elle ne coïncidera plus avec le point équinoxial actuel ♈; elle s'en sera éloignée dans le sens du mouvement propre du soleil: de sorte que sa longitude, qui était primitivement nulle, sera devenue ♈S_1. Et toutes les longitudes des autres étoiles, quelque part qu'elles soient placées, seront *accrues* de la même quantité angulaire, dans le même intervalle de temps.

67. Mais je dois tout de suite faire remarquer que les mêmes apparences et les mêmes résultats pourraient se représenter par une construction toute différente, en laissant le ciel stellaire fixe, et faisant rétrograder l'équateur par un mouvement parallèle à l'écliptique, en sens contraire de la marche propre du soleil. C'est ce que représente la *fig.* 8. En effet, supposons qu'à une certaine époque, ♈ soit le point équinoxial, et ♈C♎ l'intersection commune des deux plans; puis concevons qu'à une époque *postérieure*, cette trace ait pris la position rétrograde $♈_1C♎_1$, toutes les étoiles étant restées fixes: l'observateur qui mesurera alors leurs longitudes à partir de l'équinoxe vernal actuel $♈_1$, les trouvera toutes augmentées de l'angle $♈_1C♈$, exactement comme dans la construction précédente, sans que rien puisse lui faire découvrir laquelle des deux exprime réellement le phénomène physique qui s'est produit. Mais il est très-vraisemblable que c'est la dernière qui est conforme à la réalité, car le plan de l'équateur appartenant au sphéroïde terrestre, et la droite CP, qui lui est normale, étant l'axe même autour duquel ce sphéroïde accomplit sa rotation diurne, il suffira, pour déplacer progressivement la trace ♈C♎, comme on l'observe, que cet axe ait autour de l'axe de l'écliptique un mouvement de révolution conique, dirigé en sens contraire du mouvement propre du soleil, de ♈ vers ♈₁; de même que l'on voit les axes des toupies, dont les enfants s'amusent, accomplir des révolutions coniques autour de la verticale qui passe par leur pointe. Or ici, comme pour l'alternative de la rotation diurne, un tel mouvement d'une si petite masse serait physiquement bien plus concevable que ne le serait l'accord général de toutes les étoiles du ciel pour tourner lentement ensemble, pendant la continuité des siècles, avec un mouvement angulaire égal, autour d'un même axe rectiligne mené par son centre. Je ne fais ici qu'indiquer cette idée, sur laquelle nous aurons bientôt occasion de revenir, et je reprends la considération des simples apparences sous lesquelles le phénomène se présente.

68. Ces généralités étant reconnues, il nous faut tirer des observations la mesure de cet accroissement progressif et commun des longitudes. Ce sera une opération très-simple. Pour cela, considérant d'abord le phénomène, dans ses apparences observables, tel qu'il s'offre à nous, employons comme type la *fig.* 7, qui en donne la représentation immédiate : il suffira de comparer entre elles les longitudes d'une même étoile, observées à deux époques différentes; l'effet étant le même pour toutes les étoiles, il importe peu laquelle on choisit.

Par exemple, suivant les observations de Bradley, l'étoile que l'on nomme l'*Épi de la Vierge* avait pour longitude, au commencement de 1760, 222^{gr},7716.

Suivant les observations de Maskeline, au commencement de 1802, la même étoile avait pour longitude 223^{gr},4201.

La différence est 0^{gr},6485 en quarante-deux ans, ce qui donne 154″,42 par année. La discussion d'un grand nombre d'observations donne 154″,63 (50″,10 sex.). On sent en effet qu'un élément aussi délicat ne peut être établi avec certitude que par une moyenne entre un grand nombre de résultats exactement observés.

Veut-on essayer de l'obtenir par la comparaison d'observations plus distantes; au chapitre II du livre III de l'*Almageste*, où Ptolémée discute la longueur de l'année tropique, il rapporte deux observations d'Hipparque, dont la moyenne attribue à l'Épi, 141 ans avant l'ère chrétienne, une longitude égale à. . . 174° 7'30"

L'observation faite par Maskeline, en 1802, étant convertie de même en graduation sexagésimale, donne pour cette longitude. . . . . 201° 4'41"

L'accroissement total a donc été de. . . . . . 26°57'11"

C'est 97031" en 1943 ans. Si l'on suppose que ce mouvement a été uniforme, il sera, pour une année, $\frac{97031''}{1943}$ ou 49",94.

Cette valeur est un peu moindre que celle qu'on obtient par la comparaison des deux observations modernes. Or, en effet, on verra dans le chapitre suivant que, d'après la théorie de l'attraction, l'accroissement annuel des longitudes était un peu plus lent à l'époque d'Hipparque qu'il ne l'est aujourd'hui; et, dans l'intervalle, il s'est continûment accéléré, de sorte qu'en le supposant uniforme, on doit lui trouver une valeur moyenne moindre que si on le conclut des seules observations de notre temps. Lorsque nous calculerons l'accroissement total des longitudes depuis l'an —141 jusqu'à 1802, en tenant compte de ces variations, nous trouverons le résultat moyen d'Hipparque beaucoup plus exact qu'on n'aurait osé l'espérer.

69. Les longitudes des étoiles, qui se comptent d'occident en orient, à partir de la ligne d'intersection de l'écliptique avec l'équateur, étant ainsi continuellement croissantes, cette ligne se trouve successivement dirigée vers des points de plus en plus occidentaux de la sphère stellaire; et le retour annuel du soleil à un même équinoxe, qui constitue l'année tropique, *précède* son retour à l'étoile qui aurait coïncidé avec cet équinoxe dans le passage antérieur. C'est en cela que consiste la *précession des équinoxes*, expression qui semble aussi désigner ce phénomène comme dû à un mouvement propre des points équinoxiaux en sens contraire du mouvement du soleil. Tel est, en effet, le sens vrai qu'y attachait Hipparque, puisque Ptolémée nous apprend qu'il avait

composé sur ce sujet un Traité spécial intitulé : *Du mouvement des points équinoxiaux* (περι της μεταπτασεως των τροπικων), qui est malheureusement aujourd'hui perdu.

Il est facile de calculer l'intervalle de temps que le soleil doit employer annuellement pour compléter sa révolution sur la sphère stellaire. Afin d'en simplifier l'évaluation, dépouillons idéalement cet astre des inégalités périodiques de son mouvement vrai ; et considérons le soleil moyen, lorsqu'il est revenu à l'équinoxe vernal après une révolution tropique, comprenant à l'époque actuelle $365^j,242264$. Il lui restera encore à décrire sur l'écliptique le petit arc $154'',63$, avant d'avoir rejoint le point de la sphère des étoiles qui avait passé l'année précédente à l'équinoxe, en même temps que lui. A la vérité, ce point est lui-même en mouvement sur l'écliptique en vertu de la précession, et il s'éloigne un peu du soleil pendant que cet astre le rejoint ; mais sa marche annuelle n'étant que de $154'',63$, la quantité dont il s'avance depuis l'instant de l'équinoxe jusqu'au moment où il est atteint par le soleil, est tout à fait insensible, en sorte qu'on peut le supposer immobile dans cet intervalle (*). Ainsi, pour connaître ce retard annuel

---

(*) Pour faire le calcul sans rien négliger, soient T la révolution tropique qui est donnée, S la révolution sidérale qui est inconnue. Puisque les équinoxes rétrogradent de $154'',63$ pendant une année tropique, leur mouvement en une année sidérale sera proportionnellement $154'',63\,\frac{S}{T}$. Tel est donc l'arc que le soleil aura à parcourir au delà de 400 grades pour compléter l'année sidérale. Le temps qu'il emploiera pour cela, en vertu de son mouvement moyen, sera exprimé par $154'',63\,\frac{S}{T}\cdot\frac{T}{400^{gr}}$, ou simplement $\frac{154'',63}{400^{gr}}\cdot S$. L'année sidérale S sera donc égale à une année tropique plus cette quantité, c'est-à-dire que l'on aura

$$S = T + \frac{154'',63}{400^{gr}}S; \qquad \text{donc} \qquad S = \frac{T}{1 - \frac{154'',63}{400^{gr}}}.$$

En développant le second membre en série, il vient

$$S = T + \frac{T.154'',63}{400^{gr}} + T\left(\frac{154'',63}{400^{gr}}\right)^2, \text{ etc.}$$

Les deux premiers termes forment la valeur que nous avons rapportée dans le texte ; le troisième ne donnerait pas une unité de plus sur la sixième décimale de jour.

du soleil sur les étoiles, il suffit de réduire en temps ce petit arc $154'',63$, à raison de la circonférence entière pour une année tropique; le résultat est $\frac{154'',63}{400^{gr}} . 365^{j},242264$ ou $0^{j},014119$. En l'ajoutant à l'année tropique, on aura la durée d'une révolution entière du soleil, par rapport aux étoiles, exprimée en jours moyens solaires. C'est ce que l'on nomme l'*année sidérale :* elle est de $365^{j},256383$.

70. D'après ces résultats, il est aisé de voir que la ligne des équinoxes rétrograde sur l'écliptique de 1 grade en $64^{ans},7$, ou d'un degré de l'ancienne division en $71^{ans},6$.

Il est également facile, en supposant ce mouvement uniforme, de calculer le temps que les équinoxes emploieront à faire le tour de l'écliptique; car, s'il faut une année pour $154'',63$, le temps nécessaire pour décrire 400 grades sera $\frac{400^{gr}}{154'',63} . 1$ an, ou 25868 années, c'est-à-dire environ vingt-six mille ans. Mais le mouvement de précession éprouve dans les différents siècles des inégalités qui changeraient sans doute notablement l'étendue de cette période, calculée ainsi par simple proportion.

CHAPITRE VI.

Du zodiaque grec.

71. En vertu du mouvement général de la sphère stellaire que nous venons de constater, le pôle terrestre ne paraît pas constamment dirigé vers les mêmes étoiles en différents siècles ; et le soleil n'occupe pas non plus constamment la même place parmi elles, lorsqu'il arrive chaque année aux équinoxes ou aux solstices. Ces déplacements se sont opérés, aux yeux de tous les peuples, depuis que le monde existe. Mais autre chose est de les voir, et d'en découvrir la loi phénoménale, consistant dans l'accroissement continu et égal des longitudes de toutes les étoiles. C'est dans cette loi que consiste ce que l'on doit proprement appeler *la précession ;* et il ne faut pas la confondre avec les simples apparences des phénomènes complexes, qu'elle rassemble et régularise dans son énoncé mathématique, comme on le fait trop souvent.

72. Nous n'avons aucune notion que la précession, considérée ainsi dans son vrai sens de loi phénoménale, ait été connue avant Hipparque. Ce fut une des plus belles découvertes de ce grand astronome. Ce fut aussi une des plus difficiles. Car, d'abord, elle exigeait l'invention préalable de la Trigonométrie sphérique, pour convertir les ascensions droites et les déclinaisons qu'on observe, en longitudes et latitudes qu'on n'observe point, ou du moins qu'on n'avait pas, jusqu'alors, trouvé le moyen de mesurer immédiatement ; ce qui montre assez qu'il ne faut pas chercher, ou même soupçonner la connaissance de la précession chez les peuples qui n'ont pas possédé cette trigonométrie. En outre, après l'avoir inventée, comme on doit croire qu'Hipparque l'avait fait, puisqu'on n'en trouve point de trace antérieure, il fallait pouvoir l'appliquer à des positions d'étoiles déterminées assez anciennement pour que la continuité et l'identité de l'accroissement des longitudes pût se constater avec certitude, parmi les erreurs dont les observations comparées devaient être inévitablement affectées. Or ce secours lui a manqué, malgré toutes les recherches qu'il dut sans doute faire; de sorte que ce fut un effort de génie encore plus remarquable, de soupçonner seulement ces deux caractères, et d'arriver même à une évaluation de la précession assez exacte, d'après le petit nombre d'éléments imparfaits qu'Hipparque put recueillir.

73. Pour montrer avec évidence combien il y a de distance entre la simple vue de ces déplacements stellaires et la découverte de leur loi générale, je citerai comme exemple l'astronomie chinoise(*). On en connaît positivement toute l'histoire, qui remonte à plus de deux mille ans avant l'ère chrétienne. Elle est rapportée dans des textes écrits d'une authenticité indubitable, qui sont arrivés jusqu'à nous. On y voit que depuis cette haute antiquité, les Chinois ont eu un système régulier d'observations astronomiques, continuées sans interruption, lequel est resté invariablement lié à leur forme de gouvernement, ainsi qu'à leurs rites, par son usage pour la numération des temps, et par les conséquences astrologiques qu'on en déduisait. Les positions des astres s'y déterminaient par les époques de leur passage au méridien, et par leurs distances angulaires au pôle visible, exactement comme nous le faisons aujourd'hui. Les intervalles temporaires des passages observés, étant exprimés en parties d'une même révolution diurne, donnaient les angles dièdres compris entre les méridiens propres des astres observés; ces intervalles s'appréciaient au moyen d'horloges d'eau, qui paraissent avoir été de très-bonne heure à niveau constant, condition nécessaire de l'exactitude que l'on trouve dans plusieurs déterminations astronomiques fort anciennes, dépendantes de leur évaluation. Pour éviter qu'ils ne fussent très-prolongés, auquel cas les irrégularités possibles des horloges auraient introduit trop d'erreurs dans leurs mesures, les

(*) Les résultats que je vais rapporter sont extraits d'une série de recherches sur l'astronomie chinoise que j'ai insérées dans le *Journal des Savants*, aux numéros de décembre 1839, et de janvier, février, mars, avril, mai 1840. On y trouvera toutes les preuves et les applications numériques des faits dont je donne ici le résumé.

Chinois employaient un artifice auquel nous avons également recours. Ils avaient choisi un certain nombre d'étoiles, conventionnellement désignées comme celles que nous appelons aujourd'hui fondamentales; puis, concevant la sphère céleste coupée par les méridiens de ces étoiles en secteurs sphériques ayant leur sommet commun au pôle visible, ils rapportaient à ces plans, que nous appellerions horaires, tous les méridiens des astres compris dans chaque tranche; de sorte qu'ils avaient seulement à mesurer l'intervalle de temps restreint qui s'écoulait entre le passage méridien de l'astre qu'ils voulaient observer, et le passage de l'étoile fondamentale dont le méridien s'en trouvait angulairement le plus proche. Alors, pour pouvoir placer l'astre à son lieu relatif, dans la division stellaire où il se trouvait, il suffisait que les amplitudes équatoriales de toutes les divisions eussent été mesurées par des opérations préalables, d'après l'observation des intervalles de temps compris entre les passages méridiens consécutifs des étoiles connues qui les limitaient.

Ces étoiles, que j'appellerai les *déterminatrices* des divisions chinoises, ont été, douze siècles au moins avant l'ère chrétienne, au nombre de 28. Elles sont désignées dans les textes de cette époque, avec les noms des divisions équatoriales qu'elles interceptent. Ces mêmes divisions, ces mêmes étoiles ont été invariablement employées depuis, dans l'usage pratique, sans aucune addition, sans aucun changement. Toutes les observations postérieures que nous trouvons consignées dans les textes y sont rapportées, et les savants missionnaires qui ont introduit en Chine l'astronomie européenne, vers la fin du seizième siècle de notre ère, durent se conformer à une coutume si anciennement établie. Nous pouvons ainsi, avec une entière certitude, identifier les 28 déterminatrices chinoises avec le ciel, tant par le témoignage des missionnaires, que par le calcul des observations antérieures où elles sont employées, et nous les connaissons aussi bien que celles de nos catalogues.

Leur choix, au premier coup d'œil, semble n'offrir aucun caractère intentionnel: leur éclat n'en a pas été la cause, ou du moins l'unique cause; car, à la vérité, il y en a de très-brillantes, mais la plupart sont des étoiles fort petites, si petites même qu'il faut de très-bons yeux pour les apercevoir. Elles ne sont pas non plus situées sur la route moyenne du soleil, de la lune et des planètes; et leur manque absolu de rapport avec la marche réglée de ces astres se voit par l'excessive irrégularité des intervalles équatoriaux qu'elles embrassent, lesquels n'ont jamais été, pour certaines divisions, que de trois ou quatre degrés, tandis qu'elles étaient de trente pour d'autres immédiatement voisines. C'est donc bien à tort que des érudits occidentaux, étrangers aux usages chinois, ont cru, d'après leur nombre de 28, qu'elles étaient relatives au cours mensuel de la lune, ce dont les anciens textes ne font d'ailleurs aucune mention. Toutefois, si on les transporte, par le calcul de la précession, aux premiers temps où la tradition peut faire supposer qu'elles ont dû commencer à être employées, vers 2300 ans avant l'ère chrétienne, on y découvre des caractères d'application beaucoup plus vraisemblables, et mieux adaptés au mode d'observation, par les passages méridiens et les distances polaires, dès lors usité. Car d'abord la plupart des étoiles déterminatrices se trouvent avoir été situées le plus près possible de l'équateur de ce temps, et y répondre, soit aux passages méridiens des étoiles circompolaires qui servaient pour marquer les heures, soit aux positions que les points équinoxiaux ou solsticiaux avaient alors dans le ciel stellaire. Quatre déterminatrices seulement, sur les 28, ne s'adaptent ni à l'une ni à l'autre de ces applications; mais lorsqu'on les ramène à l'époque plus tardive de 1200 ans avant l'ère chrétienne, qui est celle du prince Tcheou-Kong, par lequel l'astronomie chinoise fut définitivement fixée, on trouve que ces quatre étoiles déterminatrices répondent précisément aux points équinoxiaux et solsticiaux de son temps, si précisément, en effet, que cette concordance nous sert aujourd'hui pour confirmer les évaluations de la précession résultantes de nos théories modernes; d'où l'on peut légitimement inférer, je ne dis pas avec certitude, mais avec beaucoup de vraisemblance, que les divisions stellaires chinoises étaient antérieurement au nombre de 24, et ont été portées à 28 par lui, pour le but que je viens de spécifier.

Pour compléter ce tableau de l'astronomie chinoise, qui nous ramènera tout à l'heure à la question posée au commencement de ce chapitre, l'année solaire, supposée de $365^{j}\frac{1}{4}$, était partagée depuis une antiquité immémoriale en quatre intervalles temporaires égaux, dont les limites répondaient, ou pour mieux dire étaient censées officiellement répondre aux époques des deux équinoxes et des deux solstices. Celle du solstice d'hiver seule se déterminait, comme je l'ai dit déjà, par l'observation des plus longues ombres d'un gnomon à style, dont la hauteur était fixée par les rites à 8 pieds chinois. Chaque quadrant de l'année était subdivisé en trois parties temporaires égales appelées Tchongki, de sorte que l'année entière contenait douze Tchongki ; et comme la circonférence du cercle était divisée en trois cent soixante-cinq parties et un quart, analogues à ce que nous appelons degrés, le soleil, par son mouvement moyen équatorial, était censé décrire juste un degré par jour. Dans ce système, fondé tout entier sur la mesure égale du temps, on n'avait aucun besoin de suivre la marche annuelle du soleil sur le cercle oblique de la sphère céleste que nous appelons l'écliptique. Ce cercle ne servait à aucun usage. Il fut cependant connu, et considéré spéculativement par Tcheou-Kong, qui y pratiqua douze divisions limitées par les cercles de déclinaison élevés par les extrémités des douze Tchongki équatoriaux, ce qui les donnait angulairement inégales ; et ce nombre de douze, identique à celui des dodécatémories grecques dont je parlerai tout à l'heure, les a fait quelquefois confondre inexactement par les Européens avec celles-ci, qui en différaient par la condition de leur égalité. Les révolutions de la lune furent aussi associées à celles du soleil dans le calendrier chinois, comme chez tous les peuples du monde, pour subdiviser l'année solaire à peu près en douzièmes, que l'on appela des *lunes*, comme nous les appelons des *mois* ; mais on ne les employa encore à cet usage que comme exprimant des périodes de temps, sans les rattacher à la recherche, ou même à la considération spéculative d'une orbite géométrique décrite par l'astre dans le ciel. Enfin, pour dernier trait de dissemblance entre ce système astronomique et celui qui a été adopté par les peuples occidentaux, tout le ciel stellaire chinois était partagé en groupes d'étoiles, unies par des lignes droites, qui n'avaient aucun rapport avec nos constellations. L'étoile la plus voisine du pôle boréal, ou ce pôle même, était assimilé à l'empereur, comme désignant le pivot central autour duquel tournait tout l'empire, et les groupes voisins étaient assimilés aux membres de la famille du prince ou aux principaux officiers de sa maison.

Avec des conventions pareilles, fixément établies et invariablement appliquées pendant tant de siècles, le mouvement général de précession, qui affecte toute la sphère céleste, a dû nécessairement faire varier les directions absolues des vingt-huit cercles de déclinaison qui, partant toujours du pôle boréal de l'équateur dans sa situation du moment, se dirigeaient de là aux étoiles déterminatrices conventionnellement adoptées, lesquelles changeaient sans cesse de position relativement à lui. Par une conséquence nécessaire de ces changements de direction, les autres étoiles, qui étaient primitivement placées sur le contour de ces cercles ou près d'eux, ont dû en sortir et passer dans les divisions voisines; celles qui sont restées comprises dans une même division ont dû y occuper des places progressivement différentes; enfin les intervalles équatoriaux, interceptés entre les cercles de déclinaison consécutifs, ont dû changer progressivement de grandeur. Tout cela s'est effectivement réalisé. Il est même arrivé que les deux cercles de déclinaison qui limitaient la division stellaire *Tsc*, la plus étroite de toutes, se sont graduellement rapprochés, puis recouverts l'un l'autre au XIIIe siècle de notre ère, après quoi ils se sont séparés de nouveau, en prenant des positions relatives contraires, et l'occidental est devenu l'oriental. Les astronomes chinois ont vu tous ces effets; mais ils ne se sont nullement inquiétés d'en chercher la cause. Ils ont continué à se servir invariablement des mêmes étoiles déterminatrices; seulement, ayant reconnu que les intervalles équatoriaux compris entre leurs cercles de déclinaison ne conservaient pas toujours les mêmes grandeurs, ils en renouvelaient l'évaluation par la mesure du temps, à des époques plus ou moins distantes, lorsqu'ils trouvaient leurs valeurs actuelles trop notablement différentes de celles qui leur avaient été transmises, et ils rapportaient ensuite les lieux des astres aux nouvelles divisions ainsi formées. On a donc là l'exemple d'un peuple qui, pendant une longue suite de siècles, a eu sous les yeux les effets de la précession et s'est trouvé contraint d'en corriger les conséquences dans sa pratique astronomique, sans en avoir reconnu ni soupçonné la loi, ni même fait la moindre recherche pour l'obtenir.

74. Les formes de l'astronomie grecque dont nous avons hérité la préparaient, bien mieux que celle des Chinois, à recevoir les transformations de coordonnées qui devaient conduire à cette importante découverte, parce qu'on y affecta de bonne heure les révolutions temporaires du soleil et de la lune à la recherche des orbites géométriques que ces astres décrivent. D'après le petit nombre de documents qui nous sont parvenus sur l'histoire de cette astronomie, les Grecs, fort antérieurement à Hipparque, répartissaient toutes les étoiles visibles de leur ciel en groupes distincts, auxquels ils avaient attaché des noms et des figures d'animaux ou de personnages pris dans leur mythologie. Cet usage leur était-il propre, ou leur était-il venu de peuples plus anciens? c'est une question dont l'examen sera mieux placé plus tard. Ici je me bornerai à dire que ces groupes, avec leurs noms et leurs symboles figuratifs, sont, à peu de chose près, les mêmes que nous employons aujourd'hui, si ce n'est que les étoiles qui les composent ont été souvent rapportées à des parties différentes de la même figure, ou même en ont été ôtées, puis annexées à des groupes voisins, au gré des astronomes, soit anciens, soit modernes. La zone circulaire du ciel où se meuvent le soleil, la lune et les planètes, en sorte que ces astres y sont toujours compris, avait été spécialement partagée ainsi entre douze constellations d'amplitudes très-inégales, d'où l'on peut inférer avec vraisemblance que ce partage n'a pas dû être fait systématiquement et d'un seul coup, mais successivement, pour signaler les points de cette zone que l'on mettait le plus d'intérêt à définir. Les symboles conventionnels qu'on y avait attachés étant aussi principalement des noms et des figures d'animaux réels ou fictifs, on appela la zone entière ζωδιάκος, du mot grec ζωδία, qui signifie *des animaux*, non pas vivants, mais *figurés*. C'est de là qu'est venu le nom de *zodiaque*, par lequel nous la désignons encore aujourd'hui. Lorsque les astronomes mathématiciens voulurent ensuite signaler en particulier le cercle que le soleil décrit, ou semble décrire dans cette zone, par son cours annuel, ils l'appelèrent indifféremment λοξος κυκλος, le *cercle oblique*, ou δια μεσων των ζωδιων κυκλος, le *cercle moyen des animaux*. Ces deux dénominations sont les seules que lui applique Ptolémée dans son grand ouvrage d'Astronomie, intitulé *Syntaxe mathématique*, que nous appelons, d'après les Arabes, l'*Almageste* (*). Geminus, antérieur à Ptolémée et postérieur à Hipparque, l'appelle, avec moins de propriété, ζωδιακος κυκλος, le *cercle zodiacal*. Le nom d'*écliptique*, que nous lui donnons, vient aussi du grec; il dérive du verbe εκλειπω, qui signifie *éclipser*, parce que c'est dans le plan de ce cercle, ou très-près, que s'opèrent les éclipses de soleil et de lune. Mais cette dernière dénomination ne s'est introduite que beaucoup plus tard. Delambre dit qu'on la trouve employée pour la première fois dans le Traité de la sphère, d'Achille Tatius, écrivain grec du IVe siècle de notre ère. Ce même cercle fut aussi partagé idéalement en douze divisions angulaires égales que l'on appela, en conséquence, δωδεκατημορια, c'est-à-dire *douzièmes*, et on leur attribua ce caractère d'égalité bien avant qu'on ne sût calculer les relations de grandeur de ces parties avec leurs projections sur le cercle équatorial. On nommait celui-ci ισημερινος, c'est-à-dire *qui fait le jour d'une même durée* (dans tous les lieux de la terre) (**), appellation changée depuis par les Latins, et ensuite par nous, en celle d'*equinoxialis*, *équinoxial*, comme donnant (partout) une même durée *à la nuit*. Malgré l'inégalité d'amplitude des douze constellations zodiacales, on désigna les dodécatémories par les mêmes dénominations d'animaux figurés, prises dans le même ordre, et on leur conserva encore le nom commun de ζωδια dans cette autre application; ce qui montre

---

(*) L'admiration qu'excita l'ouvrage de Ptolémée lui mérita le nom de μεγαλη συνταξις, la *grande composition* ou la *grande syntaxe*. Les Arabes, qui les premiers le firent traduire du grec, le reçurent avec l'épithète superlative μεγιστη, qui signifie la *très-grande*, ou peut-être ils la lui donnèrent. Alors, en y annexant l'article *al*, qui signifie *le* ou *la*, ils formèrent le nom substantif *almageste*, que nous avons accepté d'eux pour le désigner.

(**) C'est l'interprétation qu'en donne Ptolémée dans l'*Almageste*, livre I, chap. VII.

que les divisions égales, postérieurement adoptées, ne s'écartaient pas alors beaucoup des constellations qu'on y faisait correspondre. Nous chercherons tout à l'heure à en retrouver approximativement l'époque par cette condition ; mais auparavant il faut que je signale une circonstance fort singulière qui eut lieu dans ce transport. Les douze constellations zodiacales des Grecs, du moins telles que Ptolémée les décrit, étaient réparties entre *onze* figures seulement d'animaux distincts : l'une, le *Scorpion*, embrassait deux de ces constellations, dont la première à passer au méridien, ou, comme on dit, *la précédente*, appartenait à ses serres, et s'appelait de leur nom (*χηλαί*), tandis que la suivante, appartenant au corps de l'animal, s'appelait spécialement Σκορπιος. Par un motif dont les astronomes grecs ne nous ont pas rendu compte, le nom des serres fut supprimé dans la liste des dodécatémories, et on le remplaça par celui de ζυγος, qui désigne proprement un *joug de bœufs*. Mais on étendit le sens simple de cette expression, en y attachant la signification et l'emblème d'une balance, assimilation qui peut avoir été suggérée parce que la constellation des serres que l'on affectait à cette dodécatémorie contient deux étoiles principales, qui semblent figurer deux plateaux de balance suspendus à un même fléau. C'est, du moins, l'interprétation que nous en donne un poëme astrologique grec attribué à Manéthon, prêtre égyptien qui vivait sous Ptolémée Philadelphe. Quoi qu'il en puisse être, le groupe stellaire appelé *χηλαί* garda pendant très-longtemps son ancien nom et sa désignation figurative dans la dodécatémorie appelée ζυγος, où on l'intercalait. Ptolémée le lui conserva dans l'*Almageste*, et Théon, son commentateur, suivit en cela son exemple deux siècles plus tard. Ce principe de confusion, qui a causé beaucoup de méprises, n'a été définitivement détruit que dans l'astronomie moderne, où l'on a contracté, sans retour, les serres du Scorpion figuré, pour faire place à la Balance, à laquelle on a transporté toutes les étoiles qui les composaient. Je fais seulement ici l'historique de cette double désignation, mais j'essayerai plus loin d'en retrouver l'origine et la cause occasionnelle.

73. Tant que les dodécatémories écliptiques furent seulement employées, en Grèce, comme des abstractions spéculatives, sans

que l'on sût assigner par le calcul leurs relations avec les parties de l'équateur, il n'y eut pas de convention généralement admise sur la place qu'il fallait y donner aux points équinoxiaux et solsticiaux. Dans les ouvrages où l'on exposait l'état du ciel, soit en prose, soit en vers, quelques auteurs mettaient ces points au commencement des dodécatémories, d'autres au milieu. On était seulement d'accord pour faire appartenir l'équinoxe vernal à la première de la liste, que l'on appelait le *Bélier,* du nom de la constellation zodiacale dans laquelle cette phase solaire se trouvait alors s'opérer. Hipparque fixa définitivement ces incertitudes. La convenance évidente qu'il trouvait à faire partir ses triangles sphériques d'un des points d'intersection de l'écliptique avec l'équateur, le décida à placer l'équinoxe vernal au commencement de la dodécatémorie du Bélier, non au milieu, et cet usage s'est depuis constamment conservé (*). Toutefois, il ne fut pas d'abord adopté si généralement, que Ptolémée n'ait jugé nécessaire de dire expressément qu'il s'y conforme. Cela serait superflu aujourd'hui; mais il est indispensable de connaître ces diversités conventionnelles pour interpréter exactement les descriptions du ciel données par les auteurs grecs antérieurs à Hipparque; encore est-il impossible avec cela de suppléer à leur manque de précision, ou de concilier leurs discordances, lesquelles résultent sans doute, en grande partie, du peu de connaissances pratiques qu'ils avaient en astronomie, et peut-être aussi de ce que plusieurs d'entre eux auront rassemblé, dans une même description du ciel, des documents partiels appartenant à des âges différents, sans savoir qu'il était essentiel de les séparer.

(*) Hipparque, dans son Commentaire sur Aratus, nous apprend lui-même cette diversité d'usages, laquelle, à elle seule, décèle une astronomie qui n'est pas encore devenue mathématique, et qui est bornée aux seuls aperçus vagues que l'on peut obtenir par une étude peu ancienne du ciel, avec le seul secours des yeux. Ce commentaire, qui paraît avoir été un des premiers travaux d'Hipparque, est un des plus précieux restes de l'antiquité, parce qu'il nous montre, avec une entière évidence, l'état imparfait et, pour ainsi dire, naissant de l'astronomie en Grèce, à l'époque d'Eudoxe, dans le ve siècle avant l'ère chrétienne. On en trouve une analyse très-judicieuse et très-fidèle dans l'*Histoire de l'Astronomie ancienne* de Delambre, tome Ier, pages 106 et suivantes.

76. La discordance approximative qui existait, au temps d'Hipparque, entre les dodécatémories écliptiques et les constellations zodiacales de même dénomination, a été depuis progressivement altérée, et enfin complétement détruite par l'effet de la précession. L'origine de la graduation des dodécatémories étant restée attachée à l'équinoxe vernal, tandis que les longitudes des étoiles, comptées de ce point, se sont continuellement accrues, les constellations zodiacales se sont progressivement éloignées des dodécatémories qui leur étaient primitivement correspondantes. Néanmoins on a conservé aux unes et aux autres l'identité de dénomination qu'on leur avait anciennement donnée. Il est donc très-essentiel de ne pas confondre ces deux applications si différentes d'un même énoncé. C'est pourquoi le mot *dodécatémorie* étant d'un usage peu commode dans le langage astronomique, on lui a substitué le mot *signe* (signum), que l'on joint au nom ancien de la dodécatémorie que l'on veut désigner; et ce même nom, employé seul, désigne spécialement la constellation. Ainsi, quand on dit simplement le *Bélier*, on entend indiquer le groupe d'étoiles dont la constellation appelée le Bélier se compose; et quand on dit le *signe du Bélier*, on entend indiquer la première des douze dodécatémories écliptiques, ayant toujours son commencement placé à l'équinoxe vernal du moment. En outre, pour abréger les énoncés, on a attaché aux constellations zodiacales, et aux dodécatémories, des caractères figuratifs communs, qui s'interprètent aussi avec ce double sens d'application; mais on ne connaît pas l'origine de ces caractères. On sait seulement que leur emploi, devenu aujourd'hui universel en astronomie, n'est pas très-ancien, car on n'en trouve aucune trace dans les anciens manuscrits grecs. Voici la liste des douze *signes*, rangés consécutivement dans l'ordre suivant lequel ils se succèdent en passant au méridien, et suivant lequel le soleil les parcourt dans sa marche annuelle. On y a joint leurs caractères figuratifs.

Ce sont: le *Bélier* ♈, le *Taureau* ♉, les *Gémeaux* ♊, le *Cancer* ♋, le *Lion* ♌, la *Vierge* ♍, la *Balance* ♎, le *Scorpion* ♏, le *Sagittaire* ♐, le *Capricorne* ♑, le *Verseau* ♒, les *Poissons* ♓.

Ils sont compris, par ordre, dans les deux vers suivants, faciles à graver dans la mémoire :

Sunt *Aries*, *Taurus*, *Gemini*, *Cancer*, *Leo*, *Virgo*,
*Libra*que, *Scorpius*, *Arcitenens*, *Caper*, *Amphora*, *Pisces*.

Chaque signe est la douzième partie de la circonférence, et comprend ainsi 30 degrés de la graduation sexagésimale. Cette graduation, avec ses subdivisions indéfinies par soixantièmes, nous vient des Grecs. L'emploi général et illimité de ce genre de fractions est un caractère spécial de leur géométrie, de leur astronomie, et de leur mensuration du temps.

L'assemblage de ces douze signes, considérés dans leur double application aux dodécatémories écliptiques et aux constellations de dénominations pareilles, constitue collectivement le *zodiaque grec*. Tout mouvement céleste qui, projeté sur l'écliptique par les cercles de latitude, procède suivant l'ordre dans lequel ils sont ici énoncés, s'appelle un *mouvement direct*; s'il procède en sens contraire, on le dit *rétrograde*.

77. Selon la convention introduite par Hipparque et adoptée depuis par tous les autres astronomes, le premier point du *signe* du *Bélier*, ou d'*Aries*, répond toujours à l'équinoxe du printemps;

Le premier point du *signe* du *Cancer*, ou de l'*Écrevisse*, est affecté au solstice d'été;

Le premier point du *signe* de la *Balance*, à l'équinoxe d'automne;

Le premier point du *signe* du *Capricorne*, au solstice d'hiver.

78. Au temps d'Hipparque, comme je l'ai déjà dit, les constellations du Bélier, du Cancer, de la Balance et du Capricorne se trouvaient réellement contenir ces quatre points cardinaux de l'orbite du soleil; mais elles s'en sont éloignées depuis d'environ 30 degrés sexagésimaux par l'effet de la précession (*).

(*) En calculant la précession d'après les formules plus approchées qui seront rapportées plus bas, on trouve que la coïncidence exacte des constellations zodiacales avec les signes a dû avoir lieu 289 ans avant Hipparque, c'est-à-dire 417 ans avant l'ère chrétienne. Mais l'époque ainsi obtenue peut être en erreur de plusieurs siècles, parce que la configuration et les limites

L'équinoxe du printemps arrive aujourd'hui dans la constellation des Poissons ; le solstice d'été, dans la constellation des Gémeaux ; l'équinoxe d'automne, dans la constellation de la Vierge ; le solstice d'hiver, dans la constellation du Sagittaire. Tout a rétrogradé d'un signe.

On voit donc qu'il faut soigneusement distinguer les *signes du zodiaque*, qui sont fixes par rapport aux équinoxes, et les *constellations*, qui sont mobiles par rapport à ces mêmes points. Pour n'en avoir pas fait la différence, des géomètres, même fort habiles, ont été parfois conduits à des interprétations très-erronées de documents astronomiques anciens.

79. On a fait beaucoup de recherches pour découvrir quelle a été l'origine de cette convention astronomique, et à quel ancien peuple on doit en attribuer primitivement l'invention. Des écrivains très-érudits et aussi des astronomes ont cru devoir la faire remonter à des époques qui dépassent tout ce que les témoignages de l'histoire, et même les traditions, semblent accorder d'antiquité à l'établissement régulier des sociétés humaines. Ces systèmes ont été pendant quelque temps en vigueur, surtout dans le siècle dernier. Mais un examen plus critique des bases, une appréciation plus juste des anciens documents d'astronomie, venus jusqu'à nous, de la Grèce, de Babylone et de l'Égypte, surtout une connaissance plus approfondie des méthodes astronomiques usitées dans l'Inde et à la Chine, ont détruit pour toujours ces vaines conjectures. J'essayerai plus loin d'exposer les idées que l'on peut se former, avec le plus de vraisemblance, sur les anciennes origines de notre astronomie européenne ; mais, pour y procéder avec sûreté, il faut avoir préalablement achevé d'établir les vraies lois des mouvements du soleil et de la lune par les méthodes exactes que nous possédons aujourd'hui.

---

des groupes stellaires adoptées par Hipparque, et que nous avons conservées, ont pu différer quelque peu de celles que l'on avait admises auparavant. L'association des dodecatémories avec les constellations répond très-probablement à une époque plus ancienne, où les limites des constellations étaient un peu différentes.

CHAPITRE VII.

Du phénomène de la précession considéré comme résultant d'un mouvement conique de l'équateur terrestre commun à toute la masse de la terre, mouvement dont les résultats observables sont modifiés par le déplacement propre du plan de l'écliptique dans le ciel.

SECTION I. — *Développement de la partie apparente de la précession, qui s'opère sur le plan mobile de l'écliptique observable, et qui se mesure, sur ce plan, à partir de son intersection vernale avec l'équateur déplacé.*

80. Dans tous les calculs qui précèdent, nous avons attribué aux étoiles ce mouvement de précession progressif et parallèle à l'écliptique, qui les déplace toutes ensemble, et qui change continuellement leurs positions relativement à l'équateur. Mais, comme je l'ai déjà annoncé n° **67**, si nous avons considéré ces déplacements comme réels, c'est uniquement parce que nous sommes convenus de considérer l'équateur comme un plan fixe et immobile, auquel nous rapportons les positions de tous les astres, au moyen de leurs ascensions droites et de leurs déclinaisons. Car les apparences seraient absolument les mêmes si, au lieu d'attribuer ces mouvements simultanés aux étoiles, nous les faisions exécuter par la terre en sens contraire, son centre demeurant immobile dans les deux cas. Selon cette nouvelle manière de les envisager, ce serait l'axe de l'équateur qui, restant fixe dans la masse de la terre, et passant toujours par les mêmes points de sa surface, tournerait coniquement avec elle autour de l'axe central de l'écliptique, dans un sens rétrograde. Par suite, la trace de l'équateur sur l'écliptique ou la ligne des équinoxes, vue du centre de la terre, aurait un mouvement *propre* de longitude qui serait pareillement rétrograde, c'est-à-dire dirigé contre l'ordre des signes, ce qui accroîtrait continuellement toutes les longitudes apparentes des étoiles d'une même quantité, puisqu'on les compte toujours, dans l'ordre direct des signes, à partir de cette intersection. Alors, pour reproduire cet accroissement tel qu'on l'observe, il faudrait que la rétrogradation de la ligne des équinoxes lui fût égale, c'est-à-dire qu'elle fût de 154",63 par année. De cette manière, les étoiles seraient, en réalité, immobiles, et la terre seule aurait un mouvement conique très-lent, autour de son centre de gravité. Le plan de son équateur se déplacerait parmi les étoiles, et non pas les étoiles par rapport à lui. A la vérité, pour admettre cette manière de voir, il faudrait supposer aussi que l'axe du mouvement diurne du ciel se déplace en même temps que le plan de l'équateur, auquel il reste toujours perpendiculaire. Car la hauteur du pôle, dans chaque lieu, reste invariablement la même, quoiqu'elle ne réponde pas toujours aux mêmes étoiles; et, par conséquent, la direction du mouvement diurne, restant constamment la même relativement à chaque horizon, doit se déplacer avec eux. Mais ce déplacement de l'axe de rotation du ciel, bien loin de paraître extraordinaire, n'est qu'une induction de plus, tendant à confirmer le soupçon, que le mouvement diurne du ciel n'est qu'apparent, et qu'il est réellement causé par celui de la terre en sens contraire. Si l'on se rappelle ce que nous avons dit, dans les chap. IV et XX du premier livre, sur les illusions que produisent les mouvements relatifs d'un système dont on fait partie, l'idée de donner à la terre un mouvement de rotation sur elle-même autour d'un axe fixe sur sa surface, et à cet axe un mouvement de précession dans le ciel, ne comporte rien d'impossible ni même d'étrange; et, après tout, cette manière d'expliquer les apparences est encore plus simple que d'aller supposer, dans tout le système des corps célestes, autant de mouvements généraux et communs de rotation diurne et de précession, qui, vu la multitude de ces corps et la variété de leurs distances, supposeraient, dans leurs mouvements particuliers un accord, réellement inconcevable. Aussi tous les phénomènes que nous avons à découvrir en poursuivant l'étude de l'astronomie s'accordent-ils pour montrer que cette supposition n'est pas la vraie. Mais, en attendant que leur développement nous offre un ensemble d'inductions irrécusable, il est utile que nous soyons prevenus sur la possibilite de cette double explication.

81. La théorie de l'attraction universelle a fait connaître que le phenomène de la précession des équinoxes est causé par l'attraction de la lune et du soleil sur le sphéroïde aplati de la terre. Cette attraction, étant inégale sur les diverses portions du sphéroïde, à cause de son aplatissement, détourne continuellement le plan de l'équateur terrestre de sa direction actuelle, et le force de rétrograder sur l'écliptique, conformément aux lois que nous venons de tirer des observations. Si la terre était sphérique, cet effet n'aurait pas lieu; il n'y aurait point de précession, et les équinoxes répondraient toujours aux mêmes points de l'écliptique, du moins en n'ayant égard qu'au genre d'action que nous venons de considérer.

Les attractions exercées par le soleil et la lune sur le sphéroïde terrestre variant avec la position de ces astres, il en résulte, dans la précession des équinoxes, de petites oscillations, qui tantôt l'augmentent, et tantôt la diminuent. Les périodes de ces oscillations sont différentes pour le soleil et pour la lune; elles dépendent du temps nécessaire pour que l'astre revienne à une position où il ait la même influence. Les inégalités de ce genre produites par l'action du soleil ont pour période une demi-année tropique; celles qui sont produites par la lune ont une période de dix-huit ans. Les unes et les autres sont liées avec les oscillations analogues de l'obliquité de l'écliptique, dont nous avons parlé dans la page 91, et elles font partie du phénomène de la nutation, dont nous expliquerons plus loin les lois.

Ce n'est pas tout; le mouvement des équinoxes est encore modifié par une autre cause. Nous avons déjà annoncé que l'attraction des planètes les unes sur les autres, et sur le soleil, change peu à peu la direction du plan de l'écliptique dans l'espace. Ce déplacement fait varier l'inclinaison de l'écliptique sur l'équateur, comme nous l'avons déjà remarqué. En même temps il fait varier aussi les points d'intersection de ces deux plans, c'est-à-dire la position de la ligne des équinoxes, suivant laquelle ils se coupent. Ce mouvement étranger, que nous analyserons plus loin, se combine avec celui que les attractions du soleil et de la lune produiraient si elles étaient seules agissantes. Dans la position actuelle du système planétaire, le déplacement de l'écliptique donne aux équinoxes un mouvement annuel de 0″,9655 (*). Ce mouvement est *direct*, c'est-à-dire dirigé dans le même sens que celui du soleil en longitude; il est, par conséquent, contraire au mouvement *rétrograde* causé par le soleil et la lune. En conséquence, la précession annuelle que nous observons, et qui est de 154″,6272, n'est réellement que la différence de ces deux mouvements contraires; et, sans le déplacement de l'écliptique, celle que l'on observerait serait égale à 154″,6272 + 0″,9655 ou 155″,5927. Ces effets de l'action des planètes sont, par eux-mêmes, indépendants de la figure de la terre; mais ils ont cependant une influence indirecte qui est liée à cette figure : car, comme ils déplacent le plan de l'écliptique qui contient l'orbite du soleil, ils amènent cet astre dans des positions différentes relativement au sphéroïde terrestre, et changent ainsi l'action qu'il exerce sur ce sphéroïde en vertu de l'aplatissement. La position de l'orbite de la lune qui accompagne toujours l'écliptique se trouve changée de la même manière, et par la même cause; l'action de la lune change donc aussi. De là résultent, dans le mouvement des points équinoxiaux et dans l'obliquité de l'écliptique, de nouvelles modifications. Ces effets secondaires altèrent considérablement les résultats qui auraient lieu par les seules actions du soleil et de la lune sur le sphéroïde terrestre, si le plan de l'écliptique était immobile.

Ces variations, qu'éprouve l'action du soleil par suite du déplacement de l'écliptique, sont périodiques, comme ce déplacement lui-même. Les inégalités qui en résultent dans le mouvement des équinoxes et dans l'obliquité de l'écliptique sont donc periodiques aussi. Ces inégalités sont analogues à la nutation lunaire, mais

(*) Ce nombre et les suivants sont tirés de l'*Exposition du Système du monde*, 5e édition, 1824, page 303. Pour toute cette description générale des phénomènes, j'emploie les résultats consignés dans cet ouvrage comme autant de faits; mais, lorsque j'en aurai ainsi présenté l'ensemble, j'expliquerai comment les nombres qui les expriment se tirent des observations, et l'on verra, par cela même, avec quel degré de certitude relative chacun d'eux a pu être, jusqu'à présent, obtenu.

beaucoup plus lentes ; on pourrait les appeler la *nutation séculaire*. Comme elles ne sont point proportionnelles au temps, elles rendent la précession inégale dans les différents siècles. Mais ces variations sont si lentes, que les observations seules n'auraient pas suffi pour les découvrir, surtout à cause de l'imperfection des observations anciennes dont il eût fallu se servir pour évaluer et comparer la précession des équinoxes à différentes époques. En vertu de cette cause, la rétrogradation annuelle des points équinoxiaux est maintenant plus forte de $1'',4040$ qu'elle ne l'était au temps d'Hipparque. Par conséquent, l'année tropique moyenne est aujourd'hui plus courte de $12^s,820$ qu'elle ne l'était alors. Car, puisque la rétrogradation des points équinoxiaux est plus grande aujourd'hui qu'autrefois, le soleil a, chaque année, $1'',4040$ de moins à parcourir dans l'écliptique pour rejoindre le plan de l'équateur. L'année tropique moyenne, qui se mesure par les intervalles de ses retours au même équinoxe, est donc aujourd'hui plus courte de tout le temps qu'il faut au soleil pour parcourir un arc de $1'',4040$ sur l'écliptique, par son mouvement moyen ; ce qui produit un retard de $12^s,820$, comme on peut s'en assurer par une simple proportion. Ce retard, exprimé en temps sexagésimal, serait de $12^s,82 . 0,864$, ou $11^s,076$. Pour que cette diminution de l'année tropique soit réelle, il faut admettre que l'année sidérale à laquelle on la compare, et le jour sidéral par lequel on la mesure, sont des périodes constantes. En effet, leur invariabilité est démontrée par la théorie, comme nous l'avons annoncé plus haut.

Ces résultats de la théorie, en donnant aux observations et aux calculs une exactitude qu'ils ne sauraient atteindre sans ce secours, éclairent en même temps l'esprit sur les véritables lois des phénomènes ; c'est pourquoi j'ai cru avantageux de les exposer ici par anticipation. Pour achever de les fixer, j'insérerai ici les formules par lesquelles la théorie de l'attraction les détermine, comme je l'ai fait relativement aux variations d'obliquité de l'écliptique à l'équateur. J'extrais de même ces formules de la *Mécanique céleste*. J'indiquerai, à la fin de ce chapitre, le véritable point de vue physique sous lequel les phénomènes qu'elles expriment doivent être envisagés. Mais, pour le moment, je continue à les définir par leurs apparences observables.

Je considère d'abord le mouvement théorique des points équinoxiaux sur l'écliptique apparente et mobile où les observateurs de chaque époque déterminent pratiquement leur position, relativement aux différentes étoiles du ciel. Pour mesurer ce mouvement, il faut compter sa valeur angulaire à partir d'un point convenu et assignable, choisi sur le contour du grand cercle que le plan de l'écliptique trace continuellement dans le ciel. Prenons, pour cette origine, la position du point équinoxial ♈, au commencement de 1750, et nommons $+\psi'$ la quantité dont l'équinoxe aura *rétrogradé* sur l'écliptique observable, à partir de ce point, après un nombre t d'années, t devant être supposé négatif pour les années antérieures. Cela posé, en n'ayant égard qu'à la quantité continue et séculaire de la précession, on aura, d'après les formules de la *Mécanique céleste*, tome III, page 158,

$$\psi' = t.155'',5927 - 1^{gr},42823 . \sin t.43'',0446,$$
$$+ 6^{gr},22038.\sin^2 t.49'',56135.$$

En faisant $t = 0$, ψ' est zéro, comme cela doit être. En faisant $t = -1878$, ce qui remonte à l'époque où Hipparque observait à Rhodes, 128 ans avant l'ère chrétienne, on trouve

$$\psi' = -29^{gr},22032 + 0^{gr},18087 + 0^{gr},13202 = -28^{gr},90743.$$

Ce résultat, étant négatif, indique que le point équinoxial était alors à l'*orient* de sa position ultérieure en 1750, et il montre que, depuis cette ancienne époque jusqu'au 1er janvier 1750, il a *rétrogradé* ainsi de $28^{gr},90743$; c'est $26^{\circ}1'0''$ en mesures sexagésimales.

82. Il est naturel de se demander comment cette indication théorique peut être vérifiée par l'observation, puisque le point équinoxial de chaque époque ne laisse pas de trace sur l'écliptique où on l'observe. Pour le faire comprendre, je dois annoncer un fait qui se constate très-approximativement par l'observation immédiate, et dont nous démontrerons plus loin l'entière exactitude: c'est que cette quantité ψ' se manifeste, comme une différence sensiblement constante, entre les longitudes de toutes les étoiles très-

peu distantes de l'écliptique, qui sont observées à des époques diverses ; qu'on la retrouve, avec de très-petites inégalités calculables, dans toutes les autres, en tenant compte de leur distance à ce plan, et qu'elle leur serait rigoureusement commune s'il n'éprouvait pas progressivement, dans le ciel, de très-faibles déplacements que l'astronomie moderne est parvenue à mesurer. On conçoit alors que la vérification s'obtiendra immédiatement, sans réduction, si on la fait porter sur des étoiles n'ayant que des latitudes très-petites, comme est la belle étoile appelée l'*épi de la Vierge*, que j'ai d'abord prise pour exemple. Car, pour elle, les corrections que j'ai annoncées seraient insensibles, ou au moins incomparablement plus petites que les erreurs supposables dans les déterminations de sa longitude, telle que pouvaient l'obtenir les astronomes anciens. Reprenons donc sous ce point de vue la différence que nous avons trouvée entre les longitudes de cette étoile, déterminées par Hipparque 141 ans avant l'ère chrétienne, et par Maskeline en 1802. Le nombre d'années qu'elles comprennent est 1943. Pour y adapter la valeur de ψ' trouvée tout à l'heure, relativement à l'intervalle 1878, il faudrait d'abord augmenter celui-ci de 13 ans, afin de porter son origine à la première époque, puis encore de 52 ans, afin qu'il se termine à la dernière; en tout 65 ans. Or, cette extension étant si peu considérable, on pourra se dispenser de recommencer le calcul pour la partie principale, et il sera très-suffisamment exact d'y ajouter la précession pour 65 ans, évaluée, *en moyenne*, à 50″ sexagésimales par année. Le produit ainsi formé est 3250″, ou 54′10″ sexagésimales. En l'ajoutant à $26^{\circ}1'0''$, portion de la valeur de ψ' tirée de la formule, on a pour somme $26^{\circ}55'10''$. Tel est donc l'arc de rétrogradation total indiqué par la théorie, entre les deux dates assignées. Les observations comparées, page 103, nous ont donné $26^{\circ}57'10''$. Il était difficile d'espérer un plus grand accord sur un si grand arc, en considérant l'incertitude dont l'ancienne détermination est inévitablement affectée.

85. La valeur de la précession *annuelle* moyenne, dans les différents siècles, est, d'après la même formule théorique,

$$154'',6272 + 4'',8435 \sin t.99'',1227 + 1'',93104 \sin^2 t.21'',5223.$$

C'est la quantité dont ψ' varie quand t augmente *analytiquement* d'une unité ; seulement on y a négligé deux termes, qui seraient toujours inappréciables aux observations, comme je le montre ici en note (*). En 1750, on avait $t = 0$. La précession *annuelle* était donc alors 154",6272. La variation de cet élément, à partir de l'époque de 1750, est exprimée par les autres termes de la formule ; il est, par conséquent, égal à

$$4'',8435.\sin t.99'',1227 + 1'',93104.\sin^2 t.21''.5223.$$

Les deux termes de cette expression sont positifs quand t est positif. La précession annuelle augmente donc continuellement de siècle en siècle, ce qui ramène le soleil en moins de temps au même point équinoxial ; d'où il suit que l'année tropique diminue. Pour évaluer cette diminution, il faut réduire l'expression précédente en temps, à raison de la circonférence entière pour une an-

(*) Pour qu'il ne s'élève aucun doute sur la légitimité de cette réduction, voici le type du calcul exact.

L'expression complète de ψ' est de cette forme

$$\psi' = ct + A\sin at + B\sin^2 bt.$$

Faites croître t d'une unité, et désignez le résultat par ψ'_1, vous aurez

$$\psi'_1 = c(t+1) + A\sin(at+a) + B\sin^2(bt+b).$$

Formez $\psi'_1 - \psi'$, et appliquez ici les mêmes transformations dont nous avons fait usage en discutant les variations annuelles de V', vous aurez

$$\psi'_1 - \psi' = c + 2A\sin\tfrac{1}{2}a\cos(at+\tfrac{1}{2}a) + B\sin b\sin(2bt+b).$$

Pour mettre le second membre sous la forme qui lui a été donnée dans le texte, il faut y transformer les facteurs trigonométriques de la manière suivante :

$$\begin{aligned}\cos(at+\tfrac{1}{2}a) &= \cos\tfrac{1}{2}a\cos at - \sin\tfrac{1}{2}a\sin at\\ &= \cos\tfrac{1}{2}a - \sin\tfrac{1}{2}a\sin at - 2\cos\tfrac{1}{2}a\sin^2\tfrac{1}{2}at,\\ \sin(2bt+b) &= \sin b\cos 2bt + \cos b\sin 2bt\\ &= \sin b + \cos b\sin 2bt - 2\sin b\sin^2 bt.\end{aligned}$$

Alors, en les substituant dans $\psi'_1 - \psi'$, on a

$$\begin{aligned}\psi'_1 - \psi' = c + A\sin a + B\sin^2 b + \tfrac{1}{2}B\sin 2b\sin 2bt - 2A\sin a\sin^2\tfrac{1}{2}at\\ - 2A\sin^2\tfrac{1}{2}a\sin at - 2B\sin^2 b\sin^2 bt\end{aligned}$$

Si l'on effectue les valeurs numériques des termes et des facteurs indépendants de t, comme nous l'avons fait plus haut pour ceux de V', on trouve

née tropique, c'est-à-dire qu'il faut la multiplier par $\frac{365^{j},242264}{400^{jr}}$;
alors elle se trouvera exprimée en jours, et sa valeur sera

$$0^{j},000442 \sin t.99'',1227 + 0^{j},00017632 \sin^2 t.21'',5223.$$

Pour les années antérieures à 1750, t changeant de signe, la valeur de cette expression devient négative, et alors elle exprime l'accroissement de l'année. En faisant ainsi $t = -1878$, ce qui répond à l'époque où Hipparque observait à Rhodes, on trouvera $12^s,820$ pour l'excès de l'année tropique, à cette époque, sur celle de 1750, ou $11^s,0768$ en temps sexagésimal. En faisant la même supposition dans la formule qui exprime le changement de la précession annuelle en arc, on trouvera $1'',4040$ pour l'arc correspondant; c'est la quantité dont la précession annuelle, en 1750, surpasse celle qui avait lieu à l'époque d'Hipparque. Celle-ci était donc alors $153'',2232$.

---

d'abord, pour la portion constante,

$$c + A \sin a + B \sin^2 b = 155'',5927 - 0'',965688 + 0'',000377 = 154'',627389.$$

On voit ici se manifester l'opposition de termes qui a été annoncée n° 81. En joignant à ceux-ci les suivants, il vient enfin

$$\psi'_1 - \psi' = 154'',627389 + 4'',842614 \sin t.99'',1227 + 1'',931376 \sin^2 t.21'',5223$$
$$+ 0'',00003 26471 \sin t.43'',0446 - 0'',00075 4003 \sin^2 t.49'',56135.$$

Les termes de la première ligne sont ceux que l'on a rapportés dans le texte, d'après la *Mécanique céleste*, sauf quelques petites différences sur les dernières décimales, qui proviennent peut-être de ce que les parties proportionnelles ont été ici prises plus exactement ou poussées un peu plus loin. On a supprimé les deux derniers termes comme ne pouvant jamais produire d'effet appréciable dans les observations annuelles. Ne voulant présenter ces calculs que comme des types, je n'ai pas cru nécessaire de changer les dernières décimales des nombres rapportés dans le texte, pour les faire accorder rigoureusement avec ceux de cette note, ce qui aurait exigé des modifications du même ordre, et aussi peu utiles, dans tous les calculs suivants de l'ancienne rédaction. J'ai fait d'autant moins de difficulté à laisser voir ces petites différences, que la théorie est très-loin d'en pouvoir répondre; d'ailleurs, l'abstraction qu'on en fait répond à l'énoncé conventionnel que l'on donne, en astronomie, des *valeurs annuelles*, comme je l'ai expliqué en parlant des variations de l'obliquité de l'équateur sur l'écliptique, page 96.

Puisque nous avons dit que l'étendue des oscillations angulaires du plan de l'écliptique n'est pas encore exactement assignée, on conçoit que les formules précédentes ne peuvent être qu'approchées; mais cette approximation s'étend jusqu'à 2000 ans avant et après l'époque de 1750, qui leur sert d'origine.

Venons maintenant aux inégalités périodiques. Soient ψ' la rétrogradation moyenne du point équinoxial ♈, depuis 1750 jusqu'au commencement d'une année quelconque, et M la valeur de la précession annuelle à cette même époque, ψ' et M étant calculés par les formules précédentes. Cela posé, après un nombre n de jours écoulés, la rétrogradation du point équinoxial sera

$$\psi' + \frac{Mn}{365,25} - \frac{1'',3411}{\tang \omega} \cdot \sin 2L - \frac{59'',4444}{\tang 2\omega} \cdot \sin N;$$

ω est l'obliquité de l'écliptique, L la longitude du soleil, N celle du *nœud ascendant de l'orbe lunaire*. Les deux dernières inégalités proviennent du phénomène de la nutation lunaire et solaire. On a déjà vu leur influence sur l'obliquité de l'écliptique; seulement elles étaient alors exprimées par les cosinus de 2L et de N, au lieu qu'elles le sont ici par les sinus des mêmes arcs. Quant à leurs coefficients numériques, le premier est celui de cos 2L divisé par tang ω, le second est celui de cos N multiplié par $\frac{2}{\tang 2\omega}$; on peut aisément le vérifier sur les expressions précédentes. Ces rapports dépendent des lois suivant lesquelles agit le phénomène de la nutation; ils ne peuvent se démontrer que par la théorie de l'attraction qui en a fait connaître la cause. Nous les donnons ici comme de simples faits d'observation. Si, dans ces expressions, on met pour ω sa valeur relative à l'obliquité annuelle, afin de réduire tous les coefficients en nombres, on aura, pour la rétrogradation du point équinoxial après n jours écoulés depuis le commencement d'une année quelconque,

$$\psi' + \frac{Mn}{365,25} - 3'',0894 \sin 2L + 55'',5665 \sin N.$$

Dans la réduction des coefficients en nombres, on a employé

pour ω la valeur 26^{gr},07315, qui était celle de l'obliquité au commencement de l'année 1800; mais, comme ces coefficients sont fort petits, cette même valeur suffira pour leur réduction pendant plusieurs siècles, sans qu'il soit nécessaire d'avoir égard à la variation séculaire de l'obliquité. Ainsi, dans tous les calculs d'observations modernes, on pourra toujours employer la formule numérique que nous venons de déterminer.

84. Les changements progressifs que la précession produit sur les longitudes apparentes des astres se reportent sur la déclinaison et sur l'ascension droite, ce qui fait changer aussi les valeurs de ces éléments d'une manière beaucoup plus complexe; mais on a vu que les arcs qui les expriment sont liés avec la longitude et la latitude par des triangles sphériques, au moyen desquels on parvient à les en déduire. On doit donc pouvoir déduire aussi des mêmes triangles les valeurs de la déclinaison et de l'ascension droite qui répondent aux nouvelles conditions de longitude, de latitude et d'obliquité de l'écliptique sur l'équateur. C'est en effet à quoi on parvient; même les variations complexes de ces valeurs sont très-aisées à exprimer en formules générales, d'une interprétation et d'une application faciles, quand on se borne à les évaluer pour de courts intervalles de temps et pour des étoiles qui ne sont pas très-voisines du pôle de l'équateur. Car, sous ces deux réserves, on peut restreindre leurs expressions aux deux premiers termes, et souvent même au seul premier terme, des séries qui les expriment. On obtient ainsi ce qu'on appelle la *précession en déclinaison et en ascension droite*. Mais, pour avoir ces expressions complètes, il faut y faire intervenir le déplacement progressif que le plan de l'écliptique éprouve dans le ciel : car, bien qu'il soit si lent et si faible, qu'on a pu seulement l'évaluer, ou même le soupçonner, par la théorie de l'attraction, ses effets sont très-loin d'être négligeables dans des appréciations exactes. C'est pourquoi je dois achever d'en exposer la mesure théorique avant d'exposer les formules de correction que je viens d'annoncer. Or, avant de le faire, il faut que j'indique par avance la véritable interprétation physique de ce déplacement, afin que l'on conçoive comment on a pu le déduire d'un principe mécanique tel que la loi de l'attraction, et

surtout afin que l'on ne se méprenne pas sur le sens réel des formules par lesquelles la théorie exprime ses apparences observables.

84 *bis.* A ne considérer que ces apparences, nous voyons le centre du soleil se mouvoir autour du centre de la terre dans un plan qui reste sensiblement fixe, parmi les étoiles, pendant le court intervalle d'une année. Les variations du diamètre apparent de cet astre, en divers points de sa révolution annuelle, nous apprennent qu'il est tantôt plus proche, tantôt plus distant de la terre; et la continuité avec laquelle ces variations s'opèrent, jointe à la périodicité régulière de leurs retours, le présente comme décrivant autour d'elle une orbite non circulaire, ou excentrique. Nous arriverons plus tard à reconnaître ainsi que cette orbite est une ellipse, dont le centre de la terre occupe un foyer, et dont le grand axe se déplace progressivement dans le ciel, en même temps que l'excentricité change. Ces deux modifications s'effectuent avec une extrême lenteur. Mais tout cela pourrait n'être encore qu'une apparence optique produite par le transport réel de la terre autour du soleil, sur une orbite exactement pareille, dans le même sens, et suivant les mêmes lois. Or, en appliquant à cette alternative le mode de raisonnement qui nous a déjà servi aux chapitres IV et XX du 1er livre, pour établir l'excessive vraisemblance de la rotation diurne de la terre comme équivalent optique de la rotation diurne du ciel; et, tout à l'heure encore, page 101, pour transporter à l'équateur terrestre le mouvement de rétrogradation réel qui produit les apparences de la précession, nous serons conduits, avec la même force logique, à nous représenter la terre mue annuellement dans l'espace autour du soleil, bien plutôt que le soleil autour d'elle. La vérité de cette conclusion sera ultérieurement confirmée par une foule de preuves qui achèveront de la rendre indubitable. Mais, ne pouvant les devancer, je me bornerai à dire que l'observation nous montre, en effet, toutes les planètes circulant ainsi autour du centre du soleil, comme s'il était fixe, et décrivant de même des ellipses dont il est un des foyers. Admettant donc cette analogie conditionnellement, comme une représentation physique infiniment probable de toutes les apparences optiques par lesquelles nous pouvons apprécier les réalités, nous devrons

concevoir le globule terrestre comme ayant trois sortes de mouvements distincts : 1° un mouvement de transport qui le fait circuler autour du soleil, dans l'intervalle d'une année sidérale; 2° un mouvement de rotation uniforme autour d'un axe idéal aboutissant toujours aux mêmes points physiques de sa surface, rotation dont la durée est constante et s'accomplit en un jour sidéral; 3° enfin un mouvement conique très-lent du même axe autour du pôle de l'écliptique, dirigé dans un sens contraire de la vitesse de circulation, soumis à des inégalités qui tantôt l'accélèrent, tantôt le retardent, et qui altèrent aussi occasionnellement l'amplitude angulaire du cône décrit. On reconnaît, dans ce dernier énoncé, la construction par laquelle nous avons représenté les apparences de la précession à la page 101. D'après ce nouvel ordre de conceptions, quand nous voyons, d'une année à une autre, le soleil se projeter à l'instant de chaque équinoxe, sur des points différents du ciel, où le centre de son disque se trouve compris dans le plan prolongé de l'équateur terrestre, c'est la trace de cet équateur sur l'écliptique, et non pas le soleil, qui s'est déplacée angulairement. Lorsque nous marquons dans le ciel la route annuelle de cet astre, par les constellations zodiacales qu'il semble parcourir successivement, c'est en réalité la terre qui, parcourant elle-même son orbite propre, le voit se projeter sur ces groupes divers à mesure qu'elle tourne autour de lui; de sorte qu'un observateur, placé dans le soleil, la projetterait à chaque instant sur la constellation diamétralement opposée en longitude. Enfin, quand nous reconnaissons que le plan de l'écliptique se déplace dans le ciel, parce que nous le voyons dirigé sur des étoiles différentes, en différents siècles, c'est en réalité le plan mathématique, dans lequel la terre circule, qui subit ce déplacement; et la théorie de l'attraction prouve qu'il est ainsi mécaniquement dérangé par la résultante de toutes les attractions que les autres planètes du système solaire exercent sur la masse de la terre, concurremment avec le soleil, cet astre tendant à maintenir toujours la fixité de l'orbite, qu'il rendrait absolument invariable s'il agissait seul. Toutes ces conséquences mécaniques ne peuvent évidemment s'obtenir qu'en établissant les raisonnements et les calculs sur la considération des mouvements réels, et non sur leurs simples apparences optiques. Néanmoins, comme la théorie a toujours pour but la comparaison de ses résultats avec les observations, qui en offrent la vérification finale par la fidélité avec laquelle elle les reproduit, on dispose les formules théoriques de manière qu'elles s'appliquent immédiatement aux apparences observables, et l'on y adapte leurs énoncés. C'est ce que je ferai dans ce qui va suivre. Mais, pour en saisir toujours les véritables rapports avec les phénomènes célestes tels qu'ils s'opèrent en réalité, il faudra se rappeler toujours leur sens réel, et interpréter les résultats qu'elles indiquent dans l'acception que je viens d'expliquer.

Section II. — *Développement complet des effets de la précession, en ayant égard aux mouvements simultanés de l'équateur et de l'écliptique. Méthode rigoureuse pour transporter les coordonnées angulaires des astres d'une époque à une autre, postérieure ou antérieure d'un nombre quelconque d'années, dans l'amplitude de temps que les formules théoriques actuellement établies peuvent embrasser avec une suffisante précision.*

83. Si le plan de l'écliptique était immobile dans le ciel, les considérations précédentes suffiraient pour retrouver à une époque quelconque la position d'une étoile relativement à ces deux plans, supposé que cette position eût été une seule fois observée. On se bornerait à faire, dans la longitude de l'astre, le changement que la précession exige; puis, avec cette longitude corrigée, la latitude restant la même, on calculerait l'ascension droite et la déclinaison de l'étoile d'après ces éléments, que l'on combinerait avec l'obliquité de l'équateur sur l'écliptique qui serait propre à l'époque considérée.

Mais, puisque l'écliptique se déplace aussi dans le ciel, les latitudes des étoiles rapportées à ce plan mobile ne peuvent point demeurer constantes. Leurs variations se combinent donc avec celles que la longitude éprouve par suite du mouvement rétrograde de l'équateur. En outre, le point d'intersection de ces deux plans, d'où se comptent les longitudes et les ascensions droites de chaque époque, se déplace nécessairement sur chacun d'eux; de sorte que, pour retrouver les valeurs exactes de ces coordonnées, telles qu'on les observe à des époques différentes, il faut tenir compte des changements simultanés qu'éprouvent tous ces éléments.

J'ai déjà annoncé que la théorie de l'attraction explique ces phénomènes et en donne les lois mécaniques. Quoique je ne puisse pas rapporter ici les preuves mathématiques sur lesquelles ces explications et ces lois sont établies, j'en rassemblerai les conséquences dans une sorte d'exposition phénoménale, que j'accompagnerai des formules théoriques par lesquelles on en peut suivre et réaliser les applications. Quand on aura ainsi une notion bien nette de ces mouvements, dont peu de personnes, même parmi les astronomes de profession, se font des idées précises, on pourra étudier avec plus de fruit les démonstrations que les géomètres en ont données. Je montrerai alors comment les diverses constantes qui en fixent les grandeurs peuvent être évaluées en comparant entre elles les positions des mêmes étoiles relativement à l'équateur et à l'écliptique, déterminées par observation à des époques suffisamment distantes. Si malheureusement l'astronomie exacte est d'une date trop récente pour qu'on en puisse faire sortir tous ces éléments avec une égale sûreté, on verra du moins quels d'entre eux sont déjà certains ou encore incertains, et l'on saura en quoi consiste leur incertitude.

86. J'aurai besoin, dans cette exposition, d'employer certaines expressions conventionnelles dont les astronomes se servent habituellement pour indiquer l'un ou l'autre des points dans lesquels chaque grand cercle de la sphère céleste coupe le cercle de l'écliptique à une époque donnée. Je dois donc saisir cette occasion de les faire connaître.

Soient, *fig.* 9, C le centre de la terre et de la sphère céleste; ♈♋♎♑ le grand cercle suivant lequel le plan de l'écliptique coupe cette sphère à l'époque considérée. La disposition relative des quatre *signes* cardinaux du zodiaque inscrits sur le contour du cercle indique le sens du mouvement propre du soleil contraire à celui du mouvement diurne. Une face du plan regarde la plage boréale du ciel stellaire; j'y inscris le mot *nord*. L'autre regarde la plage australe; j'y inscris le mot *sud*. Si, par le centre C, on mène une droite indéfinie normale au plan, les deux points où elle percera la sphère céleste seront les pôles du cercle écliptique, le boréal dans la plage nord du ciel, l'austral dans la plage sud, comme dans les *fig.* 7 et 8.

Cela fait, par le même centre C, menons un autre plan dont l'inclinaison sur celui de l'écliptique soit désignée par I, en la mesurant du côté où elle est moindre qu'un angle droit. Ce nouveau plan coupera la sphère céleste suivant un autre grand cercle NMN'M', ayant, avec celui de l'écliptique, deux points d'intersection N, N' diamétralement opposés. Ces points se nomment les *nœuds* du grand cercle NMN'M'. Pour les désigner individuellement, concevez un astre S' mû dans ce cercle d'un mouvement *direct*, c'est-à-dire tel qu'étant projeté sur l'écliptique, il se trouve de même sens que celui du soleil, parmi les signes zodiacaux. Alors le nœud N, par lequel l'astre S' passera en *montant* du sud au nord de l'écliptique, s'appelle le *nœud ascendant* du cercle NMN'M', et le nœud N', par lequel ce même astre traverse de nouveau l'écliptique en *descendant* du nord au sud, s'appelle son *nœud descendant*. Ces dénominations s'intervertiraient si le mouvement propre de l'astre S' dans son plan était *rétrograde*, c'est-à-dire si sa projection sur l'écliptique se mouvait, en sens contraire du soleil, parmi les signes zodiacaux. Cette dernière disposition ne s'observe que sur les comètes, où elle existe à peu près aussi fréquemment que la première. Dans tous les cas, le nœud dit *ascendant* est celui dans lequel l'astre passe du sud au nord de l'écliptique; et le nœud *descendant* est celui dans lequel il passe du nord au sud de ce plan.

87. Maintenant, pour décrire les mouvements que nous voulons considérer, il faut partir d'une époque fixe, où les positions absolues de l'équateur et de l'écliptique dans le ciel aient été bien établies. L'auteur de la *Mécanique céleste* a placé cette origine au commencement de l'année 1750, parce que c'est là, aux travaux de Lacaille, que commencent les déterminations de l'astronomie moderne, sur lesquelles on peut s'appuyer avec assurance. Tous les astronomes qui ont emprunté ses formules ont dû se conformer à cette convention, et je l'adopterai, pour le même motif, dans l'exposé qui va suivre. Mais il y a maintenant de l'intérêt à faire partir les déterminations théoriques d'une époque devenue plus centrale dans la série d'observations précises que l'astronomie possède, et nous effectuerons plus tard ce transport. Du reste, sauf ce choix d'origine, les énoncés descriptifs que nous allons établir n'ont rien de particulier; ils s'appliqueraient de même à tout autre point de départ des temps.

En conséquence, dans les *fig*. 10 et 11, dont je vais faire usage, je désignerai invariablement par ♈ le point de la sphère stellaire sur lequel se projetait l'équinoxe vernal au 1er janvier 1750; puis de là je mènerai vers l'orient les arcs ♈E, ♈Q, représentant, le premier le cercle de l'écliptique, le second l'équatorial, tels qu'ils étaient dirigés alors, en sorte que l'on y comptait les longitudes en allant de ♈ vers E, les ascensions droites en allant de ♈ vers Q. Nous avons admis qu'à cette même époque l'inclinaison mutuelle de ces deux cercles était 23°28′23″; je la désigne par ω_0. Je ne trace pas, dans la figure, leur contour entier, mais seulement les portions qui avoisinent le point fixe ♈, parce que, dans tous les temps, soit antérieurs, soit postérieurs à 1750, auxquels les formules théoriques peuvent être étendues sans devenir par trop indécises, les éléments que j'emploierai pour déterminer les positions de nos deux plans célestes se présenteront toujours en construction sur les deux figures autour de ce point, à des distances angulaires qui n'embrasseront que peu de degrés; encore, pour qu'ils ne devinssent pas insaisissables, ai-je été obligé de construire ces figures hors de toutes proportions réelles, de sorte qu'elles sont destinées à représenter uniquement des rapports de situation, et nullement des relations vraies de quantités ou de grandeurs.

88. Ceci convenu, partons des positions initiales de l'écliptique et de l'équateur propres à l'époque de 1750, lesquelles sont représentées, dans nos deux figures, par les arcs ♈E, ♈Q. Si nous voulons considérer d'abord une époque postérieure à celle-là d'un nombre quelconque d'années exprimé par $+t$, l'équateur aura *rétrogradé* par l'effet de la précession, comme le montre la *fig.* 10; il aura pris, par exemple, la nouvelle position ♈′Q′, dans laquelle ♈′ sera son *nœud descendant actuel* sur l'écliptique primitive demeurée fixe, ce nœud se trouvant ainsi transporté à l'*occident* du point ♈. Si nous voulons, au contraire, considérer une époque antérieure à 1750, et qui la précède d'un nombre quelconque d'années exprimé par $-t$, ce sera le cas de la *fig.* 11. L'équateur de cette ancienne époque aura été *plus oriental* que l'équateur ♈Q; il aura eu, par exemple, la position ♈′Q′ assignée par cette figure, son *nœud descendant* ♈′ sur l'écliptique primitive se trouvant à l'orient du point fixe ♈. Dans ce cas, comme dans le précédent, l'inclinaison de l'équateur antérieur ou postérieur sur cette même

écliptique sera représentée, sur chaque figure, par l'angle E♈'Q'; je la désigne par ω. La théorie démontre que, pour tous les intervalles de temps auxquels on peut légitimement étendre les formules, soit avant, soit après 1750, cet angle ω, ainsi défini, est toujours un tant soit peu plus grand que ω_0, et qu'il le surpasse, dans les deux cas, d'une quantité sensiblement égale, mais si petite qu'elle ne s'élève pas à 12 minutes, aux époques extrêmes où les formules puissent être transportées.

89. En même temps que ces mutations s'opèrent, l'écliptique vraie se déplace aussi, dans le ciel, par l'attraction des planètes. Ses positions, relativement à l'écliptique fixe de 1750, se voient, *fig.* 10, pour les temps postérieurs, $1750 + t$, et, *fig.* 11, pour les antérieurs, $1750 - t$; elles y sont également désignées par l'arc NE', partant d'un des nœuds de l'écliptique mobile sur l'écliptique fixe. Mais, dans la *fig.* 10, ce nœud est le descendant, et, dans la *fig.* 11, l'ascendant. L'obliquité de l'équateur mobile ♈'Q' sur cette écliptique déplacée, ou l'angle Q'♈''E', est donc perpétuellement autre que sur l'écliptique fixe ♈'E. Si on la représente analytiquement par ω', on voit qu'en supposant nos figures exactes, elle doit être plus grande que ω dans les temps antérieurs à 1750, et moindre dans les temps postérieurs.

90. Pour que l'on conçoive avec une égale netteté tous les autres effets de ce déplacement de l'écliptique, je vais décrire d'avance quels ont été et quels seront les mouvements de ce plan, dans toute la série des siècles où l'on peut avoir besoin de le considérer. Je le ferai en m'aidant de figures graphiques construites, comme les précédentes, d'après les indications de la théorie; elles seront légitimées par les formules mêmes dont ces indications sont déduites, et que je rapporterai un peu plus loin. Comme il s'agit de résultats absolus qui nous serviront d'éléments de calcul dans les applications numériques, je les énoncerai en mesures sexagésimales.

Je commence par l'époque de l'empereur chinois Yao, qui remonte à 2357 ans avant l'ère chrétienne, conséquemment à 4107 avant 1750. Ce n'est pas que l'on ait des déterminations astronomiques de cette date si ancienne; mais l'histoire y atteste déjà l'existence du système d'observations qui s'est perpétué depuis à la Chine, dans tous les siècles postérieurs; et les motifs qui ont fait choisir alors les étoiles déterminatrices de la plupart des divisions équatoriales chinoises, se découvrent avec évidence quand on reconstruit par le calcul le ciel de ce temps (*). La position absolue de l'écliptique à cette ancienne époque, telle qu'on la déduit des formules de Laplace, se voit dans la *fig.* 11 *bis*, dont toutes les parties sont définies par la même notation que j'ai appliquée généralement aux *fig.* 10 et 11; elle y est désignée par NE', N étant son nœud ascendant sur l'écliptique de 1750, supposée fixe et désignée par ♈NE. Ce nœud se trouvait donc alors un peu à l'orient du point fixe ♈, et il s'en écartait, dans ce sens, de l'arc ♈N égal à 0°58'25" sexagésimales. Je désignerai généralement cet arc par la lettre L, en l'appliquant toujours à celui des nœuds N qui se trouve le plus proche du point ♈, à chaque époque que nous voudrons considérer, et je lui attribuerai le signe + quand ce nœud se trouvera occidental à ♈, le signe — quand il lui sera oriental, comme dans le cas actuel. L'angle E'NE, inclinaison de la branche NE' sur NE, était alors 0°37'39". J'appellerai généralement cette inclinaison n, en lui attribuant des spécifications de signe pareilles à celles de L. Depuis cette ancienne époque, en revenant vers 1750, le nœud N a continuellement rétrogradé sur l'écliptique fixe ♈NE. Environ 2200 ans avant l'ère chrétienne, il avait rejoint le point ♈, et ensuite il lui est devenu constamment occidental, comme le représente la *fig.* 11. Par exemple, 1100 ans avant l'ère chrétienne, l'arc N♈ ou L, situé comme le montre cette figure, était déjà égal à 1°31'0", et l'inclinaison E'N♈, ou n, était réduite à 0°25'44". Cette époque est celle du prince chinois Tcheou-kong, dont il nous est parvenu des déterminations astronomiques que Laplace a calculées, et que je reproduirai plus tard. En continuant à revenir vers 1750, le nœud

(*) Ces résultats, ainsi que les suivants, également fondés sur les formules de la *Mécanique céleste*, sont extraits d'un travail sur l'astronomie chinoise que j'ai déjà cité dans le chap. VI, et qui est inséré dans les volumes du *Journal des Savants*, correspondants aux années 1839 et 1840.

ascendant N de l'écliptique mobile se porte de plus en plus à l'occident de ♈; simultanément, l'angle n diminue jusqu'à devenir nul en 1750 même, lorsque l'écliptique mobile arrive à coïncider avec l'écliptique fixe à laquelle nous la rapportons. Après cela cet angle n recommence à croître en sens contraire, comme le représente la *fig.* 10; mais il s'applique dès lors au nœud descendant de l'écliptique des temps ultérieurs. Or ce saut brusque d'un nœud à l'autre, avant et après la coïncidence, s'opère, dans nos figures, avec un caractère remarquable de continuité: car, lorsque le temps t, négatif ou positif, c'est-à-dire antérieur ou postérieur à 1750, est supposé physiquement insensible, sans être mathématiquement nul, ce qui rend l'angle $\pm n$ évanouissant, l'arc N♈ ne devient pas nul; mais il conserve une valeur finie, égale, dans les deux cas, à $+8^{\circ}55'32''$. Cette valeur commune se trouve ainsi propre à la position par laquelle le point d'intersection N passe, lorsque la branche NE' de l'écliptique mobile, d'ascendante qu'elle était, *fig.* 11, dans les temps antérieurs à 1750, devient descendante, *fig.* 10, pour les temps ultérieurs. Après ce passage, le temps $+t$ continuant à croître, le nœud descendant N, *fig.* 10, continue de marcher vers l'occident de ♈, comme le nœud ascendant de la *fig.* 11 l'avait fait jusqu'alors, et les phases de vitesse par lesquelles il s'en éloigne, quoique différant en grandeur absolue de celles qui avaient amené la coïncidence, s'y accordent toutefois dans cette particularité, qu'elles se ralentissent progressivement, à mesure que l'inclinaison intervertie n devient plus grande. Mais, pour ces époques ultérieures à 1750, il n'y a aucune utilité à suivre théoriquement la marche du nœud N aussi loin que dans les antécédentes. J'en donnerai donc une idée suffisante en disant que, si l'on suppose le temps $+t$ égal à 1000 années, ce qui conduirait à l'an 2750 de notre ère, l'arc occidental N♈ de la *fig.* 10 serait approximativement égal à $11^{\circ}16'54''$; en sorte que, depuis 1750 jusqu'à cette époque, placée si fort au delà des prévisions utiles de nos Tables actuelles, il n'aurait augmenté que de $2^{\circ}21'14''$, en continuant de porter le nœud N de plus en plus à l'occident du point fixe ♈. Ainsi, en caractérisant le déplacement progressif de l'écliptique vraie par la rétrogradation continue du nœud, considéré comme ascendant d'abord, puis comme descendant, il se présentera toujours, sur nos figures, à une petite distance angulaire, orientale ou occidentale du point fixe ♈, dans toutes les applications que l'on pourra faire, conformément à ce que j'ai annoncé plus haut. Ayant donc donné, de cette manière, une idée juste et précise de ces mouvements, il ne me restera qu'à justifier par les formules théoriques les caractères de direction et de grandeur que je leur ai attribués. C'est ce que je ne tarderai pas à faire; mais, par anticipation, continuant à employer les considérations précédentes comme exactes, je vais en développer les conséquences applicables sur les *fig.* 10 et 11.

91. Pour cela, dans ces figures, je marque le point ♈″, où l'équateur ♈′Q′ de chaque époque forme son intersection descendante avec l'écliptique NE′ du même temps. Ce point ♈″ est ainsi, à chaque époque, le lieu stellaire de l'équinoxe vernal *moyen* actuel, celui à partir duquel on mesure les longitudes et les ascensions droites sur l'écliptique et l'équateur observables, en comptant les premières de ♈″ vers E′, les secondes de ♈″ vers Q′. L'angle dièdre E′♈″Q′ est l'inclinaison mutuelle de ces deux plans, telle qu'on la voit et qu'on la mesure effectivement. Nous avons déjà considéré ses changements progressifs au commencement du chapitre V, et j'ai rapporté, page 93, l'expression générale que la théorie de l'attraction assigne à ses valeurs pour toutes les époques auxquelles on peut avoir un intérêt pratique à les calculer. J'ai désigné alors cet angle par ω'; je lui conserverai ici la même dénomination.

92. Pour lier ensemble les observations astronomiques faites en différents temps, il faut pouvoir transformer les coordonnées angulaires appartenant à une même étoile, de l'origine équinoxiale fixe ♈ à l'origine mobile ♈″, ou inversement. La théorie de l'attraction, aidée des résultats astronomiques, fournit tous les éléments nécessaires à ce transport, dans l'étendue des temps que ses approximations actuelles embrassent, et dont j'ai tout à l'heure montré les bornes les plus éloignées. Je vais d'abord supposer que l'on se confie entièrement aux résultats que Laplace en a déduits, sauf à les vérifier ultérieurement par leurs conséquences.

93. En premier lieu, j'ai annoncé qu'elle donne l'angle E♈'Q', ou ω, que l'équateur ♈'Q' de chaque époque forme avec l'écliptique fixe de 1750, angle toujours un peu *plus grand* que ω_0, soit avant, soit après cette époque, dans les limites de temps ci-dessus spécifiées. Nous avons vu, en outre, qu'elle fait connaître aussi l'angle variable E'♈''Q', ou ω', que le même équateur forme avec l'écliptique ♈''E', qui lui est contemporaine; et, comme l'indiquent nos *fig.* 10 et 11, elles le donnent plus grand que ω_0 dans les temps antérieurs à 1750, moindre dans les postérieurs; ce qui est conforme aux observations. Toutefois, ces relations de grandeur, de même que ces phases d'accroissement et de diminution, ne sont pas absolues. Elles expriment seulement l'état des choses propre à l'intervalle temporaire auquel les formules actuelles s'appliquent, et auquel aussi nos figures représentatives sont adaptées, car il viendra un temps où l'obliquité observable ω' cessera de décroître, deviendra stationnaire, puis croîtra successivement jusqu'à un maximum inconnu, mais que l'on sait devoir peu différer de sa valeur actuelle. Laplace évalue l'amplitude totale de ses oscillations à environ 2° 40' (*).

94. Les autres éléments donnés par la théorie sont des arcs qui prennent des situations opposées autour de l'origine fixe ♈, selon qu'ils s'appliquent à des époques antérieures ou postérieures à 1750, ce qui, dans les formules, est spécifié par l'inversion de signe du temps t, que l'on y compte comme positif, en allant de 1750 vers l'avenir. C'est pourquoi j'expliquerai la nature de ces éléments et leur usage, en prenant pour type la *fig.* 10, qui est construite dans cette supposition de t positif. Je n'aurai ensuite qu'à rappeler la condition de leur inversion pour les transporter avec évidence à la *fig.* 11, où le temps t, compté de 1750, est supposé antérieur et négatif.

(*) *Exposition du Système du monde*, liv. II, chap. XIII, page 297, 5e édit. Ce chapitre, un des plus beaux de l'ouvrage, présente l'exposition parfaitement nette et précise du mécanisme qui produit les mouvements que nous considérons ici. On ne saurait trop le lire et l'étudier si l'on veut bien les connaître.

Considérant donc la *fig.* 10, la théorie fait connaître l'arc $\Upsilon\Upsilon'$, que je nommerai ψ; c'est la rétrogradation de l'équateur mobile sur l'écliptique fixe pendant le temps $+t$, compté depuis 1750, jusqu'à l'époque postérieure à laquelle la figure s'applique. Changez $+t$ en $-t$ dans l'expression analytique de ψ, vous aurez l'arc analogue $\Upsilon\Upsilon'$ de la *fig.* 11, qui se construira dans une situation inverse relativement à l'origine Υ, pour les époques antérieures à 1750, auxquelles elle s'adapte.

93. La connaissance de l'arc ψ, jointe à celle de l'angle ω, détermine déjà la position absolue de l'équateur $\Upsilon'Q'$ sur l'écliptique fixe, pour l'époque postérieure ou antérieure à 1750, que l'on veut considérer. Il ne reste donc plus qu'à le rattacher de même à l'écliptique mobile $N\Upsilon''E'$, et à définir, sur son contour, le point équinoxial variable Υ'', à partir duquel les observateurs de chaque époque mesurent les coordonnées angulaires des astres, rapportées à l'un ou à l'autre de ces deux plans.

On y parvient en empruntant à la théorie des attractions planétaires la position de l'écliptique mobile correspondante au temps t compté de 1750. On l'obtient ainsi définie par les valeurs que prennent alors l'arc ΥN ou L, et l'angle n, spécifiées par les conditions de signe que je leur ai attribuées pages 138 et 139. Ces nouvelles données théoriques, jointes aux précédentes, fixent évidemment la position du point Υ'', relativement à l'écliptique ΥE et à l'origine Υ, par de simples déductions trigonométriques. Si l'on conçoit, sur la sphère céleste, l'arc de grand cercle $\Upsilon''P''$, perpendiculaire à 1750, le point Υ'', rapporté à l'origine Υ, aura pour coordonnées écliptiques $\Upsilon''P''$ et $\Upsilon P''$, qui seront toutes deux calculables. Mais, dans les usages astronomiques, on remplace avantageusement la première par $\Upsilon'\Upsilon''$, qui exprime le mouvement en ascension droite du point équinoxial sur l'équateur déplacé. Je nommerai cet arc $+\alpha'$, en associant le signe positif au sens d'application qu'il a, dans la *fig.* 10, relative aux temps postérieurs à 1750, ce qui le fera négatif dans la *fig.* 11, relative aux temps antérieurs. Ces particularités seront indiquées par son expression analytique même, lorsque nous l'aurons formée en fonction du temps t. Quant à l'autre coordonnée $\Upsilon P''$, non-seulement on la conserve, mais

Laplace a donné son expression explicite en fonction du temps t, compté de 1750. C'est elle que nous avons nommée, d'après lui, ψ', et que nous avons employée, page 124, comme exprimant la rétrogradation observable du point équinoxial sur l'écliptique mobile. Pour comprendre comment on peut lui attribuer cette signification, concevons l'arc de grand cercle ΥP mené du point équinoxial primitif Υ sur l'écliptique NE' appartenant à une époque postérieure. Relativement à un observateur de cette époque, l'arc Υ''P exprimerait la longitude *actuelle* du point équinoxial antérieur Υ, et il pourrait en obtenir astronomiquement la mesure angulaire si une étoile visible était restée absolument fixe à ce point du ciel. Il emploiera donc une expression très-juste et très-significative s'il dit que ce point, rapporté ainsi à l'écliptique mobile, a rétrogradé de la quantité angulaire Υ''P. Or, à cause de la petitesse de l'angle n et du peu d'étendue de l'arc ΥN, dans toute la série des temps que peuvent embrasser les applications, l'arc Υ''P se trouve ne différer jamais de ΥP$''$ ou ψ' que par des quantités *numériquement* négligeables. Nous en aurons plus loin la preuve évidente quand nous formerons l'expression générale de cette différence pour un intervalle quelconque de temps t. C'est pourquoi, en conservant à l'arc ΥP$''$, pris sur l'écliptique fixe, la définition rigoureuse que je viens d'en donner, et le désignant par ψ', comme l'a fait Laplace, je continuerai de l'appeler, d'après lui, la *précession apparente*. On sentira encore plus complétement la convenance de cette dénomination lorsqu'on verra comment la valeur de l'arc ψ' intervient dans les formules qui servent à transporter les longitudes observables d'une époque à une autre.

96. Il faut maintenant calculer l'arc $\Upsilon'\Upsilon''$, ou α', qui, conjointement avec ΥP$''$, ou ψ', fixe la position du point équinoxial mobile Υ''. On l'obtient comme étant l'hypoténuse du triangle sphérique rectangle $\Upsilon'\Upsilon''$P$''$, où l'on connaît, par la théorie, l'angle ω, et le côté Υ'P$''$, qui est $\psi - \psi'$. Cela rentre dans le cinquième cas de Legendre, qui donne ici

$$\tang \alpha' = \frac{\tang(\psi - \psi')}{\cos \omega}.$$

L'arc α' est toujours très-petit dans les applications; car, même pour le temps d'Yao, 2357 ans avant l'ère chrétienne, les formules de Laplace le font seulement égal à $1°17'24'',6$. On l'aura donc toujours avec facilité par cette expression de sa tangente; mais on pourrait, sans aucun inconvénient pratique, substituer à celle-ci l'approximation fondée sur la proportionnalité des petits arcs à leurs tangentes trigonométriques, ce qui donnerait

$$\alpha' = \frac{\psi - \psi'}{\cos \omega};$$

car les inexactitudes de cette évaluation seront toujours comme nulles comparativement aux erreurs des observations auxquelles on l'appliquera. Nous verrons tout à l'heure l'emploi qu'on fait de cet élément, et nous examinerons de plus près le phénomène astronomique qu'il représente.

97. Si l'on voulait obtenir aussi l'arc perpendiculaire $\Upsilon''P''$, dont l'intersection avec l'écliptique fixe limite ψ', on le calculerait comme côté du même triangle, en supposant toujours $\Upsilon'P''$, ou $\psi - \psi'$, donné par la théorie. En effet, si on le nomme Π', par abréviation, comme il est opposé à l'angle ω, on aurait, par le même cas de Legendre,

$$\operatorname{tang} \Pi' = \sin(\psi - \psi') \operatorname{tang} \omega,$$

et, avec une approximation toujours suffisante,

$$\Pi' = (\psi - \psi') \operatorname{tang} \omega.$$

Cet arc Π' est la latitude du point équinoxial mobile Υ'', relativement à l'écliptique fixe, et à l'origine Υ, comme ψ' est le supplément de sa longitude; mais on ne l'emploie pas dans les calculs astronomiques, et je ne le mentionne qu'en vue d'une analogie qui se présentera plus tard.

98. En admettant le système de données théoriques dont je viens d'indiquer la nature et l'objet, rien n'est plus facile que de transporter les coordonnées du ciel de 1750 à toute autre époque, antérieure ou postérieure, et inversement. J'exposerai la méthode, en supposant que ce transport doit être effectué de 1750 vers une époque postérieure, et je prendrai pour type de raisonnement la *fig.* 10, qui est appropriée à ce cas. Ceci étant expliqué, le passage à une époque antérieure s'opérera par les mêmes formules, en y faisant le temps t négatif, et prenant la *fig.* 11 comme type de construction.

Pour embrasser toutes les vicissitudes de ces transformations, je considère, sur la sphère céleste de 1750, un point ou une étoile quelconque absolument fixe, dont a, d soient l'ascension droite et la déclinaison, rapportées à l'équateur ♈Q de cette époque, la première étant comptée d'occident en orient, à partir du point équinoxial ♈. Avec ces données et l'obliquité initiale ω_0, on calculera la longitude et la latitude correspondantes l, λ, comptées de la même origine, mais rapportées à l'écliptique ♈E. Ce sera une application des formules établies page 75. Il faudra seulement y remplacer ω par la valeur numérique de ω_0, que j'ai supposée égale à 23°28′23″, d'après les dernières évaluations consignées dans l'*Exposition du Système du monde*. Néanmoins toutes les discussions postérieures montrent qu'elle doit être plutôt 23°28′18″, comme Laplace l'avait précédemment employée. Il sera donc mieux de lui attribuer cette valeur dans les calculs.

A la longitude primitive l, ajoutez l'arc ♈♈′ ou ψ, qui exprime la rétrogradation du nœud descendant de l'équateur sur l'écliptique fixe, depuis 1750 jusqu'à l'époque considérée; laissez la latitude λ constante, puis faites

$$l' = l + \psi, \qquad \lambda' = \lambda.$$

l' et λ' seront la longitude et la latitude de l'étoile sur l'écliptique primitive, la première ayant pour origine la nouvelle intersection ♈′ de cette même écliptique par l'équateur transporté.

Avec ces éléments et l'obliquité ω, qui est donnée par la théorie de l'attraction, calculez l'ascension droite et la déclinaison correspondante a', d', rapportées à l'équateur ♈′Q′ dans sa nouvelle position. Ce sera une application des formules de la page 77, où il faudra remplacer ω par sa valeur ici calculée.

Mais l'ascension droite obtenue a' est comptée, à partir de l'intersection Υ', sur l'écliptique fixe. Pour la rapporter au point équinoxial vrai Υ'' pris sur l'écliptique actuelle, il faut en retrancher l'arc $\Upsilon'\Upsilon''$, ou α', que nous avons appris à calculer. On l'appelle, pour cette raison, le *mouvement du point équinoxial en ascension droite*. La déclinaison d' n'a besoin d'aucun changement. Faites donc

$$a'' = a' - \alpha', \qquad d'' = d'.$$

a'' et d'' seront l'ascension droite et la déclinaison de l'étoile, rapportées aux nouvelles positions de l'équateur et de l'écliptique; la première étant comptée d'occident en orient, à partir du nouveau point équinoxial Υ'', lequel sera le nœud descendant de l'équateur sur l'écliptique vraie, à l'époque considérée.

Enfin, connaissant l'inclinaison mutuelle ω' de ces deux plans, qui est donnée par la théorie, on pourra transformer les coordonnées a'', d'', en longitudes et latitudes l'', λ'', rapportées à ces mêmes plans et à la même origine Υ''. Ce sera encore une application des formules de la page 75, où il faudra remplacer ω par la valeur ω' déduite de la théorie.

99. Si, des coordonnées finales l'', λ'' ou a'', d'', on voulait revenir aux coordonnées primitives l, λ, ou a, d, on y parviendrait en suivant une marche exactement inverse: ainsi, de a'' et d'' on tirerait d'abord a' et d', puis de celles-ci l' et λ', de ces dernières l et λ, puis enfin a et d. Il ne faudrait que renverser, dans chaque transformation, les relations par lesquelles nous avions passé d'abord. Ce retour aux coordonnées primitives servira, par exemple, à résoudre des problèmes du genre de celui-ci: Quel est, sur le ciel de 1750, le point qui deviendra le pôle de l'équateur à l'époque $1750 + t$? Pour un tel cas, énoncé dans le système de graduation sexagésimal, on aurait $d'' = 90°$ et a'' quelconque. Ces coordonnées équatoriales, transportées à l'origine Υ', donneraient évidemment $l' = 90°$ et $\lambda' = 90° - \omega$; de là on tirerait ensuite l et λ, puis a et d: ce qui résoudrait la question proposée.

100. Si l'époque donnée était antérieure à 1750, au lieu de lui être postérieure, la série des raisonnements resterait la même; le signe seul des arcs de rétrogradation s'intervertirait, et, par suite, le sens de leur application, qui est représenté *fig.* 11. Ainsi la précession $\Upsilon\Upsilon'$ ou ψ, au lieu d'être ajoutée aux longitudes l, devrait en être retranchée ; et, au contraire, le mouvement du point équinoxial, au lieu de se soustraire de l'ascension droite a', s'y ajouterait. Tout cela va de soi-même dans les formules analytiques ; il suffit d'y faire le temps t positif pour les époques postérieures à 1750, et négatif pour les antérieures, comme je l'ai déjà annoncé.

101. Il ne reste donc qu'à placer ici les expressions générales des quatre quantités ψ, ω, ψ', ω', qui sont les éléments nécessaires de ces transformations. Les voici rapportées à la graduation décimale, comme l'a fait l'auteur de la *Mécanique céleste*, à laquelle je les emprunte. Je les donnerai plus loin rapportées à la graduation sexagésimale, qui s'adapte mieux, pour les applications, aux Tables trigonométriques habituellement employées :

$$\begin{aligned}\psi = {} & t.155'',5927 + 3^{\circ},11019 \\ & + 4^{\circ},25562 \sin(t.155'',5927 + 95^{\circ},0733) \\ & - 7^{\circ},35308 \cos t.99'',1227 - 1^{\circ},7572 \sin t.43'',0446;\end{aligned}$$

$$\begin{aligned}\omega = {} & 26^{\circ},0812 - 0^{\circ},36766 \\ & - 1^{\circ},81876 \cos(t.155'',5927 + 95^{\circ},0733) \\ & + 0^{\circ},50827 \cos t.43'',0446 - 2^{\circ},84636.\sin t.99'',1227;\end{aligned}$$

$$\begin{aligned}\psi' = {} & t.155'',5927 - 1^{\circ},42823 \sin t.45'',0446 \\ & + 6^{\circ},22038 \sin^2 t.49'',5613;\end{aligned}$$

$$\begin{aligned}\omega' = {} & 26^{\circ},0812 - 1^{\circ},03304 \sin t.99'',1227 \\ & - 0^{\circ},73532 \sin^2 t.21'',5223.\end{aligned}$$

Quand on aura calculé ψ, ψ' et ω par ces formules, on en déduira le *mouvement du point équinoxial en ascension droite*, qui est représenté dans nos figures par $\Upsilon'\Upsilon''$, et que nous avons nommé α'. Il sera donné par l'équation

$$\operatorname{tang} \alpha' = \frac{\operatorname{tang}(\psi - \psi')}{\cos \omega},$$

que l'on pourra résoudre, soit rigoureusement, soit par l'expression approximative

$$\alpha' = \frac{(\psi - \psi')}{\cos \omega}.$$

Dans tous les cas, α' sera un très-petit arc, de même ordre et de même signe que $\psi - \psi'$.

Pour appliquer ces valeurs, on n'aura qu'à suivre pas à pas la série des opérations indiquées dans les numéros qui précèdent, en prenant soin d'y introduire chaque quantité avec son signe propre dans les types que nous avons formés en raisonnant sur la *fig.* 10. La simplicité et la sûreté de cette marche se reconnaîtront d'ailleurs par l'usage même, dans les exemples que j'en donnerai plus loin.

102. Lorsque le temps t, compté en années avant ou après 1750, ne doit pas être un nombre très-considérable, on peut, avec une approximation suffisante, remplacer les expressions complètes que je viens de rapporter par leurs développements en séries, bornés aux deux premières puissances de la variable t (*). Même on peut dire que les spéculations théoriques ne vont pas, en rigueur, au delà des quantités de cet ordre, et c'est par une sorte d'extension empirique que l'on prolonge plus loin leurs résultats, en les présen-

---

(*) Ces développements s'opèrent avec facilité par la considération suivante.

Tous les termes qui contiennent le temps t, sous les signes périodiques, dans les quantités que nous considérons, s'y présentent sous cinq formes, dont voici les types :

$$B \sin bt, \quad B' \sin^2 b't, \quad C \cos ct, \quad A \sin (at + E), \quad A' \cos (at + E);$$

b, b', c, a sont de très-petits arcs, et t exprime le temps compté depuis 1750, en années juliennes moyennes, comprenant chacune $365\frac{1}{4}$ jours solaires moyens. On suppose que le nombre d'unités de cette espèce contenues dans t sera assez restreint, pour que l'appréciation des divers produits considérés puisse être bornée à ses deux premières puissances.

D'après cette condition, les produits $B \sin bt$, $B' \sin^2 b't$ se remplacent immédiatement par $B\left(\frac{b}{R''}\right)t$ et $B'\left(\frac{b'}{R''}\right)^2 t^2$, car les termes ultérieurs de leurs développements atteindraient la troisième puissance de t. R'' est le rayon du cercle plié en arc et exprimé en secondes de la graduation adoptée ; ici elle est décimale, et l'on a $\log R'' = 5,8038801$, comme nous l'avons déjà reconnu page 95.

Le même principe d'évaluation s'applique aux autres formes de produits, après qu'on les a transformés de manière à mettre en évidence les sinus des

tant sous les formes périodiques que Laplace leur a données. Or, comme les expressions développées suivant les puissances du temps sont beaucoup plus commodes à employer que les expressions en sinus et cosinus, je les joindrai ici, en les rapportant de même à la graduation décimale du cercle. J'ai effectué ces calculs en prenant $\omega_0 = 26^{gr},0812$; on a alors

$$\begin{aligned}
\psi &= +\ 155'',208692\,.\,t - 0'',000375907\,.\,t^2,\\
\psi' &= +\ 154'',626965\,.\,t + 0'',000377001\,.\,t^2,\\
\omega &= \omega_0 \qquad\qquad\qquad\quad + 0'',0000303775\,3\,.\,t^2,\\
\omega' &= \omega_0 - 0'',608460\,.\,t - 0'',000008404\,15\,.\,t^2,\\
\alpha' &= +\ \ 0'',6342094\,.\,t - 0'',000820834\,.\,t^2.
\end{aligned}$$

Ce tableau met en évidence plusieurs résultats dignes de remarque.

105. On y voit d'abord que ω, inclinaison de l'équateur mobile sur l'écliptique fixe, ne contient pas de terme proportionnel à la première puissance de t; en sorte que, à toutes les époques antérieures ou postérieures à 1750, que les formules peuvent atteindre, cette inclinaison surpasse toujours celle de 1750, d'une petite quan-

---

petits arcs. Voici le type de ces opérations :

$$C \cos ct = C - 2C \sin^2 \tfrac{1}{2} ct = C - \tfrac{1}{2} C \left(\frac{c}{R''}\right)^2 t^2,$$

$$\begin{aligned}
A \sin (at + E) &= A \sin at \cos E + A \cos at \sin E\\
&= A \sin E + A \cos E \left(\frac{a}{R''}\right) t - \tfrac{1}{2} A \sin E \left(\frac{a}{R''}\right)^2 t^2,\\
A' \cos (at + E) &= A' \cos at \cos E - A' \sin at \sin E\\
&= A \cos E - A' \sin E \left(\frac{a}{R''}\right) t - \tfrac{1}{2} A' \cos E \left(\frac{a}{R''}\right)^2 t^2.
\end{aligned}$$

En effectuant ainsi les calculs numériques avec exactitude, on trouvera les résultats que j'ai rapportés dans le texte.

Les expressions de ψ et ψ', données par ces développements, ne sont pas en opposition avec ce qui a été vu plus haut, n° **81**, page 121, sur la portion de la précession observable qui est actuellement détruite par les attractions planétaires, et que Laplace porte annuellement à 0'',9655. Cette portion ne peut pas se conclure immédiatement par simple différence des valeurs de ψ et de ψ' ici rapportées, parce que les effets de ces attractions entrent déjà dans les évaluations isolées de ces deux quantités, et y entrent pour des proportions diverses, comme on le verra plus loin.

tité proportionnelle au carré de t. Nous découvrirons tout à l'heure la cause de ce fait analytique.

104. On voit en outre que, si l'on donne à t des valeurs positives ou négatives peu considérables, ψ surpassera ψ', en les prenant tous deux avec leur signe commun; mais il n'en sera pas toujours ainsi: car, en formant la différence analytique de ces deux quantités dans les expressions précédentes, on trouve

$$\psi - \psi' = + 0'',581727\, t - 0'',000752908\, t^2.$$

Pour les époques antérieures à 1750, t est négatif. Les deux termes du second membre s'ajoutent l'un à l'autre avec leur signe devenu commun, ce qui fait que, ψ et ψ' étant intervertis dans les constructions, $\psi - \psi'$ augmente de grandeur absolue dans ce nouveau sens, d'autant plus que l'époque considérée est plus ancienne, comme le représente la *fig.* 11. Mais, postérieurement à 1750, t étant positif, les deux termes de $\psi - \psi'$ sont de signe opposé; en sorte que la valeur absolue de leur ensemble commence par croître avec le temps t, puis atteint un certain maximum positif, et ensuite décroît jusqu'à devenir nulle, lorsque ces deux termes se contrebalancent mutuellement. Ce cas d'équilibre devra évidemment arriver lorsqu'on aura

$$t = + \frac{0,581727}{0,000752908} = 772^a,64;$$

cela le place donc à l'année 1750 + 772,64 ou 2522,64 de notre ère. A cette époque, α' deviendra également nul, puisqu'il s'évanouit en même temps que $\psi - \psi'$. Les conséquences géométriques de cet état de choses sont représentées en construction dans la *fig.* 10 *bis*, où l'on voit que les trois points ♈, ♈′ et N, qui étaient précédemment distincts, se trouvent alors coïncidents. Au delà de cette époque, $\psi - \psi'$ devient négatif, et, par suite, α' l'est également, ce qui donne la disposition représentée dans la *fig.* 10 *ter*. Quoique ces résultats ne soient qu'approximatifs et qu'ils n'offrent aucun intérêt présent d'application, il n'est pas inutile de les établir, comme nous venons de le faire, pour avoir une idée précise et complète des relations de position que les plans de l'équateur et de l'écliptique ont eues ou devront avoir relativement à un même plan fixe, dans toute l'étendue des temps que les formules actuelles peuvent embrasser. Ces déductions éloignées sont d'ailleurs beaucoup plus assurées, quant au sens des mouvements, que pour la fixation des époques absolues, celles-ci étant données par des rapports de nombres dont les signes propres sont bien plus sûrs que les grandeurs. Par exemple, si l'on ne voulait que constater la réalité future du phénomène de coïncidence que nous venons de calculer, on la reconnaîtrait comme une conséquence géométrique évidente, à la seule inspection de notre *fig.* 10. En effet, prenons le temps t positif, en lui donnant d'abord une valeur infiniment petite. L'intersection équinoxiale Υ' de l'écliptique fixe se trouvera alors infiniment peu à l'occident de l'origine Υ, et le nœud N sera déjà distant de cette origine d'un petit nombre de degrés, dans le même sens. t venant à croître, ces deux points se meuvent vers l'occident, mais Υ' environ six fois plus vite que N. Il doit donc progressivement se rapprocher de N, le rejoindre, puis le dépasser, comme les formules nous le disent. Elles ne peuvent être incertaines que pour l'instant de la rencontre.

103. Je reprends maintenant les expressions intégrales de ψ et de ω rapportées plus haut, et je vais leur appliquer le même mode de discussion que j'ai employé pour ψ' et ω' dans les sections précédentes. D'abord, si l'on fait croître $+t$ d'une unité dans ψ, et que l'on isole la position qui s'ajoute à la valeur primitive, on obtiendra le *mouvement annuel* des équinoxes sur l'écliptique fixe. Or, en bornant l'évaluation aux termes les plus sensibles, comme nous l'avons fait pour les variations analogues de ψ', l'expression de ce mouvement sera (*)

$$+155'',5927 + 10'',4001 \cos(t.155'',5927 + 95^\circ,0733)$$
$$+ 11'',4487 \sin t.99'',1227 - 1'',1881 \cos t.43'',0446.$$

(*) Le principe de ces réductions est le même dont nous avons fait usage alors dans la page 126; il n'y a de différence que dans les détails.

L'expression de ψ est de cette forme

$$\psi = at + D + A \sin(at + E) + B \cos bt + C \sin ct.$$

Faites croître $+t$ d'une unité, et nommez ψ_1 la valeur résultante de ψ; vous

Pour 1750, on a $t = 0$, et cette expression devient

$$+ 155'',5927 + 0'',8034 - 1'',1881 = + 155'',2080;$$

c'est aussi presque identiquement ce que donnerait l'expression développée de ψ, si l'on y faisait $t = +1$, car le résultat serait

$$+ 155'',208692 - 0'',000376 = + 155'',208316.$$

La différence qu'on remarque dans la quatrième décimale doit, au moins en partie, provenir des petites quantités qu'on a négligées dans la variation de l'expression intégrale de ψ.

---

aurez

$$\psi_1 = at + D + a + A \sin(at + E + a) + B \cos(bt + b) + C \sin(ct + c),$$

ce qui donne, par différence,

$$\psi_1 - \psi = + a + 2A \sin \tfrac{1}{2} a \cos(at + E + \tfrac{1}{2} a) - 2B \sin \tfrac{1}{2} b \sin(bt + \tfrac{1}{2} b) + 2C \sin \tfrac{1}{2} c \cos(ct + \tfrac{1}{2} c);$$

ici l'on a

$$a = 155'',5927, \qquad b = 99'',1227, \qquad C = 43'',0446.$$

L'extrême petitesse de ces arcs permet de calculer les coefficients numériques en négligeant les cubes de leurs sinus; et ce calcul ainsi effectué donne

$$\psi_1 - \psi = 155'',5927 + 10'',40093 \cos(at + E + \tfrac{1}{2} a) + 11'',448863 \sin(bt + \tfrac{1}{2} b) - 1'',188118 \cos(ct + \tfrac{1}{2} c).$$

Les coefficients résultants sont maintenant réduits à de petits nombres de secondes. D'après cela, supposez que l'on développe les facteurs trigonométriques de manière à isoler les termes où les petits arcs $\frac{1}{2}a$, $\frac{1}{2}b$, $\frac{1}{2}c$, entrent sans être multipliés par t, on aura ainsi

$$\begin{aligned} \cos(at + E + \tfrac{1}{2} a) &= \cos(at + E) \cos \tfrac{1}{2} a - \sin(at + E) \sin \tfrac{1}{2} a, \\ \sin(bt + \tfrac{1}{2} b) &= \sin bt \cos \tfrac{1}{2} b + \cos bt \sin \tfrac{1}{2} b, \\ \cos(ct + \tfrac{1}{2} c) &= \cos ct \cos \tfrac{1}{2} c - \sin ct \sin \tfrac{1}{2} c. \end{aligned}$$

Alors, quand on effectuera les multiplications isolément par ces diverses quantités, les facteurs $\cos \frac{1}{2} a$, $\cos \frac{1}{2} b$, $\cos \frac{1}{2} c$ changeront à peine les coefficients numériques déjà obtenus, et les facteurs $\sin \frac{1}{2} a$, $\sin \frac{1}{2} b$, $\sin \frac{1}{2} c$ formeront avec eux des produits d'une petitesse excessive. Si donc on veut se borner à la portion de $\psi_1 - \psi$, qui est de beaucoup la plus sensible, on négligera ces derniers produits, et, dans les autres, on remplacera les coeffi-

106. En faisant de même croître le temps $+t$ d'une unité dans l'expression de ω, on aura le changement annuel d'obliquité de l'équateur sur l'écliptique fixe de 1750; et en bornant aussi le résultat à ses termes les plus sensibles, on le trouve égal à

$$4'',4445 \sin(t.155'',5927 + 95°,0733) - 0'',3437 \sin t.43'',0446 \\ - 4'',4318 \cos t.99'',1227.$$

En développant le premier terme, cette expression prend la forme suivante:

$$0'',3437 (\sin t.155'',5927 - \sin t.43'',0446) \\ + 4'',4318 (\cos t.155'',5927 - \cos t.97'',1227);$$

---

cients numériques par leurs valeurs déjà obtenues antérieurement. Or on arrivera tout de suite à ce résultat final, si, dans l'expression non développée de $\psi_1 - \psi$, on suppose nuls les petits arcs $\frac{1}{2}a$, $\frac{1}{2}b$, $\frac{1}{2}c$, qui se trouvent associés, sous les signes trigonométriques, aux arcs $at + E$, bt, ct. C'est ainsi que l'on a obtenu l'expression approchée de $\psi_1 - \psi$, qui est rapportée dans le texte.

Le même procédé donnera tout de suite la partie la plus sensible du changement annuel de ω. En effet, l'expression complète de ω est de cette forme

$$\omega = \omega_0 + D + A \cos(at + E) + B \cos bt + C \sin ct,$$

les lettres employées ayant les nouvelles significations numériques propres au cas actuel. Faites croître $+t$ d'une unité et nommez ω_1 la valeur résultante de ω, vous aurez

$$\omega_1 = \omega_0 + D + A \cos(at + E + a) + B \cos(bt + b) + C \sin(ct + c);$$

conséquemment :

$$\omega_1 - \omega = -2A \sin\tfrac{1}{2}a \sin(at + E + \tfrac{1}{2}a) - 2B \sin\tfrac{1}{2}b \sin(bt + \tfrac{1}{2}b) \\ + 2C \sin\tfrac{1}{2}c \cos(ct + \tfrac{1}{2}c);$$

ici l'on a

$$a = 155'',5927, \qquad b = 43'',0446, \qquad c = 99'',1227.$$

Effectuez le calcul des coefficients numériques avec ces arcs et les valeurs propres de A, B, C, vous trouverez

$$\omega_1 - \omega = +4'',44513 \sin(at + E + \tfrac{1}{2}a) - 0'',343653 \sin(bt + \tfrac{1}{2}b) \\ - 4'',43183 \cos(ct + \tfrac{1}{2}c).$$

Supposez nuls, sous les signes trigonométriques, les petits arcs $\frac{1}{2}a$, $\frac{1}{2}b$, $\frac{1}{2}c$, dans les termes indépendants de t, vous aurez la partie la plus sensible de $\omega_1 - \omega$, et c'est précisément l'expression qu'on a rapportée dans le texte.

sous cette forme, on voit qu'elle est nulle quand $t = 0$, positive quand t est positif, et négative quand t est négatif. La variation annuelle de l'obliquité de l'équateur sur l'écliptique fixe ne commence donc point par être constante. Elle est d'abord nulle, et ensuite elle s'accélère proportionnellement au temps; car, si l'on développait l'expression précédente suivant les puissances du temps, en se bornant à la première, les termes affectés de cosinus se détruiraient mutuellement, et les autres se réduiraient à

$$t.0'',3437 (\sin 165'',5927 - \sin 43'',0446),$$

résultat qui, étant évalué numériquement, deviendrait

$$+ t.0'',00006074.$$

D'après la théorie des mouvements uniformément accélérés, il s'ensuit que le changement total d'obliquité après le temps t serait égal au produit de l'accélération annuelle par la moitié de t, c'est-à-dire qu'après le temps t l'obliquité ω_0 deviendrait

$$\omega_0 + t^2.0'',00003037.$$

C'est ainsi que, dans la chute des corps graves, l'accélération étant proportionnelle au temps, les espaces parcourus sont proportionnels au carré du temps. En effet, la valeur intégrale obtenue par ce raisonnement s'accorde, jusque dans la sixième décimale, avec l'expression de ω en série.

Ces résultats diffèrent beaucoup de ceux que nous avons obtenus pour le changement annuel de l'obliquité de l'équateur sur l'écliptique mobile. Alors l'expression de ce changement était

$$- 0'',2486 \sin t.43'',0446 - 1'',6083 \cos t.99'',1227;$$

ou bien, en transformant le dernier terme pour mettre en évidence la partie constante,

$$- 1'',6083 - 0'',2486 \sin t.43'',0446 + 3'',2166 \sin^2 t.49'',5613:$$

ainsi, outre les termes proportionnels au temps et aux diverses puissances du temps, elle contenait le terme constant $-1'',6083$, dont nous ne retrouvons plus l'analogue dans les variations d'obliquité de l'équateur sur l'écliptique fixe. Ce terme se représente, en effet, avec sa même valeur, dans les variations annuelles de ω', déduites de son expression en série, page 94.

La raison de cette différence tient à celle des causes qui produisent ces deux phénomènes. L'attraction du soleil et de la lune, si elle agissait seule, produirait une précession constante égale à 155",5927, et elle ne changerait point l'obliquité de l'équateur sur l'écliptique, qui alors serait fixe. Mais, par l'effet de l'attraction des planètes, l'écliptique vraie se déplace dans le ciel et entraîne ces deux astres avec elle. Alors leur action change et produit une petite variation dans l'obliquité de l'équateur sur l'écliptique fixe. Cette variation, d'abord insensible, s'accélère proportionnellement au temps, et le changement absolu d'obliquité qui en résulte est proportionnel au carré du temps. Mais, en outre, l'attraction des planètes qui déplace l'écliptique vraie l'incline aussi sur l'écliptique fixe. Cette autre variation annuelle est d'abord constante, et son effet est proportionnel au temps. Or l'obliquité apparente que nous observons est la différence des deux inclinaisons de l'équateur et de l'écliptique vraie sur l'écliptique fixe. C'est l'excès de la première sur la seconde; c'est donc la différence des deux résultats précédents, et voilà pourquoi son expression, que nous venons de développer, contient les deux genres de variations qui les caractérisent.

107. La mobilité du plan de l'écliptique a, sur l'appréciation du jour sidéral, une influence qu'il importe de considérer.

D'après la définition donnée tome II, page 329, le *jour sidéral* a pour mesure l'intervalle de temps qui s'écoule entre deux retours méridiens consécutifs d'une même étoile, supposée absolument fixe sur la sphère céleste, c'est-à-dire dénuée ou dépouillée de mouvement propre, et corrigée aussi des petits déplacements que la précession, l'aberration et la nutation produisent dans ses positions apparentes. En d'autres termes, cela revenait à rapporter toujours l'étoile au point équinoxial *moyen* ♈", et à la rendre immobile, relativement à lui, pendant une révolution du ciel. Par conséquent, la durée du jour sidéral, ainsi calculée, se trouvait réellement définie par les retours consécutifs de ce point moyen ♈", au méridien local. Je l'appelle *moyen* pour le distinguer du point équinoxial vrai et actuel qui oscille autour de lui, en vertu de l'aberration et de la nutation, dans des périodes de temps restreintes.

Mais, d'après ce que nous venons de découvrir sur le déplacement séculaire du plan de l'écliptique, le grand cercle qu'il trace sur la sphère céleste ne coupe pas toujours le grand cercle de l'équateur en un même point physique de ce dernier; le nœud moyen ♈″, où ils se rencontrent, est au contraire mobile sur le contour du cercle équatorial, et son déplacement, après un temps donné, compté de 1750, est représenté, dans nos *fig.* 10 et 11, par l'arc ♈′♈″ ou α'. La petite portion d'arc que ce mouvement propre fait décrire continûment au point ♈″, pendant chaque révolution du ciel, se combine donc avec le mouvement révolutif de la sphère stellaire, pour déterminer son prochain retour au méridien local, et composer la durée du jour sidéral tel que nous le calculons; de même que les arcs diurnes décrits par le soleil parallèlement à l'équateur font partie de l'accomplissement des jours solaires. Si le mouvement équatorial du point ♈″ était rigoureusement uniforme, c'est-à-dire si l'arc total ♈′♈″ ou α' croissait proportionnellement au temps t, les durées des jours sidéraux conclus de ses retours moyens consécutifs seraient égales entre elles, comme le sont les durées des jours solaires moyens, qui sont mesurés par les révolutions méridiennes d'un astre idéal mû dans l'équateur, et dont la vitesse angulaire propre, conventionnellement constante, se combine par différence avec la rotation diurne du ciel; mais cette constance n'a pas lieu, du moins avec une pareille rigueur, dans le mouvement équatorial propre du point ♈″, puisque l'arc ♈′♈″ ou α', qui en représente l'effet total, n'est pas entièrement proportionnel au temps t. Les jours sidéraux mesurés par la marche révolutive de ce point doivent donc être rendus inégaux par ce manque d'uniformité; de même que le sont les jours solaires vrais par une cause semblable. Heureusement il y a une disproportion énorme entre ces deux effets. La partie du mouvement de ♈″ qui n'est pas uniforme est si excessivement petite, qu'elle ne peut devenir sensible que par son accumulation continue pendant plus de siècles que n'en embrassent actuellement les applications exactes de l'astronomie.

108. Pour nous rendre compte de cet important résultat, prenons fictivement, comme type représentatif de α', son expression développée en série suivant les puissances ascendantes du temps, et bornée aux deux premières, telle que nous l'avons obtenue plus haut. Ce sera, en mesures décimales,

$$\alpha' = +\,0'',6342094.t - 0'',000820834.t^2.$$

Dans la théorie sur laquelle cette valeur se fonde, le temps t est exprimé en années juliennes moyennes, comprenant chacune $365\frac{1}{4}$ jours solaires moyens. Or chacun de ces jours, évalué en révolutions complètes de ♈'', vaut 1,00273791, page 21. Ainsi une année pareille contient un nombre de ces révolutions égal à 366,25. Exprimons le temps t en fonctions de cette nouvelle espèce d'unités, dont nous désignerons le nombre total par i. Cela supposera

$$i = 366,25\,t.$$

Alors, si l'on élimine t de α' par cette relation, et que l'on fasse, pour abréger,

$$a = +\frac{0'',6342094}{366,25}, \qquad b = +\frac{0'',000820834}{(366,25)^2},$$

la valeur de α' en i sera

$$\alpha' = ai - bi^2.$$

Au premier coup d'œil, l'emploi de la nouvelle unité de temps que nous introduisons ici semble sujette à objection ; en effet, puisque le mouvement propre du point ♈'' n'est pas exactement uniforme, il semble que la durée de ses révolutions diurnes ne peut pas fournir une mesure constante de temps. Cela est vrai en général ; mais nous éluderons cette difficulté en convenant que les révolutions prises pour type seront celles qui ont lieu à une époque fixe, par exemple en 1750. Alors, la partie non uniforme du mouvement de ♈'' étant si petite qu'elle ne peut devenir appréciable qu'après de longs intervalles de temps, comme nous allons nous en convaincre, nous pourrons toujours admettre que l'expression de α' est établie, par pure théorie, en fonction des révolutions de Υ'' qui avaient lieu à l'époque spécifiée, et qui pouvaient ainsi être employées comme constantes, non-seulement à cette époque même, mais encore dans plusieurs années peu distantes, où l'on pourrait au besoin, sans erreur sensible, l'employer aux observations.

109. Ceci convenu, considérons le point Υ'' dans sa position initiale de 1750, pour laquelle $i=0$; puis, le livrant aux influences simultanées du mouvement diurne et de son mouvement propre, supposons qu'il décrive autour du méridien local une révolution complète dont la durée représentera notre unité de temps. Le mouvement propre de Υ'', pendant cette première période, sera exprimé par la valeur que prend α' lorsque l'on y fait $i=+1$, ce qui le donne égal à $a-b$. Or, ainsi évalué, il est dirigé de l'occident vers l'orient, dans le sens du mouvement propre du soleil, et en sens opposé au mouvement diurne du ciel. Donc, si l'on considère le méridien fixe de la sphère stellaire qui contenait le point Υ'' au commencement de la révolution que nous venons de spécifier, lorsqu'elle sera accomplie, ce même méridien aura décrit autour de l'axe de la rotation diurne un angle dièdre égal à 400^g+a-b, ou $c+a-b$, en désignant par c une circonférence complète. Conséquemment, après i révolutions pareilles, toutes d'égale durée entre elles, et que nous appellerons des jours sidéraux, ce même méridien aura décrit, dans le sens du mouvement diurne, un angle total accru dans le même rapport, c'est-à-dire égal à $(c+a-b)i$; mais l'angle contemporain, décrit dans ce sens par Υ'', sera moindre que celui-là de la quantité α'. Ainsi, en le désignant par A_i, on aura généralement

$$A_i=(c+a-b)i-ai+bi^2, \quad \text{ou} \quad A_i=(c-b)i+bi^2.$$

Cette expression satisfait à deux conditions qui en vérifient la justesse. D'abord elle s'évanouit quand on fait i nul, ce qui devait évidemment arriver, puisque l'arc A commence à cette origine du temps; puis, si l'on y fait $i=+1$, b disparaît et elle donne $A_i=c$, ce qui devait être encore, puisque cette première révolution diurne du point Υ'' correspond, par convention, à notre unité de temps constante, que nous reproduisons en supposant $i = +1$.

110. Ces arrangements étant établis, faisons croître i d'une quantité indéterminée x, qui sera fonction de notre unité de temps. Il en résultera

$$A_{i+x} = (c-b)i + bi^2 + (c-b+2bi)x + bx^2,$$

et, par suite,

$$A_{i+x} - A_i = (c-b+2bi)x + bx^2.$$

Spécifions l'indéterminée x par la condition que la différence d'arc ainsi obtenue soit égale à une circonférence entière c, x sera le temps d'une révolution complète de Υ'' autour du méridien local à l'époque désignée par la valeur de i; on aura ainsi

$$(c-b+2bi)x + bx^2 = c.$$

Des deux racines de cette équation, il ne faut prendre que la positive, puisque nous avons conventionnellement voulu faire *croître* le temps. Sous cette réduction, elle se trouve satisfaite par $x = +1$ lorsqu'on y fait $i = 0$. Cela devait être, puisque i nul nous ramène à l'époque primitive, d'où les i se comptent, et à laquelle aussi la révolution diurne de Υ'' correspond comme unité de temps.

Généralement notre équation donne

$$x = \frac{c}{c-b+2bi+bx} = 1 + \frac{b(1-2i-x)}{c-b(1-2i-x)}.$$

En se bornant, comme nous le devons, aux racines positives, la petitesse de b comparativement à c montre qu'à moins de donner à i des valeurs excessivement grandes qui pourraient étendre les applications des formules au delà de leur portée légitime, x différera très-peu de 1. Donc, si on lui attribue cette valeur dans le terme du second membre qui a pour facteur b, on devra obtenir une valeur de x très-approchée, et que l'on verra bientôt être toujours suffisante. Cette substitution donne

$$x = 1 - \frac{2bi}{c+2bi},$$

et, en négligeant le carré de $\frac{2bi}{c}$, comme on reconnaîtra tout à l'heure que l'on peut sans inconvénient le faire,

$$x = 1 - \frac{2bi}{c}.$$

Pour apprécier commodément le terme qui exprime la partie variable de x, remplaçons-y les multiples i de notre unité simple de temps par des collections séculaires de jours moyens solaires, dont chacune contiendra 36625 de ces unités. Si nous nommons Σ le nombre entier ou fractionnaire de collections pareilles, qui équivaut à nos i unités simples de temps, l'expression de x deviendra

$$x = 1 - \frac{2b.36625\,\Sigma}{c};$$

et, en mettant pour b et c leurs valeurs propres, le coefficient de Σ sera

$$\frac{2b.36625}{c} = \frac{2{,}36625.0'',00082\,0834}{4000000''(365{,}25)^2}$$
$$= \frac{0{,}00082\,0834}{20000.365{,}25} = \frac{1{,}123686}{(100000)^2},$$

ce qui donne enfin

$$x = 1 - \frac{1{,}123686.\Sigma}{(100000)^2}.$$

Le coefficient de Σ est ici exprimé en parties d'une révolution diurne de Υ'' propre à l'époque de 1750, et que nous avons prise comme unité de temps. Pour en mieux estimer la portée, convertissons cette unité en secondes temporaires de la division décimale, en sorte qu'elle en contienne 100000. L'expression de x, ainsi transformée, deviendra

$$x = 1 - \frac{1^s{,}23686\,\Sigma}{100000}.$$

Ainsi, à 50 siècles de distance de 1750, ce qui donnerait Σ' égal à 50, le terme correctif de x ne vaudrait encore que $\frac{1^s{,}23686}{2000}$;

ou moins de $\frac{1}{1666}$ de seconde de temps décimal, prise dans une révolution primitive de Υ''. Mais l'expression approchée de z' ne pourrait pas, sans doute, être étendue légitimement à des époques si distantes. La seule conclusion à tirer de ce qui précède, c'est que, dans les limites de temps auxquelles on peut appliquer les formules théoriques actuelles, l'inégalité séculaire qui affecte les durées successives des révolutions de Υ'', et qui se reporte sur celles du jour sidéral qu'on en conclut, a été et sera toujours inappréciable aux observations que l'on pourrait faire sur ces révolutions considérées isolément. Il reste donc à examiner si l'effet de ces variations, longtemps continuées, ne deviendrait pas enfin sensible par leur accumulation, et jusqu'à quel point il pourrait l'être.

111. Pour cela, je reprends l'expression obtenue tout à l'heure

$$x = 1 - \frac{2bi}{c}.$$

Dans le second membre, l'unité représente la durée de la révolution primitive de Υ'' à l'époque de 1750, durée qui est prise comme type du jour sidéral fixe, et le terme $-\frac{2bi}{c}$ exprime approximativement la variation progressive qu'éprouvent les durées des révolutions suivantes, séparées de la première par un nombre i de jours pareils. Supposons que l'on néglige ce terme, et que l'on compte les *x consécutifs* comme autant d'unités pendant le nombre i de jours. On demande quelle sera la somme totale des erreurs ainsi commises sur l'évaluation du temps? Pour établir la continuité d'énumération supposée, je considère que, chaque valeur de x différant seulement de 1 par la quantité excessivement petite $\frac{2bi}{c}$, on ne commettra qu'une erreur de l'ordre du carré de ce terme, si l'on y prend le facteur i comme représentant le nombre ordinal de chaque révolution successive de Υ''. Alors, en faisant successivement i égal à 1, 2, 3,..., i, la somme des erreurs commises, ainsi approximativement évaluée, s'obtiendra par la sommation de la série arithmétique suivante :

$$-\frac{2b}{c}[1+2+3+\ldots+i-2+i-1+i-3]=-\frac{bi(i+1)}{c},$$

expression que l'on peut réduire à $\frac{bi^2}{c}$ en négligeant dans le second facteur l'unité comparativement à i, qui doit être un nombre très-considérable pour que le résultat devienne sensible, comme on va tout à l'heure le reconnaître. Cet effet de la variation accélérée de x est analogue à celui que nous avons trouvé, page 154, pour la variation de l'angle ω, qui avait une forme semblable.

112. On peut arriver au même résultat immédiatement, sans passer par l'évaluation approchée de x, en considérant l'angle dièdre total A_i décrit, dans le sens du mouvement diurne du ciel, par le point Υ'', après qu'il s'est écoulé i jours sidéraux, égaux chacun en durée à une révolution primitive de ce point. Pour cela, nommons i' le nombre total de révolutions complètes que Υ'' a réellement exécutées dans cet intervalle de temps i, par l'effet de la rotation diurne combinée avec le mouvement qui lui est propre, i' pouvant être composé généralement d'une somme quelconque d'unités entières jointes à une fraction. Alors, en désignant toujours par c une circonférence complète comprenant 400^{gr}, l'arc A_i sera $i'c$, et en égalant cette expression à sa valeur en i que nous avons plus haut formée, on aura

$$ci'=(c-b)i+bi^2;$$

d'où l'on tire

$$i'=\frac{(c-b)}{c}i+\frac{bi^2}{c}, \qquad \text{ou encore} \qquad i'=i+\frac{bi(i-1)}{c}.$$

Lorsque $i=1$, la valeur résultante pour i' est aussi $i'=1$, comme cela devait arriver, puisque la première révolution effective de Υ'' est celle qui nous sert d'unité de jour. Mais, à mesure que le nombre i augmente, i' en diffère par le terme correctif qui a pour facteur $\frac{b}{c}$. On commettrait donc une erreur progressivement croissante, si l'on employait les durées variables des révolutions ultérieures de Υ'' comme autant d'unités de temps égales entre elles, et à la durée de la révolution primitive. La somme de ces erreurs, lorsqu'il s'est écoulé i jours sidéraux primitifs, est exprimée par le terme correctif associé à i dans le second membre de l'équation. Or, si l'on néglige le carré de $\frac{b}{c}$ comparativement à sa première puissance, et que, dans le facteur $i-1$, on néglige aussi l'unité comparativement au nombre i supposé très-considérable, ce terme correctif devient $\frac{bi^2}{c}$, comme nous l'avions trouvé d'abord, si ce n'est qu'il entre dans l'évaluation du nombre i', avec un signe opposé à celui qu'il avait dans x; mais l'application qu'il a ici conduit à une conséquence équivalente comprise dans l'énoncé suivant. Si, à partir de l'époque de 1750, on compte le temps par les révolutions *effectives* du point Υ'', considérées comme d'égale durée entre elles, après qu'il se sera opéré un nombre i' de ces révolutions, le nombre total i des jours primitifs réellement égaux qui se seront écoulés ne sera pas i', mais $i' - \frac{bi(i-1)}{c}$ ou $i' - \frac{bi^2}{c}$, en se bornant à l'approximation tout à l'heure indiquée. Le terme $-\frac{bi^2}{c}$ exprime donc la correction qu'il faudrait faire au nombre observé i' pour avoir le véritable nombre i de jours égaux qui y correspond. Il ne reste plus qu'à en effectuer l'évaluation numérique.

115. Pour cela, j'exprime le nombre i par des collections annuelles de jours moyens solaires, contenant chacune 366,25 de nos unités de temps, mesurées par une révolution primitive de Υ''. Si l'on nomme t le nombre entier ou fractionnaire de collections pareilles qui composent i, on aura

$$i = 366,25 . t,$$

et notre terme correctif deviendra

$$-\frac{b(366,25)^2 t^2}{c};$$

or nous avons

$$b = \frac{0'',00082\,0834}{(366,25)^2}.$$

Faisant donc la substitution, et remplaçant c par sa valeur 400^{cc}, ou 4000000$''$, la correction cherchée sera

$$-\frac{0,00082\,0834}{4000000}t^2, \quad \text{ou} \quad -\frac{0,00020\,52085}{1000000}t^2.$$

Elle est exprimée ici en parties du jour sidéral primitif pris pour unité de temps. Pour la rendre plus sensible, exprimons-la en secondes de temps décimal dont chaque jour contient 100000. Il faudra la multiplier par ce nombre, et alors elle deviendra

$$-0^s,00002\,05208\,5\,t^2.$$

Si l'on suppose $t = 4000$, ce qui étend l'application à quatre mille années avant ou après 1750, le produit résultant est $328^s,3336$, ce qui, étant multiplié par le facteur 0,864, équivaut, en temps sexagésimal, à $283^s,6802$, ou $4'43'',6802$. Toute faible qu'est cette correction, on en tient compte dans les Tables astronomiques. La manière dont on doit le faire est particulièrement expliquée dans un travail de Poisson inséré au tome VII de l'Académie des Sciences, et intitulé : *Mémoire sur le mouvement de la terre autour de son centre de gravité*. Le problème de la précession y est traité dans tous ses détails avec une recherche de rigueur théorique plus sévère et plus scrupuleuse qu'on ne l'y avait jusqu'alors appliquée. Mais il faut le lire avec précaution, parce que, outre une rédaction un peu obscure et un manque d'analogie pénible dans le choix des notations, il se trouve plusieurs fautes d'impression dans les formules, et il s'en trouve de plus fâcheuses encore dans les évaluations numériques, parce qu'elles fausseraient toutes les applications qu'on en voudrait faire. Ce serait une œuvre très utile que de reproduire ce Mémoire avec la même série d'idées, mais avec une rédaction plus claire, des notations plus analogiques et des nombres plus corrects. En associant à cette étude celle du chapitre I, livre XIV de la *Mécanique céleste*, et celle du chapitre XIII, livre II de l'*Exposition du Système du monde*, qui traitent du même sujet, on aura une idée aussi complète que possible des considérations d'analyse et de mécanique, desquelles dépend cette grande application de la loi d'attraction newtonienne, ainsi que de la succession de travaux qui ont concouru à l'effectuer. Quant à la combinaison de ces théories avec les données astronomiques, on la trouve parfaitement exposée, et réalisée avec une grande recherche de précision par Bessel, dans les *Fundamenta Astronomiæ*, pages 125 et 285; car les formules théoriques n'y sont pas seulement rappelées, mais développées, soumises à une révision nouvelle, et améliorées dans plusieurs détails. Un travail très-remarquable du même genre, c'est-à-dire à la fois de théorie et de pratique, a été publié depuis, en 1842, dans les *Mémoires de l'Académie de Saint-Pétersbourg*, par M. Péters, astronome adjoint à l'observatoire de Polkova. La discussion des détails astronomiques y est encore plus approfondie et poussée plus loin que dans les *Fundamenta*, en prenant pour guide le beau Mémoire de Poisson que je viens de citer, et l'on y trouve suivies, jusque dans les nombres, toutes les particularités les plus minutieuses des phénomènes que la théorie pouvait indiquer.

SECTION III. — *Détermination numérique des éléments de position de l'écliptique mobile relativement à l'écliptique fixe, qui résultent des formules de la précession, supposées données et réduites en nombres.*

114. J'ai expliqué plus haut, page 124, la combinaison trigonométrique par laquelle le mouvement du plan de l'écliptique intervient dans les formules générales de la précession, et j'ai dit que les éléments déterminatifs de ce mouvement se déduisent de la théorie des attractions planétaires qui en sont la cause. Le calcul qui les donne est fort complexe, et ses résultats numériques comportent de notables incertitudes, à cause de la connaissance encore peu précise que l'on a des masses de plusieurs planètes, particulièrement de Vénus. C'est pourquoi, lorsqu'on a employé ces résultats imparfaits pour composer les formules de la précession, les astronomes tâchent de rectifier ultérieurement les constantes numériques qu'elles renferment, pour les amener à reproduire, avec toute l'exactitude désirable, les positions des étoiles observées à des époques différentes. On peut en outre, comme l'a fait l'auteur de la *Mécanique céleste*, se guider sur les caractères généraux de ces mouvements, pour rassembler leurs expressions approximatives sous des formes périodiques d'une application plus étendue, dont l'empirisme se justifie par la condition de satisfaire aux indications les plus éloignées de l'astronomie ancienne, dans les limites d'incertitude qu'il faut malheureusement leur supposer. Les formules de la précession, ainsi modifiées dans leurs constantes numériques, ou dans leur forme, ou à la fois sous ces deux rapports, impliquent donc des éléments du mouvement de l'écliptique autres que ceux qu'on avait primitivement obtenus par la théorie des attractions planétaires, et il est utile de les en extraire, puisqu'ils sont plus immédiatement rattachés aux observations. Devant donc ici présenter les valeurs numériques de ces éléments, telles que les formules de Laplace les supposent, pour justifier les généralités que j'ai exposées dans la section précédente, je les tirerai, comme je viens de le dire, de ces formules mêmes. En conséquence, je commence par reproduire celles-ci telles qu'il les a données, mais converties en expressions sexagésimales, qui se prêteront mieux à nos calculs (*). Les voici d'abord sous leurs formes périodiques :

$$\begin{aligned}\psi = {} & 50'',412\,t + 2^\circ 47' 57'',02 \\ & + 3^\circ,830058 \sin(50'',412\,t + 85^\circ 33' 57'',5) \\ & - 6^\circ,617772 \cos 32'',1158\,t - 1^\circ,581516 \sin 13'',9464\,t,\end{aligned}$$

$$\begin{aligned}\omega = {} & 23^\circ 8' 32'',5 - 1^\circ,636884 \cos(58'',412\,t + 85^\circ 33' 57'',5) \\ & + 0^\circ,457443 \cos 13'',9464\,t - 2^\circ,561724 \sin 32'',1158\,t,\end{aligned}$$

$$\begin{aligned}\psi' = {} & 50'',412\,t - 1^\circ,285407 \sin 13'',9464\,t \\ & + 5^\circ,598342 \sin^2 16'',0579\,t,\end{aligned}$$

$$\begin{aligned}\omega' = {} & 23^\circ 28' 23'' - 0^\circ,929736 \sin 32'',1158\,t \\ & - 0^\circ,661788 \sin^2 6'',9732\,t.\end{aligned}$$

(*) Je saisis cette occasion pour rectifier une faute numérique qui m'était

J'y joins leurs valeurs et celles de α', développées en séries jusque dans les deux premières puissances de t, pour cette même forme de graduation ; j'y fais, par abréviation, $\omega_0 = 23^\circ 28' 23''$. On pourrait l'y remplacer par $23^\circ 28' 18''$ sans que les coefficients numériques de α' fussent sensiblement différents :

$$\begin{aligned}
\psi &= \quad + 50'',28761621\,t - 0'',000121793\,9\,t^2,\\
\psi' &= \quad + 50'',09913666\,t + 0'',000122148\,0\,t^2,\\
\omega &= \omega_0 \qquad\qquad\qquad\qquad + 0'',000009842\,32\,t^2,\\
\omega' &= \omega_0 - 0'',52114104\,t \quad - 0'',00000272294\,t^2,\\
\alpha' &= \quad + 0'',2054838\,t \quad - 0'',000265950\,0\,t^2.
\end{aligned}$$

Les éléments du mouvement de l'écliptique que ces formules supposent peuvent s'en déduire de deux manières : d'abord trigonométriquement et en nombres pour chaque époque assignée, puis analytiquement par des expressions approximatives restreintes aux deux premières puissances du temps t. Je suivrai d'abord la première voie, qui nous guidera dans la seconde.

113. J'emploie comme type de raisonnement la *fig.* 10, qui s'applique aux époques postérieures à 1750. Mais tous les résultats que nous en déduirons se transporteront aux époques antérieures que la *fig.* 11 représente, en changeant, dans les formules qui les exprimeront, $+t$ en $-t$ et $+n$ en $-n$. Il faut se rappeler que la lettre n désigne généralement l'angle E′NE que l'écliptique mobile forme avec l'écliptique fixe, angle dont la position s'intervertit relativement à cette dernière quand on passe de la *fig.* 10 à la *fig.* 11.

échappée, en rapportant ces mêmes expressions à la page 299 de mon ouvrage intitulé : *Recherches sur plusieurs points de l'astronomie égyptienne.* En extrayant de la *Mécanique céleste* l'expression de ω', j'avais omis de convertir en division sexagésimale le coefficient de son second terme qui affecte le carré du sinus d'un arc proportionnel au temps ; je l'avais, en conséquence, écrit $0^\circ,7353$, qui est sa valeur décimale, au lieu de la valeur convertie $0^\circ,66178$, qui est la véritable, et que je rapporte ici. Heureusement ce terme dépendant du carré du temps n'a qu'une influence secondaire aux époques que je considérais, et l'erreur de son appréciation devient surtout sans importance dans les applications que je voulais faire.

Prenant donc la *fig.* 10, j'y considère le triangle obliquangle N♈′♈″. On y connaît les deux angles intérieurs formés aux sommets ♈′, ♈″ : le premier est $180° - \omega$, le second ω' ; tous deux sont donnés par la théorie, d'après le temps t. On connaît, en outre, le côté ♈′♈″ ou α', auquel ces angles sont adjacents, car on a vu qu'il s'obtient, pour le temps t, par l'équation

$$(1) \qquad \tang \alpha' = \frac{\tang(\psi - \psi')}{\cos \omega}.$$

On a ainsi toutes les données nécessaires pour calculer les autres éléments du triangle, c'est-à-dire l'angle n opposé à α', et les deux côtés N♈′, N♈″, entre lesquels il est compris. Ce calcul répond au quatrième cas des triangles sphériques obliquangles de Legendre.

Je cherche d'abord l'angle n ; il est immédiatement déterminable par l'équation

$$\cos n = \sin \omega \sin \omega' \cos \alpha' + \cos \omega \cos \omega'.$$

Mais sa petitesse prévue ne permet pas de l'obtenir ainsi avec sûreté par son cosinus ; il faut donc recourir à la transformation dont nous avons déjà fait plusieurs fois usage dans des cas semblables. Remplacez d'abord $\cos \alpha'$ par son expression équivalente $1 - 2\sin^2 \frac{1}{2}\alpha'$, il en résultera

$$\cos n = \cos(\omega - \omega') - 2 \sin \omega \sin \omega' \sin^2 \tfrac{1}{2} \alpha'.$$

Faites maintenant subir une transformation semblable aux deux cosinus restants, et vous aurez alors définitivement

$$(2) \qquad \sin^2 \tfrac{1}{2} n = \sin^2 \tfrac{1}{2}(\omega - \omega') + \sin \omega \sin \omega' \sin^2 \tfrac{1}{2} \alpha'.$$

Cette équation du second degré donnera pour n deux valeurs égales entre elles, mais de signes contraires. On prendra la positive lorsque t sera positif, et la négative lorsque t sera négatif. La première s'adaptera aux *fig.* 10, la dernière aux *fig.* 11.

116. Après que l'angle n sera connu par cette relation, les deux côtés N♈′, N♈″, qui le comprennent, s'obtiendront par la proportionnalité qui a lieu, dans tout triangle sphérique, entre les sinus des angles et les sinus des côtés opposés; car on aura ainsi

$$(3)\qquad \sin N\Upsilon' = \frac{\sin \alpha'}{\sin n}\sin \omega', \qquad \sin N\Upsilon'' = \frac{\sin \alpha'}{\sin n}\sin \omega.$$

Ayant $N\Upsilon'$, ajoutez-y $\Upsilon\Upsilon'$, qui est ψ; la somme sera $N\Upsilon$. Désignez-la par $+L$, en faisant généralement

$$(4)\qquad L = N\Upsilon' + \psi;$$

L exprimera la distance angulaire du nœud N au point équinoxial Υ, mesurée sur l'écliptique fixe de 1750. Dans la *fig.* 10, que nous prenons pour type, elle se trouve portée à l'occident du point Υ, en sens contraire des longitudes stellaires. Puisque nous attribuons à L le signe $+$ pour ce cas de position relative, le signe $-$, s'il se présentait dans son expression, devrait être interprété comme désignant une relation de position contraire, c'est-à-dire comme plaçant le nœud N à l'orient du point Υ. C'est le cas de la *fig.* 11, et il est commun à toutes les époques qui précèdent 1750.

En général, le seul jeu des signes algébriques adaptera les résultats de ces formules à toutes les époques auxquelles on voudra les appliquer. Les opérations numériques s'effectueront toujours suivant une même marche, et l'on pourrait même se dispenser absolument d'en suivre ou d'en diriger l'application par des figures spéciales. Les nombres et les signes diront tout ce qu'on peut désirer de savoir.

117. Par exemple, considérons une époque postérieure à 1750 et assez éloignée pour que ψ se trouve y être moindre que ψ'. A en juger par les expressions développées de ces deux quantités, cela arrivera, comme nous l'avons reconnu, lorsque t positif surpassera 772 ou 773, et les conséquences manifestes de ce fait se voient dans la *fig.* 10 *ter*. Mais le calcul seul les indique avec la même fidélité, indépendamment de toute prévision graphique.

Premièrement, ψ et ψ' étant tous deux positifs, comme t, mais ψ moindre que ψ', $\psi - \psi'$ est négatif, et par suite α' le devient également. Or, dans la *fig.* 10, prise pour type, α' représente l'arc $\Upsilon'\Upsilon''$ qu'il faut retrancher des ascensions droites a', comptées du point équinoxial Υ', vers Q', pour les rapporter au point équinoxial vrai Υ'', comme origine, et les transformer en ascensions droites finales a'', comptées dans le même sens. C'est aussi ce que dit la formule générale

$$a'' = a' - \alpha',$$

que nous avons établie page 146, sur cette même figure, en y considérant α' comme positif. Si donc α' devient négatif, cela nous apprendra qu'il devient additif aux a', au lieu de soustractif, pour former les a'', ce qui devra lui attribuer aussi une relation de sens inverse autour de Υ', son origine propre, et le porter, non à l'orient, mais à l'occident de ce point. Toutes ces particularités se voient, en effet, réalisées dans la *fig.* 10 *ter*, construite pour ce cas spécial; mais elles se décèlent par le seul jeu des signes algébriques, indépendamment de son secours.

Dans ce même cas, t étant positif, n l'est ainsi par convention. Ainsi les arcs $N\Upsilon'$, $N\Upsilon''$ deviennent négatifs. Le premier se soustrait donc de ψ' positif pour former L dans l'expression générale

$$L = N\Upsilon' + \psi'.$$

C'est encore ce que réalise notre *fig.* 10 *ter*; mais $N\Upsilon'$, devenu ainsi négatif, se trouve toujours moindre que ψ', en sorte que L reste positif, c'est-à-dire que l'arc $N\Upsilon$ ou L, compté du point Υ sur l'écliptique fixe, conserve la même position relative qui lui était attribuée dans la figure type, et porte encore le nœud N à l'occident de ce point, comme il l'était alors. C'est, en effet, ce que montre la *fig.* 10 *ter*.

118. Prenons maintenant pour second exemple une époque antérieure à 1750; cela supposera t et n négatifs tous deux. Ce seul changement de signe nous donnera toutes les particularités propres à ce cas, représenté dans les *fig.* 11.

Premièrement, ψ et ψ' deviennent tous deux négatifs, comme t. La situation de ces arcs autour du point Υ, qui leur sert d'origine, s'intervertit donc, comparativement à ce qu'elle était dans la *fig.* 10. C'est, en effet, ce que l'on voit sur la *fig.* 11.

Par suite, $\psi - \psi'$ devient négatif, ce qui rend pareillement négatif α', représenté par $\Upsilon'\Upsilon''$ dans nos figures. La position de cet arc autour de son origine Υ' devient donc inverse de ce qu'elle était dans la figure type 10, c'est-à-dire qu'il est occidental à Υ' au lieu de lui être oriental. En conséquence il s'ajoute aux ascensions droites a' pour former les ascensions droites a'', au lieu de s'en retrancher, comme précédemment; c'est encore ce que l'on voit, *fig.* 11. Mais l'expression analytique de a'' en a', établie sur la figure type, découvrait également ce résultat, par la modification numérique que l'inversion de signe de α' y apportait.

Dans ce même cas de t négatif, les expressions des arcs $N\Upsilon'$, $N\Upsilon''$ restent positives, parce que n change de signe simultanément avec t. Ainsi, dans l'expression générale de L, l'arc ψ' seul devient négatif; le signe final que prendra cette expression pour la valeur donnée et negative de t décidera la position relative que prendra le nœud N autour du point Υ. S'il est positif, ce nœud se trouvera à l'occident de Υ, comme dans la figure type; ce sera le cas de la *fig.* 11. S'il est négatif, la situation du nœud N autour de Υ sera inverse: il se trouvera à l'orient de ce point; c'est le cas de la *fig.* 11 *bis*. Il en était ainsi au temps de l'empereur chinois Yao, vers 2357 ans avant l'ère chrétienne, ou 4107 ans avant 1750, comme je l'ai déjà annoncé.

119. Les formules (1), (2), (3), (4), que nous venons de préparer, me paraissent les plus directes et les plus commodes que l'on puisse employer pour appliquer les formules générales de Laplace à des époques très-distantes, par exemple à celles qu'atteignent les anciennes observations chinoises. On peut alors en faciliter l'emploi par les artifices de calculs très-simples que nous avons souvent employés, et ils se présenteront facilement au petit nombre de personnes qui voudraient les appliquer à cet usage.

120. Je viens maintenant aux développements analytiques. Tout se réduit à obtenir ceux des deux éléments déterminatifs n et L, en fonction du temps t, comme nous avons formé celui de α'. On y parvient très-aisément de la manière suivante, en admettant de même que ces développements devront être restreints aux termes qui contiennent les deux premières puissances t et t^2.

Prenant toujours comme type la *fig.* 10, construite pour le cas de t positif, j'y représente, de même que précédemment, l'arc N♈ ou ♈N par $+$L, en lui attribuant le signe positif quand il est situé, comme dans cette figure, à l'occident de ♈. Considérant alors le triangle N♈'♈'', le côté N♈' aura pour expression analytique $L-\psi$; et, puisque l'on y connaît les deux angles ω', $180^\circ-\omega$, avec le côté adjacent ♈♈' ou α', la valeur de $L-\psi$ se déterminera directement, en fonction de ces données, par la formule suivante, qui se tire du quatrième cas des triangles obliquangles de Legendre, en y introduisant les expressions des angles intérieurs de notre *fig.* 10 :

$$\operatorname{tang}(L-\psi)=\frac{\sin\alpha'\sin\omega'}{\cos\omega'\sin\omega-\cos\omega\sin\omega'\cos\alpha'}.$$

Mais la proportionnalité des sinus des angles aux sinus des côtés opposés donne encore le côté N♈' ou $L-\psi$ par une relation d'une autre forme, qui est

$$\sin(L-\psi)=\frac{\sin\alpha'\sin\omega'}{\sin n},\quad \text{d'où}\quad \sin n\sin(L-\psi)=\sin\alpha'\sin\omega'.$$

Remplacez le produit $\sin\alpha'\sin\omega'$, dans la première, par sa valeur tirée de celle-ci, vous aurez $\sin n\cos(L-\psi)$ linéairement; comme vous avez déjà $\sin n\sin(L-\psi)$, ce sera

$$\sin n\cos(L-\psi)=\cos\omega'\sin\omega-\cos\omega\sin\omega'\cos\alpha'.$$

Faites, par abréviation,

$$\sin n\sin(L-\psi)=A,\qquad \sin n\cos(L-\psi)=B.$$

Vous aurez, en développant les premiers membres,

$$\sin n\sin L\cos\psi-\sin n\cos L\sin\psi=A,$$
$$\sin n\cos L\cos\psi+\sin n\sin L\sin\psi=B.$$

Formez $A\cos\psi+B\sin\psi$, vous aurez $\sin n\sin L$ isolément; formez ensuite $-A\sin\psi+B\cos\psi$, vous aurez $\sin n\cos L$; remplacez alors A et B par leurs valeurs, puis écrivez $1-2\sin^2\tfrac{1}{2}\alpha'$, au lieu de $\cos\alpha'$, vous trouverez définitivement :

$$
\begin{aligned}
(5)\quad \sin n \sin \mathrm{L} &= \sin(\omega - \omega')\sin\psi + \sin\alpha' \sin\omega' \cos\psi \\
&\quad + 2\cos\omega \sin\omega' \sin\psi \sin^2 \tfrac{1}{2}\alpha', \\
(6)\quad \sin n \cos \mathrm{L} &= \sin(\omega - \omega')\cos\psi - \sin\alpha' \sin\omega' \sin\psi \\
&\quad + 2\cos\omega \sin\omega' \cos\psi \sin^2 \tfrac{1}{2}\alpha'.
\end{aligned}
$$

Les seconds membres sont composés de quantités toutes calculables, quand t est donné. Supposez ce calcul effectué. En divisant la première équation par la seconde, $\sin n$ disparaîtra, et vous aurez $\operatorname{tang}\mathrm{L}$, d'où vous déduirez L ; celui-ci étant connu, vous obtiendrez $\sin n$, puis n par l'une ou l'autre des deux équations. $\operatorname{Tang}\mathrm{L}$ admet pour L deux valeurs, dont la forme relative est L et $180° + \mathrm{L}$. Mais l'indétermination se lèvera en choisissant toujours celle dont le sinus et le cosinus, substitués dans les deux équations, s'accordent à donner $\sin n$ de même signe que t ; conséquemment, positif pour les époques postérieures à 1750, *fig.* 10 ; négatif pour les antérieures, *fig.* 11. Ou bien encore, on arrivera aux mêmes résultats en interprétant les valeurs positives ou négatives de $\operatorname{tang}\mathrm{L}$, par des arcs de mêmes signes, toujours moindres qu'un quadrant du cercle, portant les positifs, sur l'écliptique fixe, à l'occident de ♈, les négatifs à l'orient de ce point. Au reste, il ne s'en présentera de cette dernière sorte que dans les applications qui remonteraient jusque vers deux mille ans avant l'ère chrétienne, ou au delà.

121. Les expressions auxquelles nous venons de parvenir sont rigoureuses ; mais il va nous être facile de les restreindre aux seuls termes des seconds membres qui ne contiennent que les deux puissances du temps t. Cette restriction n'a pas seulement pour but de les assimiler aux développements déjà obtenus de ψ, ψ', ω, ω' ; elle nous fournira, en outre, une vérification très-utile de ces développements mêmes, comme je le dirai dans un moment.

Pour cela, je remarque d'abord que ψ, ψ', $\omega - \omega'$ et α' sont par eux-mêmes de l'ordre t. Cela est évident pour les trois premières quantités, d'après leur forme, soit complète, soit développée, suivant les puissances de t. Quant à α', cela résulte de ce qu'il est donné par l'équation

$$\tang \alpha' = \frac{\tang(\psi - \psi')}{\cos \omega}.$$

En conséquence, ne voulant conserver que les termes qui contiennent les deux premières puissances de t, on pourra, on devra même remplacer $\sin \psi$, $\sin \psi'$, $\sin(\omega - \omega')$, $\sin \alpha'$, $\tang \alpha'$, $\sin \frac{1}{2}\alpha'$, respectivement par $\frac{\psi}{R''}$, $\frac{\psi'}{R''}$, $\frac{\omega - \omega'}{R''}$, $\frac{\alpha'}{R''}$, $\frac{1}{2}\frac{\alpha'}{R''}$, R'' étant le rayon du cercle plié en arc et exprimé en secondes de degrés d'une graduation identique. On remarquera, en outre, que l'angle ω ne commence à différer de ω_0 que dans les termes de l'ordre t^2; d'où il suit qu'on devra le remplacer par ω_0 dans tous les termes de nos expressions, où il est associé par son sinus ou son cosinus à des facteurs qui sont déjà de l'ordre t. Par exemple, dans cet ordre d'approximation, l'expression de $\tang \alpha'$ devra être restreinte à

$$\alpha' = \frac{(\psi - \psi')}{\cos \omega_0};$$

enfin, dans les produits où $\sin \omega'$ entre isolément comme facteur, on décomposera l'angle ω' en $\omega_0 - (\omega_0 - \omega')$, ce qui donnera d'abord rigoureusement

$$\sin \omega' = \sin \omega_0 - \cos \omega_0 \sin(\omega_0 - \omega') - 2 \sin \omega_0 \sin^2 \tfrac{1}{2}(\omega_0 - \omega'),$$

et, entre les limites de notre approximation,

$$\sin \omega' = \sin \omega_0 - \cos \omega_0 \frac{(\omega_0 - \omega')}{R''} - \tfrac{1}{2} \sin \omega_0 \left(\frac{\omega_0 - \omega'}{R''}\right)^2.$$

Mais, comme dans tous les produits dont $\sin \omega'$ fait partie, il se trouve associé à des facteurs qui sont déjà de l'ordre t, le troisième terme du second membre devra être supprimé, parce qu'il en donnerait de l'ordre t^3.

Ces préparatifs étant faits, je considère d'abord l'expression de $\sin n \sin L$.

Son premier terme $+ \sin(\omega - \omega') \sin \psi$ a ses deux facteurs de l'ordre t; il devra être réduit à

$$+\frac{(\omega_0-\omega')\psi}{R''^2}.$$

Dans le deuxième $+\sin\alpha'\sin\omega'\cos\psi$, $\sin\alpha'$ est déjà de l'ordre t. Il faut donc y remplacer $\cos\psi$ par $+1$, et $\sin\omega'$ par les deux premiers termes de l'expression formée tout à l'heure. Ce produit, ainsi restreint, se change donc en

$$+\frac{(\psi-\psi')}{R''}\tang\omega_0-\frac{(\omega_0-\omega')(\psi-\psi')}{R''^2}.$$

Le terme suivant, ayant pour facteur $\sin\psi\sin^2\frac{1}{2}\alpha'$, est par lui-même de l'ordre t^3 et doit être supprimé dans notre approximation. Rassemblant donc les deux premiers, ψ disparaît de la portion divisée par R''^2, et l'on a, en définitive,

$$(5)\qquad \sin n\sin L=\frac{(\psi-\psi')}{R''}\tang\omega_0+\frac{(\omega_0-\omega')\psi'}{R''^2}.$$

Il ne reste plus qu'à introduire dans le second membre les valeurs de $\psi-\psi'$ et de $\omega_0-\omega'$, tirées des développements que nous avons formés, puis d'effectuer les opérations indiquées, en ne conservant dans les produits obtenus que les seuls termes qui contiennent t ou t^2.

Je traite maintenant de la même manière l'expression de $\sin n\cos L$.

Dans son premier terme $+\sin(\omega-\omega')\cos\psi$, le facteur $\sin(\omega-\omega')$ est de l'ordre t. Il faut donc y remplacer $\cos\psi$ par l'unité, dont il ne diffère que par des quantités de l'ordre t^2; alors ce terme se réduit à

$$+\frac{(\omega-\omega')}{R''}.$$

Ici il ne faut pas omettre de conserver dans ω le terme en t^2 qui n'est pas atténué par des facteurs de l'ordre t.

Les deux termes suivants de $\sin n\cos L$ contiennent chacun deux facteurs qui sont déjà individuellement de l'ordre t. Il faudra donc y restreindre les autres aux portions de leurs valeurs, qui sont indépendantes de t; alors ils formeront en somme

$$-\frac{(\psi-\psi')\psi}{R''^2}\tang\omega_0+\frac{1}{2}\frac{(\psi-\psi')^2}{R''^2}\tang\omega_0,$$

ou, en réduisant,

$$-\frac{1}{2}\frac{(\psi+\psi')(\psi-\psi')}{R''^2}\tang\omega_0;$$

ce qui donnera, en définitive,

$$(6)\qquad \sin n\cos L=\frac{(\omega-\omega')}{R''}-\frac{1}{2}\frac{(\psi+\psi')(\psi-\psi')}{R''^2}\tang\omega_0.$$

Il ne reste plus qu'à effectuer les opérations numériques indiquées, en les restreignant aux termes en t et t^2.

122. Pour faire ce calcul avec les développements de ψ, ψ', ω et ω' rapportés plus haut, il faut employer la valeur de R'' propre à la graduation sexagésimale dont le logarithme tabulaire est 5,3144251, en le bornant aux sept premières décimales, comme on le pratique habituellement. Mais, en outre, $\sin n$ se trouvant être de l'ordre t, on doit, dans le même système d'approximation, le remplacer par $\frac{n}{R''}$. Cela fait disparaître un des facteurs $\frac{1}{R''}$ des deux membres de chaque équation comme leur étant commun. L'angle n s'y présente exprimé en secondes de degré, et l'on a

$$(5)\qquad n\sin L=(\psi-\psi')\tang\omega_0+\frac{(\omega_0-\omega')\psi'}{R''},$$

$$(6)\qquad n\cos L=\omega-\omega'-\frac{1}{2}\frac{(\psi+\psi')(\psi-\psi')}{R''}\tang\omega_0.$$

Il ne reste plus qu'à remplacer, dans les seconds membres, les quantités littérales par leurs valeurs numériques tirées des développements de ψ, ψ', ω, ω', rapportés plus haut, en ne prenant de chacune de ces valeurs que les portions qui, substituées, peuvent donner des termes contenant la première ou la deuxième puissance du temps t. On obtiendra ainsi les produits $n\sin L$, $n\cos L$, sous la forme $gt + kt^2$, $g't + k't^2$. Or c'est précisément sous cette forme restreinte qu'on les conclut immédiatement du calcul des inégalités séculaires produites par les attractions des planètes, pour les introduire dans les expressions approchées de ψ, ψ', ω, ω'. Donc, lorsque ces dernières sont numériquement données dans un travail théorique sur la précession, si l'on en extrait les valeurs de $n \sin L$ et de $n \cos L$, par les équations (5) et (6), en n'y conservant que les deux premières puissances du temps t, on devra retrouver ainsi leurs quatre coefficients identiquement tels que la théorie des attractions planétaires les avait fournis, du moins lorsqu'ils auront été introduits dans les développements de ψ, ψ', ω, ω' par un calcul numérique exact, et que les nombres résultants n'auront pas été ultérieurement modifiés, soit pour les mieux adapter aux observations, soit pour les envelopper empiriquement dans des formes périodiques d'une application plus étendue. Car, si l'on prend ces développements sous leur forme littérale, et qu'on leur applique les équations (5) et (6) avec les restrictions qu'elles supposent, les expressions primitives de $n \sin L$ et de $n \cos L$ en ressortent sous cette même forme, comme devait le faire prévoir la légitimité des raisonnements que nous avons employés pour les établir.

123. Lorsque l'on traite ainsi les développements numériques tirés des formules générales de Laplace, et que j'ai rapportés plus haut, on trouve

$$(5) \qquad n \sin L = +\, 0'',08184\,787\, t + 0'',00002\,06461\,2\, t^2,$$

$$(6) \qquad n \cos L = +\, 0'',52114\,104\, t - 0'',00000\,735196\, t^2.$$

Ces nombres diffèrent quelque peu de ceux que Laplace avait fait calculer par Bouvard, d'après les valeurs imparfaitement connues des masses des planètes, et qui sont énoncés en mesures décimales au chap. XVI, livre VI de la *Mécanique céleste*, page 157, comme ayant servi à former les expressions générales de ψ, ψ', ω, ω' que j'ai rapportées plus haut. Il n'y a d'identité complète que pour le coefficient de t dans $n \cos L$, lequel, étant égal à celui du même ordre de $\omega - \omega'$, représente, pour l'époque de 1750, la diminution *annuelle* de l'obliquité de l'écliptique telle que Laplace l'admettait. On peut présumer que ces différences résultent en partie des mutations que Laplace a fait subir aux développements primitifs pour les concentrer sous les formes périodiques qu'il leur a données. En effet, quoique les phénomènes qu'ils sont destinés à représenter soient eux-mêmes physiquement périodiques, comme on le conclut de la nature des causes mécaniques qui les produisent, l'analyse mathématique n'en obtient jusqu'à présent l'expression que par des séries qui procèdent suivant les puissances du temps à partir d'une époque choisie pour terme de départ. Or les formules de Laplace ne sont que ces mêmes séries changées en expressions périodiques compatibles avec la nature physique des phénomènes considérés, et numériquement équivalentes dans l'intervalle de temps que les termes calculés peuvent embrasser avec une exactitude suffisante. Il est donc concevable que ces termes se trouvent quelque peu modifiés quand on les dérive de ces transmutations par une déduction rigoureuse. Quoiqu'il y ait, sans doute, une sorte d'empirisme dans l'extension d'application que la transformation opérée ainsi par Laplace leur a donnée, néanmoins les formules résultantes, obtenues par ce procédé, se sont trouvé très-bien reproduire toutes les observations les plus anciennes auxquelles on a pu les comparer. C'est pourquoi j'ai cru devoir conserver ici les expressions (5) et (6) telles qu'elles en dérivent numériquement; sauf à donner plus tard, comme je le ferai, celles qu'on peut conclure aujourd'hui des notions supposées moins inexactes que l'on possède, sur les masses des planètes et sur les variations séculaires de leurs éléments. Adoptant donc provisoirement ces expressions (5) et (6) comme offrant, si l'on veut, une sorte de représentation expérimentale des mouvements de l'écliptique, je vais développer les notions qu'elles en donnent pour les temps antérieurs et postérieurs à l'époque de 1750, qui nous sert de point de départ.

124. Si l'on divise ces équations membre à membre, n disparaît d'une part, et un des facteurs t de l'autre; alors on en tire

$$\text{tang}\, L = + \frac{0,08184\,787 + 0,00002\,06461\,2\,t}{0,52114\,104 - 0,00000\,735136\,t}.$$

Je supprime dans les coefficients numériques l'indice qui spécifiait les secondes de degré, parce qu'il devient inutile, étant commun aux deux termes du rapport.

Si, au contraire, on élève chaque membre des deux équations au carré, puis qu'on ajoute ces résultats ensemble, ce sera L qui disparaîtra, et l'on aura isolément n^2. De là on tirera n, en extrayant la racine carrée algébrique de la somme ainsi formée, ce qui se fera en y appliquant la formule du binôme pour les puissances fractionnaires; mais il faudra pousser cette extraction jusqu'aux termes de l'ordre t^3, pour que les valeurs numériques que l'on en déduira s'accordent suffisamment, dans les applications, avec celles qu'on tirerait des équations (5) et (6) en y introduisant les valeurs de L conclues de tang L. A cet effet, je prends, par abréviation, $n \sin L$ et $n \cos L$ sous les formes littérales

$$n \sin L = gt + kt^2, \qquad n \cos L = g't + k't^2;$$

et en opérant comme je viens de le dire, je trouve

$$n = (g^2 + g'^2)^{\frac{1}{2}} t + \frac{(g'k' + gk)}{(g^2 + g'^2)^{\frac{1}{2}}} t^2 + \frac{1}{2} \frac{(g'k - gk')^2}{(g^2 + g'^2)^{\frac{3}{2}}} t^3, \ldots$$

Il ne reste plus qu'à remplacer les symboles littéraux par leurs valeurs numériques, exprimées ici, comme primitivement, en secondes de degré, et l'on obtient l'expression suivante, au-dessus de laquelle je place les logarithmes de chacun de ses coefficients, afin que l'on puisse aisément l'appliquer aux valeurs données de t:

$$\begin{array}{ccc} [\bar{1},7222464] & [\bar{6},6084653] & [\overline{10},6430856] \end{array}$$
$$n = +0'',527529\,t - 0'',0000040596\,2\,t^2 + 0'',000000000439628\,t^3.$$

Entre les limites de temps auxquelles ces expressions de tang L et de n peuvent être appliquées sans sortir des conditions d'approximation d'où elles sont déduites, elles confirment tous les résultats généraux que j'ai annoncés.

123. Je considère d'abord le développement de n, parce que sa forme le rend immédiatement applicable, sans ambiguïté, aux valeurs données de t. Pour toute l'étendue qu'elles peuvent embrasser dans les applications effectives, et même fort au delà encore, il donnera n de même signe que t, conséquemment négatif pour les époques antérieures à 1750, positif pour les postérieures. Ceci est conforme à nos conventions fondamentales. On voit, en outre, par le signe du terme en t^2, qu'à égale distance de 1750, les valeurs négatives de n seront numériquement un peu plus grandes que les positives.

126. La valeur de l'arc L conclu de sa tangente admet une double interprétation; l'alternative devra se décider, par la condition que sin L et cos L, introduits dans les équations (5) et (6), y fassent résulter n de même signe que t. Or, pour toutes les valeurs de t auxquelles les applications peuvent légitimement s'étendre, on obtiendra constamment cet accord en prenant toujours l'arc L moindre que 90°, et lui donnant le signe de tang L. Les valeurs positives de L se porteront en construction à l'occident de l'origine fixe ♈, les négatives à l'orient de ce point.

127. Plaçons-nous tout d'abord aux limites extrêmes de ces dernières, en faisant $t = -4107$, ce que j'ai dit convenir à l'époque de l'empereur chinois Yao; cette valeur de t donnera

$$L = -0°18'22'', \qquad n = -0°37'44''.$$

La valeur de n est conclue des équations (5) et (6), combinées avec la valeur de L. Le développement de n donne 1'' de plus, ce qui montre qu'il ne présentera plus de différence appréciable pour des valeurs négatives de t moindres. L étant négatif se construit à l'orient de ♈, comme on le voit, *fig.* 11 *bis*. C'est le résultat que j'ai annoncé page 135.

En effectuant le calcul de L et de n par la méthode rigoureuse exposée page 173, avec les éléments de la précession exprimés sous les formes périodiques que Laplace leur a données, on trouve

$$L = -0°58'25'', \qquad n = -0°37'39''.$$

La valeur de n est presque la même que par les développements approximatifs; mais la valeur de L est sensiblement différente, quoique de même signe; elle met le nœud N un peu plus à l'orient de ♈. On peut aisément comprendre que, pour de si petites inclinaisons du plan mobile sur le plan fixe auquel on le rapporte, la détermination du nœud est particulièrement susceptible d'incertitude. Au reste, c'est par une transformation empirique des développements donnés par l'analyse que les expressions périodiques de Laplace ont été obtenues, et c'est seulement par une extension analogique qu'on peut tenter de les appliquer à de si grandes distances de temps. Toutefois l'accord constant qu'elles présentent avec les traditions astronomiques de ces époques anciennes, et même avec les rares observations qu'on en peut retrouver, prouvent qu'elles méritent plus de confiance qu'on n'aurait osé l'espérer pour des cas pareils, et que les résultats qu'on en tire ne doivent pas s'écarter beaucoup de la vérité.

La valeur de t restant négative, mais devenant moindre dans ce sens que nous ne l'avons tout à l'heure supposée, le nœud N de la *fig.* 11 *bis* se rapproche de l'origine fixe ♈, et il arrive en coïncidence avec elle lorsque le numérateur de tang L, devenant nul, fait évanouir l'arc L. La valeur de t doit donc être alors

$$t = -\frac{0,0818487}{0,000020646 12},$$

ce qui donne

$$\log t = 3,5981690 -, \qquad t = -3964\tfrac{1}{2}.$$

Ainsi, *selon ce calcul*, la coïncidence dont il s'agit aurait eu lieu 3964 ans *avant* 1750, ou 2214 ans avant l'ère chrétienne. La valeur de l'inclinaison n, pour ce cas, est immédiatement donnée par l'équation (6), puisque cos L est alors égal à $+1$; et en la calculant avec le logarithme de t que je viens de rapporter, on trouve

$$n = -0^{\circ}36'21'',5.$$

A des époques moins anciennes, les valeurs négatives de t étant moindres, tang L devient positif, et le nœud N passe à l'occident de ♈, comme le montre la *fig.* 11. Il continue à s'éloigner de ce point dans le même sens à mesure que t négatif diminue, et l'inclinaison n décroît simultanément en restant aussi de même signe. Enfin, t devenant nul, ce qui nous ramène à 1750, n s'évanouit;

mais non pas L, car l'expression de tang L se trouve seulement réduite à sa portion indépendante de t, laquelle donne

$$\tang L_0 = + \frac{0,08184\,787}{0,52114\,104},$$

d'où l'on tire

$$L_0 = + 8^\circ 55' 32'',5.$$

C'est la distance N♈ de nos *fig.* 10 et 11, par laquelle le nœud N passe lorsqu'il devient d'ascendant descendant, au moment où l'angle n s'évanouit. On voit qu'il est alors à l'occident de ♈, comme je l'ai annoncé page 136, en attribuant à L cette même valeur. La formule qui la donne devient ici tout à fait exacte, puisque l'on rend tout à fait nulle la variable t, suivant laquelle sont ordonnés les développements dont elle résulte.

t devenant positif, nous entrons dans les époques postérieures à 1750. A mesure que sa valeur augmente dans ce sens, l'inclinaison n, qui avait été négative jusqu'alors, recommence à croître en devenant positive. Simultanément le nœud N, devenu descendant, comme la *fig.* 10 le montre, s'éloigne de plus en plus de l'origine ♈ vers l'occident. Si l'on suppose, par exemple, ainsi, $t = + 4000$, ce qui dépasse toutes les prévisions auxquelles ces formules puissent être légitimement appliquées, elles donnent

$$L = + 18^\circ 29' 22'',5, \qquad n = + 0^\circ 34' 34''.$$

Ce dernier cas, joint aux précédents, complète la démonstration des déplacements de l'écliptique mobile, dans toute l'amplitude des temps que les applications peuvent embrasser.

128. On peut désirer d'avoir L développé explicitement en série suivant les puissances de t, comme nous avons obtenu n. Pour y parvenir, je représente généralement L par $L_0 + x$, L_0 désignant sa valeur quand t est évanouissant, et x étant une quantité de signe quelconque, développable suivant les puissances ascendantes de t. Ceci convenu, je substitue, comme précédemment, des lettres aux divers coefficients numériques qui entrent dans tang L, c'est-à-dire que je fais

$$\tang L_0 = \frac{g}{g'}, \qquad \tang L = \frac{g + kt}{g' + k't};$$

alors, puisque x doit être $L - L_0$ par supposition, j'ai, en formant l'expression de sa tangente,

$$\tang x = \frac{\tang L - \tang L_0}{1 + \tang L \tang L_0};$$

et, en remplaçant les éléments du second membre par leurs expressions littérales, j'obtiens, après quelques réductions faciles,

$$\tang x = \frac{(g'k - gk')t}{g^2 + g'^2 + (g'k' + gk)t}.$$

La valeur de x peut être développée en une série très-rapidement convergente. Pour cela, calculez les deux quantités auxiliaires

$$m = \frac{g'k - gk'}{g^2 + g'^2}, \qquad \mu = \frac{g'k' + gk}{g^2 + g'^2},$$

ce qui donnera

$$\tang x = \frac{mt}{1 + \mu t}:$$

alors, si l'on veut étendre l'opération aux trois premières puissances de t, comme $\tang x$ est de l'ordre t, il faudra prendre

$$\frac{x}{R''} = \tang x - \tfrac{1}{3} \tang^3 x;$$

et, en développant l'expression de $\tang x$ suivant les puissances ascendantes de t par la division, on aura

$$x = mR''t - m\mu R''t^2 + mR''(\mu^2 - \tfrac{1}{3}m^2)t^3.$$

Il ne faut plus que remplacer les symboles littéraux par leurs valeurs numériques jointes à leurs signes propres, puis ajouter x à L_0, pour compléter L. Employant donc ainsi celles que nous avons tirées plus haut des formules de Laplace, on trouvera pour L l'expression suivante, au-dessus de laquelle j'écris les logarithmes des coefficients numériques, pour qu'on puisse aisément l'appliquer:

$$\qquad [0{,}9253594] \qquad\qquad [\bar{5}{,}8115978] \qquad\qquad\qquad [\bar{9}{,}6210369]$$
$$L = L_0 + 8'',420918\,t + 0'',00006\,48034\,t^2 - 0'',00000\,00046\,78659\,t^3.$$

Il faut se rappeler que l'on a

$$L_0 = 8^{\circ}55'32'',5.$$

Pour éprouver la portée de ce développement, prenons

$$\log t = 3,5981690 -, \qquad t = -3964\tfrac{1}{3}.$$

Nous avons reconnu que cette valeur de t fait évanouir L, et met le point ♈″ en coïncidence avec ♈; or, en effectuant le calcul avec son logarithme, on trouve

$$L = L_0 - 33383'',23 + 1018'',44 - 260'',34 = L_0 - 32104'',45,$$

ou enfin

$$L = 8^{\circ}55'32'',5 - 8^{\circ}55'4'',45 = +0^{\circ}0'28'',03.$$

Ainsi, à cette grande distance de temps, les termes du développement qui ont été négligés ne produisent qu'une différence totale de 28″,05. De là on peut conclure avec assurance que, pour des valeurs de t moindres, c'est-à-dire pour des époques moins éloignées de 1750, les valeurs de L déduites de l'approximation précédente n'offriront plus que des différences négligeables avec celles que donnerait l'expression exacte de tang L. En effet, si l'on suppose, par exemple, $t = 100$, ces deux modes d'évaluation diffèrent seulement de 0″,0026, et pour des intervalles de cet ordre, où la précision devient nécessaire, on l'obtient plus aisément par la série que par le calcul direct.

129. Je vais maintenant effectuer deux autres déterminations, qui nous seront ultérieurement utiles. La première est de l'arc N♈″, qui, dans nos constructions, mesure sur l'écliptique mobile la distance du nœud N au point équinoxial actuel ♈″, propre à chaque époque. Prenant pour type de raisonnement la *fig.* 10 relative aux époques postérieures à 1750, je désigne cet arc N♈″ par + L″, comme j'ai déjà désigné, sur l'écliptique fixe, son analogue N♈ par L; et, de même aussi, je lui attribue le caractère positif quand il se trouve situé à l'occident de ♈, comme notre *fig.* 10 le montre. Ceci convenu, du point ♈″ je mène l'arc de grand cercle ♈″P″, perpendiculaire à l'écliptique fixe. ♈P″ sera ψ' par définition, et, puisque N♈ est L, NP″ sera $L - \psi'$; alors, dans le triangle rectangle N ♈″ P″ ainsi formé, l'arc N ♈″ ou L″ est hypoténuse, et l'angle en N est l'inclinaison de l'écliptique mobile sur l'écliptique fixe, que nous avons nommée *n*. Ces circonstances rentrent dans le cinquième cas des triangles sphériques rectangles de Legendre, et, en l'y appliquant, on aura

$$\text{tang}\, L'' = \frac{\text{tang}(L - \psi')}{\cos n}.$$

D'après cette relation, si l'angle *n* était tout à fait nul, L″ serait égal à $L - \psi'$; mais, puisque *n* est fort petit, $L'' - (L - \psi')$ doit être une fort petite quantité. Profitant de cette remarque, je forme l'expression de sa tangente en fonction des deux arcs qui la composent, ce qui donne

$$\text{tang}[L'' - (L - \psi')] = \frac{\text{tang}\, L'' - \text{tang}(L - \psi')}{1 + \text{tang}\, L''\, \text{tang}(L - \psi')}.$$

Je remplace alors tang L″ dans le second membre par sa valeur tout à l'heure obtenue; et, après quelques réductions faciles, je trouve

$$\text{tang}[L'' - (L - \psi')] = \frac{\sin^2 \tfrac{1}{2} n \sin 2(L - \psi')}{1 - 2\sin^2 \tfrac{1}{2} n \cos^2 (L - \psi')}.$$

L'excessive petitesse de l'angle *n* dans les applications auxquelles ces formules sont destinées, permet d'y négliger tous les termes qui ont pour facteurs des puissances de sin *n* supérieures aux deux premières, lorsqu'ils ne sont pas, d'ailleurs, occasionnellement agrandis par de très-petits diviseurs. Conformément à cette règle, que l'on suit dans toute la partie analytique de la théorie actuelle, on doit supprimer ici, au dénominateur du second membre de notre équation, le terme qui est multiplié par $\sin^2 \tfrac{1}{2} n$; et, par le même principe, on peut, aux numérateurs des deux membres, remplacer $\text{tang}[L'' - (L - \psi')]$, ainsi que $\sin^2 \tfrac{1}{2} n$, par les rapports $\frac{[L'' - (L - \psi')]}{R''}$, $\frac{1}{4}\frac{n^2}{R''^2}$. Usant donc de cette faculté, puis dégageant L″, on a enfin

$$L'' = L - \psi' + \frac{1}{4}\frac{n^2}{R''} \sin 2(L - \psi').$$

En calculant les valeurs du terme correctif par les formules complètes pour diverses époques anciennes, j'ai obtenu les résultats contenus dans le tableau suivant :

DÉSIGNATION des époques.	ANNÉES antérieures à l'ère chrétienne.	VALEURS de t.	VALEURS de ψ' calculées.	VALEURS de L calculées.	VALEURS de n calculées.	VALEURS du terme $\frac{1}{2}\frac{n^2}{R''}\sin 2(L-\psi')$
Yao	2357	−4107	−56°.35′.58″	−0°.58′.25″	−0°.37′.38″,7	+ 5″,76
Tcheou-Kong.	1100	−2850	−39.23.32	+2.10.19	−0.25.44,5	+ 2,8[illegible]
Ptolémée Philadephe	275	−2025	−28. 2.11	+4.16.19	−0.18. 7,6	+ 1,3[illegible]

On voit combien le terme correctif, dépendant de n^2, est faible dans toutes ces applications. Sa valeur décroît à mesure qu'on se rapproche de 1750, suivant un rapport un peu plus rapide que celui des t^2 ; mais elle converge vers ce rapport, et finit par s'y accorder quand on néglige les puissances de t supérieures à celle-là. En effet, n est par lui-même de l'ordre t, ainsi que ψ'. Si l'on veut s'arrêter à cette limite d'approximation, il faut faire ψ' nul sous le signe sinus. Notre terme correctif devient alors

$$\frac{1}{2}\frac{n^2 \sin L \cos L}{R''}, \quad \text{ou} \quad \frac{1}{2}\frac{n \sin L \,.\, n \cos L}{R''}.$$

Ainsi restreints, ses facteurs variables se trouvent être les deux termes de $n \sin L$ et de $n \cos L$, qui sont de l'ordre t ; il est donc lui-même de l'ordre t^2.

J'ai annoncé que la théorie de l'attraction donne directement l'expression de ces produits sous la forme générale

$$n \sin L = gt + kt^2, \qquad n \cos L = g't + k't^2,$$

les quatre coefficients des puissances du temps ayant des valeurs numériques qui dépendent des masses des planètes, de la forme des orbites qu'elles décrivent, et des positions actuelles que ces orbites occupent relativement au plan de l'orbe terrestre, que la résultante de leurs actions met en mouvement. Si l'on suppose ces coefficients, ainsi que l'angle n, exprimés en secondes de degré, le terme qui s'ajoute à $-\psi'$ dans la valeur de L″ aura pour expression théorique

$$+\tfrac{1}{2}\frac{gg'}{R''}t^2;$$

et, si on le calcule d'après les nombres que nous avons extraits des formules de Laplace, il en résultera

$$\begin{aligned} L'' &= L - \psi' + \tfrac{1}{2}.\frac{0'',081445 . 0'',52114}{R''}t^2 \\ &= L - \psi' + 0'',00000\,02068\,t^2. \end{aligned}$$

D'après cette évaluation approximative, il ne produirait que 3″,3088, à 4000 ans de distance, avant ou après 1750. Il sera donc toujours négligeable comparativement aux incertitudes que comportent les observations des temps antérieurs auxquelles on pourrait l'appliquer; toutefois il ne faut pas oublier que cela est dû à sa faiblesse numérique propre, puisque son expression analytique le range parmi ceux que l'on conserve généralement.

Ainsi, en résumé, faisant, comme nous en sommes convenus dans notre *fig.* 10,

$$N\Upsilon = L,$$

on aura, par une conséquence rigoureuse,

$$N\Upsilon' = L - \psi,$$

et, jusqu'aux deuxièmes puissances du temps inclusivement,

$$L'' \quad \text{ou} \quad N\Upsilon'' = L - \psi' + \tfrac{1}{2}\frac{gg'}{R''}t^2,$$

le terme additif à $-\psi'$ dans la dernière égalité étant toujours négligeable dans les applications.

150. L'autre détermination que je vais effectuer a pour objet d'obtenir la latitude ainsi que la longitude de l'équinoxe fixe Υ, rapportées à l'écliptique mobile NE′ et à l'équinoxe mobile Υ''

comme origine. Pour cela, prenant toujours comme type la *fig.* 10, je mène du point ♈ l'arc de grand cercle ♈P perpendiculaire à l'écliptique NE'. ♈P sera la latitude mobile de ♈, je la nomme Π''; et ♈''P sera sa longitude mobile, que je nomme ψ''. Ces coordonnées sont inverses de ♈''E'' et ♈P'', que nous avons nommées Π' et ψ' dans les pages 143 et 144 de la section précédente, où elles nous servaient alors pour définir la position du point mobile ♈'' relativement à l'écliptique fixe NE et à l'équinoxe fixe ♈.

Dans le triangle rectangle N♈P ainsi formé, l'hypoténuse N♈ est L, et l'angle en N est n. Donc, en désignant le côté NP par A'', nous aurons, par le troisième cas des triangles sphériques rectangles de Legendre,

$$\operatorname{tang} A'' = \operatorname{tang} L \cos n, \qquad \sin \Pi'' = \sin L \sin n.$$

La première de ces équations montre que A'' diffère très-peu de L. Je forme donc la tangente de la différence $A'' - L$, qui est

$$\operatorname{tang}(A'' - L) = \frac{\operatorname{tang} A'' - \operatorname{tang} L}{1 + \operatorname{tang} A'' \operatorname{tang} L};$$

et, en remplaçant tang A'' par sa valeur en tang L dans le second membre, je trouve, après quelques réductions faciles,

$$\operatorname{tang}(A'' - L) = -\frac{\sin^2 \frac{1}{2} n \sin 2L}{1 - 2 \sin^2 \frac{1}{2} n \sin^2 L}.$$

La forme du second membre est analogue à celle que nous a présentée le paragraphe précédent ; ainsi, en lui appliquant un mode de raisonnement pareil, nous en tirerons de la même manière

$$A'' = L - \frac{1}{4} \frac{n^2}{R''} \sin 2L.$$

Prenant alors la différence $A'' - L''$, ce sera NP — N♈'' ou ψ'', c'est-à-dire la longitude mobile cherchée du point fixe ♈, comptée du point ♈'' sur l'écliptique actuelle. On aura ainsi

$$\psi'' = \psi' - \frac{1}{4} \frac{n^2}{R''} \sin \psi' \cos (2L - \psi').$$

Si l'on calcule ici le terme correctif pour les trois époques anciennes que nous avons tout à l'heure considérées, en y employant les mêmes données numériques, on trouve toutes ses valeurs encore plus petites que celles qui complétaient L — ψ′ dans l'expression de L″. Leur infériorité relative devient plus marquée à mesure qu'on se rapproche de 1750, et la valeur absolue de ce terme s'y éteint plus rapidement. Cela se pouvait aisément prévoir d'après sa composition analytique : en effet, n^2 étant par lui-même de l'ordre t^2, et ψ′ de l'ordre t, on voit que ce terme est de l'ordre t^3, de sorte qu'il doit être traité comme négligeable dans les approximations où l'on n'embrasse que les deux premières puissances du temps. On voit donc que, dans toutes les applications, même les plus distantes que l'on puisse se proposer, l'arc ♈″P ou ψ″, compté sur l'écliptique mobile à partir du point équinoxial actuel ♈″, pourra, entre des limites d'erreur toujours négligeables, être employé comme égal à ♈P″ ou ψ′, qui se compte sur l'écliptique primitive de 1750, à partir de l'équinoxe fixe ♈. C'est ce que j'ai annoncé, page 143, n° 98, quand nous avons introduit ψ′ par sa définition rigoureuse : mais cette égalité n'aura lieu que par une tolérance numérique, et non pas théoriquement, comme on le suppose d'ordinaire ; car la différence que nous trouvons ici entre ψ″ et ψ′ est *analytiquement* de l'ordre n^2, c'est-à-dire de l'ordre des termes que l'on embrasse dans les approximations générales quand on établit les formules théoriques, de sorte qu'on ne doit pas l'y supprimer à priori.

Section IV. — *Discussion de quelques particularités des formules habituellement employées par les géomètres et les astronomes pour définir les positions successives de l'écliptique mobile dans la théorie de la précession.*

151. En exposant la théorie analytique de la précession dans le livre V de la *Mécanique céleste*, Laplace, aux pages 313 et 319 du tome III, s'appuie sur un type de construction qu'il ne fait qu'énoncer, et qui diffère, dans ses détails conventionnels, de nos *fig.* 10 et 11, quoiqu'il leur soit équivalent pour les conséquences qu'on en déduit lorsqu'elles sont exactement interprétées. Ce même type a été depuis adopté par Bessel dans les *Fundamenta Astronomiæ*, ainsi que par Poisson dans son Mémoire sur les *mouvements de la terre autour de son centre de gravité*, inséré au tome VII de la collection de l'Académie des Sciences, mais pareillement sur de simples énoncés, sans l'assistance de figures graphiques. Comme on pourrait éprouver quelque embarras pour rattacher ce mode de construction à celui dont j'ai fait usage, et apercevoir l'identité des résultats qui s'en déduisent, je l'établis graphiquement ici dans la *fig.* 12, et je vais montrer par quelles mutations de signes les formules qu'on en tire se raccordent avec celles que nous avons obtenues.

Les éléments géométriques de cette *fig.* 12 sont les mêmes que ceux de nos *fig.* 10 et 11; ils sont aussi désignés par les mêmes lettres. Seulement, au lieu d'en représenter la disposition relative pour les époques antérieures ou postérieures à 1750, par deux types distincts, comme nous l'avons fait alors, on la comprend, pour ces deux cas, dans une même construction, établie analytiquement pour le cas de $1750 + t$, t étant positif; et l'on y définit invariablement la situation de l'écliptique mobile par la position de son nœud *ascendant* N sur l'écliptique de 1750 supposée fixe, en quelque point de cette dernière que ce nœud aille se placer, pour les valeurs positives ou négatives de t. Adoptant donc ce mode de désignation conventionnel dans notre *fig.* 12, nous nommerons $+L$ la distance angulaire ♈N du nœud ascendant N à l'origine fixe ♈, comptée sur l'écliptique de 1750, dans le sens des longitudes, et continûment comme elles depuis 0° jusqu'à 360°, en sorte que la lettre L représentera toujours la longitude actuelle de ce nœud. Alors les seules grandeurs occasionnelles de l'arc L suffiront à reproduire toute la diversité d'apparences retracées dans nos *fig.* 10 et 11; mais elles le feront, en donnant au nœud N des changements de position brusques qui pourraient surprendre si l'on n'en avait pas prévu la nécessité. C'est pourquoi je vais les indiquer à l'avance, en me guidant sur le mode de déplacement progressif de l'écliptique dans le ciel, tel que nous l'avons déjà reconnu.

132. D'abord, pour les époques antérieures à 1750, si nous commençons par considérer les plus anciennes auxquelles les applications puissent légitimement s'étendre, l'arc + L ou ♈N de notre *fig.* 12 aura une valeur peu différente de 0°, laquelle, étant portée à l'orient du point fixe ♈, comme on doit toujours le faire pour construire une longitude, redonnera notre *fig.* 11 *bis*. A des époques moins anciennes, L deviendra nul, puis il passera soudainement à des valeurs peu différentes de 360°, lesquelles, étant construites, redonneront les phases successives de notre *fig.* 11. Enfin, quand le temps t, toujours négatif, deviendra nul, l'arc L se trouvera être $360° - 8°55'32'',5$; et ce sera la limite de ses valeurs pour ce signe de t.

Dans toute cette période des applications antérieures à 1750, le nœud *ascendant* N de l'écliptique mobile se présente toujours peu distant de l'origine fixe ♈; mais, aux époques postérieures à 1750, c'est le nœud *descendant* qui le remplace près de cette origine, comme le montre notre *fig.* 10. En conséquence, lorsqu'on emploiera la construction générale de la *fig.* 12 au passage de t du négatif au positif, l'arc + L, toujours attaché par convention au nœud ascendant, s'accroîtra brusquement d'une demi-circonférence; c'est-à-dire qu'en supprimant la circonférence complète, sa valeur *à l'orient* de ♈ sera $180° - 8°55'32'',5$. Elle placera ainsi le nœud descendant, comme le représente notre *fig.* 10. Ces variations brusques de L s'opèrent en effet, comme on va le voir, dans les formules construites sur le type général de la *fig.* 12, et elles la raccordent ainsi avec nos *fig.* 10 et 11 par la seule interprétation des expressions analytiques. Mais la continuité du déplacement de l'écliptique mobile, des deux côtés de l'écliptique fixe, est rendue bien plus manifestement évidente, par l'opposition du sens de l'inclinaison n, dans nos *fig.* 10 et 11. C'est pourquoi je les ai préférées pour exposer les phases physiques de ce déplacement.

133. Il ne me reste qu'à justifier tout ce que je viens de dire, en établissant ici les formules qui se déduisent de la *fig.* 12. Elles s'obtiennent exactement par la même marche que nous avons appliquée à la *fig.* 10. L'angle ω_0 est toujours l'obliquité moyenne de l'équateur sur l'écliptique en 1750, que je supposerai encore être 23°28′23″, pour conserver l'identité numérique des résultats. Les angles ω, ω' sont donnés théoriquement par les expressions que j'ai rapportées. Si de l'équinoxe mobile Υ'' on mène l'arc de grand cercle $\Upsilon''P''$ perpendiculaire à l'écliptique de 1750, l'arc $\Upsilon\Upsilon'$ est ψ, et $\Upsilon P''$ est ψ', deux quantités données aussi par la théorie. L'arc $\Upsilon'\Upsilon''$ est le mouvement du point équinoxial en ascension droite que nous avons nommé α', et l'on a encore sa valeur, comme dans la page 168, par l'équation

$$\text{(1)} \qquad \tang \alpha' = \frac{\tang(\psi - \psi')}{\cos\omega};$$

d'où l'on tire, avec une approximation toujours suffisante,

$$\alpha' = \frac{(\psi - \psi')}{\cos\omega}.$$

Toutes les valeurs de ω, ω', ψ, ψ', α' s'obtiennent, en fonction du temps t, par les expressions, soit complètes, soit développées en série, dont nous avons fait usage précédemment.

134. La détermination de l'arc ΥN ou L, dans sa nouvelle acception, se tire également du triangle $\Upsilon'N\Upsilon''$, mais en y attribuant aux angles intérieurs leurs valeurs actuelles, qui sont ici n, ω et $180° - \omega'$. Ces deux derniers sont donnés, et le premier pourra s'évaluer directement par la formule

$$\cos n = \cos\alpha' \sin\omega \sin\omega' + \cos\omega \cos\omega',$$

qui se change avantageusement pour le calcul en

$$\sin^2 \tfrac{1}{2} n = \sin^2 \tfrac{1}{2} (\omega - \omega') + \sin \omega \sin \omega' \sin^2 \tfrac{1}{2} \alpha'. \tag{2}$$

C'est la même que nous avons trouvée page 168, et que nous avons également nommée (2). Mais alors nous donnions aux deux signes de n des applications conventionnelles distinctes, au lieu qu'ici nous devrons toujours prendre et employer la seule valeur positive de n, qui s'applique à notre type général de la *fig.* 12, et s'adaptera toujours au même nœud ascendant N.

135. Je transporte pareillement aux autres parties du triangle $N\Upsilon'\Upsilon''$ de cette figure les opérations subséquentes que nous avons faites, pages 172 et 173, sur son analogue de la *fig.* 10. Dans notre notation actuelle, le côté $N\Upsilon'$ est $L + \psi$; ses relations avec les angles intérieurs et avec le côté $\Upsilon'\Upsilon''$ ou α' fournissent les deux équations suivantes :

$$\operatorname{tang}(L + \psi) = \frac{\sin \alpha' \sin \omega'}{-\cos \omega' \sin \omega + \cos \omega \sin \omega' \cos \alpha'},$$

$$\sin n \sin (L + \psi) = \sin \alpha' \sin \omega';$$

et la deuxième, combinée avec la première, se change en

$$\sin n \cos (L + \psi) = -\cos \omega' \sin \omega + \cos \omega \sin \omega' \cos \alpha'.$$

En développant $\sin(L + \psi)$ et $\cos(L + \psi)$ dans leurs éléments simples, on tirera de là, par l'élimination, les expressions de $\sin n \sin L$ et de $\sin n \cos L$ sous forme linéaire. Le procédé est exactement le même que nous avons employé page 172. Si, en outre, on remplace $\cos \alpha'$ par $1 - 2\sin^2 \frac{1}{2}\alpha'$, on trouvera facilement

$$\left\{\begin{aligned} \sin n \sin L &= \sin(\omega - \omega') \sin \psi + \sin \alpha' \sin \omega' \cos \psi \\ &\quad + 2 \cos \omega \sin \omega' \sin \psi \sin^2 \tfrac{1}{2} \alpha', \end{aligned}\right. \tag{5}$$

$$\left\{\begin{aligned} -\sin n \cos L &= \sin(\omega - \omega') \cos \psi - \sin \alpha' \sin \omega' \sin \psi \\ &\quad + 2 \cos \omega \sin \omega' \cos \psi \sin^2 \tfrac{1}{2} \alpha'. \end{aligned}\right. \tag{6}$$

Ces deux équations correspondent à celles que j'ai désignées par des nombres pareils, en les formant sur la *fig.* 10, dans la page 173. Elles n'en diffèrent qu'en ce que l'expression de $\sin n \cos L$ a pris ici un signe opposé à celui qu'elle avait alors. Cette inversion résulte de ce que la lettre L, qui représentait l'arc ♈N de la *fig.* 10, représente maintenant son supplément oriental $180° - L$, dans la *fig.* 12, l'angle n étant supposé positif dans les deux cas. Cela intervertit, par conséquent, le signe de $\cos L$, sans changer celui de $\sin L$. Il en arrive autrement lorsque l'on veut considérer les époques antérieures à 1750, ce qui rend t négatif dans les deux systèmes. Dans ce cas, en passant de la *fig.* 10 à la *fig.* 11, on intervertit le signe de n, ce qui rend négatifs les deux premiers membres des équations (5) et (6) de la page 173, qui s'y rapportent. Mais alors la lettre L de ces équations y représente l'arc ♈G de la *fig.* 11, lequel équivaut à l'arc $360° - L$ de nos formules actuelles. Par conséquent, pour l'y introduire avec cette nouvelle acception, il faut intervertir le signe de son sinus, sans changer celui de son cosinus; et, en outre, il faut intervertir le signe négatif attribué à l'angle n dans la *fig.* 11. Alors on retombe encore sur celles que nous venons de former.

136. Les seconds membres de celles-ci étant d'ailleurs identiques à ceux des premières, ils subiront des réductions pareillement identiques, si l'on veut les borner à ceux de leurs termes qui contiennent seulement les deux premières puissances du temps t. Ainsi, pour ce cas de restriction, on aura de même

$$(5) \qquad n \sin L = (\psi - \psi') \operatorname{tang} \omega_0 + \frac{(\omega_0 - \omega')\psi'}{R''},$$

$$(6) \qquad -n \cos L = \omega - \omega' - \tfrac{1}{2}\frac{(\psi + \psi')(\psi - \psi')}{R''} \operatorname{tang} \omega_0;$$

et, en substituant dans les seconds membres les valeurs numériques des quantités qui les composent, telles qu'on les obtient par le développement en série des formules de Laplace, on trouvera, par analogie avec la page 177,

$$(5) \qquad n \sin L = +\, 0'',08184\,787\, t + 0'',00002\,06461\,2\, t^2,$$

$$(6) \qquad -n \cos L = +\, 0'',52114\,104\, t + 0'',00000\,735196\, t^2.$$

ce qui donnera généralement

$$\tang L = -\frac{0'',0818\,4787 + 0'',00002064612\,t}{0,52114104 - 0,00000\,735196\,t}.$$

Dans cette nouvelle disposition des formules, la valeur numérique de tang L pourra toujours, comme dans la précédente, s'attribuer analytiquement à deux arcs distincts, dont les formes relatives seront A et 180° + A. Mais, pour être fidèle aux conditions ici posées, il faudra prendre toujours celui des deux dont la grandeur sera telle, que son sinus et son cosinus, étant introduits, dans les équations (5) et (6), avec leur signe propre, s'accordent à y donner n positif, puisqu'on veut toujours que L représente la longitude actuelle du *nœud ascendant* N, pour lequel n a été pris avec ce signe dans la figure type 12. En s'astreignant à ces règles d'interprétation pour les diverses phases positives et négatives des valeurs de t que nous avons considérées pages 180 et suiv., on verra le nœud ascendant de l'écliptique mobile subir, dans sa longitude L, des changements brusques dont la construction reproduira la continuité des mouvements de ce plan autour de l'écliptique fixe, tels qu'ils ont été établis plus haut sur les *fig.* 10 et 11.

137. Je vais présenter un exemple qui donnera la preuve générale de ce fait, dans toute l'étendue de temps que les applications peuvent embrasser. Pour cela, je cherche d'abord quelle devra être la valeur de L lorsque $t = 0$; et, en la désignant par L_0, j'ai, comme expression de sa tangente,

$$\tang L_0 = -\frac{0,0818\,4787}{0,52114\,104}.$$

C'est, au signe près, la même que nous avons trouvée page 182. Mais alors la liberté que nous avions conservée de changer de nœud nous permettait d'admettre une interprétation unique, celle d'un arc moindre que 90°, et occidental à ♈. Ici, au contraire, l'identité conventionnelle du nœud auquel L_0 doit s'appliquer nous oblige à discuter la convenance actuelle des deux arcs par lesquels tang L_0 peut s'interpréter, et qui sont

$$L_0 = 180° - 8°55'32'',5, \qquad L_0 = 360° - 8°55'32'',5.$$

On demande lequel il faut choisir. Pour ce cas spécial, l'alternative ne peut plus être décidée par la condition de donner à n le signe positif; car, n devenant nul simultanément avec t, les deux équations (5) et (6) se trouveront toujours vérifiées par cette association, quelle que soit celle des deux valeurs de L_0 qu'on y introduise.

Pour sortir de ce pas, je suppose que l'on donne au temps t une valeur quelconque positive ou négative, mais peu considérable. Alors, si l'on a bien choisi L_0, L devra pouvoir être représenté par $L_0 - x$, x étant une quantité de signe quelconque, mais de même ordre de petitesse que t, pour que t décroissant jusqu'à s'évanouir, en restant de même signe, L reprenne la valeur initiale L_0 qu'on lui a supposée. Ceci convenu, je substitue par abréviation des lettres aux coefficients numériques qui entrent dans tang L; c'est-à-dire qu'en transportant ici les symboles déjà employés plus haut, avec la seule précaution d'intervertir le signe de ceux qui se rapportent à cos L, je fais

$$\operatorname{tang} L_0 = -\frac{g}{g'}, \qquad \operatorname{tang} L = -\frac{g + kt}{g' + k't}.$$

Ces équations sont tout à fait analogues à celles que nous avons traitées pages 182 et 183. Je les combine donc de la même manière, et j'en tire ainsi

$$\operatorname{tang} x = \frac{(g'k - gk')t}{g^2 + g'^2 + (g'k' + gk)t}.$$

C'est exactement la même expression de tang x que nous avons obtenue à l'endroit cité. Elle donnera donc le même développement numérique de x en t, lorsqu'on y remplacera les symboles littéraux par leurs valeurs propres. Je n'en prendrai que les deux premiers termes, qui suffiront pour les époques voisines de 1750, que nous voulons spécialement considérer, et il ne restera qu'à les associer, avec le signe négatif, à chacune des deux valeurs de L_0, pour former L. Ainsi, en définitive, lorsque le temps t, compté de 1750, ne sera pas absolument nul, mais aura seulement des valeurs positives ou négatives assez restreintes pour que la succession continue des valeurs de L puisse être explicitement exprimée par un développement pareil, avec une suffisante approximation, les deux arcs comportés par l'interprétation analytique de tang L auront l'une ou l'autre des formes suivantes :

$$L = 180^{\circ} - 8^{\circ}55'32'',5 - 8'',420918\,t - 0'',0000648034\,t^2,$$
$$L = 360^{\circ} - 8^{\circ}55'32'',5 - 8'',420918\,t - 0'',0000648034\,t^2.$$

138. Cela posé, je dis que, si t est positif, il faudra employer la première de ces solutions; et, s'il est négatif, il faudra employer la deuxième.

En effet, supposons d'abord t positif, en le bornant, d'ailleurs, aux limites restreintes que l'approximation embrasse pour ce signe de t, c'est-à-dire postérieurement à 1750. Dans tous ces cas, la première expression de L donnera sin L positif et cos L négatif. Or, dans ces mêmes circonstances, les équations (5) et (6) donneront le produit n sin L positif et le produit n cos L négatif. Donc, en y substituant les valeurs de sin L et cos L ci-dessus spécifiées, n résultera positif de l'une et de l'autre, comme l'exige la convention adoptée, d'appliquer toujours l'angle n au nœud ascendant N de la *fig.* 12. L'autre solution, au contraire, répugnerait à cette même convention; car, donnant sin L négatif et cos L positif pour les valeurs positives de t que nous considérons ici, elle ferait résulter n négatif des équations (5) et (6), prises sous leur forme actuelle.

Mais elle convient au cas de t négatif. En effet, prenons d'abord la valeur de t, dans ce sens, assez restreinte pour que la somme des deux termes, où elle entre dans la deuxième expression de L, n'anéantisse pas totalement la quantité négative $-L_0$, qui s'y trouve associée à 360°. Pour tous les cas pareils, cette expression donnera encore sin L négatif, et cos L positif. Or, avec t négatif et restreint comme nous le supposons, les équations (5) et (6) donnent le produit n sin L négatif, et le produit n cos L positif. La substitution des valeurs de sin L et cos L qui viennent d'être spécifiées fera donc résulter n positif de l'une et de l'autre, conformément à nos conventions actuelles. Par conséquent, cette solution est celle qui doit être employée lorsque t négatif a les valeurs restreintes que nous lui avons supposées; car l'autre solution donnerait n négatif si l'on y appliquait ces mêmes valeurs.

La conclusion se trouve être encore la même lorsque l'on étend t négatif au delà de ces limites; car alors, à la vérité, la quantité associée à 360° dans la seconde expression de L acquiert des valeurs positives qui, étant toujours bien moindres qu'un quadrant du cercle dans les applications possibles, rendent à la fois positives les valeurs de sin L et cos L qui y correspondent. Mais, quand ces mêmes valeurs négatives de t sont introduites dans nos équations (5) et (6) actuelles, elles font dominer le terme qui dépend de t^2 dans l'expression de n sin L, ce qui rend ce produit positif; et, au contraire, elles laissent dominer dans $-n$ cos L le terme qui dépend de la première puissance de t, lequel, étant alors négatif, rend n cos L positif comme n sin L. Les valeurs de L tirées de la seconde solution s'y adaptent donc encore, puisqu'elles donnent n positif, et peuvent seules le donner tel pour ces valeurs négatives de t.

139. D'après cette discussion, lorsqu'on veut définir la position de l'écliptique mobile par la longitude de son nœud ascendant sur l'écliptique, pour toutes les valeurs tant positives que négatives de t, comme l'ont fait généralement les géomètres et les astronomes qui se sont occupés de la précession, il faut, ainsi que je l'ai annoncé et que l'on vient de le voir, faire alterner l'emploi des deux valeurs de L qui se concluent de tang L; appliquant la première que nous avons écrite aux cas de t positif, et la seconde aux cas de t négatif. Le mode conventionnel que j'ai adopté plus haut m'a semblé préférable, comme devant exposer à moins de méprises. Pour montrer que cette considération n'est pas sans fondement, il me suffira d'un seul exemple. Dans son grand et remarquable ouvrage intitulé : *Fundamenta Astronomiæ*, Bessel a présenté les formules de la précession conformément à la construction supposée dans la *Mécanique céleste*, construction reproduite dans notre *fig.* 12, et sur laquelle nos nouvelles équations (5) et (6) sont établies. Mais, en rapportant l'expression approchée de L pour 1750 + t, page 297, il ne donne que celle des deux solutions qui convient aux cas de t positif, sans avertir le lecteur qu'elle ne serait pas applicable aux cas de t négatif, c'est-à-dire aux époques antérieures à 1750, distinction qui pourrait bien occasionnellement échapper aux personnes qui auraient à faire de pareilles applications.

Une omission du même genre, mais plus aisée à suppléer par son évidence, se remarque dans l'expression que Bessel donne du développement de n en t. En effet, nos nouvelles équations (5) et (6) de la page 194 ne différant des premières trouvées page 177 que par l'inversion de signe que le premier membre de la deuxième, $n \cos L$, a subie, la somme de leurs carrés donnera la même valeur de n^2, et, par suite, le même développement de n, lequel, étant affecté du double signe que l'extraction de la racine carrée comporte, sera

$$n = \pm(0'',527529\,t - 0'',00000\,405962\,t^2 + 0'',00000\,00004\,39628\,t^3).$$

Or, dans le premier type de construction que nous avons employé, nous avons pu, et même nous avons dû donner au second membre de cette expression le seul signe +, puisque n devait suivre le signe de t par convention. Mais, dans le type employé par Laplace, et adopté par Bessel, voulant que n résulte toujours positif quel que soit t, il faut attribuer au second membre le signe + quand t est positif, et le signe — quand t est négatif, distinction que l'auteur des *Fundamenta* a négligé d'indiquer (*).

140. Je développerai encore ici quelques remarques, qui portent sur des points de théorie, et que j'ai seulement indiquées plus

---

(*) Dans le passage des *Fundamenta*, auquel je fais allusion, l'inclinaison des deux écliptiques que j'ai nommée n est appelée π, et la longitude du nœud ascendant de l'écliptique mobile sur l'écliptique fixe est appelée Π, au lieu de L que j'ai employée pour la désigner. Les coefficients numériques de ces deux expressions diffèrent quelque peu de ceux que j'ai rapportés, parce que Bessel a fait subir de légers changements aux nombres assignés par Laplace pour les valeurs de ψ, ψ', ω et ω'. Mais il a inséré d'abord les développements de celles-ci mêmes, à la page 285, et l'on peut constater qu'ils s'accordent avec ceux que j'ai présentés ici d'après les calculs que j'en avais personnellement effectués.

haut pour ne pas interrompre la série des raisonnements que j'avais à présenter.

La première est relative à un Mémoire de Poisson sur les mouvements de la terre autour de son centre de gravité, qui est inséré au tome VII de la Collection de l'Académie des Sciences. La section III de ce Mémoire, qui s'ouvre à la page 242, a pour objet d'exposer les formules de la précession, en portant les approximations jusqu'aux deux premières puissances du temps t, compté de 1750. Dans le cours de son analyse, pages 248 et 251, l'auteur représente les produits que j'ai appelés ici $n \sin L$ et $n \cos L$, par des expressions de cette forme

$$n \sin L = gt + kt^2, \qquad n \cos L = g't + k't^2,$$

où g, g', k, k' désignent des coefficients constants qui dépendent des masses des planètes, ainsi que des positions et des configurations de leurs orbites. Puis, formant les expressions analytiques de ψ, ω, ψ', ω', il montre comment ces coefficients y entrent associés à d'autres quantités déterminables. A la page 254, il rapporte leurs valeurs en nombres obtenues par Bouvard; et, complétant les autres déterminations numériques de ses formules, il donne enfin, pages 254 et 256, les quatre développements qui en résultent pour ψ, ω, ψ', ω', jusque dans les deux premières puissances du temps t, où s'arrêtent ses évaluations. Or, si l'on tire de ces développements les quantités littérales qui composent les seconds membres de nos équations (5) et (6) de la page 194, et qu'on les y introduise, en s'arrêtant aux deux premières puissances du temps t, on devrait retrouver les valeurs des produits $n \sin L$, $-n \cos L$, que ces seconds membres expriment dans cette limite d'approximation. Ils devraient donc en ressortir ainsi tous deux, avec les mêmes coefficients numériques g, k, g', k', qu'on leur a primitivement attribués, et dont on a employé les valeurs pour calculer ψ, ω, ψ', ω'. Mais c'est ce qui n'a pas lieu, et il faut en conclure qu'il a dû être commis des erreurs dans la réduction des formules algébriques en nombres. Il s'en est glissé de plus regrettables encore dans l'impression des formules littérales elles-mêmes, qui ne sont pas toujours conformes aux raisonnements de l'auteur (*).

141. Je joindrai ici quelque éclaircissement sur un passage de la *Mécanique céleste*, qui se rapporte au même sujet. Il se trouve au tome II, page 319, n° **7**. Le raisonnement est établi sur notre *fig.* 12 comme type ; mais l'auteur ne la donne point, et faute de ce secours, sa réduction offre des obscurités d'autant plus embarrassantes, qu'elle s'applique à des évaluations approximatives dont elles pourraient faire suspecter l'exactitude, quoiqu'elles soient très-légitimes, dans les conditions auxquelles l'auteur borne ses calculs.

En adaptant à ses énoncés la notation employée dans notre *fig.* 12, il a déjà formé, pages 317 et 318, les expressions analytiques de l'angle ♈♈'♈'', que nous nommons ω, et de l'arc ♈♈', que nous nommons ψ. En outre, si nous désignons, comme précédemment, par L l'arc ♈N, longitude du nœud ascendant de l'écliptique mobile sur l'écliptique fixe, et par L'' l'arc ♈''N, longitude du même nœud sur l'écliptique mobile comptée de l'équinoxe variable ♈'', un calcul antérieur, établi page 315, a donné l'expression analytique du produit $\sin n \sin L''$, où n représente l'inclinaison mutuelle des deux écliptiques. Maintenant, du point ♈'' menez l'arc de grand cercle ♈''P'', perpendiculaire à l'écliptique fixe ♈'N. L'arc ♈P'' sera ce que nous nommons ψ', et Laplace lui donne aussi cette dénomination. Il cherche alors à former l'expression de ψ' en fonction des éléments précédemment établis. Tel est l'objet du n° **7**, page 319.

(*) Par exemple, à la page 251, n° **25**, les deux équations qui présentent ψ' successivement exprimé sous des formes différentes, doivent être écrites comme il suit :

La première,

$$\psi' = \psi - \lambda \sin(\psi + l) \cot \theta + \tfrac{1}{4}\lambda^2 \sin 2(\psi + l) \cot^2 \theta ;$$

la deuxième,

$$\psi' = (\zeta - g \cot h)t - \left[\frac{-3c_1 \zeta f)}{2(1+\omega)} + \frac{\zeta g'}{\sin 2h} - gg' \cot^2 h + k \cot h\right] t^2.$$

Nous obtiendrons plus loin ψ' sous une forme équivalente à celle-ci, pour la nature et le signe des termes qui la constituent.

A cet effet, nommons π'' l'arc $\Upsilon'' P''$. Si on le considère dans le triangle $\Upsilon'' P'' N$, lequel a $N\Upsilon''$ ou L'' pour hypoténuse, la proportionnalité des sinus des angles aux sinus des côtés opposés donnera

$$\sin \pi'' = \sin n \sin L''.$$

Mais on peut considérer aussi ce même arc $\Upsilon'' P''$ dans le triangle complémentaire $\Upsilon' \Upsilon'' P$, où il est opposé à l'angle ω. Alors le côté $\Upsilon' P''$ aura pour expression $\psi - \psi'$, et, par le troisième cas des triangles sphériques rectangles de Legendre, on aura ici

$$\tang \pi'' = \sin(\psi - \psi') \tang \omega.$$

La première de ces relations montre que π'' est du même ordre de petitesse que n. Par la deuxième, $\psi - \psi'$ est aussi de ce même ordre. Or, dans toute cette théorie, on néglige le cube du rapport $\left(\frac{n}{R''}\right)$. Conséquemment, dans cette limite d'approximation, nos deux équations donnent, pour π'', ces expressions équivalentes:

$$\pi'' = n \sin L'', \qquad \pi'' = (\psi - \psi') \tang \omega;$$

d'où l'on tire

$$\psi - \psi' = \frac{n \sin L''}{\tang \omega}, \qquad \text{et, par suite,} \qquad \psi' = \psi - \frac{n \sin L''}{\tang \omega}.$$

C'est le résultat de Laplace. On voit qu'il se déduit des conditions d'approximation antérieurement admises, sans leur ajouter aucune restriction nouvelle, ce que l'omission de la figure graphique ne laisse pas si évidemment apercevoir dans la rédaction de l'auteur. A cette occasion, je ferai remarquer, qu'encore bien que l'inclinaison n des deux écliptiques s'évanouisse avec le temps t, négliger le cube du rapport $\left(\frac{n}{R''}\right)$, comme on le fait dans cette théorie, n'est pas une condition qui oblige à y restreindre tous les développements, *en général*, aux deux premières puissances de t. Car, des quantités distinctes, qui s'évanouissent avec une même variable, peuvent prendre des grandeurs d'ordres très-divers pour les valeurs qu'on lui attribue. Ici, par exemple, l'angle n ne devant jamais s'élever jusqu'à 40′ de degré, dans les applications, c'est sur sa petitesse ainsi assurée que les développements se règlent, et non pas sur les puissances absolues du temps, qui, dans les expressions des autres éléments du problème, peuvent être occasionnellement bien plus influentes que sur l'angle n.

142. Je compléterai les considérations relatives à la *fig.* 12, en y déterminant l'expression du côté N♈″, que nous venons de nommer L″. Sa projection sur l'écliptique est NP″ ou $L + \psi'$, puisque nous avons désigné l'arc N♈ par L. Conséquemment, dans le triangle sphérique rectangle N♈″P″, on aura

$$\tang L'' = \frac{\tang(L + \psi')}{\cos n}.$$

D'après cette expression, l'excès de L″ sur $L + \psi'$ est de l'ordre $\left(\frac{n}{R''}\right)^2$. Je forme donc la tangente de la différence de ces deux arcs, qui est

$$\tang[L'' - (L + \psi')] = \frac{\tang L'' - \tang(L + \psi')}{1 + \tang L'' \tang(L + \psi')};$$

et, en remplaçant tang L″ par sa valeur précédente, j'obtiens, après quelques réductions faciles,

$$\tang[L'' - (L + \psi')] = \frac{\sin^2\frac{1}{2}n \sin 2(L + \psi')}{1 - 2\sin^2\frac{1}{2}n \cos^2(L + \psi')}.$$

Ce résultat est tout à fait analogue à celui que nous avons obtenu page 185, sur la *fig.* 10 prise comme type, en y cherchant l'expression du côté N♈″, correspondant à celui-ci. Les conséquences en seront aussi pareilles. Puisque le second membre de notre équation finale est ici de l'ordre $\left(\frac{n}{R''}\right)^2$, auquel toutes les approximations s'arrêtent, il faut négliger le terme du même ordre qui se trouve associé à l'unité au dénominateur, et appliquer ensuite des deux parts le rapport de proportionnalité des sinus, ainsi que des tangentes, aux arcs correspondants; on aura ainsi

$$L'' = L + \psi' + \frac{1}{4}\frac{n^2}{R''}\sin 2(L + \psi').$$

Analytiquement, le terme du second membre qui s'ajoute à $L + \psi'$ est de l'ordre de ceux que comprennent les conventions d'approximation adoptées. Mais, en lui appliquant les mêmes épreuves que nous avons fait subir, page 186, à son homologue de notre première notation, on verra de même qu'il sera toujours numériquement négligeable, de sorte que L'' pourra être remplacé par $L + \psi'$ dans la généralité des applications. Toutefois, ce sera là une équivalence *arithmétique* non analytique. Bessel n'a pas fait cette distinction dans ses *Fundamenta Astronomiæ*; car, à la page 286 de cet ouvrage, s'appuyant sur une construction qu'il ne fait que décrire, mais qui est identique à notre *fig.* 12, il établit les rapports des éléments du triangle $N\Upsilon'\Upsilon''$, sur la supposition que, l'arc ΥN étant désigné par π, le côté $N\Upsilon'$ est $\pi + \psi$, et le côté $N\Upsilon''$ par $N + \psi'$, ce qui n'est vrai qu'approximativement pour celui-ci, comme nous venons de le démontrer. La même identification est reproduite dans l'introduction des *Tabulæ Regiomontanæ*, page 4; et, dans les deux cas, elle est prise comme base pour établir les formules qui servent à transporter les coordonnées angulaires d'une époque à une autre. En l'admettant, on peut résoudre très-commodément le triangle $N\Upsilon'\Upsilon''$ de la *fig.* 12, par l'emploi des analogies de Néper, de même que l'on pourrait les appliquer, sous une restriction semblable, au triangle homologue de la *fig.* 10. C'est aussi ce qu'a fait Bessel. Mais, afin de montrer avec évidence comment cette restriction y intervient, j'établirai ces analogies sans la supposer. A cet effet, prenant d'abord pour données, dans la *fig.* 12, les deux angles intérieurs ω et $180° - \omega'$, qui sont opposés au sommet N, je désignerai généralement l'arc inconnu $N\Upsilon$ par L, ce qui donnera $N\Upsilon'$ égal à $L + \psi$. J'appellerai, en outre, le côté $\Upsilon'\Upsilon''$ α', comme nous l'avons fait constamment; mais, au lieu de supposer le troisième côté $N\Upsilon''$, ou L'', égal à $L + \psi'$, je le représenterai par $L + \psi' + x$, x étant une quantité inconnue très-petite de l'ordre du carré de l'angle n, comme nous l'avons tout à l'heure constaté. Alors les analogies de Néper, étant appliquées à ces éléments, fourniront les trois équations suivantes (*) :

$$\operatorname{tang}\tfrac{1}{2}n \sin\left[L + \tfrac{1}{2}(\psi + \psi' + x)\right] = \sin\tfrac{1}{2}(\psi - \psi' - x) \operatorname{tang}\tfrac{1}{2}(\omega' - \omega),$$
$$\operatorname{tang}\tfrac{1}{2}n \cos\left[L + \tfrac{1}{2}(\psi + \psi' + x)\right] = \cos\tfrac{1}{2}(\psi - \psi' - x) \operatorname{tang}\tfrac{1}{2}(\omega' - \omega),$$
$$\operatorname{tang}\tfrac{1}{2}\alpha' \cos\tfrac{1}{2}(\omega' + \omega) = \operatorname{tang}\tfrac{1}{2}(\psi - \psi' - x) \cos\tfrac{1}{2}(\omega' - \omega).$$

Elles ne résolvent le triangle et ne font connaître les trois éléments cherchés L, α', n, qu'autant que l'on y suppose x nul ou négligeable numériquement, puisqu'il est lui-même fonction de n et de L. C'est ce que Bessel a supposé, d'ailleurs, sans inconvénient numérique d'aucune importance. La troisième équation,

---

(*) Ces relations, entièrement composées de produits, sont d'un usage très-commode dans les cas auxquels on peut les appliquer, à cause de la facilité qu'elles présentent à être traitées par le calcul logarithmique. Ce fut pour ce but que Napier, l'inventeur de calcul, les chercha. Legendre les a placées à la fin des généralités relatives à la trigonométrie sphérique; mais il les a exposées sous la forme de proportions, où les inconnues sont spécifiées, ce qui ne laisse pas immédiatement apercevoir toutes les circonstances où elles peuvent servir. C'est pourquoi je vais les représenter ici sous la forme d'égalités, d'où l'on pourra déduire, par logarithmes, un terme quelconque, lorsque tous les autres seront donnés. Je conserve, d'ailleurs, la notation des éléments du triangle employée par Legendre, en sorte que A, B, C désignent ses trois angles, et a, b, c les arcs de grands cercles respectivement opposés à ces angles, qui constituent ses trois côtés. Ces conventions étant admises, voici les relations trouvées par Napier :

(1) $\operatorname{tang}\tfrac{1}{2}C \operatorname{tang}\tfrac{1}{2}(A - B) \sin\tfrac{1}{2}(a + b) = \sin\tfrac{1}{2}(a - b),$

(2) $\operatorname{tang}\tfrac{1}{2}C \operatorname{tang}\tfrac{1}{2}(A + B) \cos\tfrac{1}{2}(a + b) = \cos\tfrac{1}{2}(a - b),$

(3) $\operatorname{tang}\tfrac{1}{2}c \sin\tfrac{1}{2}(A - B) = \operatorname{tang}\tfrac{1}{2}(a + b) \sin\tfrac{1}{2}(A + B),$

(4) $\operatorname{tang}\tfrac{1}{2}c \cos\tfrac{1}{2}(A - B) = \operatorname{tang}\tfrac{1}{2}(a + b) \cos\tfrac{1}{2}(A + B).$

Prenons comme exemple le cas considéré dans le texte, en supposant x nul ; il se rapporte au triangle N♈'♈'' de la *fig.* 12. On y donne

$$A = 180^\circ - \omega' \quad \text{et} \quad B = \omega.$$

De là il résulte

$$\tfrac{1}{2}(A - B) = 90^\circ - \tfrac{1}{2}(\omega + \omega') \quad \text{et} \quad \tfrac{1}{2}(A + B) = 90^\circ - \tfrac{1}{2}(\omega' - \omega).$$

On n'y donne pas le côté a, qui est $L + \psi$; ni le côté b, que l'on suppose être $L + \psi'$. Mais, en soustrayant cette seconde expression de la première,

celle qui donne α', n'a pu être annexée par lui aux deux premières que pour compléter la symétrie de l'exposition; car il est bien plus simple de tirer le côté $\Upsilon'\Upsilon''$ ou α' du triangle rectangle $\Upsilon'\Upsilon''P''$, dont il est l'hypoténuse, en le calculant par son expression directe et rigoureuse

$$\tang \alpha' = \frac{\tang(\psi - \psi')}{\cos \omega},$$

laquelle résulte immédiatement de la définition sous laquelle l'arc ψ' est introduit dans la théorie analytique. Si j'ai cru devoir signaler cette légère inexactitude d'identification, qui ne peut avoir aucune conséquence sensible pour les calculs des astronomes, c'est à cause de la grande et juste autorité des ouvrages où elle se trouve, et d'où elle a passé ensuite, sans examen, dans plusieurs travaux astronomiques très-estimables, qui avaient pour but le perfectionnement même de la théorie, ainsi que la détermination de ses éléments les plus délicats.

143. Le même motif me dictera une autre remarque. Lorsque Bessel eut rassemblé cette immense collection des observations de Bradley, qu'il présenta aux astronomes toute calculée et réduite, avec des soins admirables, à l'époque moyenne du 1er janvier 1755, en l'appelant, à juste titre, *Fundamenta Astronomiæ*, les précieux documents comparés au catalogue publié par Piazzi pour l'année

---

la différence $a - b$ se trouve être égale à $\psi - \psi'$, qui est connue. Alors, en appliquant les deux premières analogies, leur combinaison fait connaître séparément $\tang \frac{1}{2}(a + b)$, qui est $\tang[L + \frac{1}{2}(\psi + \psi')]$, et ensuite $\tang \frac{1}{2} C$, qui est $\tang \frac{1}{2} n$. Si l'on veut que n résulte toujours positif, et que le sommet N appartienne toujours au nœud *ascendant* de l'écliptique mobile sur l'écliptique fixe, il faudra, dans chaque cas particulier, interpréter l'arc $L + \frac{1}{2}(\psi + \psi')$, qui s'obtient par sa tangente, de manière que cette constance du signe de n soit réalisée en ne lui donnant que des valeurs comprises entre $0°$ et $+90°$. Lorsque les côtés a, b sont ainsi connus individuellement, avec les angles A et B déjà donnés, la troisième analogie fait connaître le côté c, qui est α'. Ces conditions d'interprétation, étant fidèlement observées, conduisent, sans aucun doute, à des résultats exacts; mais on s'en exempte en attribuant la variation de signe à l'angle n, avant ou après l'époque fixe, et définissant le nœud N par son caractère continu de mouvement, comme je l'ai fait.

1800 lui firent reconnaître qu'il fallait augmenter quelque peu la valeur attribuée par Laplace au coefficient de la première puissance du temps dans l'expression de la précession ψ, mesurée, à partir du 1er janvier 1750, sur l'écliptique de cette époque considéré comme fixe, et qu'il convenait de le faire égal à 50",37572, au lieu de 50",28762, que Laplace avait supposé. En outre, d'autres considérations avaient indiqué qu'il fallait augmenter l'évaluation de la masse de Vénus que Laplace avait admise. Bessel voulut donc introduire les conséquences de cet accroissement dans les expressions de $n \sin L$ et de $n \cos L$, qui règlent les mouvements du plan de l'écliptique, pour les transporter de là dans les parties de ψ, ψ', ω et ω', dépendantes de ces quantités. Mais les formules de correction établies pour ce but, dans la *Mécanique céleste*, particulièrement au chap. VII du livre VI, ne s'appliquent explicitement qu'aux quantités qui doivent multiplier la première puissance du temps t dans $n \sin L$ et $n \cos L$; et l'on n'y trouve pas leurs analogues pour les termes de l'ordre t^2. Bessel se résigna donc à ne pas porter, dans ceux-ci, les rectifications correspondantes, espérant que cette omission n'aurait que des conséquences négligeables, ce dont il avertit lui-même à la page x de l'Introduction aux *Tabulæ Regiomontanæ*. Jusqu'à quel point, et dans quels cas, cette prévision est-elle fondée; c'est ce que va nous découvrir l'analyse suivante, qui aura aussi l'avantage de nous préparer des formules dont nous aurons ultérieurement un indispensable besoin pour des applications importantes. Je l'exposerai en suivant comme guide le Mémoire de Poisson, inséré au tome VII de l'Académie des Sciences, que j'ai déjà plusieurs fois mentionné avec les éloges qu'il mérite. Les résultats théoriques qu'on y trouve démontrés feront l'office d'autant de faits que je n'aurai qu'à en extraire.

144. Je prends pour type de raisonnement notre *fig.* 10, en conservant toutes les particularités de notation conventionnelles que nous y avons attachées. Je suppose que l'on compte le temps t en années juliennes de $365^j,25$, à partir d'une certaine époque connue, qui sera, si l'on veut, le 1er janvier 1750, comme dans la *Mécanique céleste*, mais qui pourrait être toute autre. Les formules établies au n° 28 du livre VI de la *Mécanique céleste* donneront, pour cette époque, les expressions de $n \sin L$ et de $n \cos L$, sous les formes suivantes, restreintes aux deux premières puissances de la variable t:

$$(1) \qquad n \sin L = gt + kt^2, \qquad n \cos L = g't + k't^2.$$

Les lettres g, k, g', k' désignent des coefficients numériques qui dépendent des masses attribuées aux planètes, des configurations de leurs orbites, et de la position des plans de ces orbites relativement à celui de l'écliptique mobile que la terre décrit. Dans la disposition présente du système planétaire, et pour toute l'étendue des temps antérieurs ou postérieurs que l'on peut avoir sujet de considérer en vue d'applications numériques, lorsque l'on construit l'angle n et l'arc L conformément aux conventions adoptées pour notre *fig.* 10, les coefficients g, k, g', se trouvent positifs, et k' négatif. Je les supposerai ici exprimés, de même que l'angle n, en secondes de degré de la graduation sexagésimale. Nous avons trouvé, page 177, les valeurs que les formules de Laplace leur attribuent, en prenant pour époque primordiale le 1er janvier 1750. Il sera bon d'avoir ces valeurs présentes à l'esprit, afin de se rappeler leurs relations de signes et leur petitesse absolue, qui deviendra, dans ce qui va suivre, un élément essentiel pour en limiter judicieusement l'emploi pratique. Il ne faut pas oublier non plus que les formes littérales sous lesquelles les produits $n \sin L$ et $n \cos L$ sont ici présentés, n'en offrent que des expressions approximatives qui embrassent seulement les deux premières puissances du rapport $\frac{n}{R''}$; de sorte que tous les développements ultérieurs où entrera l'angle n devront être restreints à cette même limite conventionnelle d'approximation.

148. Le mouvement de l'équateur terrestre, à partir de l'époque où t commence, se définit par les deux coordonnées variables ω et ψ. La première exprime son inclinaison, à l'instant t, sur l'écliptique de l'époque primitive pris pour plan fixe; la seconde exprime l'arc $\Upsilon\Upsilon'$, compris dans le même plan, à ce même instant t, entre son nœud descendant Υ' et le point équinoxial Υ de cette même époque. La distance $\Upsilon\Upsilon'$ ou ψ se trouve généralement occidentale à l'origine ♈ quand t est positif, comme le suppose notre *fig.* 10, et orientale quand t est négatif, comme le représente notre *fig.* 11. Les formules analytiques la présentent, dans le premier cas, avec le signe positif; dans le second, avec le signe négatif.

Les coordonnées ω et ψ sont sujettes à deux sortes de variations, toutes deux de nature périodique, mais qui se distinguent dans les expressions analytiques, comme dans les énoncés, d'après la grande disproportion des intervalles de temps que leurs périodes embrassent. Les premières s'opèrent avec une extrême lenteur; on les nomme *séculaires*. Elles composent la partie principale, et l'on pourrait dire moyenne du mouvement conique que l'axe de rotation du sphéroïde terrestre exécute autour du pôle de l'écliptique en plusieurs milliers d'années. Les autres, appelées spécialement *périodiques*, expriment des oscillations pareillement coniques et révolutives, mais angulairement beaucoup moindres, que cet axe exécute continûment autour du lieu moyen où les premières seules l'amèneraient à chaque instant considéré. On désigne celles-ci par la dénomination très-caractéristique de *nutation*, et nous étudierons leurs lois dans le chapitre suivant.

146. Lorsqu'on borne l'évaluation des coordonnées ω et ψ à ne comprendre que les deux premières puissances du temps t, la portion séculaire de leurs expressions est donnée par la théorie newtonienne sous les formes suivantes :

$$(2) \qquad \left\{ \begin{aligned} \psi &= \mathfrak{a}t - \mathfrak{b}t^2, \\ \omega &= \omega_0 + \mathfrak{c}t^2. \end{aligned} \right.$$

$\mathfrak{a}$, $\mathfrak{b}$, $\mathfrak{c}$ sont des coefficients numériques positifs, que je suppose ici exprimés en secondes de degré de la division sexagésimale. Je vais expliquer sommairement leur composition analytique, et leur connexion avec les causes mécaniques des phénomènes qui s'observent.

Le coefficient $\mathfrak{a}$, qui forme la partie principale de ψ, se compose de divers éléments physiques, dont plusieurs sont déterminables par l'observation, comme on peut le voir par son expression explicite rapportée dans le Mémoire de Poisson, pages 247 et 248 (*).

(*) Il y est désigné par la lettre ζ. Dans la *Mécanique céleste*, liv. V, nº 6,

Mais il contient, en outre, un facteur dépendant des moments d'inertie du sphéroïde terrestre, lequel ne peut pas être obtenu par une voie directe. C'est pourquoi sa valeur numérique se conclut, à posteriori, du phénomène même de la précession, d'après les différences que présentent les coordonnées équatoriales des mêmes étoiles, déterminées astronomiquement à des époques distinctes, séparées par un intervalle de temps connu. C'est ce coefficient $\mathfrak{a}$ que les développements tirés des formules de Laplace nous ont donné égal à 50″,28761, pour l'époque de 1750. Bessel l'a porté à 50″,37572 pour cette même époque, en le concluant des coordonnées stellaires établies pour les années 1755 et 1800, par les observations de Bradley et de Piazzi. Nous lui retrouverons, à peu de chose près, la même valeur dans les sections suivantes, en le tirant des mêmes documents. Avec des données d'observation aussi précises, un intervalle de quarante ou cinquante ans suffit pour que l'incertitude de son évaluation ne puisse s'élever qu'à une, ou au plus deux unités, sur les centièmes de seconde. L'emploi des déterminations antérieures, même des plus anciennes que l'on possède, ne procurerait jamais autant de sûreté, parce que l'étendue des erreurs qu'elles comportent ne serait pas suffisamment compensée par la grandeur de l'intervalle de temps qui les sépare de nous.

147. Les deux autres coefficients $\mathfrak{b}$ et $\mathfrak{c}$ sont fournis par la théorie de l'attraction sous les formes suivantes, que j'emprunte au Mémoire de Poisson, page 248. J'adapte seulement les signes algébriques au mode de construction que nous avons convention-

---

il l'est par la lettre l. J'ai quelque regret de changer encore ici ces dénominations, d'autant que la lettre a m'a déjà servi et me servira encore habituellement pour désigner les ascensions droites. Mais je n'ai pas trouvé d'autre caractère plus commode à écrire pour exprimer une quantité qui se représentera aussi fréquemment dans les formules que j'aurai à exposer. Seulement, lorsque je l'emploierai dans cette acception, je l'écrirai en caractère allemand et non italique, ainsi que le coefficient b qui l'accompagne; de sorte que j'espère qu'il n'en résultera aucune confusion. D'ailleurs, elle se trouvera alors toujours affectée comme coefficient à la première puissance du temps t, dans l'expression de ψ, ce qui éloignera toute autre association d'idées.

nellement adopté pour n et L :

$$\mathfrak{b} = \left\{ \frac{g'}{R'' \operatorname{tang} 2\omega_0} + \nu \right\} a, \qquad \mathfrak{c} = \tfrac{1}{2} \frac{g a}{R''};$$

a est le même que ci-dessus. Le premier terme de $\mathfrak{b}$ n'a pas besoin d'explication ; sa composition est évidente. Celle de $\mathfrak{c}$ l'est également. Quant à la lettre ν, elle représente ici un nombre abstrait positif dépendant de trois éléments physiques, qui sont : l'excentricité e_1 de l'orbe terrestre, la variation séculaire annuelle f de cette excentricité à l'époque où t commence ; plus un nombre abstrait υ, exprimant le rapport d'intensité des actions par lesquelles la lune et le soleil coopèrent individuellement à la déviation éprouvée par l'équateur terrestre, rapport qui est le même que celui de leurs actions sur les marées, et qui se conclut de ces derniers phénomènes (*). L'expression théorique du nombre ν, en fonction de ces données, est

$$\nu = -\frac{3 e_1 f}{2(1+\upsilon)}.$$

f est donné négatif par les Tables astronomiques, parce que l'excentricité de l'orbe terrestre va en diminuant dans les temps actuels à mesure que t augmente ; ce qui rend le nombre ν positif dans notre notation, comme je l'ai annoncé. Je rapporterai les valeurs actuelles de ses trois éléments lorsque nous en viendrons aux applications numériques.

148. Les équations (1) et (2) étant aussi données par la théorie

(*) Le rapport que j'appellerai ici υ est défini, dans le Mémoire de Poisson, par la lettre ω, page 227. Dans la *Mécanique céleste*, liv. V, n° 3, il est désigné par la lettre λ. Je lui ai d'ailleurs attribué, dans l'expression de ψ, le même emploi que Poisson lui donne, sous la dénomination de ω, page 248. J'ai changé, bien à regret, ces détails de la notation de Poisson, que je ne pouvais conserver, ayant déjà affecté partout la lettre ω, à exprimer l'obliquité de l'équateur sur l'écliptique, soit fixe, soit mobile ; mais je m'en excuse, ayant trop souvent déploré la fatigue inutile que donne à l'esprit le changement des notations antérieurement employées dans des ouvrages scientifiques d'un mérite reconnu, quand il n'est pas justifié par des raisons d'analogie ou par une nécessité indispensable.

de l'attraction, et leurs coefficients étant évalués en nombres, les valeurs des trois autres éléments de la précession, que nous avons nommés ω', α' et ψ', s'en déduisent comme conséquences trigonométriques, sans aucune intervention ultérieure de cette théorie.

Les deux premières s'obtiennent en résolvant le triangle sphérique N♈′♈″ de notre *fig.* 10. Pour chaque valeur assignée du temps t, on y connaît l'angle n et l'angle intérieur en ♈′, qui est $180° - \omega$. De plus, l'arc ♈N étant L, et ♈♈′, ψ, le côté N♈′ adjacent à ces angles est $L - \psi$, qui sera aussi connu. On peut donc conclure de là le troisième angle égal à ω', qui est l'obliquité observable de l'équateur sur l'écliptique réelle à l'instant t, et aussi l'arc ♈′♈″, ou α', qui est le mouvement en ascension droite exécuté par le point équinoxial observable depuis l'époque primitive jusqu'à cet instant. On a pour cela les deux équations suivantes :

$$\cos\omega' = \sin\omega \sin n \cos(L - \psi) + \cos\omega \cos n,$$

$$\sin\alpha' = \frac{\sin n \sin(L - \psi)}{\sin\omega'}.$$

La première est donnée par le quatrième cas des triangles sphériques obliquangles de Legendre ; la seconde repose sur la condition générale de proportionnalité qui existe dans tout triangle sphérique, entre les sinus des angles et les sinus des côtés opposés.

L'arc α' étant donc censé connu, menez du point ♈″ l'arc de grand cercle ♈″P″ perpendiculaire à l'écliptique fixe. La distance ♈P″ sera ψ' par définition, et conséquemment P″♈′ sera $\psi - \psi'$. Alors, dans le triangle rectangle ♈″♈′P, on connaîtra l'hypoténuse ♈′♈″ ou α', avec l'angle ω. De là on conclura le côté P″♈′, ou $\psi - \psi'$, par le troisième cas de ces triangles que Legendre a énuméré, et l'on aura

$$\tang(\psi - \psi') = \tang\alpha' \cos\omega.$$

149. Ces trois relations trigonométriques sont rigoureuses; mais, dans toute cette théorie, on ne pousse les déterminations que jusqu'aux deux premières puissances du rapport $\frac{n}{R''}$. Il faut donc en tirer nos trois inconnues, avec ce même degré d'approximation.

Je commence par ω'. Dans l'équation qui le détermine, $\cos\omega'$ ne diffère de $\cos\omega$ que par des quantités de l'ordre $\sin n$ ou $\frac{n}{R''}$. Donc, si l'on y fait généralement ω' égal à $\omega - x$, l'inconnue positive ou négative x sera de ce même ordre. Cette transformation donne

$$\cos\omega' = \cos\omega\cos x + \sin\omega\sin x;$$

et, en dégageant $\sin\omega\sin x$ après l'avoir introduit, il en résulte

$$\sin\omega\sin x = \sin\omega\sin n\cos(L-\psi) + (1-\cos x)\cos\omega - 2\cos\omega\sin^2\tfrac{1}{2}n.$$

Dans une première approximation, où l'on négligerait le carré de $\sin x$ comparativement à sa première puissance, $\cos x$ devrait être fait égal à $+1$, et l'équation réduite par cette supposition donnerait

$$\sin x = \sin n\cos(L-\psi) - \frac{2\cos\omega}{\sin\omega}\sin^2\tfrac{1}{2}n.$$

Donc, en se bornant aux deux premières puissances de $\sin n$ ou de $\frac{n}{R''}$, comme on est convenu de le faire, on en tirerait

$$\cos x = 1 - \tfrac{1}{2}\sin^2 n\cos^2(L-\psi).$$

Cette expression de $\cos x$ atteindrait donc les bornes assignées à l'approximation ; et, en l'employant, elle donnerait, dans les mêmes limites,

$$\sin\omega\sin x = \sin\omega\sin n\cos(L-\psi)$$
$$+ \tfrac{1}{2}\cos\omega\sin^2 n\cos^2(L-\psi) - 2\cos\omega\sin^2\tfrac{1}{2}n.$$

La valeur de $\sin x$ tirée de cette nouvelle égalité remplit donc les conditions prescrites. Elle montre que l'inconnue corrective x est de l'ordre de petitesse de n, comme on devait s'y attendre. Or, puisqu'on veut négliger toutes les quantités de l'ordre supérieur à $\frac{n^2}{R''^2}$, on peut y remplacer respectivement $\sin x$, $\sin n$ et $\sin^2\frac{1}{2}n$ par les rapports $\frac{x}{R''}$, $\frac{n}{R''}$, $\frac{1}{4}\frac{n^2}{R''^2}$. Alors un des diviseurs R'' disparaît des deux membres, comme leur étant commun, et l'on a finalement

$$x = n\cos(\mathrm{L}-\psi) - \tfrac{1}{2}\frac{n^2}{\mathrm{R}''}\frac{\cos\omega}{\sin\omega}\sin^2(\mathrm{L}-\psi).$$

Donc, puisque ω' a été fait égal à $\omega - x$, on aura aussi

$$\omega' = \omega - n\cos(\mathrm{L}-\psi) + \tfrac{1}{2}\frac{n^2}{\mathrm{R}''}\frac{\cos\omega}{\sin\omega}\sin^2(\mathrm{L}-\psi).$$

150. Je considère maintenant l'équation qui donne $\sin\alpha'$. Elle montre que l'arc α' est de l'ordre de petitesse de n. On peut donc y remplacer respectivement $\sin\alpha'$ et $\sin n$ par les rapports $\frac{\alpha'}{\mathrm{R}''}$ et $\frac{n}{\mathrm{R}''}$, dans l'ordre d'approximation auquel nous nous bornons. Elle devient alors

$$\alpha' = \frac{n\sin(\mathrm{L}-\psi')}{\sin\omega'}.$$

Puisque son second membre est déjà de l'ordre n, il suffit d'y substituer pour $\sin\omega'$ sa valeur approchée seulement jusque dans les quantités de ce même ordre; car les portions de cette valeur, qui contiennent des puissances plus élevées de $\frac{n}{\mathrm{R}''}$, donneraient ici des termes d'ordre égal ou supérieur à $\frac{n^2}{\mathrm{R}''^2}$, termes que l'on est convenu de négliger. Or, en prenant ω' sous sa forme générale $\omega - x$, que nous lui avons donnée tout à l'heure, on en déduit rigoureusement

$$\sin\omega' = \sin\omega\cos x - \cos\omega\sin x;$$

et, en transformant le second membre de manière à y séparer les termes de différents ordres,

$$\sin\omega' = \sin\omega - \cos\omega\sin x - 2\sin\omega\sin^2\tfrac{1}{2}x.$$

Mais, comme on sait que x est de l'ordre n, on peut remplacer respectivement $\sin x$ et $\sin^2\frac{1}{2}x$ par $\frac{x}{\mathrm{R}''}$ et $\frac{1}{4}\frac{x^2}{\mathrm{R}''^2}$. On a alors

$$\sin\omega' = \sin\omega - \frac{x}{\mathrm{R}''}\cos\omega - \tfrac{1}{2}\frac{x^2}{\mathrm{R}''^2}\sin\omega.$$

Si l'on voulait avoir la valeur absolue de sin ω' dans toute l'amplitude fixée à l'approximation, il faudrait remplacer x, dans le second membre, par sa valeur complète ci-dessus trouvée, en ne prenant que son premier terme de l'ordre n pour former le rapport $\frac{x^2}{R''^2}$. Mais, pour la substitution que nous voulons faire dans l'expression de α', il nous suffit d'avoir sin ω' évalué jusqu'aux termes de ce même ordre n inclusivement. Il faut donc prendre seulement le premier de x ; ce qui nous donnera, entre ces mêmes limites,

$$\sin\omega' = \sin\omega\left[1 - \frac{n}{R''}\frac{\cos\omega}{\sin\omega}\cos(L-\psi)\right],$$

et, par suite,

$$\alpha' = \frac{n\sin(L-\psi)}{\sin\omega}\left[\frac{1}{1-\frac{n}{R''}\frac{\cos\omega}{\sin\omega}\cos(L-\psi)}\right].$$

Il ne reste plus qu'à développer le second facteur par la division, en une série que l'on bornera à la première puissance du rapport $\frac{n}{R''}$, puis à le réunir au premier, après l'avoir ainsi restreint. Cette opération donne finalement

$$\alpha' = \frac{n\sin(L-\psi)}{\sin\omega} + \frac{n^2}{R''}\frac{\cos\omega}{\sin^2\omega}\sin(L-\psi)\cos(L-\psi).$$

C'est l'expression de l'arc α' dans les bornes d'approximation assignées.

Nous n'avons plus à dégager que $\psi - \psi'$. On y parviendra aisément par ce qui précède. L'équation qui donne cette différence montre qu'elle est du même ordre de petitesse que α', conséquemment du même ordre que n. Donc, notre approximation ne devant embrasser que les deux premières puissances de pareilles quantités, on peut, dans cette équation, remplacer respectivement tang$(\psi-\psi')$ et tang α' par les rapports $\frac{(\psi-\psi')}{R''}$, $\frac{\alpha'}{R''}$. Ainsi restreinte, elle devient

$$\psi - \psi' = \alpha'\cos\omega;$$

et, en y remplaçant α' par son expression explicite tout à l'heure trouvée, on en tire finalement

$$\psi' = \psi - \frac{n\cos\omega}{\sin\omega}\sin(L-\psi) - \frac{n^2}{R''}\frac{\cos^2\omega}{\sin^2\omega}\sin(L-\psi)\cos(L-\psi).$$

151. Jusqu'ici les développements de $\omega'-\omega$, α' et $\psi'-\psi$, que nous venons de former, sont astreints à ne comprendre que les deux premières puissances du rapport $\frac{n}{R''}$, sans aucune restriction relative aux valeurs de la variable t contenues dans les expressions absolues de n, ω ou ψ, non plus que dans celles de ω' et de ψ', qui en dérivent par simple différence. Il faut maintenant assujettir ces dernières et aussi α' à ne comprendre que les deux premières puissances de cette variable; ce qui se fera en y introduisant les expressions de ω, ψ, $n\sin L$ et $n\cos L$, établies plus haut avec la même condition de limitation.

Pour les termes qui contiennent ω ou ψ sous une forme explicite, l'opération s'effectuera immédiatement par la simple substitution de leurs expressions littérales ainsi restreintes. Quant aux autres termes, ils se composent tous de facteurs ayant la forme $n\sin(L-\psi)$ ou $n\cos(L-\psi)$. Développons ceux-ci dans leurs éléments simples, en y remplaçant $\cos\psi$ par son expression équivalente $1-2\sin^2\frac{1}{2}\psi$. Nous aurons alors

$$n\sin(L-\psi) = n\sin L - n\cos L\sin\psi - 2n\sin L\sin^2\tfrac{1}{2}\psi,$$
$$n\cos(L-\psi) = n\cos L + n\sin L\sin\psi - 2n\cos L\sin^2\tfrac{1}{2}\psi.$$

Or, en restreignant nos évaluations à ne comprendre que les deux premières puissances du temps t, nous avons eu :

$$(1)\qquad \begin{cases} n\sin L = gt + kt^2, \\ n\cos L = g't + k't^2; \end{cases}$$

$$(2)\qquad \begin{cases} \psi = at - bt^2, \\ \omega = \omega_0 + ct^2. \end{cases}$$

L'ordre des différents termes qui composent ces expressions règle l'emploi qu'il faut en faire dans nos substitutions, pour maintenir l'approximation dans les mêmes limites, relativement à la variable t.

Nous y voyons d'abord que les produits $n \sin \mathrm{L}$, $n \cos \mathrm{L}$ et l'arc ψ sont de l'ordre t. Conséquemment, les termes qui présentent l'un de ces produits multiplié par $\sin^2 \frac{1}{2}\psi$, dans les développements que nous venons de former, devront être supprimés; car, par les substitutions, ils donneraient des termes de l'ordre t^2.

D'après le même motif, $\sin \psi$ devra être remplacé dans les autres termes par le simple rapport $\frac{\psi}{\mathrm{R}''}$; mais $\sin \psi$ ne s'y présente qu'associé, par multiplication, à $n \sin \mathrm{L}$ ou $n \cos \mathrm{L}$. On devra donc n'effectuer ces produits qu'entre les termes de leurs facteurs qui sont individuellement de l'ordre t.

Ces restrictions étant observées, on aura

$$n \sin(\mathrm{L} - \psi) = gt + \left(k - \frac{a g'}{\mathrm{R}''}\right) t^2,$$

$$n \cos(\mathrm{L} - \psi) = g't + \left(+ \quad \frac{a g}{\mathrm{R}''}\right) t^2.$$

Chacun de ces facteurs complexes se trouve donc être, par son premier terme, de l'ordre t. Or, dans les expressions de ω', α' et ψ', ils entrent affectés de facteurs trigonométriques dépendant de l'angle ω, lequel, par les conditions de nos approximations, ne diffère de ω_0 que dans l'ordre t^2. Il faudra donc remplacer cet angle par ω_0 dans tous les termes où il leur sera ainsi associé.

Enfin, dans les produits où ces deux facteurs eux-mêmes entrent multipliés l'un par l'autre, il ne faudra effectuer la multiplication qu'entre leurs seuls termes de l'ordre t. On obtient ainsi, d'abord

$$(3) \qquad \alpha' = \frac{g}{\sin \omega_0} t + \left\{ k - \frac{a g'}{\mathrm{R}''} + \frac{g g'}{\mathrm{R}''} \frac{\cos \omega_0}{\sin \omega_0} \right\} \frac{1}{\sin \omega_0} t^2,$$

et ensuite

$$\omega' = \omega - g't - \left\{ k' + \frac{a g}{\mathrm{R}''} - \frac{1}{2} \frac{g^2}{\mathrm{R}''} \frac{\cos \omega_0}{\sin \omega_0} \right\} t^2,$$

$$\psi' = \psi - \frac{g \cos \omega_0}{\sin \omega_0} t - \left\{ k - \frac{a g'}{\mathrm{R}''} + \frac{g g'}{\mathrm{R}''} \frac{\cos \omega_0}{\sin \omega_0} \right\} \frac{\cos \omega_0}{\sin \omega_0} t^2.$$

On voit que ω' ne diffère de ω, et ψ' de ψ, que par des termes qui sont des conséquences trigonométriques du déplacement imprimé au plan de l'écliptique par les attractions planétaires. Il ne reste plus qu'à remplacer, dans les seconds membres, ω et ψ par leurs expressions théoriques, et, en introduisant celles-ci sous leurs formes abrégées

$$(2) \qquad \left\{ \begin{array}{l} \psi = \mathfrak{a}t - \mathfrak{b}t^2, \\ \omega = \omega_0 + \mathfrak{c}t^2, \end{array} \right.$$

on aura finalement

$$(4) \left\{ \begin{array}{l} \omega' = \omega_0 - g't - \left\{ k' + \dfrac{\mathfrak{a}g}{R''} - \dfrac{1}{2}\dfrac{g^2}{R''}\dfrac{\cos\omega_0}{\sin\omega_0} - \mathfrak{c} \right\} t^2, \\ \psi' = \left\{ \mathfrak{a} - \dfrac{g\cos\omega_0}{\sin\omega_0} \right\} t - \left\{ k\dfrac{\cos\omega_0}{\sin\omega_0} - \dfrac{\mathfrak{a}g'}{R''}\dfrac{\cos\omega_0}{\sin\omega_0} + \dfrac{gg'}{R''}\dfrac{\cos^2\omega_0}{\sin^2\omega_0} + \mathfrak{b} \right\} t^2. \end{array} \right.$$

Les astronomes appellent habituellement ψ la *précession lunisolaire*, comme étant produite par les attractions de la lune et du soleil; et ils appellent ψ' la *précession générale*, comme résultant de ces mêmes attractions combinées avec celles qu'exercent les masses planétaires. La première de ces dénominations n'est pas tout à fait exacte; car, d'après l'exposé théorique présenté page 210, le coefficient g', qui dépend du déplacement de l'écliptique, entre dans la composition du terme de ψ, qui est proportionnel au carré du temps. Or, ce déplacement étant un effet propre des attractions planétaires, on voit que leur influence s'introduit ainsi dans ψ par une sorte de réaction qui modifie, dans une proportion à la vérité très-faible, mais théoriquement réelle, la précession que la lune et le soleil produiraient à eux seuls. C'est ce que j'ai annoncé dans l'exposition générale que j'ai faite d'abord de ces phénomènes (section Ire, page 89).

132. On peut vérifier que ces expressions littérales de ψ, ψ', ω, ω' satisfont en toute rigueur aux équations de condition (5) et (6), que nous avons directement établies, page 176, pour la même limite d'approximation relative à la variable t. Car, si on les y substitue, en restreignant aux deux premières puissances de t les termes que l'on en tire, on retrouve identiquement les expressions littérales de $n \sin L$ et de $n \cos L$, que nous avons supposées primitivement. Cette identité devra donc exister aussi pour les expressions numériques de ces produits quand celles de ω, ω', ψ et ψ' auront été exactement calculées. Cela servira d'épreuve pour vérifier celles-ci, lorsqu'on les aura obtenues en nombres, d'après des systèmes connus de valeurs attribuées aux coefficients g, k, g', k', qui règlent le mouvement de l'écliptique. Par inverse, si elles sont seules données numériquement, les mêmes équations (5) et (6) feront retrouver les valeurs de ces coefficients qu'elles impliquent, et, par suite, les conditions de mouvement de l'écliptique qu'elles supposent (*).

153. Nous pouvons maintenant lever le doute qui s'était présenté à Bessel ; et, pour en bien spécifier la solution, je prendrai comme exemple le cas même qui le lui avait suggéré. Je suppose donc qu'ayant tiré de la théorie des attractions planétaires les quatre coefficients, on les ait associés à certaines évaluations de la constante a, de ω_0 et de la constante ν ; puis, qu'avec ces données on ait formé les valeurs numériques de ψ, ω, ψ' et ω'. Postérieurement à ce calcul, des observations plus précises que celles qui avaient servi pour l'établir font reconnaître d'abord qu'il faut modifier quelque peu la constante a, et la porter, par exemple, de 50″,28762 à 50″,37572 : quel changement correspondant faudra-t-il faire

(*) J'ai laissé les coefficients $\mathfrak{B}$ et $\mathfrak{C}$ en évidence dans ces deux équations, afin que leur présence rappelât leur origine et montrât comment ils s'y introduisent par simple différence quand on en élimine ψ et ω, dont ils proviennent. Si l'on veut remplacer ces deux coefficients par les expressions explicites que nous en avons données, et que l'on y substitue à la lettre ν le terme composé d'éléments physiques qu'elle représente par abréviation, le résultat reproduira identiquement les deux équations (20) du Mémoire de Poisson, corrigées d'une faute de signe qui affecte, dans la deuxième, le premier terme du coefficient de t^2. Seulement les lettres g' et k' s'y présenteront avec des signes contraires à ceux qu'il leur a donnés, parce que la même inversion existe dans les valeurs numériques qu'il leur attribue, les ayant affectés au mouvement du nœud *ascendant* de l'écliptique mobile sur l'écliptique fixe, comme l'avait fait Laplace, et comme je l'ai expliqué page 190. Cela ne produit donc aucune différence dans les valeurs numériques finales de ω, ψ, ω', ψ', quand elles sont exactement calculées pour chaque système de construction et de notation conventionnellement adopté.

dans ces valeurs? Cela se découvre manifestement par nos formules; car, si l'on considère d'abord les équations (2) relatives à ψ et ω, leurs coefficients $\mathfrak{b}$, $\mathfrak{c}$ étant proportionnels à α, on devra les accroître en même proportion que cette constante, c'est-à-dire dans le rapport de 572 à 571, ce qui ne les modifiera que dans des décimales de seconde d'un ordre trop éloigné pour acquérir jamais une influence de quelque importance dans les applications. Il faudra ensuite opérer des changements analogues dans les termes de α', ψ' et ω', que les équations (3) et (4) nous montrent être pareillement proportionnels à la constante α. Mais, à l'exception du premier terme de ψ', où elle se montre entière et isolée, la petitesse des facteurs $\frac{g}{R^7}$, $\frac{g'}{R^7}$, qui la multiplient dans les autres, y rendra également ces dernières modifications à peine numériquement saisissables. Quand la nouvelle valeur de la constante α aura été ainsi introduite dans les équations (2) et (4), les expressions numériques de $n \sin L$ et de $n \cos L$, qui règlent les mouvements de l'écliptique, en ressortiront telles qu'on les avait primitivement déduites de la théorie des attractions planétaires. Mais, si l'on néglige les corrections qui y correspondent dans les coefficients de t^2, pour une si faible altération de sa valeur, comme l'a fait Bessel, ces expressions se trouveront implicitement modifiées dans des quantités si petites, que la théorie n'en peut aucunement répondre; de sorte que l'on pourra encore les supposer numériquement admissibles, sans aucun inconvénient appréciable dans les résultats d'application.

184. La substitution des nouvelles valeurs de la constante α, effectuée comme je viens de le dire, n'altère point les différences $\omega' - \omega_0$ et $\psi - \psi'$ dans les termes de ces quantités qui contiennent la première puissance du temps, et qui en forment la portion principale. Mais Bessel a modifié aussi les valeurs absolues que Laplace avait attribuées à ces premiers termes dans les expressions individuelles de ω', ainsi que de ψ'; et il l'a fait par des motifs qui pourront souvent se représenter. Il faut donc examiner de près comment ces nouvelles modifications doivent être opérées, et quelles conséquences elles entraînent.

En considérant ces premiers termes dans les équations (4), on voit que leurs coefficients propres $-g'$ et $a - g\frac{\cos\omega_0}{\sin\omega_0}$ constituent les coefficients différentiels de ω' et de ψ', lorsque t est nul. Ce sont donc, selon le langage habituel des astronomes, les *variations annuelles* de ces deux éléments pour l'époque où t commence, comme je l'ai expliqué page 96. Or leurs valeurs numériques changeront si, après avoir modifié la constante a, ou même en la conservant, on reprend le calcul théorique de g et de g', en y employant des évaluations des masses planétaires, qui soient, ou que l'on ait lieu de supposer préférables, à celles dont on s'était d'abord servi. C'est ce que Bessel dit avoir fait pour y introduire une augmentation dans le nombre représentatif de la masse de Vénus, dont la convenance avait été signalée. Mais on pourrait encore obtenir directement $-g'$ et $a - g\frac{\cos\omega_0}{\sin\omega_0}$, sans recourir à la théorie de leur composition, puisque la première de ces quantités représente le décroissement *annuel* de l'obliquité de l'écliptique, et la seconde la variation annuelle de ψ', deux éléments déterminables par l'observation ; ce qui pourrait conduire à des évaluations quelque peu différentes, dont il faudrait apprécier la probabilité relative. Quelque parti que l'on ait pris, on devra, pour opérer avec une complète rigueur, introduire des changements correspondants à ceux-là dans les termes des coefficients de t^2, qui contiennent g ou g'. C'est ce que Bessel dit avoir omis, ne trouvant pas, dans la *Mécanique céleste*, leurs expressions littérales que nous venons de former. Toutefois, si les deux coefficients dont il s'agit ne sont modifiés que dans des proportions très-faibles comparativement à leurs valeurs absolues, ce qui aura toujours lieu aujourd'hui dans l'état, sinon tout à fait exact, au moins excessivement approché, où se trouve leur appréciation, il y aura encore lieu d'espérer qu'ici, comme pour la constante a, l'omission des changements qui doivent y correspondre dans les termes de l'ordre t^2 n'aura sur ces derniers qu'une influence négligeable, comme Bessel l'a, en effet, supposé.

Pour éprouver la légitimité de cette prévision, je prends, dans l'introduction aux *Tabulæ Regiomontanæ*, pages IV et V, les développements de ψ, ψ', ω et ω', que Bessel avait primitivement tirés des formules périodiques de Laplace, et ceux qu'il y a ensuite substitués, en gardant les mêmes coefficients numériques dans les termes de l'ordre t^2. Puis, appliquant aux uns et aux autres nos équations de condition (5) et (6), formées page 176, j'en fais sortir les expressions numériques de $n \sin L$ et de $n \cos L$ qu'ils impliquent. J'effectue ce calcul des deux parts avec la valeur commune $\omega_0 = 23^\circ 28' 18'',0$, que Bessel a employée, et j'obtiens ainsi les résultats suivants :

1°. Par les développements tirés de Laplace, on trouve

$$n \sin L = +\, 0'',08182\,959\, t + 0'',00002\,06525\, t^2,$$
$$n \cos L = +\, 0'',52114\,000\, t - 0'',00000\,73475\, t^2;$$

ce qui, au moyen des séries littérales établies pages 179 et 183, donne, jusque dans les termes de l'ordre t^2,

$$L = 8^\circ 55' 25'',47 + 8'',42312\, t + 0'',00006\,47384\, t^2,$$
$$n = +\, 0'',527523\, t - 0'',00000\,40549\, t^2.$$

2°. Par les développements que Bessel a substitués, on trouve

$$n \sin L = +\, 0'',07139954\, t + 0'',00001\,18168\, t^2,$$
$$n \cos L = +\, 0'',48368\,000\, t - 0'',00000\,48444\, t^2;$$

de là on tire

$$L = 8^\circ 23' 50'',06 + 5'',23024\, t + 0'',00003\,96166\, t^2,$$
$$n = +\, 0'',48892\, t - 0'',00000\,30665\, t^2.$$

La diminution survenue dans la valeur de L_0 résulte immédiatement de ce que Bessel a affaibli le premier terme de $\psi - \psi'$ dans une proportion beaucoup plus forte que le premier de $\omega - \omega'$. La réaction de ces nouveaux nombres sur les termes de l'ordre t^2, conservés intacts, diminue presque de moitié le mouvement du nœud de l'écliptique temporaire sur l'écliptique fixe de 1750. Nous verrons plus loin quelle influence ces changements doivent exercer dans le transport des longitudes, ainsi que des latitudes, d'une époque à une autre, et si l'on pourrait découvrir ainsi des caractères sensibles pour décider la convenance de leur adoption ou de leur rejet. Je me bornerai ici à faire remarquer dans quel énorme rapport la position absolue du nœud de l'écliptique mobile s'en trouve changée, aux époques anciennes, par la réduction considérable du coefficient de t^2 dans l'expression de n sin L. Car, si l'on égale celle-ci à zéro, pour en conclure l'époque à laquelle ce nœud a coïncidé avec l'equinoxe fixe de 1750, on trouve, par les nombres de Laplace, $t = -3962$, et par ceux de Bessel, $t = -6042$. Or, sans vouloir affaiblir l'incertitude que comporte inévitablement une pareille détermination, il faut pourtant reconnaître que le premier de ces résultats coïncide d'une manière très-satisfaisante avec la position stellaire du solstice d'hiver, 1200 ans avant l'ère chrétienne, ou pour $t = -2950$, telle qu'on la trouve rapportée dans les textes chinois. C'est ce que Laplace a fait voir en appliquant ses formules à cette ancienne observation, et j'ai trouvé le même accord en les appliquant, après lui, aux positions des trois autres points cardinaux de l'écliptique, à la même époque, qui sont consignées dans d'autres textes contemporains, comme ayant été alors également fixées par le prince astronome Tcheou-Kong. On peut donc présumer que le mouvement de l'écliptique se rapproche plus de ces déterminations que de celles de Bessel, qui sont, d'ailleurs, fautives dans leurs détails. Cela se verra encore mieux dans les sections suivantes, lorsque nous aurons formé des développements du même genre, où les éléments théoriques de ce mouvement, obtenus aussi bien qu'on peut les avoir aujourd'hui, seront associés aux résultats les plus précis des observations modernes, et introduits conjointement avec eux dans les formules explicites que nous venons de préparer.

SECTION V. — *Formules approximatives pour transporter les coordonnées angulaires des astres, d'une époque à une autre peu distante.*

133. Dans les recherches d'astronomie ancienne, on a souvent besoin de ramener à 1750 des positions d'étoiles prises dans des catalogues postérieurs, pour pouvoir ensuite les transporter aux époques reculées que l'on veut rejoindre, en leur appliquant les expressions de la précession sous la forme indéfinie que Laplace leur a données. Ce premier genre de réduction, borné à des intervalles de temps restreints, est encore plus généralement nécessaire pour ramener les déterminations successives des astronomes modernes à des époques communes, où elles se rectifient mutuellement par leur concours. Or, en de tels cas, la brièveté du temps que le transport embrasse permet de l'effectuer très-simplement par des procédés directs, qui donnent, soit avec rigueur, soit avec une approximation reconnue suffisante, les *différences* des coordonnées astronomiques d'un même astre fixe, aux deux époques considérées. Alors, au lieu d'employer les expressions indéfinies de la précession, auxquelles on ne peut, jusqu'ici, donner cette forme que par une extension empirique, on emploie les expressions approximatives restreintes aux deux premières puissances du temps, telles qu'on les dérive effectivement de la théorie de l'attraction. Si les coefficients numériques de ces puissances sont connus avec assez d'exactitude pour que l'on puisse s'y confier, les formules ainsi préparées servent immédiatement pour transporter les coordonnées astronomiques dans tout l'intervalle de temps qu'elles embrassent. Mais, si leurs valeurs laissent encore quelque chose à désirer, on les rectifie par une application inverse, en prenant pour données de détermination ces coordonnées elles-mêmes, observées avec une grande précision à deux époques connues comprises dans cet intervalle de temps. Je considérerai d'abord le problème sous le premier point de vue; et, prenant toujours 1750 pour origine de numération du temps, je supposerai que l'on veuille transporter les positions de 1750 à 1750 + t, ou les ramener de 1750 + t à 1750. La même méthode et les mêmes formules nous serviront ensuite, si l'on veut choisir toute autre époque pour point de départ. Je prendrai comme type de raisonnement la *fig.* 10, qui est construite dans la supposition de t positif, et s'applique aux temps postérieurs à 1750. Il suffira d'intervertir le signe de cette variable dans les expressions analytiques que nous obtiendrons, pour les adapter aux temps antérieurs, où elle devient négative.

(A). *Transport des coordonnées écliptiques.*

156. Je considère d'abord les coordonnées écliptiques. Soient λ, l la latitude et la longitude d'un astre à l'époque de 1750; λ'', l'' ses coordonnées de même dénomination relatives à l'époque 1750 + t. On suppose l'astre absolument fixe sur la sphère céleste, et l'on demande de trouver λ'' et l'', étant donnés λ et l, ou inversement.

Guidons-nous sur la *fig.* 10. Les coordonnées λ, l sont rapportées à l'écliptique N♈E de 1750. Les latitudes λ se prennent normalement à partir de ce plan, positives au nord, négatives au sud, et restreintes, dans ces deux sens, à $\pm 90°$. Les longitudes l se comptent sur l'écliptique N♈E, à partir du point équinoxial ♈, vers l'orient, et, sans discontinuité, depuis 0° jusqu'à 360°. Les coordonnées λ'', l'' se rapportent exactement, par les mêmes règles conventionnelles, à l'écliptique mobile N♈''E' et au point équinoxial ♈'', qui s'y trouve situé. Celui-ci est en connexion avec ♈ par l'intermédiaire des arcs N♈ ou L, N♈'' ou L'', qui s'entrecoupent au nœud N sous l'angle n, inclinaison mutuelle des deux écliptiques. Pour chaque époque, définie par la valeur attribuée à t, cet angle n se déduit des formules que nous avons établies, et l'on obtient aussi les valeurs des arcs L, L''. D'après ce qui a été démontré page 187, ce dernier peut, sans erreur appréciable, être supposé, dans toutes les applications, égal à L — ψ', ψ' représentant l'arc ♈P'', qui est donné par les expressions théoriques. Car, ainsi qu'on l'a vu alors, cette expression approximative de L'' ne diffère de la valeur rigoureuse que par des quantités qui seront toujours insensibles ou négligeables. Pour n'avoir à employer que de petites lettres dans les formules algébriques que nous allons écrire, j'y remplacerai momentanément L par c, et L″ par c'', que je ferai numériquement égal à $c - \psi'$, en me fondant sur la démonstration que je viens de rappeler.

Ceci convenu, ajoutez c aux longitudes l, et c'' aux longitudes l''. Elles se trouveront rapportées, à l'origine commune N, dans leurs plans individuels. Alors le passage d'un des systèmes de coordonnées à l'autre s'opérera comme il suit :

1°. λ et l étant donnés, on demande λ'' et l''. La question est la même que si l'on voulait transformer les latitudes λ et les longitudes $l + c$ en déclinaisons λ'' et ascensions droites $l'' + c''$, rapportées à un équateur fictif dont l'obliquité sur l'écliptique serait n. C'est donc une application immédiate des formules établies page 77; et elles donneront

$$(1)\quad \left\{\begin{aligned} \sin\lambda'' &= \cos\lambda \sin(l + c)\sin n + \sin\lambda \cos n,\\ \tang(l'' + c'') &= \tang(l + c)\cos n - \frac{\tang\lambda}{\cos(l + c)}\sin n,\end{aligned}\right.$$

avec l'équation de vérification

$$\cos\lambda''\cos(l'' + c'') = \cos\lambda\cos(l + c).$$

2°. Réciproquement, λ'' et l'' étant donnés, on demande λ et l. Cela revient à transformer les déclinaisons et ascensions droites λ'', $l'' + c''$, en latitudes et longitudes λ, $l + c$, l'obliquité étant n. C'est encore une application des formules établies page 75 pour ce genre de conversion, lesquelles sont de forme pareille aux précédentes, si ce n'est que $+ n$ y est changé en $- n$, et $l + c$ en $l'' + c''$. On aura donc ainsi

$$(2)\quad \left\{\begin{aligned} \sin\lambda &= -\cos\lambda''\sin(l'' + c'')\sin n + \sin\lambda''\cos n,\\ \tang(l + c) &= \tang(l'' + c'')\cos n + \frac{\tang\lambda''}{\cos(l'' + c'')}\sin n,\end{aligned}\right.$$

avec la même équation de vérification

$$\cos\lambda\cos(l + c) = \cos\lambda''\cos(l'' + c'').$$

Le problème proposé est donc résolu par ces équations dans l'un et l'autre cas ; il l'est même rigoureusement. Mais, sauf les circonstances exceptionnelles où les latitudes λ, λ'' seraient excessivement peu différentes de 90°, la petitesse de l'angle n permet de ramener ces transformations à dépendre de corrections très-petites du même ordre, dont le calcul est extrêmement aisé.

137. Pour cela, je considère d'abord l'expression de $\sin\lambda''$ dans le premier système. Afin d'y mettre en évidence la petitesse de n, j'y change $\cos n$ en $1 - 2\sin^2\frac{1}{2}n$; puis je fais, par abréviation,

$$e = \sin(l + c)\sin n - 2\tang\lambda\sin^2\tfrac{1}{2}n,$$

et j'obtiens

$$\sin\lambda'' = \sin\lambda + e\cos\lambda.$$

Le produit $e\cos\lambda$ est toujours très-petit de l'ordre n, quel que soit λ. Mais le facteur auxiliaire e, bien qu'analytiquement du même ordre, n'est individuellement très-petit qu'autant que $\tang\lambda$ n'est pas assez grand pour compenser la petitesse propre du facteur $2\sin^2\frac{1}{2}n$, qui lui est associé. Ces cas de restriction de λ et de petitesse de e sont les seuls qui se prêtent à des développements faciles.

Ceux-ci ont alors pour but d'obtenir la petite différence $\lambda'' - \lambda$. Afin de l'introduire explicitement, je remplace λ'', dans le premier membre de notre équation, par $\lambda + (\lambda'' - \lambda)$; puis je développe le sinus de cette somme, et j'y change $\cos(\lambda'' - \lambda)$ en $1 - 2\sin^2\frac{1}{2}(\lambda'' - \lambda)$. J'obtiens ainsi

$$\sin\lambda'' = \sin\lambda + \sin(\lambda'' - \lambda)\cos\lambda - 2\sin^2\tfrac{1}{2}(\lambda'' - \lambda)\sin\lambda.$$

Substituant alors cette expression de $\sin\lambda''$ dans le premier membre de notre équation, $\sin\lambda$ disparaît par égalité ; et, en divisant les deux membres par $\cos\lambda$, il reste

$$\sin(\lambda'' - \lambda) - 2\tang\lambda\sin^2\tfrac{1}{2}(\lambda'' - \lambda) = e.$$

Si l'on veut résoudre cette équation avec rigueur, il faut y transformer les sinus de l'inconnue en tangentes par leurs expressions rationnelles

$$\sin(\lambda''-\lambda)=\frac{2\operatorname{tang}\frac{1}{2}(\lambda''-\lambda)}{1+\operatorname{tang}^2\frac{1}{2}(\lambda''-\lambda)},\quad \sin^2\tfrac{1}{2}(\lambda''-\lambda)=\frac{\operatorname{tang}^2\frac{1}{2}(\lambda''-\lambda)}{1+\operatorname{tang}^2\frac{1}{2}(\lambda''-\lambda)},$$

ce qui la change en

$$(2\operatorname{tang}\lambda+e)\operatorname{tang}^2\tfrac{1}{2}(\lambda''-\lambda)-2\operatorname{tang}\tfrac{1}{2}(\lambda''-\lambda)=-e.$$

En la résolvant, il ne faut prendre que celle des deux racines qui devient nulle en même temps que n, puisque λ'' doit toujours devenir égal à λ lorsque n s'évanouit. On obtient alors

$$\operatorname{tang}\tfrac{1}{2}(\lambda''-\lambda)=\frac{e}{1+(1-2e\operatorname{tang}\lambda-e^2)^{\frac{1}{2}}}.$$

Cette expression est complète et peut toujours s'évaluer rigoureusement en nombres; elle peut aussi, dans la généralité de ses applications, être développée, par la formule du binôme, en une série rapidement convergente, procédant suivant les puissances ascendantes de e. Mais il faut excepter les cas où λ serait si approchant de 90°, et, par suite, $\operatorname{tang}\lambda$ si grand, que le produit $\operatorname{tang}\lambda\sin^2\frac{1}{2}n$ cessât d'être une très-petite fraction de l'unité. Car alors la condition de convergence qui repose sur la petitesse de e ne serait plus remplie. Par exemple, si λ approchait tellement de 90°, que $\operatorname{tang}\lambda$ fût comme infini comparativement à 1, il n'y aurait plus de développement possible. Alors la quantité $1-2e\operatorname{tang}\lambda-e^2$, qui se trouve sous le signe radical, se réduirait à

$$+4\operatorname{tang}^2\lambda\sin^2\tfrac{1}{2}n\cos^2\tfrac{1}{2}n.$$

Or, comme sa grandeur incomparable éteindra toutes les unités simples qui l'accompagnent, tant sous le radical qu'au dehors, elle donnerait pour racine et pour dénominateur total $2\operatorname{tang}\lambda\sin\frac{1}{2}n\cos\frac{1}{2}n$, qu'il faudrait, par convention, prendre toujours positivement, quel que fût le signe de λ. Dans la même supposition, le numérateur se réduirait à $-2\operatorname{tang}\lambda\sin^2\frac{1}{2}n$, λ y conservant son signe propre. Et, comme on est convenu, d'ailleurs, que les λ, λ'' doivent toujours s'interpréter par des arcs compris entre 0° et ±90°, on aura l'une ou l'autre des deux solutions suivantes :

1°. λ égal ou presque égal à $+90°$,

$$\tang\tfrac{1}{2}(\lambda''-\lambda)=-\sin\tfrac{1}{2}n,\quad \text{d'où}\quad \lambda''=\lambda-n;$$

2°. λ égal ou presque égal à $-90°$,

$$\tang\tfrac{1}{2}(\lambda''-\lambda)=+\sin\tfrac{1}{2}n,\quad \text{d'où}\quad \lambda''=\lambda+n.$$

La justesse de ces deux interprétations peut se vérifier immédiatement sur l'expression primitive de $\sin\lambda''$; car elle les reproduit individuellement pareilles, quand on y suppose $\cos\lambda$ nul, et λ égal à $+90°$ ou $-90°$.

188. Hors de ces cas exceptionnels, $\tang\frac{1}{2}(\lambda''-\lambda)$ est très-petit de l'ordre e. Si l'on peut borner son évaluation aux termes dépendants des deux premières puissances de e, ce qui aura toujours lieu quand λ ne sera pas très-considérable, $\tang\frac{1}{2}(\lambda''-\lambda)$ se remplacera par $\frac{(\lambda''-\lambda)}{R''}$, et, en développant son expression dans les limites spécifiées, on aura

$$\frac{(\lambda''-\lambda)}{R''}=e+\tfrac{1}{2}e^2\tang\lambda.$$

C'est aussi ce que l'on tirerait directement de l'équation en sinus, si on la résolvait approximativement dans les mêmes limites. Car, en y négligeant d'abord le terme qui contient $\sin^2\frac{1}{2}(\lambda''-\lambda)$, elle donnerait, pour première approximation, $\lambda''-\lambda$ égal à $+e$. Puis, en ne négligeant plus ce terme, mais le calculant avec cette première valeur, la deuxième approximation, ainsi effectuée, reproduirait le résultat que nous venons d'obtenir.

Il ne reste plus qu'à remplacer e par sa valeur explicite, en ne conservant que les deux premières puissances de $\frac{n}{R''}$ dans les développements. Alors, si l'on rétablit, dans la formule finale, la lettre L au lieu de c, qui l'avait suppléée, on trouve

$$\lambda''=\lambda+n\sin(l+L)-\tfrac{1}{2}\frac{n^2}{R''}\cos^2(l+L)\tang\lambda.$$

L représente l'arc ♈N de notre *fig.* 10, n l'angle ♈N♈'', l'un et l'autre avec les relations conventionnelles de position et de signe que nous y avons attachées. Si l'on veut faire partir le temps t du 1er janvier 1750, et adopter les nombres de Laplace, les valeurs de ces deux éléments se calculeront pour chaque temps t, antérieur ou postérieur, par les deux équations numériques (5) et (6), que nous avons extraites de ses formules dans la page 177, ou par les expressions en série que nous en avons tirées. Mais, en général, lorsqu'on a choisi l'époque fondamentale à laquelle doit appartenir l'écliptique N♈E, que l'on prend pour plan fixe, les deux équations analogues à celles-là se déduisent d'abord immédiatement de la théorie des attractions planétaires par des méthodes que j'indiquerai plus loin, et elles s'emploient de même pour obtenir les valeurs de L et de n correspondantes à chaque valeur donnée du temps t.

159. Maintenant je reviens au système des équations (1), et je considère l'expression de tang $(l'' + c'')$. J'y change de même $\cos n$ en $1 - 2\sin^2\frac{1}{2}n$, pour mettre la petitesse de n en évidence; puis faisant, par abréviation,

$$e_1 = \tang\lambda \sin n + 2\sin(l + c)\sin^2\tfrac{1}{2}n,$$

j'ai

$$\tang(l'' + c'') = \tang(l + c) - \frac{e_1}{\cos(l + c)}.$$

Analytiquement, e_1 est du même ordre de petitesse que $\sin n$; mais sa petitesse réelle dépend des restrictions de λ, comme dans le cas précédent; et, de même aussi, c'est seulement sous l'hypothèse de ces restrictions que les développements sont possibles.

L'équation précédente donne la différence des tangentes des arcs $l'' + c''$, $l + c$. On en déduit linéairement la tangente de la différence de ces arcs par son expression explicite, qui est

$$\tang(l'' - l + c'' - c) = \frac{\tang(l'' + c'') - \tang(l + c)}{1 + \tang(l'' + c'')\tang(l + c)}.$$

Nous avons reconnu que $c'' - c$, ou son équivalent $L'' - L$, peut, avec une approximation numérique toujours suffisante, être fait égal à $-\psi'$. J'opère donc cette substitution dans le premier membre; dans le second, je remplace tang $(l'' + c'')$ par son expression tout à l'heure obtenue. Après quelques réductions faciles, j'ai finalement

$$\text{tang}(l'' - l - \psi') = \frac{-e_1 \cos(l+c)}{1 - e_1 \sin(l+c)}.$$

Cette expression est complète et peut toujours s'évaluer rigoureusement en nombres. Mais, lorsque le produit tang λ sin n, qui forme la portion principale de e_1, est une petite fraction de l'unité, on peut la développer par la division en une série convergente ordonnée suivant les puissances ascendantes de e_1. Si l'on borne ce développement à ses deux premiers termes, comme nous l'avons fait pour celui de $\lambda'' - \lambda$, le premier membre devra être remplacé par $\frac{(l'' - l - \psi')}{R''}$, et l'on aura

$$\frac{(l'' - l - \psi')}{R''} = -e_1 \cos(l+c) - e_1^2 \sin(l+c)\cos(l+c).$$

Il ne reste plus qu'à remplacer e_1 par sa valeur explicite, en ne conservant que les deux premières puissances de sin n dans les développements. Alors, si l'on rétablit, dans le résultat final, la lettre L, au lieu de c, qui l'avait suppléée, on trouve pour l'' l'expression suivante, dont je rapproche celle de λ'' déjà obtenue,

$$(1)\left\{\begin{aligned} l'' &= l + \psi' - n\cos(l+\text{L})\,\text{tang}\,\lambda - \frac{n^2}{R''}(\tfrac{1}{2} + \text{tang}^2\lambda)\sin(l+\text{L})\cos(l+\text{L}),\\ \lambda'' &= \lambda + n\sin(l+\text{L}) - \tfrac{1}{2}\frac{n^2}{R''}\cos^2(l+\text{L})\,\text{tang}\,\lambda.\end{aligned}\right.$$

La série, procédant suivant les puissances de e_1, d'où l'on déduit l'', converge moins vite que celle qui nous a donné λ''. Cela tient à ce que tang λ entre dans e_1, multiplié par sin n, au lieu qu'alors il entrait dans e multiplié par $\sin^2 \frac{1}{2} n$. Néanmoins, si l'on applique ces formules de transport à des époques dont la distance à 1750, antérieure ou postérieure, n'excède pas un siècle et demi, l'expression de l'', restreinte, comme elle l'est, à ses deux premiers termes, ne donnera pas $\frac{1}{100}$ de seconde d'erreur, même pour des valeurs de λ qui s'élèveraient à 85°40'.

160. Ces expressions de l'' et λ'' vérifient l'équation de condition

$$\cos(l''+c'')\cos\lambda'' = \cos(l+c)\cos\lambda,$$

dans les bornes de l'approximation qu'elles embrassent, c'est-à-dire jusqu'aux quantités de l'ordre $\frac{n^2}{R''^2}$ inclusivement. Pour constater ce fait, j'y récris d'abord c au lieu de L; puis j'ajoute c'' aux deux membres de la première équation. Cela donne, dans le second, $c''+\psi'$, qui est c, puisque c'' est égal à $c-\psi'$. Après avoir opéré cette restitution, il faut former les cosinus de $l''+c''$ et de λ'', en fonction des seconds membres qui les expriment, ayant soin d'étendre les évaluations jusque dans les quantités de l'ordre $\frac{n^2}{R''^2}$. On trouve ainsi

$$\cos(l''+c'') = \cos(l+c) + \frac{n}{R''}\cos(l+c)\sin(l+c)\,\text{tang}\,\lambda$$
$$+\frac{n^2}{R''^2}\left(\tfrac{1}{2}+\text{tang}^2\lambda\right)\sin^2(l+c)\cos(l+c) - \tfrac{1}{2}\frac{n^2}{R''^2}\cos^3(l+c)\,\text{tang}$$

$$\cos\lambda'' = \cos\lambda - \frac{n}{R''}\sin(l+c)\sin\lambda$$
$$+\tfrac{1}{2}\frac{n^2}{R''^2}\cos^2(l+c)\,\text{tang}\,\lambda\sin\lambda - \tfrac{1}{2}\frac{n^2}{R''^2}\sin^2(l+c)\cos\lambda.$$

Si l'on multiplie ces deux équations membre à membre, tous les produits qui ont pour coefficients $\frac{n}{R''}$ ou $\frac{n^2}{R''^2}$ se détruisent mutuellement; et, en négligeant les termes d'ordre plus élevés, le second membre de l'égalité se réduit à $\cos(l+c)\cos\lambda$, comme la vérification proposée l'exige.

161. Quand l'' a été calculé par la formule exacte qui renferme l'auxiliaire c_1, on peut obtenir secondairement $\lambda''-\lambda$ par une analogie népérienne mieux appropriée à l'emploi des logarithmes que la formule exacte en c_1 qui contient un radical du second degré. Pour ce but, je construis la *fig.* 13ᵉ tout à fait analogue à la *fig.* 5, qui nous a servi à transformer les longitudes et latitudes en ascensions droites et déclinaisons. NE y représente l'écliptique fixe de l'époque fondamentale, supposée par exemple 1750, et NE' l'écliptique de 1750 + t, formant, avec le premier, l'angle + n. Π, Π'' sont les pôles respectifs de ces deux cercles, N leur nœud commun défini par les mêmes conventions que nous avons adoptées dans la *fig.* 10. Concevons en S une étoile qui soit restée fixe pendant que l'écliptique s'est déplacée. Les arcs ΠSC, Π''SC$''$ seront ses cercles de latitude, aux deux époques considérées. Ainsi, en conservant les désignations dont nous venons de faire usage, on aura

$$SC = \lambda, \qquad NC = l + L,$$
$$SC'' = \lambda'', \qquad NC'' = l'' + L''.$$

Considérons maintenant le triangle polaire $\Pi S \Pi''$. Soient Π, Π'' ses deux angles intérieurs formés respectivement aux pôles de dénomination analogue, et π, π'' les côtés ΠS, Π''S partant de ces pôles. On aura évidemment

$$\Pi = 90^\circ - (l + L), \qquad \Pi'' = 90^\circ + (l'' + L''),$$
$$\pi = 90^\circ - \lambda, \qquad \pi'' = 90^\circ - \lambda''.$$

De plus, l'arc $\Pi\Pi''$, qui joint les pôles des deux écliptiques, sera égal à l'angle n, qui mesure leur mutuelle inclinaison. D'après cela, si l'on a calculé l'' par la formule en c_1, l étant donné, on connaîtra, dans notre triangle polaire, les deux angles intérieurs Π, Π'', avec le côté adjacent n. Conséquemment la troisième analogie népérienne, rappelée dans la note de la page 205, donnera ici

$$\tang \tfrac{1}{2}(\pi - \pi'') = \frac{\sin \frac{1}{2}(\Pi'' - \Pi)}{\sin \frac{1}{2}(\Pi'' + \Pi)} \tang \tfrac{1}{2} n.$$

Or, d'après les relations établies plus haut, on a

$$\pi - \pi'' = \lambda'' - \lambda, \quad \Pi'' - \Pi = l'' + l + L'' + L,$$
$$\Pi'' + \Pi = 180^\circ + l'' - l + L'' - L.$$

Il en résulte donc, par élimination,

$$\tang \tfrac{1}{2}(\lambda'' - \lambda) = \frac{\sin \frac{1}{2}(l'' + l + L'' - L)}{\cos \frac{1}{2}(l'' + l + L'' - L)} \tang \tfrac{1}{2} n.$$

l et L sont donnés, ainsi que λ; l'' est supposé déjà obtenu par la formule en e_1; enfin L'' est aussi connu comme équivalent à $L - \psi'$. On pourra donc facilement tirer $\lambda'' - \lambda$, et ensuite λ'', de cette relation.

162. Je viens aux équations (2) de la page 226; elles sont pareilles aux équations (1), si ce n'est que $+n$ y est changé en $-n$. Elles devront, en conséquence, donner $l + c$ et λ, en fonction de $l'' + c''$ et λ'', par des développements semblables, à cette circonstance près. Car, d'ailleurs, en dégageant l, il faudra également remplacer $c'' - c$ par $-\psi'$. Suivant donc cette analogie, nous devrons faire, par abréviation,

$$e'' = -\sin(l'' + c'')\sin n - 2\,\text{tang}\,\lambda''\sin\tfrac{1}{2}n,$$
$$e''_1 = -\text{tang}\,\lambda''\sin n + 2\sin(l'' + c'')\sin\tfrac{1}{2}n;$$

alors, en introduisant ces auxiliaires dans les équations (2), on en tirera d'abord ces expressions rigoureuses

$$(2)\quad \left\{\begin{aligned} \text{tang}\,\tfrac{1}{2}(\lambda - \lambda'') &= \frac{e''}{1 + (1 - 2e''\,\text{tang}\,\lambda'' - e'')^{\frac{1}{2}}},\\ \text{tang}(l - l'' + \psi') &= \frac{-e''_1\cos(l'' + c'')}{1 - e''_1\sin(l'' + c'')},\end{aligned}\right.$$

lesquelles, développées en séries jusqu'aux quantités de l'ordre $\frac{n^2}{R''}$ inclusivement, donneront les suivantes, où je remplace la lettre c'' par L'', qu'elle avait suppléée :

$$(2)\quad \left\{\begin{aligned} \lambda &= \lambda'' - n\sin(l'' + L'') - \tfrac{1}{2}\frac{n^2}{R''}\,\text{tang}\,\lambda''\cos^2(l'' + L''),\\ l &= l'' - \psi' + n\,\text{tang}\,\lambda''\cos(l'' + L'') - \frac{n^2}{R''}\left(\tfrac{1}{2} + \text{tang}^2\lambda''\right)\sin(l'' + L'')\cos(l''\ldots\end{aligned}\right.$$

163. Les développements (1) et (2) auront des usages inverses. Les premiers serviront pour transporter les latitudes et les longitudes de 1750 à 1750 + t, les seconds pour les ramener de 1750 + t à 1750, t pouvant être, à volonté, positif ou négatif dans les deux cas. Il faut se rappeler que L y représente l'arc N♈ de notre *fig.* 10, lequel est pris sur l'écliptique fixe de 1750, et L″ l'arc N♈″ pris sur l'écliptique transporté, l'un et l'autre se comptant dans leurs plans propres, à partir du nœud N jusqu'aux points équinoxiaux correspondants. On a vu, page 187, que L″ peut, sans erreur numérique appréciable, être fait égal à $L - \psi'$ dans toutes les applications, sa valeur exacte ne différant de celle-là que par une quantité toujours négligeable, quoiqu'elle soit analytiquement de l'ordre n^2. Les seules constantes propres à chaque époque, qui entrent dans ces réductions, sont donc ψ', L et n. On les calculera d'après leurs expressions explicites, que nous avons formées plus haut, et il faudra les introduire toujours dans les formules (1) et (2), avec les signes propres que ces expressions leur auront donnés, pour la valeur de t dont on aura fait usage.

La manière dont la quantité ψ' se présente dans ces expressions de l'' et de l, comme une quantité additive ou soustractive, commune à toutes les longitudes transportées, confirme pleinement ce que j'avais annoncé lorsque nous l'avons primitivement empruntée à la théorie de l'attraction (section I, page 124). Cela justifie aussi la dénomination de *précession apparente*, que nous lui avons donnée dès lors, d'après Laplace. A la vérité, la discussion ultérieure établie page 187 fait voir qu'il s'y joint en rigueur un terme additionnel dont l'expression théorique, formée jusqu'aux deux premières puissances du temps, serait $-\frac{1}{2}\frac{gg'}{R''}t^2$. Mais nous avons reconnu qu'il sera toujours insensible ou négligeable dans les applications, et l'on peut se dispenser de l'écrire.

164. On peut également préparer des formules, qui serviraient à transporter immédiatement les longitudes et les latitudes d'une époque quelconque à une autre, par exemple de $1750 + t$ à $1750 + t_1$, soit en toute rigueur, soit par approximation. J'ai beaucoup hésité à les présenter ici, parce qu'elles n'ont pas d'utilité pratique immédiate; mais je m'y suis décidé à cause de leur analogie avec celles que nous aurons besoin d'établir, relativement aux ascensions droites, pour un but pareil. Cela aura, en outre, l'avantage de spécifier complétement les modifications propres que le déplacement de l'écliptique produit dans ces deux systèmes de coordonnées.

Pour se diriger avec clarté et simplicité dans la solution de ce problème, il faut lui appliquer un mode de notation qui en marque distinctement les phases. A cet effet, je désignerai respectivement par les indices inférieurs $_1$ et $_2$ les éléments de position d'une même étoile aux deux époques assignées, ce qui comprendra non-seulement ces coordonnées propres, mais encore l'angle n et les arcs L et L″, ou L $-\psi'$, à la place desquels j'écrirai c et c'', comme tout à l'heure. L'absence d'indices se rapportera toujours aux coordonnées de 1750. Les coordonnées de chaque époque seront évidemment liées à celles-là par les systèmes d'équations (1) et (2), dont nous avons établi plus haut les formes générales. Seulement je combinerai, par multiplication, la troisième de chaque système avec la deuxième, pour débarrasser celle-ci de tout dénominateur. Alors l'application se fera comme il suit :

1°. Retour de $1750 + t$ à 1750, système (2),

$$\sin\lambda = -\cos\lambda_1 \sin(l_1 + c''_1)\sin n_1 + \sin\lambda_1 \cos n_1, \quad \begin{array}{l} \cos\lambda \sin(l + c_1) = \cos\lambda_1 \sin(l_1 + c''_1)\cos n_1 + \sin \\ \cos\lambda \cos(l + c_1) = \cos\lambda_1 \cos(l_1 + c''_1). \end{array}$$

Dans ces équations, c_1 représente L_1, et c''_1 représente L''_1 ou $L_1 - \psi'_1$, l'une et l'autre relatives au temps t.

2°. Transport de 1750 à $1750 + t_2$, système (1),

$$\sin\lambda_2 = \cos\lambda \sin(l + c_2)\sin n_2 + \sin\lambda \cos n_2, \quad \begin{array}{l} \cos\lambda_2 \sin(l_2 + c''_2) = \cos\lambda \sin(l + c_2)\cos n_2 - \sin \\ \cos\lambda_2 \cos(l_2 + c''_2) = \cos\lambda \cos(l + c_2). \end{array}$$

Dans celles-ci, c_2 représente L_2, et c''_2 représente L''_2 ou $L_2 - \psi'_2$, l'une et l'autre relatives au temps t_2.

Par définition, $c_2 - c_1$ est égal à $L_2 - L_1$; c'est la variation de l'arc L ou N♈ de la *fig.* 10, quand on passe de $1750 + t_1$ à $1750 + t_2$. Je la nomme φ. Dans les opérations de transport que nous avons ici particulièrement en vue, elle est toujours très-petite, comme on peut s'en convaincre en la tirant, par différence, de l'expression de L, appliquée successivement à deux valeurs du temps t peu distantes l'une de l'autre, et individuellement peu considérables. Mais, pour l'exposition de la méthode, je la supposerait d'abord quelconque. Cela posé, en remplaçant c_2 par $c_1 + \varphi$, on a rigoureusement

$$\sin(l + c_2) = \sin(l + c_1)\cos\varphi + \cos(l + c_1)\sin\varphi,$$
$$\cos(l + c_2) = \cos(l + c_1)\cos\varphi - \sin(l + c_1)\sin\varphi.$$

Substituez ces valeurs dans le deuxième système d'équations. Les coordonnées initiales λ, l ne s'y trouveront plus employées que dans les quantités $\sin\lambda$, $\cos\lambda\sin(l + c_1)$, $\cos\lambda\cos(l + c_1)$, lesquelles n'y entreront que sous forme linéaire. Or elles sont toutes trois données immédiatement par les équations du premier système. Il n'y aura donc qu'à y prendre leurs valeurs pour les substituer dans le second système, transformé comme je viens de le dire. Alors les coordonnées initiales λ, l se trouveront complétement éliminées, et les quantités $\sin\lambda_2$, $\cos\lambda_2\sin(l_2 + c''_2)$, $\cos\lambda_2\cos(l_2 + c''_2)$, qui déterminent la position de $1750 + t_2$, seront obtenues sous forme linéaire, en fonction des coordonnées λ_1, l_1 relatives à $1750 + t$, associées à des éléments connus.

165. Ces résultats ont lieu analytiquement pour des valeurs quelconques de t_1 et de t_2. Je ne les rapporte pas textuellement, parce que leur formation n'offre aucune difficulté, et que, pour de grands intervalles de temps, leur emploi numérique serait moins commode que le calcul effectué immédiatement sur les deux systèmes d'équations, direct ou inverse, tout à l'heure exposés. Mais j'indiquerai la marche qu'il faut suivre pour en tirer les valeurs explicites de λ_2 et de l_2, lorsque les valeurs de t_1 et de t_2 sont assez restreintes et assez peu différentes l'une de l'autre, pour que l'on puisse borner les développements aux deux premières puissances des rapports $\frac{n_1}{R''}$, $\frac{n_2}{R''}$, et qu'on puisse, en outre, négliger les produits tels que $\frac{n_1}{R''}\sin^2\frac{1}{2}\varphi$, $\frac{n_2}{R''}\sin^2\frac{1}{2}\varphi$, où ils entrent à la première dimension, mais affaiblis par le facteur $\sin^2\frac{1}{2}\varphi$, qui leur est associé. Alors, après avoir introduit ces restrictions dans les équations finales et complètes, d'où λ et l sont éliminés, on trouve qu'elles se réduisent à des expressions de cette forme

$$\sin\lambda_2 = \sin\lambda_1 + \varepsilon\cos\lambda_1, \quad \text{tang}(l_2 + c''_2) = (1+\varepsilon')\,\text{tang}(l_1 + c''_1 + \varphi),$$

dans lesquelles ε, ε' sont des quantités connues, de l'ordre de celles dont on est convenu de négliger les puissances supérieures au carré. La première étant traitée par la méthode dont nous avons fait usage page 227, donne immédiatement $\lambda_2 - \lambda_1$, puis λ_2. La seconde permet de former la tangente de l'arc $l_2 - l_1 + c''_2 - c''_1 - \varphi$, c'est-à-dire $l_2 - l_1 + (L_2 - \psi'_1) - (L_1 - \psi') - (L_2 - L_1)$, qui se réduit à $l_2 - l_1 - \psi'_1 + \psi'$. Et, comme cette tangente se trouve être de l'ordre ε', on en tire facilement l'arc par son expression en série, limitée aux termes de l'ordre ε'^2. On trouve ainsi, pour l_2 et λ_2, les valeurs suivantes, dans lesquelles j'ai remplacé finalement les lettres c''_2 par $L_2 - \psi'$, c''_1 par $L_1 - \psi'$, et φ par $L_2 - L_1$, conformément à nos conventions :

$$(3)\left\{\begin{aligned} l_2 &= l_1 + \psi'_1 - \psi' - (n_2 - n_1)\cos(l_1 + L_2 - \psi')\,\text{tang}\,\lambda_1 - \frac{(n_2-n_1)^2}{R''}\left(\tfrac{1}{2} + \text{tang}^2\lambda_1\right)\sin(l_1 + L_2 - \psi')\cos\ldots \\ &\quad + \frac{n_1(L_2 - L_1)}{R''}\sin(l_1 + L_2 - \psi')\,\text{tang}\,\lambda_1, \\ \lambda_2 &= \lambda_1 + (n_2 - n_1)\sin(l_1 + L_2 - \psi') - \tfrac{1}{2}\frac{(n_2-n_1)^2}{R''}\cos^2(l_1 + L_2 - \psi')\,\text{tang}\,\lambda_1 \\ &\quad + n_1(L_2 - L_1)\cos(l_1 + L_2 - \psi'). \end{aligned}\right.$$

Si l'on fait $t_1 = 0$, l'époque spécifiée par l'indice $_1$ revient coïncider avec 1750. Alors ψ' est nul, ainsi que n_1, et les deux formules se retrouvent identiques aux développements (1), formés plus haut pour ce cas spécial.

166. On obtient des formules équivalentes aux précédentes en s'appuyant sur une construction qui met immédiatement en œuvre les éléments du transport que l'on veut opérer. Elle est représentée dans la *fig.* 13, entièrement analogue à notre *fig.* 10, sauf qu'on y a tracé les directions de l'équateur et de l'écliptique pour les deux époques considérées. Elles y sont désignées par les mêmes lettres dont nous avons fait constamment usage. Mais, afin de simplifier la notation qui caractérise leurs détails, on a supposé les dates des deux époques exprimées par $1750 + t$, $1750 + t_1$, et l'on a distingué les éléments qui y correspondent par l'absence d'indices inférieurs, ou par l'addition d'un tel indice, selon qu'ils se rapportent au temps t ou au temps t_1, comptés de 1750, positivement pour les époques postérieures, négativement pour les antérieures, ainsi que nous l'avons toujours admis. La figure est construite, sur le premier cas, comme type de raisonnement. On y a prolongé les écliptiques des deux époques jusqu'à leur rencontre mutuelle en E_2, au nord de l'écliptique fixe $N_1 N \Upsilon E$, et l'on a prolongé aussi les équateurs correspondants jusqu'à leur intersection mutuelle Q_2 au nord du même plan. Mais cette dernière partie de la construction est annexée ici par anticipation, comme un complément analogique et préparatoire, qui nous servira plus tard. En ce moment, je ne veux considérer que les écliptiques des deux époques. Leurs nœuds N, N_1 sur l'écliptique fixe sont donnés de position relativement au point équinoxial Υ de 1750, au moyen des arcs $N\Upsilon$, $N_1\Upsilon$, dont le premier est L, le second L_1. Les points équinoxiaux actuels Υ'', Υ''_1 sont également déterminés en position par les arcs $N\Upsilon''$, $N_1\Upsilon''_1$ dont le premier est L'' ou $L - \psi'$, le second L''_1 ou $L_1 - \psi'_1$, ces équivalences pouvant être numériquement admises dans toutes les applications, sans être théoriquement rigoureuses, comme nous l'avons reconnu. D'après cela, si l'on connaissait les prolongements NE_2, N_1E_2, que je nomme δ, δ_1, et l'angle compris entre eux, que je nomme i, le transport des positions stellaires serait bien facile. Car, en ajoutant $L'' + \delta$ aux longitudes l, et $L''_1 + \delta_1$ aux longitudes l_1, elles se trouveront rapportées à l'origine commune E_2 dans leurs plans individuels, dont l'inclinaison réciproque sera i. Alors le passage des premières aux dernières s'opérera rigoureusement par les formules

$$(1)\quad \begin{cases} \sin\lambda_1 = \cos\lambda \sin(l + L'' + \delta)\sin i + \sin\lambda\cos i, \\ \operatorname{tang}(l_1 + L''_1 + \delta_1) = \operatorname{tang}(l + L'' + \delta)\cos i - \dfrac{\operatorname{tang}\lambda \sin i}{\cos(l + L'' + \delta)}, \end{cases}$$

lesquelles offrent une analogie de composition évidente avec les équations (1) de la page 226.

167. Pour des transports opérés à de courts intervalles de temps, ce qui est le cas que nous voulons ici spécialement considérer, il vaut mieux chercher la différence des coordonnées que leurs valeurs absolues. Or, en suivant l'analogie analytique de ces équations avec celles de la page 226, on obtiendra ce résultat par l'introduction de deux quantités auxiliaires :

$$e = \sin(l + L'' + \delta)\sin i - 2\,\mathrm{tang}\,\lambda \sin^2\tfrac{1}{2}i,$$
$$e_1 = \mathrm{tang}\,\lambda \sin i + 2\sin(l + L'' + \delta)\sin^2\tfrac{1}{2}i.$$

Car, au moyen d'opérations absolument semblables à celles que nous avons effectuées alors, on en déduira en toute rigueur

$$\mathrm{tang}\,\tfrac{1}{2}(\lambda_1 - \lambda) = \frac{e}{1 + [1 - e(2\,\mathrm{tang}\,\lambda + e)]^{\frac{1}{2}}},$$

$$\mathrm{tang}(l_1 - l + L''_1 - L'' + \delta_1 - \delta) = -\frac{e_1 \cos(l + L'' + \delta)}{1 - e_1 \sin(l + L'' + \delta)};$$

et ces expressions, étant développées suivant les puissances ascendantes de e et de e_1, jusqu'aux deuxièmes inclusivement, donneront, avec une approximation de même forme,

$$(1)\quad \left\{\begin{aligned} l_1 &= l + L'' - L''_1 + \delta - \delta_1 - i\cos(l + L'' + \delta)\,\mathrm{tang}\,\lambda \\ &\quad - \frac{i^2}{R''}\left(\tfrac{1}{2} + \mathrm{tang}^2\lambda\right)\sin(l + L'' + \delta)\cos(l + L'' + \delta), \\ \lambda_1 &= \lambda + i\sin(l + L'' + \delta) - \tfrac{1}{2}\frac{i^2}{R''}\cos^2(l + L'' + \delta)\,\mathrm{tang}\,\lambda. \end{aligned}\right.$$

Ceci n'est que la transcription de développements pareils à ceux que nous avons formés alors. Tout se réduit donc à trouver ici les valeurs des trois quantités δ, δ_1 et i.

168. Or elles sont données par la résolution du triangle sphérique NN_1E_1; car on y connaît le côté $L_1 - L$, plus les angles adjacents intérieurs n et $180° - n_1$, lesquels, comme $L_1 - L$, peuvent se calculer d'après les valeurs assignées à t et à t_1. Alors les analogies de Napier lui sont applicables, et elles donnent

$$\mathrm{tang}\,\tfrac{1}{2}(\delta + \delta_1) = \frac{\sin\frac{1}{2}(n_1 + n)}{\sin\frac{1}{2}(n_1 - n)}\,\mathrm{tang}\,\tfrac{1}{2}(L_1 - L),$$

$$\mathrm{tang}\,\tfrac{1}{2}(\delta - \delta_1) = \frac{\cos\frac{1}{2}(n_1 + n)}{\cos\frac{1}{2}(n_1 - n)}\,\mathrm{tang}\,\tfrac{1}{2}(L_1 - L).$$

Puis, δ et δ_1 étant trouvés, on aura, par une autre de ces analogies (*),

$$\tang \tfrac{1}{2} i = \frac{\cos \frac{1}{2}(\delta - \delta_1)}{\cos \frac{1}{2}(\delta + \delta_1)} \tang \tfrac{1}{2}(n_1 - n).$$

Dans l'application que nous avons en vue, les angles n, n_1 sont toujours fort petits, et les côtés δ, δ_1 sont aussi d'un ordre de petitesse comparable à $L_1 - L$. Résolvons d'abord nos trois équations sous la condition approximative que ces diverses quantités puissent être supposées sensiblement proportionnelles à leurs sinus et à leurs tangentes. Les deux premières nous donneront

$$\delta + \delta_1 = \frac{(n_1 + n)}{(n_1 - n)}(L_1 - L), \qquad \delta - \delta_1 = L_1 - L;$$

d'où l'on tire

$$\delta = \frac{n_1}{(n_1 - n)}(L_1 - L), \qquad \delta_1 = \frac{n}{(n_1 - n)}(L_1 - L);$$

et il résultera de la troisième

$$i = n_1 - n;$$

ce qui montre qu'à ce degré d'approximation, l'angle i se compose en n_1 et n, comme si le triangle était rectiligne, ou, en d'autres termes, son excès sphérique est de l'ordre des quantités négligées.

Afin d'apprécier la portée de ces expressions, remplaçons-y n, n_1, $L_1 - L$ par leurs valeurs générales en fonction du temps t, que nous fournissent les développements formés pages 179 et 183; et, pour cette épreuve, ne prenons que leur partie principale qui contient seulement la première puissance de cette variable. Les

(*) Si l'on se reporte à la note de la page 205, où j'ai présenté le type général des analogies népériennes, la première et la deuxième appliquées ici sont la quatrième et la troisième d'alors, qui contiennent $\tang \frac{1}{2}(a + b)$ et $\tang \frac{1}{2}(a - b)$, remplacés actuellement par $\tang \frac{1}{2}(\delta + \delta_1)$ et $\tang \frac{1}{2}(\delta - \delta_1)$. Celle qui donne $\tang \frac{1}{2} i$ est la deuxième, où $\tang \frac{1}{2} c$ est associé à $\cos \frac{1}{2}(a - b)$ et $\cos \frac{1}{2}(a + b)$, remplacés ici par $\cos \frac{1}{2}(\delta - \delta_1)$ et $\cos \frac{1}{2}(\delta + \delta_1)$.

éléments déterminatifs de notre triangle seront alors généralement

$$n = 0'',528\,t,\quad n_1 = 0'',528\,t_1,\quad n_1 - n = 0'',528\,(t_1 - t),$$
$$L_1 - L = 8'',421\,(t_1 - t);$$

et nos expressions approximatives donneront, avec la même généralité,

$$\delta = 8'',421\,t_1,\quad \delta_1 = 8'',421\,t,\quad i = 0'',528\,(t_1 - t).$$

Supposons maintenant $t = +50$, ce qui portera l'une des époques à l'année 1800, et $t_1 = +110$, ce qui portera l'autre à l'année 1860. Ces limites embrasseront plus que l'intervalle de temps, qui comprend les observations astronomiques précises. Alors les expressions précédentes, étant ainsi particularisées, donneront

$$\delta = 926'',310,\quad \delta_1 = 421'',050,\quad i = 31'',680.$$

Maintenant, si l'on effectue le calcul rigoureux de ces mêmes quantités par les trois analogies népériennes, en y portant toute la précision qu'on peut obtenir avec les Tables logarithmiques ordinaires à sept décimales, on trouve δ plus faible de $0'',002$, δ_1 plus fort exactement de la même fraction, et l'angle i aussi plus fort, mais seulement de $0'',0001$. En conséquence, bien qu'on pût toujours déterminer ces trois valeurs par les formules rigoureuses, cela serait tout à fait inutile pour des intervalles de temps aussi restreints que ceux qu'on aurait à embrasser dans de pareilles applications, car les expressions approximatives de δ, δ_1, i, en t et t_1, y seraient complétement suffisantes. Or on va voir qu'en effet, si on les introduit dans les développements que nous avons formés, suivant les puissances ascendantes de l'angle i, elles les font concorder, entre les mêmes limites d'approximation, avec ceux que nous avions d'abord établis analytiquement sous une autre forme dans la page 238.

Pour en donner la preuve, rappelons-nous que nous avons, par convention,

$$L'' = L - \psi',\quad L''_1 = L_1 - \psi'_1,$$

et, par évaluation approximative,

$$\delta - \delta_1 = L_1 - L;$$

il en résultera donc

$$L'' - L''_1 + \delta - \delta_1 = \psi'_1 - \psi',$$

et

$$L'' + \delta = L - \psi' + \delta - \delta_1 + \delta_1 = L_1 - \psi' + \delta_1.$$

Ces valeurs étant introduites dans nos deux développements (1), conjointement avec celle de i égale à $n_1 - n$, elles donneront finalement

$$(1)\begin{cases} l_1 = l + \psi'_1 - \psi' - (n_1 - n)\cos(l + L_1 - \psi' + \delta_1)\,\mathrm{tang}\,\lambda \\ \quad - \dfrac{(n_1 - n)^2}{R''}(\tfrac{1}{2} + \mathrm{tang}^2\lambda)\sin(l + L_1 - \psi' + \delta_1)\cos(l + L_1 - \psi' + \delta_1), \\ \lambda_1 = \lambda + (n_1 - n)\sin(l + L_1 - \psi' + \delta_1) \\ \quad - \dfrac{(n_1 - n)^2}{R''}\cos^2(l + L_1 - \psi' + \delta_1)\,\mathrm{tang}\,\lambda, \end{cases}$$

δ_1 devant être employé dans les seconds membres avec sa valeur approximative

$$\delta_1 = \frac{n}{(n_1 - n)}(L_1 - L).$$

Ces développements sont identiques avec ceux que nous avons obtenus plus haut par l'analyse directe, du moins entre les limites d'approximation où les uns et les autres sont restreints. Pour le prouver, il suffit de faire sortir δ_1 de dessous les signes périodiques. En effet, on a d'abord rigoureusement

$$\cos(l + L_1 - \psi' + \delta_1) = \cos(l + L_1 - \psi') - \sin(l + L_1 - \psi')\sin\delta_1 \\ - 2\cos(l + L_1 - \psi')\sin^2\tfrac{1}{2}\delta_1,$$

$$\sin(l + L_1 - \psi' + \delta_1) = \sin(l + L_1 - \psi') + \cos(l + L_1 - \psi')\sin\delta_1 \\ - 2\sin(l + L_1 - \psi')\sin^2\tfrac{1}{2}\delta_1.$$

Dans les applications que nous avons en vue, δ_1 est toujours fort petit, et, quoique l'expression littérale que nous venons d'en donner ait en dénominateur $n_1 - n$, il doit être considéré comme analytiquement comparable à n, parce que le rapport $\frac{L_1 - L}{n_1 - n}$ reste toujours fini, même quand ses deux termes sont évanouissants. En effet, comme on l'a vu dans la page 242, sa partie principale, qui est indépendante des temps t, t_1, a pour valeur $\frac{8,421}{0,528}$, un peu moindre que le nombre 16. Ceci étant reconnu, multipliez les deux membres des équations précédentes par $n_1 - n$; puis, dans les produits, remplacez $\sin \delta_1$ par $\left(\frac{\delta_1}{R''}\right)$, ce qui reviendra à y négliger le cube de $\sin \delta_1$ multiplié par $n_1 - n$. Enfin écrivez φ au lieu de $L_1 - L$, par motif d'abréviation, et éliminez tout à fait δ_1 au moyen de son expression $\frac{n\varphi}{n_1 - n}$; vous aurez ainsi :

$$\begin{aligned}
(n_1 - n)\cos(l + L_1 - \psi' + \delta_1) &= (n_1 - n)\cos(l + L_1 - \psi') \\
&\quad - \frac{n\varphi}{R''}\sin(l + L_1 - \psi') \\
&\quad - \tfrac{1}{2}\frac{n^2}{(n_1 - n)}\frac{\varphi^2}{R''^2}\cos(l + L_1 - \psi'), \\
(n_1 - n)\sin(l + L_1 - \psi' + \delta_1) &= (n_1 - n)\sin(l + L_1 - \psi') \\
&\quad + \frac{n\varphi}{R''}\cos(l + L_1 - \psi') \\
&\quad - \tfrac{1}{2}\frac{n^2}{(n_1 - n)}\frac{\varphi^2}{R''^2}\sin(l + L_1 - \psi').
\end{aligned}$$

Le dernier terme de chacune de ces égalités est de l'ordre $n \sin^2 \frac{1}{2}\varphi$, que nous avons négligé dans les deux approximations. Il faudra donc le supprimer également ici. Pour juger de sa petitesse, il n'y a qu'à évaluer son coefficient par la seule substitution des parties principales des facteurs qui le composent, telles que nous les avons tout à l'heure exprimées en t et t_1. Il devient ainsi

$$\tfrac{1}{2}\cdot 0'',528\left(\frac{8'',421}{R''}\right)^2 (t_1 - t)t^2.$$

Par une raison pareille, le terme précédent, qui a pour facteur $\frac{n\varphi}{R''}$, devra aussi être négligé, non pas généralement, mais dans les derniers termes de l_1 et de λ_1, qui ont déjà pour coefficient $\frac{(n_1 - n)^2}{R''^2}$. On ne devra le conserver que dans leurs premiers termes; alors les expressions de ces quantités, ainsi transformées, se trouveront coïncider avec celles de la page 238, en supprimant dans ces premières une unité de chacun des indices, pour ramener les deux notations à l'identité.

169. Je n'insisterai pas davantage sur ces développements, que je n'ai présentés, je le répète, qu'en vue d'analogies ultérieures, et je vais appliquer des considérations toutes semblables au transport des coordonnées équatoriales, qui, s'opérant sur des quantités immédiatement fournies par l'observation, a une importance pratique beaucoup plus grande.

(B). *Transport des coordonnées équatoriales. Exposé des déterminations théoriques qu'on en peut déduire.*

Revenons à la *fig.* 13, dont la construction a été tout à l'heure expliquée. Sa seule inspection montre que le prolongement des deux équateurs $Q'\Upsilon'$, $Q'_1\Upsilon'_1$, continué jusqu'à une de leurs intersections conventionnellement choisie, établira, entre les coordonnées angulaires qui s'y rapportent, des relations exactement pareilles à celles que le prolongement des deux écliptiques vient de nous fournir entre les longitudes et les latitudes propres à ces plans. Ainsi l'on devra en déduire des formules tout à fait analogues pour transporter les ascensions droites et les déclinaisons de $1750 + t$ à $1750 + t_1$, ou généralement d'une époque à une autre. Il faudra seulement admettre, comme dans le cas précédent, que l'on connaît par théorie, ou de toute autre manière, les expressions numériques générales des quantités ψ, ψ', ω, ω', qui déterminent à chaque instant la position absolue de l'équateur et du point équinoxial, relativement à l'écliptique d'une époque fixe, celle d'où l'on compte le temps t.

Je reprends donc, sous ce point de vue, la *fig.* 13 comme type de raisonnement. Conformément à la notation que nous avons toujours employée, nommons α' l'arc $\Upsilon'\Upsilon''$, qui représente le mouvement en ascension droite du point équinoxial depuis 1750, ou généralement, depuis l'époque prise pour origine jusqu'à l'instant désigné par t, que notre figure type suppose lui être postérieur. Nommons de même α'_1 l'arc $\Upsilon'_1\Upsilon''_1$, qui représente l'élément analogue pour l'époque désignée par t_1, celle-ci étant pareillement postérieure, selon la figure, à celle que désigne t. Ces deux arcs s'obtiendraient rigoureusement par la résolution des triangles sphériques rectangles $\Upsilon'\Upsilon''P''$, $\Upsilon'_1\Upsilon''_1P''_1$; car, dans le premier de ces triangles, on connaît l'angle ω, inclinaison de l'équateur de l'époque t sur l'écliptique fixe, plus le côté $\Upsilon'P''$, qui est $\psi - \psi'$ pour cette même époque; et, dans le deuxième, on connaît les éléments analogues pour l'époque t_1. Ainsi, en spécifiant ces derniers par l'addition d'un indice inférieur, comme on l'a fait dans la figure, on aurait

$$\operatorname{tang}\alpha' = \frac{\operatorname{tang}(\psi - \psi')}{\cos\omega}, \qquad \operatorname{tang}\alpha'_1 = \frac{\operatorname{tang}(\psi_1 - \psi'_1)}{\cos\omega_1}.$$

Mais, lorsqu'on borne les évaluations théoriques de ψ, ψ', ω, ω' aux deux premières puissances du temps t, comme le supposent les valeurs de ces éléments dont nous allons faire usage, on peut voir, par le développement littéral de l'arc α' effectué page 215, que, dans les mêmes limites d'approximation, les expressions de α' et de α'_1 se réduisent aux formes suivantes :

$$\alpha = \frac{\psi - \psi'}{\cos\omega_0}, \qquad \alpha'_1 = \frac{\psi_1 - \psi'_1}{\cos\omega_0},$$

ω_0 désignant l'obliquité de l'équateur sur l'écliptique fixe à l'époque où t commence. C'est aussi ce que l'on tirerait immédiatement des équations rigoureuses qui les déterminent, si l'on y introduisait le même principe de limitation. Il suffira donc de former, une fois pour toutes, l'expression générale de $\dfrac{\psi - \psi'}{\cos\omega_0}$ en fonction des deux premières puissances du temps t, compté de l'époque prise pour origine, comme nous l'avons fait à partir du 1er janvier 1750, dans la page 217, et l'on en déduira les valeurs des arcs α', α'_1 pour toutes les époques antérieures ou postérieures que l'on voudra considérer dans les limites de temps auxquelles la même approximation peut s'étendre.

170. Ces résultats étant obtenus, ajoutez α' aux ascensions droites a de l'époque t, et α'_1 aux ascensions droites a_1 de l'époque t_1. Elles seront alors amenées à avoir pour origines les points Υ', Υ'_1 de l'écliptique fixe, qui se trouvent sur les prolongements respectifs des deux équateurs. D'après cela, si l'on connaissait les longueurs de ces prolongements jusqu'au point où ils s'entrecoupent, c'est-à-dire les arcs $\Upsilon'Q_2$, Υ'_1Q_2, que je nomme Λ, Λ_1, plus l'angle compris entre eux, que je nomme $+q$, en attachant son signe à la position que lui attribue la figure, le transport demandé serait bien facile. Car, en ajoutant $\Lambda + \alpha'$ aux ascensions droites a, et $\Lambda_1 + \alpha'_1$ aux ascensions droites a_1, elles se trouveront rapportées à l'origine commune Q_2 dans leurs plans propres, dont l'inclinaison mutuelle serait q, les déclinaisons d, d_1 demeurant invariables. Alors les conditions du problème seront toutes pareilles à celles que nous avons eues pour le transport des coordonnées écliptiques dans la page 226, et il se résoudra par des formules exactement semblables, où il faudra seulement changer la signification des symboles littéraux. Ainsi, pour transporter les positions, de l'époque t à l'époque t_1, on aura

$$\sin d_1 = \cos d \sin(a + \alpha' + \Lambda) \sin q + \sin d \cos q,$$

$$\operatorname{tang}(a_1 + \alpha'_1 + \Lambda_1) = \operatorname{tang}(a + \alpha' + \Lambda)\cos q - \frac{\operatorname{tang} d}{\cos(a + \alpha' + \Lambda)} \sin q,$$

avec l'équation de vérification

$$\cos d_1 \cos(a + \alpha'_1 + \Lambda_1) = \cos d \cos(a + \alpha' + \Lambda).$$

Si, au contraire, on veut revenir de l'époque t_1 à l'époque t, il faudra prendre

$$\sin d = -\cos d_1 \sin(a_1 + \alpha'_1 + \Lambda_1) \sin q + \sin d_1 \cos q,$$

$$\operatorname{tang}(a + \alpha' + \Lambda) = \operatorname{tang}(a_1 + \alpha'_1 + \Lambda_1)\cos q + \frac{\operatorname{tang} d_1}{\cos(\alpha_1 + \alpha'_1 + \Lambda_1)} \sin q,$$

avec la même équation de vérification

$$\cos d \cos(a + \alpha' + A) = \cos d_1 \cos(a_1 + \alpha'_1 + A_1).$$

Ces deux systèmes sont exactement pareils à ceux que nous avons nommés (1) et (2) pour les coordonnées écliptiques dans la page 226, et ils se traiteront de la même manière. Je me bornerai donc à développer les formules qui dérivent du premier, celles qui se rapportent au second pouvant s'en déduire par de simples mutations de lettres et de signes. Alors, en suivant l'analogie analytique qui vient d'être indiquée, d et a étant donnés, pour avoir $d_1 - d$ et $a_1 - a$, on introduira les deux quantités auxiliaires

$$e = \sin(a + \alpha' + A) \sin q - 2 \tang d \sin^2 \tfrac{1}{2} q,$$
$$e_1 = \tang d \sin q + 2 \sin(a + \alpha' + A) \sin^2 \tfrac{1}{2} q;$$

et, par la même marche de raisonnements, ou par la simple mutation des lettres analogues, on obtiendra

$$\tang \tfrac{1}{2}(d_1 - d) = \frac{e}{1 + (1 - 2e \tang d - e^2)^{\frac{1}{2}}},$$

$$\tang(a_1 - a + a'_1 + A_1 - A) = -\frac{e_1 \cos(a + \alpha' + A)}{1 - e_1 \sin(a + \alpha' + A)}.$$

De même encore, lorsque a_1 aura été calculé par la formule en e_1, on pourrait obtenir subsidiairement $d - d_1$ par la considération du triangle sphérique formé aux pôles des deux équateurs, lequel donnera

$$\tang \tfrac{1}{2}(d_1 - d) = \frac{\sin \frac{1}{2}(a_1 + a + \alpha'_1 + A_1 + \alpha' + A)}{\cos \frac{1}{2}(a_1 - a + \alpha'_1 + A_1 - \alpha' - A)} \tang \tfrac{1}{2} q.$$

C'est l'équivalent de la formule établie entre les différences de latitude dans la page 233.

Si l'on réduit en nombres les seconds membres de ces expressions, elles donneront en toute rigueur les différences demandées. Mais si l'on se contente d'approximations, elles fourniront les développements suivants, tout semblables à ceux que nous avons obtenus, page 240, pour le cas pareil des coordonnées écliptiques.

et l'on n'aura qu'à écrire, par analogie,

$$a_1 = a + \alpha' - \alpha'_1 + A - A_1 - q\cos(a+\alpha'+A)\operatorname{tang} d$$
$$- \frac{q^2}{R''}\left(\tfrac{1}{2} + \operatorname{tang}^2 d\right)\sin(a+\alpha'+A)\cos(a+\alpha'+A),$$

$$d_1 = d + q\sin(a+\alpha'+A) - \tfrac{1}{2}\frac{q^2}{R''}\cos^2(a+\alpha'+A)\operatorname{tang} d.$$

Il ne me reste donc plus qu'à trouver les valeurs des prolongements A, A_1, et de l'angle q.

171. Elles sont données par la résolution du triangle sphérique $\Upsilon'\Upsilon'_1 Q$, où l'on connaît le côté $\Upsilon'\Upsilon'_1$, qui est le mouvement de précession sur l'écliptique fixe dans l'intervalle des époques considérées, mouvement exprimé par $\psi_1 - \psi$, plus les deux angles adjacents intérieurs, dont l'un est ω et l'autre $180° - \omega_1$. Ce sera donc encore une application du quatrième cas des triangles sphériques obliquangles de Legendre ; ainsi l'on aura d'abord l'angle q par la formule directe

$$\sin^2\tfrac{1}{2}q = \sin^2\tfrac{1}{2}(\omega_1 - \omega) + \sin\omega_1 \sin\omega \sin^2\tfrac{1}{2}(\psi_1 - \psi).$$

Puis, les côtés A, A_1, s'obtiendront par les formules

$$\sin q \sin A = \sin\omega_1 \sin(\psi_1 - \psi),$$
$$\sin q \sin A_1 = \sin\omega \sin(\psi_1 - \psi),$$
$$\sin q \cos A = \sin(\omega_1 - \omega) - 2\cos\omega \sin\omega_1 \sin^2\tfrac{1}{2}(\psi_1 - \psi),$$
$$\sin q \cos A_1 = \sin(\omega_1 - \omega) + 2\cos\omega_1 \sin\omega \sin^2\tfrac{1}{2}(\psi_1 - \psi);$$

lesquelles résultent de la condition de proportionnalité des sinus des angles aux sinus des côtés opposés, combinée avec l'expression directe des tangentes de ces mêmes côtés. Or la composition analytique de ces expressions découvre déjà plusieurs conséquences essentielles à prévoir pour diriger les applications que l'on en pourra faire.

172. Je considère d'abord $\sin^2\frac{1}{2}q$. Des deux termes qui composent sa valeur, le premier sera toujours beaucoup plus petit que le second. Car ω_1 et ω ne diffèrent de ω_0 que par un terme proportionnel au carré des temps t, t_1, lequel a un coefficient dont les premiers chiffres significatifs ne commencent qu'à la sixième décimale; tandis que $\psi_1 - \psi$ a un terme principal proportionnel à la différence $t_1 - t$, dont le coefficient est $50'',288$. D'après cette composition, il est bien aisé de prévoir que, pour des valeurs égales de t et t_1, l'angle q des deux équateurs sera beaucoup plus grand que l'angle i, ou $n_1 - n$ des deux écliptiques. En effet, on aura une estimation très-approximative de q, en négligeant, dans son expression, la partie qui dépend de $\omega_1 - \omega$, et le faisant égal à $(\psi_1 - \psi) \sin \omega_0$, ou $50'',288 (t_1 - t) \sin \omega_0$, pour n'employer que le terme principal de $\psi_1 - \psi$. D'autre part, la valeur de i, ou $n_1 - n$, étant aussi restreinte à son terme le plus influent, est $0'',528 (t_1 - t)$, comme on le voit par l'expression générale de n en t, formée page 179. Le rapport $\frac{q}{i}$, déduit de ces approximations, sera donc $\frac{50,288}{0,528} \sin \omega_0$; et en donnant à ω_0 la valeur $23° 28' 23''$, que nous lui avons attribuée, on le trouve presque égal à 38. En conséquence, les séries préparées pour le transport des latitudes et des longitudes étant ordonnées suivant les puissances ascendantes de $\frac{i}{R''}$, convergeaient beaucoup plus rapidement que celles que nous venons d'obtenir pour le transport des déclinaisons et des ascensions droites, celles-ci procédant par les puissances ascendantes de $\frac{q}{R''}$. On devra donc, pour ces dernières, restreindre les valeurs des déclinaisons auxquelles on les applique beaucoup plus qu'on n'était obligé de restreindre les latitudes dans les autres, afin que leurs seuls premiers termes, auxquels on se borne, donnent des résultats également précis. Car, dans ces séries, les arcs d ou λ entrent similairement par leurs tangentes, dont l'accroissement sans limite pourrait ralentir trop la convergence, ou même la détruire s'ils étaient pris trop proches de 90°.

175. Venant aux équations qui donnent les côtés A, A_1, j'y ferai, *par convention*, l'angle q toujours de même signe que $\psi_1 - \psi$, ou $t_1 - t$, ce qui le rendra positif, ainsi que son sinus, dans la *fig.* 13 qui nous sert de type. Alors sin A et sin A_1 sortiront toujours positifs des deux équations où ils se trouvent multipliés par sin q. Mais les signes de cos A et de cos A_1 n'offriront pas la même constance, parce que les seconds membres des équations qui les contiennent ne changent pas de signe en même temps que sin q. Celui de la première reste invariablement négatif; et celui de la seconde invariablement positif, en vertu de la petitesse relative de sin $(\omega_1 - \omega)$, comparativement au terme de signe constant qui lui est associé. Pour satisfaire à ces diverses conditions, il faut que les valeurs des côtés A, A_1 soient individuellement de cette forme,

$$A = 90^\circ + u, \qquad A_1 = 90^\circ - u_1,$$

u, u_1 désignant des arcs moindres que 90°, toujours de même signe que q, ou $t_1 - t$. En outre, la composition des équations qui les donnent montre que, dans les applications à des arcs $\psi_1 - \psi$ peu étendus, comme ceux que nous avons ici à considérer, leurs valeurs seront toujours fort restreintes, et presque égales entre elles. Il suit de là que les côtés A, A_1 du triangle équatorial $\Upsilon'\Upsilon'_1 Q$, seront toujours fort grands dans les applications; au lieu que ceux du triangle écliptique correspondant, NN_1E_1, désignés par δ, δ_1 dans la même figure, seront toujours fort petits, comme nous l'avons reconnu page 242; et cette dissemblance n'était pas inutile à constater comme nous venons de le faire. Toutefois, il est essentiel de remarquer que tous ces caractères du triangle $\Upsilon'\Upsilon'_1 Q$, sont spécialement propres au phénomène de la précession tel qu'il existe, et résultent des rapports numériques que la théorie établit entre ses divers éléments constitutifs. Un autre mode de variations plus général des plans de l'équateur et de l'écliptique donnerait aux parties de ce triangle des relations de grandeur toutes différentes, comme il est aisé de le pressentir; et nous étudierons plus loin un phénomène céleste, où cette diversité se trouve physiquement réalisée.

174. Les particularités précédentes étant reconnues, nous pourrons très-avantageusement appliquer aussi les analogies népériennes à la résolution de notre triangle équatorial; et, en choisissant celles qui conviennent sur le type général que j'en ai donné dans la note annexée à la page 205, elles fourniront pour ce but les trois équations suivantes :

$$\tang \tfrac{1}{2}(A + A_1) = \frac{\sin \frac{1}{2}(\omega_1 + \omega)}{\sin \frac{1}{2}(\omega_1 - \omega)} \tang \tfrac{1}{2}(\psi_1 - \psi),$$

$$\tang \tfrac{1}{2}(A - A_1) = \frac{\cos \frac{1}{2}(\omega_1 + \omega)}{\cos \frac{1}{2}(\omega_1 - \omega)} \tang \tfrac{1}{2}(\psi_1 - \psi),$$

puis, A et A_1 étant trouvés, on aura

$$\tang \tfrac{1}{2}q = \frac{\sin \frac{1}{2}(A - A_1)}{\sin \frac{1}{2}(A + A_1)} \tang \tfrac{1}{2}(\omega_1 + \omega).$$

Maintenant, remplacez A et A_1, par leurs valeurs, en fonctions des quantités auxiliaires u et u_1 ; vous aurez

$$\tfrac{1}{2}(A + A_1) = 90^\circ - \tfrac{1}{2}(u_1 - u), \quad \tfrac{1}{2}(A - A_1) = \tfrac{1}{2}(u_1 + u).$$

Cela renversera la première équation sans renverser les deux autres, et il en résultera

$$(A) \left\{ \begin{aligned} \tang \tfrac{1}{2}(u_1 - u) &= \frac{\sin \frac{1}{2}(\omega_1 - \omega)}{\sin \frac{1}{2}(\omega_1 + \omega) \tang \frac{1}{2}(\psi_1 - \psi)}, \\ \tang \tfrac{1}{2}(u_1 + u) &= \frac{\cos \frac{1}{2}(\omega_1 + \omega)}{\cos \frac{1}{2}(\omega_1 - \omega)} \tang \tfrac{1}{2}(\psi_1 - \psi), \\ \tang \tfrac{1}{2}q &= \frac{\sin \frac{1}{2}(u_1 + u)}{\cos \frac{1}{2}(u_1 - u)} \tang \tfrac{1}{2}(\omega_1 + \omega). \end{aligned} \right.$$

Alors, les deux dernières de ces équations ainsi transformées se trouveront parfaitement préparées pour donner des valeurs numériques exactes, parce que les quantités données, qui sont, par leur nature, relativement ou absolument très-petites, y seront placées aux numérateurs, et non plus aux dénominateurs des fractions que l'on devra évaluer. Toutefois le calcul de $\tang \frac{1}{2}(u_1 - u)$ présentera une difficulté spéciale provenant de ce que le facteur $t_1 - t$ se trouve implicitement commun au numérateur ainsi qu'au dénominateur de la fraction qui l'exprime ; mais on pourra l'en dégager de la manière suivante.

175. En développant les expressions générales de ω et ψ en fonction du temps t, que Laplace a déduites de la théorie de l'attraction, et les bornant aux deux premières puissances de t, nous avons trouvé, dans la page 167,

$$\omega = \omega_0 + 0'',000009842\,32\,t^2,$$
$$\psi = 50'',2876\,1621\,t - 0'',00012\,17939\,t^2,$$

ce que je représenterai, pour abréger, par les formes littérales

$$\omega = \omega_0 + \mathfrak{c}t^2, \qquad \psi = \mathfrak{a}t - \mathfrak{b}t^2.$$

Dans l'application de ceci aux époques assignées, j'emploie les variables auxiliaires

$$\mathrm{T} = \tfrac{1}{2}(t_1 + t), \qquad \theta = \tfrac{1}{2}(t_1 - t);$$

T et θ seront connues, puisque l'on donne t_1 et t. Je pose en outre, par abréviation,

$$\omega_2 = \omega_0 + \mathfrak{c}\mathrm{T}^2 + \mathfrak{c}\theta^2, \quad a_2 = \mathfrak{a} - 2\mathfrak{b}\mathrm{T}, \quad a_3 = \mathfrak{a}\mathrm{T} - \mathfrak{b}\mathrm{T}^2 - \mathfrak{b}\theta^2;$$

ω_2, a_2, a_3 seront connues également. Ceci convenu, les premières suppositions donnent

$$t_1 = \mathrm{T} + \theta, \qquad t = \mathrm{T} - \theta.$$

Employons ces expressions pour former les valeurs de ω et de ψ relatives aux deux époques considérées, en distinguant, par une accentuation analogue, celles qui sont propres à l'une ou à l'autre. Nous aurons ainsi, d'abord

$$\omega_1 = \omega_0 + \mathfrak{c}(\mathrm{T} + \theta)^2 = \omega_2 + 2\mathfrak{c}\mathrm{T}\theta,$$
$$\omega = \omega_0 + \mathfrak{c}(\mathrm{T} - \theta)^2 = \omega_2 - 2\mathfrak{c}\mathrm{T}\theta;$$

et de là on tire

$$\tfrac{1}{2}(\omega_1 + \omega) = \omega_2, \qquad \tfrac{1}{2}(\omega_1 - \omega) = 2\mathfrak{c}\mathrm{T}\theta.$$

Formant de même ψ_1 et ψ, on trouve

$$\psi_1 = \mathfrak{a}(\mathrm{T} + \theta) - \mathfrak{b}(\mathrm{T} + \theta)^2 = a_3 + a_2\theta,$$
$$\psi = \mathfrak{a}(\mathrm{T} - \theta) - \mathfrak{b}(\mathrm{T} - \theta)^2 = a_3 - a_2\theta;$$

ce qui donne

$$\tfrac{1}{2}(\psi_1 + \psi) = a_3, \qquad \tfrac{1}{2}(\psi_1 - \psi) = a_2\theta.$$

L'auxiliaire a_3 n'entrera pas explicitement dans les applications, mais l'auxiliaire a_2 en va devenir un élément essentiel ; c'est pourquoi il est bon de remarquer que $\psi_1 - \psi$ étant égal à $2a_2\theta$, par conséquent à $a_2(t_1 - t)$, a_2 représente l'arc de rétrogradation *moyen* que l'équateur a décrit sur l'écliptique fixe de 1750, pendant chaque année julienne comprise entre les époques considérées.

176. En faisant usage de ces transformations, l'équation qui donne $\operatorname{tang}\tfrac{1}{2}(u_1 - u)$ devient

$$\operatorname{tang}\tfrac{1}{2}(u_1 - u) = \frac{1}{\sin\omega_2}\cdot\frac{\sin 2\varsigma T\theta}{\operatorname{tang} a_2\theta}.$$

On voit ainsi comment θ entre en facteur commun dans le numérateur et le dénominateur du second membre. Pour le faire disparaître, il faut développer en série les deux fonctions trigonométriques qui le contiennent, et le supprimer par la division. En bornant ces deux développements aux troisièmes puissances de $\frac{\theta}{R''}$, ce qui sera plus que suffisant pour toutes les applications auxquelles ces formules de transport sont destinées, on obtient

$$\operatorname{tang}\tfrac{1}{2}(u_1 - u) = \frac{2\varsigma T}{a_2 \sin\omega_2}\left\{\frac{1 - \frac{2}{3}\frac{\varsigma^2 T^2\theta^2}{R''^2}}{1 + \frac{1}{3}\frac{a_2^2\theta^2}{R''^2}}\right\};$$

ou encore, dans le même ordre d'approximation,

$$\operatorname{tang}\tfrac{1}{2}(u_1 - u) = \frac{2\varsigma T}{a_2 \sin\omega_2}\left\{1 - \frac{1}{3}\frac{(a_2^2 + 2\varsigma^2 T^2)}{R''^2}\theta^2\right\}.$$

L'extrême petitesse du coefficient ς, en comparaison du coefficient a qui forme la partie principale de a_2, fait que, dans ces mêmes circonstances, $\tfrac{1}{2}(u_1 - u)$ est toujours un très-petit arc. C'est pourquoi on pourra l'évaluer avec une exactitude très-suffisante par la formule approximative

$$\tfrac{1}{2}\left(\frac{u_1 - u}{R''}\right) = \operatorname{tang}\tfrac{1}{2}(u_1 - u) - \tfrac{1}{3}\operatorname{tang}^3\tfrac{1}{2}(u_1 - u);$$

encore ne faudra-t-il comprendre, dans le second terme, que la partie principale de la tangente. On aura ainsi

$$u_1 - u = \frac{4\text{¢}TR''}{a_2 \sin \omega_2}\left\{ 1 - \tfrac{1}{3}\frac{(a_2^2 + 2\text{¢}^2T^2)}{R''^2}\theta^2 - \tfrac{4}{3}\frac{\text{¢}^2T^2}{a_2^2 \sin^2 \omega_2} \right\}.$$

Mais, dans presque toutes les applications, on trouvera que les termes qui sont annexés à l'unité, entre les parenthèses, ne produisent que des quantités tout à fait négligeables, et je les ai rapportés presque uniquement pour que l'on puisse s'en convaincre par leur évaluation même dans chaque cas donné.

177. Le même système de quantités auxiliaires étant introduit dans l'équation qui donne $\operatorname{tang}\frac{1}{2}(u_1 + u)$, elle devient

$$\operatorname{tang}\tfrac{1}{2}(u_1 + u) = \frac{\cos \omega_2}{\cos 2\text{¢}T\theta}\operatorname{tang} a_2\theta.$$

On la résoudra directement en nombres, sous cette forme, par le calcul logarithmique. Mais, dans la généralité des applications auxquelles ces formules sont destinées, la petitesse de l'arc $a_2\theta$ permettra d'effectuer cette opération avec facilité, et avec toute la précision désirable, en s'aidant de l'artifice arithmétique exposé au tome III, page 64. On s'en servira d'abord pour évaluer le logarithme de $\operatorname{tang} a_2\theta$ d'après la valeur donnée de cet arc; puis, lorsqu'on aura formé le logarithme complet de $\operatorname{tang}\frac{1}{2}(u_1 + u)$, au moyen de cette préparation, l'arc $\frac{1}{2}(u_1 + u)$ s'en extraira par le même procédé, sans qu'il y ait aucun embarras pour avoir égard aux fractions de seconde qui compléteront les parties principales des arcs donnés, ou obtenus. Dans ces mêmes applications, l'arc $2\text{¢}T\theta$ se trouvera généralement si petit, que $\cos 2\text{¢}T\theta$ ne différera pas de l'unité, dans les limites d'appréciation des Tables usuelles à sept décimales. On pourra donc alors, sans aucune erreur sensible, lui attribuer cette valeur, et les nombres mêmes feront voir quand cela sera permis.

Lorsque les arcs u, u_1 seront ainsi trouvés, l'équation qui donne l'angle q prendra la forme suivante :

$$\operatorname{tang}\tfrac{1}{2}q = \frac{\sin\frac{1}{2}(u_1 + u)}{\cos\frac{1}{2}(u_1 - u)}\operatorname{tang}\omega_1;$$

rien ne manquera donc pour l'évaluer. Dans ce calcul, l'arc $\frac{1}{2}(u_1 - u)$ se trouvera presque toujours assez petit pour que son cosinus puisse être fait égal à l'unité sans erreur sensible; et la petitesse de l'angle $\frac{1}{2}q$ permettra aussi, habituellement, de le conclure du logarithme de sa tangente, par l'artifice que j'ai tout à l'heure rappelé.

178. Quand on sera parvenu, par cette voie, à connaître la valeur de l'angle q, on se procurera une vérification très-utile de tous les calculs antérieurs, en la déterminant de nouveau par la formule directe

$$\sin^2\tfrac{1}{2}q = \sin^2\tfrac{1}{2}(\omega_1 - \omega) + \sin\omega\sin\omega_1\sin^2\tfrac{1}{2}(\psi_1 - \psi);$$

car si l'on n'a commis aucune erreur numérique, cette seconde évaluation devra se trouver identique avec la première. Quand on introduit dans cette formule les transformations dont nous venons de faire usage, elle devient

$$\sin^2\tfrac{1}{2}q = \sin^2 2c\mathrm{T}\theta + \sin\omega\sin\omega_1\sin^2 a_2\theta.$$

En la prenant sous cette forme, elle se trouvera toute disposée pour que l'on puisse en effectuer le calcul numérique avec les données déjà établies.

179. Les observations astronomiques qui sont assez précises pour mériter qu'on les combine, par voie de transport, avec les observations plus modernes, remontent à peine au delà de 1750; depuis lors, jusqu'à nos jours, l'angle ω a si peu varié, que le terme $\sin^2\frac{1}{2}(\omega_1 - \omega)$ n'a, dans ces applications, qu'une influence presque inappréciable, et généralement insensible sur la valeur de l'angle q. On se donnerait inutilement beaucoup de peine pour en tenir compte dans le calcul numérique si l'on voulait le faire directement; mais il sera facile d'éviter cet inconvénient, si l'on remarque qu'en vertu de l'excessive petitesse du coefficient c, comparativement au coefficient a_2, le terme qui contient celui-ci sera toujours très-grand relativement à celui qui contient c. En effet, ceci étant reconnu, mettez l'équation sous cette forme,

$$\sin^2\tfrac{1}{2}q = \sin\omega \sin\omega_1 \sin^2 a_2\theta \left(1 + \frac{\sin 2cT\theta}{\sin\omega \sin\omega_1 \sin^2 a_2\theta}\right),$$

puis prenez les logarithmes tabulaires des deux membres, en développant en série celui du facteur qui est compris dans les parenthèses; vous aurez ainsi

$$\log \sin\tfrac{1}{2}q = \tfrac{1}{2}\log(\sin\omega \sin\omega_1 \sin^2 a_2\theta) + \tfrac{1}{2}k\left(\frac{\sin^2 2cT\theta}{\sin\omega \sin\omega_1 \sin^2 a_2\theta} - \tfrac{1}{2}\frac{\sin^4 2cT\theta}{\sin^2\omega \sin^2\omega_1 \sin^4 a_2\theta} + \ldots\right)$$

k est le module *direct* des Tables ordinaires, qui a pour logarithme propre $\bar{1},6377843$. Mais la portion développée peut se rendre plus simple en substituant, dans tous ses termes, le rapport des petits arcs $2cT\theta$, $a_2\theta$ à celui de leurs sinus, ce qui en fait disparaître θ comme facteur commun. On a ainsi

$$\log \sin\tfrac{1}{2}q = \tfrac{1}{2}\log(\sin\omega \sin\omega_1 \sin^2 a_2\theta) + \tfrac{1}{2}k\left(\frac{4c^2T^2}{a_2^2 \sin\omega \sin\omega_1} - \tfrac{1}{2}\frac{16c^4T^4}{a_2^4 \sin^2\omega \sin^2\omega_1} + \ldots\right);$$

alors les termes correctifs, dépendant du rapport $\frac{c^2}{a_2^2}$, s'évalueront sans peine. Mais, dans les applications les plus distantes que ces formules comportent, on trouvera presque toujours que le premier de ces termes même n'apporte, dans le logarithme de $\sin\frac{1}{2}q$, que des décimales fort éloignées au delà de celles que les Tables logarithmiques ordinaires comprennent.

180. L'expression explicite de $\sin^2\frac{1}{2}q$, que nous venons de former, montre avec évidence que l'angle q des deux équateurs, correspondant à l'intervalle du temps $t_1 - t$, est, quant à sa grandeur, presque indépendant des attractions planétaires; elles n'y influent que par une sorte de réaction indirecte extrêmement faible. Car d'abord, d'après ce que l'on a vu dans la discussion théorique établie page 211, ce sont elles, à la vérité, qui produisent les variations de l'angle ω, formé par l'équateur variable avec l'écliptique primordial pris pour plan fixe; mais ces variations, proportionnelles au coefficient ς, sont tellement lentes, qu'après un intervalle de plusieurs siècles, leur effet est encore à peine appréciable dans la grandeur de l'angle q, telle que l'expression de $\sin^2 \frac{1}{2} q$ la donne. Car elle y résulte principalement, et presque entièrement, de l'arc de précession $\psi_1 - \psi$, décrit par le nœud de l'équateur sur l'écliptique fixe. Or, d'après l'expression théorique de ψ, rapportée page 209, le déplacement de ce nœud est opéré presque en totalité par les attractions combinées du soleil et de la lune. Les attractions planétaires n'y contribuent que pour un terme extrêmement petit, qu'elles introduisent dans la partie de ψ qui est proportionnelle au carré du temps t, laquelle, tout entière, est à peine d'un ordre appréciable dans les applications que nous avons ici en vue. Le calcul numérique fait parfaitement sentir toutes ces particularités, quand on l'effectue ainsi pour des intervalles de temps restreints; elles s'accordent d'ailleurs complétement avec les notions théoriques, qui ont été préliminairement présentées dans la seconde section du présent chapitre, à la page 133. Le même mode de discussion, appliqué aux expressions explicites que nous avons formées de $u_1 - u$, et de $u_1 + u$, montrera comment les attractions planétaires influent sur ces quantités, et, par suite, sur les valeurs de $A + A_1$ et $A - A_1$, qui y correspondent. On verra ainsi, par exemple, que l'inégalité des arcs complémentaires u, u_1, étant directement proportionnelle au coefficient ς, résulte immédiatement de ces attractions : de sorte que, si elles n'existaient pas, les deux arcs u, u_1 seraient égaux ; et la somme des côtés $\Upsilon'Q_2$, $\Upsilon'_1 Q_2$ de la *fig.* 13, que représente $A + A_1$, serait constamment égale à 180°. Quant aux arcs α', α'_1, qu'il faut respectivement ajouter à ces côtés pour les rejoindre aux points équinoxiaux Υ'', Υ''_1 des deux époques, ils résultent évidemment de la séparation graduellement opérée entre l'écliptique mobile et l'écliptique fixe. Ainsi les attractions planétaires en sont la cause efficiente.

181. Il y a un cas d'application très-fréquent et d'une grande importance pratique, pour lequel ces formules peuvent être simplifiées, de manière à donner immédiatement les éléments du transport sous une forme explicite, presque sans calcul. Cela a lieu quand une des deux limites de cette opération, par exemple celle qui est spécifiée par la lettre t, s'écarte seulement de 40 ou 50 ans autour de l'époque fondamentale, l'intervalle positif ou négatif $t_1 - t$ étant aussi restreint à 15 ou 20 ans. Alors, la limitation de T et de θ permet de dégager les inconnues des symboles trigonométriques qui les enveloppent, et d'en obtenir des évaluations numériques pratiquement équivalentes à leur détermination rigoureuse.

Pour fixer les idées, supposons, comme je viens de le dire, $t = 50$, $t_1 = 70$; il en résultera $t = 60$, $\theta = 10$. La petitesse du coefficient c qui règle les variations d'obliquité de l'équateur sur l'écliptique fixe est telle, que, pour de pareilles valeurs de t et de t_1, les angles ω, ω_1 excèdent seulement ω_0 de quelques centièmes de secondes. On peut en faire le calcul d'après la valeur de ce coefficient que nous avons extraite des formules de Laplace, et qui est rapportée dans la page 167. Toutefois, il donne encore ces variations un peu trop fortes, comme nous le reconnaîtrons ultérieurement. Or, au degré de grandeur qu'a déjà l'angle ω_0, l'addition de si petites quantités ne change pas le logarithme de son cosinus d'une unité dans sa septième décimale; et elle ajoute seulement une, ou, au plus, deux unités de cet ordre aux logarithmes de son sinus et de sa tangente. On pourra donc, avec une approximation sans doute très-grande, remplacer ces éléments de calcul par leurs analogues, pris pour ω_0. En outre, les inconnues cherchées ne devant avoir que des valeurs très-restreintes, on pourra, par une autre simplification dont il faudra légitimer la suffisance, ne prendre que la partie principale de $u_1 - u$, qui est donnée par son coefficient extérieur, et résoudre les deux autres équations en substituant le rapport des petits arcs $\frac{1}{2}(u_1 + u)$, $a_2\theta$, $\frac{1}{2}q$, à celui de leurs tangentes. On aura ainsi

$$u_1 - u = \frac{4cTR''}{a_2 \sin\omega_0}, \qquad u_1 + u = 2a_2\theta\cos\omega_0,$$

$$q = (u_1 + u)\,\mathrm{tang}\,\omega_0 = 2a_2\theta\sin\omega_0.$$

Nous avons fait, par convention,

$$T = \tfrac{1}{2}(t_1 + t), \qquad \theta = \tfrac{1}{2}(t_1 - t), \qquad a_2 = \mathfrak{a} - 2\mathfrak{b}T;$$

$\mathfrak{a}$ et $\mathfrak{b}$ désignent les coefficients des deux puissances du temps dans l'expression de ψ rapportée page 167, et l'on y voit que $\mathfrak{b}$ est excessivement petit, comparativement à $\mathfrak{a}$. Ainsi le rapport $\frac{1}{a_2}$ se développera en une série très-rapidement convergente, si l'on pose

$$\frac{1}{a_2} = \frac{1}{\mathfrak{a}} \cdot \frac{1}{\left(1 - \frac{2\mathfrak{b}}{\mathfrak{a}}T\right)} = \frac{1}{\mathfrak{a}}\left(1 + \frac{2\mathfrak{b}}{\mathfrak{a}}T + \frac{4\mathfrak{b}^2}{\mathfrak{a}^2}T^2 \ldots\right).$$

Comme ce rapport s'applique, en facteur, à une quantité déjà très-petite par elle-même, on pourra n'y conserver que la première puissance de $\frac{\mathfrak{b}}{\mathfrak{a}}$. Alors, en remplaçant T ainsi que θ par leurs valeurs explicites, on aura finalement

$$u_1 - u = \frac{2R''\zeta(t_1 + t)}{\mathfrak{a}\sin\omega_0}\left(1 + \frac{\mathfrak{b}}{\mathfrak{a}}(t_1 + t)\right),$$

$$u_1 + u = \mathfrak{a}\cos\omega_0(t_1 - t) - \mathfrak{b}\cos\omega_0(t_1 + t)(t_1 - t),$$

$$q_1 = \mathfrak{a}\sin\omega_0(t_1 - t) - \mathfrak{b}\sin\omega_0(t_1 + t)(t_1 - t).$$

Les limites d'application de ces expressions approximatives se justifieront en comparant les résultats qu'elles donnent à ceux que donnent les équations rigoureuses, pour des valeurs égales de t et de t_1. J'ai fait cette épreuve sur les nombres que j'ai présentés plus haut comme exemple, en les appliquant aux coefficients rectifiés de la précession que nous établirons plus loin pour le 1er janvier 1800. Prenant donc, à partir de cette époque, $t = 50$, $t_1 = 70$, le calcul effectué des deux manières, avec les Tables de logarithmes à sept décimales, m'a donné des résultats identiques jusque dans les dix-millièmes de seconde d'arc. La concordance subsisterait donc encore, autant qu'il le faut pour les observations les plus précises, entre des limites de temps beaucoup plus étendues. Mais celles que je viens d'indiquer suffisent aux besoins de l'astronomie; car, lorsqu'on y sera parvenu, ou même auparavant, on trouvera probablement plus sûr de renouveler les constantes de la précession pour une époque fondamentale ultérieure, autour de laquelle les mêmes expressions, tant rigoureuses qu'approximatives, s'appliqueront avec un égal succès.

182. Pour employer commodément les formules de transport, fondées sur ces éléments, et que nous avons préparées dans la page 249, il faut y introduire les arcs complémentaires u, u_1, au lieu de A, A_1. Ce sera une substitution bien facile; car, puisque nous avons fait conventionnellement

$$A = 90^\circ + u, \qquad A_1 = 90^\circ - u_1,$$

il en résultera, d'abord

$$A + A_1 = 180^\circ - (u_1 - u), \qquad A - A_1 = u_1 + u;$$

et, l'on aura, en outre,

$$\sin(a + \alpha' + A) = \sin(a + \alpha' + u + 90^\circ) = +\cos(a + \alpha' + u),$$
$$\cos(a + \alpha' + A) = \cos(a + \alpha' + u + 90^\circ) = -\sin(a + \alpha' + u).$$

En effectuant ces substitutions dans les formules générales de transport préparées page 249, je fais, par abréviation,

$$a + \alpha' + u = \mathrm{U}, \quad a_1 + \alpha'_1 - u_1 = \mathrm{U}_1, \quad u + u_1 + \alpha' - \alpha'_1 = \mathrm{A}.$$

De plus, afin que l'on puisse apprécier avec évidence la sûreté de nos développements, j'étends chacun d'eux jusqu'aux termes de l'ordre $\sin^3 q$; car, en restreignant leur application aux cas où ces derniers termes sont négligeables, on saura, par cela même, que l'on peut borner les calculs numériques à ceux que nous avions d'abord écrits, lesquels les précèdent immédiatement dans l'ordre de l'approximation. Ceci convenu, les expressions des auxiliaires c, e_1, modifiées par ces substitutions, seront d'abord

$$c = \sin q \cos \mathrm{U} - 2 \operatorname{tang} d \sin^2 \tfrac{1}{2} q, \quad e_1 = \sin q \operatorname{tang} d + 2 \sin^2 \tfrac{1}{2} q \cos \mathrm{U};$$

on aura ensuite les équations rigoureuses

$$\operatorname{tang} \tfrac{1}{2}(d_1 - d) = \frac{c}{1 + (1 - 2c \operatorname{tang} d - c^2)^{\frac{1}{2}}},$$

$$\operatorname{tang}(a_1 - a - \mathrm{A}) = \frac{e_1 \sin \mathrm{U}}{1 - e_1 \cos \mathrm{U}},$$

la première pouvant être remplacée par l'équation subsidiaire suivante :

$$\operatorname{tang}\tfrac{1}{2}(d_1 - d) = \frac{\cos\frac{1}{2}(U_1 + U)}{\cos\frac{1}{2}(U_1 - U)} \operatorname{tang}\tfrac{1}{2}q.$$

Enfin, nos développements complétés prendront ces formes :

$$a_1 = a + A + q \sin U \operatorname{tang} d + \frac{q^2}{2R''}\left(\tfrac{1}{2} + \operatorname{tang}^2 d\right)\sin 2U + \frac{q^3}{3R''^2}\sin 3U \operatorname{tang}^3 d$$

$$+ \tfrac{1}{12}\frac{q^3}{R''^2}(\sin U + 3\sin 3U)\operatorname{tang} d,$$

$$d_1 = d + q\cos U - \tfrac{1}{2}\frac{q^2}{R''}\sin^2 U \operatorname{tang} d - \tfrac{1}{2}\frac{q^3}{R''^2}\cos U \sin^2 U \operatorname{tang}^2 d$$

$$- \tfrac{1}{6}\frac{q^3}{R''^2}\cos U \sin^2 U.$$

Si l'on voulait obtenir des expressions inverses, qui donnassent d et a, en fonction de d_1 et a_1, on les dériverait immédiatement de celles-ci, en y remplaçant $+q$ par $-q$, $+A$ par $-A$, et faisant un échange mutuel des indices $_0$ ou $_1$, entre les lettres analogues aux places où elles sont écrites. Tous les éléments numériques du transport, calculés pour un des cas, serviraient ainsi dans l'autre sans modification. Au reste, je donnerai ces formules inverses toutes préparées, quand nous aurons étudié l'usage des formules directes.

185. Pour présenter une application de celles-ci où l'on puisse bien voir l'influence propre de chacun des termes qui les composent, je choisirai l'exemple suivant, que nous conduirons jusqu'aux nombres.

Dans l'ouvrage intitulé *Fundamenta Astronomiæ*, Bessel, avec des soins et une recherche de précision incomparables, a discuté toutes les observations faites par Bradley à l'observatoire de Greenwich, sur les distances zénithales méridiennes, et les passages méridiens des étoiles fixes, depuis le 15 septembre 1750 jusqu'au 15 juillet 1762. Il a également discuté toutes les observations du soleil faites par le même astronome, aux époques voisines des solstices et des équinoxes, dans cet intervalle d'années, pour en conclure l'obliquité de l'écliptique, ainsi que les positions équatoriales des points équinoxiaux relativement aux cercles horaires des étoiles observées. Ayant ainsi obtenu la déclinaison et l'ascension droite de chaque étoile, dans chaque observation individuelle, il a transporté ces deux éléments au 1er janvier 1755, comme époque commune intermédiaire, en y ajoutant, ou en ôtant, les différences produites sur eux par la précession pendant l'intervalle de temps qui les en séparait, et les dépouillant aussi des perturbations, variables de grandeur et de signe, qui sont périodiquement opérées dans leurs valeurs moyennes par la nutation et l'aberration, deux phénomènes dont nous n'avons pas parlé encore. Celles-ci, Bessel les a calculées d'après les appréciations les plus exactes que les observations astronomiques et la théorie de l'attraction pouvaient alors fournir. De cet immense travail est résulté un recueil contenant les ascensions droites et les déclinaisons de 3032 étoiles distribuées dans toutes les parties du ciel, dont les positions *moyennes* sont ainsi données pour le 1er janvier de l'année 1755, avec une précision qui n'a rien d'égal dans les temps antérieurs, et qui sera difficilement surpassée. C'est ce que l'on appelle le catalogue de Bradley, dont la confection a été l'un des plus signalés services que Bessel ait rendus à l'astronomie.

Maintenant, on demande de transporter toutes les positions de ce catalogue au 1er janvier de l'année 1800 par l'application des formules tout à l'heure établies.

184. La première chose à faire, c'est de trouver les valeurs des temps t, t_1, qui doivent correspondre, dans nos formules, aux deux dates limites que l'on nous donne. Rien ne me semble plus simple, puisqu'elles sont séparées de l'époque fondamentale 1750 par des nombres entiers d'années; mais, quoique cette simplicité ait lieu, en effet, dans l'évaluation finale à laquelle on arrive, on va voir qu'elle repose sur un certain nombre de détails conventionnels, qu'il est nécessaire d'établir, une fois pour toutes, avec précision, afin de n'avoir plus à y revenir dans tous les cas pareils.

Les éléments de la précession fournis par la théorie de Laplace, et employés dans nos formules de transport, contiennent le temps t, exprimé en années juliennes moyennes, comprenant chacune $365^j,25$; ces jours sont mesurés par autant de révolutions méridiennes du soleil idéal, à marche uniforme, qui mesure les temps astronomiques. L'origine de numération qui leur est commune est l'instant physique où ce même soleil, traversant le méridien de l'Observatoire de Paris, a marqué le midi, qui commençait le 1er jour astronomique du mois de janvier de l'année grégorienne 1750 (*).

La date du catalogue de Bradley, 1er janvier 1755, est pareillement grégorienne; mais ce 1er janvier a pour origine le passage supérieur du même soleil moyen au méridien de Greenwich, lequel s'opère en $9^m 22^s$ de temps moyen, ou $0^j,00650$ *après* qu'il a eu lieu à Paris. Désignons ce petit intervalle par τ. Quand on aura évalué, en jours moyens, l'intervalle de temps (T) compris, sous le méridien de Paris, entre le 1er janvier 1750 et le 1er janvier 1755, tous deux commençant, on devra y ajouter τ pour faire correspondre cette première limite du transport à l'instant physique auquel le catalogue de Bradley est rapporté. La vraie valeur de cet intervalle, ainsi énumérée, sera donc $(T) + \tau$; il faudra alors l'exprimer en années juliennes moyennes, comprenant chacune $365^j,25$, ou, par abréviation, J, pour former la variable t qui la représente dans nos formules de transport. Cette transformation est rendue très-facile par l'intercalation quadriennale à laquelle les années du calendrier sont soumises; nous y reviendrons dans un moment.

Afin d'apprécier la justesse des résultats que nous obtiendrons, nous les comparerons aux coordonnées des mêmes étoiles observées par Piazzi, et consignées dans son catalogue sous la date

(*) Les astronomes français placent maintenant l'origine de numération des jours au minuit moyen *précédent*, ce qui met leurs énoncés en concordance avec l'usage civil, qui fait commencer chaque jour du calendrier à minuit. Mais cette détermination, qui leur est propre, ne date que de 1806. Je ne l'emploierai point dans les formules de précession qui vont suivre, parce que les astronomes des autres pays ne l'ont pas adoptée, de sorte qu'ils ont continué généralement de rapporter leurs catalogues à l'instant du midi moyen qui commence le 1er janvier astronomique sous leurs méridiens individuels. En conséquence, je conserverai aussi, dans nos formules, la même convention.

commune du 1er janvier 1800, pareillement grégorienne. Mais l'origine de ce 1er janvier est fixée au midi moyen du méridien de Palerme, lequel *précède* le midi de Paris d'un intervalle de temps moyen égal à $44^{m}4^{s}$ ou $0^{j},03060$; nommons cet intervalle τ_1. Lorsqu'on aura évalué, en jours moyens, l'intervalle de temps $(T)_1$ compris, sous le méridien de Paris, entre le 1er janvier 1750 et le 1er janvier 1800, on devra *en retrancher* τ_1, pour faire correspondre cette seconde limite du transport à l'instant physique auquel le catalogue de Piazzi est rapporté. La véritable valeur de cet intervalle, ainsi énumérée, sera donc $(T)_1 - \tau_1$; il faudra l'exprimer en années juliennes moyennes pour former la variable t_1, qui la représente dans nos formules de transport.

Reste donc à évaluer les nombres de jours (T), $(T)_1$, d'après les dates grégoriennes qui indiquent leurs limites terminales, comptées de l'instant physique adopté comme origine du temps. Pour le faire, sans risquer d'être induit en erreur par les intercalations, il faudra s'aider d'un tableau placé à la fin du présent volume; on y a inscrit toute la suite des années, tant communes que bissextiles, qui se succèdent dans le calendrier grégorien, depuis le 1er janvier 1750 jusqu'au 1er janvier 1900, avec la précaution de désigner par la lettre B celles auxquelles la bissextile s'applique, toutes les autres, exemptes de cette indication ou marquées exceptionnellement de la lettre C, étant communes, c'est-à-dire composées de 365 jours seulement. Si l'on cherche, d'après ce tableau, les nombres de jours (T), $(T)_1$ respectivement compris entre le 1er janvier qui commence l'année fondamentale 1750, et ceux qui commencent les années 1755, 1800, on trouvera

$$(T) = 5{,}365^{j} + 1^{j} = 5\mathrm{J} - 0^{j}{,}25,$$

$$(T)_1 = 50{,}365^{j} + 12^{j} = 50\mathrm{J} - 0^{j}{,}50.$$

Appliquant alors à (T) la correction $+\tau$, et à $(T)_1$ la correction $-\tau_1$ tout à l'heure évaluée; les nombres t, t_1 de nos formules, exprimés en jours, auront les valeurs suivantes :

$$t = 5\mathrm{J} - 0^{j}{,}24350, \qquad t_1 = 50\mathrm{J} - 0^{j}{,}53060,$$

Il ne reste plus qu'à diviser ces valeurs par J, pour les obtenir exprimées en années juliennes moyennes de $365^j,25$, comme le supposent nos formules de transport ; chacun des quotients t, t_1, se composera alors d'un nombre entier de ces années, associé à une fraction extrêmement petite de l'unité. La même circonstance se présentera toutes les fois que les dates (T), $(T)_1$ se rapporteront à des premiers janviers grégoriens qui ne dépasseront pas l'année 1900; ce qui embrasse toutes les comparaisons que l'on peut vouloir établir entre les catalogues postérieurs à 1750, les positions que l'on y donne, étant toujours rapportées, pour ce but même, à un 1er janvier, ainsi daté. En effet, l'intercalation grégorienne, dans cet intervalle, ayant lieu tous les quatre ans, sauf la bissextile de l'année centenaire 1800 que l'on supprime, la plus grande différence, toujours négative, qui puisse y exister entre les valeurs de (T), $(T)_1$ et un nombre d'années juliennes moyennes J, n'excédera pas $-0^j,75$ avant 1800, et $-1^j,00$ après. Ensuite, la plus grande modification que les corrections τ, τ_1, relatives à la différence des méridiens, puissent y apporter, ne saurait excéder $\pm 0^j,5$. D'après cela, si l'on désigne par N, N_1 deux nombres entiers positifs, les valeurs de t et de t_1, comprises dans cet intervalle de temps, étant exprimées en jours moyens, seront généralement de cette forme,

$$t = NJ + f, \qquad t_1 = N_1 J + f_1,$$

f, f_1 désignant des nombres de jours dont les valeurs seront toujours comprises entre $+0^j,5$ et $-1^j,5$. Ces nombres devront être convertis en parties d'années juliennes moyennes, comme la totalité de t et de t_1, avant d'être employés dans nos formules de transport; de sorte qu'ils ajouteront seulement aux nombres entiers, N, N_1, des fractions qui ne pourront jamais dépasser $+\frac{1}{730}$ et $-\frac{1}{243}$ de l'unité.

183. Ces restrictions étant constatées, on peut aisément prévoir que la présence de ces petites fractions, associées aux nombres entiers N, N_1, deviendrait très-incommode, si on les introduisait directement dans le calcul logarithmique des constantes qui servent à identifier les catalogues de diverses époques, établis pour des lieux divers, ce qui est indispensable pour les perfectionner, et pour éprouver aussi les valeurs que l'on attribue aux éléments de la précession. Nous échapperons plus tard à cet inconvénient, parce que nous formerons les expériences *explicites* de ces constantes en fonction du temps t, pour tous les cas pareils, où la précision des catalogues comparés pourra rendre nécessaire d'évaluer avec une aussi grande rigueur leur intervalle de transport. Mais, dès à présent, j'indiquerai un artifice, qui, en permettant d'avoir égard à ces petites fractions, sans les introduire dans le calcul logarithmique, aura l'avantage de rendre sensible l'excessive faiblesse de leurs effets, qui autorisera presque toujours à les négliger.

186. Pour cela, il faut savoir que, dans tous les catalogues modernes, les seuls où il puisse y avoir quelque utilité à en tenir compte, on annexe aux coordonnées équatoriales moyennes de chaque étoile le nombre de secondes d'arc qui exprime leur variation, dans une année julienne moyenne, immédiatement postérieure au 1er janvier pour lequel leurs valeurs absolues sont exprimées ; et ces mêmes nombres, pris avec des signes contraires, conviennent également à une année antérieure, étant, selon l'usage des astronomes, calculés dans l'acception de vitesses *virtuelles*, partant de l'époque initiale comme je l'ai expliqué page 96. Soient donc $+\alpha$ la variation annuelle de l'ascension droite a, et $+\delta$ celle de la déclinaison d; les quantités α et δ étant prises avec le signe propre qui leur est attribué, dans le catalogue, pour un temps postérieur. Dans le petit nombre de jours $+f$, les variations correspondantes seront, proportionnellement, $+\alpha\frac{f}{\mathrm{J}}$ et $+\delta\frac{f}{\mathrm{J}}$. Alors, si on les retranche algébriquement des coordonnées a, d, les résidus $a-\alpha\frac{f}{\mathrm{J}}$, $d-\delta\frac{f}{\mathrm{J}}$ exprimeront les valeurs de ces mêmes coordonnées pour l'instant $t=\mathrm{NJ}$, séparé du 1er janvier 1750 de Paris par un nombre entier N d'années juliennes moyennes. Des corrections analogues, $-\alpha_1 \frac{f_1}{J}$, $-\delta_1 \frac{f_1}{J}$, appliquées aux coordonnées a_1, d_1 du catalogue postérieur, donneront pareillement leurs valeurs $a_1 - \alpha_1 \frac{f_1}{J}$, $d_1 - \delta_1 \frac{f_1}{J}$, pour l'instant $t_1 = N_1 J$, séparé ainsi de la même origine par le nombre entier d'années juliennes moyennes N_1. Alors le transport de ces coordonnées ainsi rectifiées s'effectuera en calculant les constantes de nos formules avec les nombres entiers N, N_1, respectivement pris pour t et t_1; ce qui n'offrira plus de difficulté. Mais, à moins que l'on n'ait à considérer des étoiles très-rapprochées du pôle, on trouvera presque toujours que les réductions données par ces calculs sont si petites, qu'elles échappent aux appréciations des instruments et aux indications des catalogues ; de sorte qu'on pourra les traiter comme négligeables, et se dispenser d'y avoir égard. Toute la discussion précédente avait pour but d'établir les conditions de ce résultat usuel.

187. Afin d'en offrir une confirmation décisive, particulièrement applicable au problème que nous nous étions proposé, reprenons les valeurs de t et de t_1, trouvées plus haut pour le transport du catalogue de Bradley au catalogue de Piazzi ; elles nous donneront

$$f = -0^j{,}24351, \qquad f_1 = -0^j{,}53060.$$

Appliquons-les au transport des coordonnées équatoriales de la polaire. Relativement à cette étoile, les variations annuelles, aux deux époques considérées, avaient, d'après Bessel, les valeurs suivantes :

En 1755.		En 1800.	
α	δ	α_1	δ_1
$+154'',540$	$+19'',686$	$+193'',942$	$+19'',524$

Avec ces nombres, on trouve, en s'arrêtant aux millièmes de secondes d'arc.

$$-\alpha\frac{f}{J}=+0'',103,\qquad -\delta\frac{f}{J}=+0'',013,$$

$$-\alpha_1\frac{f_1}{J}=+0'',282,\qquad -\delta_1\frac{f_1}{J}=+0'',028.$$

Ce sont là, par conséquent, les réductions qu'il faudrait appliquer aux coordonnées de la polaire énoncées dans l'un et l'autre catalogue, pour les rapporter aux époques $t=+5$, $t_1=+50$ composées d'années juliennes moyennes, comptées à partir de l'instant physique où commence le 1er janvier 1750 astronomique, sous le méridien de Paris. Celles qui portent sur la déclinaison sortent des limites d'appréciation des deux catalogues. Celles qui portent sur l'ascension droite touchent à ces limites; mais, dans leur application à l'étoile considérée, l'observation ne peut pas les faire obtenir avec assez de certitude pour que l'on en puisse répondre, parce que l'ascension droite se déduit de la mesure du temps. On pourrait donc les négliger sans une sensible erreur dans ce cas même, et elles deviendraient bientôt complétement négligeables pour des étoiles plus distantes du pôle. Car, en s'éloignant de ce point, α diminue graduellement jusqu'à la limite $+46''$ qu'il atteint dans l'équateur même; et, quant aux valeurs de δ, elles ne peuvent jamais dépasser $\pm 20''$, parce que cette quantité exprime l'angle dièdre que l'équateur moyen de chaque année forme avec celui de l'année suivante, à même date de jour.

188. Il faut d'ailleurs considérer que ces réductions, si petites, entrent dans les expressions des coordonnées transportées par leurs différences aux deux limites temporaires du transport, non par leurs valeurs absolues. En effet, plaçons, comme ici, ces limites à des distances de l'époque fondamentale exprimées par les nombres entiers d'années juliennes moyennes N, N_1, et supposons les constantes de nos formules calculées pour un tel cas; puis nommons (a), (d), $(a)_1$, $(d)_1$ les coordonnées équatoriales qui y correspondent respectivement pour une même étoile. Nos formules, tant rigoureuses qu'approximatives, nous donneront les différences $(a)_1 - (a)$, $(d)_1 - (d)$ en fonction du couple de coordonnées que l'on voudra prendre comme connu ; de sorte que si, par exemple, on se donne (a) et (d), on obtiendra $(a)_1$ et $(d)_1$ par des expressions de cette forme,

$$(a)_1 = (a) + \varphi, \qquad (d)_1 = (d) + \psi.$$

Maintenant, pour appliquer ces équations aux éléments tirés des deux catalogues que l'on veut comparer, il faudra calculer φ et ψ avec les coordonnées réduites $a - \alpha \frac{f}{J}$ et $d - \delta \frac{f}{J}$, qui représentent (a) et (d). Or elles n'y entrent que dans des termes qui sont de l'ordre de l'angle dièdre q, formés par les équateurs des deux époques entre lesquelles le transport s'opère; et cet angle s'accroît avec tant de lenteur, qu'il ne s'élèverait pas à 50′, pour tout l'intervalle de temps compris entre les années 1750 et 1900, ce qui le suppose bien moindre dans toutes les applications précises que l'on peut avoir à faire aujourd'hui. D'après cela, si l'on n'a pas à considérer exceptionnellement des étoiles excessivement voisines du pôle, bien plus voisines que la polaire, les valeurs de φ et de ψ s'obtiendront toujours dans des limites d'erreur complétement négligeables, en les calculant avec les coordonnées a, d mêmes, que le premier catalogue fournit; de sorte qu'il suffira d'introduire les expressions des coordonnées rectifiées dans les seules parties des égalités précédentes qui les contiennent explicitement. Cette substitution effectuée établira donc entre les éléments des deux catalogues les relations suivantes :

$$a_1 = a + \alpha_1 \frac{f_1}{J} - \alpha \frac{f}{J} + \varphi, \qquad d_1 = d + \delta_1 \frac{f_1}{J} - \delta \frac{f}{J} + \psi,$$

où l'on voit que les petites réductions des deux coordonnées n'entrent sensiblement que par différence, comme je l'avais annoncé.

Si l'on applique ceci, par exemple, à la comparaison des catalogues de Bradley et de Piazzi, les nombres obtenus plus haut, relativement à la polaire, donneront pour le transport de cette étoile,

$$a_1 = a - 0'',179 + \varphi, \qquad d_1 = d - 0'',015 + \psi.$$

En supposant les constantes du transport calculées pour les nombres entiers d'années juliennes moyennes, $N = +5$, $N_1 = +50$. La correction de l'ascension droite α tombe seule à l'extrême limite d'appréciation des deux catalogues; et elle les dépasserait bientôt en petitesse, pour des étoiles qui seraient moins rapprochées du pôle.

189. Cet exemple montre avec évidence que, pour qu'il y eût quelque utilité à tenir compte de réductions pareilles, il faudrait connaître les constantes de la précession avec assez de certitude, pour n'avoir pas à craindre des erreurs du même ordre, ou même bien plus considérables, sur l'évaluation théorique des fonctions φ et ψ dans l'intervalle de temps que le transport embrasse. Or on verra tout à l'heure que les valeurs fournies par les formules numériques de Laplace sont bien loin de permettre cette assurance; et tout au plus pourrait-on espérer d'employer avec fruit des corrections aussi petites après les avoir améliorées. C'est ce que nous allons faire en déterminant directement les constantes de la précession, par la condition même d'identifier le catalogue de Bradley au catalogue de Piazzi, pour l'intervalle du temps qui les sépare; et comme, dans cette opération, nous emploierons seulement des étoiles assez distantes du pôle, pour que les réductions des dates initiales qui s'y apppliqueraient excèdent par leur petitesse les limites d'appréciation des deux catalogues, nous pourrons légitimement les négliger.

190. Reprenant les formules preparées dans la page 253, je vais d'abord en déduire les constantes du transport telles que les donnent les nombres de Laplace pour les intervalles entiers d'années juliennes moyennes :

$$t = +5, \qquad t_1 = +50.$$

De là, nous tirerons premièrement les valeurs des deux auxiliaires T et θ, qui seront

$$T = \tfrac{1}{2}(t_1 + t) = +27{,}5, \qquad \theta = \tfrac{1}{2}(t_1 - t) = +22{,}5;$$

ces données devront être employées conjointement avec les expressions théoriques de ψ et de ω, rapportées page 253. Mais, dans cette dernière, nous avons jusqu'à présent supposé ω_0 égal à $23^\circ 28' 23''$; or la discussion des observations de solstices faites par Bradley, ainsi que par les astronomes postérieurs, prouve que cette évaluation, pour 1750, est trop forte d'environ $5''$. Toutefois je la conserverai provisoirement dans les calculs qui vont suivre ; car mon but est précisément de montrer comment, avec des données d'abord imparfaites, telle que serait celle-là, et telles que sont aussi plusieurs autres des nombres admis dans les expressions de la *Mécanique céleste* dont nous allons faire usage, on peut tirer, des observations exactes faites à diverses époques, les véritables valeurs des éléments de la précession, par les formules générales que nous avons préparées. Continuant donc à employer cette même évaluation de ω_0, l'expression théorique de ω, particularisée pour les deux époques que nous considérons, donne premièrement

$$\omega = \omega_0 + 0'',000246, \qquad \omega_1 = \omega_0 + 0'',024606,$$
$$\tfrac{1}{2}(\omega_1 - \omega) = +\,0'',01218,$$

et, par suite,

$$\omega_2 = \omega_0 + c\mathrm{T}^2 + c\theta^2 = \tfrac{1}{2}(\omega + \omega_1) = 23^\circ 28' 23'',012\,;$$

d'où l'on conclut

$$\log \sin \omega_2 = \bar{1},6002297, \qquad \log \cos \omega_2 = \bar{1},9624865.$$

On voit que les variations de cet élément sont si lentes, qu'elles deviennent à peine appréciables dans le calcul trigonométrique, même après d'assez longs intervalles de temps. L'expression numérique de ψ, rappelée page 253, donne en outre, pour nos deux époques,

$$2\beta\mathrm{T} = +\,0'',006699, \qquad a_2 = a - 2\beta\mathrm{T} = +\,50'',28091754,$$
$$a_2\theta = 1131'',32064455,$$
$$\log a_2 = 1,7014032, \qquad \log a_2\theta = 3,7391650.$$

De là on tire le logarithme de $\frac{a_2\theta}{\mathrm{R}''}$; et par l'artifice exposé au tome III, page 64 du présent ouvrage, on en déduit

$$\log \operatorname{tang} a_2\theta = \bar{3},7391650.$$

Alors, procédant d'abord au calcul de $u_1 - u$ par son expression rigoureuse, on trouve

$$u_1 - u = +11'',150192 - 0'',000112 = +11'',150080.$$

La petite fraction de seconde, soustractive de la partie principale, provient du produit de celle-ci par le terme correctif $-\frac{1}{3}\frac{a_2^2\theta^2}{R''^2}$; l'effet des deux autres est encore bien plus faible et absolument négligeable.

Passant au calcul de $\tang\frac{1}{2}(u_1 + u)$, l'arc $2cT\theta$ se trouve être seulement $0'',012180$; la différence entre son cosinus et l'unité est donc insensible: alors on forme directement le logarithme de $\tang\frac{1}{2}(u_1 + u)$, et l'on en déduit $\frac{1}{2}\left(\frac{u_1 + u}{R''}\right)$, puis $u_1 + u$, par l'artifice déjà cité. On obtient ainsi

$$u_1 + u = +0^\circ 34' 35'',405,$$

et ce résultat, étant combiné avec la valeur de $u_1 - u$ déjà trouvée, donne séparément

$$u = +0^\circ 17' 12'',2275, \qquad u_1 = +0^\circ 17' 23'',2775.$$

Avec ces éléments, on forme le logarithme de $\tang\frac{1}{2}q$, d'où l'on déduit celui de $\frac{1}{2}\frac{q}{R''}$, et, par suite, la valeur de l'angle q exprimée en secondes de degré. Dans ce calcul, l'excessive petitesse de l'arc $\frac{1}{2}(u_1 - u)$ fait que son cosinus peut être pris comme sensiblement égal à l'unité. On trouve ainsi

$$\log q = 2,9548436, \qquad q = 901'',2464 = 0^\circ 15' 1'',2464.$$

Je donne à toutes ces quantités le signe positif que les formules analytiques assignent à leurs valeurs, dans le cas actuel; s'il ressortait négatif, on le leur donnerait de même, et on le leur conserverait en les employant.

Pour m'assurer qu'il ne s'était glissé aucune erreur numérique dans la succession de ces calculs, j'ai déterminé de nouveau la valeur de l'angle q, par la formule logarithmique tirée de la relation directe

$$\sin^2 \tfrac{1}{2} q = \sin^2 \tfrac{1}{2} (\omega_1 - \omega) + \sin \omega \sin \omega_1 \sin^2 \tfrac{1}{2} (\psi_1 - \psi);$$

j'ai retrouvé identiquement la même expression de son logarithme, jusque dans la dernière décimale inclusivement. J'ai à peine besoin de dire qu'il faut prendre les parties proportionnelles des logarithmes et des nombres avec beaucoup d'exactitude pour obtenir un si complet accord ; mais aucun soin n'est à négliger, quand il s'agit de fixer des données fondamentales telles que celles-là.

Les trois constantes u, u_1, q s'appliqueront à toutes les étoiles dont on voudra transporter les positions moyennes du 1er janvier 1755 au 1er janvier 1800. Il faut encore y joindre, comme éléments constants, les arcs α', α'_1, qui expriment le mouvement du point équinoxial en ascension droite, depuis le 1er janvier 1750 jusqu'à chacune des deux époques. On obtiendra ces arcs, en faisant successivement t égal à $+5$, puis à $+50$, dans l'expression générale de α', formée page 167. On trouve ainsi :

Pour la première,

$$\alpha' = +1'',02077;$$

Pour la seconde,

$$\alpha'_1 = +9'',60931;$$

et ces valeurs étant associées à celles des auxiliaires u, u_1, trouvées précédemment, on en tire pour élément de calcul :

$$\alpha_1 + u = +0^\circ 17' 13'',149, \quad \alpha'_1 - \alpha' = +8'',5885,$$
$$A = \alpha' - \alpha'_1 + u + u_1 = +0^\circ 34' 26'',816.$$

Ce dernier arc s'ajoute comme première constante aux ascensions droites primitives a, de toutes les étoiles transportées ; c'est pourquoi je l'appelle A, par abréviation. Sa valeur est ici positive, comme l'ont été celles des arcs u, u_1, α', α'_1, que nous avions antérieurement calculés. Mais il en pourrait être autrement pour des valeurs de t et de t_1 différentes, ou différemment associées. Il faut les employer, dans chaque cas, avec les signes propres que prennent leurs expressions générales particularisées.

Afin d'apprécier l'effet produit dans ces nombres par la petite inexactitude que nous avons laissé subsister dans ω_0, je les ai tous calculés de nouveau en lui attribuant sa valeur plus probable $23^\circ 28' 18''$; les différences pour A, q, $\alpha_1 + u$, ont été respectivement $0'',02$, $0'',049$, $0'',01$. Par l'emploi que nous ferons de ces trois éléments, on verra qu'elles ne pourraient avoir aucune influence, numériquement saisissable, sur les valeurs rectifiées des deux premières, que nous déduirons des observations. α', α'_1 n'ont pas éprouvé de changement sensible. Mais on verra aussi que les erreurs qui peuvent exister, dans les expressions théoriques d'où l'on déduit ces deux dernières quantités, sont beaucoup plus à craindre, car elles se reportent tout entières sur le coefficient principal de ψ, que l'on tire de la constante A donnée par les observations, s'y trouvant à la vérité affaiblies par le diviseur T, et elles introduisent inévitablement, dans ce mode de détermination, les incertitudes attachées au très-petit coefficient théorique g, qui constitue la portion principale de $\frac{\psi - \psi'}{t}$. Heureusement on peut obtenir le même coefficient de ψ par une autre voie, où cet inconvénient ne se rencontre point; on le déduit alors des valeurs que les observations de déclinaison assignent à la constante q.

191. Pour que les calculs que nous allons faire offrent un type complet d'application aux travaux de ce genre, je les diviserai en trois parties.

Dans la première, nous emploierons, comme données numériques, tous les éléments de position des deux équateurs et des points équinoxiaux que nous venons d'extraire des formules de Laplace. Puis, les ayant introduites dans nos développements approximatifs, nous les appliquerons au transport des coordonnées équatoriales d'un certain nombre d'étoiles convenablement choisies sur le contour du ciel, pour en manifester l'exactitude ou les imperfections, et nous découvrir les rectifications qu'elles peuvent nécessiter.

Ces indications étant obtenues, nous reprendrons le problème sous un point de vue inverse: nous chercherons les valeurs qu'il faut donner aux constantes de nos développements, pour accorder, le mieux possible, l'ensemble des observations avec le calcul. Cela fait, nous remonterons aux expressions théoriques de ces mêmes constantes, pour connaître, d'après ces valeurs nouvelles, les corrections qu'il faut faire aux nombres de la *Mécanique céleste* dont nous nous étions d'abord servis; ce sera la seconde partie de notre travail.

Alors, pour achever de constater la justesse de ces résultats, nous les appliquerons au transport des coordonnées équatoriales d'étoiles très-voisines du pôle de l'équateur, par lesquelles les petites inexactitudes qui pourraient y rester encore seront plus évidemment manifestées. Si cette épreuve nous les fait juger suffisamment précises, nous les combinerons avec les meilleures évaluations que la théorie de l'attraction puisse maintenant fournir du mouvement de l'écliptique, et sur cette base nous établirons des formules de transport partant du 1er janvier 1800, dans lesquelles nous prendrons pour plan fixe l'écliptique de cette même époque. Se trouvant ainsi placées au milieu de l'intervalle de temps qui embrasse toutes les observations précises que l'astronome possède aujourd'hui, ces formules seront parfaitement disposées pour recevoir, dans leurs nombres, tous les perfectionnements que l'on en peut déduire, et nous trouverons des procédés extrêmement simples pour les leur appliquer; ce sera la troisième partie de notre travail.

192. Le premier pas à faire dans cette voie, ce doit être de fixer les conditions dans lesquelles nos développements approximatifs de la page 262, étant réduits en nombres, avec les éléments de transport tout à l'heure obtenus, auront une convergence assez rapide, pour que l'on puisse, sans crainte d'erreur, substituer leurs deux ou trois premiers termes aux expressions rigoureuses qui sont beaucoup moins commodes à calculer. Afin d'apprécier ainsi la portée de leurs écarts par une épreuve certainement exagérée, je les applique au transport de la polaire; et je compare les résultats qu'ils donnent à ceux que l'on obtient par le calcul exact. L'erreur de la déclinaison est très-faible; seulement $+ 0'',038$. Le terme qui dépend de $\tang^2 d$ ne vaut que $0'',2603$; mais sa petitesse résulte en partie de ce que l'angle U, pour cette étoile, n'a qu'une médiocre valeur. L'erreur de l'ascension droite est plus sensible; elle s'élève à $+10'',009$, en arc. Aussi le terme qui dépend de $\text{tang}^3 d$ vaut-il alors $74'',0244$, ce qui fait prévoir qu'à un si haut degré de la déclinaison, les puissances ultérieures de $\text{tang}\, d$ ne sauraient être négligées. Pour découvrir les limites de cet élément, où celles que nous avons écrites commenceront à suffire, je détermine les valeurs de l'angle U qui portent les coefficients numériques des plus élevées, au maximum de grandeur qu'ils puissent atteindre. Dans l'expression de la déclinaison, cela arrive lorsque $\text{tang}^2 U$ est égal à 2: alors le terme correspondant devient $\pm \frac{q^3\sqrt{3}}{9R''^3}\text{tang}^3 d$; si on le calcule pour $d = 70°$ et $d = 66°$, ses valeurs se trouvent être respectivement $\pm 0'',0250$ et $\pm 0'',0167$. Les termes qui contiendraient des puissances plus élevées de $\text{tang}\, d$ peuvent donc être légitimement négligés ici, à ces limites de la déclinaison, en vertu des puissances correspondantes de $\frac{q}{R''}$ qui les accompagnent, puisque celui-là même qui les précède dans l'ordre de l'approximation s'y trouve déjà inappréciable aux observations isolées, et pourrait être supprimé sans inconvénient pratique. La discussion du terme qui dépend de $\text{tang}^3 d$, dans l'expression de l'ascension droite transportée, conduit à des conséquences pareilles. Son coefficient numérique atteint évidemment les maxima de ses valeurs lorsque l'angle 3U est égal à 90° ou à 270°; et, dans ces deux cas, le produit résultant est $\pm \frac{1}{3}\frac{q^3}{R''^3}\text{tang}^3 d$. Si on le calcule de même pour $d = 70°$ et $d = 66°$, il donne respectivement $\pm 0'',1189$ et $\pm 0'',0650$, en arc. Ce sont là encore des quantités que l'on ne saurait se flatter d'atteindre dans les observations isolées, où on les obtient par la mesure du temps qui les présente sous une forme quinze fois moindre. Il y a aussi dans l'ascension droite un terme de l'ordre $\frac{q^3}{R''^3}$ qui contient seulement la première puissance de $\text{tang}\, d$: celui-là atteint ses maxima lorsque $\cos^2 U$ est égal à $\frac{13}{18}$, ce qui donne, pour complément, $\sin^2 U$ égal à $\frac{5}{18}$. Alors, en mettant son facteur angulaire sous la forme équivalente $+ \sin U \left(\cos^2 U - \frac{1}{6}\right)$, il devient $\pm \frac{5}{9} \frac{\sqrt{5}}{18} \frac{q^3}{R''^3} \operatorname{tang} d$; si on le calcule, d'après cette expression, pour les mêmes valeurs de la déclinaison $d = 70°$ et $d = 66°$, il produit seulement $\pm 0'',0138$ et $\pm 0'',0113$, en arc. Il est donc bien moindre alors que le terme du même ordre qui a pour facteur $\operatorname{tang}^3 d$, comme on devait s'y attendre. Enfin, pour ne rien omettre, j'ai compris dans l'expression de la déclinaison transportée un terme de cet ordre qui est indépendant de tang d; mais, en cherchant de même sa plus grande valeur, on trouve qu'elle est seulement $\pm 0'',0011$. Remarquons que ces divers termes, déjà presque individuellement négligeables, dans leur maximum même, s'affaiblissent avec rapidité à mesure que l'arc U s'écarte des valeurs précises qui les y amènent. Les autres termes de nos développements que nous avions d'abord écrits, et qui ne dépassent point l'ordre $\frac{q^2}{R''^2}$, suffiraient donc alors jusqu'aux limites de déclinaison pour lesquelles nous venons de calculer ceux-ci; de sorte qu'en ne dépassant point ces limites, on aurait tout au plus à les évaluer, pour ces valeurs exceptionnelles de l'arc U. Ceci étant prouvé pour le grand intervalle de transport que nous venons de considérer, le sera aussi, à fortiori, pour tous les intervalles plus restreints, dans lesquels le rapport $\frac{q}{R''}$ sera moindre.

193. Je compléterai cette discussion de détail par une remarque plus générale qui nous sera très-utile. Si l'on suppose sin U nul, conséquemment U égal à 0° ou 180°, nos deux développements se réduisent à leur premier terme, et ils donnent

$$d_1 = d \pm q, \qquad a_1 = a + A.$$

Dans ces deux cas, ils s'accordent exactement avec les expressions rigoureuses en e, e_1. Cela se voit d'abord immédiatement pour a_1; et on le reconnaît aussi pour d_1, par une transformation de son expression en e, que je place ici en note, pour ne pas interrompre le raisonnement (*). La raison géométrique de ces résultats se découvrira tout à l'heure à nous, quand nous en ferons usage.

194. Les limites d'exactitude de nos développements étant ainsi établies, nous pouvons procéder aux deux sortes d'applications, directe et inverse, que nous nous sommes proposé d'en faire. La première, consistant à transporter de 1755 à 1800, des coordonnées équatoriales primitivement données, n'exige aucune nouvelle préparation. Il ne faut qu'extraire du catalogue de Bradley les valeurs de a, α, puis conclure celles de a_1, α_1, en leur appliquant les constantes A, q, $\alpha' + u$ que nous avons déterminées numériquement pour cet intervalle, d'après les formules de Laplace. Mais il y a quelques précautions à prendre pour résoudre convenablement la question inverse, qui consiste à tirer des observations faites aux deux époques, les valeurs rectifiées de ces mêmes constantes. En effet, afin de ne pas commettre ce que l'on appelle en logique un cercle vicieux, il faut arriver à ce but par une voie telle, que chaque détermination isolée d'un des trois éléments cherchés ne puisse pas être influencée sensiblement par

---

(*) Pour les valeurs particulières de l'angle U considérées ici, on a $\cos U = \pm 1$. Prenons d'abord la solution positive; il en résultera

$$e = \sin q - 2 \operatorname{tang} d \sin^2 \tfrac{1}{2} q.$$

De là on tire les valeurs suivantes :

$$2 \operatorname{tang} d + e = \sin q + 2 \operatorname{tang} d \cos^2 \tfrac{1}{2} q,$$

$$2e \operatorname{tang} d + e^2 = \sin^2 q + 2 \operatorname{tang} d \sin q (\cos^2 \tfrac{1}{2} q - \sin^2 \tfrac{1}{2} q) - 4 \operatorname{tang}^2 d \sin^2 \tfrac{1}{2} q \cos^2 \tfrac{1}{2} q;$$

ce qui équivaut à

$$2e \operatorname{tang} d + e^2 = \sin^2 q + 2 \operatorname{tang} d \sin q \cos q - \operatorname{tang}^2 d \sin^2 q,$$

par conséquent

$$\begin{aligned} 1 - 2e \operatorname{tang} d - e^2 &= \cos^2 q - 2 \operatorname{tang} d \sin q \cos q + \operatorname{tang}^2 d \sin^2 q \\ &= (\cos q - \operatorname{tang} d \sin q)^2. \end{aligned}$$

Des deux racines de ce carré, la positive seule s'associe valablement à la valeur de cos U que nous considérons. En l'ajoutant à l'unité, et représen-

les incertitudes que l'on doit suspecter dans les evaluations théoriques des deux autres. Le moyen le plus général d'accomplir cette condition, pour la constante A, se présente avec évidence; il consiste à la déduire uniquement d'étoiles ayant des déclinaisons d très-petites sur l'équateur primitif. Car, pour celles-là, les termes correctifs qui ont pour facteurs les diverses puissances de $\tang d$, dans l'expression de a_1, se trouveront d'autant plus affaiblis que d sera moindre. Or, au point de précision que les données de l'astronomie ont maintenant atteint, les évaluations théoriques de q et de $\alpha' + u$, qui entrent comme éléments dans la composition de ces termes, ne peuvent avoir besoin que de rectifications fort limitées, comparativement à leurs valeurs absolues. Ce qui y reste d'imparfait ne devra donc exercer qu'une influence très-peu sensible sur des termes correctifs ainsi atténués; de sorte que les évaluations que l'on en obtiendra, pour de tels cas, devront se trouver sinon tout à fait exactes, du moins affectées d'erreurs si petites, que l'on sera en droit de les négliger comme physiquement

---

tant par D la somme résultante, on aura donc

$$D = 1 + \cos q - \tang d \sin q = 2 \cos \tfrac{1}{2} q \left(\cos \tfrac{1}{2} q - \tang d \sin \tfrac{1}{2} q\right).$$

Or la valeur employée de e peut être mise sous la forme suivante :

$$e = 2 \sin \tfrac{1}{2} q \left(\cos \tfrac{1}{2} q - \tang d \sin \tfrac{1}{2} q\right).$$

Donc, puisqu'on a généralement

$$\tang \tfrac{1}{2} (d_1 - d) = \frac{e}{D},$$

il en résultera ici

$$\tang \tfrac{1}{2} (d_1 - d) = \tang \tfrac{1}{2} q,$$

conséquemment

$$d_1 - d = q.$$

La valeur négative de cos U se traiterait par un calcul analogue et donnerait

$$d_1 - d = -q.$$

Ces deux résultats s'aperçoivent au premier coup d'œil sur l'expression primitive de $\sin d_1$ formée page 247, en y remplaçant $\sin(a + \alpha' + \Delta)$ par les valeurs ± 1, qui correspondent à celles que nous attribuons ici à cos U. Mais il n'était peut-être pas inutile, comme vérification, de les faire sortir de l'expression transformée qui a fourni nos développements.

insaisissables. A la vérité, le même principe d'atténuation n'aura point d'effet sur le terme de a_1 qui est indépendant de tang d, et qui a pour facteur $\frac{q^2}{R''}$. Mais celui-là se légitimera individuellement par sa petisesse. Car, dans son maximum même, qu'il atteint lorsque l'angle U est un multiple impair de 45°, il ne s'élève pas à 1″ en arc pour la valeur que nous avons attribuée à q; de sorte qu'elle sera certainement assez précise pour le calculer. Quant aux termes du même genre qui dépendraient des puissances ultérieures du rapport $\frac{q}{R''}$, on peut aisément constater que leur valeur totale en arc sera moindre que 0″,0001; il est donc inutile de s'en occuper.

193. Tous les termes correctifs qui s'ajoutent à la constante A, dans le développement de a_1, pouvant être ainsi calculés très-exactement d'après les données théoriques, pour les étoiles très-peu distantes de l'équateur primitif, on prendra, dans les deux catalogues, les valeurs observées de a et de a_1 qui y correspondent. Puis, considérant la constante A comme inconnue dans l'égalité approximative établie par le développement de a_1, on la dégagera par la condition d'y satisfaire. Un calcul pareil étant effectué pour un grand nombre d'étoiles réparties sur tout le cercle des ascensions droites a, avec cette même condition de proximité, on en tirera pour A une valeur moyenne où les erreurs des observations individuelles, et les accidents des mouvements propres devront partiellement s'entre-détruire jusqu'à pouvoir y devenir insensibles par compensation. De là, comme on le verra tout à l'heure, on pourra déduire le coefficient de la première puissance du temps dans l'expression théorique de ψ, qui représente la rétrogradation de l'équateur sur l'écliptique de l'époque primitive, à partir de l'instant où t commence. C'est par des procédés à peu près équivalents à celui-là, mais moins précis peut-être, que les astronomes ont jusqu'à présent conclu ce coefficient des observations.

Mais les étoiles ainsi assujetties à la condition commune d'avoir une très-petite valeur de d ne seront pas toutes aussi indistinctement propres à faire obtenir l'angle q des deux équateurs. Pour dégager celui-ci avec sûreté du développement de d_1, il faudra choisir des ascensions droites primitives a telles, que l'arc U se trouve être très-peu différent de 360°, 0°, ou 180°; ce qui rendra sin U très-petit. Car, alors, le facteur cos U, qui multiplie q, dans l'expression de d_1, devenant très-peu différent de ± 1, la valeur propre de cette constante s'y montrera tout entière. En outre, les petites erreurs que l'on peut supposer dans l'évaluation théorique de la constante $\alpha' + u$, qui fait partie de U, y seront sans aucune importance, parce qu'une très-petite différence de valeur, dans de pareils arcs, ne produit que des changements excessivement faibles, et à peine sensibles sur leurs cosinus. Mais la petitesse de sin U aura encore une autre conséquence avantageuse; c'est que les termes ultérieurs de d_1, et aussi tous ceux de a_1, où ce sinus entre comme facteur, en seront considérablement atténués, ce qui rendra l'application des deux développements plus particulièrement exacte, même pour des déclinaisons qui excéderaient beaucoup les limites générales fixées plus haut. Cela tient évidemment à ce que la condition ici supposée les rapproche du cas où ils donnent les valeurs rigoureuses de a_1 et de d_1, par la seule coopération de leurs premiers termes A et q. Prenant donc, dans les deux catalogues, les déclinaisons observées d, d_1, qui, au temps de Bradley, répondaient à des ascensions droites peu distantes des limites spécifiées plus haut, on en conclura la constante q, par la condition qu'elle satisfasse à l'égalité que le développement indique. Et les mêmes étoiles donneront aussi la constante A avec une précision exceptionnelle, sans qu'il soit nécessaire qu'elles aient été aussi proches de l'équateur primitif que nous l'avions généralement supposé. On verra tout à l'heure que de la valeur de q, ainsi établie, on peut également déduire le coefficient de la première puissance du temps, dans l'expression de ψ, ce qui en fournit une seconde évaluation, indépendante de la première, et fondée sur des éléments d'observation d'une nature toute différente. Elle a aussi l'avantage propre, que ces éléments s'obtiennent par des déterminations angulaires immédiates, sans recourir à la mesure du temps, dont les erreurs s'agrandissent, suivant le rapport de

1 à 15, dans les évaluations des ascensions droites, quand on les convertit en arcs.

196. La spécialité d'application que nous venons de découvrir tient à une circonstance géométrique qu'il est essentiel de signaler. Pour cela, dans l'expression de l'arc U, ou $a + \alpha' + u$; remplaçons l'auxiliaire u par sa valeur générale $A - 90^\circ$, que nous lui avons conventionnellement attribuée page 251, lorsque nous l'avons introduite. Ce même arc se trouvera ainsi être $A + \alpha' + a - 90^\circ$. Donc, lorsqu'il deviendra égal à 0°, ou à 180°, on aura:

Dans le premier cas, $A + \alpha' + a = + \ 90^\circ$;
Dans le second, $A + \alpha' + a = + 270^\circ$.

Maintenant, si l'on jette les yeux sur la *fig.* 13, on apercevra aisément que le premier membre de ces égalités exprime l'ascension droite primitive de chaque étoile, mesurée sur l'équateur $\Upsilon'' Q'$ de la première époque, à partir du nœud Q_2; de sorte que, dans les deux cas considérés, cette ascension droite se trouve être égale à un quart, ou à trois quarts de la circonférence. Les étoiles ainsi placées ont donc leur cercle de déclinaison primitif, simultanément perpendiculaire aux deux équateurs; de sorte qu'il sert, pour les deux époques, sans déplacement. D'après cela, quelle que soit leur distance polaire primitive, le changement de leur déclinaison, ou $d_1 - d$, doit être, abstraction faite de son signe, égal à l'angle dièdre q, que ces équateurs forment entre eux, et le changement de leur ascension droite, ou $a_1 - a$, doit être aussi le même pour toutes, comme étant égal au déplacement absolu du point équinoxial, relativement au nœud Q_2. Or ce déplacement est précisément exprimé par la constante A de nos formules, tant rigoureuses qu'approximatives. Voilà donc pourquoi elles s'accordent à donner aux variations $d_1 - d$, $a_1 - a$, ces valeurs spéciales lorsque sin U est nul, comme nous l'avons reconnu. Maintenant, des résultats peu différents de ceux-là doivent avoir lieu encore pour les étoiles situées sur des cercles de déclinaison primitifs peu écartés de cette condition normale, du moins lorsqu'elles ne sont pas très-voisines du pôle primitif. En effet, ces cercles, respectivement perpendiculaires aux deux équateurs, étant alors très-peu séparés, quoique distincts, et placés vers 90° ou 270° du nœud Q_1, la variation des déclinaisons y sera encore presque égale à l'angle dièdre q, et la variation de leurs ascensions droites différera aussi très-peu de la constante A. Telle est l'explication simple des avantages spéciaux que les étoiles ainsi placées présentent pour déterminer expérimentalement les constantes A et q, par les variations de leurs coordonnées équatoriales exactement observées. Des considérations géométriques toutes pareilles s'appliqueraient au transport des coordonnées écliptiques; et l'on y trouverait des avantages analogues pour déterminer expérimentalement les deux constantes ψ', n, par des étoiles dont les longitudes primitives, comptées à partir du nœud E_2 des deux écliptiques, différaient peu de 90° ou de 270°.

197. Pour compléter cette application des observations au perfectionnement des données théoriques, il resterait à en déduire l'arc u, lequel, associé à α', qui est une de ces données, sert à former, pour chaque étoile, l'angle $a + \alpha' + u$, ou U, compris sous les signes trigonométriques, dans les développements de d_1 et de a_1. Mais on peut se convaincre à l'avance que cette dernière détermination devra être incomparablement plus difficile à obtenir que les deux autres. En effet, la constante A, que les observations nous font connaître, représente, par abréviation conventionnelle, $u_1 + u + \alpha' - \alpha'_1$. Supposons que l'on parvînt aussi à déduire isolément des observations $u + \alpha'$. On obtiendrait aussitôt, par complément, $u_1 - \alpha'_1$; et ensuite, par différence, $u_1 - u - \alpha'_1 - \alpha'$. Or, en se rapportant à l'expression théorique de $u_1 - u$, que nous avons formée page 255, on voit qu'elle est proportionnelle au coefficient très-petit c qui, étant multiplié par le carré du temps, exprime le changement opéré dans l'angle ω formé par l'équateur avec l'écliptique fixe, depuis l'époque où t commence. L'expression théorique de ce coefficient, que j'ai présentée page 211, montre qu'il a lui-même pour facteur le très-petit coefficient g, dépendant du déplacement de l'écliptique, conséquemment de l'évaluation des masses planétaires, laquelle, étant jusqu'ici peu sûre, lui communique son incertitude qui se reporte nécessairement sur $u_1 - u$. En outre, les deux quantités α' et α'_1, dont la somme se trouve ici soustraite de $u_{1}-u$, dépendent aussi, principalement, de ce même coefficient g, comme le montre leur expression théorique rapportée page 217. De là résultent deux conséquences importantes : la première, c'est que la détermination absolue de l'auxiliaire u, ainsi que de $u+\alpha'$, par la théorie, impliquera des incertitudes du même ordre que celles qui affectent ce coefficient, et pareillement inévitables, mais heureusement limitées par sa petitesse. La seconde, c'est qu'il devra être très-difficile de faire sortir, avec sûreté, cette même quantité $u-\alpha'$, de nos développements, où elle ne se montre qu'engagée dans des facteurs périodiques toujours fractionnaires, ayant pour coefficient l'angle q des deux équateurs, lequel est toujours fort restreint dans ce genre d'application, à cause du peu de temps qu'embrassent les observations précises, nécessaires pour l'effectuer. Tout ce qu'on peut se proposer de mieux, dans de telles circonstances, c'est d'extraire de ces observations les constantes A et q, par un procédé tel, que les incertitudes attachées à l'arc $u+\alpha'$ ne puissent affecter sensiblement leur détermination numérique. On y peut réussir, pour la première, par l'emploi de toutes les étoiles qui se sont trouvées très-peu distantes de l'équateur primitif. Mais, pour la seconde, on ne peut la conclure avec sûreté que des seules étoiles dont le cercle de déclinaison primitif s'est trouvé placé, en ascension droite, vers 90° ou 270° du nœud des deux équateurs; et, par une exception spéciale, ces mêmes étoiles peuvent être aussi employées pour la détermination de A, jusqu'à des valeurs de la déclinaison d'autant plus grandes, qu'elles se rapprochent davantage de ces deux limites.

198. Je ne puis pas réaliser ici cette application avec l'étendue qui serait nécessaire pour en établir définitivement tous les résultats numériques; mais j'en présenterai du moins un type qui spécifiera très-précisément tous ses détails, et les suivra jusque dans leurs dernières conséquences. Les éléments sur lesquels je l'établirai, quoique peu nombreux, auront des caractères d'appropriation tels, qu'ils nous conduiront à des nombres déjà très-exacts, n'ayant tout au plus besoin que de très-petites rectifications faciles à faire, qui demanderaient seulement un calculateur patient et zélé.

Ces données fondamentales sont rassemblées dans le tableau ci-annexé. Elles résultent de l'emploi qu'on y a fait de nos développements, pour transporter, de 1755 à 1800, les coordonnées équatoriales de 26 étoiles réparties sur toutes les valeurs de l'ascension droite, mais prises toutefois principalement, et en plus grand nombre, sur les cercles de déclinaison situés vers 90° ou 270° du nœud où s'entrecoupent les équateurs de ces deux époques. J'ai pris les coordonnées primitives dans le catalogue de Bradley, qui est annexé aux *Fundamenta* de Bessel, et j'ai comparé les coordonnées finales à celles qui ont été données par Piazzi, dans l'édition rectifiée de son catalogue, qui a paru en 1814. Je n'y ai mis d'ailleurs d'autres conditions de choix, que d'éviter d'employer les étoiles reconnues pour avoir un mouvement propre très-notable, ou qui auraient été observées aux deux époques un trop petit nombre de fois pour offrir des déterminations bien certaines; ou enfin, dont la tangente de la déclinaison n'aurait pas été assez affaiblie par le facteur sin U, pour que, dans le calcul des deux développements, on pût se borner aux termes de l'ordre $\frac{q^2}{R''}$. Leur suffisance est ici légitimée par l'excessive petitesse du second d'entre eux dans toutes les applications que le tableau renferme. Les résultats sont entièrement calculés avec les éléments numériques rassemblés page 272, et que nous avons alors déduits des formules de Laplace. Nous connaîtrons les rectifications que leurs constantes exigent en comparant ces résultats aux observations. Dans les types analytiques écrits en tête des colonnes V et IX, pour indiquer les valeurs numériques des termes correctifs, propres à chaque exemple, la lettre A désigne la constante $\alpha' - \alpha'_1 + u_1 + u$, que la théorie nous donne égale à 0° 34′ 26″, 816; la lettre U désigne l'angle $a + \alpha' + u$, dans lequel cette même théorie nous donne $\alpha' + u$ égal à 0° 17′ 13″, 149; enfin q représente l'inclinaison mutuelle des deux équateurs, que nous avons trouvée de même être 0° 15′ 1″, 2464. Nous verrons bientôt quelles corrections les observations indiquent comme nécessaires à faire à ces éléments, et quels moyens elles fournissent pour en déterminer directement les valeurs.

TABLEAU XI, afférent à la page 287.

I. NUMÉROS d'ordre	II. DÉSIGNATION des étoiles télescopiques	III. ASCENSION DROITE moyenne au 1er janvier 1755, Catalogue de Bradley [illegible]	IV. DÉCLINAISON moyenne au 1er janvier 1755, Catalogue de Bradley [illegible] δ	V. ÉVALUATION THÉORIQUE de l'ascension droite transportée au 1er janvier 1800 [illegible]	VI. ASCENSION DROITE moyenne au 1er janvier 1800 calculée a	VII. ASCENSION DROITE moyenne au 1er janvier 1800, Catalogue de Piazzi, Observée a_1	VIII. [illegible]	IX. ÉVALUATION THÉORIQUE de la déclinaison transportée au 1er janvier 1800 [illegible]	X. DÉCLINAISON moyenne au 1er janvier 1800 calculée δ'	XI. DÉCLINAISON moyenne au 1er janvier 1800, Catalogue de Piazzi, Observée δ_1	XII. ANGLE de la [illegible]	REMARQUES DIVERSES
1	ζ Baleine	[illegible]	[illegible]	[illegible]	[illegible]	[illegible]	[illegible]	[illegible]	[illegible]	[illegible]	[illegible]	
2	ι Pégase	[illegible]	[illegible]	[illegible]	[illegible]	[illegible]	[illegible]	[illegible]	[illegible]	[illegible]	[illegible]	
3	35e Poissons	[illegible]	[illegible]	[illegible]	[illegible]	[illegible]	[illegible]	[illegible]	[illegible]	[illegible]	[illegible]	
4	γ Pégase	[illegible]	[illegible]	[illegible]	[illegible]	[illegible]	[illegible]	[illegible]	[illegible]	[illegible]	[illegible]	
5	χ Pégase	[illegible]	[illegible]	[illegible]	[illegible]	[illegible]	[illegible]	[illegible]	[illegible]	[illegible]	[illegible]	
6	h Baleine	[illegible]	[illegible]	[illegible]	[illegible]	[illegible]	[illegible]	[illegible]	[illegible]	[illegible]	[illegible]	
7	ι Baleine	[illegible]	[illegible]	[illegible]	[illegible]	[illegible]	[illegible]	[illegible]	[illegible]	[illegible]	[illegible]	
8	d Poissons	[illegible]	[illegible]	[illegible]	[illegible]	[illegible]	[illegible]	[illegible]	[illegible]	[illegible]	[illegible]	
9	f Taureau	[illegible]	[illegible]	[illegible]	[illegible]	[illegible]	[illegible]	[illegible]	[illegible]	[illegible]	[illegible]	
10	γ Orion	[illegible]	[illegible]	[illegible]	[illegible]	[illegible]	[illegible]	[illegible]	[illegible]	[illegible]	[illegible]	
11	ν Orion	[illegible]	[illegible]	[illegible]	[illegible]	[illegible]	[illegible]	[illegible]	[illegible]	[illegible]	[illegible]	
12	30e Hydre	[illegible]	[illegible]	[illegible]	[illegible]	[illegible]	[illegible]	[illegible]	[illegible]	[illegible]	[illegible]	
13	α Corbeau	[illegible]	[illegible]	[illegible]	[illegible]	[illegible]	[illegible]	[illegible]	[illegible]	[illegible]	[illegible]	
14	ε Corbeau	[illegible]	[illegible]	[illegible]	[illegible]	[illegible]	[illegible]	[illegible]	[illegible]	[illegible]	[illegible]	
15	[illegible] Chevelure de Bérénice	[illegible]	[illegible]	[illegible]	[illegible]	[illegible]	[illegible]	[illegible]	[illegible]	[illegible]	[illegible]	
16	β Chevelure de Bérénice	[illegible]	[illegible]	[illegible]	[illegible]	[illegible]	[illegible]	[illegible]	[illegible]	[illegible]	[illegible]	
17	60e grande Ourse	[illegible]	[illegible]	[illegible]	[illegible]	[illegible]	[illegible]	[illegible]	[illegible]	[illegible]	[illegible]	
18	4e Dragon (Hévélius) (*)	[illegible]	[illegible]	[illegible]	[illegible]	[illegible]	[illegible]	[illegible]	[illegible]	[illegible]	[illegible]	(*) [illegible]
19	[illegible] grande Ourse (**)	[illegible]	[illegible]	[illegible]	[illegible]	[illegible]	[illegible]	[illegible]	[illegible]	[illegible]	[illegible]	(**) [illegible]
20	δ Vierge	[illegible]	[illegible]	[illegible]	[illegible]	[illegible]	[illegible]	[illegible]	[illegible]	[illegible]	[illegible]	
21	ν Vierge	[illegible]	[illegible]	[illegible]	[illegible]	[illegible]	[illegible]	[illegible]	[illegible]	[illegible]	[illegible]	
22	κ Vierge	[illegible]	[illegible]	[illegible]	[illegible]	[illegible]	[illegible]	[illegible]	[illegible]	[illegible]	[illegible]	
23	ι Balance	[illegible]	[illegible]	[illegible]	[illegible]	[illegible]	[illegible]	[illegible]	[illegible]	[illegible]	[illegible]	
24	26e Sagittaire	[illegible]	[illegible]	[illegible]	[illegible]	[illegible]	[illegible]	[illegible]	[illegible]	[illegible]	[illegible]	
25	A Hercule	[illegible]	[illegible]	[illegible]	[illegible]	[illegible]	[illegible]	[illegible]	[illegible]	[illegible]	[illegible]	
26	γ petit Cheval	[illegible]	[illegible]	[illegible]	[illegible]	[illegible]	[illegible]	[illegible]	[illegible]	[illegible]	[illegible]	

1
cep
et N
de
réel
pein
men
tact
instit
M
ment
crea
qui c
som
que
les s
dont
tiud
mani
cette
so
wate
les as
qui s
ségat
un pe
d'apr
comm
ment
est la
dont l
dans
peu t
eu d
heur
bonne

199. La seule inspection de ce tableau nous découvre plusieurs résultats importants. Jetons d'abord les yeux sur les colonnes VIII et XII, où les coordonnées de chaque étoile, transportées de 1750 à 1800 par le calcul, sont comparées aux coordonnées réelles de cette dernière époque. Les différences sont toutes fort petites, seulement de quelques secondes de degré. Ainsi les éléments de transport qui nous ont été fournis par la théorie de l'attraction, doivent être sinon tout à fait exacts, du moins très-peu fautifs, puisqu'ils l'opèrent avec une approximation déjà si grande.

Mais les différences trouvées ne doivent être attribuées uniquement à leurs incertitudes. Elles comprennent les résultats des erreurs, très-petites sans doute, mais humainement inévitables, qui ont dû affecter les déterminations individuelles des deux astronomes. Elles contiennent aussi les effets des déplacements réels que chaque étoile a pu éprouver pendant l'intervalle de temps qui les séparait. Or ce sont là des causes de discordances variables, dont les effets doivent se montrer irréguliers; tandis que les inexactitudes des éléments théoriques doivent avoir des conséquences permanentes et générales. Il faut donc tâcher de les discerner, par cette opposition de caractères, dans les résultats.

200. Étudions, sous ce point de vue, la colonne VIII qui présente les excès algébriques des ascensions droites transportées sur les ascensions droites observées en 1800. Sauf une seule exception, qui se décèle comme une anomalie manifeste, ces excès sont tous négatifs; c'est-à-dire que l'ascension droite conclue du calcul est un peu moindre que celle qui est donnée par l'observation. Or, d'après la formule théorique rappelée en tête de la colonne V, comme d'après les nombres que cette colonne renferme, l'élément commun, qui domine dans le transport des ascensions droites, est la constante A, laquelle représente la quantité $u_1 + u + \alpha' - \alpha'_1$, dont la partie principale $u_1 + u$ a été supposée égale à $0^{\circ}\,34'\,35'',405$ dans tous nos calculs; cette évaluation est donc, sans doute, un peu trop faible. Maintenant, si l'on se reporte à l'expression explicite de $u_1 + u$, donnée dans la page 259, on voit que l'élément théorique qui y domine presque seul, et auquel elle est proportionnelle, est celui que nous avons désigné par la lettre a_1, dont la valeur numérique, pour l'intervalle de 1755 à 1800, a été trouvée égale à 50″, 281, par les calculs de la page 272. Son expression analytique est $\frac{\psi - \psi'}{2\theta}$. Elle représente l'arc de rétrogradation moyen, qui a été décrit *annuellement*, par l'équateur, sur l'écliptique fixe, pendant l'intervalle 2θ des époques considérées; et son terme principal, spécifié par la lettre α, est le coefficient de la première puissance du temps t, dans l'expression générale de ψ. Il paraît donc que ce coefficient doit être fait un peu plus fort que Laplace ne l'avait supposé.

201. On est conduit à la même conséquence par l'examen de la dernière colonne du tableau qui présente les excès algébriques des distances polaires boréales calculées pour 1800, sur celles qui ont eu réellement lieu à cette dernière époque. En effet, considérons d'abord les huit premières lignes, où ces excès se trouvent avoir tous le signe positif. Ils se rapportent tous à des étoiles, pour lesquels l'angle U ou $a + \alpha' + u$ diffère très-peu de 360° ou de 0°; et comme nous l'avons reconnu, page 283, cette condition géométrique place leurs cercles de déclinaison vers 90° d'ascension droite, comptés sur l'équateur primitif Q_2Q' de la *fig.* 13, à partir du nœud boréal Q_2 des deux équateurs. Puisque les distances de ces étoiles au pôle de l'équateur déplacé $Q_2Q'_1$ se trouvent généralement plus fortes, par le calcul, que ne les donne l'observation, en 1800, cela prouve qu'on n'a pas suffisamment éloigné ce pôle de celui de 1755; ou, en d'autres termes, que l'on a supposé l'angle q des deux équateurs un peu moindre qu'il n'a été en réalité. Aussi la formule placée en tête de la colonne consacrée au transport des déclinaisons montre-t-elle que les excès positifs des distances polaires calculées s'affaibliraient, pour les étoiles que nous considérons, si l'angle q y était rendu un peu plus fort, son coefficient cos U étant positif pour toutes. D'après cela, un excès de sens contraire, conséquemment négatif, devra se manifester sur les distances polaires calculées des étoiles qui ont leurs cercles de déclinaison diamétralement opposés à celles-là; en sorte qu'ils coupent l'équateur primitif vers 270° d'ascension droite, comptés sur cet équateur à partir du nœud Q_2. Cela se trouve en effet, sauf une seule exception, pour toutes les étoiles de notre tableau, comprises depuis le n° 13 jusqu'au n° 22, lesquelles ont été choisies exprès dans cette condition d'opposition aux précédentes. Elles indiquent donc également que la valeur attribuée théoriquement à l'angle q est un peu trop faible. Maintenant, si l'on se reporte à l'expression du sinus de la moitié de cet angle formée page 257, on voit que les obliquités ω, ω_1 étant données, et excessivement peu différentes l'une de l'autre, sa grandeur, pour l'intervalle de temps 2θ, dépend presque uniquement du coefficient théorique a_2, avec lequel elle croît et décroît simultanément. Il faut donc augmenter un peu celui-ci, ce qui est la même conséquence à laquelle nous avait conduits la discussion des ascensions droites. En outre, la petitesse des écarts, qui se trouvent, généralement ici, entre les déclinaisons calculées et observées, nous annonce encore que cet accroissement devra être très-faible. Il ne reste donc qu'à tâcher de le déterminer avec le plus de probabilité possible par ces deux voies, au milieu des discordances occasionnelles que les résultats présentent, lesquelles provenant d'erreurs d'observations et de mouvements propres, sans loi ni règle, ne pourront jamais être entièrement corrigées. Heureusement ce caractère de disjonction et d'individualité indépendante rend très-vraisemblable qu'elles devront s'entre-détruire, au moins partiellement, par opposition, dans des moyens d'évaluations tirés de cas nombreux, et judicieusement choisis.

202. La discussion générale établie plus haut nous a fait reconnaître la difficulté logique de cette recherche. Elle consiste en ce que les constantes A et q, que nous voulons déduire de nos développements, ne s'y montrent pas isolées, mais accompagnées de termes correctifs, ou affectées de coefficients, dont les évaluations sont elles-mêmes susceptibles d'erreurs. C'est ce que notre tableau numérique découvre avec une entière évidence. Par exemple, si nous examinons d'abord les ascensions droites transportées, dont l'expression générale est écrite en tête de la colonne V, on voit que, outre la constante A, qui leur est commune, et que nous voulons rectifier, elles contiennent des termes correctifs d'une étoile à une autre, lesquels dépendent d'éléments théoriques, ayant comme elle besoin de rectifications. L'un, q, est l'inclinaison mutuelle des deux équateurs dont l'évaluation a été sans doute un peu trop faible. L'autre est l'angle U ou $a + \alpha' + u$, dans lequel les arcs α' et u entrent par leurs valeurs absolues, que l'intervention du très-petit coefficient théorique g rend sujettes à quelque incertitude du même ordre. Une circonstance analogue a lieu dans l'expression des déclinaisons transportées, où la constante q, que l'on en veut extraire, ne se présente qu'accompagnée du coefficient cos U, qui partage cette incertitude. Nous avons tâché d'y remédier, dans les deux cas, par un choix d'étoiles telles, que chaque développement se trouvât présenter deux portions de grandeurs très-inégales, l'une contenant la constante A ou q, aussi libre et isolée qu'il est possible, l'autre très-petite pouvant être évaluée sans une notable erreur. Cette disjonction se voit, en effet, éminemment réalisée dans notre tableau pour les étoiles comprises sous les numéros d'ordre de 1 à 8, ou de 13 à 22. Car si l'on examine d'abord les colonnes affectées au transport des déclinaisons, cos U s'y trouvant très-peu différent de ± 1, l'angle q se montre alors, dans le produit q cos U, avec sa valeur presque entière, les termes correctifs qui l'accompagnent étant à peine sensibles ; et en même temps, la petitesse correspondante de sin U atténue aussi le produit q sin U tang d, qui est le terme correctif le plus influent, associé à la constante A, dans l'expression des ascensions droites, ce qui contribue à la dégager. Il ne nous reste donc qu'à développer les conséquences propres de cette combinaison par une analyse générale qui nous donne la mesure des erreurs qu'elle peut nous laisser encore à craindre, quand on déterminera les constantes A et q, par les étoiles que je viens de spécifier.

205. Pour cela, je nomme (q) et (U) les valeurs numériques de q et de U, qui ont été employées à l'évaluation des termes correctifs, et je désigne respectivement par x, z les rectifications qu'elles peuvent nécessiter. On aura, d'après cette convention,

$$q = (q) + x, \qquad \text{U} = (\text{U}) + z.$$

x et z ne peuvent être que de très-petits arcs. Car, même en partant des nombres, probablement assez imparfaits, que nous ont fournis les formules de Laplace, les premières valeurs que nous leur trouverons, n'atteindront pas tout à fait 2″, 3; et elles seront sans doute beaucoup moindres pour les formules que nous établirons ultérieurement sur les évaluations ainsi rectifiées. C'est pourquoi, en formant sin U et cos U, je négligerai comme insensibles les puissances de $\frac{z}{R''}$ qui seraient supérieures à la première. On aura alors, dans cet ordre d'approximation,

$$\sin U = \sin (U) + \frac{z}{R''} \cos (U), \qquad \cos U = \cos (U) - \frac{z}{R''} \sin (U).$$

La seconde de ces équations, étant multipliée par q dans ses deux membres, donne

$$q \cos U = q \cos (U) - \frac{z}{R''} \{ (q) + x \} \sin (U).$$

q cos U est le premier des termes qui composent l'expression des déclinaisons transportées, et nous le remplaçons par q cos (U) pour dégager q, comme la seule inconnue qu'il renferme. Nous commettons ainsi une erreur exprimée par la portion du second membre qui se joint à celle-là pour compléter l'expression exacte de q cos U. Mais il est aisé de voir qu'elle sera rendue négligeable, par la condition que nous nous sommes prescrite, d'employer exclusivement à cette détermination des étoiles, pour lesquelles l'arc (U) ne s'étende qu'à des amplitudes fort restreintes, autour des limites 0° et 180°. Car, en supposant z égal à 2″, 3, comme je l'admettais tout à l'heure, et donnant à (q) la valeur 901″, 2464 que nous avons tirée des nombres de Laplace, si l'on prend aussi (U) égal à ±20°, ou à 180° ±20°, ce qui le sort des limites où il est contenu pour toutes nos étoiles déterminatrices, le produit $\frac{z}{R''}(q) \sin (U)$ ne s'élève qu'à 0″, 0035, quantité inappréciable aux observations. Quant à la portion additionnelle $\frac{z}{R''} x \sin (U)$, elle serait plus petite encore que celle-là, dans le rapport de x à (q), ou de 1 à 392, en supposant x égal à 2″, 3. Il n'y a donc pas à s'en occuper. Nous n'avons rien à craindre, non plus, des termes ultérieurs qui complètent le développement de d_1, pour ces mêmes étoiles ; car, par addition à leur faiblesse propre, ayant tous pour un de leurs facteurs $\sin^2 U$, les erreurs supposées x et $\frac{z}{R''}$ n'y entreront jamais qu'accompagnées du facteur sin (U) qui les fera évanouir. Ainsi, en résumé, ces petites erreurs des données théoriques ne réagiront pas sensiblement sur la valeur de q, déduite des observations de déclinaison, à l'aide de nos développements, lorsque sin (U) sera restreint dans les limites de petitesse que nous lui avons fixées pour les étoiles déterminatrices que nous voulons employer à cet usage.

204. Considérons maintenant les termes correctifs qui accompagnent la constante A dans le développement des ascensions droites transportées. Le premier d'entre eux, le seul aussi qui, pour nos étoiles déterminatrices, ait des valeurs propres de quelque importance, c'est $q \sin U \operatorname{tang} d$. Son expression complète, en y comprenant les corrections x et $\frac{z}{R''}$, sera donc

$$q \sin U \operatorname{tang} d = (q) \sin(U) \operatorname{tang} d + \frac{z}{R''}(q) \cos(U) \operatorname{tang} d$$
$$+ x \sin(U) \operatorname{tang} d + \frac{z}{R''}\, x \cos(U) \operatorname{tang} d.$$

Dans notre calcul numérique, ignorant les valeurs, et même l'existence des corrections x et z, nous ne prenons du second membre que le terme $(q) \sin(U) \operatorname{tang} d$; et, après l'avoir généralement affaibli pour toutes nos étoiles déterminatrices, par la petitesse de sin (U), nous restreignons encore leurs déclinaisons d, de manière que le produit total se trouve borné à quelques secondes d'arc. Ceci déjà nous ôte toute crainte, relativement au produit de même forme où x remplace (q) ; car, en supposant x égal à 2″,3, il sera 392 fois plus faible, conséquemment négligeable. Mais sa valeur croîtra proportionnellement à sin (U), et elle atteindrait son maximum si l'angle (U) devenait 90° ou 270°. Alors, pour la même évaluation de x, ce terme seul produirait une erreur de

$2'',3$ sur l'ascension droite transportée des étoiles qui auraient $\pm 45^\circ$ de déclinaison, et l'erreur s'élèverait à $13''$ pour des déclinaisons de 80°. La petitesse de sin (U) est donc indispensable pour éteindre ce terme. A la vérité, elle accroît les valeurs des deux autres qui ont pour facteur cos (U); mais leur influence est beaucoup moins à redouter. Car, en prenant z et (q) tels que tout à l'heure, le produit $\frac{z}{R''}(q)$ ne vaut que $0'',010049$. Ainsi, même pour la valeur maximum de cos (U) qui est ± 1, le terme où ce produit est multiplié par tang d donnerait seulement une erreur pareille dans l'ascension transportée des étoiles qui auraient $\pm 45^\circ$ de déclinaison; et pour 80° de déclinaison, l'erreur qui en proviendrait ne s'élèverait encore qu'à $0'',057$. Le terme de même forme où x remplace (q) en facteur est encore bien moindre. Il y a donc tout avantage à diriger le choix de sin (U) de manière à affaiblir spécialement le terme dans lequel la correction inconnue x se montre isolément en facteur, comme nous nous sommes prescrit de le faire, dans le choix de nos étoiles déterminatrices. Quant aux termes correctifs ultérieurs du développement de a_1, qui ont pour facteur les puissances du rapport $\frac{q}{R''}$, ils ont des valeurs absolues si petites, pour toutes ces étoiles, que l'influence des corrections supposables x et $\frac{z}{R''}$ n'y est nullement à craindre. La constante A se conclura donc ainsi de nos développements, aussi bien que la constante q, nonobstant les petites imperfections des données théoriques, sans autres incertitudes que celles que pourraient y introduire les erreurs des observations, ou les accidents des mouvements propres, si les inexactitudes des évaluations occasionnelles dues à ces deux causes n'étaient pas suffisamment anéanties par leur mutuelle compensation dans la moyenne des résultats obtenus. Mais cet avantage est spécialement attaché aux valeurs de l'angle (U), que nous avons choisies pour établir nos déterminations. Car si les données théoriques employées au transport des étoiles étaient affectées de quelques petites erreurs x et r dont on ignorât l'existence, leur influence, croissant avec la valeur de sin (U), atteindrait son maximum, lorsque l'angle (U) devient 90° ou 270°. On trouverait donc alors que, vers ces plages-là surtout, les étoiles dérogeraient à la condition de fixité sur la sphère céleste. Et comme l'angle U ou $a + \alpha' + u$ ne diffère que peu de l'ascension droite a, dans les applications que l'on peut faire à des observations précises, on reporterait cette prédominance de mouvements propres, aux étoiles qui se trouveraient placées sur le cercle de déclinaison ainsi défini, ou aux environs de ce cercle, tandis que cet effet ne serait qu'une illusion due à l'inexactitude des calculs.

205. Étant ainsi bien assurés que la petitesse de sin (U) rend nos développements spécialement propres à donner avec sûreté les constantes A et q, j'applique ce procédé, en forme d'exemple, aux étoiles de notre tableau, qui ont été choisies à dessein pour satisfaire à cette condition. Elles sont comprises sous les numéros d'ordre de 1 à 8 et de 13 à 22.

Je cherche d'abord à en déduire la constante A. Pour l'obtenir, on formera l'expression numérique de l'ascension droite transportée a_{1}, d'après le type placé en tête de notre colonne V. Mais on y laissera la constante A indéterminée. Cette expression, égalée à l'ascension droite observée de la deuxième époque, fournira une équation de condition qui donnera une valeur particulière de A. On répétera l'opération sur toutes les étoiles qui remplissent les conditions spécifiées pour ce but, et l'on prendra la moyenne des résultats partiels ainsi obtenus. En effectuant ce calcul sur celles que notre tableau présente, j'exclus la dix-huitième et la dix-neuvième. Pour la première, l'ascension droite transportée qu'elle fournit, s'écarte tellement de celle de Piazzi, qu'il faut sans doute y reconnaître l'existence d'un mouvement propre ou d'une erreur dans les observations comparées. Quant à la dix-neuvième, Bessel a reconnu que les déterminations de son ascension droite primitive, résultant des observations de Bradley, discordent entre elles, de sorte qu'on ne peut y avoir confiance. Les autres sont rassemblées dans le tableau ci-joint.

Les écarts des évaluations partielles de A autour du résultat moyen

TABLEAU *afférent à la page 295.*

NUMÉROS d'ordre.	DÉSIGNATION des étoiles considérées.	TYPE ALGÉBRIQUE de l'accroissement de l'ascension droite. $A + q \sin U \,\text{tang}\, d + \frac{B\gamma'}{R^2}$	ACCROISSEMENT de l'ascension droite observé. $a_1 - a$	VALEUR de la constante A, conclue. A	EXCÈS des évaluations partielles sur leur moyenne.
1	*g* Baleine	A + 9″,4116	+ 0°.34′.42″,6	+ 0°.34′.33″,1884	+ 2″,3010
2	ν Pégase	A − 2,9018	+ 0.34.30,3	33,2018	+ 2,3138
3	34ᵉ Poissons	A − 0,9498	+ 0.34.25,8	26,7498	− 4,1376
4	γ Pégase	A + 1,7528	+ 0.34.34,4	32,6472	+ 1,7598
5	χ Pégase	A + 4,2076	+ 0.34.37,9	33,6924	+ 2,8050
6	*h* Baleine	A − 4,7924	+ 0.34.25,3	30,0924	− 0,7950
7	ι Baleine	A − 5,6405	+ 0.34.21,6	27,2405	− 3,6469
8	*a* Poissons	A + 4,3909	+ 0.34.39,9	35,5091	+ 4,6218
13	α Corbeau	A − 5,1825	+ 0.34.30,4	35,5825	+ 4,6950
14	ε Corbeau	A − 1,9877	+ 0.34.26,6	28,5877	− 2,2997
15	3 Chevelure de Bérénice	A + 1,0920	+ 0.34.31,4	30,3080	− 0,5794
16	4 Chevelure de Bérénice	A − 1,0816	+ 0.34.28,1	29,1816	− 1,7058
17	68ᵉ grande Ourse	A − 3,5735	+ 0.34.26,8	30,3735	− 0,5139
20	α Vierge	A + 0,0336	+ 0.34.30,8	30,7664	− 0,1210
21	η Vierge	A − 0,3345	+ 0.34.28,2	28,5345	− 2,3529
22	κ Vierge (*)	A + 50,0566	+ 0.35.18,6	28,5434	− 2,3440
	Valeur moyenne de A, conclue des seize étoiles			A = 0°.34′.30″,8874	

(*) Cette étoile s'écarte plus que toutes les autres des limites d'ascension droite où sin U est nul; et aussi exige-t-elle un terme correctif plus fort. Néanmoins, comme c'est une de celles que Bradley et Piazzi ont observées le plus fréquemment et avec le plus de soin, je l'ai comprise parmi nos déterminatrices pour faire sentir, par cet exemple, la nécessité de restreindre progressivement les déclinaisons à mesure que sin U augmente, afin d'éviter les incertitudes de l'élément théorique $\alpha + \alpha'$, qui entre dans la composition de l'angle U. Cela était d'ailleurs ici sans inconvénient; car, si l'on voulait l'exclure, le coefficient principal de ψ, résultant de toutes les autres, se trouverait seulement *accru* de quelques millièmes de seconde en arc.

Si l'on s'astreignait à n'employer que des étoiles pour lesquelles le terme correctif $q \sin U \,\text{tang}\, d$ n'excédât pas une certaine valeur, par exemple 20″, on trouverait aisément, par cette condition même, les limites de déclinaison, en deçà desquelles on devrait les choisir pour chaque valeur donnée de l'angle U. Car, supposant qu'on appliquât à cette épreuve la valeur approximative de l'angle q déduite des expressions théoriques antérieurement formées, on en tirerait, pour la limite cherchée,

$$\text{tang}\, d = \frac{20''}{q \sin U}.$$

Cette condition imposée au terme correctif restreindrait beaucoup le nombre des étoiles qui pourraient être ainsi employées *individuellement* comme déterminatrices. Mais on l'élargirait en les assemblant par couples, pour lesquelles le produit $\sin U \,\text{tang}\, d$ se trouvât de signe contraire; de manière à donner, par opposition, un terme correctif résultant moindre que la limite prescrite, dans la valeur moyenne de la constante A qu'on en déduirait.

tombent tous dans les limites d'erreur que comportaient les déterminations pratiques des ascensions droites aux deux époques considérées, limites que l'on restreindrait difficilement, même aujourd'hui. Si les étoiles employées étaient assez nombreuses pour que l'effet total de ces erreurs dût très-probablement devenir insensible, par compensation, dans le résultat moyen conclu de leur ensemble, la valeur de A ainsi obtenue ne serait pas encore rigoureusement certaine; car elle contiendrait la portion provenant de tous les mouvements propres, qui ne s'y serait pas complétement détruite par compensation. En conséquence, si notre soleil avait, comme la plupart des étoiles du ciel, un mouvement propre qui le transporterait vers quelque partie de l'espace, entraînant dans sa course la terre et tous les autres corps qui circulent autour de lui, comme Herschel l'a conjecturé, la composante angulaire de ce mouvement commun qui se reporterait sur les ascensions droites ne disparaîtrait de la valeur de A que par l'opposition de ses effets sur les étoiles placées aux deux extrémités d'un même diamètre de la sphère céleste. Cette condition se trouverait très-approximativement remplie pour l'opposition des ascensions droites, dans l'ensemble des seize étoiles que nous venons de considérer; mais elle serait loin de l'être pour l'opposition des déclinaisons, à laquelle les catalogues comparés ne donnent pas le moyen de satisfaire. Au reste, je répète encore que mon but est seulement ici d'exposer des méthodes de détermination, et non pas des évaluations définitives. Par le même motif, j'ai négligé d'appliquer aux ascensions droites a, a_1 les petites réductions dépendantes des dates initiales des deux catalogues; car, en les calculant d'après les valeurs de f et de f_1, obtenues page 268, on trouverait qu'elles sortent des limites de leurs appréciations pour toutes les étoiles que notre tableau embrasse. En somme, elles produiraient seulement dans A une augmentation de $0'',0362$, qu'il eût été convenable d'y annexer; mais j'y ai pensé trop tard, après avoir effectué tous les calculs numériques qui vont suivre, et je n'ai pas cru devoir les recommencer pour ajouter un si petit changement à un résultat dont nous ne ferons qu'un usage provisoire.

206. La valeur de la constante A, que nous avions déduite des formules théoriques de Laplace, était 0° 34′26″,816. Celle que les observations viennent de nous donner est plus forte de 4″,271, ou dans le rapport de 527 à 526. Nous verrons tout à l'heure comment on peut s'en servir pour corriger le coefficient principal de la précession que Laplace avait adopté; mais, auparavant, je vais opérer d'une manière analogue sur les déclinaisons, pour en conclure la valeur de la constante q.

207. Ici nous n'avons à exclure aucune des étoiles qui se trouvent dans des conditions favorables pour la détermination de cet élément; car, en supposant sa valeur un peu augmentée, comme nous avons vu qu'elle doit l'être, les différences entre les déclinaisons finales observées et les primitives transportées par le calcul, ne sortiront évidemment, pour aucune d'elles, des limites d'erreur comportées par les observations des deux époques.

Procédant donc comme sur les ascensions droites, je forme, pour chacune de ces étoiles, l'expression numérique de la déclinaison transportée, d'après le type placé en tête de la colonne IX de notre tableau; mais j'y effectue seulement en nombres les termes correctifs qui s'associent au terme principal $q \cos U$, laissant celui-ci sous sa forme algébrique. L'expression mixte, ainsi obtenue, étant égalée à la déclinaison observée de la deuxième époque, fournit une équation de condition qui donne une valeur particulière de ce produit, laquelle, divisée par $\cos U$, détermine la constante q isolément. La légitimité de cette déduction exige seulement que l'évaluation primitive de cette constante ait été déjà assez exacte pour ne pas donner d'erreurs sensibles dans les termes correctifs que l'on conserve, non plus que dans l'opération finale par laquelle on dégage q de l'égalité. La première condition se justifie évidemment par l'excessive petitesse de ces termes; la seconde par l'expression spéciale de q pour les étoiles que nous considérons. En effet, le produit $q \cos U$ qui s'y rapporte, se présente toujours sous l'une des deux formes $+E$ ou $-E$, la lettre E désignant une quantité positive; et les valeurs simultanées de U sont $360° - x$, x, ou $180° \pm x$, x étant un arc positif de peu d'étendue, ce qui rend $\cos U$ égal à $+\cos x$ ou à $-\cos x$.

TABLEAU *afférent à la page* 297.

NUMÉROS d'ordre.	DÉSIGNATION des étoiles transportées.	TYPE ALGÉBRIQUE de l'accroissement de la déclinaison. $q \cos U + D \frac{q^2}{R''}$	ACCROISSEM. de la déclinaison observé. $d_1 - d$	VALEUR du produit $q \cos U$, conclue. $q \cos U$	TERME correctif résultant de la division par cos U, toujours additif au terme principal.	VALEUR de l'angle q, conclue. q	EXCÈS des évaluations partielles sur leur moyenne.
1	g Baleine..............	$q \cos U + 0'',0007$	+ 906″,3	+ 906″,2993	+ 0″,5092	+ 906″,8085	+ 3″,3343
2	ν Pégase..............	$q \cos U - 0,0001$	+ 901,9	+ 901,9001	+ 0,0501	+ 901,9502	− 1,5240
3	34e Poissons..............	$q \cos U - 0,0000$	+ 903,9	+ 903,9000	+ 0,0184	+ 903,9184	+ 0,4442
4	γ Pégase..............	$q \cos U - 0,0000$	+ 902,5	+ 902,5000	+ 0,0277	+ 902,5277	− 0,9465
5	χ Pégase..............	$q \cos U - 0,0001$	+ 906,3	+ 906,3001	+ 0,0835	+ 906,3836	+ 2,9089
6	h Baleine..............	$q \cos U + 0,0002$	+ 901,2	+ 901,1998	+ 0,0946	+ 901,2944	− 2,1798
7	ι Baleine..............	$q \cos U + 0,0004$	+ 902,5	+ 902,4996	+ 0,5628	+ 903,0624	− 0,4118
8	d Poissons..............	$q \cos U - 0,0004$	+ 904,1	+ 904,1004	+ 0,7217	+ 904,8221	+ 1,3479
13	α Corbeau..............	$q \cos U - 0,0001$	− 904,3	− 904,2999	+ 0,0790	+ 904,3789	+ 0,9047
14	ε Corbeau..............	$q \cos U - 0,0000$	− 903,3	− 903,3000	+ 0,0146	+ 903,3146	− 0,1596
15	3 Chevelure de Bérénice.	$q \cos U - 0,0000$	− 900,4	− 900,4000	+ 0,0059	+ 900,4059	− 3,0683
16	4 Chevelure de Bérénice.	$q \cos U - 0,0000$	− 904,0	− 904,0000	+ 0,0025	+ 904,0025	+ 0,5283
17	68e grande Ourse..........	$q \cos U - 0,0000$	− 904,5	− 904,5000	+ 0,0027	+ 904,5027	+ 1,0285
18	4e Dragon (Hevelius)......	$q \cos U - 0,0004$	− 900,0	− 899,9996	+ 0,0195	+ 900,0191	− 3,4551
19	∂ grande Ourse..........	$q \cos U - 0,0011$	− 907,1	− 907,0989	+ 0,1614	+ 907,2603	+ 3,7861
20	η Vierge..............	$q \cos U - 0,0000$	− 903,1	− 903,1000	+ 0,4545	+ 903,5545	+ 0,0803
21	τ Vierge..............	$q \cos U - 0,0000$	− 901,4	− 901,4000	+ 0,6244	+ 902,0244	− 1,4498
22	κ Vierge (*)..............	$q \cos U + 0,0340$	− 856,3	− 856,3340	+ 45,9753	+ 902,3093	− 1,1649
	Valeur moyenne de q, conclue des dix-huit étoiles........					$q = + 903'',4742$	

(*) J'ai encore ici compris cette étoile parmi nos déterminatrices, malgré la grandeur relative de son terme correctif, par les motifs que j'ai déjà expliqués quand je l'ai introduite dans la formation de la constante A. Le coefficient principal de q, qui résulterait de son exclusion, se trouverait *accru* d'une fraction de seconde plus faible encore que dans le tableau relatif à la constante A, et tout à fait insensible. Dans ce second mode de détermination, il n'y a plus de compensation à établir entre les termes correctifs propres aux diverses étoiles employées; car, le produit $q \cos U$ étant la seule donnée que les observations fournissent, on n'en peut conclure le facteur q avec sûreté que dans le cas où cos U se trouve, *individuellement*, différer très-peu de ± 1.

Or la valeur de q doit résulter positive, dans notre application actuelle. Ainsi, cos U s'y présentera toujours de même signe que le produit q cos U; ce qui donnera généralement q égal à $\frac{E}{\cos x}$, les deux termes de la fraction étant tels que nous venons de les qualifier. Cette expression équivaut à $\frac{E(\cos x + 1 - \cos x)}{\cos x}$ ou $E + \frac{2E \sin^2 \frac{1}{2} x}{\cos x}$. La première partie est le produit q cos U lui-même, pris toujours positivement; et la seconde, qui est aussi toujours positive, sera d'autant plus petite que l'arc x sera moindre; ce qui permettra de la calculer sans erreur sensible avec la valeur théorique de x, pour les étoiles que nous considérons. En opérant de cette manière, on obtient le tableau ci-joint, où la justesse des considérations qui précèdent est rendue manifeste par les détails du calcul que j'y ai laissés en évidence.

Aucun des écarts que présente la dernière colonne n'excède les incertitudes occasionnelles que l'on peut légitimement attribuer aux observations des deux époques, ou à leur combinaison. Si quelques-uns d'entre eux sont dus, en partie, à des mouvements propres, ces mouvements sont trop faibles pour qu'on puisse espérer de les isoler, et même de constater avec sûreté leur existence, ayant choisi exprès des étoiles de notre tableau par cette condition. J'ai encore négligé ici d'appliquer aux valeurs de d et de d_1 les petites corrections relatives aux dates initiales des deux catalogues, parce qu'elles sortent des limites de leurs appréciations. En somme, elles produiraient dans la valeur de q une augmentation à peu près égale à $+0'',0157$. Mais, de même que pour A, j'ai pensé trop tard à cette petite correction, qui de même aussi sera sans importance, dans un résultat purement provisoire comme celui-là.

208. Conformément à nos prévisions, la valeur trouvée ici pour q est un peu plus forte que celle que nous avions déduite des formules de Laplace. Elle la surpasse de $2'',2278$ ou à peu de chose près, dans le rapport de 406 à 405 : cela indique une légère correction à faire au coefficient principal de la précession adoptée dans ces formules. Je vais d'abord la déterminer.

209. Pour cela je reprends, dans la page 256, l'expression directe

$$\sin^2 \tfrac{1}{2} q = \sin^2 \tfrac{1}{2}(\omega_1 - \omega) + \sin\omega \sin\omega_1 \sin^2 \tfrac{1}{2}(\psi_1 - \psi),$$

que nous avons changée dans la suivante :

$$\sin^2 \tfrac{1}{2} q = \sin^2 \tfrac{1}{2}(\omega_1 - \omega) + \sin\omega \sin\omega_1 \sin a_2 \theta.$$

La lettre a_2 représente le coefficient moyen de la précession annuelle, pendant l'intervalle de temps 2θ, qui sépare les époques considérées. La théorie de l'attraction nous a fait voir que l'arc $\frac{1}{2}(\omega_1 - \omega)$ est à peine sensible, et elle nous l'a donné égal à 0",01218. Nous pouvons donc sans crainte le lui emprunter encore, puisque la relation d'égalité établie entre les deux membres dont l'équation se compose, serait presque numériquement satisfaite, si on le négligeait entièrement. Mais il y a une autre correction plus importante à faire, dans les autres données du calcul. D'après la loi du décroissement progressif de l'obliquité de l'écliptique qui se conclut expérimentalement des observations de Bradley, combinée avec toutes les déterminations ultérieures les plus exactes, Bessel a constaté que la valeur de cette obliquité en 1750, qui est désignée par ω_0 dans nos formules, n'est pas précisément 23°28'23", comme Laplace le supposait dans ses derniers ouvrages, mais plutôt 23°28'18",0 telle qu'il l'avait employée primitivement. Il faut donc introduire ici cet élément rectifié qui, combiné avec les autres déterminations de la page 272, nous donnera

$$\omega = 23^\circ 28' 18'',000246, \qquad \omega_1 = 23^\circ 28' 18'',0246.$$

L'excès de ω sur ω_0 n'est pas appréciable dans l'évaluation de $\sin\omega$ par les Tables ordinaires à sept décimales ; et celui de ω_1 y est à peine sensible, n'ajoutant qu'une seule unité à la dernière décimale du logarithme de $\sin\omega_1$. On trouve ainsi

$$\log\sin\omega = \bar{1},6002054, \qquad \log\sin\omega_1 = \bar{1},6002055.$$

Or notre formule nous donne

$$\sin^2 a_2\theta = \frac{\sin\frac{1}{2}[q+(\omega_1-\omega)]\sin\frac{1}{2}[q-(\omega_1-\omega)]}{\sin\omega\sin\omega_1}.$$

Adoptant donc la valeur de q, déduite tout à l'heure des observations de déclinaison, et y joignant celle de θ, qui est $\frac{1}{2}45$ ou $22,5$, il en résulte

$$a_2\theta = 1134'',18063, \qquad a_2 = 50'',4080.$$

J'ai à peine besoin de rappeler que, dans tous les détails de ce calcul où il entre de très-petits angles, le passage des logarithmes des arcs à celui de leurs sinus, et inversement, doit s'effectuer par l'artifice exposé tome III, page 64, pour éviter l'embarras de l'appréciation des parties proportionnelles.

Maintenant reportons-nous à la page 253, où nous avons défini les diverses constantes qui entrent dans ces calculs. La rétrogradation ψ de l'équateur sur l'écliptique fixe du 1er janvier 1750, comptée de cette même époque, a été, par abréviation, exprimée généralement sous la forme suivante :

$$\psi = a t - 6 t_1,$$

a et 6 désignant des coefficients numériques positifs, dont nous avons emprunté les valeurs à Laplace. De plus, à la même page, nous avons fait, par une autre abréviation,

$$a_2 = a + 2 6 T,$$

T désignant le nombre d'années juliennes compris depuis 1750 jusqu'à l'époque moyenne des deux catalogues comparés, nombre qui est ici 27,5. Ceci appliqué à la valeur théorique du coefficient 6 nous a donné ultérieurement, page 272,

$$2 6 T = + 0'',006699.$$

Nous ne pouvons mieux faire que d'emprunter encore à la théorie cette évaluation si délicate : alors, en l'associant à la valeur de a_2, que les observations de déclinaison viennent de nous donner, nous en tirerons

$$a = a_1 + 2\,6\,T,$$

conséquemment

$$a = a_1 + 0'',0067 = + 50'',4147.$$

Ce résultat surpasse de $0'',1271$ l'évaluation du même coefficient qui se déduit des déterminations de Laplace, et que nous avions supposé, d'après lui, devoir être $50'',2876$. Mais, quoique la différence conclue ici des observations soit importante en elle-même, et comme élément de concordance des deux catalogues, il est essentiel de remarquer que les changements qu'elle peut apporter aux valeurs de l'angle U, ou $a + u + \alpha'$, employé au calcul de nos termes correctifs des déclinaisons transportées, ne sauraient, à cause de l'excessive petitesse de ces termes, avoir aucune influence de quelque importance sur leur évaluation absolue. Nous avons reconnu que cet avantage est propre aux conditions spéciales dans lesquelles se trouvent les ascensions droites des étoiles que nous avons choisies pour termes de comparaison; et je ne saurais trop insister sur cette remarque.

210. Il faut maintenant employer à un usage pareil la valeur de la constante A que nous avons déduite de la comparaison des ascensions droites. Pour cela il faut se rappeler que, d'après la page 261, sa composition conventionnelle est

$$A = \alpha' - \alpha'_1 + u_1 + u,$$

ce qui donne

$$u_1 + u = A + \alpha'_1 - \alpha'.$$

On pourrait avoir quelques scrupules sur les valeurs que nous avons attribuées à ces deux termes additionnels, parce que la formule numérique donnée page 167, d'où nous les avons déduites, a été calculée d'après l'expression théorique $\frac{(\psi - \psi')}{\cos \omega_0}$, en prenant ω_0 égal à $23^\circ\,28'\,23''$, au lieu de $23^\circ\,28'\,18''$ que nous adoptons maintenant d'après Bessel. Mais ce faible changement de ω_0 est ici sans importance; car, en recalculant α' avec sa nouvelle valeur, on trouve

$$\alpha' = 0'',2054817\,t - 0'',000265947\,t^2,$$

ce qui ne diffère de l'expression de la page 167 que par des décimales trop éloignées pour que l'on en puisse répondre. Aussi, en y faisant $t = +5$ et $t_1 = +50$, ce qui convient aux époques de nos deux catalogues, il en résulte

$$\alpha' = +1'',02076, \qquad \alpha'_1 = +9'',60922,$$

et, par suite,

$$\alpha'_1 - \alpha' = +8'',58846,$$

résultat presque identique avec celui que nous avions employé. Ceci étant ajouté à la valeur trouvée pour la constante A, par les observations d'ascension droite, il en résulte

$$u_1 + u = 0^\circ 34' 39'',4759.$$

Or, d'après la page 255, la valeur de $u_1 + u$ est liée à celle du produit $a_2\theta$, par la relation trigonométrique

$$\tang \tfrac{1}{2}(u_1 + u) = \frac{\cos \omega_2}{\cos 2cT\theta} \tang a_2\theta,$$

laquelle, étant renversée, donne

$$\tang a_2\theta = \frac{\cos 2cT\theta \tang \frac{1}{2}(u_1 + u)}{\cos \omega_2}.$$

L'arc $2cT\theta$ est seulement égal à $0'',01218$, d'après l'évaluation que nous en avons faite, page 272. A ce degré de petitesse, l'excès de l'unité sur son cosinus n'influe pas sur les décimales des logarithmes fournis par les Tables ordinaires. Il faut donc faire ici ce cosinus égal à $+1$. En outre, d'après les valeurs de ω et ω_1, formées tout à l'heure, on a

$$\omega_2 = \tfrac{1}{2}(\omega + \omega_1) = 23^\circ 28' 18'',0124;$$

avec ces données on trouve

$$a_2\theta = 1133'',5301, \qquad a_2 = 50'',3790.$$

Alors, opérant sur cette valeur de a_2, comme nous l'avons fait p. 299, pour son analogue tirée des observations de déclinaison, nous en déduirons de même le coefficient principal a, par la relation

$$a = a_2 + 2\beta T,$$

qui donnera ici

$$a = 50'',3790 + 0'',006699 = 50'',385699.$$

Cette valeur de a est plus petite que la première, de $0'',029$. Cependant elle surpasse encore de $0'',01$ celle que Bessel a définitivement adoptée pour la même époque, dans les *Tabulæ Regiomontanæ* (Introduction, p. v); car il y fait le coefficient a égal à $50'',37572$, l'arc ψ étant d'ailleurs compté pareillement sur l'écliptique du 1er janvier 1750, à partir de la même origine équinoxiale que nous employons. Pour bien voir la portée de ces différences, et apprécier aussi le degré de confiance relatif que peuvent mériter nos deux évaluations, il faut transformer les constantes abstraites en résultats observables. On le fera en se rappelant que le produit $2a_2\theta$ représente $\psi_1 - \psi$, c'est-à-dire l'arc de rétrogradation *total*, décrit par l'équateur sur l'écliptique de 1750, dans l'intervalle des époques prises comme limites. Je double donc nos deux valeurs de $a_2\theta$, afin de mettre cet arc total en évidence, et je complète les éléments de la comparaison en y joignant la valeur analogue qui se déduit du coefficient de Bessel. On obtient ainsi, pour les quarante-cinq années que l'intervalle embrasse :

Par les déclinaisons.................. $\psi_1 - \psi =$	$2268'',3613$
Par les ascensions droites............ $\psi_1 - \psi =$	$2267'',0602$
Excès relatif de la première évaluation..	$+1'',3011$
Le même arc déduit du coefficient de Bessel.......................	$2266'',6059$

Considérons d'abord les deux valeurs conclues de nos calculs. L'écart total qui existe entre elles est si petit, qu'il semble bien difficile d'en répondre, même dans la différence moyenne des déclinaisons observées, encore plus dans la différence des ascensions droites, dont la détermination absolue n'est pas aussi directe, et repose sur la mesure du temps. La seconde de ces valeurs est presque identique à celle qui résulte du coefficient de Bessel, lequel aussi peut se présumer avoir été principalement conclu d'observations d'ascensions droites. Aux difficultés propres que présente la détermination de ces deux coordonnées il faut ajouter que, pour réduire les unes et les autres aux valeurs moyennes, consignées dans les deux catalogues où nous les avons prises, on a dû les dépouiller des petites inégalités à courtes périodes qu'y produisent la nutation et l'aberration, deux phénomènes dont les lois générales sont, à la vérité, bien connues, comme nous le verrons plus tard, mais dont les constantes numériques comportent encore quelques légères incertitudes, même aujourd'hui. On ne leur a sans doute pas attribué des valeurs absolument identiques dans la réduction des deux catalogues, et ils ne deviendraient rigoureusement comparables qu'après qu'on y aurait rétabli cette identité, par un calcul nouveau, appliqué individuellement à chacune des observations sur lesquelles ils reposent, ou au moins à celles qu'on en voudrait extraire. C'est pourquoi j'ai rapporté les détails des épreuves précédentes, dans l'intention d'offrir aux lecteurs le type complet des méthodes qu'on pourrait appliquer à des éléments de comparaison plus perfectionnés, et non pas avec la prétention ou l'espérance d'en obtenir des résultats qui pussent être présentés comme définitifs. A ce défaut théorique des données premières il faut ajouter les incertitudes qu'y jettent les erreurs occasionnelles des observations, et les accidents des mouvements propres, lesquelles rejaillissent sur la détermination du coefficient a, et que l'on ne pourrait espérer d'y détruire, ou au moins d'y atténuer, qu'en faisant concourir à sa recherche un plus grand nombre d'étoiles que nous n'en avons ici employées, avec le soin de les choisir toujours dans les mêmes conditions spécialement favorables. Mais pour effectuer avec tout avantage un pareil travail, il conviendrait de choisir comme époque fondamentale l'année 1800, plutôt que 1750, afin d'y comprendre aussi, à des distances à peu près égales, les observations postérieures aux deux premiers catalogues. Or les nombres que nous venons d'obtenir sont déjà très-suffisamment précis pour le préparer, en les transportant au 1er janvier 1800, comme nouvelle origine du temps t, ce que je ferai dans la section suivante. C'est pourquoi je vais seulement ici achever d'éprouver et de confirmer leur justesse par une dernière application, qui consistera à les introduire dans nos formules rigoureuses, pour transporter les coordonnées équatoriales de l'étoile polaire, du catalogue de Bradley au catalogue de Piazzi.

211. Nous reportant donc aux formules préparatoires de la page 255, il faudra premièrement en déduire les nouvelles valeurs de $u_1 + u$, $u_1 - u$, et q, qui correspondent aux valeurs rectifiées de a_2 et de ω_2 que nous voulons maintenant adopter. J'effectue d'abord ce calcul avec la valeur de a_2 que nous avons tirée des ascensions droites : alors $u_1 + u$ sera tel qu'elles nous l'ont donné page 301; c'est-à-dire qu'il faudra prendre

$$u_1 + u = 0^\circ 34' 39'',4759.$$

Quant à la différence $u_1 - u$, si l'on considère son expression algébrique établie page 255, on verra que les seuls changements sensibles qu'elle puisse éprouver, porteront sur son coefficient extérieur $\frac{c}{a_2 \sin \omega_2}$; car ils seraient inappréciables dans les termes correctifs, qui ne contribuent à sa valeur totale que pour $0'',000112$. Or, d'après l'expression explicite de c, donnée page 211, sa valeur est proportionnelle au coefficient a qui multiplie la première puissance du temps dans ψ; et ce même coefficient se trouve ici presque égal à a_2, leur différence $2\delta T$ n'étant que $0'',006699$. Donc, voulant seulement lui donner pour nouvelle valeur $50'',3857$, au lieu de $50'',2876$ que nous avions employé d'abord, d'après Laplace, on pourra, vu son indétermination première, laisser le rapport $\frac{c}{a_2}$ tel qu'il était primitivement, et faire seulement varier $u_1 - u$, en raison inverse de la nouvelle valeur que nous voulions attribuer à $\sin \omega_2$. Alors le calcul s'effectuera comme il suit :

Anc. valeur de ω_2 (p. 272), $23^\circ 28' 23'',012$...logsin $\omega_2 = \bar{1},6002297$

Valeur rectifiée (p. 301), $23^\circ 28' 18'',012$...logsin $\omega_2 = \bar{1},6002055$

$0,0000242$

Ancienne évaluation de

$u_1 - u$ (p. 273), $+ 11'',15008$....log$(u_1 - u) = 1,0472780$

Évaluation rectifiée de log $(u_1 - u)$...log$(u_1 - u) = 1,0473022$

ce qui donne, en nombres,

$$u_1 - u = + 11'',15070.$$

Cet élément de nos calculs n'éprouve donc qu'une modification presque insensible, et que l'on aurait pu considérer à priori comme négligeable; mais je n'ai pas voulu le faire, afin qu'on vît bien comment des rectifications de ce genre devront y être introduites, dans tous les cas pareils, où l'on ferait seulement varier l'obliquité ω_2 antérieurement adoptée. Il aurait fallu aussi, à la rigueur, y faire un autre changement très-petit, pour l'approprier à la nouvelle valeur de a_2; mais je l'ai négligé dans ces premiers calculs, destinés seulement à des vérifications préparatoires. Nous ne l'omettrons point dans les calculs définitifs.

Connaissant ainsi $u_1 + u$, et $u_1 - u$, nous en déduirons

$u_1 = 0^\circ 17' 25'',3133$ $u = 0^\circ 17' 14'',1626$

Nous avons en outre (p. 301)... $\alpha'_1 = +\ 9'',6092$ $\alpha' = +\ 1'',0208$

Il en résultera donc $u_1 - \alpha'_1 = 0^\circ 17' 15'',7041$ $u + \alpha' = 0^\circ 17' 15'',1834$

$\alpha' + u$ est l'arc constant qui s'ajoute aux ascensions droites primitives α, sous les signes trigonométriques, dans l'expression des coordonnées équatoriales transportées par nos deux développements. Son évaluation actuelle surpasse de $2''$ celle que nous avions admise dans nos premiers calculs. Ainsi l'arc U, ou $\alpha + \alpha' + u$, a été employé alors avec une valeur trop faible de cette même quantité, pour former les termes correctifs qui s'ajoutent aux résultats immédiats des observations, dans les égalités d'où nos évaluations des constantes A et q ont été déduites. Mais le choix des étoiles que nous avons fait concourir à cette détermination rendait ces termes tellement petits, qu'un changement de cet ordre dans l'arc U n'y produirait que des différences inappréciables aux observations, ou qui se confondraient avec leurs erreurs. Par conséquent, il serait inutile de recommencer les calculs pour en tenir compte; surtout n'ayant ici pour but que de nous procurer des éléments de transport assez assurés, et déjà assez exacts, pour qu'on puisse ultérieurement leur appliquer des rectifications définitives, fondées sur des épreuves du même genre, mais plus générales que celles-là (*).

212. Un autre élément de nos nouveaux calculs devra être la constante A ou $\alpha_1 - \alpha'_1 + u + u_1$. Mais le coefficient a_2, que nous employons ici, a été conclu de cette constante même, telle que les observations d'ascensions droites nous l'ont donnée page 295. Il faudra donc lui attribuer ici cette même valeur, c'est-à-dire prendre

$$A = 0^{\circ}34'30'',8874.$$

213. Enfin il nous faut aussi calculer la nouvelle valeur de l'angle q, correspondante aux mêmes modifications de ses éléments déterminatifs. Nous avons pour cela, dans les pages 256 et 257, deux formules : l'une donne tang $\frac{1}{2}q$ en fonction de l'obliquité moyenne ω_1, et des arcs u, u_1, déjà calculés; l'autre fait trouver log sin $\frac{1}{2}q$ par ses éléments immédiats. J'applique d'abord la première, et j'en déduis

$$\log q = 2,9556658, \qquad q = 902'',9543.$$

(*) Si l'on veut constater matériellement la vérité de l'assertion émise dans ce paragraphe, il n'y a qu'à en faire l'épreuve sur α de la Vierge, qui, entre toutes les étoiles employées à la détermination de A, se trouve avoir le terme correctif le plus fort, comme on le voit dans le tableau de la page 295. Si l'on recommence le calcul de ce terme d'après son expression algébrique, avec les nouvelles valeurs de $\alpha' + u$ et de q ici obtenues, on trouve qu'il s'accroît seulement de $+0'',097$; encore cette petite augmentation aurait-elle été presque totalement compensée dans la valeur moyenne de A, si l'on avait pu y faire concourir la 4e du Dragon, dont le terme correctif aurait éprouvé un accroissement presque égal, mais de signe opposé.

Comme vérification, j'emploie ensuite la seconde formule. La valeur de $\log q$, qui en résulte, se trouve moindre d'une seule unité sur la dernière décimale, ce qui donnerait q plus faible de $0'',0002$. La différence est inappréciable aux observations ; elle tombe dans les limites d'erreur que comporte inévitablement l'emploi des Tables logarithmiques à sept décimales, et sa petitesse prouve que tous les calculs antérieurs ont été correctement effectués. La valeur de l'angle q, ainsi obtenue, est de $0'',52$ plus petite que celle qui nous a été immédiatement donnée par les déclinaisons, page 297. Cela tient à ce que, dans notre calcul actuel, nous la déduisons du coefficient a_2, établi sur la comparaison des ascensions droites ; elle portera donc l'empreinte de cette origine dans les applications ultérieures auxquelles nous l'emploierons, et il faudra nous en souvenir.

214. J'effectue maintenant des déterminations pareilles avec le coefficient a_2 que nous avons conclu des observations de déclinaison. Il faudra alors employer l'angle q, tel que ces observations nous l'ont donné page 297, c'est-à-dire prendre

$$q = +\, 903'',4742.$$

Nous reportant, comme tout à l'heure, aux formules préparatoires de la page 255, je remarque de même que le rapport $\frac{c}{a_2}$ ne se trouvera pas sensiblement modifié par l'emploi de la nouvelle valeur attribuée au coefficient a_2, parce que le coefficient c, d'après sa composition théorique, variera presque exactement dans la même proportion. La valeur de l'angle ω_2, qui entre dans ces formules, sera d'ailleurs la même que dans le calcul précédent. Ainsi la valeur de $u_1 - u$ sera pareille, c'est-à-dire qu'il faudra prendre, comme dans la page 305,

$$u_1 - u = +\, 11'',1507.$$

Il ne restera donc à trouver que $u_1 + u$. On le calculera par la formule

$$\operatorname{tang} \tfrac{1}{2}(u_1 + u) = \frac{\cos \omega_2}{\cos 2cT\theta} \operatorname{tang} a_2\theta,$$

en prenant, comme ci-dessus,

$$\omega_1 = 23°28'18'',012, \quad \text{et} \quad a_1\theta = 1134'',18063.$$

La valeur de $a_1\theta$ est celle qui nous a été donnée par les observations de déclinaison, page 299. De plus, ici, comme dans nos calculs préparatoires, l'arc $2_1 T\theta$ sera tellement petit, que son cosinus pourra être fait égal à $+1$. Avec ces éléments on trouve

$$u_1 + u = 0°34'40'',6732.$$

Cette somme, combinée avec la différence $u_1 - u$, donne séparément

$$u_1 = 0°17'25'',9120, \quad u = 0°17'14'',7612.$$

Nous avons trouvé d'ailleurs, page 301,

$$\alpha' = +1'',02076, \quad \alpha'_1 = +9'',60922,$$

et, par suite,

$$\alpha'_1 - \alpha' = +8'',58846.$$

α' et α'_1 expriment le déplacement du point équinoxial, dans le sens des ascensions droites, depuis 1750 jusqu'aux époques respectives des deux catalogues, tel que le donnent les formules théoriques de Laplace. On a ainsi tout ce qui est nécessaire pour calculer les deux autres éléments de nos formules de transport, $u_1 - \alpha'_1$, $u + \alpha'$ et A; cette dernière constante ayant pour expression littérale

$$A = \alpha' - \alpha'_1 + u + u_1.$$

On obtient alors

$$u_1 - \alpha'_1 = 0°17'16'',3028, \quad u + \alpha' = 0°17'15'',7820,$$
$$A = 0°34'32'',0847.$$

La comparaison de ces nombres avec ceux que les observations d'ascensions droites nous avaient fournis, découvre avec évidence comment, et en quel rapport, les changements apportés au coefficient principal de la précession ψ réagissent sur les valeurs des coordonnées équatoriales, transportées par le calcul d'une époque à une autre. Ici ce coefficient était 50″,4147. Dans le précédent calcul il était 50″,3857. Nous l'avons donc augmenté de 0″,029. Voyons ce qui en est résulté. Premièrement l'arc $\alpha' + u$ se trouve accru de 0″,5986. Ainsi la même augmentation se communique à l'arc U ou $a + \alpha' + u$, qui entre sous les signes trigonométriques dans nos formules de transport, tant approximatives que rigoureuses. Mais, à moins que tang d ne soit excessivement considérable, cela n'aura pas d'influence sensible sur les coordonnées transportées. L'angle q, qui est un autre élément de nos formules, est aussi accru; il devient 903″,4742, au lieu de 902″,9543; ce qui le rend plus fort de 0″,5199. En jetant les yeux sur les expressions développées de la page 262, on voit que cette augmentation se reportera intégralement sur les déclinaisons calculées des étoiles, pour lesquelles l'angle U ou $a + \alpha' + u$ approchera d'être égal à 0° ou 180°. Sur les ascensions droites au contraire, elle acquerra son maximum d'influence lorsque l'arc U approchera de 90° ou de 270°; et sa valeur s'y montrera même agrandie lorsque le facteur tang d surpassera ±1, ce qui aura lieu pour toutes les étoiles dont la déclinaison, boréale ou australe, excédera 45°. Enfin, la constante A, qui était primitivement supposée égale à 0° 34′ 30″,8874, devient, par l'augmentation du coefficient a, 0°34′32″,0847, plus forte de 1″,1973. Cette augmentation se reportera entière sur toutes les ascensions droites a_1, transportées par le calcul. Conséquemment, si l'on n'a pas de raisons péremptoires pour décider ici laquelle des deux valeurs de a est préférable, soit celle qui se conclut des ascensions droites, soit celle qui se conclut des déclinaisons, les différences que l'on trouvera entre les coordonnées des mêmes étoiles, transportées par le calcul, d'après l'une ou d'après l'autre, exprimeront, pour chaque étoile, les incertitudes inhérentes à ces déterminations, dans l'intervalle de temps que le transport embrasse, et qui est ici de quarante-cinq années pour les catalogues de Bradley et de Piazzi. Si, au contraire, on se hasarde à faire un choix qui ne serait pas complètement assuré, les discordances que l'on trouvera entre les résultats calculés paraîtront, à tort, attribuables aux erreurs des observations ou à des accidents de mouvements propres; et, dans les deux cas, on risquera de prendre les inexactitudes des calculs, pour des phénomènes réels.

215. Ces préparations étant faites, je prends, dans les *Fundamenta Astronomiæ* de Bessel, page 304, les coordonnées équatoriales moyennes de l'étoile polaire, au 1er janvier 1755, telles qu'il les a déduites des observations de Bradley. Il a trouvé ainsi, pour cette époque,

$$a = 10°55'34'',38, \qquad d = +87°59'41'',12.$$

A la fin de ce même ouvrage, page 325, Bessel dit que, pour réduire à l'époque commune de 1755 les diverses observations de Bradley, d'où l'ascension droite a est déduite, il a donné à la constante de la nutation, une valeur qui paraît être trop forte, d'après une nouvelle détermination qu'en a faite Lindenau; et, en adoptant cette rectification, il trouve que a doit être augmenté de $10'',575$. Mais, par des discussions ultérieures, les astronomes ont été généralement conduits à reconnaître que la constante de Lindenau est notablement trop faible; et l'évaluation moyenne qui résulte de leurs calculs, se rapprochant davantage de celle que Bessel avait d'abord employée, donnerait seulement $6'',798$ pour la correction additive que sa première détermination de a exige. Toutefois, ne voulant ici qu'éprouver nos formules de transport, je les appliquerai immédiatement à cette première valeur de a, non corrigée, sauf à introduire plus tard, dans les résultats que nous obtiendrons, les conséquences de rectifications qu'on y voudrait faire.

216. Conformément à ce qui a été établi page 248, il faut d'abord former deux quantités auxiliaires e, e_1, dont les expressions analytiques sont respectivement

$$e = \cos U \sin q - 2 \operatorname{tang} d \sin^2 \tfrac{1}{2} q, \quad e_1 = \operatorname{tang} d \sin q + 2 \cos U \sin^2 \tfrac{1}{2} q.$$

La lettre U représente par abréviation l'arc $a + a' + u$. Ces deux quantités étant calculées, on obtiendra les coordonnées transportées d_1, a_1, par les deux égalités suivantes :

$$\operatorname{tang}\tfrac{1}{2}(d_1-d)=+\frac{e}{1+[1-2e\operatorname{tang}d-e^2]^{\frac{1}{2}}},$$

$$\operatorname{tang}(a_1-a-\mathrm{A})=+\frac{e_1\sin \mathrm{U}}{1-e_1\cos \mathrm{U}}.$$

217. J'effectue d'abord ces calculs, avec les éléments de transport que nous avons déduits des observations d'ascensions droites, pages 305 et 306. On aura alors

$$\alpha'+u=0^\circ17'15'',1834,\quad \mathrm{A}=0^\circ34'30'',8874,\quad q=902'',9543.$$

Le premier étant ajouté à la valeur donnée de a, il en résulte

$$\mathrm{U}=11^\circ12'49'',563.$$

Avec ces éléments je trouve

$$\log e=\bar{3},6042679,\qquad \log e_1=\bar{1},0970499;$$

les logarithmes de $\sin q$ et de $\sin\frac{1}{2}q$, qui entrent dans la composition de ces valeurs, s'obtiennent très-commodément par l'artifice arithmétique expliqué tome III, page 64. Je l'emploie généralement, dans ses deux applications, tant directe qu'inverse pour tous les arcs moindres que 1°, et je ne répéterai plus cette remarque. La suite du calcul donne

$$\log\operatorname{tang}\tfrac{1}{2}(d_1-d)=\bar{3},3306454,\ \log\operatorname{tang}(a_1-a-\mathrm{A})=\bar{2},4427313;$$

d'où je tire

$$d_1-d=+0^\circ14'43'',2828,\quad a_1-a-\mathrm{A}=+1^\circ35'15'',3815.$$

Il ne reste plus qu'à dégager d_1 et a_1, en mettant pour d, a et A leurs valeurs qui sont données. On obtient ainsi les résultats suivants, au-dessous desquels je place leurs analogues, tirés du catalogue de Piazzi :

Coordonnées équatoriales moyennes de la polaire,
au 1er janvier 1800.

D'après le calcul. . . .	$d_1 = 88°14'24'',403$	$a_1 = 13°5'20'',6489$
D'après l'observation.	$d_1 = 88°14'24'',3$	$a_1 = 13°6'19'',5$
Excès de l'observation	$-\ 0'',103$	$+\ 58'',8511$

218. Avant de discuter ces différences, il faut s'assurer que les calculs ont été effectués sans erreur, et avec une précision suffisante. J'emploie, pour cette épreuve, la relation subsidiaire

$$\tang \tfrac{1}{2}(d_1 - d) = \frac{\cos \frac{1}{2}(U_1 + U)}{\cos \frac{1}{2}(U_1 - U)} \tang \tfrac{1}{2} q.$$

U et q sont des éléments du calcul que nous venons d'effectuer. Il nous a fait connaître la valeur de a_1, et nous avons formé celle de $a_1 - \alpha'_1$, page 305. Rien ne nous manque donc pour calculer l'angle U_1, d'après son expression algébrique

$$U_1 = a_1 - u_1 + \alpha'_1.$$

En substituant ces données dans le second membre de l'équation précédente, le logarithme de $\tang \frac{1}{2}(d_1 - d)$ se retrouve tel qu'on l'avait obtenu antérieurement par le calcul direct, sauf une diminution d'une seule unité sur sa septième décimale, accident dont on ne peut répondre après une longue suite d'opérations, quand on emploie les Tables usuelles. Cette différence n'a aucune importance, car elle ne diminuerait $d_1 - d$ que de $0'',0002$.

219. L'exactitude de nos calculs numériques étant ainsi constatée, il faut en comparer les résultats aux observations. La différence qu'ils nous offrent entre les valeurs de d_1 est insignifiante : ni l'un ni l'autre observateur ne pouvait répondre de quantités si petites; et un accord si proche ne peut même être considéré que comme fortuit. L'écart entre les ascensions droites a_1, calculées et observées, sort, au contraire, des limites d'erreurs supposables dans les observations des deux époques, qui d'ailleurs ont été nombreuses, et concordantes de beaucoup plus près entre elles. Il nous présente donc un résultat complexe, dans lequel entrent à la fois ces erreurs; celles aussi que peuvent comporter les éléments théoriques employés pour transporter l'étoile par le calcul; puis enfin les déplacements propres qu'elle-même a pu éprouver, tandis que nous la supposons absolument fixe. Mais de ces trois causes supposables, la deuxième, qui appartiendrait aux éléments théoriques, s'appréciera déjà mieux, quand nous aurons effectué la même épreuve, avec les constantes numériques déduites des observations de déclinaison. Car, reposant sur des données entièrement différentes des premières, si elles donnent des résultats pareils, cette conformité en offrira la confirmation mutuelle, puisque leur complète indépendance exclut toute probabilité qu'elles s'accordassent dans leurs erreurs.

220. Pour ce second calcul, les éléments du transport seront

$$u_1 - \alpha'_1 = 0^{\circ}17'16'',3028, \qquad \dot{u} + \alpha' = 0^{\circ}17'15'',7820;$$
$$A = 0^{\circ}34'32'',0847, \qquad q = 903'',4742.$$

Le deuxième, étant ajouté à l'ascension droite primitive a, donne l'arc U ou $a + \alpha' + \dot{u}$, qui aura ainsi pour valeur

$$U = 11^{\circ}12'50'',162.$$

Avec ces données je trouve d'abord

$$\log e = \bar{3},6045005, \qquad \log e_1 = \bar{1},0972998.$$

De là je déduis

$$\log \operatorname{tang} \tfrac{1}{2}(d_1 - d) = \bar{3},3308943, \quad \log \operatorname{tang}(a_1 - a - A) = \bar{2},4430224;$$

et, par suite,

$$d_1 - d = +0^{\circ}14'43'',7890, \quad a_1 - a - A = +1^{\circ}35'19'',2121.$$

Alors, en dégageant d_1 et d, on obtient les résultats suivants, audessous desquels j'écris encore leurs analogues tirés du catalogue de Piazzi :

Coordonnées équatoriales moyennes de la polaire, au 1er janvier 1800.

D'après le calcul.....	$d_1 = 88°14'24'',909$	$a_1 = 13°5'25'',6768$
D'après l'observation..	$d_1 = 88°14'24'',3$	$a_1 = 13°6'19'',5$
Excès de l'observation.	$-0'',609$	$+53'',8232$

Pour appliquer ici l'équation de vérification subsidiaire, je forme comme précédemment la valeur de U_1, qui convient à ce nouveau cas, et j'effectue le calcul avec les données nouvelles. Le logarithme de tang $\frac{1}{2}(d_1 - d)$ se retrouve le même que par le calcul direct, sans aucune différence numérique, même dans sa septième décimale. Ainsi toutes les opérations intermédiaires ont été correctement faites, et les coordonnées transportées, qu'elles fournissent, sont des conséquences fidèles des données adoptées.

221. Ces dernières évaluations ne diffèrent des premières que par des quantités dont les observateurs des deux époques ne pouvaient pas répondre. Maintenant, si l'on considère que les éléments théoriques employés pour les obtenir ont été établis par deux voies indépendantes l'une de l'autre, sur des étoiles nombreuses, tout autrement situées, dont ils reproduisent pareillement les positions dans des limites d'erreurs attribuables aux observations, ainsi qu'aux accidents des mouvements propres; si l'on remarque enfin que le même accord se retrouve, dans ces mêmes limites, pour toutes les autres étoiles auxquelles on veut les appliquer, comme on peut faire l'épreuve sur une quelconque, ou sur un grand nombre prises au hasard, on devra conclure de tout cela que nos formules de transport représentent, sinon rigoureusement, au moins avec une très-grande approximation, les variations générales, que les déplacements simultanés de l'équateur et de l'écliptique auraient dû produire dans les coordonnées angulaires d'étoiles absolument fixes, et observées sans aucune erreur. Ainsi les résultats de ces formules étant comparés aux positions individuellement observées, nous donnerons, par différence, avec une approximation du même ordre, la somme des effets produits par les erreurs d'observation et par les accidents des mouvements propres ; deux sortes de perturbations, les unes apparentes, les autres réelles, qu'il ne nous restera plus qu'à tâcher de séparer.

222. Reprenons, sous ce point de vue, l'examen des nombres que nous venons d'obtenir pour l'étoile polaire. La déclinaison d_1, donnée par notre second calcul, diffère de l'observation un peu plus que la première, et dans le même sens. Mais l'écart est encore trop petit, pour que l'on puisse décider sans incertitude s'il ne serait pas dû en partie, ou en totalité, aux erreurs constantes des instruments employés, à quelque différence dans le mode de pointage des deux observateurs, à la diversité des Tables de réfractions et des thermomètres qu'ils employaient ; aux inégalités des corrections théoriques, par lesquelles les deux systèmes d'observations ont été ramenés à leur époque moyenne. La différence entre les ascensions droites a_1, calculée et observée, conserve aussi le même sens que dans le premier calcul ; mais elle se trouve moindre de 5″. Il faudrait encore en retrancher 10″,575, si l'on appliquait à l'ascension droite a la constante de la nutation que Bessel avait définiment admise ; mais avec celle qu'on préfère aujourd'hui, cette réduction serait seulement de 6″,798, comme je l'ai annoncé plus haut. En supposant celle-ci préférable, et l'appliquant à l'excès moyen résultant de nos deux calculs qui est $+ 56'',337$, il resterait $+ 49'',539$ pour le mouvement propre de l'étoile en ascension droite pendant 45 années, ce qui ferait par chaque année, en moyenne, $+ 1'',101$. Mais cela supposerait que l'excès obtenu est entièrement réel. Or, indépendamment des causes générales d'erreurs, inhérentes aux instruments ou aux réductions théoriques, qui ont pu affecter les déterminations absolues des deux époques, la mesure des ascensions droites est spécialement sujette à une incertitude, provenant de l'inégalité de la sensation physique, d'après laquelle divers observateurs apprécient l'instant de chaque passage aux fils verticaux des réticules. Car, entre des observateurs également habiles, opérant avec le même instrument, il se produit ainsi des différences absolues, qui, pour l'ascension droite de l'étoile polaire, s'élèvent jusqu'à près de 13″ en arc (*). Si quelque inégalité de ce genre a existé entre les auteurs de nos deux catalogues, comme il est très-naturel de le croire, nous ne pouvons plus aujourd'hui en dépouiller leurs résultats, et nous en reportons nécessairement l'effet dans l'évaluation du mouvement propre, avec la somme de toutes leurs autres erreurs. Mais il faut du moins ne pas méconnaître combien, à de tels degrés de petitesse, la mesure de ces mouvements est douteuse. Cela deviendra bien plus évident encore, dans le cas actuel, lorsque le mouvement en ascension droite, qui est ici exprimé par un arc équatorial, aura été reporté sur le parallèle de l'étoile, comme nous le ferons tout à l'heure, pour connaître l'arc de grand cercle qui mesurerait son déplacement réel. Mais il vaudra mieux appliquer d'abord cette épreuve à quelque autre étoile, pour laquelle ce phénomène soit plus sensible, et nous montre le maximum de grandeur qu'on lui voit atteindre.

225. De toutes les étoiles jusqu'à présent observées, celle dont le mouvement propre a été trouvé le plus considérable est la 61ᵉ de la constellation du Cygne. Ce numéro d'ordre est celui qu'elle porte dans le catalogue de Flamsteed, dont les désignations, tant littérales que numériques, ont été généralement conservées par les astronomes, comme étant attachées aux plus anciennes déterminations que l'on puisse appeler précises. Cette étoile de cinquième ou sixième grandeur se voit toujours accompagnée par une autre plus petite, qui, en 1755, était séparée d'elle par un arc de grand cercle égal à 19″,655, d'après les coordonnées relatives que leur assigne le catalogue de Bradley. En 1800, selon les valeurs que leur donne Piazzi, cette distance aurait été moindre, seulement égale à 14″,550. Mais ce rapprochement, s'il est réel, a coexisté avec un mouvement de transport de même sens pour les deux étoiles, et bien autrement considérable; car, en l'évaluant pour la principale, il s'est élevé à 229″,08

(*) Observations de MM. Struve et Preuss, à Dorpat, comparées et discutées par M. F. Peters, dans un travail sur la nutation, inséré aux Mémoires de Pétersbourg pour 1842, pages 5 et 6.

d'arc de grand cercle, pendant le même intervalle de temps. Il y a donc lieu de croire que ces deux étoiles composent un système soumis à des attractions mutuelles, dont le centre de gravité se déplace progressivement dans l'espace suivant des lois encore inconnues. Mais nous pouvons du moins constater indubitablement les faits que je viens d'énoncer ; et ce sera une application de nos formules qui servira de type dans tous les cas pareils.

224. Je considère d'abord l'étoile principale de ce système. Selon le catalogue des *Fundamenta*, ses coordonnées équatoriales avaient, en 1755, les valeurs suivantes :

$$a = 313^\circ 59' 10'',6, \qquad d = +37^\circ 33' 29'',7\,;$$

transportons-les sur le ciel de 1800, par les formules générales que nous avons établies pour les étoiles supposées fixes. D'après les vérifications que nous en avons faites, la différence qui se trouvera entre les résultats ainsi obtenus et les valeurs assignées par Piazzi nous donnera très-approximativement les effets du mouvement propre, affecté des seules erreurs que comportent les observations comparées. Dans les limites où la déclinaison d est ici restreinte, ce transport s'opérera très-exactement par les expressions approximatives de la page 262. Je l'effectue donc ainsi, en y employant successivement les deux systèmes de valeurs obtenus plus haut pour les constantes $a' + u$, A, q, et dont nous avons fait l'application à la polaire. Je trouve alors les résultats suivants, dans lesquels je présente d'abord les termes correctifs isolés les uns des autres, afin de montrer le progrès de leur atténuation.

1°. Par les constantes conclues des observations d'ascensions droites :

$$a_1 = a + \mathrm{A} - 497'',1419 - 0'',9879 - 1'',1682 = a + 0^\circ 26' 11'',5864,$$
$$d_1 = d + 630'',3414 + 0'',7791 = d + 0^\circ 10' 31'' 1205\,;$$

2°. Par les constantes conclues des observations de déclinaison :

$$a_1 = a + \mathrm{A} + 497'',4267 - 0'',9890 - 1'',1696 = a + 0^\circ 26' 12'',4994$$
$$d_1 = d + 630'',7068 + 0'',7800 = d + 0^\circ 10' 31'',4868.$$

Maintenant que ces deux systèmes de valeurs n'ont plus besoin que d'être complétés par l'addition de quantités communes, on voit qu'ils donneront des résultats à peine différents. Ne voyant pas de motifs de préférence, je prends la moyenne entre les déterminations analogues, et, achevant de les réduire en nombres, j'établis la comparaison suivante :

Coordonnées équatoriales moyennes de la 61e *du Cygne*,
au 1er *janvier* 1800.

D'après le calcul..	$d_1 = +37^\circ 44' \ 1'',0036$	$a_1 = 314^\circ 25' 22'',6444$
D'après l'observ. (catal. de Piazzi).	$d_1 = +37^\circ 46' 27'',5$	$a_1 = 314^\circ 29' \ 5'',4$
Excès de l'observ.	$+ \ 146'',4964$	$+ \ 222'',7556$

Les différences que nous trouvons ici entre les coordonnées calculées et les coordonnées observées dépassent considérablement les erreurs supposables dans les observations, ainsi que dans les évaluations des constantes théoriques. Elles décèlent donc un mouvement propre indubitable de l'étoile, tant en ascension droite qu'en déclinaison : si l'on faisait abstraction des deux genres d'erreurs qui peuvent y être mêlées, et que l'on suppose ce mouvement uniforme, supposition approximativement applicable à toutes les quantités qui varient très-lentement, son amplitude annuelle, dans l'intervalle de 1755 à 1800, aura dû être la 45e partie de ces variations totales; c'est-à-dire

En déclinaison.......... $+ \ 3'',2554$,
En ascension droite...... $+ \ 4'',9501$.

225. Pour avoir une juste idée du déplacement que l'étoile a ainsi éprouvé, il faut le mesurer par l'arc du grand cercle qui joint sa position finale observée à celle que le calcul lui assigne pour la même époque, en supposant qu'elle fût restée absolument fixe; c'est l'objet de la *fig.* 14 : O y désigne le centre de la sphère céleste, P le pôle de l'équateur au 1er janvier 1800, et $\Upsilon A_1 A_2$ le contour de ce grand cercle sur lequel les arcs d'ascension droite se mesurent à partir du point équinoxial moyen ♈, en allant de l'occident vers l'orient. Je marque en S_1 la position calculée de l'étoile pour cette même époque ; en S_2 sa position réelle, observée par Piazzi ; et je considère ces deux points comme deux astres distincts, ayant leurs coordonnées équatoriales individuelles caractérisées par le même genre d'indices. L'arc de grand cercle $S_1 S_2$, qui les joint, représente le déplacement total éprouvé par l'étoile en vertu de son mouvement propre, pendant l'intervalle de temps que le transport calculé embrasse. Il faut trouver la longueur D de cet arc, et sa direction. Pour cela, menez par le pôle les deux cercles de déclinaison PS_1A_1, PS_2A_2 : l'arc A_1A_2 qu'ils comprendront sur le cercle équatorial sera $a_2 - a_1$, c'est-à-dire l'excès de l'ascension droite observée, sur l'ascension droite calculée ; je nomme cet arc P, en lui faisant suivre le signe de $a_2 - a_1$, dans la construction. Il mesure l'angle dièdre compris au pôle entre les deux cercles de déclinaison. Donc, si nous considérons le triangle polaire PS_1S_2, nous y connaîtrons cet angle, plus les deux distances polaires PS_1, PS_2, ou Δ_1, Δ_2, qui le comprennent, puisqu'elles sont complémentaires des déclinaisons d_1, d_2, dont la première est connue par le calcul, la seconde par l'observation. Ainsi *l'arc de distance* D s'obtiendra numériquement au moyen de la formule suivante, qui a été établie à la page 13 du tome III :

$$\sin^2 \tfrac{1}{2} D = \sin^2 \tfrac{1}{2}(\Delta_1 - \Delta_2) + \sin \Delta_1 \sin \Delta_2 \sin^2 \tfrac{1}{2} P.$$

Nous pourrons également calculer les angles que l'arc D forme en S_1 et S_2 avec chacun des cercles de déclinaison ; car D étant trouvé, la relation de proportionnalité, qui a lieu dans tout triangle sphérique, donnera évidemment

$$\sin S_1 = \sin P \frac{\sin \Delta_2}{\sin D}, \qquad \sin S_2 = \sin P \frac{\sin \Delta_1}{\sin D}.$$

S_1 est ce qu'on appelle l'*angle de position* de l'étoile, autour du lieu qu'elle occuperait si elle restait absolument fixe. Il fait connaître la direction suivant laquelle chaque étoile se déplace, en vertu du mouvement propre qu'on lui reconnaît ou qu'on lui suppose. L'expression de son sinus le présente ici, compté à partir du pôle P, depuis 0° jusqu'à 180° de chaque côté du cercle de déclinaison, en lui faisant suivre le signe de P; ce qui le rend positif dans la *fig.* 14 qui nous sert de type. Elle le ferait conséquemment négatif, si l'ascension droite observée a_2 était moindre que l'ascension droite calculée a_1. Alors l'étoile se trouverait, en réalité, à l'occident de son cercle de déclinaison calculé, au lieu que la *fig.* 14 la représente à l'orient de ce cercle.

La petitesse des différences $\Delta_2 - \Delta_1$, et $a_2 - a_1$ ou P, d'où l'arc D résulte, nous annonce qu'il sera pareillement très-petit, même dans cet exemple extrême. Alors l'équation qui le donne pourra toujours se résondre, sans erreur appréciable, en substituant le rapport de ces différences à celui de leurs sinus; ce qui la réduit à cette forme plus simple,

$$D^2 = (\Delta_1 - \Delta_2)^2 + P^2 \sin \Delta_1 \sin \Delta_2 ;$$

à quoi l'on pourra joindre

$$\sin S_1 = \frac{P}{D} \sin \Delta_2 .$$

Sans sortir de cette limite d'approximation, la différence $\Delta_2 - \Delta_1$ pourrait être négligée dans le terme qui a pour facteur P^2. Alors la simplification analytique, traduite en géométrie, équivaudrait à traiter le petit arc D comme un élément rectiligne projeté sur le plan tangent en S_1 à la sphère céleste, et rapporté à deux axes de coordonnées rectangulaires partant de ce point, l'une suivant le cercle de déclinaison, l'autre suivant le parallèle mené par S_1. Nous avons déjà employé, dans le tome III, page 29, une construction approximative analogue à celle-là, pour représenter le disque apparent de la lune, rendu elliptique par la réfraction; et nous rencontrerons d'autres exemples de son usage.

Si nous voulons appliquer ces formules à la 61° du Cygne, les résultats numériques auxquels nous sommes parvenus nous fourniront les données suivantes, où Δ_1 est $90° - d_1$, et Δ_2, $90° - d_2$:

$$\Delta_1 = 52° 15' 59'',00 ; \ \Delta_2 = +52° 13' 22'',5 ; \ \Delta_1 - \Delta_2 = +146'',50 ;$$

$$a_2 - a_1 = +222'',75 ;$$

de là on tire

$$D = 229'',08, \qquad PS_1S_2 \text{ ou } S_1 = +50^\circ 13' 23'',2.$$

La valeur trouvée pour sin S_1 peut toujours s'interpréter analytiquement par deux arcs supplémentaires l'un de l'autre. Mais le choix se décide par le signe de $\Delta_1 - \Delta_2$. Si cette différence est positive, comme dans la *fig.* 14 qui nous sert de type, S_1 est moindre que 90°; si elle est négative, il dépasse cette limite.

226. Les mêmes formules serviraient également pour calculer l'arc de distance, ainsi que l'angle de position d'une des étoiles d'un groupe multiple, relativement à une autre du même groupe, aux diverses époques où leurs coordonnées équatoriales auraient été simultanément observées. Alors ces coordonnées deviendraient les éléments de chaque calcul; cette méthode appliquée aux deux étoiles qui composent la 61ᵉ du Cygne indique avec vraisemblance un mouvement relatif d'une d'elles autour de l'autre, ou, plus probablement, de toutes deux autour de leur centre commun de gravité. Mais ce mouvement est trop lent, et les observations auxquelles on est obligé de recourir sont trop peu exactes, pour que l'on puisse en reconnaître même approximativement la période. On y a réussi pour d'autres systèmes stellaires qui présentent des mouvements révolutifs bien plus rapides, et j'en parlerai plus loin.

227. Employons maintenant ces formules pour calculer l'arc de grand cercle D, que l'on peut supposer avoir été décrit par la polaire en vertu d'un mouvement propre, pendant l'intervalle des quarante-cinq années qui séparent les catalogues de Bradley et de Piazzi. En prenant la moyenne des variations obtenues en déclinaison, comme nous l'avons fait pour celles de l'ascension droite, rectifiées du changement de la nutation, les données de ce calcul seront

$$\Delta_1 = 1^\circ 45' 35'',344, \quad \Delta_2 = 1^\circ 45' 35'',7, \quad \Delta_1 - \Delta_2 = -0'',356,$$
$$a_2 - a_1 = +49'',539;$$

nous trouverons alors

$$D^2 = 0'',12674 + 2'',31458,$$

ce qui donne

$$D = 1'',56247.$$

Voilà donc l'arc total de grand cercle que l'étoile aurait décrit, pendant l'intervalle de quarante-cinq années, par l'effet du mouvement propre que ces nombres lui attribuent. Il est trop petit pour que sa valeur absolue soit bien certaine ; mais il n'y a point de doute sur le sens de son accroissement, que toutes les observations postérieures confirment, en montrant que l'arc D augmente de grandeur à mesure que le transport, calculé depuis 1755, embrasse un plus grand intervalle de temps. L'angle de position S_1, évalué d'après ces mêmes nombres, se trouve être 103° 10′ 38″, le signe négatif de $\Delta_1 - \Delta_2$ montrant qu'il dépasse 90°. Mais cette dernière détermination est rendue extrêmement douteuse par la petitesse de $\Delta_1 - \Delta_2$, dont la grandeur, peut-être même le signe, ne sont pas assignables avec une suffisante certitude. Par exemple, en calculant le transport de l'étoile de 1755 à 1820, avec des constantes de la précession, à peine différentes de celles que nous avons tirées des ascensions droites de Bradley et de Piazzi, mais prenant le lieu final S_2, dans les observations de Kœnigsberg, Bessel trouve, après cet intervalle de soixante-cinq années (*),

$$\Delta_1 - \Delta_2 = d_2 - d_1 = +0'',218, \qquad a_2 - a_1 = +87'',872,$$

ce qui, étant réduit à un intervalle de quarante-cinq ans, dans la supposition de proportionnalité, donnerait

$$\Delta_1 - \Delta_2 = +0'',151, \qquad a_2 - a_1 = +60'',8344.$$

Le mouvement d'ascension droite se trouve ainsi un peu plus fort que par notre premier calcul ; le mouvement en déclinaison est de même extrêmement faible, mais son signe est inverse de celui que nous lui avons trouvé. On voit, par cet exemple, que l'évaluation des mouvements propres est toujours sujette à deux sortes d'erreurs : les unes appartiennent aux observations que l'on prend pour point de départ et pour point d'arrivée ; les autres

(*) *Tabulæ Regiomontanæ* (Introduction, page XLIII).

affectent les formules numériques par lesquelles on calcule la position que l'étoile primitivement observée devrait avoir sur le ciel de la deuxième époque, en supposant qu'elle fût restée absolument fixe. Or les constantes de ces formules sont conclues d'étoiles qui doivent être considérées comme pouvant aussi avoir elles-mêmes des mouvements propres, dont l'influence ne saurait l'y anéantir que par des compensations fortuites. L'unique moyen d'éluder ce cercle vicieux consiste à provoquer ces compensations, en déterminant les constantes dont il s'agit, par le concours d'un grand nombre d'étoiles convenablement distribuées sur le ciel de l'époque prise pour point de départ. J'ai déjà donné des exemples de ce choix dans ce qui précède. Je vais, dans la section suivante, en préparer et en assurer l'application définitive pour l'époque du 1er janvier 1800, qui se trouve intermédiaire entre toutes les observations précises que possède aujourd'hui l'astronomie (*).

Section VI.— *Manière de transporter les constantes de la précession d'une époque à une autre, et de faire concourir les observations de toutes les époques à leur rectification. Établissement spécial de cette théorie pour le 1er janvier de l'année 1800, considéré comme origine de numération des temps.*

228. La solution de ce problème se déduit immédiatement des formules générales que nous avons préparées. Il ne faut que les y adapter, soit en modifiant convenablement, pour ce but, les signes algébriques des quantités qu'elles contiennent, soit en prenant pour données les résultats qu'elles nous ont fournis. Les figures

---

(*) Les nombres relatifs à la polaire qui viennent d'être ici énoncés montrent avec évidence que, pour des étoiles aussi rapprochées du pôle, les lois de leur mouvement absolu, sur la sphère céleste, doivent se compliquer quand on les considère, dans leurs projections, en déclinaison et ascension droite, rapportées à l'équateur et au point équinoxial variable. De sorte que la résultante pourrait rester sensiblement uniforme pendant un ou plusieurs siècles, sans que ses composantes parussent l'être, et inversement.

que nous y avons attachées suffiraient également pour en diriger l'application aux nouvelles circonstances que nous voulons considérer; toutefois il sera plus simple d'en établir une qui leur soit spéciale, et ce sera la *fig.* 15.

Sauf ce caractère de spécialité, elle est tout à fait analogue aux précédentes, et ses détails sont assujettis à une notation pareille; elle n'est même réellement qu'une combinaison extraite des *fig.* 10, 11 et 13. Les arcs ♈ E, ♈ Q, supposés continués circulairement, y représentent les circonférences de l'écliptique et de l'équateur, dans leur position absolue, à l'instant du midi moyen qui commence le premier jour astronomique de janvier de l'année 1800, sous le méridien de Paris. Leur point d'intersection ♈ appartient au nœud *descendant* du second de ces cercles sur le premier, à la même époque, laquelle est prise pour origine de numération des temps, comme le point ♈ est pris pour origine de mensuration des arcs sur l'écliptique ♈ E, maintenu conventionnellement fixe. La position de ces mêmes cercles, pour une époque postérieure à 1800, est représentée aussi d'une manière toute semblable, par les arcs ♈″E′, ♈″Q′; le premier prolongé jusqu'à son nœud *descendant* N, sur l'écliptique fixe ♈ E, le second jusqu'à son nœud pareillement *descendant* Q_1 sur l'équateur fixe ♈ Q. Les angles dièdres, formés en ces points par les plans qui s'y coupent, sont désignés par les mêmes dénominations que dans la *fig.* 13, auxquelles j'ai attaché le signe positif. Enfin, pour préparer l'emploi que nous devons faire des observations de Bradley, on a tracé aussi, dans la figure actuelle, des directions de l'écliptique et de l'équateur pour une époque antérieure au 1er janvier 1800 : elles y sont représentées par des arcs ponctués, affectés de lettres absolument pareilles, sauf l'addition d'un indice antérieur qui en spécifie l'application. Dans ce dernier cas, les angles dièdres formés en ${}_1N$ et en ${}_2Q$ appartiennent aux *nœuds ascendants* de l'écliptique et de l'équateur mobiles, sur l'écliptique et l'équateur fixes de l'année 1800, à quoi correspond le signe négatif qu'on a donné aux lettres qui désignent ces angles. La justesse et l'appropriation de ces dispositions conventionnelles ont été exposées en détail dans la section II, lorsque nous avons établi et discuté les mouvements généraux de l'équateur et de l'écliptique, en prenant pour types les *fig.* 10 et 11.

229. La première chose que nous avons à faire, c'est d'emprunter à la théorie des attractions planétaires les formules qui expriment les positions de l'écliptique, tant avant qu'après l'époque du 1er janvier 1800, pour la durée que peut embrasser une même approximation, restreinte aux deux premières puissances du temps t, compté, à partir de cette époque, en années juliennes moyennes. Ces formules sont établies dans leur généralité analytique aux livres II, V et VI de la *Mécanique céleste*, et elles sont particularisées en nombres, pour l'époque de 1750, dans ce dernier, § 31. On les obtient de même sous cette forme, pour toute autre époque, en y donnant, aux éléments de position et de configuration des orbites planétaires, ainsi qu'à leurs variations séculaires, les valeurs propres à l'instant qui la spécifie ; et la durée de l'application ainsi préparée tient à l'extrême lenteur avec laquelle ces variations s'opèrent. On trouve dans les *Additions à la Connaissance des temps* pour l'année 1844, un Mémoire très-étendu de M. Le Verrier, où ces formules de la *Mécanique céleste* sont reproduites avec des développements qui en mettent tous les détails dans la plus entière évidence, et qui les présentent toutes préparées pour les réalisations numériques, avec une précision qu'on ne leur avait pas encore donnée. Elles y sont même réalisées ainsi pour le 1er janvier de l'année 1800, dans leur application générale aux mouvements de toutes les orbites planétaires. Je dois à la complaisance de M. Le Verrier d'en avoir extrait, pour moi, celles qui règlent le mouvement de l'écliptique, telles que je vais les rapporter.

230. J'emploierai ces expressions numériques sous la forme que j'ai adoptée dans la section III, laquelle s'adaptera ici à notre *fig.* 15, construite avec les mêmes conventions. Nommons donc $+n$ l'angle formé en N par l'écliptique de $1800+t$, avec l'écliptique de 1800, et appelons $+L$ l'arc ♈N, mesuré sur ce dernier écliptique, à partir de l'origine fixe ♈, en allant de l'orient vers l'occident. On aura, selon les calculs de M. Le Verrier, les deux équations suivantes :

$$(1)\quad \begin{cases} n\sin L = +0'',06266\,t + 0'',00001\,9617\,t^2, \\ n\cos L = +0'',47541\,t - 0'',00000\,5830\,t^2, \end{cases}$$

ce que je représente, comme précédemment, par ce type analytique :

$$(2)\quad \begin{cases} n\sin L = g\,t + k\,t^2, \\ n\cos L = g'\,t + k'\,t^2. \end{cases}$$

Dans les applications, t est positif pour les époques postérieures à 1800, négatif pour les antérieures, et n suit toujours le signe de t; de là L résultera toujours positif, pour l'étendue restreinte de temps antérieurs que nous aurons ici à considérer.

En opérant sur ces nombres comme nous l'avons fait p. 179 et 183, sur leurs analogues que nous avions extraits des formules de Laplace, on trouve pour n et L les expressions suivantes, que je borne de même aux trois premières puissances du temps t, compté de 1800 :

$$n = \underset{[\bar{1},6808081]}{+0'',47952\,153\,t} \underset{[\bar{6},5073971]}{-\,0'',00000\,32166\,t^2} \underset{[\overline{10},6293215]}{+\,0'',00000\,00004\,25913\,t^3},$$

$$L = L_0 \underset{[0,9391966]}{+\,8'',693538\,t} \underset{[\bar{5},7657852]}{+\,0'',00005\,83156\,t^2} \underset{[\bar{9},6772951]}{-\,0'',00000\,00047\,56582\,t^3}.$$

Dans cette dernière, on a

$$L_0 = +7^\circ 30' 30'',32.$$

Ici, comme dans la page 182, la constante L_0 représente la valeur spéciale par laquelle l'arc ♈N passe, lorsque le nœud N devient d'ascendant descendant, au moment où l'angle n s'évanouit. Pour vérifier l'exactitude numérique de ces développements, j'en ai déduit les valeurs de n et de L pour $t = 1000$, et je les ai comparées à celles que les équations complètes (1) fournissent immédiatement pour la même époque. La différence sur n a été insensible; sur L, elle a été de $0'',1$. On pourra donc, en toute sûreté, employer ces expressions explicites comme équivalentes aux équations (1), dans les limites de temps beaucoup plus restreintes, où celles-ci elles-mêmes pourront être appliquées avec confiance, sans modifier leurs coefficients.

Lorsque nous aurons tout à l'heure calculé l'expression générale de l'arc ψ', qui exprime la précession apparente sur l'écliptique mobile pour l'instant quelconque $1800 + t$, on se trouvera en état de former, pour ce même instant, la quantité auxiliaire L'', dont l'expression, toujours suffisamment précise, est

$$L'' = L - \psi'.$$

Alors, au moyen des formules, tant rigoureuses qu'approximatives, que nous avons établies dans les paragraphes **156** et **159** de la section V, on pourra transporter les coordonnées écliptiques l et λ des étoiles, de 1800 à $1800 + t$, ou inversement.

231. Nous avons maintenant à former les expressions numériques de l'arc de précession ψ ou $\Upsilon\Upsilon'$, et de l'angle ω, qui déterminent la position de l'équateur mobile, relativement à l'écliptique fixe et à l'origine Υ, après le temps t. Je les ai représentées page 209, par ces deux types analytiques :

$$(3) \qquad \begin{cases} \psi = at - bt^2, \\ \omega = \omega_0 + ct^2; \end{cases}$$

a, b, c désignent des coefficients positifs, dont le premier est simple et doit se conclure immédiatement des observations astronomiques, tandis que les deux derniers ont une composition complexe, qui, d'après les formules de Poisson, est respectivement

$$b = \left\{ \frac{g'}{R'' \tang 2\omega_0} + \nu \right\} a, \qquad c = \tfrac{1}{2} \frac{g a}{R''}.$$

ν représente un nombre abstrait, qui a pour son expression analytique

$$\nu = -\frac{3 \varepsilon_1 f}{2(1+\nu)}.$$

J'ai expliqué page 211 la signification propre de chacune des lettres dont il est composé. Je vais ici leur donner leurs valeurs pour l'époque du 1er janvier 1800, où nous voulons que t commence.

e_1 représente l'excentricité de l'orbite terrestre; f sa variation séculaire annuelle. Dans le système de données prises par M. Le Verrier pour fondements de ses calculs, ces deux éléments avaient, au 1er janvier 1800, les valeurs suivantes :

$$e_1 = 0,0167922 58, \qquad f = -0,000000432214,$$

auxquelles correspondent

$$\log e_1 = \bar{2},2251091, \qquad \log f = \bar{7},6356962.$$

Ces nombres supposent les évaluations des masses des planètes énoncées par M. Le Verrier à la page 58 de son Mémoire; il a donné, page 79, les coefficients numériques de toutes les corrections que d'autres déterminations de ces masses entraîneraient.

La lettre ν exprime le rapport d'intensité des actions perturbatrices que la lune et le soleil exercent sur la position absolue de l'équateur terrestre. J'adopte, comme Poisson, la valeur de cet élément, que Laplace a déduite des phénomènes des marées, et qui est

$$\nu = 2,35333;$$

avec ces données je trouve

$$\log \gamma = \bar{9},5114203, \qquad \gamma = +0,000000003246537.$$

Pour calculer le terme qui accompagne celui-là, dans l'expression du coefficient β, il faut avoir la valeur de ω_0, qui représente ici l'obliquité moyenne de l'équateur sur l'écliptique au 1er janvier 1800. Par l'ensemble des observations faites depuis 1755 jusqu'à 1825, Bessel a conclu pour cette époque (*). . . . . $\omega_0 = 23°27'54'',8$

Mais, en discutant de nouveau les obser-

(*) *Tabulæ Regiomontanæ* (Introduction, page XXVII).

vations de Bradley, et les comparant à celles qui ont été faites à l'observatoire de Dorpat, vers 1825, M. Peters trouve (*).. $\omega_0 = 23^\circ 27' 54'',22$;
j'adopterai la moyenne de ces déterminations, et je supposerai

$$\omega_0 = 23^\circ 27' 54'',5.$$

En l'associant à la valeur du coefficient g', qui est donnée, on obtient

$$\log\left(\frac{g'}{R'' \operatorname{tang} 2\omega_0}\right) = \bar{6},3333543,$$

$$\frac{g'}{R'' \operatorname{tang} 2\omega_0} = 0,00000\,21545\,386:$$

j'ajoute ce nombre à ν, et je représente par i leur somme, qui est

$$i = 0,00000\,21577\,85137, \quad \log i = \bar{6},33400\,82513\,1:$$

on a alors

$$\mathfrak{b} = ia$$

et

$$\psi = at - iat.$$

Il ne reste plus qu'à trouver la valeur du coefficient a, pour que l'expression de ψ en t soit complètement déterminée.

252. Ce dernier élément va immédiatement se déduire de l'angle dièdre compris entre les deux équateurs de 1800 et de 1755, que nous avons conclu des observations de Piazzi et de Bradley. Pour cela, n'ayant pas encore ici l'espérance d'établir des formules définitivement rigoureuses, mais seulement plus approchées que celles dont nous avions fait usage, et destinées aussi à recevoir des rectifications ultérieures, j'emploierai les valeurs obtenues de cet angle, comme correspondantes à un intervalle de temps composé de quarante-cinq années juliennes moyennes, ce qui revient à y négliger les petites réductions relatives aux dates initiales des deux

(*) Peters, *Mémoire sur la constante de la nutation*, page 66. Académie de Saint-Pétersbourg, 1842.

catalogues, réductions que nous avons reconnues être insensibles, comparativement aux incertitudes absolues du résultat lui-même. Considérant donc ainsi la *fig.* 15, supposons $\gamma - t$ égal à 45. Alors les arcs $Q\,{}_1Q$, ${}_1Q'\,{}_1Q$ représenteront ces deux équateurs, dont ${}_1Q$ sera le nœud boréal, et l'arc $\Upsilon\,{}_1\Upsilon'$, qu'ils interceptent sur l'écliptique fixe de 1800, représentera la valeur de ψ, devenue négative pour $t = -45$. Cela posé dans le triangle sphérique $\Upsilon\,{}_1Q\,{}_1\Upsilon'$, nous connaissons l'angle en Υ, qui est $180° - \omega_0$. Nous connaissons aussi l'angle formé en ${}_1Q$; car, en lui attribuant ici le signe négatif que ψ lui communique, nous avons trouvé :

Par les observations d'ascension droite... $q = -902'',9543$;
Par les observations de déclinaison...... $q = -903'',4742$.

Supposez que nous pussions connaître aussi le troisième angle ${}_1\omega$, qui est l'obliquité de l'équateur de 1755, sur l'écliptique fixe de 1800. Le quatrième cas des triangles sphériques de Legendre fournira entre ces éléments la relation suivante :

$$\cos q = \sin {}_1\omega \sin \omega_0 \cos \psi + \cos {}_1\omega \cos \omega_0 ;$$

et, par une transformation dont nous avons fait souvent usage, nous la changerons dans celle-ci :

$$\sin^2 \tfrac{1}{2} q = \sin^2 \tfrac{1}{2} ({}_1\omega - \omega_0) + \sin {}_1\omega \sin \omega_0 \sin^2 \tfrac{1}{2} \psi.$$

Alors, tout étant connu dans cette égalité, excepté l'arc ψ, nous l'en dégagerions par la condition d'y satisfaire ; ce qui nous donnerait

$$\sin^2 \tfrac{1}{2} \psi = \frac{\sin \tfrac{1}{2} \left\{ q + ({}_1\omega - \omega_0) \right\} \sin \tfrac{1}{2} \left\{ q - ({}_1\omega - \omega_0) \right\}}{\sin {}_1\omega \sin \omega_0}.$$

Il ne nous manque donc que de connaître la valeur de l'angle ${}_1\omega$. Nous ne pouvons pas encore la calculer complètement en nombres pour le temps donné t, parce que, additionnellement à ω_0 qui forme sa partie principale, elle contient le terme ct^2, dont le coefficient c a, pour un de ses facteurs, le coefficient général a que nous cherchons à déterminer. Mais s'y trouvant multiplié par le rapport $\frac{1}{2}\frac{g}{R''}$, qui est une fraction extrêmement petite, on voit que le produit total c devra être pareillement fort petit, comme nous l'avons déjà reconnu pour 1750. Cela même est nécessité par la faiblesse de la cause physique qui fait varier l'obliquité de l'équateur sur l'écliptique fixe, ainsi que je l'ai expliqué, section II, page 155, quand ce phénomène s'est manifesté pour la première fois à nous, dans les nombres qui le mesurent. En conséquence, pour calculer le coefficient c avec une approximation très-suffisamment proportionnée à la petitesse des quantités qu'il exprime, il faudrait seulement avoir une évaluation pareillement approchée du coefficient a. Or on y parviendra en négligeant d'abord la petite différence ${}_{1}\omega - \omega_0$, dans l'expression de $\sin^2 \frac{1}{2}\psi$. En effet, il en résultera

$$\sin \tfrac{1}{2}\psi = \frac{\sin \frac{1}{2} q}{\sin \omega_0};$$

et le second membre ne renfermant plus que des quantités connues, on en tirera la valeur numérique de l'arc ψ, dans des limites d'erreurs correspondantes à la petitesse des quantités négligées. Je n'ai pris des deux racines extraites que la positive, parce que, dans nos formules et dans nos constructions, l'angle q et l'arc ψ ont toujours conventionnellement un même signe, qui est celui du temps t auquel ils appartiennent.

J'effectue ce calcul avec la moyenne des valeurs de q, que nous avons trouvées; ce qui donne

$$q = -903'',21425, \qquad \log q = 2,9557908.$$

Nous avons en outre, par nos conventions précédentes,

$$\omega_0 = 23^\circ\, 27'\, 54'',5, \qquad \log \sin \omega_0 = \bar{1},6000914;$$

alors, en me servant de l'artifice arithmétique expliqué tome III, page 64, je trouve très-aisément

$$\log \psi = 3,3557013, \qquad \psi = -2268'',30418.$$

J'égale donc cet arc à son expression analytique $at - a_1 t^2$, qui, en donnant à t sa valeur négative -45, devient ici $-45\,\alpha(1+45i)$; et, après avoir divisé les deux membres par 45, j'obtiens

$$\alpha = \frac{50'',406759}{1+45i} = 50'',406759\,[1 - 45i + (45i)^2 - (45i)^3 \ldots].$$

La petitesse du nombre i fait que les développements du terme, multipliés par ses deux premières puissances, dépassent déjà les limites d'appréciation des Tables logarithmiques à sept décimales. En les employant, on trouve

$$\alpha = 50'',401865, \quad \log\ \alpha = 1,7024467.$$

Or on a, dans les équations (1)	$\log\ g = \bar{2},7969904$
Conséquemment . .	$\log\ g\alpha = 0,4994371$
Soustrayez de là . . .	$\log 2R'' = 5,6154551$
Vous aurez très-approximativement	$\log\ c = \bar{6},8839820$, $c = +0'',0000765565$
Ajoutez alors, pour $t = -45$	$\log\ t^2 = 3,3064250$
Il en résultera finalement.	$\log ct^2 = \bar{2},1904070$, $ct^2 = +0'',0155027$.

L'excessive petitesse de ce terme montre bien qu'il a pu être ainsi très-suffisamment évalué, d'après la valeur approchée de α, qui a été obtenue en le négligeant.

c étant positif, ct^2 exprime ici l'excès de ${}_{1}\omega$ sur ω_0, pour l'intervalle de quarante-cinq années auquel notre calcul s'applique. Donc, en donnant à ω_0 la valeur conventionnelle que nous lui avons attribuée, les éléments de la nouvelle évaluation du coefficient α, en ω_0 et ${}_{1}\omega$, seront

$${}_{1}\omega - \omega_0 = +0'',0155, \quad \omega_0 = 23^\circ 27' 54'',5, \quad {}_{1}\omega = 23^\circ 27' 54'',5155,$$
$$\log \sin {}_{1}\omega = \bar{1},6000915.$$

Les logarithmes de $\sin {}_{1}\omega$ et de $\sin \omega_0$ se trouvent ainsi à peine

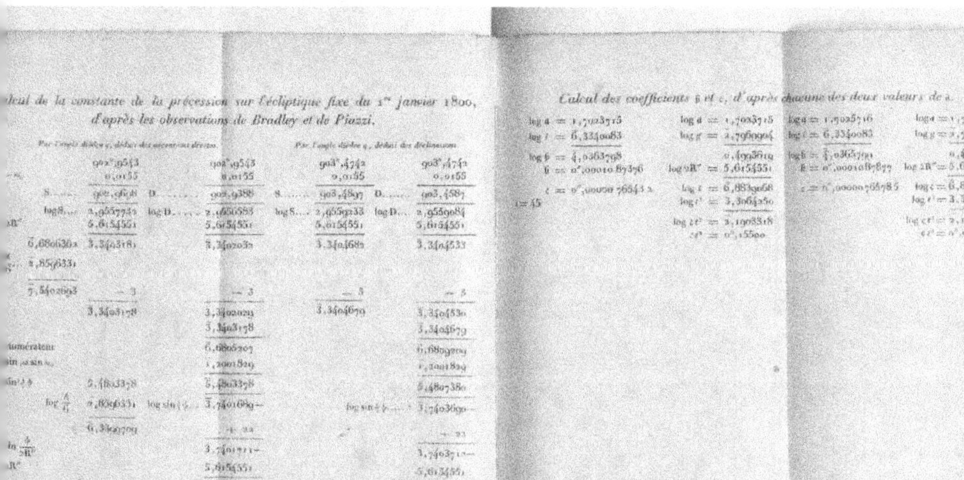

…lcul de la constante de la précession sur l'écliptique fixe du 1er janvier 1800, d'après les observations de Bradley et de Piazzi.

		Par l'angle dièdre ψ, déduit des ascensions droites.				*Par l'angle dièdre ψ, déduit des déclinaisons.*		
…n.		902″,9543 0,0155		902″,9543 0,0155		903″,4742 0,0155		903″,4742 0,0155
	S……	902,9698	D……	902,9388	S……	903,4897	D……	903,4587
	log S…	2,9557751	log D……	2,9556583	log S…	2,9559233	log D…	2,9559084
2R″		5,6154551		5,6154551		5,6154551		5,6154551
	$\bar{6}$,6806362	$\bar{3}$,3403181		$\bar{3}$,3402032		$\bar{3}$,3404682		$\bar{3}$,3404533
…	2,8596331							
	$\bar{7}$,5402693	− 3		− 3		− 3		− 3
		$\bar{3}$,3403178		$\bar{3}$,3402029		$\bar{3}$,3404679		$\bar{3}$,3404530
				$\bar{3}$,3403178				$\bar{3}$,3404679
…numérateur				$\bar{6}$,6805207				$\bar{6}$,6809209
sin ω sin ω₀				1,2001829				1,2001829
sin² ½ ψ		$\bar{5}$,4803378		$\bar{5}$,4803378				$\bar{5}$,4807380
	log $\frac{A}{G}$	2,8596331	log sin ½ ψ…	$\bar{3}$,7401689 −			log sin ½ ψ…	$\bar{3}$,7403690 −
		$\bar{6}$,3399709		+ 22				+ 22
…n $\frac{\psi}{2R''}$				$\bar{3}$,7401711 −				$\bar{3}$,7403712 −
2R″				5,6154551				5,6154551
	ψ = − 2267″,9120		log ψ……	3,3556262 −	ψ = − 2268″,9571		log ψ…	3,3558263
45				1,6532125 −				1,6532125 −
	a(1 + 45t) = 50″,3980416			1,7024137	a(1 + 45t) = 50″,4212617			1,7026138
5t				5,9872208 −				5,9872208 −
	− 0″,00489367			$\bar{3}$,6896345 −	− 0″,00489592			$\bar{3}$,6898346 −
5.				5,9872208 −				5,9872208 −
	+ 0″,0000047			$\bar{7}$,6768553	+ 0″,0000047			$\bar{7}$,6770554
	a = 50″,393153				a = 50″,416472			

Calcul des coefficients ƀ et ε, d'après chacune des deux valeurs de a.

log a = 1,7023715	log a = 1,7023715	log a = 1,7025716	log a = 1,7025716
log l = $\bar{6}$,3340083	log g = 2,7969904	log l = $\bar{6}$,3340083	log g = 2,7969904
log ƀ = $\bar{4}$,0363798	0,4993619	log ƀ = $\bar{4}$,0365799	0,4995620
ƀ = 0″,00010 87376	log 2R″ = 5,6154551	ƀ = 0″,00010 87877	log 2R″ = 5,6154551
ε = 0″,00000 76543 2	log ε = $\bar{6}$,8839068	ε = 0″,00000 765785	log ε = $\bar{6}$,8841069
t = 45	log t² = 3,3064250		log t² = 3,3064250
	log εt² = $\bar{2}$,1903318		log εt² = $\bar{2}$,1905319
	εt² = 0″,01550		εt² = 0″,01551

[illegible]

dot
ble
lam
toi
[illegible]
tels
abl
nd
te
rap
pot
der
din
lesc
n'o
ray
la
de
fixe
mai
les
fect
teri
ou
nor

5
cal
tion
cui
de
dis

différer l'un de l'autre. En formant leur somme, on obtient

$$\log(\sin {}_{\prime}\omega \sin \omega_0) = \bar{1},2001829;$$

alors rien ne manque pour le calcul exact du coefficient a. Cette fois, je l'effectue séparément avec chacune des deux valeurs de l'angle q, que nous avons déduite des observations, afin que l'on voie bien l'influence que leur différence exerce sur sa valeur. En outre, pour faire complétement saisir toutes les phases de cette détermination fondamentale, j'en présente la succession dans le tableau ci-joint, qui se comprendra à la simple inspection. J'y indique même les détails des artifices arithmétiques par lesquels on passe des petits arcs à leurs sinus ou inversement; mais je ne rapporte le calcul des termes correctifs qui s'en déduisent, que pour une des deux opérations seulement, parce qu'ils sont évidemment les mêmes pour l'autre. Chacune des valeurs de a étant ainsi obtenue, je l'emploie au calcul des coefficients c et $\mathfrak{b}$, sur lesquels on verra que la petite différence des données primitives n'a qu'une influence négligeable. Enfin, n'ayant aucun motif décisif pour faire un choix entre ces deux évaluations, j'en prends la moyenne comme représentant les expressions finales de ψ et de ω, qui déterminent la position de l'équateur sur l'écliptique fixe du 1er janvier 1800, en fonction du temps t, compté de cette même époque. J'expliquerai ensuite comment les nombres qui les composent pourront être améliorés et amenés à un état de perfection définitif, par l'emploi d'observations, antérieures et postérieures, différentes de celles qui nous ont servi pour les établir, ou prises dans les mêmes sources, mais combinées en plus grand nombre.

253. La valeur approchée du produit ct^2, qui nous a servi pour calculer a, ne diffère des dernières ici obtenues que par des fractions de seconde, dont l'influence serait insaisissable dans un calcul ultérieur. Celui-ci nous suffira donc. N'ayant pas d'ailleurs ici de motif décisif pour faire un choix entre les déterminations déduites de l'une ou de l'autre des valeurs de q, j'en prends la

moyenne, et j'obtiens ainsi finalement

$$\psi = 50'',404762\,t - 0'',00010\,87626\,t^2,$$
$$\omega = \omega_0 \qquad\qquad + 0'',00000\,765608\,t^2,$$

pour l'expression du type analytique

$$\psi = at - 6t^2,$$
$$\omega = \omega_0 + ct^2,$$

à l'époque du 1er janvier 1800, ω_0 étant supposé égal à 23° 27′ 54″,5.

M. Peters, dans le Mémoire que j'ai déjà cité, fait la constante a égale à 50″,3798 pour la même époque. Ce nombre est moindre que le plus faible de ceux que donnent nos deux calculs. M. Peters se fonde sur un travail très-étendu de M. Otto Struve, dans lequel cet astronome a déterminé les constantes de la précession pour l'époque moyenne de 1790, dans le sens d'interprétation que Bessel leur donne, en combinant les observations de Bradley avec celles qui ont été faites à Dorpat par M. Struve le père, et par M. Argelander. Mais, quoique ce travail ait été exécuté avec beaucoup de soin, la méthode de transport que Bessel a introduite dans la pratique *usuelle* des astronomes, et qu'on y a employée, me semblerait moins appropriée à une recherche aussi délicate que celle dont nous avons fait usage, parce qu'elle n'y introduit pas aussi directement, ni avec autant d'évidence, les éléments physiques qui constituent le mouvement de précession dans l'intervalle des observations combinées; comme aussi elle ne fait pas assez distinguer les deux systèmes de valeurs indépendantes qu'on peut en obtenir par les ascensions droites et par les déclinaisons. La constante 6 de M. Peters diffère à peine de la nôtre; mais pour la constante c, la différence commence dès le second chiffre significatif. Cela tient à ce que les évaluations des masses planétaires adoptées par M. Peters lui ont donné une différence du même ordre sur le coefficient g, comparé à celui que M. Le Verrier m'a fourni; ce qui réagit sur c, dont g est un facteur. Toutefois, il n'en résulterait aucune conséquence sensible, pour les applications, dans l'intervalle de temps auquel ces expressions approximatives peuvent être légitimement employées. Quant à la valeur, un peu plus forte, que nos calculs donnent au coefficient principal de ψ, il ne serait pas impossible qu'elle tînt à la dissemblance des méthodes employées pour sa détermination dans les deux formules; et, comme celle dont nous avons fait usage est directe, son application à un plus grand nombre d'étoiles serait, je crois, le seul moyen complétement assuré, ou du moins géométriquement légitime, d'obtenir un résultat définitif. Je me suis seulement proposé de présenter ici des éléments et des procédés de calcul qui pussent y conduire. Or les nombres que nous venons de tirer des observations de Bradley et de Piazzi ont déjà toute la précision que ce but exige; c'est ce que l'on verra plus loin, par une épreuve très-rigoureuse que nous leur ferons subir.

234. Nous avons maintenant toutes les données nécessaires pour former les expressions numériques de l'arc ψ' et de l'angle ω', représentant la précession apparente qu'on observe sur l'écliptique mobile, et l'inclinaison, également observable, de l'équateur sur le même écliptique, après le temps t. Cela se borne à mettre en nombres les expressions littérales de ces deux quantités, qui sont désignées par l'indice (4), dans la page 218. Cette opération, purement arithmétique, n'offrant aucune difficulté, j'en rapporte seulement ici les résultats, dont je rapproche les valeurs de ψ et de ω déjà obtenues, afin qu'on en ait l'ensemble sous les yeux. Par le même motif, j'y joins celle de α', qui représente le déplacement du point équinoxial sur l'équateur mobile, à partir de l'écliptique fixe de 1800. Je la forme d'après son expression approximative $\frac{\psi-\psi'}{\cos\omega_0}$, qui, ainsi restreinte aux deux premières puissances du temps t, se trouve assez précise pour toute l'étendue d'application que ces formules doivent embrasser (*). Enfin, pour présenter sous un même coup d'œil tous les éléments numériques du phénomène

---

(*) La suffisance de cette restriction se constate par la petitesse des nombres que donneraient les puissances ultérieures du temps; mais elle n'est pas une conséquence nécessaire de ce que les expressions de ψ et de ψ', dont α'

que nous considérons, je joins à ces résultats les expressions explicites de l'angle n et de l'arc L, qui règlent le mouvement de l'écliptique, et que nous avons précédemment déduites des nombres qui m'avaient été remis par M. Le Verrier. J'obtiens ainsi le tableau suivant, dans lequel ω_0 représente $23^\circ 27' 54'',5$.

---

dérive, sont bornées aux deux premières. Il ne sera donc pas inutile de l'établir en fait.

Pour cela, je prends l'expression exacte de α', qui, selon ce qu'on a vu page 212, est donnée par l'équation

$$\operatorname{tang} \alpha' = \frac{\operatorname{tang}(\psi - \psi')}{\cos \omega}.$$

$\psi - \psi'$ est évidemment de l'ordre t. Donc, si l'on veut développer α' jusqu'aux termes de l'ordre t^3 inclusivement, on tirera d'abord de cette relation

$$\frac{\alpha'}{R''} = \frac{\operatorname{tang}(\psi - \psi')}{\cos \omega} - \frac{1}{3} \frac{\operatorname{tang}^3(\psi - \psi')}{\cos^3 \omega};$$

puis on développera $\operatorname{tang}(\psi - \psi')$ dans ces mêmes limites, et, en réunissant les termes de même ordre, on aura

$$\alpha' = \frac{(\psi - \psi')}{\cos \omega} - \frac{1}{3} \frac{(\psi - \psi')^3 \operatorname{tang}^2 \omega}{R''^2 \cos \omega}.$$

Maintenant je fais, par abréviation,

$$\psi - \psi' = \mathfrak{a}' t - \mathfrak{b}' t^2, \qquad \omega = \omega_0 + \mathfrak{c} t^2.$$

$\mathfrak{a}'$, $\mathfrak{b}'$ et $\mathfrak{c}$ seront des coefficients positifs qui désignent des arcs exprimés en secondes, et dont nous avons les valeurs. Or, puisque $\cos \omega$ entre dans des termes qui sont déjà de l'ordre t, il suffira de l'évaluer jusqu'aux termes de l'ordre t^2 inclusivement, ce qui permettra de prendre

$$\cos \omega = \cos \omega_0 - \frac{\mathfrak{c}}{R''} \sin \omega_0 . t^2 = \cos \omega_0 \left(1 - \frac{\mathfrak{c}}{R''} \operatorname{tang} \omega_0 . t^2\right);$$

et, par suite, on aura, dans le même ordre d'approximation,

$$\frac{1}{\cos \omega} = \frac{1}{\cos \omega_0} \left(1 + \frac{\mathfrak{c}}{R''} \operatorname{tang} \omega_0 t^2\right).$$

En substituant cette expression dans α', on devra évidemment y remplacer

Éléments déterminatifs des mouvements moyens de l'équateur et de l'écliptique pour le temps t, compté à partir du 1er janvier 1800 :

$$\begin{array}{ll} & \quad(1,7024716) \qquad\qquad (\bar{4},0364796) \\ \psi = & +50'',404762\,t \quad - 0'',00010\,87626\,t^2, \end{array}$$

$$\begin{array}{ll} & \quad(1,7012261) \qquad\qquad (\bar{4},0527343) \\ \psi' = & +50'',260414\,t \quad + 0'',00011\,29105\,t^2, \end{array}$$

$$\begin{array}{ll} & \qquad\qquad\qquad\qquad\qquad (\bar{6},8840065) \\ \omega = \omega_0 & \qquad\qquad\qquad + 0'',00000\,765608\,t^2, \end{array}$$

$$\begin{array}{ll} & \quad(\bar{1},6770683) \qquad\qquad (\bar{6},2562775) \\ \omega' = \omega_0 & -0'',475410\,t - 0'',00000\,180417\,t^2, \end{array}$$

$$\begin{array}{ll} & \quad(\bar{1},1968986) \qquad\qquad (\bar{4},3831868) \\ \alpha' = & +0'',157361\,5\,t - 0'',00024\,16575\,t^2, \end{array}$$

$$\begin{array}{ll} & \qquad\qquad (0,9391966) \qquad (\bar{5},7657852) \qquad\qquad (\bar{9},6772951) \\ \mathrm{L} = & +7^\circ 30' 30'',3 + 8'',693538\,t + 0'',0000583156\,t^2 - 0'',00000\,00047\,56582\,t^3, \end{array}$$

$$\begin{array}{ll} & \qquad\qquad (\bar{1},6808081) \qquad (\bar{6},5073971) \qquad\qquad (\overline{10},6293215) \\ n = & +0'',4795215\,4\,t - 0'',00000\,32166\,t^2 + 0'',00000\,00004\,25913\,t^3. \end{array}$$

---

par ω_0 dans le terme qui a pour facteur $\frac{(\psi-\psi')^3}{\mathrm{R}''^2}$; on aura ainsi, en somme,

$$\alpha' = \frac{(\psi-\psi')}{\cos\omega_0} + \frac{\mathfrak{C}(\psi-\psi')}{\mathrm{R}''}\,\frac{\tan\omega_0}{\cos\omega_0}\,t^2 - \frac{1}{3}\,\frac{(\psi-\psi')^3}{\mathrm{R}''^2}\,\frac{\tan^2\omega_0}{\cos\omega_0}.$$

Il ne reste plus qu'à remplacer $\psi-\psi'$ par son expression en fonction de t, avec la précaution d'arrêter les résultats aux termes de l'ordre t^3, et l'on trouvera finalement

$$\alpha' = \frac{\mathfrak{A}'}{\cos\omega_0}\,t - \frac{\mathfrak{B}'}{\cos\omega_0}\,t^2 + \left(\frac{\mathfrak{C}\mathfrak{A}'}{\mathrm{R}''}\,\frac{\tan\omega_0}{\cos\omega_0} - \frac{1}{3}\,\frac{\mathfrak{A}'^3}{\mathrm{R}''^2}\,\frac{\tan^2\omega_0}{\cos\omega_0}\right)t^3.$$

Maintenant, si l'on évalue en nombres les deux coefficients de t^3, on verra que leurs chiffres significatifs, qui expriment des fractions de seconde, commencent, pour le premier, à la douzième décimale, et, pour le second, à la quinzième. Ils sont, en outre, de signe contraire. Leur effet total sera, par conséquent, toujours insensible dans des applications qui ne devront s'étendre tout au plus qu'à un siècle autour de l'époque fondamentale où t est nul ; et il serait absolument inutile de les conserver. L'expression de α', limitée ainsi à ses deux premiers termes, ne serait pas en erreur de 0'',2 pour $t = -1000$, en la comparant à l'évaluation rigoureuse par les tangentes.

235. Pour constater la correction des calculs numériques par lesquels les quatre premières expressions ont été obtenues, j'en ai retiré celles de n sin L et de n cos L, par les équations littérales (5) et (6) de la page 176, en restreignant cette extraction aux termes qui contiennent les deux premières puissances du temps t, comme la nature de ces équations l'exige. J'ai retrouvé ainsi les quatre coefficients primitifs de M. Le Verrier, aux seules différences près que l'emploi des Tables à sept décimales devait inévitablement y introduire après des séries d'opérations aussi prolongées. J'ai obtenu un accord du même ordre pour la valeur de α', en la calculant par son expression littérale directe, établie page 212. C'est en vue de rendre ces diverses vérifications parfaitement sûres et concluantes, que j'ai poussé l'évaluation des nombres déduits, jusqu'à des décimales d'ordres beaucoup plus éloignés que n'en contenaient les nombres primitifs qui m'avaient été fournis par M. Le Verrier; car c'était là l'unique moyen par lequel ils pussent ressortir des expressions finales, sinon identiquement, tels qu'ils y avaient été introduits, ce qui serait arithmétiquement impossible, du moins avec des erreurs qui pussent être légitimement imputées aux limites de précision des Tables logarithmiques, et non pas aux inexactitudes des opérations. Les astronomes, comme aussi les physiciens, ont, pour la plupart, une pratique contraire. Ils tronquent ordinairement les nombres déduits, et en bornent l'expression aux seuls ordres de décimales, que les observations astronomiques, ou les expériences physiques, *leur semblent* pouvoir atteindre. Mais, à mon avis, ils ont tort d'appliquer ces restrictions arbitraires aux évaluations qu'ils obtiennent, quand elles dérivent d'une théorie mathématique, dont elles doivent présenter l'expression générale préparée pour les applications: car, alors, il devient impossible de faire ressortir des résultats, les données primitives, pour vérifier si cette dérivation a été effectuée exactement, de sorte qu'on puisse les employer avec sûreté.

236. Il faut maintenant préparer les améliorations qui pourront être apportées aux expressions que nous venons d'obtenir. Je considère d'abord celle de ψ. Ce sera une opération toute pareille à celle que nous avons faite sur l'expression analogue, tirée de la

Mécanique céleste pour l'époque de 1750 ; elle sera même encore plus simple. Car, n'ayant pas de catalogue d'observations qui se trouvât rapporté à cette époque même, nous avons dû préparer les éléments de nos rectifications pour un intervalle de temps quelconque $t_1 - t$, dont les deux limites lui étaient étrangères. Mais ici, possédant le catalogue de Piazzi, qui se trouve tout rapporté au 1er janvier 1800, nous ne pouvons mieux faire que de le prendre comme un centre de comparaison, auquel nous ramènerons tous les autres, soit antérieurs, soit postérieurs, que nous voudrons combiner avec lui, ou combiner entre eux, pour établir définitivement, sur leur ensemble, les constantes relatives à cette époque qui leur est intermédiaire. Or cela n'est qu'une application particulière des trois équations que nous avons formées dans la page 252, pour obtenir généralement les éléments de transport propres à passer du temps quelconque t à un autre temps t_1, ou inversement. Il suffira d'y supposer t nul, ce qui exprimera qu'une des limites du transport est l'époque fondamentale même, t_1 restant affecté à celle qui en est distincte, quel que soit d'ailleurs le sens direct, ou inverse, dans lequel on veuille l'opérer. La nullité de t entraîne celles des arcs ψ et α' qui y correspondent. Elle rend aussi l'obliquité ω identique avec ω_0, de l'époque fondamentale. Alors nos trois équations générales (A), étant modifiées conformément à ces particularités, prendront la forme suivante :

$$(\mathrm{A})_0 \quad \left\{ \begin{aligned} \operatorname{tang}\tfrac{1}{2}(u_1 - u) &= \frac{\sin\frac{1}{2}(\omega_1 - \omega_0)}{\sin\frac{1}{2}(\omega_1 + \omega_0)\operatorname{tang}\frac{1}{2}\psi_1}, \\ \operatorname{tang}\tfrac{1}{2}(u_1 + u) &= \frac{\cos\frac{1}{2}(\omega_1 + \omega_0)}{\cos\frac{1}{2}(\omega_1 - \omega_0)}\operatorname{tang}\tfrac{1}{2}\psi_1, \\ \operatorname{tang}\tfrac{1}{2}q &= \frac{\sin\frac{1}{2}(u_1 + u)}{\cos\frac{1}{2}(u_1 - u)}\operatorname{tang}\tfrac{1}{2}(\omega_1 + \omega_0). \end{aligned} \right.$$

Ici l'arc u appartiendra à l'équateur de l'époque fondamentale, l'arc u_1 à celui de l'époque désignée par t_1. Quand t_1 sera donné, les valeurs de ω_1 et de ψ_1, qui doivent y correspondre, s'obtiendront directement par leurs expressions générales

$$\omega_1 = \omega_0 + c\,t_1^2, \qquad \psi_1 = a\,t_1 - b\,t_1^2,$$

dont tous les coefficients sont connus. Rien ne manquera donc alors pour calculer $u_1 - u$, $u_1 + u$, d'abord, et ensuite q.

237. Toutes les remarques de détail que nous avons faites, dans le cas général, sur la résolution arithmétique de ces équations et sur l'emploi des résultats généraux qu'elles fournissent, s'adapteront également à cette application particulière. Il ne faut qu'y suivre les analogies qui se correspondent. Ainsi, on devra, comme dans la page 254, modifier la première avant de la convertir en nombres, pour débarrasser le numérateur et le dénominateur de son second membre d'un facteur t_1 qui leur est commun, et l'on y réussira de même, en les développant tous deux suivant les puissances de cette variable. Ayant donc ici

$$\omega - \omega_0 = c t_1^2, \qquad \psi = a t_1 - b t_1^2,$$

on fera d'abord conventionnellement

$$t_1 = 2\theta, \qquad a_2 = a - b t_1,$$

ce qui donnera

$$\tfrac{1}{2}(\omega_1 - \omega_0) = 2c\theta^2, \ \tfrac{1}{2}\psi_1 = a_2\theta;$$

puis on développera $\sin 2c\theta^2$ et $\operatorname{tang} a_2\theta$, suivant les puissances de l'auxiliaire θ, ce qui mettra leur facteur commun en évidence et permettra d'en débarrasser leur rapport. Celui-ci se trouvant alors ramené à son expression simple, on le réduira en série par la division, et, en s'arrêtant aux termes θ^3, qui seront toujours plus que suffisants, on obtiendra

$$\operatorname{tang}\tfrac{1}{2}(u_1 - u) = \frac{2c\theta}{a_2 \sin\frac{1}{2}(\omega + \omega_0)}, \left\{ 1 - \frac{1}{3}\frac{(a_2^2 + 2c^2\theta^2)\theta^2}{R''^2} \right\}.$$

Alors, en dégageant $u_1 - u$ dans le même ordre d'approximation, l'on aura enfin

$$u_1 - u = \frac{4c\theta R''}{a_2 \sin\frac{1}{2}(\omega_1 + \omega_0)} \left\{ \begin{array}{l} 1 - \frac{1}{3}\dfrac{(a_2^2 + 2c^2\theta^2)\theta^2}{R''^2} \\ - \frac{4}{3}\dfrac{c^2\theta^2}{a_2^2 \sin^2\frac{1}{2}(\omega_1 + \omega_0)} \end{array} \right\}.$$

Maintenant, les auxiliaires θ et a_2 ne nous sont plus utiles; il est donc à propos de les remplacer par leurs équivalents immédiats $\frac{1}{2}t_1$, $a - 6t_1$, ce qui donne

$$u_1 - u = \frac{2ct_1 R''}{(a - 6t_1)\sin\frac{1}{2}(\omega_1 + \omega_0)} \left\{ 1 - \frac{1}{12}\frac{[(a - 6t_1)^2 + \frac{1}{2}c^2 t_1^2]\,t_1^2}{R''^2} - \frac{1}{8}\frac{c^2 t_1^2}{(a - 6t_1)^2 \sin^2\frac{1}{2}(\omega_1 + \omega_0)} \right\}$$

Lorsque t_1 sera donné, et qu'on aura calculé ω_1, le second membre pourra être immédiatement évalué en nombres ; les termes correctifs annexés à l'unité, entre les parenthèses, se trouveront presque toujours négligeables dans les applications. J'ai conservé aux lettres t_1 et ω_1 leurs indices, pour rappeler qu'elles s'appliquent à l'époque spéciale à laquelle le transport se termine, ce qui nous permettra d'employer la lettre t, sans indice, pour désigner le temps dans son acception générale, si l'occasion s'en présente.

238. Le résultat explicite auquel nous venons de parvenir, concorde avec l'expression plus générale de $u_1 - u$, que nous avions formée dans la page 255, et l'on aurait pu l'en déduire, en la restreignant aux circonstances particulières que nous avions ici considérées. En effet, nous supposions alors le transport opéré pour l'intervalle de temps $t_1 - t$, ayant ses limites t, t_1, toutes deux distinctes de l'époque fondamentale, et nous avions introduit trois quantités auxiliaires, qui étaient

$$T = \tfrac{1}{2}(t_1 + t), \qquad \theta = \tfrac{1}{2}(t_1 - t), \qquad a_1 = a - 2\,6\,T.$$

Faites t nul, pour que le transport parte de cette époque même, comme nous le voulons ici : alors θ sera $\frac{1}{2}t_1$; T sera égal à θ, et l'expression générale de $u_1 - u$, ainsi particularisée, coïncidera avec celle que nous venons d'obtenir. Toutefois je n'ai pas voulu la faire dépendre de cette dérivation, parce qu'il était presque aussi simple, et plus satisfaisant, de la former par voie directe.

239. Quant aux deux autres équations qui donnent $u_1 + u$ et q, elles peuvent alors être résolues en nombres sous leur forme actuelle, sans secours d'auxiliaires. Les calculs s'effectueront ainsi très-simplement d'après la seule valeur donnée de t_1, qui par sa grandeur, et par son signe propre, spécifie l'autre limite du transport. On trouvera même habituellement que les termes correctifs de $u_1 - u$ sont tous négligeables dans les applications auxquelles ces formules sont destinées. Enfin on pourra encore, comme vérification, calculer directement l'angle q, par la relation immédiate établie page 249, qui deviendra ici

$$\sin^2 \tfrac{1}{2} q = \sin^2 \tfrac{1}{2}(\omega_1 - \omega_0) + \sin \omega_1 \sin \omega_0 \sin^2 \tfrac{1}{2} \psi_1 ;$$

alors on profitera de la petitesse relative de son premier terme pour en tirer l'expression logarithmique suivante :

$$\log \sin \tfrac{1}{2} q = \tfrac{1}{2} \log (\sin \omega_1 \sin \omega_0 \sin^2 \tfrac{1}{2} \psi_1)$$
$$+ \tfrac{1}{2} k \left\{ \frac{\sin^2 \frac{1}{2}(\omega_1 - \omega_0)}{\sin \omega_1 \sin \omega_0 \sin^2 \frac{1}{2} \psi_1} - \frac{1}{2} \frac{\sin^4 \frac{1}{2}(\omega_1 - \omega_0)}{\sin^2 \omega_1 \sin^2 \omega_0 \sin^4 \frac{1}{2} \psi_1} + \ldots \right\}.$$

Il sera inutile de pousser le développement au delà du premier terme. Mais, avant de le mettre en nombres, il faudra débarrasser son numérateur et son dénominateur du facteur t qui leur est commun. On y parviendra comme tout à l'heure par l'emploi provisoire des mêmes auxiliaires θ et a_2, qui donneront

$$\frac{\sin \frac{1}{2}(\omega_1 - \omega_0)}{\sin \frac{1}{2} \psi_1} = \frac{\sin 2 \mathfrak{c} \theta^2}{\sin a_2 \theta} = \frac{2 \mathfrak{c} \theta}{a_2} \left\{ 1 + \frac{1}{6} \frac{(a_2^2 - 4 \mathfrak{c}^2 \theta^2) \theta^2}{R''^2} \ldots \right\}$$

Ce rapport n'entrant dans l'expression logarithmique qu'affaibli par son élévation à la deuxième puissance, son premier terme suffira toujours pour les applications. Se bornant donc à le conserver, et y remplaçant les auxiliaires θ, a_2, par leurs équivalents actuels $\frac{1}{2} t_1$, $a - \mathfrak{b} t_1$, on aura finalement

$$\log \sin \tfrac{1}{2} q = \tfrac{1}{2} \log (\sin \omega_1 \sin \omega_0 \sin^2 \tfrac{1}{2} \psi_1) + \tfrac{1}{2} k \frac{\mathfrak{c}^2 t_1^2}{(a - \mathfrak{b} t_1)^2 \sin \omega_1 \sin \omega_0}.$$

C'est précisément ce que l'on tirerait de l'expression analogue formée page 257, en y supposant de même t nul, et la restreignant à un pareil degré d'approximation. D'après l'artifice qui conduit à ces développements, il est visible que la lettre k y désigne le module *direct* des Tables logarithmiques usuelles, lequel a lui-même pour logarithme tabulaire $\bar{1},6377843$.

TABLEAU *aff[illegible]ent à la page* 343.

Termes du transport.	DONNÉES DE DÉPART.				DONNÉES D'ARRIVÉE.			
	i	π'	φ	ω	i_1	π'_1	φ_1	ω_1
De 1800 à 1840........	0	0	0	ω_0	+ 40	+ 5",9078	+ 2016",0165	ω_0 + 0",0172
De 1800 à 1755........	0	0	0	ω_0	− 45	− 7,5706	− 2268,4345	ω_0 + 0,0155
De 1755 à 1840........	− 45	− 7",5706	− 2268",4345	ω_0 + 3",0155	+ 40	+ 5,9078	+ 2016,0165	ω_0 + 0,0122

Termes du transport.	ÉLÉMENTS DU TRANSPORT, CALCULÉS [illegible] LES FORMULES RIGOUREUSES :								DÉSIGNATION de l'équateur sur lequel sont prises les coordonnées de départ α, δ.
	$u_1 - u$	$u_1 + u$	u	u_1	q	$u_1 - \pi'_1$	$u + \pi'$	$u + u_1 + \pi' - \pi'_1$ ou A	
De 1800 à 1840...	+0",2950	+0°.30'.49",9991	+0°.15'.21",5020	+0°.15'.27",7970	+ 802",7569	+0°.15'.21",8892	+0°.15'.21",5020	+0°.30'.43",3913	Équateur de 1800.
De 1800 à 1755...	−7,0805	−0.34.40,8440	−0.17.16,8817	−0.17.23,9622	− 903,2683	−0.17.16,3916	−0.17.16,8817	−0.34.33,2734	Équateur de 1800.
De 1755 à 1840...	−6,7868	+1.5.30,1604	+0.32.45,4736	+0.32.44,6868	+1706,6039	+0.32.38,7790	+0.32.37,9030	+1.5.16,6819	Équateur de 1755.

TABLE SUB[illegible]AIRE.

Termes du transport.	q	log q	log sin q	log sin² ½ q
De 1800 à 1840......	+ 802",7569	2,9045840	$\bar{3}$,5901578	$\bar{6}$,5782573
De 1800 à 1755......	− 903,2683	2,9558158 −	$\bar{3}$,6418893	$\bar{6}$,6802207
De 1755 à 1840......	+ 1706,6039	3,2319888	$\bar{3}$,9173490	$\bar{5}$,2330474

Toutes les applications où l'on prendra l'époque fondamentale pour un des termes de départ du transport s'effectueront immédiatement par ces formules explicites. Mais si l'on veut qu'il ait lieu entre des époques toutes deux distinctes de celles-là, et correspondantes aux temps t, t_1 comptés du 1er janvier 1800, il faudra recourir aux expressions générales de la page 252, que l'on appliquera à ces époques avec les diverses auxiliaires que nous y avons introduites ; précisément comme nous l'avons fait en partant du 1er janvier 1750, pour passer du catalogue de Bradley à celui de Piazzi.

240. Le tableau ci-joint présente trois exemples numériques de ces diverses déterminations relatives à des intervalles de temps comprenant des nombres entiers d'années juliennes moyennes, $+40$, -45 et $+85$. Au moyen de très-petites réductions dont le principe a été expliqué page 267, on rapportera à la première de ces limites le catalogue formé par M. Airy, sur les observations récentes de Greenwich pour le 1er janvier 1840 de ce même méridien. On rapportera semblablement à la deuxième le catalogue de Bradley ; et celui de Piazzi s'adaptera par des réductions encore moindres, au 1er janvier 1800 de Paris, où nous plaçons l'origine de numération du temps t. On pourra alors identifier avec lui les deux autres. Le troisième intervalle $+85$ servira pour passer immédiatement du catalogue de Bradley à celui de M. Airy, sans s'arrêter à l'époque intermédiaire. Je montrerai plus loin l'usage spécial de chacune de ces opérations pour perfectionner les constantes de la précession et les catalogues d'étoiles. Je ne veux ici qu'en préparer les éléments généraux (*).

Les calculs sont effectués pour des nombres entiers d'années juliennes moyennes, comptées de l'instant physique où commence le 1er janvier astronomique de l'année 1800 sous le méridien de Paris. Ainsi, quand on voudra les appliquer aux catalogues dési-

---

(*) Le troisième exemple rapporté dans ce tableau, celui où le transport s'opère de 1755 à 1840, est très-propre à montrer, avec toute la généralité désirable, le jeu et l'emploi des signes algébriques dans les formules de la page 255. Pour celui-là, les limites assignées au transport sont

gnes, il faudra faire aux coordonnées qu'ils expriment les petites corrections pour les ramener aux dates juliennes précises que les constantes supposent ; nous avons expliqué, page 267, le principe général de ces réductions. Il suffira donc d'en consigner ici les éléments numériques comme je le fais dans le tableau suivant :

DÉSIGNATION du catalogue.	DATES INITIALES.	VALEURS CORRESPONDANTES de t_1 en jours moyens, comptés du midi moyen de Paris.	LES MÊMES exprimées en années juliennes moyennes.	LOGARITHMES tabulaires de $\frac{f_1}{J}$
Bradley..	Le 1er janvier 1755, au midi de Greenwich..	$-(45\,\mathrm{J}-\overset{\mathrm{j}}{0},25)+\overset{\mathrm{j}}{0},00650=-45\,\mathrm{J}+\overset{\mathrm{j}}{0},25650$	$-45+\frac{f_1}{J}$	$\bar{4},846$[illegible]
Piazzi...	Le 1er janvier 1840, au midi de Palerme....	$-\overset{\mathrm{j}}{0},03060$	$0+\frac{f_1}{J}$	$\bar{5},923$[illegible]
Airy....	Le 1er janvier 1840, au midi de Greenwich..	$+40\,\mathrm{J}-1+\overset{\mathrm{j}}{0},00650=+40\,\mathrm{J}-\overset{\mathrm{j}}{0},99350$	[illegible] $+\frac{f_1}{J}$	$\bar{3},$[illegible]

Les logarithmes contenus dans la dernière colonne serviront pour calculer les réductions

$$-\alpha_1\frac{f_1}{J}, \qquad -\delta_1\frac{f_1}{J},$$

qu'il faudra appliquer aux coordonnées a_1, d_1 de chaque catalogue, afin de les ramener à des dates séparées du 1er janvier commençant de Paris, par des nombres entiers d'années juliennes moyennes, comme on l'a supposé en calculant les constantes du transport. Si l'on juge ces réductions assez petites pour que l'on

---

$t=-45$, $t_1=+40$. Appliquant donc à ces données la notation convenue dans les formules dont il s'agit, on en tire

$$T=\tfrac{1}{2}(t_1+t)=-2,5, \quad \theta=\tfrac{1}{2}(t_1-t)=+42,5, \quad a_2=a-2\mathfrak{b}T=a+5\mathfrak{b}.$$

Le calcul numérique s'achève alors avec ces valeurs de T, θ et a_2. C'est la petitesse de T, jointe à son signe négatif, qui communique les mêmes caractères à a_1-a.

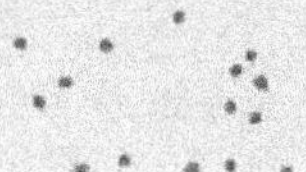

puisse se permettre de les négliger, comme cela arrivera dans la plupart des cas du moins, on le fera en connaissance de cause.

241. Le tableau qui renferme les valeurs des constantes du transport suggère plusieurs remarques que je vais successivement présenter.

Lorsque nous avons calculé directement l'angle dièdre q, formé par l'équateur de 1800, avec l'équateur de 1755, en nous appuyant sur les catalogues de Piazzi et de Bradley, nous en avons obtenu deux valeurs tant soit peu différentes ; savoir :

Par les observations d'ascension droite..	$q = 902'',9543$
Par les observations de déclinaison.....	$q = 903'',4742$
Ce qui donnerait pour moyenne.........	$903'',21425$

Ces deux valeurs de l'angle q, étant employées séparément, nous ont conduit à des valeurs du coefficient principal de ψ qui se ressentaient nécessairement de leur différence. N'ayant pas de motif pour faire un choix entre elles, nous avons pris leur moyenne, et c'est avec cet élément qu'ont été calculés tous les nombres contenus dans notre tableau. On pourrait donc penser, au premier aperçu, qu'en revenant de 1800 à 1755, comme nous le faisons dans la deuxième ligne, nous devrions être ramenés aussi à la même valeur moyenne des angles dièdres primitifs, tandis que le calcul nous en donne une plus forte de 0'',052. Mais cette présomption d'un retour exact à la moyenne des valeurs de q ne serait fondée que dans le cas où les coefficients a, dont nous avons pris la moyenne, leur seraient individuellement proportionnels, au lieu qu'ils en dépendent par des relations beaucoup plus complexes. Il n'y a donc pas sujet de s'étonner si les moyennes propres de ces deux éléments ne correspondent pas rigoureusement l'une à l'autre.

La valeur de l'angle q, contenue dans la troisième ligne du tableau, se trouve presque égale à la somme arithmétique des valeurs consignées dans les deux premières lignes. Elle est seulement moindre de 0'',0193. La raison de ce résultat se découvre par l'inspection de la *fig.* 15, en y considérant le triangle sphérique $Q_2\,{}_2Q\,{}_2Q_2$, qui est formé par l'entre-croisement des trois équateurs propres aux années 1840, 1800 et 1755. Les nombres rapportés dans les deux premières lignes du tableau expriment les angles *intérieurs* de ce triangle, appartenant aux sommets Q_2, ${}_2Q$. Le nombre de la troisième ligne exprime le *supplément* du troisième angle intérieur, appartenant au sommet ${}_2Q_2$. Conséquemment, si l'on forme la somme de ces trois angles intérieurs, on aura ce qui suit :

Angle en Q_2....	0° 13′ 22″, 7569
en ${}_2Q$....	0° 15′ 3″, 2663
en ${}_2Q_2$....	179° 31′ 33″, 9961
Somme........	180° 0′ 0″, 0193

L'excès de la somme sur 180 degrés résulte de ce que le triangle est sphérique. La petitesse de cet excès tient à ce que les côtés, n'ayant qu'une amplitude très-restreinte, sont adjacents à de très-petits angles intérieurs, aux sommets Q_2, ${}_2Q$.

242. Pour m'assurer que ces nombres et les éléments généraux dont ils dérivent ont toute l'exactitude qu'exigent les applications ultérieures auxquelles ils sont destinés, je les ai soumis à l'épreuve suivante.

M. Airy a publié en 1843 un catalogue d'étoiles dont les positions moyennes sont toutes rapportées à la date du 1er janvier 1840. Il est entièrement fondé sur les observations faites avec les instruments de Greenwich, tant avant qu'après cette époque, dans un court intervalle d'années auxquelles elle est à peu près intermédiaire; en sorte que les réductions qu'on a dû faire aux résultats partiels pour les y transporter, n'ont exigé qu'un emploi des formules correctives trop restreint pour être douteux. La position de l'étoile polaire en particulier résulte de 524 observations d'ascension droite, et de 608 observations de déclinaison, qui correspondent, en moyenne, à l'année 1838. Les coordonnées équatoriales de cette étoile pour le 1er janvier 1840 se trouvent donc ainsi établies avec toute la certitude que l'astronomie peut aujourd'hui attendre. Je me suis proposé de transporter à cette même époque les coordonnées de Bradley, d'après les éléments de la précession, calculés, pour cet intervalle, dans le tableau précédent.

Pour cela j'ai dû d'abord appliquer à l'ascension droite moyenne de 1755 une très-petite correction additive, afin d'y corriger l'effet de la nutation un peu trop forte employée par Bessel en la calculant. Je l'ai supposée égale à $+6'',8$, conformément à l'évaluation que nous en avons faite dans la page 310, et j'ai obtenu ainsi, pour les coordonnées du 1er janvier 1755, de Greenwich, les valeurs suivantes :

$$a = 10^\circ 55' 41'',18, \qquad d = 87^\circ 59' 41'',12.$$

J'ai dû aussi préparer d'avance la correction additive à l'ascension droite calculée, qui représente l'effet du mouvement propre dans l'intervalle de quatre-vingt-cinq années, que le transport embrasse. Je l'ai déduite par proportion de celle que nous avions obtenue p. 315, en passant de 1755 à 1800. Nous avions eu ainsi, pour ces quarante-cinq premières années, $+49'',539$ d'arc, en moyenne. Admettant donc la supposition de la proportionnalité, les quarante années postérieures devront y ajouter $+43'',035$; ce qui donnera en somme $+93'',574$, dont il faudra accroître l'ascension droite calculée pour le 1er janvier 1840, avant de la comparer à l'observation. D'après les mêmes calculs, le mouvement moyen de déclinaison pour le premier intervalle serait, en moyenne, $-0'',356$, ce qui donnerait pour le second $-0'',316$; en somme, $-0'',672$. Mais la différence primitive sur laquelle ce résultat repose est trop proche des erreurs d'observation supposables, pour que l'on puisse s'y confier ; et je le rappelle, ainsi que le précédent, afin de donner seulement le type de l'emploi qu'on en doit faire. Bessel, en combinant les mêmes observations de Bradley avec les siennes propres, rapportées à l'époque moyenne de 1820, trouve un mouvement en déclinaison de sens contraire, égal à $+0'',218$ pour ces soixante-cinq années, ce qui donnerait par proportion $+0'',285$ pour les quatre-vingt-cinq ans, qui séparent le 1er janvier 1755 du 1er janvier 1840. Mais le premier de ces nombres est encore bien petit pour que l'on en puisse répondre. Bessel trouve aussi le mouvement d'ascension droite égal à $+ 87'',872$ en arc pour ces mêmes soixante-cinq années, ce qui donne, pour les quatre-vingt-cinq, $+ 114'',910$ (*). Ces diverses évaluations ne devant être appliquées qu'à la suite du calcul effectué dans l'hypothèse de la fixité de l'astre, il sera temps de discuter leur probabilité relative, quand nous comparerons aux observations de 1840 les coordonnées finales résultantes de leur emploi. Maintenant, pour employer les constantes de notre tableau, il faut ramener les coordonnées des deux catalogues aux mêmes limites temporaires. En conséquence, conformément à ce qui a été expliqué page 267, j'extrais de l'un et de l'autre les variations annuelles $+\alpha$, $+\delta$, des coordonnées équatoriales de notre étoile, en 1755 et 1840, variations dans lesquelles il faut comprendre son mouvement propre annuel. En ayant égard à cette remarque, leurs valeurs sont telles qu'on le voit ici :

En 1755.		En 1840.	
α	δ	α_1	δ_1
$+ 155'',892$	$+ 19'',686$	$+ 247'',517$	$+ 19'',319$

Ces données doivent être respectivement combinées avec les valeurs du facteur $\frac{f}{J}$, que nous avons formées plus haut pour les deux époques considérées. En s'arrêtant aux centièmes de secondes d'arc, on trouve :

Pour 1755... $\alpha\frac{f}{J} = + 0'',11$, $\delta\frac{f}{J} = + 0'',01$;

Pour 1840... $\alpha_1\frac{f_1}{J} = - 0'',67$, $\delta_1\frac{f_1}{J} = - 0'',05$.

D'après cela, les coordonnées équatoriales a, d, a_1, d_1 de l'étoile, fournies par les deux catalogues, étant transportées aux

(*) *Tabulæ Regiomontanæ* (Introduction, page XLIII).

instants physiques pour lesquels les constantes de notre tableau sont calculées, se changeront dans celles-ci, qui leur deviennent applicables :

En 1755... $(a) = a - 0'',11$, $(d) = d - 0'',01$;
En 1840... $(a)_1 = a_1 + 0'',67$, $(d)_1 = d_1 + 0'',05$.

De là on tire les coordonnées initiales du transport

$$(a) = 10^\circ 55' 41'',07, \quad (d) = 87^\circ 59' 41'',11.$$

Connaissant celles-ci, on obtiendra par nos formules les différences $(a)_1 - (a)$, $(d)_1 - (d)$, qui expriment leurs accroissements théoriques pendant les quatre-vingt-cinq années juliennes considérées, en supposant que l'étoile soit restée fixe sur la sphère céleste. Pour cela, il faut les combiner avec les éléments de ce transport, consignés dans la dernière ligne du tableau de la page 343. On trouve ainsi, d'abord

$$\log e = \bar{3},8530104, \quad \log e_1 = \bar{1},3733889;$$

et, par suite,

$$\log \tang \tfrac{1}{2}\{(d)_1 - (d)\} = \bar{3},6050627,$$
$$\log \tang \{(a)_1 - (a) - A\} = \bar{2},7863756.$$

De là on tire

$$(d)_1 - (d) = +0^\circ 27' 41'',5580,$$
$$(a)_1 - (a) - A = +3^\circ 29' 56'',8035.$$

La valeur de la constante A est exprimée dans le tableau ; celles des coordonnées initiales (a), (d) sont connues. En les substituant ici, on obtient

$$(d)_1 = 88^\circ 27' 22'',6680, \quad (a)_1 = 15^\circ 30' 54'',5554.$$

Ce sont là les coordonnées équatoriales de l'étoile transportées à quarante années juliennes complètes au delà du 1er janvier 1800, de Paris, en supposant qu'elle fût restée absolument fixe sur la sphère céleste (*). Pour les transporter au 1er janvier 1840, de Greenwich, dans la même supposition, il faut y appliquer respectivement les réductions $-0'',05$ et $-0'',67$ qui viennent d'être tout à l'heure calculées. On aura alors les coordonnées théoriques d_1, a_1 relatives à cette dernière date, qui seront

$$d_1 = 88^\circ\, 27'\, 22'',6180, \qquad a_1 = 15^\circ\, 30'\, 53'',8854.$$

Pour achever de rendre ces résultats de calcul comparables aux coordonnées observées, il faut y ajouter les changements que le mouvement propre de l'étoile a dû y produire dans l'intervalle de temps que le transport embrasse. Je le fais donc en appliquant séparément les deux systèmes d'évaluation rapportés plus haut, et j'obtiens ainsi les résultats suivants que je compare aux déterminations de M. Airy. J'ai converti les arcs a_1 d'ascension droite en temps, parce qu'il les a exprimés sous cette forme. Les lettres BP accouplées désignent les quantités des mouvements propres que nous avons déduites des observations de Bradley et de Piazzi ; la lettre B seule désigne celles que donnent les évaluations de Bessel.

(*) Comme vérification, j'applique à ces valeurs l'équation subsidiaire en $U_1 + U$ et $U_1 - U$. Le logarithme de $\tang \frac{1}{2}[(d)_1 - (d)]$ se retrouve le même que par le calcul direct, à la différence d'une seule unité sur la septième décimale. On peut aussi constater que le logarithme du produit $\cos (d)_1 \sin U_1$ est égal à celui de $\cos (d) \sin U$ dans les mêmes limites d'erreur.

	d_1	a_1	d_1	a_1
Coordonnées théoriques de la polaire, au 1er janvier 1840, de Greenwich, calc.	88°.27′.22″,618	1h.2m. 3s,592	88°.27′.22″,618	1h.2m. 3s,592
Mouvements propres pour 85 ans, évalués	−0″,672 BP	+6s,238 BP	+ 0″,285 B	+ 7s,661 B
Coordonnées vraies au 1er janv. 1840, de Greenwich, calculées.	88.27.21,946	1.2. 9,830	88.27.22,903	1.2.11,253
Les mêmes, prises dans le catalogue de M. Airy, obs.	88.27.22,200	1.2.10,930	88.27.22,200	1.2.10,930
Excès du calcul sur l'observ.	− 0,254	− 1,100	+ 0,703	+ 0,323

A juger d'après ces nombres, le mouvement d'ascension droite assigné par Bessel serait un peu plus fort que le véritable; et celui que les observations de Bradley, combinées avec celles de Piazzi, nous ont donné serait un peu trop faible. Le mouvement de déclinaison serait plutôt soustractif, comme nous l'avons trouvé, qu'additif, comme Bessel le trouve. Mais, même en prenant les coordonnées observées à Greenwich comme complétement rigoureuses, cette induction serait trop absolue; car les valeurs que le calcul leur assigne pour l'étoile supposée fixe dépendent des déplacements attribués aux plans de l'équateur et de l'écliptique par les constantes de la précession dont on fait usage. Or, dans l'ordre de petitesse des différences ici trouvées, de légères altérations dans ces constantes en pourraient modifier sensiblement la grandeur ou même le signe. La seule conséquence certaine qui résulte d'un accord si proche, c'est que les éléments de transport dont nous nous sommes servis ont toute la précision nécessaire pour faire découvrir les dernières corrections qu'il exige, en faisant concourir à leur détermination définitive un grand nombre d'étoiles convenablement choisies dans les catalogues antérieurs ou postérieurs à 1800, auxquels on pourra accorder une égale confiance. C'est aussi là le seul point que j'ai voulu établir, et sur lequel je reviendrai plus tard.

243. Afin de faciliter ces opérations de transport, j'ai développé en série les expressions algébriques des quantités $u_1 - u$, $u_1 + u$ et q jusqu'aux troisièmes puissances du temps t_1 inclusivement, t étant nul ; c'est-à-dire en supposant qu'une des limites du transport soit l'époque fondamentale même. Cette restriction permet de le prolonger jusque-là sans trop de complication, en les tirant des équations $(A)_0$ que nous avons préparées, page 339, pour ce cas spécial. Après les avoir ainsi obtenus sous leur forme littérale, j'ai converti en nombres leurs coefficients généraux, en les adaptant à l'époque du 1er janvier 1800 de Paris.

A cet effet, je reprends, dans la page 327, les expressions générales de ω_1 et de ψ_1, qui représentent les valeurs de ω et de ψ propres au temps t_1 compté de cette époque ; puis je les substitue d'abord dans les deux premières équations $(A)_0$, et je développe les deux inconnues $u_1 + u$, $u_1 - u$, suivant les puissances de t_1 que ces quantités y introduisent. J'obtiens ainsi les résultats suivants :

$$u_1 + u = \mathfrak{a} \cos \omega_0 \, t_1 - \mathfrak{b} \cos \omega_0 \, t_1^2 + \left\{ \begin{aligned} &\tfrac{1}{1.2} \frac{\mathfrak{a}^3}{R''^2} \cos \omega_0 \sin^2 \omega_0 \\ &- \frac{\mathfrak{a}\mathfrak{c}}{2R''} \sin \omega_0 \end{aligned} \right\} t_1^3 ;$$

$$u_1 - u = \frac{2R'' \mathfrak{c} t_1}{\mathfrak{a} \sin \omega_0} \left\{ \begin{aligned} &1 + \frac{\mathfrak{b}}{\mathfrak{a}} t_1 \\ &- \left(\tfrac{1}{1.2} \frac{\mathfrak{a}^2}{R''^2} - \frac{\mathfrak{c}}{2R'' \operatorname{tang} \omega_0} - \frac{\mathfrak{b}^2}{\mathfrak{a}^2} + \tfrac{1}{3} \frac{\mathfrak{c}^2}{\mathfrak{a}^2 \sin^2 \omega_0} \right) t_1^2 \end{aligned} \right\} .$$

Considérant ensuite la troisième équation, j'y ai premièrement développé le facteur $\operatorname{tang} \frac{1}{2} (\omega_1 + \omega_0)$, de manière à maintenir les produits résultant dans ces mêmes limites ; ce qui m'a donné

$$\operatorname{tang} \tfrac{1}{2} q = \sin \tfrac{1}{2} (u_1 + u) \operatorname{tang} \omega_0$$
$$+ \sin \tfrac{1}{2} (u_1 + u) \sin \tfrac{1}{2} (u_1 - u) \operatorname{tang} \omega_0 + \frac{\mathfrak{c} \sin \frac{1}{2} (u_1 + u)}{2R'' \cos^2 \omega_0} t_1^2 ;$$

alors j'ai fait, par abréviation,

$$u_1 + u = \mathrm{A}t_1 + \mathrm{B}t_1^2 + \mathrm{C}t_1^3, \qquad u_1 - u = \mathrm{A}_1 t_1 + \mathrm{B}_1 t_1^2 + \mathrm{C}_1 t_1^3.$$

Les lettres qui multiplient les puissances de t_1 représentent les coefficients respectifs des deux développements ci-dessus formés. Puis j'ai effectué les substitutions, et j'ai trouvé pour q l'expression suivante :

$$q = \mathrm{A} \operatorname{tang} \omega_0 t_1 + \mathrm{B}_1 \operatorname{tang} \omega_0 t_1^2$$
$$+ \left\{ \begin{array}{l} \mathrm{C}_1 \operatorname{tang} \omega_0 - \frac{1}{24} \frac{\mathrm{A}^3}{\mathrm{R}''^2} \operatorname{tang} \omega_0 + \frac{1}{2} \frac{\mathrm{AA}_1^2}{\mathrm{R}''^2} \operatorname{tang} \omega_0 \\ \qquad + \frac{c\mathrm{A}}{2\mathrm{R}'' \cos^2 \omega_0} - \frac{1}{12} \frac{\mathrm{A}^3}{\mathrm{R}''^2} \operatorname{tang}^3 \omega_0 \end{array} \right\} t_1^3.$$

Pour réduire ces formules en nombres, il n'y a plus qu'à y remplacer les lettres a, b, c par leurs valeurs propres. J'ai donc appliqué ici celles que nous avons obtenues page 334, et j'en ai déduit séparément u, u_1 et q. Ensuite j'ai pris, dans la page 337, l'expression générale du mouvement du point équinoxial en ascension droite, que nous avons aussi formée, pour un temps quelconque t compté de cette époque, sous la désignation de α'; et, l'appliquant au temps t_1, j'en ai composé la quantité analogue, que nous avons appelée α'_1. J'ai donc pu former alors la constante $u + u_1 + \alpha' - \alpha'_1$ ou A, qui entre, comme additive, ou comme soustractive, dans l'expression de toutes les ascensions droites transportées. Car la valeur de α', qui est relative au temps t, devient nulle comme lui, pour celle des deux limites qui coïncide avec l'époque fondamentale. J'ai obtenu ainsi le tableau suivant qui présente tous les éléments du transport, en fonction des trois premières puissances du temps t_1, où l'on veut le borner. J'ai indiqué au-dessus des coefficients numériques leurs logarithmes tabulaires, qu'il faut joindre à ceux de ces puissances, lorsque t_1 est donné, pour avoir le tout en nombres; car la multiplication arithmétique ne serait ni aussi sûre ni aussi commode, à cause de l'incertitude qui affecte les dernières décimales des coefficients.

Tableau des quantités à employer comme éléments numériques, pour transporter les coordonnées équatoriales des étoiles depuis le midi moyen, commençant le 1er janvier 1800 à Paris, jusqu'à toute autre époque postérieure ou antérieure séparée de celle-là par un intervalle de temps t_1, exprimé en années juliennes moyennes de 365j,25, comme aussi pour la ramener de l'époque 1800 + t_1 au 1er janvier 1800 de Paris :

$$\begin{array}{ccc} (1,6649842) & (\bar{5},9989922) & (\bar{8},5576218) \end{array}$$
$$u_1 + u = +46'',2364 1935\, t_1 - 0'',0000 9976 8205\, t_1^2 + 0'',0000 0003 61095\ldots$$

$$\begin{array}{ccc} (\bar{1},1968986) & (\bar{7},5309056) & (\overline{10},897126\ldots) \end{array}$$
$$u_1 - u = +\ 0'',1573 6156\, t_1 + 0'',0000 0033 9552\, t_1^2 - 0'',0000 0000 0789\ldots$$

$$\begin{array}{ccc} (1,3654298) & (\bar{5},6964815) & (\bar{8},246996\ldots) \end{array}$$
$$u_1 = +23'',1968 9045\, t_1 - 0'',0000 4971 4326\, t_1^2 + 0'',0000 0001 766\ldots$$

$$\begin{array}{ccc} (1,3624736) & (\bar{5},6994477) & (\bar{8},265980\ldots) \end{array}$$
$$u = +23'',0395 2889\, t_1 - 0'',0000 5005 3878\, t_1^2 + 0'',0000 0001 8449\ldots$$

$$\begin{array}{ccc} (1,3025630) & (\bar{5},6365710) & (\bar{8},614448\ldots) \end{array}$$
$$q = +20'',0707 2222\, t_1 - 0'',0000 4330 8287\, t_1^2 - 0'',0000 0004 115\ldots$$

$u + \alpha' = u$ (α' est nul dans l'application, parce que l'époque d'où l'on compte le temps t est prise pour une des limites du transport)

$$\begin{array}{ccc} (1,3624736) & (\bar{4},2831727) & (\bar{8},246996\ldots) \end{array}$$
$$u_1 - \alpha'_1 = +23'',0395 2890\, t_1 + 0'',0001 9194 3174\, t_1^2 + 0'',0000 0001 766\ldots$$

$$\begin{array}{ccc} (1,6635035) & (\bar{4},1519496) & (\bar{8},557621\ldots) \end{array}$$
$$u_1 + u + \alpha' - \alpha'_1 \text{ ou } A = +46'',0790 5780\, t_1 + 0'',0001 4188 9296\, t_1^2 + 0'',0000 0003 61095\ldots$$

Lorsque les quatre quantités u, q, $u_1 - \alpha'_1$ et A auront été calculées par ces développements, pour la valeur donnée de t_1, on formera les auxiliaires

$$U = a + u + \alpha', \quad U_1 = a_1 - u_1 + \alpha'_1,$$

qui conviennent à chaque étoile que l'on voudra considérer; et l'on aura ainsi tous les éléments du transport, tant direct qu'inverse de ses deux coordonnées équatoriales.

244. Si l'on applique ces développements aux deux valeurs de t_1, $+40$ et -45, pour lesquelles nous avons calculé directement les quantités qu'ils expriment, on verra qu'ils les reproduisent avec tout le degré d'identité que l'on peut atteindre par les Tables à sept décimales; les différences ne s'élèvent qu'à quelques unités dans les dix-millièmes de seconde, même pour $u_1 + u$ et A, qui sont les plus considérables. J'ai trouvé un accord du même ordre en faisant $t_1 = 60$. Enfin, j'ai porté cette épreuve comparative jusqu'à $t_1 = 100$. Alors les résultats des développements et ceux du calcul trigonométrique direct présentent des différences de 2 ou 3 centièmes de seconde en arc, dans les valeurs de $u_1 + u$, q et A. Mais, lorsque le temps t_1 devient aussi considérable, ces petites fractions tombent déjà dans les quantités qu'on évalue par les parties proportionnelles du deuxième ordre, en opérant avec les Tables logarithmiques à sept décimales; de sorte qu'elles deviennent également incertaines dans les deux modes de calcul. Heureusement cela ne peut entraîner aucun inconvénient pratique de quelque importance: d'abord, parce que de pareilles quantités échappent aux observations immédiates les plus précises; puis, parce qu'avant d'atteindre des époques aussi éloignées, on aurait sans doute trouvé prudent de renouveler les éléments théoriques du transport, pour les rapprocher davantage des conditions présentes. Alors on en formera de nouvelles séries, pareilles aux précédentes, d'après les expressions algébriques que j'ai données de leurs coefficients. Supposant donc qu'on borne l'emploi de celles-ci aux limites de temps restreintes que leur constitution théorique permet et suppose, on en tirera en quelques instants, pour chaque époque assignée, les valeurs numériques absolues des divers éléments qu'elles expriment, sans être exposé aux chances d'erreur que l'évaluation et l'interprétation des symboles trigonométriques entraînent toujours. On aura encore ainsi l'avantage de pouvoir aisément tenir compte des petites fractions de temps qui accompagnent les nombres entiers N d'années juliennes moyennes, dans le transport des catalogues d'un 1er janvier à un autre, sans avoir besoin d'appliquer une réduction particulière aux coordonnées de chaque étoile que l'on voudra considérer. Car, si l'intervalle de temps que le transport doit embrasser est exprimé en jours moyens, par $NJ + f$, J désignant 365^j,25, il en résultera, dans notre notation,

$$t_1 = N + \frac{f}{J}.$$

Alors les termes de chaque constante, qui ont pour facteur la première puissance de t_1, pourront être immédiatement calculés par multiplication partielle, et, pour obtenir les suivants avec toute l'exactitude nécessaire, dans les limites de temps auxquelles les formules sont restreintes, il suffira de prendre

$$\log t_1 = \log N + \frac{kf}{NJ},$$

k étant le module direct des Tables logarithmiques usuelles, dont le logarithme propre, dans ces mêmes Tables, est

$$\log k = \bar{1},6377843.$$

245. Il sera également utile de réduire en nombres les développements plus restreints que nous avons formés page 260, pour le cas où les deux limites du transport sont distinctes de l'époque fondamentale, l'intervalle qu'elles embrassent étant alors borné dans son amplitude, comme nous l'avons spécifié. Cela sera très facile après ce qui précède; car, sous ces conditions restreintes, les coefficients littéraux, et par suite les coefficients numériques de leurs termes variables, sont identiques à ceux qui affectent les deux premières puissances de t_1, dans les développements que nous venons de calculer en partant de l'époque fondamentale. Nous n'avons ainsi qu'à les transcrire, en y appliquant les facteurs $t_1 + t$, $t_1 - t$, qui leur sont respectivement annexés dans les expressions littérales de la page citée. On aura ainsi, d'abord

$$\begin{array}{ll} & (1{,}6649842) \qquad\qquad (\bar{5}{,}9989922), \\ u_1 + u = & + 46'',2364\,1935\,(t_1 - t) - 0'',0000\,997682\,(t_1 + t)(t_1 - t); \\ & (\bar{1}{,}1968986) \qquad\qquad (\bar{7}{,}5309066), \\ u_1 - u = & + 0'',1573\,6156\,(t_1 + t) + 0'',00000\,03395\,(t_1 + t)^2; \\ & (1{,}3025630) \qquad\qquad (\bar{5}{,}6365710), \\ q = & + 20'',0707\,2222\,(t_1 - t) - 0'',0000\,433083\,(t_1 + t)(t_1 - t). \end{array}$$

Je n'achève pas la détermination individuelle de u et de u_1 sous ces formes générales, parce qu'elle s'effectuera beaucoup plus commodément sur les valeurs numériques de $u_1 + u$, et de $u_1 - u$, quand elles seront calculées. Ayant obtenu ainsi u et u_1, on formera séparément les quantités α', α'_1, correspondantes aux époques limites t, t_1, d'après leur expression générale établie page 337, laquelle donnera

$$\begin{array}{ll} \qquad (\bar{1},196\,89\,86) & \qquad (\bar{4},383\,168) \\ \alpha' = +\,0'',15736\,15\,t & -\,0'',00024\,16575\,t^2, \\ \alpha'_1 = +\,0'',15736\,15\,t_1 & -\,0'',00024\,16575\,t_1^2. \end{array}$$

Rien ne manquera donc pour évaluer numériquement les quantités auxiliaires U, U_1 et la constante A, qui entrent dans ces formules approximatives de transport, comme dans les générales, ainsi qu'on l'a vu page 262; car on connaîtra toutes les parties constituantes de leurs expressions littérales, qui sont

$$U = a + u + \alpha', \quad U_1 = a_1 - u_1 + \alpha'_1, \quad A = u + u_1 + \alpha' - \alpha'_1;$$

et la forme générale de la constante A, pour ces intervalles de temps restreints, sera

$$\begin{array}{ll} \qquad (1,66350\,35) & \qquad (\bar{4},15194\,96) \\ A = +\,46'',07905\,785\,(t_1 - t) & +\,0'',00014\,18893\,(t_1 + t)(t_1 - t). \end{array}$$

Si l'on fait t nul dans ces diverses expressions, l'époque fondamentale deviendra une des limites du transport. Alors α' s'évanouira, et l'on retombera identiquement sur les deux premiers termes des développements plus étendus que nous avons d'abord établis pour ce cas spécial. Enfin, lorsque les valeurs données de t et de t_1 dépasseront les amplitudes auxquelles nous les supposons ici restreintes, on devra calculer les éléments du transport par les relations trigonométriques rigoureuses qui ont été exposées page 252.

246. Les valeurs numériques conclues de ces diverses expressions devront être immédiatement introduites, avec leurs signes propres, dans les formules générales de transport de la page 262, pour servir à leur application tant directe qu'inverse ; c'est-à-dire selon que le transport doit avoir lieu de $1800 + t$ à $1800 + t_1$, ou de $1800 + t_1$ à $1800 + t$. La seule inspection des formules fondamentales de la page 262 nous a montré que cette inversion de sens s'établit par une simple mutation de lettres et de signes, combinée de manière que le signe de l'angle dièdre q suive toujours celui de $t_1 - t$. Toutefois, pour épargner aux calculateurs les modifications de détail que ce choix alternatif d'origine exige, je vais présenter ici les formules, tant rigoureuses qu'approximatives, explicitement préparées pour ces deux cas ; en sorte que l'on n'ait plus à y faire que de simples substitutions numériques, dont les données seront fournies, dans chaque circonstance, par les développements que nous venons de calculer. Ce sera l'objet du tableau ci-joint.

247. Lorsque le premier mode de transport spécifié dans ce tableau est restreint à de courts intervalles de temps peu éloignés de l'époque fondamentale, on est conduit à des formules devenues aujourd'hui très-usuelles parmi les astronomes, mais dont nous découvrirons ainsi les véritables éléments physiques et les justes limites d'application.

Dans ce cas, les constantes du transport se calculeront par les expressions restreintes que nous avons préparées pour ce but même, pages 356 et 357. Représentons-y l'intervalle $t_1 - t$ par τ, ce qui fera t_1 égal à $t + \tau$, et désignons les valeurs résultantes des constantes A, q, par des indices tirés de cette lettre. Nous aurons ainsi

$$A_\tau = [+46'',07905785 + 0'',00014\,18893\,(2t + \tau)]\tau,$$
$$q_\tau = [+20'',07072222 - 0'',00004\,33083\,(2t + \tau)]\tau.$$

τ est censé ici exprimé en années juliennes moyennes. Dans l'application spéciale que j'ai ici en vue, il sera au plus égal à ± 1. Alors sa présence dans les parenthèses ne produirait pas des millièmes de seconde d'arc ; on peut donc l'y supprimer.

A ces conditions ajoutons encore que le transport de t à t_1 doive être effectué uniquement sur des étoiles assez proches de

Transport direct des coordonnées équatoriales moyennes a, d du 1er janvier 1800 + t au 1er janvier 1800 — t,

Si l'on veut obtenir les coordonnées transportées a_t, d_t en toute rigueur, quelque grande que soit la déclinaison donnée d, on calculera les deux quantités auxiliaires suivantes :

[illegible]

l'on aura rigoureusement

[illegible]

la première de ces deux équations pouvant être subsidiairement remplacée par celle-ci,

[illegible]

Mais lorsque la déclinaison donnée d sera restreinte dans des limites dont la fixation sera ci-après expliquée, on pourra, avec une approximation suffisante, obtenir a_t et d_t par ces expressions explicites :

[illegible]

Nota. Lorsque le transport devra être opéré à partir du 1er janvier 1800 de Paris, soit en avant, soit en arrière, t sera nul, et l'on donnera aux quantités q, A, U les valeurs tirées de leurs expressions générales développées suivant les puissances [illegible]

[illegible]

Transport inverse des coordonnées équatoriales moyennes a_t, d_t du 1er janvier 1800 + t au 1er janvier 1800 — t.

Si l'on veut obtenir les coordonnées transportées a, d en toute rigueur, quelque grande que soit la déclinaison donnée d_t, on calculera les deux quantités auxiliaires suivantes :

[illegible]

et l'on aura rigoureusement

[illegible]

la première de ces équations pouvant être subsidiairement remplacée par celle-ci :

[illegible]

Mais lorsque la déclinaison donnée d_t sera restreinte dans des limites dont la fixation sera ci-après expliquée, on pourra, avec une approximation suffisante, obtenir a et d par ces expressions explicites :

[illegible]

Nota. Lorsque le transport aura pour but de ramener au 1er janvier 1800 de Paris, en partant d'une époque, soit antérieure, soit postérieure, t sera nul, et l'on donnera aux quantités q, A, U, les valeurs tirées de leurs expressions générales développées suivant les puissances de t'.

Dans tous les cas, on devra se rappeler que les auxiliaires U, U′ et la constante A ont les formes générales suivantes :

[illegible]

[illegible]

Astronomie physique, tome III, page 359.

l'équateur de l'époque t, pour que, dans les développements de a_1 et de d_1, on puisse, sans erreur sensible, supprimer tous les termes multipliés par le rapport $\frac{q}{R''}$. Cette limite se reconnaîtra aisément dans chaque circonstance où t et τ seront donnés, puisqu'il suffira de voir à quelle valeur de tang d les termes dont il s'agit cesseraient d'être effectivement négligeables. Ceci admis, on aura simplement

$$a_1 = a + A_\tau + q_\tau \sin U \tang d,$$
$$d_1 = d \qquad + q_\tau \cos U.$$

L'expression générale de l'angle auxiliaire U est

$$U = a + u + \alpha';$$

et, comme la valeur de $u + \alpha'$ sera évidemment très-petite, il suffira de faire

$$\sin U = \sin a + \frac{(u + \alpha')}{R''} \cos a; \quad \cos U = \cos a - \frac{(u + \alpha')}{R''} \sin a.$$

Dans les évaluations précédentes, nous avons négligé les termes de l'ordre τ^2; et même, si l'on se reporte à la page 260, on verra que les expressions des constantes du transport dont nous faisons ici usage ont été formées dans cette condition d'approximation. Il faut donc s'y restreindre encore quand on les applique. D'après cela, q_τ étant déjà de l'ordre de τ, on devra ne conserver dans $u + \alpha'$ que les termes indépendants de cette lettre. Or, en le faisant, on trouve

$$u + \alpha' = + 0'',00024\,23365\, t^2.$$

Si l'on supposait $t = 100$, ce qui s'éloignerait de l'époque fondamentale beaucoup plus que je ne veux l'admettre, cette valeur de $u + \alpha'$ serait moindre que $2'',5$; et, en évaluant q_τ dans l'hypothèse de τ égal à 1, le produit de q_τ tang d par $\frac{u + \alpha'}{R''}$ ne s'élèverait pas à $0'',01$ même pour la polaire. Donc, ne devant pas étendre t aussi loin, nous pourrons négliger l'effet de ce facteur. Alors les opérations du transport dans le petit intervalle du temps τ, compté de l'instant t sous les restrictions ci-dessus fixées, s'effectueront par les formules suivantes :

$$(\mathrm{M})\qquad \begin{cases} a_1 = a + \mathrm{A}_\tau + q_\tau \sin a \tang d, \\ d_1 = d \qquad\quad + q_\tau \cos a, \end{cases}$$

où l'on devra faire

$$\mathrm{A}_\tau = (+46'',07905785 + 0'',00028\,37786 . t)\,\tau,$$
$$q_\tau = (+20'',07072222 - 0'',0000866166 . t)\,\tau.$$

Les coefficients de τ, dans les dernières expressions, représentent les variations totales que les constantes A et q éprouveraient dans l'unité de temps, c'est-à-dire pendant la durée d'une année julienne moyenne, comptée de l'instant t, soit en avant, soit en arrière, si leur vitesse de variabilité initiale correspondante à τ nul se conservait sans altération. Les coefficients de τ, dans les deux premières équations, représentent de même les variations totales que subiraient les coordonnées a, d en une année julienne moyenne, comptée de l'instant t, dans la même hypothèse de permanence de leur variabilité initiale. C'est ce que les astronomes appellent les *mouvements de précession annuels en ascension droite et en déclinaison*. Ces expressions étant prises dans le sens virtuel qui leur a été attribué page 96, on les annexe aux coordonnées absolues dans les catalogues d'étoiles, comme je l'ai annoncé.

248. Les rapports $\frac{\mathrm{A}_\tau}{\tau}$, $\frac{q_\tau}{\tau}$ sont théoriquement identiques avec les quantités que Bessel a nommées m et n, dans les *Fundamenta Astronomiæ*, page 288, ainsi que dans l'Introduction aux *Tabulæ Regiomontanæ*, page 10. Cette désignation leur a été depuis généralement adaptée dans l'astronomie pratique. Le mode de dérivation par lequel nous les avons obtenus montre leur signification physique, dont il conviendrait peut-être de conserver la trace dans la notation qui les exprime, comme je l'ai fait. Considérés analytiquement, A_τ et q_τ sont les premiers termes du développement général de $a_1 - a$ et de $d_1 - d$, suivant les puissances ascendantes de τ ou $t_1 - t$, et c'est ainsi que Bessel les a présentés en y joignant le détail du calcul algébrique par lequel on peut obtenir les coefficients successifs des puissances de $t_1 - t$ supérieures à la première. Mais, outre la complication considérable de ces expressions, les conditions d'exactitude propres à l'évaluation des constantes s'y trouvent confondues avec celles qui dépendent des coordonnées de l'étoile, au lieu qu'on les voit séparées dans nos développements, d'ailleurs bien plus simples; ce qui permet d'y introduire avec facilité tous les perfectionnements ultérieurs que ces constantes exigent, comme je le montrerai dans un moment. Par ces motifs, il me semblerait préférable d'effectuer toujours les transports par les formules réunies dans le tableau de la page 358, en calculant les constantes par les expressions approximatives de la page 356, si t et $t_1 - t$ sont des intervalles de temps restreints à un petit nombre d'années; par celles de la page 354, si le 1er janvier 1800 de Paris est une des époques limites du transport; et enfin par celles de la page 252, si l'on veut passer directement de $1800 + t$ à $1800 + t_1$, t et t_1 s'étendant à toutes les époques des catalogues modernes. On opérerait alors comme je l'ai expliqué dans les pages suivantes, et comme nous l'avons fait encore, page 343, pour passer de 1755 à 1840. Quant aux expressions de A_τ et de q_τ trouvées tout à l'heure, elles serviront pour calculer les mouvements annuels, à toutes les distances de 1800 où l'on a des observations précises. Nous les avons dérivées ici de formules qui n'étaient elles-mêmes que des approximations numériques. Mais, à la fin de ce chapitre, nous les formerons par une voie directe, qui montrera plus rigoureusement la connexion algébrique de leurs diverses parties avec les éléments primitifs des mouvements de l'écliptique et de l'équateur.

249. Les valeurs que nous avons trouvées ici aux rapports $\frac{A_\tau}{\tau}$, $\frac{q_\tau}{\tau}$ sont presque identiques avec celles que M. Peters leur attribue à la page 71 de son Mémoire, en prenant de même le 1er janvier 1800 pour l'époque fondamentale d'où se compte le temps t.

Si on les applique aux coordonnées moyennes de la polaire, telles que nous les avons prises dans les catalogues de Bradley et de M. Airy, pour les 1er janvier 1755 et 1840, on retrouvera presque identiquement les mouvements annuels que j'avais extraits de ces catalogues et rapportés page 348, toutefois, en ajoutant à celui d'ascension droite donné par le calcul le mouvement propre annuel $+1'',35$, tel que Bessel le donne, et que j'y ai annexé.

250. La forme explicite sous laquelle tous les éléments du transport entrent dans les développements généraux de la page 358 va nous offrir un grand avantage : c'est de pouvoir rendre leur emploi durable, en y introduisant à l'avance les types généraux des petites corrections que l'on trouverait ultérieurement utile de faire aux données théoriques sur lesquelles ils reposent. Ces données sont les valeurs numériques attribuées aux constantes qui règlent le déplacement de l'équateur et de l'écliptique, dans les temps t, t_1, voisins de l'époque fondamentale. Nous pouvons aisément voir et apprécier leur influence individuelle dans les expressions littérales des auxiliaires $u_1 + n$, q et A, que nous avons formées d'abord, page 352, pour le cas où cette époque est une des limites du transport ; ce qui rend t nul, et ne laisse de variable que t_1.

Les constantes qui règlent le déplacement de l'équateur y sont désignées par les lettres $\mathfrak{a}$, $\mathfrak{b}$, $\mathfrak{c}$. Mais ces deux dernières expriment des coefficients affectés aux deuxièmes puissances du temps t, qui ont un effet à peine sensible dans les temps voisins de l'époque fondamentale, auxquels nous sommes contraints de nous restreindre pour trouver des observations précises. Il n'y a donc pas lieu d'espérer que ces observations nous fournissent des indications assez sûres pour les rectifier ; et ainsi nous ne pouvons mieux faire que de les conserver provisoirement telles qu'elles résultent de la théorie de l'attraction.

Nous avons reconnu, au contraire, que le coefficient $\mathfrak{a}$, qui multiplie la première puissance du temps, dans l'expression de ψ, peut se déduire avec beaucoup plus de certitude des observations faites depuis 1755 jusqu'à nos jours ; et, par la nature des méthodes qui nous l'ont fait ainsi obtenir, comme par la concurdance presque rigoureuse des résultats qu'elles nous ont fournis, s'il exigeait encore quelque rectification, elle ne pourrait être qu'extrêmement petite, tout au plus de quelques centièmes de seconde en arc. Désignons figurativement par $+\varepsilon$ une correction indéterminée de cet ordre, qui serait applicable à la valeur que nous avons attribuée ici à ce coefficient. Elle se propagera dans nos formules littérales sous des conditions diverses, où son influence sera très-facilement appréciable. Ainsi l'effet devra en être très-faible dans $u_1 - u$, à cause de la petitesse propre de cette quantité. Il devra être encore très-faible, par une raison semblable, dans toutes les parties numériques des autres auxiliaires $u_1 - u$, q et A, qui contiennent le temps t_1 à la deuxième ou à la troisième puissance. Admettons qu'on puisse alors le négliger comme à peu près insensible, et bornons-nous à le spécifier pour les premiers termes de ces expressions, lesquels composent aussi la portion de leurs valeurs, qui est de beaucoup la plus considérable. Cela posé, le coefficient a devenant, par hypothèse, $a+\varepsilon$, l'accroissement algébrique de ces premiers termes se lira évidemment dans leur composition. Ainsi, dans $u_1 + u$, il sera $+\varepsilon \cos \omega_0$; dans q, il sera $+\varepsilon \sin \omega_0$; et dans A, encore $+\varepsilon \cos \omega_0$. On devra donc ajouter ces types algébriques de correction aux expressions numériques écrites dans notre tableau de la page 354, pour exprimer les changements éventuels que leur ferait éprouver une détermination ultérieure du coefficient a, qui serait tant soit peu différente de celle dont nous avons fait usage pour les calculer.

Examinons maintenant de nouveau ces mêmes expressions sous leur forme algébrique, pour découvrir en quoi le déplacement de l'écliptique y intervient. Cela a lieu uniquement par l'introduction de la quantité α'_1, qui exprime le mouvement du point équinoxial en ascension droite depuis l'époque fondamentale jusqu'à l'instant t_1, correspondant à l'autre limite du transport. En effet, dans l'expression théorique de cette quantité, qui est désignée généralement par α' à la page 217, et que nous avons reprise, page 335, pour la convertir en nombres, on voit que sa partie principale, qui est proportionnelle au temps, a pour forme $\frac{gt}{\sin\omega_0}$, où la lettre g désigne le coefficient du terme du même ordre dans le produit $n \sin L$, relatif au déplacement de l'écliptique, comme nous l'avons établi page 179. Ce coefficient, qui s'évalue par la théorie des attractions planétaires, s'introduit donc, avec α'_1, dans les valeurs de $u_1 - \alpha'_1$ et de $n + u_1 - \alpha'_1$ ou A, que présente notre tableau de la page 354. Or il est très-petit : car, d'après les calculs de M. Le Verrier, dont nous avons fait usage, sa valeur pour l'époque du 1er janvier 1800 est seulement de $0'',06266$ en arc, pouvant comporter une incertitude de $0'',003$, égale ainsi à $\frac{1}{20}$ de sa quantité absolue. En conséquence, si nous nommons figurativement $+\gamma$ toute correction de cet ordre qui devrait lui être éventuellement appliquée, on pourra, comme nous l'avons fait pour ε, et plus légitimement encore, se borner à spécifier les conséquences de son intervention dans les termes de $u_1 - \alpha'_1$ et de A, qui contiennent le temps t à la première puissance. Elle s'y introduira ainsi évidemment sous la forme commune $\frac{-\gamma}{\sin\omega_0} t$, et elle s'y associera au terme du même ordre $+\varepsilon \cos\omega_0 t$, qui résulterait d'une petite rectification analogue appliquée au coefficient principal a de la précession résultante du déplacement de l'équateur.

251. Des termes correctifs correspondants à ceux que nous venons de déterminer s'adjoignent aussi aux expressions tant littérales que numériques des éléments du transport, quand il doit être effectué entre des limites de temps toutes deux distinctes de l'époque fondamentale. Et, si l'on suppose de même qu'ils résultent de rectifications très-petites, ε, γ, appliquées aux coefficients a, g, on peut, sous les restrictions pareilles, assigner généralement leur forme algébrique par l'inspection des développements approximatifs que nous avons formés pour de tels cas dans la page 260. En effet, quoique le principe conditionnel de cette approximation reposât sur la petitesse absolue de t et de $t_1 - t$, la première de ces quantités désignant l'une des limites du transport, l'autre son intervalle temporaire, les portions des développements qui ont été obtenues sous cette réserve contiennent déjà évidemment, et expriment celles qui seraient du même ordre, et pareillement les plus considérables, dans les développements plus généraux qu'on étendrait aux puissances ultérieures de l'intervalle $t_1 - t$. Aussi voit-on qu'ils coïncident, dans ces parties, avec ceux de ce genre que nous avons formés à partir de l'époque fondamentale, lorsqu'on suppose t nul et qu'on supprime l'indice de t_1. Ils suffisent donc pour découvrir les termes correctifs, qui résulteraient généralement d'une rectification très-petite ε, appliquée au coefficient principal a, lorsqu'on en suppose l'effet insensible dans les parties ultérieures de ces expressions, comme nous l'avons fait tout à l'heure. Alors, en persistant à le négliger dans $u_1 - u$ à cause de la petitesse propre de cette quantité, il se produira dans $u_1 + u$, par un terme de la forme $+ \varepsilon \cos \omega_0 (t_1 - t)$; et, dans q, par un terme de la forme $+ \varepsilon \sin \omega_0 (t_1 - t)$. Quant à la petite correction $+ \gamma$, appliquée au coefficient g, qui dépend du déplacement de l'écliptique, elle s'introduira dans les quantités α', α'_1, propres à chacune des deux limites du transport, comme dans leur analogue, relative à la limite unique, distincte de l'époque fondamentale que nous avions tout à l'heure à considérer. Ainsi elle ajoutera à α' un terme $+ \frac{\gamma}{\sin \omega_0} t$, et à α'_1 un terme $+ \frac{\gamma}{\sin \omega_0} t_1$. D'après cela, si l'on conserve les quantités auxiliaires U, U_1, A, que nous avons introduites par abréviation à la page 261, dans les expressions tant rigoureuses qu'approximatives des coordonnées transportées, l'intervention des petites corrections ε, γ ne fera que leur donner les formes plus générales suivantes, où je désigne par des parenthèses les divers éléments du transport, calculés, sans y avoir égard, d'après les valeurs des constantes antérieurement adoptées.

Éléments non rectifiés. *Éléments rectifiés.*

$$(\mathrm{U}) = a + (u) + (\alpha)', \qquad \mathrm{U} = (\mathrm{U}) + \tfrac{1}{2}\varepsilon \cos \omega_0 (t_1 - t) + \frac{\gamma}{\sin \omega_0} t;$$

$$(\mathrm{U})_1 = a_1 - (u)_1 + (\alpha)'_1, \qquad \mathrm{U}_1 = (\mathrm{U})_1 - \tfrac{1}{2}\varepsilon \cos \omega_0 (t_1 - t) + \frac{\gamma}{\sin \omega_0} t_1;$$

$$(\mathrm{A}) = (u) + (u)_1 + (\alpha)' - (\alpha)'_1, \qquad \mathrm{A} = (\mathrm{A}) + \varepsilon \cos \omega_0 (t_1 - t) - \frac{\gamma}{\sin \omega_0} (t_1 - t)$$

$$(q) \qquad q = (q) + \varepsilon \sin \omega_0 (t_1 - t).$$

Si l'on élimine ε entre les deux dernières équations, il en résulte

$$(t_1 - t)\gamma = [q - (q)] \cos \omega_0 - [\mathrm{A} - (\mathrm{A})] \sin \omega_0.$$

Ces expressions correctives sont susceptibles de deux applications inverses l'une de l'autre, que je vais exposer séparément.

232. La première est celle pour laquelle nous les avons préparées. Supposons que, par les formules de la page 358, on ait effectué le transport d'une ou de plusieurs étoiles entre deux époques assignées, en admettant les valeurs que j'ai attribuées à la constante principale α de la précession, ainsi qu'au petit coefficient g qui provient du déplacement de l'écliptique. Ces données conventionnelles n'entreront pas explicitement dans les expressions absolues des coordonnées transportées a_1, d_1, non plus que dans leurs différences $a_1 - a$, $d_1 - d$, avec les coordonnées primitives. Elles n'y prendront part que comme éléments de composition des quantités (U), $(\mathrm{U})_1$, (A), (q), sur lesquelles tout le calcul du transport s'établit. En conséquence, si l'on veut y faire quelques changements très-petits ε, γ, de plus grands ne pouvant plus être aujourd'hui nécessaires, on n'aura qu'à les introduire dans les expressions précédentes de U, U_1, A, q; puis, effectuer le calcul de a_1 et de d_1, d'après ces nouveaux éléments. Avec ces modifications bien faciles, les expressions de (U), $(\mathrm{U})_1$, (A), (q), ci-dessus données en fonction des limites de temps t, t_1, serviront encore. C'est pour cela encore qu'il me semble y avoir un avantage réel à maintenir, comme je l'ai fait, les expressions des constantes du transport complétement séparées des développements trigonométriques, qui donnent les changements $a_1 - a$, $d_1 - d$, des coordonnées de chaque étoile, après qu'on les a calculées; au lieu de les y introduire sous leur forme générale en fonction de t et de t_1, comme l'a fait Bessel. Car, pour que les séries définitives obtenues par cette élimination n'offrent pas une complication excessive, on est obligé d'y restreindre généralement les facteurs algébriques dépendants des coordonnées stellaires, bien plus qu'ils ne le sont dans nos formules. Or, si les calculs usuels, que Bessel avait surtout en vue, sont rendus ainsi plus faciles pour les étoiles suffisamment rapprochées de l'équateur, on ne peut plus, à ce qu'il me semble, introduire avec la même sûreté les rectifications que l'on voudrait faire aux constantes de la précession, comme aussi on ne peut plus les en extraire avec autant de rigueur, d'après la comparaison des résultats calculés et observés.

253. Pour montrer combien, au contraire, ce retour est exact et facile par nos formules, reprenons ainsi la recherche que nous avons faite, par une voie beaucoup plus pénible, à la page 298. Les nombres de Laplace, que nous avions pris comme éléments de calcul, nous avaient donné le coefficient principal de la précession sur l'équateur de 1750 :

$$\alpha = 50'',2876;$$

et les constantes du transport de 1755 à 1800, que nous en avions déduites, étaient

$$(q) = 901'',2464, \quad (A) = 0^\circ\, 34'\, 26'',816, \quad \omega_0 = 23^\circ\, 28'\, 18'',0.$$

Les observations de déclinaison, consignées dans les catalogues de Bradley et de Piazzi pour ces deux époques, nous ont fourni une autre valeur de la constante q, qui s'est trouvée être

$$q = 903'',4742;$$

ce qui donne

$$q - (q) = +\, 2'',2278.$$

La correction ε du coefficient α, nécessitée par ce résultat, sera donc

$$\varepsilon = +\, \frac{2'',2278}{45 \sin \omega_0} = +\, 0'',1243;$$

d'où l'on tire, pour la valeur rectifiée de a,

$$a = 50'',2876 + 0'',1243 = 50'',412.$$

Le calcul exact, fondé sur la même évaluation de l'angle q, nous a donné, page 300,

$$a = 50'',415.$$

La différence de ces deux déterminations est négligeable. Elle sera beaucoup moindre, et deviendra insensible, quand la correction ε s'appliquera à un coefficient moins erroné que celui qui avait servi de donnée pour calculer (q).

On tirerait encore la correction ε de la nouvelle évaluation de la constante A, fournie par les observations d'ascensions droites, si l'on admettait, comme nous l'avons fait dans la page 364, que le petit coefficient g, qui dépend du déplacement de l'écliptique et qui est donné par la théorie des perturbations planétaires, est connu assez exactement pour que le terme correctif γ, qui est censé s'y appliquer dans nos formules, puisse être supposé négligeable. Par exemple, en partant de la valeur de (A), calculée d'après les nombres de Laplace, les observations d'ascensions droites nous ont donné, page 295,

$$A = 0^{\circ}34'30'',8874,$$

d'où il résulte

$$A - (A) = +4'',0714,$$

donc, si l'on considère la correction γ comme nulle ou insensible, on aura

$$\varepsilon = +\frac{4'',0714}{45 \cos\omega} = +0'',0986,$$

et la valeur corrigée du coefficient a, conclue de cette relation, sera

$$a = 50'',2876 + 0'',0986 = 50'',386.$$

C'est précisément celle que nous avons obtenue par le calcul exact, page 302.

254. On voit, par ces épreuves, que l'on pourra, en toute sécurité, calculer les rectifications ultérieures du coefficient a, par ces expressions approximatives de ε, surtout devant prévoir qu'elles seront certainement beaucoup moindres que les précédentes, puisque les nouvelles constantes (A) et (q), dont on fera usage, seront déduites de ces évaluations déjà perfectionnées, sur lesquelles se fondent nos formules actuelles. Tel est le second genre d'application, inverse du premier, auquel ces expressions correctives pourront servir.

253. La singulière discordance que nous avons trouvée entre les valeurs du coefficient a, conclues des observations de déclinaison ou d'ascension droite, semblerait pouvoir s'attribuer à la supposition que nous avons faite, que la correction γ fût nulle ou insensible. En effet, cette discordance disparaîtrait si l'on déterminait γ par l'expression explicite que nous en avons formée. Mais la valeur qu'on lui trouverait ainsi, quoique très-petite, paraît inconciliable avec l'exactitude des notions que l'on croit avoir sur le coefficient g, auquel la correction γ s'applique.

Pour constater ce fait, calculons γ d'après les valeurs de $q-(q)$ et $A-(A)$ tout à l'heure obtenues. Il en résultera

$$\gamma = +\frac{2'',2278}{45}\cos\omega_0 - \frac{4'',0714}{45}\sin\omega_0,$$

et, en achevant les opérations,

$$\gamma = +0'',045410 - 0'',036036 = +0'',009374.$$

Maintenant, la valeur absolue du coefficient g, que nous avons tirée des formules de Laplace pour 1750, et que nous avons employée comme donnée dans nos calculs préparatoires, est, d'après la page 177,

$$g = +0'',081848.$$

Elle se trouverait donc accrue par la correction γ. Or, au contraire, il y aurait plutôt lieu de croire qu'elle est déjà trop forte : car, par exemple, les expressions des quantités ψ et ψ', adoptées par Bessel dans les *Fundamenta Astronomiæ*, page 297, donneraient le coefficient g égal à $0'',07140$ pour cette même époque de 1750, et la même condition d'atténuation est aussi indiquée par la valeur beaucoup moindre 0",06266 que M. Le Verrier lui attribue pour 1800. A la vérité, la correction γ se trouve ici donnée par la *différence* de deux nombres qui sont grands comparativement à elle, étant du même ordre que le coefficient g lui-même; mais cette cause d'incertitude ne semble pas assez forte pour intervertir le sens de cette correction, si elle était réellement nécessaire; et, d'une autre part, il paraît également difficile, sinon tout à fait impossible, d'attribuer à des erreurs d'observation la différence des deux valeurs du coefficient a, que nous en avons déduites. Quelque chose d'analogue s'est offert à Bessel, quand il a voulu employer séparément les observations de déclinaison et d'ascension droite pour déterminer les constantes numériques de ses formules finales, destinées au transport des lieux stellaires, comme on peut le voir à la page 294 des *Fundamenta*. Mais la composition complexe de ces constantes, et la voie purement numérique par laquelle il obtenait leurs valeurs, ne lui ont pas, je crois, permis de rendre l'origine et la réalité de cette discordance aussi manifestes qu'on les voit dans les formules explicites que j'ai présentées ici. L'intervention de ce fait, dans une théorie aussi généralement importante que celle de la précession, me justifiera de l'avoir signalé, et d'avoir cherché à l'établir avec autant de détail.

236. Je reviens maintenant aux formules rassemblées dans le tableau de la page 358, et je vais exposer la marche qu'il me semblerait convenable de suivre pour les faire servir avec le plus d'avantage au perfectionnement de l'astronomie stellaire.

La première chose à faire sera de rectifier définitivement les constantes qu'elles renferment. Cette opération sera dirigée sur les mêmes principes qui nous ont conduit à découvrir si approximativement leurs valeurs absolues, par les déplacements d'un petit nombre d'étoiles convenablement choisies dans les catalogues de Piazzi et de Bradley. L'application en sera seulement plus sûre encore, partant de données déjà plus précises. Les conditions du choix seront d'ailleurs exactement les mêmes que nous avons établies avec détails dans les pages 276 et suivantes, et je ne ferai qu'en rappeler l'application.

287. Pour cela, on choisira d'abord, dans le catalogue de Piazzi, toutes les étoiles très-voisines de l'équateur de 1800, auxquelles les discussions déjà établies n'attribuent que des mouvements propres très-faibles, de l'ordre des erreurs supposables dans les observations ainsi que dans les calculs de transport, d'où ces mouvements ont été déduits. On étendra ce choix, sous les mêmes réserves, à des déclinaisons plus grandes, à mesure que l'ascension droite se rapprochera davantage de 0° ou de 180°, comme nous l'avons fait dans les premières rectifications de la page 286. Car les observations que l'on pourra faire concourir dans ces dernières applications étant séparées de l'époque fondamentale par moins d'un demi-siècle, les ascensions droites de cette époque suffisent pour régler le choix des étoiles qu'il convient d'y employer. L'exactitude déjà très-approchée de nos constantes actuelles permettra même d'étendre les épreuves autour des ascensions droites spécifiées dans des limites d'amplitude plus grandes que nous ne l'avons fait alors, avec des conditions de certitude égales, dans l'évaluation des termes correctifs.

Ce choix étant arrêté, on prendra les coordonnées équatoriales des mêmes étoiles, dans les divers catalogues dont on voudra faire usage. Puis, recourant aux observations originales, on leur appliquera le mode de discussion que Bessel a employé pour celles de Bradley, si on le juge nécessaire; après quoi, il faudra les ramener au 1er janvier de chaque catalogue, avec des constantes pareilles de la nutation et de l'aberration, qui soient les plus exactes que l'on puisse se procurer. Ce calcul devra être effectué pour le catalogue de Piazzi comme pour les autres, si l'on veut s'en servir pour ces déterminations définitives. Alors il donnera les coordonnées a, d de chaque étoile pour le 1er janvier 1800 de Palerme, que l'on pourra, généralement, identifier à celui de Paris, sans changer leurs valeurs. Car, d'après la petitesse de la quantité f, évaluée pour ce cas dans le tableau de la page 344, les réductions qu'il faudrait mathématiquement leur appliquer pour les transporter à cette époque fondamentale de nos formules, non-seulement dépasseraient les fractions de seconde auxquelles les indications de Piazzi s'arrêtent, mais seraient aussi fort au-dessous des incertitudes que ses observations peuvent comporter. Si l'on ne juge pas son catalogue assez exact pour le faire concourir aux déterminations définitives dont je vais parler, il suffira toujours pour désigner les étoiles qu'on doit choisir dans les autres; et cette exclusion n'arrêterait d'ailleurs en rien les calculs qu'on devra faire sur les données qu'ils auront fournies.

238. Soit t_1 la distance du 1er janvier d'un de ces catalogues au 1er janvier 1800 de Paris, t_1 étant exprimé en années juliennes moyennes, comprenant chacune $365^j\frac{1}{4}$. Les formules explicites de la page 354 donneront immédiatement toutes les constantes du transport pour cet intervalle de temps t_1. Quand on emploiera le catalogue de Bradley ou de M. Airy, on pourra s'exempter de ce travail, puisque les constantes qui s'y rapportent se trouvent déjà toutes calculées dans le tableau de la page 343. Seulement, pour les appliquer avec une entière rigueur, on devra faire aux coordonnées des étoiles choisies les très-petites corrections indiquées dans cette même page, afin de les transporter respectivement aux valeurs précises de t_1, -45 et $+40$, d'après lesquelles ce tableau a été calculé. Ce sera une opération exactement pareille à celle que nous avons effectuée sur les coordonnées de la polaire, dans la page 348. Mais, comme les étoiles auxquelles on l'appliquera seront bien plus distantes du pôle, les réductions qu'elle donnera sur l'ascension droite seront beaucoup moindres, celles de la déclinaison restant toujours du même ordre ou plus petites; ce qui autorisera peut-être trop légitimement à les négliger, comparativement aux incertitudes des observations.

239. Prenons alors les coordonnées a_1, d_1 correspondantes à l'époque t_1, telles que l'observation les a données; on leur appliquera les formules de transport inverse rassemblées dans le tableau de la page 358, et l'on en déduira des expressions de cette forme,

$$a = a_1 - A - S_1,$$
$$d = d_1 - q\cos U_1 - \xi_1.$$

a, d représentent les coordonnées de l'étoile transportées par le calcul au 1er janvier 1800 de Paris, et que l'on devra égaler aux observations de Piazzi, si on les admet comme suffisamment bonnes. Je raisonnerai d'abord dans cette supposition. D'après les conditions auxquelles nous avons assujetti le choix des étoiles transportées, S_1 sera toujours une quantité si petite, que son évaluation, par nos constantes calculées, ne pourra comporter aucune erreur sensible. Chaque ascension droite a_1 ainsi transportée donnera donc

$$A = a_1 - a - S_1.$$

Alors, en nommant (A) la valeur calculée de A, les relations établies page 366, étant restreintes au cas de t nul, fourniront l'équation de condition suivante:

$$(1) \qquad \left(\varepsilon \cos \omega_0 - \frac{\gamma}{\sin \omega_0}\right) t_1 = a_1 - a - (A) - S_1.$$

Chaque étoile choisie dans le même catalogue donnera une équation pareille, où le petit terme S_1 sera toujours parfaitement connu, (A) restant constant. La somme de ces équations fournira une moyenne dans laquelle les erreurs *occasionnelles* des observations et les accidents des mouvements propres offriront d'autant plus de chances de compensation, qu'elle sera formée d'éléments plus nombreux. On en déduira ainsi une relation finale entre les deux quantités correctives ε, γ, dont la première s'applique au coefficient principal α de la précession, et la dernière au coefficient g qui provient du déplacement de l'écliptique causé par les attractions planétaires.

260. Je considère maintenant l'équation relative aux déclinaisons transportées. Pour former celle-ci, on devra employer seulement des étoiles dont l'ascension droite a s'écartera peu de 0° ou 180°, ce qui les placera vers 90° ou 270° du nœud boréal de l'équateur de l'époque t_1, sur l'équateur de 1800. Mais, à cause de l'exactitude déjà très-approchée des constantes théoriques sur lesquelles nos calculs reposent, cet écart pourra être étendu, sans crainte d'erreur, jusqu'à 15°, ou même 20° autour des limites fixées, en prenant soin de restreindre les déclinaisons d_1, à mesure que l'on s'en éloigne. Pour toutes ces étoiles, cos U_1 différera peu de ± 1: prenant donc la valeur de γ donnée ainsi par l'observation, on la substituera dans la relation corrective de la page 366, où (q) représente la valeur analogue calculée; et, en y faisant t nul, puisque l'époque fondamentale est une des limites du transport, on en tirera

$$\varepsilon \sin \omega_0 t_1 = \frac{d_1 - d - \xi_1}{\cos U_1} - (q),$$

ce qui s'adaptera mieux au calcul numérique sous cette autre forme équivalente :

$$(2) \quad \varepsilon \sin \omega_0 t_1 = d_1 - d - (q) - \xi_1 + 2(d_1 - d - \xi_1)\frac{\sin^2 \frac{1}{2} U_1}{\cos U_1}.$$

Chaque étoile choisie dans le même catalogue donnera une équation pareille où le petit terme ξ_1 ainsi que le facteur dépendant de U_1 seront toujours parfaitement connus, (q) restant constant. Alors, comme pour les ascensions droites, la somme des équations ainsi formées fournira une moyenne dans laquelle les erreurs occasionnelles des observations et les accidents des mouvements propres offriront toutes les probabilités de disparaître, par compensation. La correction ε du coefficient a se trouvera ainsi donnée directement par une évaluation indépendante des ascensions droites. On pourrait alors la comparer avec la valeur analogue qu'on tirerait de celles-ci par l'équation moyenne (1), en y supposant γ nul, comme nous l'avons fait dans les premières épreuves, rappelées page 368. Peut-être les équations simultanées (1) et (2), ainsi obtenues par le concours de catalogues divers, deviendraient-elles enfin assez sûres, pour que l'on pût les accorder, par une détermination directe et acceptable de γ, tirée de son expression explicite, que nous avons formée page 366.

261. Jusqu'ici j'ai raisonné dans la supposition que l'on admettait les coordonnées a, d de Piazzi, comme suffisamment exactes, après leur avoir toutefois appliqué les rectifications de détail que j'ai indiquées. Si on ne les juge pas telles, on les trouvera toujours assez précises pour servir à évaluer par le calcul le petit terme correctif, qui a pour facteur $\sin^2 \frac{1}{2} U_1$ dans les équations (2). Ayant donc formé, pour chaque catalogue, les résultantes moyennes, tant de celles-ci que des équations (1), on y laissera les coordonnées a, d, sous leur forme littérale, dans les termes où elles se montrent explicitement, et on les éliminera de chaque système d'équation, par différence, en combinant les résultats moyens tirés de catalogues divers. Cela donnera les corrections ε et γ, par une opération uniforme plus simple, et tout aussi exacte, que si l'on comparait immédiatement ces catalogues entre eux, sans s'arrêter à l'époque fondamentale, en calculant les constantes du transport qui conviennent à leur intervalle temporaire.

262. Quand on aura obtenu ainsi les valeurs finales des corrections ε, et peut-être γ, avec toute la probablité d'exactitude que l'on peut aujourd'hui espérer, on les introduira dans les expressions rectifiées des constantes du transport de chaque catalogue, qui seront données par le tableau de la page 366, en supposant t nul. Prenant alors, dans les divers catalogues, les coordonnées a_1, d_1 d'une étoile *quelconque*, que l'on voudra considérer individuellement, on leur appliquera les formules de transport inverse, soit rigoureuses, soit approximatives, de la page 358. On obtiendra ainsi les coordonnées théoriques a, d de cette étoile, correspondante au 1er janvier 1800 de Paris, lesquelles se présenteront sous des expressions de cette forme,

$$a = a_1 - X_1,$$
$$d = d_1 - Y.$$

X_1 et Y_1 seront des arcs donnés par le calcul, et, à cause du peu d'étendue de l'intervalle t_1, pour tous les catalogues compris entre 1755 et l'époque actuelle, leurs valeurs seront toujours peu considérables, à moins que l'on ne considère des étoiles excessivement voisines du pôle. Nous en avons eu la preuve par la polaire, quand nous l'avons transportée de 1755 à 1800, avec des constantes peu différentes de celles que nous avons maintenant adoptées; car l'arc X_1 a été seulement 2° 10′ 45″, et l'arc Y_1 a été beaucoup moindre encore. Mais les valeurs obtenues ainsi pour a et d ne seront conformes à l'observation matérielle qu'en supposant trois conditions indispensables; savoir : que les constantes employées au calcul de X_1 et de Y_1 soient rigoureuses; que les coordonnées de départ a_1, d_1 soient exemptes d'erreur, et que les étoiles considérées soient restées physiquement fixes sur la sphère céleste, pendant l'intervalle de temps t_1.

Le premier genre d'incertitude peut être seulement affaibli par le mode de détermination primitif et de rectification ultérieure, qui a été appliqué aux constantes; on ne saurait complètement l'éviter. Le deuxième peut être aussi atténué, sinon détruit par compensation. Le troisième peut être exprimé par des termes correctifs déterminables.

263. Admettons que les coordonnées a_1, d_1, rapportées à l'époque t_1, dans un catalogue, soient *trop fortes* de petites quantités angulaires, représentées par $+\delta a_1$ et $+\delta d_1$. Les vraies valeurs qu'on devra leur attribuer dans les équations précédentes seront $a_1-\delta a_1$, $d_1-\delta d_1$. Il sera facile de les employer ainsi dans les deux termes où elles entrent sous une forme explicite. Pour exprimer également l'effet de cette circonstance dans l'évaluation des arcs X_1, Y_1, concevons qu'après les avoir calculés avec les valeurs brutes de a_1 et de d_1, on les calcule de nouveau, en diminuant de $1''$ chacune de ces valeurs; cela donnera généralement d'autres résultats qui pourront être respectivement représentés par X_1-x_1 et Y_1-y_1, x_1 et y_1 désignant de très-petits arcs que je suppose exprimés en secondes de degré. Alors les petites corrections $-\delta a_1$, $-\delta d_1$ produiront dans X_1 et Y_1 des changements sensiblement proportionnels à ceux-là; de sorte que si on les prend de même exprimées en unités de seconde, les valeurs de X_1 et de Y_1 qui en résulteront pourront être représentées par $X_1-x_1\delta a_1$ et $Y_1-y_1\delta d_1$, les coefficients x_1, y_1 étant supposés exprimer des unités abstraites. Telles seront, par conséquent, les formes qu'il faudra leur attribuer, pour avoir analytiquement égard aux erreurs possibles de a_1 et de d_1.

264. Appelons, en outre, $+x$, $+y$ les mouvements propres de l'étoile, additifs à l'ascension droite et à la déclinaison, après chaque unité de temps composée d'une année julienne moyenne, et traitons-les, provisoirement, comme s'ils avaient dû être sensiblement uniformes dans l'intervalle de temps $+t_1$ suivant ces deux directions. Leurs valeurs totales, pour cet intervalle, depuis l'époque fondamentale d'où t_1 se compte, auront été alors $+t_1x$, $+t_1y$. Ainsi les coordonnées finales rectifiées, $a_1 - \delta a_1$, $d_1 - \delta d_1$, devront être considérées comme produites par le transport d'une étoile absolument fixe, qui aurait eu pour coordonnées *théoriques*, à l'époque initiale, $a + t_1 x$, $d + t_1 y$, a et d étant celles que l'observation physique faite à cette époque aurait dû lui assigner. Réunissant donc ces divers genres de corrections, pour pouvoir attribuer aux arcs théoriques a, d le caractère des quantités actuellement observables, les deux équations qui expriment leur déduction exacte devront être modifiées de la manière suivante :

$$(1)\qquad \left\{\begin{array}{l} a = a_1 - X_1 - (1 - x_1)\,\delta a_1 - t_1 x, \\ d = d_1 - Y_1 - (1 - y_1)\,\delta d_1 - t_1 y. \end{array}\right.$$

Pour un catalogue rapporté à l'époque fondamentale comme celui de Piazzi, t_1 est nul, ce qui fait évanouir tous les termes représentatifs du transport théorique. Il reste alors

$$a = a_1 - \delta a_1,$$
$$d = d_1 - \delta d_1,$$

c'est-à-dire que les coordonnées a, d sont celles du catalogue corrigées de leurs erreurs. Mais ce cas est le seul où les deux équations soient absolument rigoureuses, étant viciées dans tous les autres par les incertitudes qui affectent inévitablement les constantes du transport, d'après lesquelles les arcs X_1, Y_1 sont calculés.

265. En faisant abstraction de cette circonstance, tous les catalogues dont les erreurs seraient connues devront donner, pour chaque étoile des valeurs identiques, des coordonnées initiales a, d; cette condition d'identité servira donc pour déterminer, par différence, les mouvements propres t_1x, t_1y, et la constance, ou la variabilité des coefficients x, y, ferait voir si ces mouvements sont ou ne sont pas effectivement uniformes, au moins dans les aspects qu'ils nous présentent. Mais les erreurs des catalogues qui entrent isolées dans les égalités ainsi formées, sont impossibles à connaître individuellement ; et si le temps t_1, qui les affecte comme diviseur, affaiblit leur influence dans les valeurs de x et de y, il n'agit pas de même sur les erreurs des arcs théoriques X_1, Y_1 qui s'accroissent simultanément avec lui. Donc, par cela seul, telle étoile qui ne semblera pas avoir de mouvement propre, dans une certaine évaluation hypothétique des constantes en aura dans une autre; et inversement, chaque système de constantes hypothétiquement admis introduira ainsi, dans les positions transportées, des systèmes correspondants d'erreurs qui procéderont dans un même sens et s'appliqueront à toutes les étoiles du ciel avec des caractères apparents de simultanéité. Par ces motifs, la réalité que l'on voudrait attribuer à des déplacements généraux, conclus de semblables calculs, me semble jusqu'à présent devoir offrir beaucoup de doutes, surtout si l'on considère que les formules d'où les constantes des transports ont été déduites, n'ont pas été, je crois, aussi sûres ni aussi explicites que celles dont nous avons fait ici usage, et qu'en outre les catalogues auxquels on a pu les appliquer, n'ont pas été réduits à des constantes pareilles pour l'aberration et la nutation.

266. Ne pouvant suppléer à ces derniers perfectionnements qui exigeront de longs travaux, je présenterai seulement un exemple de ces réductions à une même époque, en les appliquant à l'étoile α_2 de la constellation du Capricorne que l'on a reconnue avoir des mouvements propres très-faibles ou insensibles; c'est une de celles que les astronomes observent le plus habituellement pour régler leurs horloges, et qu'ils appellent par cette raison *fondamentales*. En outre, sa déclinaison est assez restreinte pour que, dans les limites de temps que nous aurons à considérer, son transport au 1er janvier 1800 puisse être calculé par les deux premiers termes de nos développements approximatifs, les suivants étant insensibles. Cela nous laissera voir, sans peine, le jeu des formules de la page 358, tant avant qu'après l'époque fondamentale, ce que je désire surtout faire bien concevoir.

267. Je prends d'abord les éléments de position de cette étoile qui sont données d'après l'observation dans les catalogues de diverses dates que je me propose de combiner, et je les rassemble

TABLEAUX *afférents à la page* 379.

DÉSIGNATION de l'observateur.	DATE du 1er janvier auquel le catalogue se rapporte.	LIEU de l'observation.	SA LONGITUDE comptée de Paris et exprimée en fraction de jour. τ_1	[illegible]	PRÉCESSION annuelle en ascension droite. α_1	DÉCLINAISON de α_2 du Capricorne. δ_1	PRÉCESSION annuelle en déclinaison. δ_1
Bradley	1755	Greenwich.	+ 0,00650.O	301. [illegible]	+ 50,050	−13.19. 4,40	+ 10,360
Piazzi	1800	Palerme.	− 0,03060.E	301. [illegible]	+ 49,995	−13. 9.10,30	+ 10,545
Bessel (*Tab. Regiom.*)	1800	Kœnigsberg	− 0,05045.E	301. [illegible]	+ 49,996	−13. 9.14,85	+ 10,545
Argelander	1830	Abo.	− 0,05520.E	302. [illegible]	+ 49,993	−13. 3.54,50	+ 10,674
Airy	1840	Greenwich	− 0,00650.O	302. [illegible]	+ 49,980	−13. 1. 8,59	+ 10,717

DÉSIGNATION des catalogues.	DATES INITIALES.	TEMPS [illegible] de t_1 en jours moyens comptés du méridien de Paris.	LES MÊMES, exprimées en années juliennes moyennes J. t_1	LOGARITHMES tabulaires de $\frac{t_1}{J}$
Bradley	1er janvier 1755, au midi de Greenwich.	− 45J − 0,25 + 0,00650 = − 45J + 0,2[illegible]50	$-45+\frac{t_1}{J}$	$\bar{1}$,8464097 +
Piazzi	1er janvier 1800, au midi de Palerme.	− 0,03060	$0+\frac{t_1}{J}$	$\bar{5}$,9231242 −
Bessel	1er janvier 1800, au midi de Kœnigsberg.	− 0,05045	$0+\frac{t_1}{J}$	$\bar{4}$,1402710 −
Argelander	1er janvier 1830, au midi d'Abo.	+ 30J − 0,5 − 0,05520 = + 30J − 0,55520	$+30+\frac{t_1}{J}$	$\bar{3}$,1818593 −
Airy	1er janvier 1840, au midi de Greenwich.	+ 40J − 1 + 0,00650 = + 40J − 0,99350	$+40+\frac{t_1}{J}$	$\bar{3}$,4345177 −

dans le 1er tableau ci-joint, en omettant d'ailleurs toutes les discussions de détail qui seraient nécessaires pour les ramener préliminairement à des conditions exactement comparables. J'y joins les mouvements de précession annuels en ascension droite et en déclinaison, tels que les auteurs de ces catalogues les ont rapportés. On les trouverait sensiblement pareils, en les calculant pour les mêmes époques, par les formules de la page 360.

La première chose à faire, ce doit être de chercher les intervalles de temps t_1 compris entre les dates de chaque catalogue et le 1er janvier 1800 de Paris. J'y procède donc suivant la marche expliquée pages 263 et suivantes, en tenant compte de l'intercalation grégorienne; et, en exprimant les résultats par la même notation que nous avons alors adoptée, j'obtiens ainsi le 2e tableau ci-joint, pareil à celui de la page 344.

268. On pourrait calculer directement les constantes de chaque transport, d'après les valeurs complètes de t_1 contenues dans l'avant-dernière colonne, en se servant des formules explicites de la page 354. Mais, comme nous les avons déjà presque toutes préparées pour les mêmes catalogues, dans le tableau de la page 343, en ramenant les intervalles temporaires t_1, à comprendre des nombres entiers d'années juliennes moyennes, j'opérerai encore ici de la même manière. Nommant donc toujours a_1, d_1 les coordonnées des catalogues, et α_1, δ_1 les mouvements de précession annuels, rapportés dans nos tableaux, je calcule les coordonnées correspondantes $(a)_1$, $(d)_1$, qui satisfont à cette condition d'intégralité, en les déduisant des expressions suivantes, que nous avons établies page 267 :

$$(a)_1 = a_1 - \frac{\alpha_1 f_1}{J}, \qquad (d)_1 = d_1 - \frac{\delta_1 f_1}{J}.$$

Le calcul ainsi effectué pour chaque catalogue donne les réductions ici rapportées, que je limite aux millièmes de seconde d'arc, pour en faire bien voir l'ordre de grandeur dans le cas actuel.

DÉSIGNATION du catalogue.	ASCENSION DROITE réduite. $(a)_1$	DÉCLINAISON réduite. $(d)_1$	VALEUR correspondante de l'intervalle. t_1
Bradley..........	$a_1 - 0'',035$	$d_1 - 0'',007$	-45
Piazzi..........	$a_1 + 0,004$	$d_1 + 0,001$	0
Bessel..........	$a_1 + 0,007$	$d_1 + 0,001$	0
Argelander	$a_1 + 0,076$	$d_1 + 0,016$	$+30$
Airy..........	$a_1 + 0,136$	$d_1 + 0,029$	$+40$

Ces réductions se trouvent ainsi très-petites, et de l'ordre des erreurs qu'il est jusqu'à présent impossible d'éviter dans les observations réputées les plus exactes. On peut donc se croire légitimement autorisé à les négliger. Mais, dans un exemple spécial, comme celui que nous avons voulu ici présenter, il vaut mieux ne se permettre cette liberté qu'après s'être convaincu qu'il n'en peut pas résulter d'erreur notable : d'ailleurs leur petitesse est due à ce que l'étoile considérée a une déclinaison très-restreinte. Nous avons vu, page 348, que la correction analogue sur l'ascension droite de la polaire, rapportée dans le catalogue de M. Airy, s'élève à $0'',67$. Elle atteindrait $0'',787$ sur l'ascension droite assignée dans ce même catalogue à δ de la petite Ourse, que les observateurs commencent à lui préférer; et elle serait plus forte encore pour des étoiles plus voisines du pôle. Voilà pourquoi je n'ai pas cru inutile d'indiquer ici la portée, tant absolue que relative, de ces corrections.

269. C'est aux valeurs de $(a)_1$ et de $(d)_1$, ainsi obtenues, qu'il faut appliquer les formules inverses de la page 358, lorsque l'on veut employer les constantes du transport, calculées dans le tableau de la page 343. J'ai calculé ces mêmes constantes pour 1830, par les expressions explicites de la page 354, et je rapporte leurs valeurs ici en note, afin de mettre tous les éléments de cette application sous les yeux du lecteur (*). Chacun des catalogues considérés m'a ainsi fourni les valeurs théoriques des coordonnées a, d de notre étoile, transportées au 1er janvier 1800 de Paris, par le même système général de constantes, et je les ai toutes rassemblées dans le tableau qui suit :

Coordonnées équatoriales moyennes de α_2 du Capricorne, à l'époque du 1er janvier 1800 du méridien de Paris.

DÉSIGNATION du catalogue d'où elles sont déduites.	ASCENSION DROITE en arc.	DÉCLINAISON.	NOMBRE D'OBSERVATIONS d'où cette position a été déduite.	
	a	d	a_1	d_1
Bradley....	301°.44′.11″,698	−13°. 9′.13″,480	9	3
Piazzi.....	12,604	10,199	18¼	56
Bessel	12,917	14,849	non indiqué.	non indiqué.
Argelander.	12,998	13,053	30	30
Airy.......	12,013	14,132	84	48

La concordance des ascensions droites a paraîtra surprenante, si l'on considère les incertitudes que comporte la détermination de cet élément astronomique. Les déclinaisons d offrent un peu moins d'accord, même en excluant celle de Piazzi, que son écart de toutes les autres décèle comme très-probablement fautive ; mais,

(*) Les constantes du transport inverse, employées dans les formules de la page 358, sont A, q et $u_1 - \alpha'_1$, servant à former l'angle auxiliaire $U_1 = a_1 - u_1 + \alpha'_1$. En les calculant par les expressions de la page 354, avec la valeur de t_1 égale à +30, j'ai obtenu

$$A = 0°23'2'',5003,\quad q = 602'',0815,\quad u_1 - \alpha'_1 = 691'',3591,\quad \log q = 2,7797553.$$

Comme vérification, j'ai calculé directement toutes ces constantes pour la même valeur de t_1, par les formules trigonométriques de la page 339, et je leur ai trouvé exactement les mêmes valeurs, jusque dans les dix-millièmes de seconde inclusivement.

sauf cette exception, les différences capricieuses qui existent entre les diverses évaluations de d sont de l'ordre des erreurs que l'on ne sait pas éviter dans la mesure des déclinaisons, même aujourd'hui. Il n'y a donc rien dans ces résultats qui puisse servir de fondement, pour attribuer à l'étoile α_2 du Capricorne un mouvement propre appréciable; et l'on doit, au contraire, en inférer qu'elle paraît être absolument fixe sur la sphère céleste, quand on admet les valeurs que nous avons assignées aux constantes théoriques, qui règlent le transport apparent des positions stellaires, résultant des déplacements réels qu'éprouvent l'écliptique et l'équateur. Mais nous avons vu que ces constantes ont encore besoin d'être définitivement rectifiées par les travaux dont j'ai tracé la marche. C'est alors seulement que l'on pourra effectuer, avec une entière sûreté, des épreuves analogues à celles dont je viens de présenter l'exemple, ou en déduire les véritables valeurs des mouvements propres; et former enfin, pour une même époque, un catalogue d'étoiles aussi parfait que le permette la nature, encore récente, des données précises que l'on peut faire concourir à sa confection. L'épreuve que je viens de présenter, et celle que nous avons effectuée plus haut sur le transport de la polaire, montreront, je crois, que les constantes de la précession, admises dans nos formules, sont assez approximativement précises, pour que ces derniers perfectionnements, si essentiels à l'astronomie, puissent être maintenant obtenus par des hommes laborieux.

Section VII. — *Recherche directe des petites variations produites, dans les coordonnées équatoriales, par des mouvements du plan de l'équateur, opérés suivant des lois quelconques, mais assujettis à n'avoir que de très-petites amplitudes.*

270. La recherche indiquée dans ce titre nous sera nécessaire pour établir la théorie d'un phénomène céleste que nous allons bientôt étudier. L'arbitraire que nous introduisons dans les lois du mouvement de l'équateur fait que les conditions du transport peuvent être physiquement et numériquement différentes de celles que la précession réelle nous a présentées. Mais, considéré analytiquement, le problème se résout encore par les formules générales de la page 358, en y introduisant les valeurs spéciales que l'on veut attribuer aux variations de l'angle ω et de l'arc ψ, qui définissent les changements de position de l'équateur, relativement à l'écliptique fixe d'une époque quelconque. Toutefois je ne procéderai pas d'abord ainsi, par dérivation ; mais j'effectuerai premièrement le transport, par voie trigonométrique, d'après ses conditions supposées, afin d'arriver directement aux expressions que les astronomes ont l'habitude d'employer. Je prouverai ensuite l'identité de ces résultats avec ceux que fournissent les formules de la page 358, lorsqu'on introduit dans celles-ci des données pareilles, et qu'on les restreint au même degré d'approximation.

271. Je reprends donc, pour ce but, la *fig.* 13, qui nous a servi de type pour exprimer toutes les circonstances du transport à des temps quelconques, et je conserve à toutes ses parties les définitions que nous en avons données dans la page 239, sauf que l'on pourra y remplacer le nombre 1750, par la date de toute autre année que l'on voudrait prendre pour époque fondamentale, d'où l'on compterait le temps. Je désigne alors par a, d les coordonnées équatoriales de la date $+t$, rapportées à l'équateur $\Upsilon''Q'$ et au point équinoxial Υ''. Puis, ajoutant aux premières l'arc $\Upsilon''\Upsilon'$ ou α', je transporte leur origine au point Υ' de l'écliptique fixe. Là je les transforme en latitudes λ et longitudes l, comptées de ce même point, sous l'obliquité ω, ce qui me donne les expressions suivantes :

$$(1)\quad \begin{cases} \tang l = \dfrac{\tang d \sin\omega + \sin(a+\alpha')\cos\omega}{\cos(a+\alpha')}, \\ \sin\lambda = -\sin\omega\cos d\sin(a+\alpha') + \cos\omega\sin d. \end{cases}$$

J'y joins tout de suite ces deux inverses qui nous deviendront ultérieurement nécessaires :

$$(2)\quad \begin{cases} \cos\lambda\cos l = \cos d\cos(a+\alpha'), \\ \sin d = \sin\omega\cos\lambda\sin l + \cos\omega\sin\lambda. \end{cases}$$

Ce sont les formules fondamentales de ces transformations que nous avons établies dans l'appendice au chapitre IV, pages 75 et suivantes ; je ne fais que les adapter au cas actuel.

Considérant alors l'équateur $\Upsilon''_1 Q'_1$ de la date t_1, dont Υ''_1 est le point équinoxial actuel, je le prolonge de même jusqu'à son intersection avec l'écliptique fixe en Υ'_1. Puis je transporte à ce point l'origine des longitudes l, les latitudes λ restant constantes. Pour cela, je nomme φ l'arc de précession $\Upsilon'\Upsilon'_1$, compris entre les deux équateurs, et les coordonnées écliptiques rapportées au point Υ'_1 se trouvent ainsi être

$$l' = l + \varphi, \qquad \lambda' = \lambda.$$

L'obliquité du nouvel équateur sur l'écliptique fixe est ω_1, autre que ω. Pour exprimer cette différence, je fais

$$\omega_1 = \omega + \omega';$$

je prends ensuite les coordonnées équatoriales a', d' de la date $+t_1$ rapportées au point équinoxial Υ''_1; puis, ajoutant aux premières l'arc $\Upsilon''_1\Upsilon'_1$ ou α'_1, je transporte leur origine en Υ'_1. Là je les exprime en fonction des coordonnées écliptiques $l + \varphi$ et λ, au moyen des formules suivantes :

$$(3)\quad \begin{cases} \operatorname{tang}(a' + \alpha'_1) = -\dfrac{\operatorname{tang}\lambda \sin(\omega + \omega') + \sin(l + \varphi)\cos(\omega + \omega')}{\cos(l + \varphi)}, \\ \sin d' = \sin(\omega + \omega')\sin(l + \varphi)\cos\lambda + \cos(\omega + \omega')\sin\lambda; \end{cases}$$

d'où résulte l'équation auxiliaire

$$\cos(a' + \alpha'_1)\cos d' = \cos\lambda\cos(l + \varphi).$$

La question générale consisterait à éliminer λ et l entre celle-ci et les équations (2), de manière à obtenir a' et d' en fonction immédiate de d et de a. Mais cette opération, qui serait fort complexe, va devenir très-simple, si nous supposons les arcs φ, ω' assez petits, et, par suite, les différences $a' - a$, $d' - d$, $\alpha'_1 - \alpha'$ assez restreintes, pour que l'on puisse se borner à établir les parties linéaires et les plus sensibles de leurs rapports, en limitant au besoin les valeurs de λ et de d, auxquelles on les appliquera.

272. En conséquence, je traite ainsi d'abord l'équation qui donne $\sin d'$, et afin d'y mettre $\sin d$ en évidence, j'y remplace d' par $d+(d'-d)$. Alors, dans les conditions d'approximation que je viens de spécifier, je puis me borner à prendre les équivalents qui suivent :

$$\sin d' = \sin d + \frac{(d'-d)}{R''}\cos d, \quad \sin(l+\varphi) = \sin l + \frac{\varphi}{R''}\cos l,$$

$$\sin(\omega+\omega') = \sin\omega + \frac{\omega'}{R''}\cos\omega, \quad \cos(\omega+\omega') = \cos\omega - \frac{\omega'}{R''}\sin\omega.$$

Je substitue ces expressions réduites dans les deux membres de l'équation, en négligeant tous les termes des produits qui sont divisés par des puissances de R'' supérieures à la première. La partie indépendante des accroissements φ et ω', dans le second membre, se trouve justement égale à l'expression de $\sin d$, donnée par les équations (2). Je la supprime donc des deux parts, et le reste, débarrassé du facteur commun $\frac{1}{R''}$, se présente sous cette forme :

$$d'-d = \varphi\,\frac{\sin\omega\cos\lambda\cos l}{\cos d} + \omega'\,\frac{[\cos\omega\cos\lambda\sin l - \sin\omega\sin\lambda]}{\cos d}.$$

Il s'agit d'éliminer finalement λ et l.

Cela est facile pour le coefficient de $\varphi\sin\omega$, car la première des équations (2) montre qu'il est égal à $\cos(a+\alpha')$.

Pour réduire de même le coefficient de ω', multipliez d'abord les deux premières équations (1) et (2), membre à membre. Vous en tirerez

$$\cos\lambda\sin l = \sin d\sin\omega + \cos d\sin(a+\alpha')\cos\omega,$$

c'est la reproduction du produit analogue, formé page 76. Joignez-y l'expression explicite de $\sin\lambda$, donnée par la deuxième des équations (1), puis effectuez la somme des produits qui composent le coefficient de ω', vous trouverez qu'il se réduit à $\sin(a+\alpha')$. On aura donc ainsi finalement

$$d'-d = \varphi\sin\omega\cos(a+\alpha') + \omega'\sin(a+\alpha').$$

275. Je prends maintenant l'équation auxiliaire dérivée des équations (3), et je mets d'abord les arguments de son premier membre, sous les formes suivantes :

$$a' + \alpha'_1 = a + \alpha' + (a' - a + \alpha'_1 - \alpha'), \quad d' = d + (d' - d),$$

les groupes enveloppés dans les parenthèses seront très-petits, du même ordre que φ, et ω', du moins en continuant de supposer les déclinaisons d suffisamment restreintes, pour que cette condition ne cesse pas de se trouver remplie. Alors, dans les bornes d'approximation que nous nous sommes prescrites, il suffira de faire

$$\cos(a' + \alpha'_1) = \cos(a + \alpha') - \frac{(a' - a + \alpha'_1 - \alpha')}{R''} \sin(a + \alpha'),$$

$$\cos d' = \cos d - \frac{(d' - d)}{R''} \sin d,$$

$$\cos(l + \varphi) = \cos l - \frac{\varphi}{R''} \sin l.$$

Substituez ces expressions réduites dans les deux membres de l'équation auxiliaire considérée, en négligeant tous les produits qui sont divisés par des puissances de R″ supérieures à la première. Les termes exempts de ce diviseur se compensent par égalité, en vertu de la première des équations (2); et en supprimant le facteur $\frac{1}{R''}$ qui est commun à tous les autres, on trouve

$$\left.\begin{array}{l}(a' - a + \alpha'_1 - \alpha')\sin(a' + \alpha')\cos d \\ + (d' - d)\cos(a + \alpha')\sin d\end{array}\right\} = \varphi\cos\lambda\sin l.$$

Le produit $\cos\lambda \sin l$ peut s'éliminer par son expression formée plus haut; $d' - d$ peut aussi être remplacé par sa valeur tout à l'heure obtenue en φ et ω'. Après ces substitutions, $\sin(a + \alpha')$ disparaît une fois des deux membres de l'égalité comme facteur commun; et, en divisant tout le reste par $\cos d$, on obtient

$$a' - a + \alpha'_1 - \alpha' = \varphi\{\cos\omega + \sin\omega \sin(a + \alpha') \tang d\}$$
$$- \omega' \cos(a + \alpha') \tang d.$$

De là on peut dégager a', comme aussi d' de la différence $d' - d$

ci-dessus formée ; et l'on arrive ainsi à ces expressions définitives

$$(4)\quad \left\{ \begin{aligned} a' &= a + \alpha' - \alpha'_1 + \varphi \left\{ \cos\omega + \sin\omega \sin(a+\alpha') \operatorname{tang} d \right\} \\ &\qquad\qquad - \omega' \cos(a+\alpha') \operatorname{tang} d, \\ d' &= d \qquad\qquad + \varphi \sin\omega \cos(a+\alpha') + \omega' \sin(a+\alpha'). \end{aligned} \right.$$

274. Je dis maintenant que ces formules sont identiques à nos développements généraux, dont le type est rapporté page 358, quand on les borne aux termes qui n'ont pas R'' pour diviseur, et qu'on y restreint en outre les circonstances du transport, par des conditions pareilles, exprimées analytiquement avec la même indétermination.

Pour le prouver, prenons les valeurs des coordonnées transportées a' d', dans ces développements ainsi limités. Elles seront

$$(5)\quad \left\{ \begin{aligned} a' &= a + A + q \sin U \operatorname{tang} d, \\ d' &= d \qquad + q \cos U. \end{aligned} \right.$$

La constante A et l'auxiliaire U ayant cette forme :

$$A = u + u_1 + \alpha' - \alpha'_1, \qquad U = a + \alpha' + u,$$

q représente l'angle dièdre formé par les équateurs des deux époques considérées.

Ces époques étant généralement distinctes de l'époque fondamentale, les auxiliaires u, u_1 et l'angle q doivent être calculés par les équations (A) de la page 252, où $\psi_1 - \psi$ représente l'arc de précession intermédiaire que nous avons maintenant désigné par φ. D'ailleurs les angles ω, ω_1 y sont pris avec la même signification que dans notre notation actuelle ; de sorte qu'il faut pareillement y remplacer ω_1 par $\omega + \omega'$. Mais, dans la précession réelle, ces angles sont liés aux arcs ψ et ψ_1 par des rapports numériques définis, qui rendent généralement ω' d'un ordre de petitesse très-inférieur à φ ; au lieu que, dans le mode de variation arbitraire que nous considérons ici, nous pouvons et nous voulons traiter ces deux quantités comme étant *analytiquement* du même ordre. Il faudra, en conséquence, introduire aussi ce rapport conventionnel dans les formules de la page 358.

275. Cette extension étant admise, on pourrait établir immédiatement la comparaison sans autre changement. Mais l'interprétation géométrique des résultats deviendra plus claire, si au lieu des auxiliaires u, u_1 qui étaient particulièrement appropriées aux circonstances de la précession réelle, nous faisons reparaître explicitement, avec leur caractère général, les arcs $\Upsilon' Q_1$, $\Upsilon'_1 Q$ ou A, A_1 de la *fig.* 13, que nous avions éliminés au moyen des relations suivantes :

$$A = 90_0 + u, \qquad A_1 = 90_0 - u_1.$$

Tirant donc de là u et u_1, on a d'abord

$$\mathrm{A} = A - A_1 + \alpha' - \alpha'_1,$$

et nos équations (5) deviennent

$$(5) \qquad \begin{cases} a' = a + \mathrm{A} - q \cos(a + \alpha' + \mathrm{A}) \operatorname{tang} d, \\ d' = d \qquad\quad + q \sin(a + \alpha' + \mathrm{A}); \end{cases}$$

c'est la forme sous laquelle nous les avons obtenues d'abord dans la page 249.

L'expression générale de $\operatorname{tang} \frac{1}{2}(A - A_1)$ a été établie page 252. En y introduisant notre notation actuelle, cette expression est

$$\operatorname{tang} \tfrac{1}{2}(A - A_1) = \frac{\cos(\omega + \frac{1}{2}\omega')}{\cos \frac{1}{2}\omega'} \operatorname{tang} \tfrac{1}{2}\varphi.$$

On en tirera donc la valeur rigoureuse de $A - A_1$, soit par les développements, soit par le calcul numérique dans tous les cas possibles où ω, ω' et φ seront donnés. Mais ω' et φ devant être ici des quantités très-petites, $A - A_1$ sera du même ordre. Ainsi, en s'arrêtant aux premières puissances de ces variations, comme nous l'avons fait dans notre premier calcul, on aura tout de suite, par simple proportionnalité,

$$A - A_1 = \varphi \cos \omega;$$

et conséquemment

$$\mathrm{A} = \varphi \cos \omega + \alpha' - \alpha'_1.$$

La quantité A, qui s'ajoute comme constante à toutes les ascensions droites primitives, s'interprète facilement à l'inspection de la *fig.* 13. Pour cela, dans le triangle sphérique $\Upsilon' Q_1 \Upsilon'_1$, menez du sommet Υ'_1 un arc de grand cercle $\Upsilon'_1 \Pi$, perpendiculaire au côté A. L'arc $\Upsilon' \Upsilon'_1$ ou φ étant très-petit, $\varphi \cos \omega$ représentera, aux quantités près du second ordre, l'arc $\Upsilon' \Pi$ qui est la projection de φ sur le côté A. Ainsi, en lui ajoutant $\Upsilon' \Upsilon''$, qui est α', la somme $\varphi \cos \omega + \alpha'$ exprimera la distance du point équinoxial primitif Υ'' au point Π, ou à l'arc presque rectiligne $\Upsilon'_1 \Pi$. Or $\Upsilon'_1 \Upsilon''_1$, qui est α'_1, exprime aussi la distance du nouveau point équinoxial Υ''_1 à cette même origine, dans un ordre d'approximation pareil. Conséquemment, la différence A représente la quantité dont le point équinoxial a rétrogradé dans notre figure, relativement à sa première position. Voilà pourquoi cette quantité se présente dans les formules comme un élément additif, commun à toutes les ascensions droites transportées a_1. Du reste, dans le mode de généralité abstraite que nous attribuons ici aux conditions du transport, les arcs α', α'_1 doivent être censés avoir des valeurs spéciales, pouvant être tout autres que dans la précession réelle : ce sont les arcs quelconques, interceptés sur les deux équateurs, entre l'écliptique fixe de l'époque fondamentale et deux autres écliptiques arbitrairement mobiles, aboutissant à chacun des points équinoxiaux considérés. Si l'on veut que ces écliptiques fictifs restent en coïncidence avec le fixe, il faudra faire α' et α'_1 constamment nuls tous deux.

276. Pour assimiler les deux autres termes des formules (5) à nos expressions directes, je fais sortir l'arc A de son association sous les signes trigonométriques avec $a + \alpha'$; et j'obtiens les deux identités suivantes :

$$-q \cos(a + \alpha' + A) = -q \cos A \cos(a + \alpha') + q \sin A \sin(a + \alpha'),$$

$$+q \sin(a + \alpha' + A) = +q \cos A \sin(a + \alpha') + q \sin A \cos(a + \alpha').$$

Or la considération du triangle sphérique $\Upsilon' \Upsilon'_1 Q_1$ de la *fig.* 13 nous a fourni, dans la page 249, deux relations complétement rigoureuses, qui, étant adaptées à notre notation actuelle, prennent cette forme :

$$(6)\quad \begin{cases} \sin q \sin A = \sin(\omega + \omega') \sin \varphi, \\ \sin q \cos A = \sin \omega' - 2 \cos \omega \sin(\omega + \omega') \sin^2 \frac{1}{2} \varphi. \end{cases}$$

Dans les conditions d'approximation que nous avons admises, les sinus des petits arcs ω', φ doivent être remplacés par les rapports du premier ordre $\frac{\omega'}{R''}$, $\frac{\varphi}{R''}$, ce qui prescrit la même limitation pour $\sin q$. Il faut, en outre, négliger les produits et les carrés de ces rapports, comparativement aux termes de première dimension qui les accompagneraient. Les deux relations générales étant ainsi restreintes, elles nous donnent

$$q \sin A = \varphi \sin \omega, \qquad q \cos A = \omega' ;$$

et, par suite, les deux identités précédentes se réduisent à celles-ci :

$$-q \cos(a + \alpha' + A) = -\omega' \cos(a + \alpha') + \varphi \sin \omega \sin(a + \alpha'),$$
$$+q \sin(a + \alpha' + A) = +\omega' \sin(a + \alpha') + \varphi \sin \omega \cos(a + \alpha').$$

En substituant ces évaluations dans les équations (5), avec celle de la constante A tout à l'heure trouvée, elles s'identifient complétement avec les équations (4), que nous avions d'abord tirées immédiatement des relations trigonométriques. La même concordance se soutiendrait entre les deux méthodes, à tous les degrés ultérieurs d'approximation auxquels on voudrait les étendre. Mais le calcul, qui serait très-pénible si l'on essayait de l'opérer par des développements algébriques, procédant suivant les puissances des rapports $\frac{\varphi}{R''}$ et $\frac{\omega'}{R''}$, se trouve tout fait, sous la forme la plus simple, dans les expressions tant directes qu'inverses de la page 358.

277. Cette concordance analytique étant constatée en général, donnons aux variations φ et ω' les valeurs numériques, qui conviennent à la précession réelle, pour de très-courts intervalles de temps $t_1 - t$ ou τ, partant d'une époque t, dont la distance à l'époque fondamentale ne soit pas très-grande. Nous devrons retrouver ainsi des expressions de $\alpha' - a$, et de $d' - d$, équivalentes à celles que nous avons trouvées directement, pour ces mêmes circonstances dans la page 360, où nous les avons désignées par (M); et cela fournira une confirmation des calculs qui nous les ont données. Or cette équivalence s'obtient, en effet, très-exactement, comme on va le voir.

Dans ce cas, les variations φ et ω' sont celles qu'éprouvent l'arc de précession ψ et l'angle ω formé par l'équateur avec l'écliptique fixe, lorsqu'on y fait varier le temps t, conformément aux restrictions supposées. Les expressions numériques de ces quantités en fonction du temps sont rapportées dans la page 337, et l'on y trouve aussi celle de α', d'où l'on peut déduire α'_1, en changeant t en t_1 (*). Mais, pour préparer le calcul, je prends d'abord ces trois éléments sous leurs formes littérales :

$$\psi = \mathfrak{a}t + \mathfrak{b}t^2, \qquad \omega = \omega_0 + \mathfrak{c}t^2, \qquad \alpha' = \mu t + \nu t^2;$$

je fais alors

$$t_1 - t = \tau \quad \text{d'où} \quad t_1 = t + \tau;$$

puis, formant les variations demandées, j'obtiens

$$\varphi = [\mathfrak{a} + \mathfrak{b}(2t + \tau)]\tau, \qquad \omega' = \mathfrak{c}(2t + \tau)\tau,$$
$$\alpha'_1 - \alpha' = [\mu + \nu(2t + \tau)]\tau$$

Les formules (M) de la page 360 avaient surtout pour but le calcul des mouvements de précession annuels; de sorte que les valeurs de τ ne devaient pas y excéder ± 1. Pour y assimiler nos résultats actuels, il faut y restreindre cette variable dans les mêmes limites. Nous admettrons également, comme nous l'avons fait alors, que les applications ne devront pas s'étendre à plus d'un siècle autour de l'époque fondamentale; en sorte que t

(*) J'ai à peine besoin d'avertir que la lettre ω', ici employée pour désigner les très-petits accroissements de l'angle ω, a maintenant une signification toute différente de celle que nous lui avions donnée dans le tableau numérique de la page 337, où nous l'avons employée pour désigner généralement l'obliquité moyenne de l'équateur sur l'écliptique mobile, à l'époque quelconque $1800 + t$.

ne pourra pas dépasser 100. Ces restrictions étant posées, si l'on jette les yeux sur le tableau numérique de la page 337, on y trouvera les coefficients $\mathfrak{b}$, $\mathfrak{c}$, ν, d'une telle petitesse, que les termes où ils sont *seulement* multipliés par des puissances de τ dans les seconds membres des égalités précédentes, seraient au-dessous d'un millième de seconde en arc. Je les négligerai donc, comme nous l'avons fait aussi, par le même motif, dans les formules (M), et je prendrai simplement

$$\varphi = (a + 2\mathfrak{b}t)\tau, \quad \omega' = 2\mathfrak{c}t\tau, \quad \alpha'_1 - \alpha' = (\mu + 2\nu t)\tau.$$

Avant de substituer ces valeurs dans les équations (4), j'y dégage l'arc α' de dessous les signes trigonométriques. Dans les limites restreintes imposées à t, cet arc, par lui-même, sera toujours moindre que $19''$; et comme tous les termes où il se trouve enveloppé ont déjà pour facteur les petits accroissements φ ou ω', je me borne à y faire

$$\sin(a + \alpha') = \sin a + \frac{\alpha'}{R''}\cos a, \qquad \cos(a + \alpha') = \cos a - \frac{\alpha'}{R''}\sin a.$$

Après cette limitation, les deux équations (4) prennent les formes suivantes :

$$(4)\quad \left\{\begin{aligned} a' &= a + \alpha' - \alpha'_1 + \varphi\cos\omega + \varphi\sin\omega\sin a \tan d \\ &\quad + \frac{\omega'\alpha'}{R''}\sin a \tan d - \left(\omega' - \frac{\varphi\alpha'}{R''}\sin\omega\right)\cos a \tan d, \\ d' &= d + \varphi\sin\omega\cos a + \left(\omega' - \frac{\varphi\alpha'}{R''}\sin\omega\right)\sin a + \frac{\omega'\alpha'}{R''}\cos a. \end{aligned}\right.$$

Il ne reste plus qu'à y remplacer les expressions symboliques des variations φ, ω', et de α', α'_1 par leurs valeurs numériques, déduites du tableau formé page 337.

Je considère d'abord le produit $\frac{\omega'\alpha'}{R''}$. Dans les limites fixées à t, la plus grande valeur qu'il puisse atteindre est une fraction de seconde, qui commence par une simple unité décimale du septième ordre. Il ne sera donc jamais sensible dans d', et il ne le deviendrait dans a' que pour des étoiles qui seraient situées tout proche du pôle. De pareilles exceptions ne doivent pas être comprises dans des calculs approximatifs. On peut donc supprimer ici ce produit dans les deux équations, comme n'y ayant qu'un effet toujours négligeable.

Venons aux autres termes : je trouve que, dans les plus grandes valeurs de t, l'excès de ω sur ω_0 sera moindre que $0'',08$; et comme, dans les mêmes circonstances, φ ne s'élève pas à $53''$, la substitution de ω_0 à ω ne changera pas les produits $\varphi \sin \omega$, $\varphi \cos \omega$ de $0'',0001$. Je l'effectue donc, en donnant à ω la valeur constante $23^\circ 27' 54'',5$, qui est celle de ω_0, dans nos calculs.

Je reprends alors les expressions littérales de φ, ω', α', et je forme l'identité suivante :

$$\omega' - \varphi \frac{\alpha'}{R''} \sin \omega = \left(2c - \frac{a\mu}{R''} \sin \omega_0\right) t\tau - \left[2b(\mu + \nu t) \sin \omega_0 + a\nu\right] \frac{\sin \omega_0}{R''} t^2 \tau.$$

Le terme du second membre, qui a pour facteur $t\tau$, se trouve être nul dans toute la rigueur d'appréciation que comportent les Tables logarithmiques à sept décimales. La plus grande valeur que puisse atteindre le terme suivant est une fraction de seconde, qui commence par deux unités décimales du sixième ordre ; on peut donc en négliger l'effet dans d', et même dans a', en faisant abstraction des cas de déclinaison exceptionnels, auxquels nos approximations actuelles ne doivent pas être appliquées. Ces circonstances réunies font disparaître les portions de a' et de α' qui avaient pour facteur la différence que nous venons d'évaluer. Enfin, les substitutions ultérieures donnent avec une exactitude absolue,

$$\alpha' - \alpha'_1 + \varphi \cos \omega_0 = A\tau, \qquad \varphi \sin \omega_0 = q\tau,$$

les seconds membres ayant identiquement les valeurs numériques que nous leur avons trouvées dans la page 360. Nos équations (4), ainsi réduites, deviennent donc complétement équivalentes aux équations (M), que nous avions établies alors pour ce même cas de transport restreint ; et elles en fournissent une vérification très-assurée. Mais cette première forme, sous laquelle nous les avions obtenues, en les dérivant des formules générales, a eu le double avantage de montrer comment elles s'y rattachent, et de mettre en évidence la nature des éléments géométriques qui entrent dans leur composition.

278. Quoique l'astronomie n'offre que bien peu d'applications pratiques pour lesquelles il pût être nécessaire, ou même utile, d'employer ainsi ces expressions de $a'-a$ et de $d'-d$ sans les restreindre à leurs premiers termes, comme nous venons de le faire, je compléterai leur exposition analytique en considérant le cas idéal où l'on voudrait leur laisser toute leur extension.

Il faudrait d'abord évaluer la constante générale

$$A = \text{A} - \text{A}_1 + \alpha' - \alpha'_1.$$

Les deux arcs α', α'_1, représentés par $\Upsilon'\Upsilon''$ et $\Upsilon'_1\Upsilon''_1$ dans la *fig.* 13, devront être donnés conventionnellement. On obtiendra $\text{A}-\text{A}_1$ par la relation rigoureuse trouvée page 252 :

$$\tan\tfrac{1}{2}(\text{A}-\text{A}_1) = \frac{\cos\frac{1}{2}(\omega_1+\omega)}{\cos\frac{1}{2}(\omega_1-\omega)}\tan\tfrac{1}{2}(\psi_1-\psi).$$

$\psi_1-\psi$ représente l'arc $\Upsilon'\Upsilon'_1$ de la *fig.* 13. Il faudra qu'il soit donné, ainsi que les angles ω, ω_1, conformément aux conditions particulières dans lesquelles le transport des coordonnées équatoriales doit être effectué. Je conserve à ces divers éléments l'individualité de leurs expressions littérales, pour que l'on puisse toujours interpréter dans les calculs les effets de leurs valeurs propres. J'en userai de même dans ce qui va suivre.

On prendra ensuite, dans la page 249, les deux couples de relations rigoureuses :

$$(6)\quad \begin{cases} \sin q \sin \text{A} = \sin\omega_1 \sin(\psi_1-\psi), \\ \sin q \cos \text{A} = \sin(\omega_1-\omega) - 2\cos\omega \sin\omega_1 \sin^2\frac{1}{2}(\psi_1-\psi), \\ \sin q \sin \text{A}_1 = \sin\omega \sin(\psi_1-\psi), \\ \sin q \cos \text{A}_1 = \sin(\omega_1-\omega) + 2\cos\omega_1 \sin\omega \sin^2\frac{1}{2}(\psi_1-\psi). \end{cases}$$

Le premier couple donnera les valeurs numériques exactes de $\tan \text{A}$ et de $\sin q$; le second, celles de $\tan \text{A}_1$ et aussi de $\sin q$, cette dernière devant s'accorder avec l'autre. On décidera l'alternative des arcs A, A_1 dans chaque tangente par la condition que l'angle q, toujours moindre qu'un quadrant du cercle, suive le signe de $\psi_1 - \psi$, comme la *fig.* 13 le représente, et comme nous l'avons aussi établi conventionnellement pour la précession réelle.

On pourra encore calculer l'angle q des deux équateurs par l'expression directe trouvée page 249 :

$$\sin^2 \tfrac{1}{2} q = \sin^2 \tfrac{1}{2}(\omega_1 - \omega) + \sin \omega \sin \omega_1 \sin^2 \tfrac{1}{2}(\psi_1 - \psi),$$

en choisissant celle de ses valeurs qui lui fait suivre le signe de $\psi_1 - \psi$.

Quand ces divers résultats seront obtenus, on cherchera les valeurs des auxiliaires u, u_1 par les relations conventionnelles que nous leur avons attribuées avec A et A_1 dans la page 251, et qui sont

$$A = 90^\circ + u, \qquad A_1 = 90^\circ - u_1.$$

Ces valeurs serviront à former les auxiliaires plus générales

$$U = a + \alpha' + u, \qquad U_1 = a_1 + \alpha'_1 - u_1,$$

qui entrent dans les expressions tant directes qu'inverses de la page 358. Alors, tous les éléments de ces expressions étant connus, on en déduira numériquement les coordonnées a_1, d_1 en a et d, ou a et d en a_1, d_1, avec toute l'exactitude que l'on voudra.

On aurait pu introduire tout d'abord les auxiliaires u, u_1 dans les équations (6), et en déduire immédiatement leurs valeurs, sans passer par celles de A et de A_1. Mais la généralité que nous voulions attribuer ici aux conditions du transport donnait à la conservation de ces intermédiaires une utilité qu'elle n'avait pas dans le cas particulier de la précession réelle. Alors, en effet, les circonstances du problème physique étaient telles, que, *dans les applications*, le triangle $\Upsilon'\Upsilon'_1 Q_2$ de la *fig.* 13 devait avoir ses deux côtés A, A_1 toujours peu différents de 90°, ce qui donnait aux auxiliaires u, u_1 des valeurs très-restreintes. Cela résultait des relations théoriques en vertu desquelles les variations de l'angle ω se trouvaient alors être numériquement très-faibles, comparativement à celles de l'arc ψ, comme nous avons pris soin de l'établir dans la page 251. Mais, dans la généralité du problème analytique que nous traitons actuellement, les différences $\omega_1 - \omega$, $\psi_1 - \psi$ pouvant avoir entre elles des rapports quelconques, les valeurs des côtés A, A_1 peuvent varier dans toutes sortes d'amplitudes depuis 0° jusqu'à 180°; et c'est pour rendre leur interprétation immédiatement évidente, dans chaque cas donné, que j'ai cru devoir faire d'abord porter le calcul numérique sur leur évaluation, préférablement à celle des auxiliaires u, u_1.

Avertissement sur le reste de l'ouvrage.

La théorie de la précession est un élément fondamental de toutes les recherches astronomiques. C'est ce qui m'a déterminé à en exposer les conséquences avec tant de détails, sous des formes, je crois, plus évidentes et plus précises qu'on ne l'avait fait jusqu'à présent. Le grand âge où je suis arrivé ne me laisse pas l'espérance de pouvoir apporter au reste de mon ouvrage les autres améliorations importantes dont il aurait besoin. C'est pourquoi, craignant de le laisser inachevé, je me suis décidé à en conserver la rédaction telle qu'elle était, sans essayer de l'étendre: me bornant à corriger les fautes de détail que j'y ai reconnues, et à indiquer, pour chaque sujet, les Mémoires spéciaux ainsi que les Traités généraux d'astronomie d'où l'on pourra extraire les développements que je me trouve hors d'état d'y ajouter. Je m'estimerai encore très-heureux si je parviens à remplir cette dernière tâche.

29 mars 1847.

CHAPITRE VIII.

De la nutation.

279. Le phénomène de la nutation étant lié avec les positions de la lune, il semble que nous n'en devrions pas expliquer les lois avant d'avoir parlé des mouvements de cet astre. Mais comme l'effet de la nutation se réduit à causer, dans la précession des équinoxes et dans l'obliquité de l'écliptique, de petites variations périodiques, il m'a paru convenable d'en joindre l'exposé à ce que nous venons de dire sur les mouvements de l'écliptique et de l'équateur; sauf à donner, dès à présent, sur les mouvements de la lune, le très-petit nombre de notions nécessaires pour l'intelligence de ces phénomènes, notions que l'on peut d'abord admettre comme des faits observés, comme des données provisoires dont nous devrons vérifier plus tard l'exactitude.

Dans le chapitre précédent, nous avons examiné toutes les variations lentes et séculaires qui affectent l'obliquité de l'écliptique et la position des points équinoxiaux. Nous avons vu comment on pouvait calculer les effets que ces variations produisent sur les ascensions droites et sur les déclinaisons de tous les astres. Ainsi, en tenant compte de ces effets, en les retranchant des déclinaisons et des ascensions droites observées à différentes époques, on ramène les choses au même point que si l'équateur et l'écliptique étaient immobiles. Par conséquent, si ces plans et les astres que l'on y rapporte n'ont pas d'autres mouvements que ceux dont nous venons de parler, on doit trouver que l'ascension droite et la déclinaison d'un même astre, ainsi corrigées, conservent toujours exactement les mêmes valeurs, à quelque époque qu'on les observe.

Or c'est ce qui n'a pas lieu exactement, et il reste encore quelques petites variations périodiques dont il faut dépouiller les positions des astres pour obtenir des coordonnées constantes. C'est Bradley qui a fait cette découverte.

La première de ces variations, celle qu'il découvrit d'abord, se nomme l'*aberration de la lumière*. Elle consiste, en effet, dans une aberration des rayons lumineux, causée par le mouvement de la terre, qui, nous faisant choquer, en sens contraire, les molécules lumineuses émanées des astres, nous donne une sensation composée de ce mouvement et du mouvement propre de la lumière, qui, bien que très-rapide, n'est pourtant pas instantanée. Ce n'est pas ici le lieu d'expliquer les lois de ce phénomène que nous étudierons plus tard avec détail. Il nous suffira de savoir qu'il nous empêche de voir les astres à leur véritable place, mais que l'on sait corriger cette illusion, par le calcul, d'après les lois auxquelles le phénomène est assujetti; de sorte qu'en y ayant égard, on ramène les choses au même point que s'il n'existait pas.

280. Cette correction n'est pas encore suffisante pour rendre les ascensions droites et les déclinaisons constantes. Elles éprouvent encore des changements, non pas continument progressifs comme les effets de la précession, mais soumis à des phases périodiques d'accroissement et de diminution, comprises dans des amplitudes fort restreintes. Ce qui se présente de plus simple, c'est de voir si ces changements peuvent être attribués à une petite variation temporaire, dans l'obliquité de l'écliptique, et dans la position des points équinoxiaux sur ce plan. Or, dans le chapitre qui précède, nous avons examiné, sous le point de vue le plus général, les effets des variations indéterminées de ces deux éléments; et nous avons donné des formules pour calculer le changement qu'elles peuvent produire sur la déclinaison et l'ascension droite. Puisqu'ici ces changements sont donnés par les observations, il n'y a qu'à introduire leurs valeurs dans nos formules, et prendre pour inconnues les petites variations de l'écliptique et des équinoxes qui doivent les reproduire. Nous calculerons ces inconnues par nos formules, et si toutes les étoiles s'accordent à leur assigner la même valeur, nous en conclurons qu'en effet les petits mouvements périodiques, ainsi observés dans les étoiles, sont dus à une semblable cause. C'est ce qu'a fait Bradley, et il a montré, par un grand nombre d'exemples, que cet accord était aussi exact que l'on pouvait le desirer (*).

(*) Le Mémoire dans lequel Bradley a exposé cette découverte est inséré

Il était prouvé par là que le phénomène était commun à toutes les étoiles, et ne dépendait plus que des variations des deux éléments que nous venons de considérer; mais cela ne suffisait pas encore pour avoir la loi complète du phénomène, il restait à découvrir si ces variations de l'obliquité et de la précession étaient indéfiniment progressives, ou si elles étaient périodiques, et, dans ce cas, il fallait déterminer leur période: c'est encore ce que fit Bradley. Il s'aperçut que ces variations avaient un rapport marqué avec les positions *du nœud ascendant de la lune* sur l'écliptique; il vit qu'elles suivaient les mêmes périodes, et enfin il parvint à trouver comment elles en dépendaient.

Pour comprendre cette dépendance, il faut savoir, ce qui sera démontré plus loin, que la lune, abstraction faite des grandes perturbations occasionnelles qu'elle éprouve, décrit, comme le soleil, une orbite plane dont le plan passe toujours par le centre de la terre. Ce plan, ou plutôt le grand cercle de la sphère céleste qui le représente, coupe l'écliptique, qui est aussi un grand cercle, en deux points diamétralement opposés, que l'on nomme *les nœuds de la lune*. Ils sont pour l'orbite de cet astre ce que sont les équinoxes pour le plan de l'équateur; ces nœuds ne répondent pas toujours au même point de l'écliptique, ils ont, sur ce grand cercle, un mouvement rétrograde, comme les équinoxes, mais beaucoup plus rapide, car ils font le tour de l'écliptique en 18 ans et 214 jours à peu près, au lieu que les équinoxes n'achèvent cette révolution qu'en 26000 ans. On appelle *nœud ascendant* celui où la lune passe quand elle s'élève au-dessus de l'écliptique en allant vers le nord, et *nœud descendant* celui où elle passe quand elle redescend vers le sud: le premier est analogue à l'équinoxe du printemps, le second à l'équinoxe d'automne.

---

au tome XLV des *Transactions philosophiques*, page 1. Il y rapporte les preuves qui la constatent, en établit la loi phénoménale, et décrit la construction géométrique qui la représente. Ce Mémoire est un chef-d'œuvre de discussion logique. Il décèle, dans les observations astronomiques, une exigence de précision toute nouvelle alors, que l'on n'a point dépassée depuis. Tout astronome, et même tout expérimentateur, y trouvera un excellent modèle à étudier.

La théorie de l'attraction universelle a fait connaître *pourquoi* les variations périodiques observées par Bradley dans l'obliquité de l'écliptique et dans la position des équinoxes sont en rapport avec la position des nœuds de la lune. Nous avons déjà annoncé qu'elles sont produites par l'attraction de cet astre, qui fait osciller ainsi l'équateur de la terre. Leur variabilité résulte de l'inégalité des aspects sous lesquels le sphéroïde terrestre se présente à la lune dans les diverses positions que prend successivement l'orbe lunaire; et leur périodicité est réglée par le retour du plan de orbe à une même position. Par là on a pu voir aussi pourquoi les deux mouvements de l'obliquité et des équinoxes sont liés entre eux, liaison que l'observation seule avait déjà découverte, mais qu'elle ne pouvait établir que d'une manière expérimentale, sans qu'on pût savoir si les rapports qu'elle indiquait étaient rigoureux, ou s'ils avaient lieu simplement par approximation. C'est à d'Alembert que l'on doit cette importante application de la théorie de l'attraction universelle. On a trouvé aussi que l'attraction du soleil produit un effet semblable, mais beaucoup plus faible (*).

Le phénomène de la nutation, considéré en lui-même, comme un fait astronomique, se trouve ainsi consister en un petit mouvement périodique de l'équateur terrestre, qui, à la fois, change un peu son obliquité sur l'écliptique mobile, et déplace un peu ses nœuds sur ce plan. Étant réduit à cet énoncé, rien n'est plus facile que de calculer les effets qui doivent en résulter sur les déclinaisons et sur les ascensions droites des étoiles. Il suffit d'introduire les valeurs de ces dérangements dans les formules que nous avons données au chapitre précédent; on aura ainsi les lois mathématiques et les résultats de ce phénomène (**).

(*) Nous avons donné ces valeurs dans les expressions générales de la précession et de la variation d'obliquité, pages 98 et 128.

(**) La question est ici absolument la même que nous avons traitée plus généralement dans les pages 382 et suiv. Il s'agit de calculer l'effet produit sur la déclinaison moyenne d et l'ascension droite moyenne α; par un petit accroissement ω' de l'obliquité de l'équateur sur l'écliptique mobile, joint à un petit accroissement φ de toutes les longitudes comptées sur ce plan, à partir

281. Mais pourquoi a-t-il été nommé nutation? Cela tient à une construction géométrique par laquelle on peut représenter ses effets. Soient, *fig.* 16, C le centre de la terre et de la sphère céleste, ♈Q♎ l'équateur, ♈E♎ l'écliptique, dont je considérerai d'abord

---

du point équinoxial moyen et actuel que la précession continue déterminerait. Il faudra donc seulement faire α' et α'_1 nuls dans nos formules générales, pour exprimer que le point équinoxial reste toujours dans le même écliptique, sur lequel on compte le petit arc φ. Ainsi, en nommant d' et a' les valeurs de la déclinaison et de l'ascension droite après ces changements, on aura d'abord les relations trigonométriques suivantes :

$$\sin d' = \sin(\omega + \omega') \cos\lambda \sin(l + \varphi) + \cos(\omega + \omega') \sin\lambda,$$

$$\operatorname{tang} a' = \frac{-\operatorname{tang}\lambda \sin(\omega + \omega') + \sin(l + \varphi)\cos(\omega + \omega')}{\cos(l + \varphi)}.$$

ω représente l'obliquité de l'équateur sur l'écliptique actuel, λ la latitude de l'astre comptée de ce plan, l sa longitude, tous ces éléments étant tels que la seule application de la précession continue les donnerait, pour chaque instant considéré. Ainsi la valeur qu'il faut attribuer ici à l'angle ω est celle qui est désignée par la lettre ω' dans le tableau de la page 337. Ces relations trigonométriques sont rigoureuses, et n'expriment qu'une simple transformation de coordonnées ; mais si l'on veut considérer les variations ω' et φ comme très-petites, et se borner à leur première puissance, on aura, comme nous l'avons trouvé page 392, ces valeurs approchées de d' et de a',

$$d' = d + \varphi \sin\omega \cos a + \omega' \sin a,$$
$$a' = a + \varphi(\cos\omega + \sin\omega \sin a \operatorname{tang} d) - \omega' \cos a \operatorname{tang} d.$$

d et a sont les coordonnées rapportées au point équinoxial moyen transporté et calculé, en ayant égard aux seuls effets de la précession continue ; d' et a' sont les coordonnées rapportées au point équinoxial variable par l'effet de la nutation. Si les premières sont données, on trouvera tout de suite les secondes par ces formules ; mais si les coordonnées apparentes d' et a' étaient données, et que l'on voulût en déduire les coordonnées moyennes, il n'y aurait qu'à tirer de ces équations les valeurs de d et de a, qui seraient

$$d = d' - \varphi \sin\omega \cos a - \omega' \sin a,$$
$$a = a' - \varphi(\cos\omega + \sin\omega \sin a \operatorname{tang} d) + \omega' \cos a \operatorname{tang} d.$$

A la vérité, le second membre contient encore les quantités a et d que l'on cherche ; mais, à cause du peu de différence de ces coordonnées avec a' et d', on peut substituer ces dernières aux autres dans le second membre, dont tous les termes sont déjà multipliés par les petites quantités ω' et φ. On

le plan, comme absolument fixe, en négligeant, pour plus de simplicité, dans ce premier aperçu, les déplacements très-lents que lui impriment les attractions planétaires. Nommons P le pôle boréal du premier de ces deux cercles, P′ le pôle boréal du second. Le

---

aura, de cette manière,

$$d = d' - \varphi \sin\omega \cos a' - \omega' \sin a',$$
$$a = a' - \varphi(\cos\omega + \sin\omega \sin a' \operatorname{tang} d') + \omega' \cos a' \operatorname{tang} d'.$$

Ces formules donneront le lieu moyen de l'astre quand on connaîtra son lieu vrai. On les déduirait immédiatement des formules de transport inverses établies page 358, comme je l'ai expliqué page 394, en les restreignant au même degré d'approximation.

Il ne reste plus qu'à substituer, dans ces expressions, pour ω' et φ, leurs valeurs telles qu'elles résultent des observations et de la théorie; or ces valeurs, exprimées en secondes décimales, sont

$$\omega' = 29'',7222.\cos N, \qquad \varphi = -\frac{2.29'',7222}{\operatorname{tang} 2\omega}.\sin N,$$

N étant la longitude du nœud ascendant de la lune (1). L'opposition de signe de φ et de ω' est facile à concevoir d'après la construction que nous avons rapportée dans le texte; car, lorsque le nœud N se trouve dans le premier quart de l'écliptique, depuis le premier point du signe Ariès jusqu'au premier point du Cancer, le pôle vrai se trouve dans le quadrant suivant de son ellipse, c'est-à-dire entre le Cancer et la Balance. Dans cette position, l'obliquité apparente est plus grande que l'obliquité moyenne, et l'équinoxe se trouve ramené vers le signe du Taureau, c'est-à-dire que les longitudes qui se comptent de cet équinoxe, dans le sens des signes, sont diminuées. C'est ce qu'indiquent les valeurs de ω' et de φ; car, sin N et cos N étant tous deux positifs dans cette partie de l'écliptique, ces valeurs indiquent un accroissement de l'obliquité et une diminution de la longitude. On pourrait de même suivre, dans les autres quadrants, le jeu des signes algébriques de sin N et cos N; on le trouverait toujours conforme à l'espèce d'oscillation que nous avons attribuée au pôle. Il ne reste donc plus qu'à substituer ces

(1) J'ai laissé, avec quelque regret, ces valeurs exprimées en secondes d'arc de la division décimale, comme elles l'étaient dans l'édition précédente. Mais, pour faire autrement, il aurait fallu les changer aussi dans toutes les formules suivantes, et je ne m'en suis pas senti le courage. Cela, d'ailleurs, était indifférent pour une exposition théorique. On pourra aisément transformer, si l'on veut, tous ces nombres en secondes sexagésimales, en les multipliant par le facteur 0,324. On trouvera ainsi, par exemple, que le coefficient décimal 29″,7222 équivaut à 9″,63 sexagésimales. C'est la valeur que Laplace lui avait assignée. On l'appelle la *constante de la nutation*. Les astronomes ne sont pas encore complétement fixés sur sa valeur précise. Ils tendent généralement à la croire un peu moindre que Laplace ne l'a faite. M. Peters la suppose seulement égale à 9″,21628.

point ♈ sera l'équinoxe du printemps; ♎ l'équinoxe d'automne, dans leurs positions moyennes, à l'instant que l'on aura voulu désigner; et l'angle PCP′ sera l'obliquité moyenne de l'équateur sur l'écliptique, au même instant. Cela posé, si, sans changer cet angle, on fait décrire à l'axe CP une surface conique autour de l'axe CP′, en sorte que le pôle P décrive une circonférence de cercle perpendiculaire à cet axe, ce mouvement transportera

---

valeurs numériques de ω' et de φ dans les valeurs précédentes de d' ou de d. En faisant ces substitutions, il faut prendre pour ω l'obliquité moyenne de l'écliptique à l'époque pour laquelle on calcule; mais, à cause de l'extrême petitesse de φ et de ω', les variations séculaires de ω ont ici très-peu d'influence, et les résultats, calculés avec l'obliquité d'une année, sont encore très-suffisamment exacts, pour bien des années, avant et après (1). Par cette raison, nous adopterons, dans notre calcul numérique, l'obliquité moyenne qui a eu lieu en 1810, c'est-à-dire $26^g,07154$ ($23°27'51'',79$ sex.); et, avec ces valeurs, nous trouverons

$$\omega' = 29'',7222 \cos N, \qquad \varphi = -55'',5655 \sin N.$$

Substituant ces valeurs dans les expressions générales de d' et de a', et effectuant numériquement les multiplications par $\sin\omega$ et $\cos\omega$, nous aurons

$$d' = d - 22'',125 \sin N \cos a + 29'',722 \cos N \sin a,$$
$$a' = a - 50'',972 \sin N - (22'',125 \sin N \sin a + 29'',722 \cos N \cos a) \operatorname{tang} d,$$

valeurs qui peuvent être mises sous cette forme plus commode pour le calcul logarithmique,

$$d' = d + 25'',924 \sin(a - N) + 3'',799 \sin(a + N),$$
$$a' = a - 50'',972 \sin N - [25'',924 \cos(a - N) + 3'',799 \cos(a + N)] \operatorname{tang} d.$$

Ces résultats sont exprimés en secondes décimales; si l'on voulait les obtenir en secondes sexagésimales, ce qui est fréquemment nécessaire, parce que les Tables sont encore construites sur cette division, il faudrait les convertir de cette manière, en les multipliant par le facteur abstrait 0,324. On trou-

(1) On pourra aisément constater ce fait en considérant, dans le tableau de la page 327, la quantité qu'on y a désignée par ω'. Elle exprime généralement l'obliquité moyenne de l'équateur sur l'écliptique mobile, qui est représentée par ω dans nos formules actuelles. Si l'on en déduit les valeurs de cet angle pour deux époques distantes d'un siècle, par exemple, pour le 1er janvier des années 1800 et 1900, que l'on calcule tang 2ω pour ces deux valeurs, et qu'on les emploie successivement comme dénominateur dans l'expression théorique de φ, les coefficients numériques de sin N qui en résulteront ne différeront entre eux que par des fractions de seconde presque insensibles.

l'intersection ♈ de ces deux plans dans toutes les parties de la circonférence de l'écliptique, sans changer leur inclinaison mutuelle. Par conséquent, si l'on dirige cette rotation dans le sens ♈ ♓ ♒, contre l'ordre des signes, et si l'on donne au pôle P, sur son cercle, le mouvement annuel des équinoxes, l'intersection ♈ rétrogradera sur l'écliptique de la même manière, et cette construction représentera parfaitement la *précession*

---

verait ainsi

$$\omega' = 9'',63 \cos N, \qquad \varphi = -18'',00 \sin N,$$

et ensuite

$$d' = d + 8'',399 \sin(a - N) + 1'',230 \sin(a + N),$$
$$a' = a - 16'',514 \sin N - [8'',399 \cos(a - N) + 1'',230 \cos(a + N)] \operatorname{tang} d.$$

Ces variations de d et de a s'appellent la *nutation lunaire en déclinaison* et la *nutation lunaire en ascension droite*. Il est clair que la nutation solaire donnera des valeurs analogues, car les variations qu'elle produit sur l'obliquité et sur la longitude sont de même forme que les précédentes, et leurs valeurs sont

$$\omega' = 1'',3411 . \cos 2L,$$
$$\varphi = -\frac{1'',3411}{\operatorname{tang} \omega} . \sin 2L,$$

L étant la longitude du soleil. En prenant toujours $\omega = 26^{gr},07154$, ce qui est la valeur de l'obliquité en 1810, et effectuant de même les substitutions de ω' et φ dans nos formules générales, on trouve qu'elles produisent les termes suivants, analogues à ceux que nous venons de calculer :

Sur la déclinaison vraie,

$$+ 1'',286 \sin(a - 2L) + 0'',055 \sin(a + 2L);$$

Sur l'ascension droite vraie,

$$- 2'',834 \sin 2L - [1'',286 \cos(a - 2L) + 0'',055 \cos(a + 2L)] \operatorname{tang} d.$$

En secondes sexagésimales, ce serait

$$+ 0'',417 \sin(a - 2L) + 0'',018 \sin(a + 2L),$$
$$- 0'',918 \sin 2L - [0'',417 \cos(a - 2L) + 0'',018 \cos(a + 2L)] \operatorname{tang} d.$$

Ces termes, qui composent la *nutation solaire en déclinaison* et *en ascension droite*, s'ajoutent à ceux qui composent la nutation lunaire, et l'ensemble forme ce qu'on appelle la *nutation lunisolaire*. On peut remarquer que les valeurs de ω' et de φ n'ont pas entre elles le même rapport dans les deux

moyenne, abstraction faite de ses inégalités séculaires. Mais le plan de l'écliptique n'est pas absolument fixe dans le ciel ; les attractions planétaires le déplacent avec une grande lenteur. Or, tant par cette action directe que par les changements que ce déplacement

---

nutations, tant à cause du coefficient dépendant de l'angle 2L, qu'à cause du dénominateur, qui est tang 2ω dans la première, et simplement tang ω dans la seconde. Cette différence est un résultat de la théorie que nous nous contentons d'indiquer, de peur qu'en se laissant guider par l'analogie des formules, on ne soit tenté de le regarder comme une erreur.

Lorsqu'on voudra faire usage de ces formules, il suffira d'y mettre pour a et d les valeurs de l'ascension droite et de la déclinaison moyennes du point que l'on considère, et l'on connaîtra les variations que ces deux éléments éprouvent par l'effet de la nutation lunisolaire.

Par exemple, si l'on suppose $a=0$, $d=0$, qui sont les coordonnées de l'équinoxe moyen du printemps, la formule donnera les mouvements de cet équinoxe autour de l'équinoxe vrai ; on trouvera ainsi

$$d' = -22'',125 \sin N - 1'',230 \sin 2L,$$
$$a' = -50'',972 \sin N - 2'',834 \sin 2L ;$$

en secondes sexagésimales, ce serait

$$d' = -7'',169 \sin N - 0'',397 \sin 2L,$$
$$a' = -16'',514 \sin N - 0'',910 \sin 2L.$$

d' et a' sont les coordonnées de l'équinoxe moyen du printemps rapportées à l'équinoxe vrai, en n'ayant égard qu'aux dérangements périodiques causés par la nutation lunisolaire. Pour avoir les valeurs complètes de d' et de a', il faut y ajouter aussi leurs variations séculaires. Ces résultats sont d'un usage continuel en astronomie.

Il ne me reste plus qu'à déduire de nos formules générales la construction géométrique dont nous avons fait usage dans le texte, et suivant laquelle le pôle apparent de l'équateur décrit une petite ellipse autour du pôle moyen. Cela est extrêmement facile. On peut même généraliser le problème et chercher l'orbite apparente que chaque point de la sphère céleste décrit ainsi autour de son lieu moyen, par l'effet de la nutation.

Cette recherche se simplifiera beaucoup, si l'on remarque que la courbe cherchée, devant avoir une étendue très-petite, peut se projeter sur la surface concave du ciel comme sur une surface plane ; et de plus, l'oscillation se faisant autour du lieu moyen, comme centre, il convient de prendre ce point pour origine des coordonnées. Alors, ce qui se présente de plus simple, c'est de mener par le lieu moyen un arc de grand cercle perpendiculaire

produit dans les aspects du soleil et de la lune relativement au sphéroïde terrestre, l'obliquité de l'équateur sur l'écliptique mobile n'est pas tout à fait constante dans les divers siècles, et la rétrogradation des points équinoxiaux sur ce plan n'est pas uni-

---

au méridien, et de prendre ces deux cercles, ou plutôt leurs tangentes, pour axes des coordonnées rectangulaires; car, à cause de la petitesse de l'orbite, les arcs et les tangentes se confondront. Nos deux coordonnées seront donc les différences de déclinaison $d' - d$, comptées sur le méridien, et les différences d'ascension droite $a' - a$, reportées à la hauteur du lieu moyen, sur le grand cercle perpendiculaire au méridien, c'est-à-dire multipliées par le cosinus de la déclinaison du lieu moyen; de cette manière, en faisant

$$X = d' - d, \qquad Y = (a' - a)\cos d,$$

les coordonnées X et Y partiront d'un même point, seront rectangulaires entre elles, et, vu la petitesse de l'orbite, pourront être considérées comme rectilignes. Maintenant, si nous substituons ces valeurs dans nos formules générales, nous trouverons, en multipliant $a' - a$ par $\cos d$,

$$X = -22'',13 \sin N \cos a + 29'',72 \cos N \sin a.$$

$$Y = -50'',97 \sin N \cos d - (22'',13 \sin N \sin a + 29'',72 \cos N \cos a) \sin d.$$

Si, entre ces deux équations, on élimine l'angle N, on aura l'équation de l'orbite décrite par le lieu apparent autour du lieu moyen. Nous nous sommes bornés aux centièmes de seconde dans les coefficients numériques, et cela suffit pour l'objet que nous nous proposons.

Si l'on veut que ce lieu apparent soit le pôle boréal de l'équateur, il n'y a qu'à supposer $d = +100^{gr}$, ce qui donne $\cos d = 0$ et $\sin d = +1$; alors les valeurs de X et de Y deviendront

$$X = -22'',13 \sin N \cos a + 29'',72 \cos N \sin a,$$

$$Y = -22'',13 \sin N \sin a - 29'',72 \cos N \cos a.$$

L'ascension droite a reste encore indéterminée, parce que tous les méridiens passent par le pôle de l'équateur. La valeur de a dépendra du choix que nous ferons de tel ou tel méridien pour axe des y. Les équations précédentes donnent

$$X \cos a + Y \sin a = -22'',13 \sin N,$$

$$Y \sin a - Y \cos a = +22'',72 \cos N;$$

par conséquent

$$\left(\frac{X \cos a + Y \sin a}{22'',13}\right)^2 + \left(\frac{X \sin a - Y \cos a}{29'',72}\right)^2 = 1.$$

Cette équation est celle d'une ellipse rapportée à son centre, mais non par

forme. Pour représenter ces inégalités, dans notre construction, il faudrait faire varier convenablement l'angle PCP', au centre du cône, ce qui changerait la circonférence décrite par le pôle P de l'équateur en une autre orbite toujours rentrante, et il faudrait

ses axes. Pour la ramener à ce système de coordonnées, il faut faire $a=100^{gr}$, c'est-à-dire prendre pour méridien central celui qui passe par les pôles de l'équateur et de l'écliptique; alors, en effet, on aura $\sin a = 1$, et l'équation précédente deviendra

$$Y^2.(29'',72)^2 + X^2.(22'',13)^2 = (22'',13)^2(29'',72)^2,$$

qui est celle d'une ellipse dont le grand axe est dirigé suivant les coordonnées X tangentiellement au méridien central, et le petit axe suivant les coordonnées Y, perpendiculairement à ce premier. Le premier a pour longueur 59'',44; le second 44'',26. Ces longueurs sont toutes deux exprimées en parties de grand cercle de la sphère céleste. Si l'on veut compter la seconde sur le parallèle à l'écliptique qui passe par le pôle moyen de l'équateur, et auquel le petit axe de notre ellipse se trouve tangent, il n'y a qu'à diviser 44'',26 par le cosinus de la distance de ce parallèle à l'écliptique, c'est-à-dire par le sinus de l'obliquité ω. Le petit axe ainsi exprimé aura pour valeur 111'',14 du parallèle à l'écliptique sur lequel il se trouve. C'est la valeur que nous lui avons donnée dans le texte.

On voit aussi, par le calcul que nous venons de faire, que l'ellipse de nutation a son grand axe situé dans le plan du grand cercle qui passe par les pôles moyens de l'équateur et de l'écliptique; car nous avons trouvé que, pour rapporter les Y à cet axe, il fallait faire $a=100^{gr}$. Ici nous pouvions disposer arbitrairement de a, parce que tous les méridiens passant par le pôle de l'équateur, nous pouvions choisir à volonté celui que nous voulions prendre pour origine des Y.

Déterminons maintenant la position du pôle vrai sur cette ellipse, à un instant quelconque. Elle sera donnée par les valeurs simultanées de X et de Y, qui, en faisant $\cos a = 0$, $\sin a = 1$, deviennent

$$X = +29'',72 \cos N, \qquad Y = -22'',13 \sin N.$$

Quand le nœud de la lune coïncide avec l'équinoxe du printemps, sa longitude est nulle; on a donc alors $\sin N = 0$, $\cos N = 1$; par conséquent

$$X = +29'',72, \qquad Y = 0.$$

Le pôle apparent se trouve alors, dans le méridien central, sur l'axe des X, et au sommet de l'ellipse le plus rapproché de l'équateur, c'est-à-dire au point ϖ, *fig.* 17 et 18.

A mesure que la longitude N augmente, Y augmente en restant négatif;

en outre lui faire décrire cette orbite avec une vitesse convenablement variée. Enfin, pour ne rien omettre, on devrait donner aussi à l'axe CP′ un mouvement absolu qui le maintînt toujours perpendiculaire à l'écliptique déplacé dans toutes les positions où les attractions planétaires l'amènent : mais pour ne pas compliquer notre construction, nous pouvons y faire abstraction de ce dernier mouvement, propre à l'axe CP′, et y considérer les points P, P′ de la *fig.* 8, comme représentant les pôles *réels* de l'équateur et de l'écliptique, dans les positions relatives où ils sont à chaque instant amenés par les lois mécaniques générales qui régissent leurs mouvements séculaires, sans qu'il nous soit nécessaire d'en spécifier en détail les particularités.

Soient donc P, P′, *fig.* 17, les pôles de l'équateur et de l'écliptique, déterminés pour une certaine époque, comme nous venons de le dire, en n'ayant égard qu'aux lois générales de la préces-

---

en même temps X diminue et reste positif. Le pôle apparent se trouve donc compris dans le premier quadrant de son ellipse, du côté de l'équinoxe d'automne, par exemple en ϖ''', *fig.* 18.

En général, il est facile de voir que les valeurs de X et de Y achèveront les périodes de leurs valeurs en même temps que l'angle N achèvera la circonférence entière, c'est-à-dire que le pôle tournera sur son ellipse dans le même temps que le nœud de la lune tourne sur l'écliptique.

Autour du pôle moyen comme centre, et avec un rayon égal au demi-grand axe de l'ellipse, décrivons une circonférence de cercle $\varpi K \varpi''$, *fig.* 18. Sur cette circonférence, concevons un point K uniformément mobile qui en fasse le tour dans le même temps que le nœud fait sa révolution sur l'écliptique, et qui, de plus, se meuve, comme lui, d'orient en occident, c'est-à-dire dans le sens $\varpi \varpi' \varpi''$. Si du centre du cercle, qui est aussi celui de l'ellipse, on mène un rayon PK au point mobile à un instant quelconque, l'angle $KP\varpi$, formé par ce rayon avec l'axe des X positifs $P\varpi$, sera toujours égal à l'angle N, c'est-à-dire à la longitude du nœud de la lune sur l'écliptique ; de sorte que, si l'on nomme X′ l'abscisse PR du point mobile K à un instant quelconque, et Y′ son ordonnée, on aura

$$X' = 29'',72 \cos N, \qquad Y' = -29'',72 \sin N.$$

L'abscisse de ce point sera donc la même que celle du pôle vrai. Par conséquent, ce pôle se trouvera sur l'ellipse au point ϖ''', où cette courbe est coupée par l'ordonnée KR. C'est la construction que nous avons énoncée dans le texte.

sion continue. Pour représenter les inégalités périodiques de la nutation, il faudra mettre le *pôle vrai* ϖ de l'équateur en mouvement autour du pôle P, conformément aux lois que l'observation assigne. Suivant ces lois, quand le nœud ascendant de la lune est en ♈ sur l'écliptique, c'est-à-dire quand il répond à l'équinoxe du printemps, le pôle apparent ϖ se trouve répondre au solstice d'été à 100^{gr} en arrière. A mesure que le nœud rétrograde sur l'écliptique, le pôle vrai ϖ suit son mouvement, et tourne ainsi autour du pôle moyen P pendant que le nœud fait le tour de l'écliptique. Son orbite est une petite ellipse dont le grand axe $\varpi\varpi''$ reste toujours tangent au cercle de latitude PP′, mené par les pôles de l'équateur et de l'écliptique, et occupe sur ce cercle un arc de 59″,44. Le petit axe de cette ellipse étant perpendiculaire au grand axe, se trouve tangent au cercle $PP_{\prime}P_{\prime\prime}$, sur lequel le pôle de l'équateur se meut parallèlement à l'écliptique; et même comme il est fort petit, on peut le considérer comme faisant partie de ce parallèle, sur lequel il occupe un arc de 111″,14. Pour avoir, à un instant quelconque, la position du pôle vrai ϖ sur cette ellipse, voici la construction que le calcul indique. Concevez, *fig.* 18, une circonférence de cercle $\varpi K\varpi''$ concentrique à l'ellipse de nutation, et ayant son grand axe pour diamètre; concevez, dans cette circonférence, un rayon ϖP, qui se trouve d'abord en ϖ sur l'extrémité du grand axe la plus voisine de l'écliptique lorsque le nœud ascendant de la lune se trouve dans l'équinoxe du printemps; puis, faites mouvoir ce rayon circulairement avec un mouvement rétrograde égal à celui du nœud sur l'écliptique. Si, dans chaque position de ce rayon, vous menez, par son extrémité K, une ordonnée KR au cercle, le point ϖ''', où cette ordonnée rencontrera l'ellipse de nutation, sera, pour le même instant, le lieu du pôle vrai. Cette construction n'est que l'énoncé des résultats que le calcul donne, et que l'on trouvera ici dans les notes.

Ce mouvement oscillatoire du pôle a été désigné d'une manière très-expressive par le mot de *nutation*. Nous avons dit que le soleil produit aussi une oscillation semblable, mais beaucoup plus faible; on pourrait donc la représenter géométriquement de la même manière ; l'ensemble de ces deux effets compose ce que l'on appelle la nutation *lunisolaire*. Enfin l'attraction de la lune produit encore une autre inégalité du même genre dont la période est d'un demi-mois; mais elle est si faible, qu'il est presque inutile d'en tenir compte. Maintenant que nous connaissons les lois de ces oscillations, nous pourrons toujours supposer que l'on y a eu égard, pour ramener les positions des astres à des termes comparables; et si nous avons quelquefois anticipé sur cette connaissance, afin d'obtenir, de premier abord, les résultats définitifs des observations, on voit que nous n'avons fait que prévenir ce que nous aurions dû faire par un plus long détour, quand nous aurions obtenu la connaissance de ces phénomènes, à laquelle nous n'aurions pas manqué d'arriver de la même manière et par les mêmes raisonnements.

Je terminerai ce chapitre en prévenant que le phénomène de la nutation n'est pas réglé par le mouvement du *nœud apparent* de la lune, dont le mouvement sur l'écliptique est variable, mais par le mouvement du *nœud moyen*, c'est-à-dire dégagé de ses inégalités périodiques. Ceci est un résultat de la théorie, que l'on ne saurait expliquer ici. Quelques astronomes, n'ayant pas fait cette remarque, ont cru trouver une erreur dans les formules jusqu'à présent usitées pour calculer la nutation, formules qui sont réglées sur le nœud moyen; mais cette erreur n'existe pas.

282. Si la terre était composée de couches sphériques concentriques, et individuellement homogènes, les attractions exercées sur elle par la lune et par le soleil produiraient deux résultats d'action qui passeraient par son centre ; et, en conséquence, elles n'imprimeraient à la masse entière aucun mouvement autour de ce point. La forme sphéroïdique de la terre dirige ces résultantes hors du centre de la figure; et la masse tourne sur elle-même pour obéir à leur effort, ce qui produit le mouvement rétrograde de l'équateur sur l'écliptique, ou la *précession*. D'après cela, toutes les circonstances qui changent les situations ou les distances, soit du soleil, soit de la lune, au sphéroïde terrestre, doivent, par une nécessité physique, occasionner des inégalités dans ces mouvements qu'il éprouve autour de son centre de gravité propre.

Ainsi, comme nous venons de le voir, la principale inégalité que l'on y observe, et que l'on appelle la *nutation*, résulte des différentes positions que le plan de l'orbite lunaire prend relativement à la masse de la terre, dans les diverses phases de la révolution qu'il accomplit autour d'elle en 18 ans et à peu près 214 jours, son inclinaison sur l'écliptique se maintenant presque constante pendant ce mouvement. D'autres inégalités doivent pareillement provenir des diverses situations que la lune se trouve occuper sur son orbite aux diverses époques de sa révolution mensuelle, dans chaque position où son plan se transporte. On les constate aussi par la théorie mécanique comme je l'ai annoncé, mais elles sont beaucoup plus faibles que la précédente, comme provenant d'actions plus rapidement variables, et dont les phases se restituent après bien moins de temps. L'analyse mathématique fait distinguer le petit nombre d'entre elles dont l'effet peut n'être pas insensible, et on les introduit, comme complément de la nutation principale, dans les calculs astronomiques que l'on veut rendre extrêmement précis.

La théorie de la nutation établie dans la *Mécanique céleste* a été développée en détail par Bessel, sous le point de vue des applications astronomiques dans les *Fundamenta Astronomiæ*, page 125. Poisson a traité de nouveau cette théorie dans le tome VII des *Mémoires de l'Académie des Sciences*, page 199; mais son travail doit être lu avec précaution à cause des erreurs numériques qui lui ont échappé. Enfin M. Peters a repris ce sujet d'après les formules de Poisson, dans un Mémoire spécial très-savamment et très-consciencieusement rédigé, qui a paru en 1842, et qui est inséré dans les *Actes de l'Académie des Sciences de Saint-Pétersbourg*.

CHAPITRE IX.

Seconde approximation des mouvements du soleil. Théorie de son mouvement elliptique.

283. Dans ce qui précède, nous avons considéré le soleil comme parcourant chaque année un grand cercle de la sphère céleste; nous avons fixé la position de ce cercle, nous avons donné les moyens de reconnaître les déplacements qu'il éprouve, et nous avons rapporté, par anticipation, les formules numériques par lesquelles ces déplacements peuvent se prévoir et se calculer. Il faut maintenant examiner avec un nouveau soin le mouvement du soleil dans ce plan. A la vérité, nous savons déjà déterminer par observation l'étendue des arcs qu'il y décrit chaque jour; nous avons même remarqué comment on pourrait rassembler ces résultats, et en former des Tables, afin de prévoir d'avance les positions successives de cet astre sur la sphère céleste. Mais les résultats ainsi isolés ne seraient jamais exempts d'erreurs ou d'incertitude, et leurs changements, s'ils en éprouvent, ne pourraient être corrigés qu'en les comparant sans cesse à de nouvelles observations. Pour les rectifier plus sûrement et avec plus de facilité, il devient nécessaire de chercher la loi rigoureuse qui les enchaîne, ou au moins quelque forme géométrique et calculable qui en approche le plus possible; car la dépendance mutuelle des résultats étant une fois connue, leur exactitude ne tiendra plus qu'à la détermination précise d'un petit nombre d'éléments. Cette dépendance est évidemment liée au mouvement réel du soleil dans l'espace; cherchons donc à en déterminer les lois.

284. Pour cela il faut réunir deux sortes de données : le mouvement angulaire du soleil, déduit de la mesure de ses hauteurs, les variations de sa distance, déduites des observations de son diamètre apparent. Rapprochons les conséquences qui en résultent.

En premier lieu, le mouvement angulaire du soleil sur son

orbite, dans l'écliptique, n'est pas uniforme; il est tantôt plus lent, tantôt plus rapide. Cela se voit en calculant jour par jour la longitude de cet astre pour l'instant de son passage au méridien, d'après sa déclinaison ou son ascension droite observées. Car ces longitudes méridiennes ne croissent pas uniformément, et leurs différences d'un jour à l'autre ne sont pas proportionnelles aux intervalles de temps qui séparent les passages consécutifs du soleil au méridien. Des observations multipliées ont fait connaître que la plus grande de ces différences a lieu dans deux points de l'écliptique, situés l'un vers le solstice d'hiver, l'autre vers le solstice d'été.

Dans le premier, le soleil décrit sur l'écliptique $1^{gr},1327$, pendant la durée d'un jour moyen; c'est alors que sa vitesse est la plus grande. Cela arrive à présent vers le 31 décembre.

Dans le second, il décrit seulement $1^{gr},0591$ dans un jour moyen; c'est alors que sa vitesse est la plus petite. Cela arrive à présent vers le 1er juillet.

La vitesse moyenne, entre ces deux extrêmes, est

$$\frac{1^{gr},1327+1,^{gr}0591}{2}, \qquad \text{ou} \qquad 1^{gr},0959.$$

Ces deux points répondent à des déclinaisons égales de part et d'autre de l'équateur, et leurs ascensions droites diffèrent de 200^{gr}. Ils sont donc situés sur une même ligne droite, menée par le centre de la terre et de la sphère céleste. Leur longitude varie un peu avec le temps, ce qui prouve qu'ils sont en mouvement par rapport aux équinoxes; mais nous ferons d'abord abstraction de ce mouvement.

283. Venons au diamètre apparent : il suit les mêmes périodes que la vitesse angulaire, c'est-à-dire qu'il augmente et diminue avec elle, quoique dans un moindre rapport. Il est à son *maximum* au point où la vitesse est la plus grande, et on l'observe alors de 6035",7. Il est à son minimum au point où la vitesse est la plus petite, et il est alors de 5836",3; la moyenne est 5936". Ces mesures devraient être diminuées de quelques secondes à cause de l'irradiation qui dilate un peu les diamètres apparents des objets ; mais la quantité exacte de cette dilatation n'est pas encore bien connue (*).

286. On peut, d'après ces observations, calculer la plus grande et la plus petite distance du soleil à la terre, ou au moins évaluer leur rapport ; car on sait que les distances d'un même objet sont réciproques à ses diamètres apparents. Si nous comparons ainsi le plus grand et le plus petit diamètre apparent du soleil, leur rapport sera $\frac{6035'',7}{5836'',3}$ ou 1,03416 ; c'est-à-dire que si l'on représente par l'unité ou 1 la plus petite distance du soleil à la terre, la plus grande aura pour expression 1,03416. La moyenne arithmétique entre ces distances est 1,01708. Si on veut la prendre pour unité, selon l'usage des astronomes, la plus petite aura pour expression $\frac{1}{1,01708}$, ou $1-\frac{0,01708}{1,01708}$ et la plus grande $\frac{1,03416}{1,01708}$, ou $1+\frac{0,01708}{1,01708}$, ce qui revient à $1-0,01679$ ou 0,98321 et 1,01679. *La distance du soleil à la terre varie donc annuelle-*

(*) Pour déterminer le diamètre apparent avec une précision égale à celle que nous supposons ici, il ne suffirait pas de l'observer une seule fois avec des instruments fixes dans le méridien. Il faut y employer des procédés qui permettent de suivre l'astre et de rendre la mesure précise, par répétition. L'héliomètre à mouvement parallactique, analysé tome II, pages 176 et suivantes, est très-propre à cet usage. On y peut aussi très-bien employer les instruments à réflexion que nous avons décrits tome III, page 368. En se servant ainsi d'un cercle à réflexion, et prenant 1000 fois le diamètre du soleil, M. Quesnot a trouvé 5836″,4, ce qui diffère extrêmement peu de la valeur que j'ai rapportée. Ces mesures ne sont encore que relatives. Pour en obtenir d'absolues, il faudrait savoir les dépouiller de l'irradiation, ce qui exigerait que l'on fît exprès des mesures de diamètres apparents sur des objets lumineux d'un diamètre connu, et d'une intensité de lumière graduée à volonté. En général, pour avoir avec exactitude le plus grand et le plus petit diamètre apparent d'un astre, il faut les conclure d'un grand nombre d'observations. On ne doit donc pas s'étonner si les valeurs exactes qu'on leur donne ici diffèrent un peu de celle que nous avons trouvée plus haut par une seule observation de Piazzi.

ment, en plus et en moins, d'une quantité à peu près égale à la cent soixante-huit dix-millième partie de sa valeur moyenne (*).

287. Les points de l'orbe solaire qui répondent à la plus petite et à la plus grande distance du soleil à la terre se nomment le

---

(*) On se tromperait si l'on croyait que le diamètre apparent qui répond à la distance moyenne intermédiaire entre les distances extrêmes est le diamètre moyen. En effet, calculons ce diamètre. Si nous le représentons par D, comme il est réciproque à la distance, nous aurons, en le comparant au plus petit diamètre apparent,

$$\frac{D}{5836'',3} = \frac{1,01679}{1},$$

ce qui donne

$$D = 5934'',29.$$

Le diamètre qui répond à la distance moyenne est donc plus petit de 1'',71 que le diamètre moyen que nous avons trouvé égal à 5936''.

Cela peut se prouver, en général, d'une manière très-facile. En effet, soient r' la plus petite distance, r'' la plus grande, D', D'' les diamètres apparents correspondants ; on aura

$$\frac{r''}{r'} = \frac{D'}{D''},$$

par conséquent

$$r'' = \frac{r'.D'}{D''}.$$

Si l'on représente par r la moyenne distance intermédiaire entre r' et r'', on aura

$$r = \frac{r'+r''}{2} = \frac{r'.(D''+D')}{2D''};$$

c'est la valeur de la distance moyenne. Si l'on représente par D le diamètre correspondant, on aura, en le comparant au plus petit diamètre,

$$\frac{D}{D'} = \frac{r'}{r},$$

par conséquent

$$D = \frac{r'.D'}{r};$$

ou, en substituant pour r sa valeur,

$$D = \frac{2D'D''}{D''+D'}.$$

C'est la grandeur du diamètre apparent qui correspond à la distance

périgée et l'*apogée*, de deux mots grecs qui signifient *près* et *loin de la terre*. On les désigne aussi conjointement par le nom d'*absides*.

288. En rapprochant ces résultats, on voit que la vitesse du soleil semble augmenter quand il s'approche de la terre, et diminuer quand il s'éloigne. Mais nous ne savons pas encore si ces variations sont réelles ou apparentes: car, par cela seul que le soleil s'approche, les arcs qu'il décrit dans son orbite doivent nous paraître plus grands; quand il s'éloigne, ils doivent nous paraître plus petits. Pour les comparer avec exactitude, il faut les ramener à un même éloignement. L'arc qui a pour mesure $1^{gr},0591$, et que le soleil décrit dans son apogée, aurait paru plus grand s'il eût été observé au périgée. Pour l'y ramener, il suffit de le multiplier par le rapport inverse des rayons dans ces deux points, c'est-à-dire par $\frac{1,01679}{0,98321}$ ou $1,03416$; car ses grandeurs apparentes

---

moyenne. Cette expression peut se mettre sous la forme suivante:

$$D = \frac{D' + D''}{2} - \frac{(D' - D'')^2}{2(D' + D'')};$$

et comme le second terme de la valeur qui en résulte est toujours négatif, il s'ensuit que le diamètre qui répond à la moyenne distance est toujours moindre que le diamètre moyen.

Pour la lune, on a, comme nous le verrons par la suite,

$$D' = 6207'',$$
$$D'' = 5438'',$$

ce qui donne

$$\frac{D' + D''}{2} = 5822'',5, \qquad D' - D'' = 769'';$$

d'où l'on tire

$$D = 5822'',5 - 25'',4 = 5797'',1.$$

C'est la grandeur du diamètre apparent de la lune qui correspond à sa distance moyenne de la terre. Il est très-sensiblement moindre que le diamètre moyen, et la différence est plus forte que pour le soleil, parce que $D' - D''$ est beaucoup plus considérable, tandis que $D' + D''$ est un peu moindre.

seraient réciproques à son éloignement(*). On trouve ainsi $1^{gr},0953$ pour la mesure de cet arc, vu à la distance périgée. Or l'arc décrit réellement dans ce point par le soleil est $1^{gr},1327$, comme on l'a vu plus haut, et il surpasse encore le précédent de $0^{gr},0374$: ainsi la diminution apparente du mouvement du soleil à l'apogée n'est pas purement optique, et due à l'accroissement de sa distance; elle provient aussi d'un ralentissement réel, qui se fait dans la marche de cet astre, à mesure qu'il s'éloigne de la terre.

289. En comparant de la même manière, pour d'autres époques de l'année, le mouvement angulaire du soleil et son diamètre apparent, on trouve cette loi générale : *L'angle décrit chaque jour, étant multiplié par le carré de la distance, donne un produit à fort peu près constant.* Il en résulte que le mouvement angulaire se ralentit à fort peu près comme le carré de la distance augmente (**).

290. Lorsqu'on a ainsi découvert une loi simple qui s'étend, avec des erreurs très-petites et irrégulières, à un très-grand nombre d'observations éloignées et indépendantes, on peut la regarder comme plus exacte que les observations mêmes; car, si elle n'était pas réellement la loi de la nature, il faudrait un grand hasard pour qu'elle représentât aussi bien les observations,

---

(*) Soient r' la distance périgée du soleil, r'' sa distance apogée, x la grandeur apparente de l'arc $1^{gr},0591$ ramené au périgée; on aura

$$\frac{x}{1^{gr},0591} = \frac{r''}{r'}, \quad \text{d'où} \quad x = \frac{r''}{r'} \cdot 1^{gr},0591.$$

Or $\frac{r''}{r'} = 1,03416$, d'après ce qu'on a vu précédemment; donc

$$x = 1^{gr},0591 \cdot 1,03416 = 1^{gr},09528.$$

(**) En effet, soient r la distance du soleil à la terre, v sa vitesse angulaire diurne, c'est-à-dire l'angle qu'il décrit dans un jour, enfin A une constante. La loi qui résulte des observations est

$$r^2 v = A.$$

Supposons que r^2 devienne $r^2(1+u)$, u étant une très-petite quantité qui représentera les variations du carré de la distance; soit, de plus, v' l'accroissement correspondant de v. Les quantités $r^2 + r^2 u$ et $v + v'$, qui se corres-

et il est au contraire extrêmement probable qu'elle s'en écarterait de plus en plus. La probabilité se change en certitude quand le nombre des essais est extrêmement multiplié. C'est le cas actuel de l'astronomie.

291. En partant de ce dernier résultat, on peut calculer les rapports des distances du soleil à la terre, dans deux points quel-

---

pondent, devront être liées entre elles par la formule précédente, ce qui donne

$$v + v' = \frac{A}{r^2} \cdot \frac{1}{1+u}.$$

Or, en développant $\frac{1}{1+u}$ par la division, on trouve

$$\frac{1}{1+u} = 1 - u + u^2 - u^3 \ldots.$$

Substituant cette valeur dans l'équation précédente, et ôtant les termes v et $\frac{A}{r^2}$, qui s'entre-détruisent, il reste

$$v' = -\frac{Au}{r^2} + \frac{Au^2}{r^2} - \frac{Au^3}{r^2} \ldots.$$

Dans ce résultat, si l'on a pris pour u une fraction fort petite, comme nous l'avons supposé, on pourra négliger les puissances de u supérieures à la première, car tous les termes de la série seront incomparablement plus petits que le premier. On aura ainsi simplement

$$v' = -\frac{Au}{r^2}.$$

On voit que v' est négatif quand u est positif, et positif quand u est négatif; par conséquent, la vitesse angulaire diminue quand la distance augmente, et réciproquement.

De plus, v' est proportionnel à u, c'est-à-dire à l'accroissement du carré de la distance; par conséquent, la vitesse angulaire décroît, à fort peu près, comme le carré de la distance augmente, ce qui est la propriété énoncée dans le texte.

On voit aussi que cela n'est vrai que par approximation, en supposant que v et r varient très-peu l'un et l'autre. Or cette condition est toujours satisfaite dans le mouvement du soleil, puisque les distances apogée et périgée, qui sont les plus différentes de toutes, sont encore presque égales, aussi bien que les vitesses diurnes dans ces deux points.

conques de son orbite, sans recourir aux observations de son diamètre apparent; car ces distances seront réciproques aux racines carrées des angles diurnes décrits sur l'écliptique (*). Par exemple, la distance périgée étant supposée égale à 1, la distance apogée sera $\frac{\sqrt{1^{gr},1327}}{\sqrt{1^{gr},0591}}$ ou 1,0341, telle qu'on la déduirait des valeurs 1,01679, 0,98321, qui représentent ces distances comme nous l'avons trouvé plus haut.

Ceci étant traduit en géométrie fait connaître une loi très-remarquable du mouvement du soleil. Menons du centre de la terre à cet astre une ligne droite, que nous nommerons *rayon vecteur;* cette droite décrira chaque jour sur l'orbe solaire un petit secteur dont l'aire sera, à fort peu près, égale à la moitié du produit de l'angle diurne, par le carré du rayon vecteur (**). Cette

---

(*) En effet, soient r, r' deux distances du soleil à la terre, v, v' les angles diurnes qui leur correspondent; on aura

$$r^2 v = \mathrm{A}, \qquad r'^2 v' = \mathrm{A},$$

A étant une constante; par conséquent

$$r'^2 v' = r^2 v,$$

ce qui donne

$$\frac{r'}{r} = \frac{\sqrt{v}}{\sqrt{v'}}.$$

(**) Soient C, *fig.* 19, le centre de la terre, CS, CS′ les rayons vecteurs, menés aux extrémités de l'arc diurne; CSS′ le secteur décrit. L'aire de ce secteur sera comprise entre celles des secteurs circulaires CSP, CS′P′, décrits du point C comme centre, avec CS et CS′ pour rayons. Supposons le petit angle $\mathrm{SCS}' = \alpha$, $\mathrm{CS} = r$, et $\mathrm{CS}' = r(1+\delta)$, δ étant une très-petite quantité qui est l'accroissement de r; on aura

$$\text{secteur CSP} = \frac{r^2\alpha}{2}, \qquad \text{secteur CS}'\text{P}' = \frac{r^2\alpha}{2}(1+\delta)^2,$$

$$\text{secteur CS}'\text{P}' - \text{secteur CSP} = \frac{r^2\alpha}{2}(1+2\delta+\delta^2-1)$$
$$= \frac{r^2\alpha}{2}(2\delta+\delta^2) = \text{sect CSP}\,(2\delta+\delta^2).$$

La différence ne dépend donc que de la quantité δ, qui représente l'accrois-

aire est donc constante, et l'aire totale tracée, à partir d'un point fixe, croît comme le nombre des jours écoulés. Ce résultat se confirme de la manière la plus rigoureuse lorsque l'on calcule exactement les secteurs, supposés elliptiques, par l'analyse, et qu'on les compare aux temps employés pour les décrire. De là résulte cette conséquence : *Les aires décrites par le rayon vecteur du soleil sont proportionnelles aux temps.* C'est une des grandes lois découvertes par Képler : elle sert de base à la théorie du soleil et des planètes.

292. En suivant cette loi et y joignant les observations des angles diurnes, on peut tracer la courbe que décrit le soleil sur le plan de l'écliptique. Pour cela, d'un point donné, qui représente le centre de la terre et de la sphère céleste, menons sur un plan des droites dont la distance angulaire soit égale au mouvement angulaire du soleil dans l'intervalle d'un jour. Ces droites représenteront les rayons visuels menés chaque jour à cet astre. Portons sur leur direction, à partir du point fixe, les distances correspondantes du soleil à la terre, calculées d'après le mouvement

---

sement du rayon vecteur du soleil. Or, en prenant pour unité la distance périgée, cet accroissement total est de 0,03416, depuis le périgée jusqu'à l'apogée, c'est-à-dire dans l'intervalle d'une demi-année. Il est donc moindre que 0,00019 dans l'intervalle d'un jour. Ainsi la différence des secteurs CS'P', CSP devient à fort peu près égale à sect CSP . 0,00038, c'est-à-dire qu'elle ne s'élève pas à $\frac{38}{100000}$ du secteur CSP. Cette différence est donc presque nulle, et les secteurs CSP, CS'P' sont à fort peu près égaux entre eux. Or le petit secteur CSS' est plus grand que le premier, et plus petit que le second ; par conséquent, sa surface est aussi très-peu différente de $\frac{r^2\pi}{2}$; c'est-à-dire que, *dans l'intervalle d'un jour*, elle est à très-peu près égale à la moitié du produit de l'angle diurne par le carré du rayon vecteur.

Cette égalité devient d'autant plus exacte que l'intervalle de temps compris entre les rayons vecteurs est moindre ; en sorte qu'on pourra toujours prendre cet intervalle assez petit pour que l'erreur résultante de cette supposition soit moindre qu'une quantité quelconque donnée.

Ces rapports se confirment très-exactement quand on évalue les aires des secteurs, supposés elliptiques, par le moyen des formules rigoureuses que l'analyse fournit pour cet objet, et quand on compare ensuite ces aires avec les temps employés à les décrire.

diurne, en prenant une d'entre elles pour unité. Les points déterminés de cette manière indiqueront pour chaque jour le lieu du soleil, et la courbe qui les unira sera l'orbite de cet astre.

293. Prenons pour exemple les vingt-quatre observations suivantes, faites à Greenwich, par Maskeline; elles font partie de celles du même astronome que Delambre a employées pour établir ses premières Tables du soleil.

DATES des observations 1775.		TEMPS sidéral à Greenwich.	LONGITUDES observées.	DIFFÉRENCE des temps.	DIFFÉRENCE des longitudes.
		h	gr	h	gr
Janvier	12....	8,16699	324,6965	10,03000	1,1317
	13....	8,19699	325,8282		
Février	17....	9,19107	365,2553	10,02678	1,1191
	18....	9,21785	366,3744		
Mars	14....	9,84099	393,0707	10,02536	1,1040
	15....	9,86635	394,1747		
Avril	28....	0,98842	42,1708	10,02635	1,0785
	29....	1,01477	43,2493		
Mai	15....	1,44487	60,4293	10,02729	1,0694
	16....	1,47216	61,4933		
Juin	17....	2,37845	95,5386	10,02889	1,0607
	18....	2,40734	96,5993		
Juillet	18....	3,26473	128,3926	10,02786	1,0605
	19....	3,29259	129,4531		
Août	26....	4,30141	169,8852	10,02543	1,0732
	27....	4,32684	170,9584		
Septembre	22....	4,98087	199,1657	10,02496	1,0893
	23....	5,00583	200,2550		
Octobre	24....	5,82588	233,4519	10,02670	1,1113
	25....	5,85258	236,5632		
Novembre	18....	6,52053	263,3717	20,05820	2,2482
	20....	6,57873	265,6199		
Décembre	17....	7,36289	294,9673	10,03082	1,1319
	18....	7,39371	296,0992		

294. Ces longitudes sont comptées sur l'écliptique à partir d'une même ligne droite, menée du centre de la terre à l'équinoxe du printemps, conformément à l'usage général des astronomes. La différence des observations relatives aux jours consécutifs donne les angles diurnes, et les racines carrées des rapports de ces angles font connaître les distances du soleil à la terre à ces diverses époques. En rapportant ces distances à l'intermédiaire entre les deux observations de chaque mois, on a formé la Table suivante, dans laquelle on a pris pour unité la distance du soleil qui correspond à la vitesse angulaire moyenne $1^{gr},0959$ (*). Du reste on a employé

(*) Cette Table est calculée par la formule suivante. Soient v le mouvement pour 10 heures moyennes, r la distance à la terre ; on a

$$r = \sqrt{\frac{1^{gr},0959}{v}}.$$

Pour avoir v, on remarquera que 10 heures solaires moyennes, étant converties en temps sidéral, valent $10^h,027379$, page 60. Par conséquent, si l est la différence des longitudes, et t la différence des temps écoulés entre deux observations consécutives, comme, dans un petit intervalle de quelques minutes, le mouvement du soleil sur son orbite peut être supposé uniforme, on aura, par une simple proportion,

$$v = \frac{l . 10^h,027379}{t},$$

et alors la formule qui donne r devient

$$r = \sqrt{\frac{1^{gr},0959\, t}{l . 10^h,027379}}.$$

C'est ainsi que l'on a calculé la Table qui est rapportée dans la page suivante.

Du reste, j'ai employé les observations telles qu'elles se trouvent rapportées, et sans y faire aucune correction. Il est, par conséquent, possible que ces résultats s'écartent, dans leurs dernières décimales, de ceux dont on fait usage dans les Tables astronomiques, ces dernières étant liées par la théorie et déduites d'un si grand nombre d'observations, que les plus petites erreurs s'y compensent mutuellement.

Je dois encore faire remarquer que la distance qui est ici prise pour unité dans notre tableau, et à laquelle répond la vitesse angulaire moyenne $1^{gr},0959$, n'est pas la distance moyenne du soleil à la terre, mais une quantité un peu plus petite. En effet, si l'on prend la distance moyenne pour unité, et que l'on nomme y celle qui répond à la vitesse angulaire $1^{gr},0959$, on aura, en

les observations telles qu'elles ont été faites sans aucune modification, afin d'obtenir des résultats exempts de toute connaissance anticipée.

DATES des observations.		LONGITUDES du soleil.	DISTANCES à la terre.
		gr	
Janvier	12 à 13.........	325,2624	0,98448
Février	17 à 18.........	365,8143	0,98950
Mars	14 à 15.........	393,5520	0,99622
Avril	28 à 29.........	42,7101	1,00800
Mai	15 à 16.........	60,9586	1,01234
Juin	17 à 18.........	96,0689	1,01654
Juillet	18 à 19.........	128,9228	1,01658
Août	26 à 27.........	170,4218	1,01042
Septembre	22 à 23.........	199,7104	1,00283
Octobre	24 à 25.........	236,0076	0,99303
Novembre	18 à 20.........	264,4958	0,98746
Décembre	17 à 18.........	295,5333	0,98415

Ces données ont servi pour construire la *fig.* 20, qui représente ainsi graphiquement l'orbite annuelle que le soleil décrit, ou semble décrire, dans le plan de l'écliptique autour du centre de la terre.

---

la comparant avec la distance apogée,

$$\frac{y}{1,0168} = \sqrt{\frac{1^{gr},0591}{1^{gr},0959}},$$

ce qui donne $y = 0,99958$, valeur un peu moindre que l'unité. Mais on voit en même temps que la différence est extrêmement petite, ce qui tient à ce que les distances périgée et apogée du soleil sont presque égales. Réciproquement, si l'on veut prendre pour unité la distance y qui correspond à la vitesse angulaire moyenne, alors la distance moyenne entre les distances extrêmes sera exprimée par $\frac{1}{0,99958}$, ou 1,00041.

Pour montrer que ceci tient au peu de différence des distances périgée et apogée, soient v', v'' les vitesses périgée et apogée, r', r'' les rayons corres-

Cette courbe est un peu allongée dans le sens de la droite qui joint les observations de décembre et de juin. Par conséquent, c'est vers ces points que se trouvent le périgée et l'apogée.

---

pondants ; on aura, par la loi des aires,

$$r''^2 v'' = r'^2 v',$$

par conséquent

$$v'' = \frac{v' r'^2}{r''^2}.$$

Soit maintenant v la vitesse angulaire, qui est moyenne arithmétique entre les vitesses extrêmes, on aura

$$v = \frac{v' + v''}{2},$$

ou, en mettant pour v'' sa valeur et réduisant,

$$\frac{v}{v'} = \frac{r''^2 + r'^2}{2r''^2};$$

or, en nommant r la distance correspondante à la vitesse v, on aura de même, par la loi des aires,

$$r^2 v = r'^2 v',$$

et, par conséquent,

$$\frac{v}{v'} = \frac{r'^2}{r^2}.$$

Ces deux valeurs de $\frac{v}{v'}$, étant égales entre elles, donnent

$$\frac{r'^2}{r^2} = \frac{r'^2 + r''^2}{2r''^2}, \quad \text{ou} \quad r^2 = \frac{2r'^2 r''^2}{r'^2 + r''^2}.$$

Cette expression peut être mise sous la forme suivante :

$$r^2 = \left(\frac{r'' + r'}{2}\right)^2 - \frac{(r''^2 - r'^2)^2 + 2r'r''(r'' - r')^2}{4(r'^2 + r''^2)},$$

ou bien

$$r^2 = \left(\frac{r'' + r'}{2}\right)^2 - (r'' - r')^2 \left[\frac{(r'' + r')^2 + 2r'r''}{4(r'^2 + r''^2)}\right].$$

Sous cette forme, on voit que r ne diffère de $\frac{r'' + r'}{2}$ que par une quantité qui a pour facteur $(r'' - r')^2$, c'est-à-dire le carré de la différence des distances périgée et apogée, différence extrêmement petite, par la nature de l'orbe solaire.

295. La nature géométrique de cette orbite ovale est très-importante à découvrir, car elle doit évidemment caractériser la force physique qui oblige l'astre à la décrire dans le vide du ciel. Mais, sa différence avec une circonférence exacte est si petite que l'on n'y trouverait pas d'indices assez précis pour constater sa forme rigoureuse avec une entière certitude. On n'a pu y parvenir qu'en se guidant sur les analogies tirées des mouvements des autres corps célestes, où des différences pareilles se montraient beaucoup plus manifestement. Même, en s'aidant de ces secours, on n'est arrivé à la vérité qu'après beaucoup de tentatives dont l'inexactitude a été successivement reconnue, à mesure que les procédés d'observation se perfectionnaient. Sans entrer ici dans le détail de tous ces essais, qui ont occupé les astronomes pendant près de vingt siècles, je dois au moins en retracer la marche générale, et en marquer les principaux progrès, pour ne pas amener tout de suite le lecteur aux lois réelles, par une sorte d'inspiration conjecturale qui ne lui présenterait rien d'assuré. Il pourra, d'ailleurs, considérer ce qui va suivre comme un simple aperçu préliminaire, dont les détails s'éclairciront progressivement plus tard, à mesure que nous avancerons dans l'examen précis des faits spéciaux.

Exposé succinct des principales hypothèses qui ont été successivement imaginées pour représenter les orbites des corps célestes doués de mouvements propres.

296. Ce fut une croyance générale de toute l'antiquité que les mouvements révolutifs des corps célestes devaient être essentiellement uniformes. Il était, en effet, fort difficile alors de concevoir qu'ils pussent être variables, les voyant s'accomplir librement dans l'espace et revenir toujours périodiquement les mêmes, sans déceler l'existence d'aucun obstacle qui eût modifié leurs vitesses propres. Comment auraient-ils pu s'accélérer ou se ralentir, étant éternels et opérés sans choc, ni rencontre, ni résistance? L'idée d'une force physique agissant invisiblement hors du contact, et s'exerçant avec des énergies inégales à des distances diverses, aurait seule pu indiquer la possibilité d'une vitesse de circulation chan-

geante dans un corps libre. Mais les attractions de l'aimant et des corps électrisés par friction étaient l'unique exemple que l'on eût de pareilles forces, et personne, avant Képler, n'eut le génie ou la hardiesse de faire ce rapprochement. Copernic lui-même admettait encore l'uniformité des mouvements comme une condition inhérente à la nature des corps célestes, dont l'existence éternelle repugnait à toute supposition d'imperfection ou d'inconstance. *Quoniam*, dit-il, *ab utroque abhorret intellectus; essetque indignum tale quiddam in illis existimari* (*).

297. L'uniformité des mouvements étant admise, il s'ensuivait que toutes les variations observées dans les vitesses angulaires du soleil et des planètes, en diverses parties de leur marche révolutive, devaient être purement optiques, c'est-à-dire qu'elles devaient résulter uniquement des conditions de direction et de distance dans lesquelles les éléments successifs de la courbe uniformément décrite se présentaient en perspective à nos yeux. Mais quelles étaient ces courbes? Il était très naturel de les supposer circulaires; car, dans toute autre hypothèse, leurs inflexions auraient été sans cause. Le cercle seul présentait, autour de son centre, des conditions de similitude compatibles avec une identité permanente de mouvement et d'état physique, dans toutes les phases de chaque révolution. Le problème de l'astronomie planétaire, ainsi envisagé, consista donc à faire mouvoir uniformément le soleil, la lune et les planètes sur des cercles divers tellement placés dans le ciel, que les positions successives de ces corps, vues de la terre, concordassent avec les déplacements angulaires qu'on y observe. Ce fut là le but unique des astronomes grecs. Ils n'avaient pas, comme nous, la nécessité de satisfaire aussi aux conditions qui se tirent des variations de distance, ne possédant pas d'instruments optiques assez subtils pour les conclure de la mesure des diamètres apparents, avec la sûreté indispensable pour en pouvoir faire usage. Faute de cette donnée, leurs systèmes d'orbites ne furent que des fictions mathématiques sans réalité, et ils se virent contraints de les compliquer tellement pour représenter les

(*) *De Revolutionibus corporum cœlestium*, p. 3, editio princeps.

détails des apparences observables, qu'ils ne devaient pas avoir d'autre valeur, même à leurs yeux (*).

298. L'application de ces idées aux mouvements du soleil est très-simple. La construction qu'Hipparque imagina pour les représenter se voit dans la *fig.* 21. Cet astre, désigné par S, décrit uniformément un cercle situé dans le plan de l'écliptique, et dont le centre C est placé à une certaine distance de la terre désignée par T. La droite CT, prolongée dans les deux sens, marque le périgée en P, l'apogée en A, aux deux extrémités d'un même diamètre. Quand l'astre arrive en ces points, il est vu de la terre et du centre du cercle, suivant une même direction. Mais, quand il se trouve en toute autre place, par exemple en S, ces directions diffèrent, puisqu'alors le rayon central CS et le rayon visuel TS forment entre eux un angle CST, plus ou moins ouvert. Supposant donc à CS un mouvement angulaire uniforme autour du centre C, TS aura un mouvement angulaire variable autour du centre T de la terre. L'étendue de cette variabilité dépendra évidemment du rapport de grandeur qu'on établira entre le rayon CA ou CP du

---

(*) L'exposé qui va suivre offre seulement un aperçu général des hypothèses qu'on a successivement imaginées pour représenter les mouvements planétaires. Les personnes qui voudraient les étudier avec plus de détail en trouveront une analyse très-exacte dans le *Traité d'Astronomie théorique* de Schubert, tome II, livre III; Pétersbourg, 1822. Je dois seulement avertir que cet auteur a présenté les découvertes de Képler plutôt suivant un ordre de déduction logique que suivant l'ordre d'invention réel et véritable qui les a fait naître et s'accomplir. J'ai tâché d'être plus fidèle à cette condition. Delambre a exposé non moins complétement, mais plus confusément, ces doctrines dans son *Histoire de l'Astronomie ancienne et moderne*, au tome II de la première et I de la seconde. Le tableau qu'il trace des idées de Képler semble presque esquissé d'après les notes marginales du traité *De stellâ Martis*, plutôt que d'après un sentiment profond du texte de cet admirable ouvrage. Laplace a présenté l'ensemble de tous les efforts de l'esprit humain avec sa supériorité habituelle, dans l'*Exposition du Système du monde*, liv. V, chap. II et IV. Quand nous aurons complétement établi, dans ce qui va suivre, les formules du mouvement elliptique, on trouvera, à la fin du chapitre XI, quelques applications de calcul relatives aux hypothèses circulaires, qui achèveront de fixer précisément les notions préliminaires que j'ai pu seulement en donner ici.

cercle excentrique et l'excentricité CT. Les conditions de la construction seront ainsi : 1° que les sommets A, P soient placés dans l'écliptique, aux points du ciel où la vitesse angulaire observée est la plus lente et la plus rapide; 2° que le rayon CS décrive son cercle dans l'intervalle de temps qui s'écoule entre deux retours consécutifs du soleil à chacun de ces points, qu'Hipparque supposait fixes; 3° que le rapport de CT à CA ou CP donne au rayon visuel TS une vitesse angulaire apparente toujours conforme à celle qu'on observe. Hipparque, et après lui Ptolémée, satisfirent à ces conditions avec une exactitude suffisante pour représenter les observations imparfaites de leur temps, dans les limites d'erreurs qu'elles comportaient. La construction ainsi obtenue reproduit beaucoup moins bien les variations des distances que les mesures des diamètres apparents nous font maintenant connaître; mais ils ne s'en occupaient pas.

299. Lorsqu'ils voulurent appliquer la même hypothèse géométrique aux mouvements de la lune et des planètes, ils la trouvèrent insuffisante. On en multiplia les éléments conditionnels pour l'y adapter. Ainsi on fit mouvoir circulairement le centre C de l'excentrique autour du centre de vision T, ce qui fournissait une arbitraire de plus dont on disposait. On imagina encore une autre construction qui, étant considérée seulement comme un artifice géométrique, se prêtait à des modifications plus générales. Son cas le plus simple est représenté *fig.* 22. Autour du centre de vision T, toujours supposé fixe, on décrivit un premier cercle appelé, par ce motif, *homocentrique*. Mais on l'appela aussi *déférent*, parce qu'on l'employait pour *porter* le centre C′ d'un second cercle mobile, sur le contour duquel on plaçait l'astre L, qui le décrivait d'un mouvement uniforme, tandis que le centre C′ se transportait aussi uniformément sur le premier. En suivant la même idée, ce deuxième cercle pouvait porter le centre d'un troisième C″, *fig.* 23; celui-ci le centre d'un quatrième, et ainsi indéfiniment, l'astre étant mis en mouvement uniforme sur le dernier de tous. Ces cercles, portés par d'autres, furent nommés *épicycles*. Ptolémée n'en admit qu'un seul, même pour les planètes; mais il le combinait avec un excentrique, comme le représente la *fig.* 24, et il y ajouta encore cette condition, que son centre C′ tournât avec un mouvement angulaire uniforme autour d'un point F′ distinct du centre C de l'excentrique, ce qui fournissait une arbitraire de plus. Ce point fut appelé *centre d'égalité*, ou *équant* (*).

Je ne veux ici que mentionner ces fictions complexes. Elles subsistèrent jusqu'au temps de Képler, vers le commencement du XVIIe siècle (1609). Toutefois, dans l'intervalle, on avait fait de grands pas vers la vérité. Copernic avait montré que toutes les apparences observées s'expliquaient avec une généralité d'analogies bien plus vraisemblable, en ne supposant pas la terre fixe, mais la faisant mouvoir, ainsi que les planètes, autour du soleil comme centre, et transportant la condition de fixité relative à ce grand corps. Tycho, moins philosophe dans ses vues, admettait la circulation des planètes autour du soleil; mais il maintenait la terre fixe et faisait tourner le soleil autour d'elle avec son cortége de planètes. Tous deux appliquaient, d'ailleurs, les excentriques et les épicycles à leurs conceptions, selon le besoin, pour représenter les inégalités des mouvements apparents, qu'ils supposaient toujours être purement optiques. Képler s'éleva le premier à des

---

(*) Copernic employa le premier les doubles épicycles pour suppléer à l'équant de Ptolémée, en quoi il fut imité par Tycho. C'était une innovation malheureuse qui s'éloignait encore plus de la vérité physique que l'hypothèse grecque; car on verra plus tard que le point d'équant F′ de la *fig.* 24 correspond précisément au foyer *supérieur* de l'ellipse que chaque planète décrit en réalité autour du soleil placé à l'autre foyer, appelé, par opposition, *inférieur*. La *fig.* 23 des doubles épicycles est copiée dans l'ouvrage de Tycho intitulé *Astronomiæ instauratæ progymnasmata*, page 479. La *fig.* 24, représentative de l'hypothèse grecque, est prise dans le livre de Copernic *De Revolutionibus corporum cœlestium*, page 141. La lettre T y désigne la terre, qui se trouve ainsi substituée au soleil comme centre, ou plutôt comme foyer inférieur des mouvements de la planète considérée. Mais l'épicycle ajouté à l'excentrique avait, non pas pour effet intentionnel, mais pour résultat, de transporter à la planète les variations apparentes de mouvements *angulaires* qui étaient opérées par le déplacement effectif de la terre sur le contour de son orbite propre. Ce transport n'était pas même tout à fait exact quant aux angles visuels, et il était complétement inexact quant à la reproduction des distances absolues de l'astre au foyer réel de son mouvement de circulation, qui était le soleil, non pas la terre.

idées plus justes et plus générales. Le système de Copernic lui semblait le seul vrai ; mais il le voulait débarrassé des rouages artificiels que ce grand homme y avait laissés, avec des orbites simples liées entre elles par des lois communes de distances et de mouvements qui les comprissent dans un même ensemble. La publication de son premier ouvrage, intitulé *Mysterium cosmographicum*, le mit, à l'âge de vingt-six ans, en communication de lettres avec Tycho, alors réfugié en Bohême, où il avait apporté tous les instruments qu'il avait fait exécuter à grands frais dans son observatoire d'Uranibourg, et la masse considérable d'observations, d'une précision toute nouvelle, qu'il avait accumulées pendant vingt années. Tycho voulait fonder sur ces documents de nouvelles Tables astronomiques, qu'il se proposait d'appeler *Rudolphines*, du nom de l'empereur Rodolphe II, qui lui avait donné une généreuse hospitalité. Il avait amené avec lui un astronome danois, Longomontanus, qu'il s'était depuis longtemps attaché. Mais son assistance ne lui suffisait pas ; il sollicita Képler de venir coopérer à cette grande entreprise, et l'y décida en obtenant pour lui le titre de mathématicien de l'empereur, avec un traitement annuel. Avant la fin de cette même année (1601), Tycho mourut, et Képler, rendu dépositaire de son trésor d'observations, fut seul chargé de construire ces Tables, devenues si célèbres, qui lui coûtèrent vingt-cinq ans de travaux continus.

Ces circonstances, à la fois heureuses et fatales, furent accompagnées d'un hasard qui eut des conséquences immenses. Lorsque Képler vint se fixer près de Tycho, celui-ci s'occupait, avec Longomontanus, de la théorie de Mars. Képler s'y appliqua donc comme eux. Or, à l'exception de Mercure, trop difficile à voir, Mars est, de toutes les planètes connues alors, celle qui s'écarte le plus du cercle. Son orbite entoure l'orbite terrestre à moins de distance que tout autre. Cela amène la terre fort près de Mars quand elle passe entre lui et le soleil dans les *oppositions*, et elle s'en éloigne aussi trois fois plus dans les *conjonctions* quand c'est le soleil qui se trouve entre elles et Mars. Ces particularités, que je me borne à énoncer par avance, produisent des variations d'aspect dont l'étendue est spécialement propre à mettre en évidence la vraie forme de l'orbite, ainsi que les lois réelles du mouvement de l'astre. *C'est par Mars qu'il faut attaquer les secrets de l'astronomie planétaire, ou les ignorer toujours* (*); car les orbites des autres planètes, que l'on pouvait anciennement étudier, diffèrent tellement peu du cercle, que les caractères qui les en distinguent, quoique très-certains et susceptibles d'être rigoureusement prouvés quand l'analogie a indiqué qu'ils existent, n'auraient jamais pu être reconnus avec certitude par une investigation immédiate. Si Képler n'eût pas été jeté d'abord dans la théorie de Mars, les lois du mouvement elliptique et la gravitation universelle seraient peut-être encore ignorées aujourd'hui.

300. Il se proposa d'abord d'employer les observations de Tycho pour éprouver les anciennes hypothèses de mouvements et d'orbites, en les adaptant au système de Copernic sous la forme la plus simple qu'elles puissent recevoir. Celle qu'il adopta est reproduite dans la *fig.* 25, *Pl. VIII.* S est le soleil supposé fixe. Autour de lui, Mars, désigné par la lettre M, décrit un cercle excentrique dont le centre se trouve quelque part en C sur le diamètre PSCA, qui, en conséquence, contient les positions périhélie et aphélie de la planète. Ce même diamètre contient aussi un point F′, autour duquel le mouvement angulaire est uniforme, c'est-à-dire que la droite idéale MF′ décrit dans le plan du cercle des angles proportionnels aux temps. Ce point F′ est l'équant de Ptolémée pris avec un caractère d'indétermination plus général. Les éléments arbitraires de l'hypothèse sont : 1° la direction absolue du diamètre PSA, définie par l'angle que sa projection sur le plan de l'écliptique forme avec la ligne fixe S♈, menée du centre du soleil au point de la sphère stellaire qui marque l'équinoxe vernal, à l'époque prise pour origine du temps ; 2° la distance CS appelée, par Képler, l'*excentricité de l'excentrique* ; 3° la distance CF′, qu'il nomme l'*excentricité de l'équant*. La somme SF′ compose l'*excentricité totale*. Les conditions du problème sont : 1° que l'astre M

(*) Ce sont les propres paroles de Képler, *De stellâ Martis*, cap. VII, pag. 53. Il y raconte toutes les circonstances qui le mirent en relation avec Tycho, et je les ai rapportées ici d'après son récit même.

décrive son cercle dans le temps observé de sa révolution sidérale, du moins en supposant le diamètre PSA fixe dans le ciel, ou en tenant compte de ses déplacements s'il en éprouve; 2° que le rayon vecteur MS décrive autour du soleil des angles dont la variabilité soit conforme aux observations, en s'accordant aussi avec elles dans ses changements de longueur, de manière à placer toujours l'astre au point du ciel qu'elles lui assignent en réalité.

301. Képler s'occupa d'abord exclusivement du mouvement angulaire. On en découvre les circonstances phénoménales en observant la planète, dans les oppositions, quand la terre passe entre elle et le soleil. J'indiquerai seulement ici l'esprit de la méthode, devant rejeter plus loin les détails. Dans le système de Copernic, modifié par Képler conformément aux analogies naturelles, les plans des orbites planétaires passent tous par le centre du soleil. Désignons par NSN', *fig.* 25, la trace du plan de l'orbe de mars sur le plan de l'écliptique, trace qu'on nomme la *ligne des nœuds*. Aux époques des oppositions, la terre, qui reste dans l'écliptique, s'y trouve sur la projection du rayon vecteur MS. Sa longitude héliocentrique, qui est connue à chaque instant, donne donc alors celle de cette projection, comptée de la ligne fixe S♈; et puisque la longitude de la trace NN' est aussi connue, on a, par différence, l'angle que cette même projection forme avec elle. Or l'inclinaison du plan de l'orbite sur l'écliptique a été préalablement déterminée. Pour Mars, elle est d'environ 1°50' sexagésimales. D'après ces données, un calcul trigonométrique très-simple fait connaître l'angle MSN, que le rayon vecteur MS lui-même forme avec la ligne des nœuds, vers une de ses extrémités N, conventionnellement choisie. Ce sera, par exemple, celle où la planète se trouve, quand son mouvement propre la porte du sud au nord de l'écliptique. On l'appelle le *nœud ascendant*.

302. Képler rassembla douze oppositions, observées ainsi tant par Tycho que par lui-même dans l'intervalle des années 1580 et 1604. Il en prit d'abord quatre, et, pour chacune, il calcula l'angle MSN. Il eut ainsi, dans le plan de l'orbite, quatre droites, dirigées au centre du soleil, sur lesquels Mars s'était successivement trouvé à des instants connus. Il obtint, par différence, les angles compris entre ces droites, ainsi que les temps employés par Mars, pour aller de l'une à l'autre. Avec ces six données, il parvint à déterminer la direction stellaire du diamètre ASP, allant de l'aphélie au périhélie, plus les positions des deux points C, F′ sur ce diamètre, définies par leurs distances respectives au centre du soleil. Ces distances exprimées en partie du rayon CM de l'excentrique, pris pour unité de longueur, se trouvèrent avoir les valeurs suivantes :

Excentricité de l'excentrique...	$CS = 0,11332$
Excentricité de l'équant.......	$F'C = 0,07232$
Excentricité totale...........	$SF' = 0,18564$

Képler résolut ce problème par des essais numériques, qu'il recommença soixante-dix fois avant d'arriver à des résultats dont la concordance avec les données lui parut suffire. Il les effectua sans le secours des logarithmes qui n'étaient pas encore inventés, et même sans la connaissance des fractions décimales qui n'étaient pas encore en usage. Ce fut un travail prodigieux (*).

303. D'après ces nombres, le centre C de l'excentrique était notablement plus distant du soleil que de l'équant F′ : c'était un résultat remarquable ; car, en exprimant les déterminations de Ptolémée par une construction semblable, le centre C aurait dû bissecter l'excentricité totale SF′, en deux parties égales, comme dans notre *fig.* 24 ; mais l'inexactitude des observations employées par l'astronome grec avait pu l'induire en erreur. Ce n'était pas une raison suffisante pour rejeter l'hypothèse, il fallait l'apprécier par ses conséquences observables. Partant donc des éléments de l'orbite qu'il avait obtenus, Képler en déduisit, par un calcul inverse, les douze longitudes héliocentriques où Mars avait dû se voir dans chacune des oppositions observées depuis 1580 jusqu'à 1604. Mais, jugeant avec raison que, pendant ce long intervalle, la ligne des nœuds ainsi que la direction du périhélie et de l'aphélie avaient dû se déplacer, il détermina leur mouvement

(*) *De stellâ Martis*, cap. XVI, p. 95.

par la comparaison de leurs lieux modernes avec ceux que Ptolémée leur assigne, et il en tint compte par correction. Alors il trouva que les douze longitudes calculées de Mars s'accordaient avec les longitudes réservées dans des limites d'écart si petites et si accidentées, que l'on n'en pouvait répondre. Les différences étaient de l'ordre des erreurs que les observations comportaient (*).

304. Néanmoins, cette épreuve ne lui parut pas encore décisive, et il avait toute raison de la suspecter. Les longitudes héliocentriques observées dans les oppositions donnent seulement la direction suivant laquelle le rayon vecteur SM se projette sur l'écliptique, elles n'indiquent pas sa longueur absolue. Une orbite fautive quant aux distances de l'astre au soleil pourrait donc encore reproduire ces directions avec peu d'erreur. Mais sa défectuosité s'apercevra bien mieux, si l'on déduit de ces distances les latitudes géocentriques qui doivent s'observer dans les oppositions, parce que les inexactitudes commises dans l'évaluation du rayon vecteur SM mettront nécessairement l'astre en projection sur un point du ciel autre que celui où on l'observe. La différence devra être surtout notable pour Mars, lorsqu'il arrive à l'opposition dans les parties de son orbite les plus écartées de l'écliptique; cette circonstance, jointe à sa proximité de la terre, élevant alors sa latitude géocentrique à plus de 6°. Une autre particularité favorable, c'est que, dans de tels cas, il se trouve aussi très-près de sa plus grande ou de sa plus petite distance au soleil, parce que la droite PSA, qui contient ses points de périhélie et d'aphélie, forme un très-grand angle avec la trace NN′ du plan de son orbite sur l'écliptique, comme le représente notre *fig.* 25. Képler eut donc recours aux oppositions de Mars qui avaient été observées dans ces conditions speciales, pour lesquelles aussi les latitudes géocentriques calculées par Tycho et Longomontanus s'étaient trouvées être le plus en erreur (**), et choisit des observations où Mars avait été vu tant avant qu'après ces époques, tant dans son aphé-

(*) *De stellâ Martis*, cap. XVIII, p. 109.

(**) *De stellâ Martis*, cap. XIX et seq.

lie que dans son périhélie, non pas hypothétiques, mais réels. Il forma alors deux triangles rectilignes, qui avaient pour bases les cordes de l'arc parcouru par la terre dans chaque intervalle, et leurs sommets à ces points, que je désigne par P′ et par A′ sur la figure, pour les distinguer de leurs analogues hypothétiques P, A. Il obtint ainsi leurs véritables distances au soleil SP′, SA′, exprimées en parties du rayon de l'orbe terrestre supposé circulaire. Leur demi-somme lui donna le rayon du cercle qui passait par ces sommets, et, le retranchant de la plus grande SA′, ou en retranchant la plus petite SP′, il trouva la distance SC′ de son centre au centre du soleil. Celle-ci divisée par le rayon réel C′A′, ou C′P′, eut pour valeur moyenne 0,09. Elle était donc notablement moindre que celle de SC qui, exprimée sous la même forme, avait été trouvée d'abord 0,11332. En outre, elle était presque exactement la moitié de l'excentricité totale SF′, qu'on avait trouvée exprimée par 0,18564. Ainsi, pour de telles positions de Mars, le centre C′ de l'orbite réelle bissectait cette excentricité totale en deux parties égales, comme Ptolemée l'avait supposé, mais il ne semblait pas devoir la bissecter dans d'autres. Képler constata encore cette discordance par plusieurs autres épreuves qui le conduisirent toutes au même résultat. Enfin, il les confirma par une dernière complétement décisive, il admit comme bonne l'excentricité bissectée; puis, décrivant l'excentrique autour du centre C′ assigné par cette hypothèse, il en déduisit les longitudes héliocentriques de Mars, pour diverses époques de sa révolution: en les comparant aux valeurs correspondantes observées par Tycho, il y trouva des différences qui s'élevaient jusqu'à 8 et 9′ de degré. Or les observations de Tycho ne comportaient pas, à beaucoup près, des erreurs de cet ordre. L'hypothèse géométrique qui les donnait était donc fausse, et l'orbite de Mars n'était assurément pas un cercle. Ptolémée avait pu s'y méprendre, confessant lui-même qu'il ne saurait répondre de 10′ de degré sur les observations qu'il employait. Maintenant le doute n'était plus possible; Képler en conclut que, pour sauver ces 8′ d'erreur impossibles à admettre, il fallait recommencer toute l'astronomie planétaire. Il se résolut à déterminer directe-

28..

ment la vraie forme de l'orbite de Mars, sans hypothèse, en combinant la mesure de ses distances au soleil, avec l'observation des angles qu'elles interceptent, puisque c'était surtout dans les distances que le cercle faisait défaut.

303. Son premier pas dans cette grande entreprise, ce fut d'établir les lois du mouvement de la terre, dans son orbite propre, plus sûrement, plus rigoureusement qu'on ne l'avait fait jusqu'alors (*). Ce préliminaire était indispensable, puisque les cordes des arcs décrits par la terre, entre des instants connus, fournissent les bases des triangles par lesquels on peut déterminer trigonométriquement les distances des planètes au soleil. La mesure des diamètres apparents, faite jusqu'alors à la vue simple, était trop incertaine pour qu'on pût l'employer à une telle détermination; et aujourd'hui même elle fournit plutôt une donnée d'exposition commode qu'un élément d'investigation réellement pratique et précis. Képler arriva à son but par un détour. Il prit, comme une sorte de signal trigonométrique, la planète Mars, ramenée à des points identiques de son orbite propre, par l'accomplissement d'un nombre entier de ses révolutions. La durée moyenne de ces phénomènes, constatée depuis des siècles, suffisait presque, quelle que fût l'orbite, pour assurer ainsi le retour de Mars à un même point de l'espace; et la théorie de son mouvement dans un excentrique, reconnue si peu défectueuse par les recherches précédentes, fournissait le moyen de compléter dans chaque cas l'identité. Cette condition ainsi remplie plaçait toujours Mars à l'extrémité d'une même droite, constante de position ainsi que de longueur, allant de son centre au centre du soleil. Képler emprunta aux observations de Tycho les angles visuels compris entre le soleil et la planète, que l'on avait mesurés à chacun de ces retours, des divers points de l'orbe terrestre où la terre s'était trouvée simultanément. Il eut ainsi plusieurs triangles rectilignes, ayant leur sommet commun au centre de Mars, ayant aussi la distance constante de cette planète au soleil pour côté commun; et pour leurs autres côtés les droites qui joignent le centre

(*) *De stellâ Martis*, cap. XXII et seq.

de la terre aux centres du soleil et de Mars au moment de chaque observation. Considérant alors que la construction de la *fig.* 25 s'était trouvée si peu en erreur pour Mars, il jugea, par une analogie évidente, qu'elle s'adapterait, sans doute, avec une approximation bien suffisante, à l'orbe terrestre, pour lequel on s'était contenté jusqu'alors de l'excentrique simple représenté *fig.* 21. Lui appliquant donc cette hypothèse, il admit, comme dans la *fig.* 25, que les arcs décrits par la terre, entre les époques des observations considérées, appartenaient à un même cercle, d'un rayon arbitraire, ayant son centre C à une distance inconnue du soleil, sur la droite connue menée de cet astre aux points aphélie et périhélie de la terre. Il suppose, en outre, sur cette même droite, un autre point F', autour duquel le mouvement angulaire était uniforme, laissant aussi sa distance au soleil indéterminée. Ce devait être le point d'équant propre à la terre, et analogue à celui des planètes. La résolution de ses triangles lui donna les deux distances SF', SC exprimées en parties du rayon du cercle arbitraire. Leurs valeurs se trouvèrent fort distinctes : celle de SF' était, en moyenne, 0,036 ; celle de SC était 0,18, c'est-à-dire exactement moitié moindre. C'était la même relation de bissection qu'il avait obtenue pour les deux points analogues de l'orbite de Mars, en mesurant directement ses distances aphélie et périhélie. Seulement, dans le cas actuel, toutes les épreuves qu'il imagina, et il en fit de très-diverses, reproduisirent constamment cette même bissection, sans différence appréciable ; de sorte que l'hypothèse générale, appliquée à la terre, paraissait devoir se construire comme le représente la *fig.* 21 *bis*, *Pl. VII.* Képler remarqua, toutefois, que ce défaut d'analogie entre les deux orbites pouvait n'être qu'une apparence occasionnée par la disproportion de leurs excentricités totales, qui, rapportées chacune au rayon de leur cercle, présentaient une valeur cinq fois plus petite pour la terre que pour Mars. L'insuffisance de l'hypothèse circulaire pouvait donc être appréciable dans l'orbite la plus excentrique, et devenir insaisissable dans celle qui l'était moins, quoiqu'elle fût réelle pour toutes deux. Képler remarqua encore, avec une grande satisfaction, que son excentricité totale SF', *fig.* 21 *bis*, était numériquement égale à l'excentricité TC, *fig.* 21, attribuée par Tycho à l'excentrique simple. La construction de Tycho était donc fautive, seulement quant à la position exactement centrale qu'il donnait au point autour duquel l'uniformité du mouvement angulaire existait. Mais le peu de distance de ce point F' au centre C de l'excentrique réel représenté *fig.* 21 *bis*, avait empêché de les distinguer dans les observations anciennes, et même dans les observations bien plus précises de Tycho, parce qu'on s'était borné à représenter l'uniformité supposée du mouvement angulaire, sans chercher à constater aussi l'invariabilité ou la variabilité de longueur des rayons vecteurs, menés soit du soleil, soit de la terre, au centre hypothétique de ce mouvement. Pour arriver à établir une distinction si délicate, il fallait d'abord être conduit à la soupçonner par analogie. Il fallait, en outre, l'exactitude toute nouvelle des observations de Tycho, et aussi leur grand nombre, où l'on pût en trouver qui s'appliquassent justement à une même position absolue de la planète qui servait de signal fixe. Le trait de génie, c'était d'avoir imaginé de l'employer à un tel usage.

306. L'orbe terrestre étant mieux défini, Képler s'appuya sur ses cordes, comme bases, pour établir des triangles ayant leurs sommets à Mars, d'où il pût déduire trigonométriquement, sans hypothèses, des distances successives au centre du soleil, ainsi que les angles compris entre ces distances dans le plan de l'orbite, tels que le mouvement de l'astre les produit et les associe en réalité (*). Quelques-uns de ces éléments lui avaient été donnés par les triangulations qu'il avait faites en se servant de Mars, comme signal, pour perfectionner la théorie du mouvement de la terre. Avant de les assembler, et d'en ajouter d'autres, il pose en principe que leurs lois naturelles d'association ne doivent sans doute pas se rapporter à des points fictifs vides de toute matière, mais au centre du soleil, comme source d'une action de nature magnétique, dont l'influence, s'exerçant à distance sur la planète, la retient autour de ce centre et régit sa vitesse de circulation (**).

(*) *De stellâ Martis*, cap. XLI et seq.
(**) *De stellâ Martis*, cap. XXXIV.

Généralisant, par de nouvelles épreuves, l'insuffisance de l'hypothèse circulaire qu'il avait entièrement démontrée dans un seul cas, il prouve que les données qu'il a obtenues, ne peuvent pas être rassemblées avec exactitude dans un seul et même cercle (*). Il les étudie alors en elles-mêmes, dans les phases croissantes ainsi que décroissantes de leurs valeurs ; et, par une suite de calculs équivalents à une construction géométrique de ces résultats, il reconnaît que l'orbite décrite n'est assurément pas un cercle, mais une courbe ovale dont un des sommets est plus rapproché du soleil que le sommet opposé (**). Il constate que la marche de la planète s'y opère avec des vitesses continuellement variées selon ses distances au soleil; s'accélérant depuis l'aphélie à mesure qu'elle se rapproche de lui, et se ralentissant par une progression pareille depuis le périhélie jusqu'à l'aphélie à mesure qu'elle s'en éloigne. Ces mutations dont Copernic repoussait même l'idée comme indigne de l'essence des astres, s'offraient, au contraire, à Képler comme des conséquences très-naturelles de l'action magnétique, variable avec les distances, qu'il supposait exercée par le corps central. Il chercha pendant bien longtemps quelle pouvait être la nature géométrique de cette trajectoire ovale. Enfin, après une multitude de tentatives variées, un hasard de nombre lui fit voir qu'elle était exactement une ellipse dont le centre du soleil occupe un des foyers, tandis que l'autre foyer était le point d'équant autour duquel le mouvement angulaire se trouvait sensiblement uniforme (***). L'orbe terrestre, si peu excentrique, s'identifia aisément à cette configuration, qu'il reconnut bientôt être commune à toutes les trajectoires planétaires, par la fidélité parfaite avec

---

(*) *De stellâ Martis*, cap. XLIV.

(**) *De stellâ Martis*, page 213. — *Itaque plane hoc est : Orbita planetæ non est circulus, sed ingrediens ad latera utraque paulatim, iterumque ad circuli amplitudinem, in perihelio exiens, cujusmodi figuram, ovalem appellitant.*

(***) Pour la discussion comparative des distances et des angles compris entre eux, *voyez* d'abord le chap. LI. Pour l'identification de l'orbite avec une ellipse exacte, *voyez* les chap. LIX et suivants.

laquelle les mouvements des astres qui les décrivent s'y trouvaient représentés. Il arriva ainsi à remplacer toute la complication des épicycles et des excentriques par ces deux lois si simples :

La terre et toutes les planètes circulent autour du soleil, dans des ellipses dont le centre de cet astre est un foyer.

La vitesse de circulation est telle, que, dans chaque ellipse, le rayon vecteur mené du soleil à l'astre décrit, dans le plan de l'orbite, des secteurs dont l'aire superficielle est proportionnelle au temps.

Cette proportion est différente pour les différentes planètes. Képler s'était invinciblement persuadé qu'elle devait changer de l'une à l'autre, suivant quelque relation commune, analogique, pouvant être mathématiquement exprimée. Cette idée était née dans son imagination dès les premières recherches qu'il tenta sur le système du monde. Après l'avoir retournée et essayée sous mille formes, pendant vingt-six ans, il la vit enfin réalisée dans cette condition générale :

Les carrés des temps des révolutions planétaires sont proportionnels aux cubes des demi-grands axes des ellipses parcourues.

La juste admiration de la postérité a nommé ces trois relations phénoménales *les lois de Képler*. Toutes les observations des astronomes les ont depuis confirmées. Elles ne sont pas seulement des équivalents plus simples, substitués aux énoncés antérieurs, elles expriment les conditions vraies et réelles des mouvements. C'est là ce qui fait leur importance. Car c'est en s'appuyant sur cette réalité, que Newton est parvenu à en déduire la loi de la force mécanique universelle par laquelle ces mouvements sont opérés(*).

(*) L'idée d'attribuer au soleil un pouvoir magnétique qui régit les mouvements de la terre et des planètes peut avoir été suggérée à Képler par le Traité de Gilbert, *De Magnete*, publié en 1600 à Londres. Dans ce remarquable ouvrage, Gilbert établit, par l'expérience, que la terre agit sur les aiguilles aimantées et sur les barres de fer placées près de sa surface, comme un véritable aimant ayant ses pôles propres ; et, par une extension hypothétique, qui était un pressentiment vague de la vérité, il va jusqu'à prétendre qu'elle est retenue autour du soleil dans son orbite rentrante, par l'affection magnétique qu'elle a pour cet astre. En transpor-

Reprise du mouvement apparent du soleil dans une ellipse, et sa représentation exacte, conformément aux lois de Képler.

307. L'exposé qui précède m'a paru être un préliminaire indispensable pour préparer et légitimer la marche que nous allons suivre. Il ne serait pas logique d'admettre sans preuve les propositions de Képler ; mais, avertis de leur existence et de l'importance qui s'y attache, nous pouvons, avec toute convenance, procéder sans détour à leur vérification immédiate, sur les résultats d'observation que nous avons préparés, en cherchant avec quel degré d'exactitude elles s'y adaptent. Déjà nous y avons reconnu l'existence de la proportionalité des temps, aux aires décrites par le rayon recteur. Car les relations des mouvements sont les mêmes quant aux apparences géométriques, soit que l'on considère la terre circulant autour du soleil, comme le font Copernic et Képler, ou le soleil circulant autour de la terre, comme nous l'avons jusqu'ici supposé dans nos calculs. Nous

---

tant cette affection au soleil, et la considérant comme le lien commun qui retient les planètes autour de lui dans leurs orbites, Képler cite Gilbert et s'en autorise (*De stellâ Martis*, page 176). Il ne tira pas une des conséquences les plus importantes que cette théorie pouvait lui suggérer. Il voyait bien qu'une action exercée ainsi, directement, par le soleil sur chaque planète, ne devait engendrer que des orbites fixes. Il ne savait à quoi attribuer le déplacement progressif des nœuds et des périhélies, qu'il s'efforça vainement d'expliquer par les hypothèses les plus bizarres (*De stellâ Martis*, page 376). Comment ne songea-t-il point ou n'aperçut-il pas que deux masses de fer simultanément attirées par un même aimant acquièrent, sous cette influence, le pouvoir de s'attirer aussi entre elles ? S'il avait eu cette idée, ou s'il avait fait cette observation, il aurait vu aussitôt que les actions magnétiques, exercées sur chaque planète par toutes les autres, devaient troubler la fixité des orbites. Mais ce rapprochement, qui nous paraît si simple, ne se présenta point à son esprit. Au reste, le fait de cette réaction mutuelle des masses devenues temporairement magnétiques sous l'influence d'un même aimant, ne se trouve pas non plus mentionnée dans l'ouvrage de Gilbert ; du moins je n'ai pas réussi à l'y découvrir.

continuerons provisoirement de suivre ce premier mode de représentation des phénomènes, qui s'offre d'abord aux yeux; et, pour essayer convenablement l'hypothèse de la forme elliptique sur la courbe solaire que nous avons tracée *fig.* 20, je rappellerai ici en peu de mots la nature de l'ellipse, ainsi que ses principales propriétés.

308. L'ellipse est une courbe plane telle, que la somme des distances d'un quelconque de ses points à deux points fixes, que l'on nomme *foyers*, est toujours la même. Pour la décrire pratiquement, d'après ce caractère, on fixe aux foyers les extrémités d'un fil que l'on tend par le moyen d'un style. On fait mouvoir ce style de manière que le fil soit toujours tendu, et la courbe est tracée quand il a fait une révolution entière. Voyez *fig.* 26. La droite menée par les deux foyers et terminée à la courbe se nomme le *grand axe* de l'ellipse. Le milieu de cet axe se nomme *centre*: il est également éloigné des deux foyers, et sa distance à un quelconque d'entre eux se nomme l'*excentricité*, parce qu'en effet, si les deux foyers se réunissaient au centre, l'ellipse se changerait en une circonférence de cercle, et elle n'en diffère qu'à raison de son excentricité. Enfin, une droite menée par le centre, perpendiculairement au grand axe, s'appelle le *petit axe* de l'ellipse; et la distance des extrémités de ce petit axe aux foyers se nomme *distance moyenne*, parce qu'en effet elle est moyenne arithmétique entre les distances apogée et périgée. Dans la figure, les points F, F′ sont les foyers de l'ellipse; le point C en est le centre, AP le grand axe; BF ou BF′ la distance moyenne; CF ou CF′ l'excentricité.

309. Maintenant, pour savoir si la courbe indiquée par les observations du soleil, que nous venons de calculer, est réellement et exactement une ellipse, il faut prendre l'équation indéterminée d'une ellipse quelconque, l'assujettir à satisfaire à quelques-unes de ces observations, et, après que ses éléments auront été déterminés par cette condition, nous verrons si elle représente également les autres observations, c'est-à-dire si elle donne, pour la distance du soleil à la terre, dans les différentes longitudes, des

valeurs égales à celles que nous avons rapportées dans le tableau précédent.

Cette recherche peut être rendue plus facile en profitant des indications données par les observations elles-mêmes relativement à la position de l'apogée et du périgée. Il est visible que l'apogée doit se trouver entre les observations de juin et de juillet, qui, dans notre tableau de la page 423, ont donné les plus grandes distances du soleil à la terre. De plus, comme ces valeurs sont presque égales, l'apogée doit se trouver à peu près au milieu des longitudes qui s'y rapportent. Dans cette supposition, la longitude de ce point serait 112^{gr},4958, et par conséquent celle du périgée serait 312^{gr},4958, puisque ces deux points sont opposés dans l'ellipse. En effet, si l'on considère les observations de décembre et de janvier, qui donnent les plus petites valeurs de la distance, et qui, par cette raison, doivent contenir le périgée, la moyenne des longitudes qui s'y rapportent est 310^{gr},3978, valeur peu différente de celle que nous venons de calculer.

On voit donc que si nous avions des observations faites précisément vers ces deux longitudes, les distances du soleil à la terre que l'on en déduirait seraient précisément les distances apogée et périgée. Or, en examinant sous ce point de vue le catalogue des observations publiées par Maskeline, d'où sont déjà extraites celles dont nous venons de faire usage, j'y trouve les suivantes, qui nous conviennent parfaitement :

DATES des observations 1775.		TEMPS sidéral à Greenwich.	LONGITUDE observée.	DIFFÉRENCE des temps.	DIFFÉRENCE des longitudes.	LONGITUDE intermed.	DISTANCE à la terre.
Juin	30	h 2,75365	gr 109,3195	h 10,02871	gr 1,0583	gr 109,8486	1,01767
Juillet	1	2,78236	110,3778				
Decemb.	30	7,76386	309,6956	10,03071	1,1343	310,2626	0,98309
	31	7,79457	310,8299				

L'arc de longitude compris entre ces observations n'est pas encore exactement égal à une demi-circonférence, comme cela devrait être, si les points auxquels elles se rapportent étaient exactement opposés dans l'orbite sur la même ligne droite; mais la différence étant fort petite, et seulement égale à $0^{gr},4140$, nous la négligerons dans une première approximation. Alors les distances données par ces observations seront censées être les distances apogée et périgée. Leur demi-somme 1,00038 sera donc la distance moyenne ou le demi-grand axe de l'ellipse (*). Leur demi-différence 0,01729 sera l'excentricité; et, en divisant ce dernier nombre par l'autre, on aura 0,01728 pour le rapport de l'excentricité au demi-grand axe. Enfin, en prenant une moyenne arithmétique entre les observations de longitude, on aura $110^{gr},0556$ pour la longitude de l'apogée en 1775, et par conséquent $310^{gr},0556$ pour la longitude du périgée.

310. Nous n'avons employé ici que quatre observations pour déterminer ces éléments; encore ces observations ne sont-elles pas exactement opposées sur l'orbite. D'ailleurs l'apogée et le périgée, que nous supposons fixes dans notre calcul, sont réellement mobiles dans le ciel, comme on le verra bientôt, et l'on sent qu'il faut avoir égard à ce déplacement dans la comparaison des observations. Enfin la méthode que nous venons d'employer pour déterminer les distances apogée et périgée n'est pas, à beaucoup près, la plus exacte de toutes celles que l'on peut employer, et nous en donnerons bientôt une autre qui lui est bien préférable. On doit donc regarder ce que nous venons de faire ici comme une simple

---

(*) On se rappelle que, dans tous ces calculs, nous avons pris pour unité la distance du soleil à la terre, qui correspond à la vitesse angulaire moyenne $1^{gr},0959$. Cette distance diffère un peu du demi-grand axe, et c'est pourquoi la valeur 1,00038, que nous venons de trouver pour le demi-grand axe, diffère un peu de l'unité. Nous avions déjà fait cette remarque dans la note de la page 422; et, en partant des valeurs exactes de l'excentricité et des vitesses diurnes, nous avons trouvé que le demi-grand axe devait être exprimé par 1,00041 : nous trouvons ici 1,00038 par les quatre observations de Maskeline, que nous avons combinées. La différence de ces résultats est extrêmement petite, et telle que les observations et surtout nos calculs la comportent.

approximation, et l'on peut facilement imaginer qu'en employant des méthodes plus précises, et, combinant un plus grand nombre d'observations, on doit arriver à des résultats qui méritent plus de confiance. En effet, en employant tous ces soins, Delambre a trouvé, pour la fin de 1775, le demi-grand axe de l'ellipse solaire égal à 1,00041, le rapport de l'excentricité au demi-grand axe égal à 0,0168, et la longitude du périgée égale à $310^{gr},0608$. Ces valeurs diffèrent bien peu de celles que nous venons de rapporter, mais pourtant on conçoit qu'il faut les employer de préférence, comme plus exactes.

311. Maintenant pour s'assurer que l'orbe solaire est réellement une ellipse, et une ellipse telle que nous venons de la déterminer, il n'y a qu'à chercher par le calcul, dans une pareille ellipse, les valeurs des distances du soleil à la terre pour chacune des longitudes rapportées dans notre tableau, et voir ensuite si ces valeurs s'accordent ou non avec celles que les observations nous ont données. C'est ce que j'ai fait, et j'ai rapporté les résultats de cette comparaison dans le tableau suivant (*) :

(*) Soient a le demi-grand axe d'une ellipse, e le rapport de l'excentricité au demi-grand axe, r le rayon vecteur mené du foyer à un point quelconque de l'ellipse. Soit v l'angle formé par le rayon vecteur avec la distance périgée, angle que les astronomes appellent l'*anomalie*. L'équation polaire de l'ellipse entre le rayon vecteur r et l'angle v sera (*Géom. analyt.*, 8e édition, page 261)

$$r = \frac{a(1-e^2)}{1+e\cos v}.$$

Pour appliquer ces résultats à l'orbe solaire, soient, *fig.* 27, T la terre, PSEA l'ellipse solaire, P le périgée, A l'apogée, S une position quelconque du soleil. L'angle STP sera égal à v. Maintenant, soit ETe la ligne des équinoxes, d'où l'on compte les longitudes. Dans la position actuelle de l'orbe solaire, E est l'équinoxe du printemps : car la longitude de l'apogée, ou du point A, est entre 100 et 200 grades; celle du périgée, ou du point P, entre 300 et 400 grades. En nommant donc l la longitude du soleil comptée de l'équinoxe E dans le sens EAS', qui est celui du mouvement propre de cet astre, et désignant par ϖ la longitude du périgée comptée du même équinoxe, on aura évidemment $v = l - \varpi$; et, en mettant cette valeur pour v

LONGITUDES observées.	DISTANCES déduites des observations.	DISTANCES calculées.	EXCÈS des observations.
$325^{gr},2624$	0,98448	0,98406	+ 0,00042
365,8143	0,98950	0,98949	+ 0,00001
393,5520	0,99622	0,99585	+ 0,00037
42,7101	1,00800	1,00845	− 0,00045
60,9586	1,01234	1,01233	+ 0,00001
96,0689	1,01654	1,01680	− 0,00026
109,8486	1,01767	1,01722	+ 0,00045
128,9228	1,01658	1,01647	+ 0,00011
170,4218	1,01042	1,01003	+ 0,00039
199,7104	1,00283	1,00286	− 0,00003
236,0076	0,99363	0,99352	− 0,00049
264,4958	0,98746	0,98762	− 0,00016
295,5333	0,98415	0,98403	+ 0,00012
310,2626	0,98309	0,98349	− 0,00040

Les différences entre les résultats calculés et les résultats observés sont si petites et si peu régulières, qu'on peut sans crainte

---

dans l'équation de l'ellipse, elle deviendra

$$r = \frac{a(1-e^2)}{1+e\cos(l-\varpi)}.$$

D'après les résultats de Delambre, que nous venons d'adopter, on a

$$A = 1{,}00041, \quad e = 0{,}0168, \quad \varpi = 310^{gr}{,}0608;$$

ainsi, en se donnant l, on aura r en nombres : c'est de cette manière que j'ai calculé les distances rapportées dans le tableau précédent.

Faisons $l = \varpi$; r sera la distance périgée TP, que je désignerai par r'. Cette valeur de l rend $l - \varpi$ nul, conséquemment $\cos(l - \varpi)$ égal à $+1$.

en attribuer une partie aux erreurs des observations. Mais on doit aussi en mettre quelque chose sur le compte de l'hypothèse elliptique, ou de la manière dont nous l'avons employée. C'est ce qui s'éclaircira par la suite. En attendant, nous pouvons toujours conclure de cet accord que l'orbe solaire est, à très-peu près, une ellipse dont la terre occupe un des foyers.

312. Nous avons vu que la distance moyenne du soleil à la terre étant 1, l'excentricité est 0,0168. Cette excentricité ne serait donc pas de 17 millimètres sur une ellipse dont le demi-grand axe aurait 1 000 millimètres ou 1 mètre de longueur. C'est pour cela qu'elle est si peu sensible dans la *fig.* 20; mais, dans le ciel, où la distance moyenne du soleil à la terre excède 34 millions de lieues, comme on le verra par la suite, cette excentricité a plus de 500 mille lieues de longueur.

Maintenant que nous connaissons déjà, d'une manière approchée, les éléments de l'orbe solaire, examinons les méthodes que les astronomes emploient pour trouver les valeurs exactes de ces éléments avec la dernière précision.

On aura donc

$$r' = \frac{a(1-e^2)}{1+e} = a(1-e).$$

Faisons maintenant $l = \varpi \pm 200^{gr}$; r sera la distance apogée TA, que je nommerai r''. Cette valeur de l rend $l - \varpi$ égal à $\pm 200^{gr}$, conséquemment $\cos(l-\varpi)$ égal à -1. On aura donc

$$r'' = \frac{a(1-e^2)}{1-e} = a(1+e);$$

de là on tire

$$r'' + r' = 2a, \quad r'' - r' = 2ae,$$

résultats conformes aux définitions de a et de e données dans le texte.

CHAPITRE X.

Manière de déterminer exactement la position de l'ellipse solaire sur le plan de l'écliptique. Origine du temps moyen.

315. Pour déterminer exactement la position de l'ellipse solaire, il faut fixer avec précision, sur l'écliptique, le lieu de l'apogée et du périgée. Ces points sont déjà connus d'une manière approchée, comme nous venons de le voir, d'après les observations diurnes, parce que la vitesse angulaire dans l'orbite y est la plus petite ou la plus grande. Mais il peut rester encore une indétermination d'un demi-jour sur l'instant précis auquel le soleil y passe. Pour les obtenir plus exactement, on remarque que le soleil doit employer une demi-année pour aller d'un de ces points à l'autre, et que la différence des longitudes de cet astre y est de 200 grades. La réunion de ces propriétés appartient exclusivement au grand axe de l'orbe solaire : car, si l'on mène par le centre de la terre une autre ligne droite qui coupe cette orbite en deux points, la différence de longitude de ces deux points sera bien égale à 200 grades; mais le temps employé par le soleil pour aller de l'un à l'autre différera d'une demi-révolution tropique. Il sera plus grand, si l'arc décrit contient l'apogée où le mouvement est plus lent; moindre, s'il contient le périgée où le mouvement est plus rapide.

Ce serait un hasard extraordinaire que l'on eût des observations qui différassent exactement de 200 grades, et dont l'intervalle fût précisément une demi-révolution annuelle; mais lorsqu'on a trouvé les observations qui satisfont le mieux aux conditions exigées, on y fait, d'après le mouvement connu du soleil, les petites corrections nécessaires pour avoir les temps et les longitudes véritables. Nous donnerons plus loin les formules nécessaires pour cet objet (*).

En appliquant ces considérations aux observations de Maske-

(*) On trouvera ces formules dans la note de la page 451.

line, Delambre a trouvé, comme nous l'avons dit, la longitude du périgée égale à 310gr,0608 pour la fin de l'année 1775.

314. Comparons ce résultat à des observations plus anciennes. En 1690, Flamsteed avait trouvé la longitude du périgée égale à 308gr,4355. Ce point de l'orbite du soleil s'est donc avancé de 1gr,6253, en 85 ans, ce qui fait 191″,21 par année. La théorie de l'attraction donne 191″,0668 (*), et l'on doit la regarder comme plus sûre que l'observation, lorsqu'il s'agit de si petites quantités.

Dans le chapitre IV du livre III de l'*Almageste*, Ptolémée rapporte une méthode de détermination du lieu de l'apogée solaire imaginée par Hipparque, par laquelle la longitude de ce point se trouve égale à 65° 30′ sexagésimales : cela donne la longitude du point opposé de l'orbite ou du périgée, égale à 245° 30′ de la même graduation ; ce qui, traduit en graduation décimale, équivaut à 272gr,7778. Malheureusement l'époque précise à laquelle l'évaluation s'applique n'est pas indiquée, Hipparque et Ptolémée même ayant cru que la longitude de ce point de l'orbe solaire était invariable. Si, par estime, nous la rapportons au temps où Hipparque s'occupait de la théorie du soleil, 141 ans avant l'ère chrétienne, comme nous l'avons vu page 103, le déplacement aura été de 37gr,2830 dans le sens direct, en 1916 ans, ce qui indiquerait une marche moyenne de 194″,57 par année. Mais l'incertitude de la date, et celle des données mêmes dont Hipparque a pu faire usage, rendent ce résultat bien plus douteux que celui qui se déduit des seules observations modernes, malgré leur intervalle restreint.

Le grand axe de l'orbe solaire n'est donc pas fixe dans le ciel. Il s'avance annuellement de 191″,0668 dans le sens du mouvement du soleil ; en sorte que sa longitude actuelle, comptée à partir de l'équinoxe vernal de chaque époque, va en s'accroissant toujours. Les astronomes arabes ont les premiers constaté ce mouvement du périgée solaire, en comparant la longitude du point

(*) *Mécanique céleste*, tome III.

où il se trouvait de leur temps, avec celle que Ptolémée lui avait assignée (*).

Lorsque le soleil est revenu au point de l'écliptique où le périgée se trouvait l'année précédente, le périgée actuel s'en est éloigné, et le soleil doit encore décrire 191″,0668 avant de le rejoindre. Le temps nécessaire pour cela est $\frac{191'',0668 . 365^j,242264}{400^{gr}}$ ou $0^j,017446$, à raison de la circonférence entière pour une année. A la vérité, l'ellipse solaire ne reste pas tout à fait immobile dans cet intervalle, et le périgée s'éloigne un peu du soleil pendant que cet astre le rejoint ; mais son mouvement est si lent, que l'on peut le négliger pendant un temps si court : et, en effet, en $0^j,017446$, il ne décrirait que $\frac{0,017446 . 191'',0668}{365,242264}$, quantité qui est au-dessous de 1 centième de seconde décimale. Au reste, si l'on voulait en faire le calcul rigoureux, il n'y aurait qu'à employer la méthode dont nous avons fait usage dans la page 104, pour trouver la valeur exacte de l'excès de l'année sidérale sur l'année tropique.

313. Par une suite nécessaire de ces phénomènes, le soleil emploie un peu plus d'une année tropique pour revenir à l'apogée

---

(*) Il est évident que ce déplacement de l'ellipse solaire a dû influer sur le calcul des observations par lesquelles nous avons reconnu l'ellipticité de l'orbite du soleil, dans la page 444. Cette influence était, à la vérité, fort peu sensible, parce que nous ne cherchions que les valeurs des rayons vecteurs de l'ellipse ; et, comme ils varient très-peu, une petite erreur sur la longitude à laquelle ils répondent ne les altère pas beaucoup. Mais l'erreur serait devenue beaucoup plus sensible, si nous eussions calculé la longitude du soleil d'après le temps écoulé depuis une époque donnée, par exemple depuis l'équinoxe. Maintenant que nous connaissons la mobilité de l'ellipse solaire, les observations de la page 443 ont besoin d'être reprises et calculées de nouveau, en tenant compte des corrections que ce mouvement nécessite. Telle est, en effet, la marche que les astronomes ont été obligés de suivre ; mais maintenant il suffit de concevoir la nécessité de ces approximations successives, et la manière dont on les a pu faire. L'exactitude des résultats qu'elles ont donnés se vérifie ensuite par la comparaison avec le ciel, sans qu'il soit nécessaire de repasser par ces mêmes essais.

ou au périgée de son orbite. La différence est égale à $0^j,017446$, et la durée de la révolution, par rapport aux absides, est $365^j,242264 + 0,017446$ ou $365^j,259710$. C'est ce que l'on nomme la *révolution anomalistique*, parce que l'on appelle *anomalie* du soleil la distance angulaire de cet astre au périgée de son orbite.

316. Cette période diffère sensiblement de la révolution tropique ; c'est donc elle qu'il faut employer pour reconnaître l'opposition des observations annuelles faites au périgée et à l'apogée. On conçoit, en effet, qu'il faut avoir égard au déplacement du périgée pendant l'intervalle des observations que l'on compare. Ces conditions forment la base de la méthode par laquelle on réduit à l'apogée et au périgée les observations qui sont faites très-près de ces points (*).

Le mouvement que nous venons de calculer est celui du pé-

(*) Les réductions dont il s'agit ici se déduisent des lois suivant lesquelles le soleil circule dans son ellipse ; lois que la théorie de l'attraction a fait connaître, ou plutôt qu'elle a tirées des observations et réduites en formules. Les résultats en sont renfermés dans les trois équations suivantes, qui ont également lieu pour les planètes, comme on le verra par la suite, et que j'emploierai comme les données fondamentales du problème :

$$(1)\quad t = \frac{T}{2\pi}(u - e\sin u);\quad \operatorname{tang}\tfrac{1}{2}(v - \varpi) = \sqrt{\frac{1+e}{1-e}}\,.\operatorname{tang}\tfrac{1}{2}u,\quad r = a(1 - e\cos u).$$

a est le demi-grand axe de l'ellipse, e le rapport de l'excentricité au demi-grand axe, π est la demi-circonférence dont le rayon est égal à 1, ϖ est la longitude du périgée, v est la longitude de l'astre comptée de la même origine, et r est le rayon vecteur ; l'un et l'autre correspondent au temps exprimé par t. Le temps est compté à partir du passage de l'astre au périgée ; T est le temps d'une révolution de l'astre par rapport à ce point ; enfin, u est un angle auxiliaire qui, s'il était éliminé, réduirait ces trois équations à deux, entre le temps t, la longitude v et le rayon vecteur ; mais comme l'élimination de u n'est possible que par des séries, il est plus simple de conserver le système des trois équations, et cela suffira pour l'objet que nous nous proposons ici.

Au premier coup d'œil, on serait tenté de croire que l'équation qui donne t n'est point homogène, parce qu'elle contient l'arc u et son sinus ; mais on remarquera que, dans ces formules, le rayon des Tables est pris pour unité, de sorte que l'arc u, son sinus et la quantité 2π sont toutes

rigée par rapport à l'équinoxe du printemps ; et nous voyons que sa longitude croît sans cesse. Mais nous avons vu précédemment que cet équinoxe a lui-même, sur l'écliptique, un mouvement

---

trois censées exprimées en parties de ce même rayon, ce qui conserve l'homogénéité, et permet de traiter ces quantités comme des nombres abstraits.

En effet, sous cette forme on peut également tirer les valeurs de la longitude et du rayon vecteur par le temps ; seulement, pour les obtenir, il faut donner à l'angle u des valeurs arbitraires, qui détermineront simultanément ces trois variables. Soit, par exemple, $u = 0$, nos trois équations donneront

$$t = 0, \quad v = \varpi, \quad r = a(1 - e);$$

alors la longitude de l'astre est égale à celle du périgée, le rayon vecteur est la distance périgée elle-même, et le temps est zéro. Nous avons donc eu raison de dire que le temps, dans ces formules, était compté à partir du passage de l'astre au périgée de son orbite.

Maintenant, supposez u égal à la demi-circonférence, c'est-à-dire à π, vous aurez alors $\sin u = 0$, $\cos u = -1$, $\tang \frac{1}{2} u$ infinie, aussi bien que $\tang \frac{1}{2}(v - \varpi)$; par conséquent, on aura alors

$$t = \frac{T}{2}, \quad v = \pi + \varpi, \quad r = a(1 + e),$$

c'est-à-dire qu'alors la longitude de l'astre est égale à celle du périgée augmentée d'une demi-circonférence ; l'astre est donc à l'apogée de l'ellipse. En effet, le rayon vecteur est égal à la distance apogée ; de plus, le temps est égal à $\frac{T}{2}$: ainsi, T exprime le temps que l'astre emploie à revenir au périgée. C'est la révolution anomalistique.

Si le périgée est fixe par rapport à l'origine des angles v et ϖ, l'astre, en revenant au périgée, revient aussi à la même longitude. Alors la révolution anomalistique est égale à la révolution de l'astre, par rapport à l'origine. Si le périgée est mobile relativement à cette origine, cette égalité n'aura plus lieu. Lorsque le mouvement du périgée sera direct, c'est-à-dire augmentera sa longitude, T surpassera la révolution relative à l'origine ; c'est le cas du soleil quand on le rapporte à l'équinoxe. Cela aurait encore lieu en comptant ses longitudes à partir d'un même point fixe de l'écliptique, puisqu'il a un mouvement sidéral direct de 36",44 par année. Le contraire arriverait si le mouvement du périgée était rétrograde, c'est-à-dire tendait à diminuer sa longitude : alors, l'astre reviendrait au périgée avant de revenir à la même longitude, et la révolution anomalistique serait plus courte que la révolution relative à l'origine des angles v et ϖ.

Ceci bien compris, nous allons en faire l'application au soleil. Nous

rétrograde, qui augmente chaque année les longitudes de tous les points du ciel, de $154'',6272$. Le déplacement absolu du périgée par rapport à un point fixe de l'écliptique, ou par rapport aux

---

compterons nos longitudes suivant la coutume ordinaire des astronomes, à partir de l'équinoxe moyen, c'est-à-dire corrigé de la nutation; par conséquent, il faudra attribuer au périgée son mouvement annuel direct de $191'',0668$, relativement à cette origine. Comme les observations que l'on compare sont ordinairement séparées par de courts intervalles de temps, tout au plus par un petit nombre d'années, il nous suffira de considérer le mouvement du périgée comme uniforme; de sorte qu'en nommant (ϖ) sa longitude à l'instant qui est pris pour origine du temps t, nous aurons, à un instant quelconque, compris dans les observations que l'on compare,

$$\varpi = (\varpi) + mt,$$

m étant une quantité constante qui exprime l'accroissement de la longitude du périgée pendant l'unité de temps; par exemple, si l'on veut exprimer t en jours solaires moyens, ce qui est l'usage ordinaire des astronomes, on aura $m = \frac{191'',0668}{365^j,242264}$, parce qu'en effet, en faisant $t = 365^j,242264$, la longitude du périgée, relativement au point équinoxial, doit être augmentée de $191'',0668$. En faisant t égal à deux années tropiques, l'augmentation sera double, et ainsi de suite.

Maintenant il faut supposer que (ϖ) n'est point connu exactement, mais à peu près, et seulement assez pour distinguer les observations qui n'en sont pas éloignées. On suppose donc que l'on a fait de pareilles observations du soleil à peu de distance de la longitude (ϖ), ou du périgée, et d'autres peu distantes de la longitude $\pi + (\varpi)$, ou de l'apogée. On demande de réduire exactement ces observations aux longitudes (ϖ) et $\pi + (\varpi)$, et d'en déduire la valeur de (ϖ).

L'artifice par lequel on y parvient consiste à développer les longitudes cherchées suivant les puissances de leur distance au périgée ou à l'apogée; alors, leurs valeurs se réduisent à leurs deux premiers termes, et comme leur intervalle est donné, la condition d'y satisfaire détermine les corrections dont elles ont besoin.

Commençons par les observations faites près du périgée; alors $v - \varpi$ est une fort petite quantité: ainsi, dans l'équation

$$\tang \tfrac{1}{2}(v - \varpi) = \sqrt{\frac{1 + e}{1 - e}} \cdot \tang \tfrac{1}{2} u$$

on peut substituer le rapport des arcs $\frac{1}{2}(v - \varpi)$, $\frac{1}{2}u$ à celui de leurs tan-

étoiles supposées immobiles, est donc égal à l'excès de son mouvement apparent sur celui des équinoxes, c'est-à-dire

$$191'',0668 - 154'',6272 = 36'',4396.$$

C'est le *mouvement sidéral* du périgée solaire : on voit que le

---

gentes, ce qui donne

$$u = (v - \varpi)\sqrt{\frac{1-e}{1+e}}.$$

La considération de la petitesse de u, étant pareillement introduite dans l'équation

$$t = \frac{T}{2\pi}(u - e\sin u),$$

permet de substituer l'arc u à son sinus, et cette équation se réduit à

$$t = \frac{T}{2\pi}(1-e)u,$$

ce qui donne

$$u = \frac{2\pi t}{T(1-e)};$$

par conséquent, en égalant ces deux valeurs de u,

$$\frac{2\pi t}{T(1-e)} = (v - \varpi).\sqrt{\frac{1-e}{1+e}};$$

et en mettant pour ϖ sa valeur $(\varpi) + mt$, on aura enfin

$$(2) \qquad t\left[1 - \frac{mT(1-e)^{\frac{3}{2}}}{2\pi\sqrt{1+e}}\right] = \frac{T(1-e)^{\frac{3}{2}}}{2\pi\sqrt{1+e}}[v - (\varpi)].$$

t est le temps écoulé depuis le passage à la longitude (ϖ) du périgée. Si cette longitude était connue, t serait aussitôt déterminé par cette équation. t doit être négatif pour les observations antérieures au passage de l'astre par le périgée.

Faisons le même développement pour les observations voisines de l'apogée. Les longitudes correspondantes à ces observations devront excéder les premières, et, à fort peu près, d'une demi-circonférence. Choisissons-en une qui corresponde ainsi à la longitude v, en sorte qu'en la nommant v', on ait

$$v' = v + \pi + \alpha,$$

α étant un fort petit angle. Dans l'intervalle des deux observations, la lon-

mouvement tropique du périgée excède le mouvement rétrograde des équinoxes; ainsi le mouvement sidéral du périgée est direct. La théorie de l'attraction a fait voir qu'il est produit par l'attrac-

---

gitude du périgée aura changé et sera devenue, par exemple, ϖ'; on aura donc

$$v' - \varpi' = v - \varpi' + \alpha + \pi;$$

et comme ϖ' est très-peu différent de ϖ, parce que les observations sont faites dans la même année, ou à peu d'années de distance, de sorte que le périgée a très-peu changé dans l'intervalle, on voit que $v' - \varpi'$, α et $v - \varpi' + \alpha$ sont encore de très-petits angles. Or, en prenant, dans cette expression, la valeur de $\tan \frac{1}{2}(v' - \varpi')$, on voit qu'elle est égale à

$$\tan[\tfrac{1}{2}(v - \varpi' + \alpha) + \tfrac{1}{2}\pi], \quad \text{ou} \quad \frac{-1}{\tan \frac{1}{2}(v - \varpi' + \alpha)}.$$

Représentons de même par u' la valeur correspondante de u, et supposons $u' = \pi + u_{,}$; nous aurons

$$\tan \tfrac{1}{2}u' = \frac{-1}{\tan \frac{1}{2}u_{,}}.$$

En substituant ces valeurs dans l'équation fondamentale

$$\tan \tfrac{1}{2}(v' - \varpi') = \sqrt{\frac{1+e}{1-e}}.\tan \tfrac{1}{2}u',$$

elle devient

$$\tan \tfrac{1}{2}u_{,} = \sqrt{\frac{1+e}{1-e}}.\tan \tfrac{1}{2}(v - \varpi' + \alpha);$$

et comme, par ce qui vient d'être dit, $u_{,}$ et $v - \varpi' + \alpha$ sont de fort petites quantités, on peut encore substituer le rapport des sinus à celui des arcs, ce qui donne

$$u_{,} = \sqrt{\frac{1+e}{1-e}}.(v - \varpi' + \alpha),$$

et, puisque $u' = \pi + u_{,}$,

$$u' = \pi + \sqrt{\frac{1+e}{1-e}}.(v - \varpi' + \alpha).$$

Si nous représentons maintenant par t' le temps qui correspond à cette observation, on aura, d'après les équations générales,

$$t' = \frac{T}{2\pi}(u' - e \sin u');$$

or

$$\sin u' = \sin(\pi + u_{,}) = -\sin u_{,},$$

ou simplement

$$\sin u' = -u_{,},$$

en substituant les arcs aux sinus, ce qui se peut dans ces très-petits angles,

tion des planètes et du soleil sur la terre. Il est par conséquent soumis à des inégalités produites par le déplacement des orbites de ces astres. Mais la lenteur de ces variations permet de le repré-

---

la valeur de t' deviendra donc

$$t' = \frac{T}{2} + \frac{T}{2\pi}\frac{(1+e)^{\frac{3}{2}}}{\sqrt{1-e}}(v - \varpi' + \alpha),$$

ou, en mettant pour ϖ' sa valeur $(\varpi) + mt'$,

$$t'\left[1 + \frac{mT(1+e)^{\frac{3}{2}}}{2\pi\sqrt{1-e}}\right] = \frac{T}{2} + \frac{T}{2\pi}\frac{(1+e)^{\frac{3}{2}}}{\sqrt{1-e}}[v - (\varpi)] + \frac{\alpha T(1+e)^{\frac{3}{2}}}{2\pi\sqrt{1-e}}.$$

C'est la valeur du temps t' écoulé depuis le passage à l'apogée jusqu'à l'instant de l'observation. Cette valeur serait connue si (ϖ) était connu.

Mais puisque (ϖ) n'est point connu, et qu'il n'entre que dans le terme $v - (\varpi)$, éliminons $v - (\varpi)$ entre cette équation et l'équation (2); cela est facile, puisqu'il n'entre qu'au premier degré dans les deux équations. Nous aurons ainsi, par la première,

$$v - (\varpi) = \frac{2\pi t.\sqrt{1+e}}{T(1-e)^{\frac{3}{2}}} + mt;$$

et substituant dans la seconde, il viendra

$$t' = \frac{T}{2} + t\frac{(1+e)^2}{(1-e)^2} - \frac{mT}{2\pi}\frac{(1+e)^{\frac{3}{2}}}{\sqrt{1-e}}.(t'-t) + \frac{\alpha T(1+e)^{\frac{3}{2}}}{2\pi\sqrt{1-e}}.$$

A la vérité, il entre ici deux inconnues t' et t; mais on connaît leur différence, car elle est égale au temps écoulé entre les deux observations. Nommons cet intervalle T', on aura $t' = t + T'$; et en éliminant t' par ce moyen, il restera

$$t[(1+e)^2 - (1-e)^2] = (1-e)^2\left(T' - \frac{T}{2}\right) + \frac{T(1-e^2)^{\frac{3}{2}}(mT' - \alpha)}{2\pi},$$

ou bien

$$t = \frac{(1-e)^2}{4e}\left(T' - \frac{T}{2}\right) + \frac{(1-e^2)^{\frac{3}{2}}}{4e}.\frac{T(mT' - \alpha)}{2\pi}.$$

C'est la *correction de la première observation faite vers le périgée.* Soient E l'époque de cette observation qui est connue, P celle du passage au périgée que l'on cherche, on aura

$$P = E - t.$$

Soit maintenant A l'époque du passage de l'astre à l'apogée, on aura

senter d'une manière suffisamment approchée par une expression composée de deux termes : l'un proportionnel au temps, l'autre beaucoup plus petit et proportionnel au carré du temps. Je ne parle ici que du mouvement sidéral. Quand on rapporte ce mouvement à l'équinoxe mobile, les inégalités de la précession s'y introduisent et se composent avec lui (*).

$A = P + \frac{T}{2}$, puisque T est la révolution anomalistique. Mettant pour P sa valeur, il vient

$$A = E + \frac{T}{2} - t.$$

Mais en nommant E' l'époque de la seconde observation, on a, par supposition, $E' = E + T'$, par conséquent $E = E' - T'$. Substituant cette valeur, il vient

$$A = E' - \left(T' - \frac{T}{2}\right) - t.$$

Les deux derniers termes sont donc la correction de l'époque E', pour la réduire à l'apogée. Si l'on veut substituer pour t sa valeur dans ces formules, et que l'on mette pour α sa valeur $v' - v - \pi$, on aura, pour P et A, les expressions suivantes :

$$P = E - \frac{(1-e)^2}{4a} \cdot \left(T' - \frac{T}{2}\right) - \frac{(1-e^2)^{\frac{3}{2}}}{4a} \cdot \frac{T[\pi - (v' - v) + mT']}{2\pi},$$

$$A = E' - \frac{(1+e)^2}{4a} \cdot \left(T' - \frac{T}{2}\right) - \frac{(1-e^2)^{\frac{3}{2}}}{4a} \cdot \frac{T[\pi - (v' - v) + mT']}{2\pi}.$$

Ceci suppose que la première observation est faite vers le périgée, et la seconde vers l'apogée : si le contraire avait lieu, et si la première observation était faite vers l'apogée et la seconde vers le périgée, il faudrait faire e négatif; car en faisant cette supposition dans les équations fondamentales (1) rapportées au commencement de cette note, l'origine du temps et des arcs se trouve transportée à l'apogée.

Au moyen des réductions précédentes, on peut faire conspirer, pour la détermination du périgée et de l'apogée, un grand nombre d'observations faites près de ces points. Les résultats ainsi obtenus se rectifient encore simultanément avec tous les autres éléments de l'orbite, par la méthode *des équations de condition*, dont nous parlerons plus loin.

(*) Soit (ϖ) la longitude du périgée au commencement de 1750, cette longitude étant comptée à partir de l'équinoxe moyen de cette même année. Après un nombre t d'années juliennes, la longitude du périgée comptée du

317. J'ai annoncé que le soleil éprouve, en vertu de l'attraction des planètes, de petites perturbations périodiques, qui le font osciller autour de son lieu moyen. Par conséquent, si l'on calculait directement la longitude du périgée, d'après les longitudes du soleil vrai, telles que l'observation les donne, elle serait affectée de tout l'effet de ces petites perturbations; mais on les corrige avant d'établir le calcul : de plus, on rapporte les observations à l'équinoxe moyen, en faisant, aux longitudes observées, les corrections que la nutation exige. Alors la longitude du périgée déduite des observations ainsi corrigées est exempte de ces petites inégalités, et se rapporte à sa position moyenne.

J'ai dit aussi que nous appellerons *anomalie* l'angle formé par le rayon vecteur avec la distance périgée. Je dois prévenir que les astronomes ont pendant longtemps compté les anomalies à partir de l'apogée de l'orbite. Cela n'a aucun avantage ni aucun inconvénient pour le soleil non plus que pour les planètes. Mais cela devient impraticable pour les comètes, qui ont, comme on le verra par la suite, des orbites si excessivement allongées, qu'on ne peut les voir et les observer que dans la partie de cette orbite, qui est la plus voisine du périhélie. Ces motifs ont déterminé l'auteur de la *Mécanique céleste* à compter l'anomalie à partir du périgée, et le Bureau des Longitudes a suivi cet exemple dans ses nouvelles Tables, ce qui les rendra uniformes pour tous les astres. J'ai dû me conformer à cet usage. Mais comme, malgré les avantages qu'il présente, il n'est pas encore généralement adopté, je préviens le lecteur qu'avant d'employer des anomalies rapportées dans d'autres ouvrages d'astronomie, il faut examiner attentive-

---

même équinoxe sera

$$(\varpi) + t.36'',443578 + t^2.0'',000252,$$

et son mouvement annuel sidéral sera

$$36'',443578 + t.0'',000504.$$

t doit être supposé négatif pour les années antérieures à 1750. Ces formules sont tirées de la *Mécanique céleste*, tome III, page 157. Laplace attribue à (ϖ) la valeur $309^{gr},5790$, page 65.

ment le parti que l'auteur a embrassé, et faire ses calculs en conséquence; ce qui, au reste, n'a aucune difficulté, une fois que la convention est connue.

318. Le moment où le soleil passe au périgée de son orbite est celui que les astronomes ont choisi pour fixer l'origine arbitraire du temps moyen absolu. Voici à cet égard la convention qu'ils ont adoptée; je dis la convention, puisqu'ils auraient pu également fixer cette origine de toute autre manière. Quand ils ont trouvé par les observations la longitude moyenne du périgée, avec toutes les corrections que nous avons décrites, ils la reportent dans le plan de l'équateur moyen (*), à partir de l'équinoxe moyen du printemps, et d'occident en orient, comme si c'était une ascension droite; puis ils regardent cette longitude ainsi transposée comme l'ascension droite du soleil moyen, relativement à l'équinoxe moyen, à l'instant où le vrai soleil se trouvait au périgée de son orbite. La position du soleil moyen est complètement déterminée par cette construction, pour l'instant du passage au périgée; et ainsi elle l'est pour toujours, puisque l'on sait que son mouvement est uniforme.

Veut-on calculer, pour cet instant, l'angle horaire moyen du soleil moyen pour un lieu déterminé, pour Paris par exemple; il n'y a qu'à calculer quelle était alors la distance de l'équinoxe moyen au méridien moyen de Paris (**). Cette distance n'est autre chose que le temps sidéral moyen converti en arc : retranchons-en l'ascension droite du soleil moyen que nous venons de déterminer, et il est évident que la différence sera, pour le même instant, la distance du soleil moyen au méridien moyen de Paris, ou son angle horaire compté d'orient en occident, comme celui du soleil

---

(*) Par *équateur moyen*, j'entends ici l'équateur qui correspond au *pôle moyen* de la terre. Ce pôle reste constamment placé au centre de la petite ellipse de nutation, tandis que le pôle instantané circule sur la circonférence de cette ellipse en entraînant avec lui l'équateur vrai.

(**) J'appelle ici *méridien moyen* celui qui passe par le zénith moyen de Paris, et par le pôle moyen de la terre, perpendiculairement à l'équateur moyen.

vrai (*). Si l'on convertit cet arc en temps moyen à raison de 10 heures moyennes pour 400^{gr}, on aura l'heure moyenne ou le temps moyen absolu à l'instant du vrai passage du soleil au périgée, et, par suite, on aura ce temps pour tous les instants, à cause de son uniformité. Cette méthode directe et rigoureuse peut se simplifier beaucoup dans les applications, en faisant attention que l'équateur et l'équinoxe vrai s'écartent toujours extrêmement peu de l'équateur et de l'équinoxe moyen.

Pour faire comprendre clairement cette simplification, je m'aiderai d'une figure. Soient donc, *fig.* 29, $\Upsilon\Upsilon'E$ l'écliptique actuel d'une époque, ΥQ l'équateur moyen, et Υ le point équinoxial moyen; $\Upsilon'Q'$ l'équateur vrai, et Υ' le point équinoxial vrai; en sorte que les deux équateurs prolongés se coupent en I : l'angle en I sera la variation d'obliquité, et l'arc $\Upsilon\Upsilon'$ sera la variation de longitude, occasionnées par la nutation. Je suppose maintenant qu'à l'instant pour lequel on veut calculer le temps moyen, l'arc $\Upsilon'M'$ soit l'ascension droite vraie du zénith du lieu où l'on observe, c'est-à-dire le temps sidéral apparent converti en arc. Soit de même ΥM l'ascension droite moyenne du zénith moyen du

(*) Ce raisonnement est absolument le même que celui dont nous avons fait usage dans la page 17 du tome III pour trouver le temps sidéral, connaissant par observation l'angle horaire d'un astre et son ascension droite. La même figure pourra nous servir, et je la reproduis, pour cette application, sous le n° 28. Soient donc, comme alors, Υ l'équinoxe moyen, et S le soleil moyen à l'instant du passage du vrai soleil au périgée. ΥS sera son ascension droite moyenne, qui est donnée par notre construction, et égale à la longitude du périgée dans l'orbite, comptée du même équinoxe moyen. Or, si de l'arc $MS\Upsilon$, qui représente le temps sidéral ou l'angle horaire de l'équinoxe, on retranche ΥS ou l'ascension droite du soleil moyen, la différence MS est l'angle horaire du soleil moyen au même instant. On connaîtra donc cet angle horaire. On sait de plus que le soleil moyen décrit sur l'équateur moyen 400 grades en 10 heures moyennes; on pourra donc déterminer sa position sur ce plan et son angle horaire pour un instant quelconque. Mais cette uniformité n'a lieu que relativement à l'équateur et à l'équinoxe moyen. Elle n'existerait plus si l'on voulait employer les angles horaires du soleil moyen avec le méridien instantané qui est perpendiculaire à l'équateur vrai; et généralement tout ce qui concerne le soleil moyen doit se rapporter aux positions moyennes.

même lieu, sur l'équateur moyen, en sorte que ΥM soit le temps sidéral moyen converti en arc. Toutes les questions que l'on peut se proposer relativement au temps moyen se réduisent à calculer ΥM, connaissant $\Upsilon' M'$, ou réciproquement à trouver $\Upsilon' M'$, connaissant ΥM.

Pour y parvenir, on remarquera que, dans la nutation, les pôles et l'équateur de la terre se déplacent en même temps, de sorte que les points et les cercles qui font partie de ce système se déplacent tous ensemble sans changer leurs positions respectives. D'après ce principe, évident par lui-même, il est clair que les deux points M et M′ répondent toujours au même point physique de l'équateur, soit vrai, soit moyen; car, étant l'intersection de ce plan par le méridien du lieu où l'on observe, ils se déplacent avec tout le système des cercles terrestres, et ne changent, par conséquent, point leur position respectivement à eux. Cela revient à dire que les points M et M′ conservent toujours la même longitude géographique sur le globe. D'après cela, les distances MI, M′I de ces points au *nœud commun* des deux équateurs sont égales entre elles; c'est-à-dire que l'ascension droite vraie $\Upsilon' M'$, augmentée de l'arc $\Upsilon' I$, est égale à l'ascension droite moyenne ΥM augmentée de l'arc ΥI; ou, en d'autres termes, pour avoir l'ascension droite vraie du zénith d'un lieu, quand on connaît son ascension droite moyenne, il faut ajouter à cette dernière l'excès de l'arc ΥI sur l'arc $\Upsilon' I$.

Or, si du point équinoxial moyen on mène un arc de grand cercle $\Upsilon \Upsilon''$ perpendiculaire à l'équateur vrai, et qui sera le méridien de Υ, il est facile de voir qu'à cause de l'extrême petitesse de l'angle I et de l'arc $\Upsilon \Upsilon'$, qui exprime la nutation en longitude, la différence des arcs ΥI, $\Upsilon' I$ est à fort peu près égale à l'arc $\Upsilon' \Upsilon''$ compris entre le point équinoxial vrai et le méridien de Υ. Cette distance $\Upsilon' \Upsilon''$ est réellement l'ascension droite apparente de l'équinoxe moyen. Ainsi, en s'en tenant à cette approximation, qui est toujours suffisante, on voit que l'*ascension droite moyenne du zénith est égale à son ascension droite apparente, moins celle du point équinoxial moyen.* Cette dernière est bien facile à calculer; car, dans le triangle rectangle $\Upsilon \Upsilon' \Upsilon''$ on connaît l'angle Υ' égal à l'obliquité apparente de l'écliptique, et le côté $\Upsilon\Upsilon'$ égal à la nutation en longitude. Il est facile de voir que l'arc cherché $\Upsilon'\Upsilon''$ est égal à la nutation en longitude multipliée par le cosinus de l'obliquité apparente de l'écliptique, qu'on peut remplacer par le cosinus de l'obliquité moyenne. Dans ces calculs, on peut résoudre le triangle $\Upsilon\Upsilon'\Upsilon''$ comme s'il était rectiligne, parce que les trois arcs qui le composent sont toujours fort petits (*).

Réciproquement, *pour avoir l'ascension droite apparente du zénith d'un lieu, en supposant connue son ascension droite moyenne,*

(*) Conformément à la notation que nous avons toujours employée, nommons φ le petit arc $\Upsilon\Upsilon'$ qui représente l'augmentation opérée dans toutes les longitudes, par le déplacement du point équinoxial sur l'écliptique actuel. L'angle $E\Upsilon Q$ ou ω sera l'obliquité de l'équateur moyen sur ce même plan, et l'angle $\Upsilon\Upsilon'Q'$, ou $\omega+\omega'$, sera l'obliquité analogue de l'équateur déplacé. Ceci convenu, le triangle sphérique $\Upsilon\Upsilon'\Upsilon''$ étant rectangle en Υ'', le côté $\Upsilon'\Upsilon''$, adjacent à $\omega+\omega'$, sera donné en toute rigueur par la formule suivante, relative au troisième cas de Legendre :

$$\text{tang}\ \Upsilon'\Upsilon'' = \text{tang}\ \varphi \cos(\omega+\omega')\,;$$

on voit par là que l'arc $\Upsilon'\Upsilon''$ est du même ordre de petitesse que φ. Alors, en substituant le rapport de ces petits arcs à celui de leurs tangentes, on aura explicitement

$$\Upsilon'\Upsilon'' = \varphi \cos(\omega+\omega')$$

précisément comme si le triangle était rectiligne. Mais ceci peut se simplifier encore en négligeant les produits de l'ordre $\varphi\frac{\omega'}{R''}$ comparativement à φ, comme nous l'avons fait dans tous les calculs relatifs à la nutation. Car, avec cette restriction, l'on aura seulement

$$\Upsilon'\Upsilon'' = \varphi \cos\omega.$$

Ainsi, en nommant a l'ascension droite moyenne ΥM du zénith et a' son ascension droite vraie $\Upsilon'M'$, on aura

$$a' - a = \varphi \cos\omega,$$

par conséquent,

$$a = a' - \varphi \cos\omega.$$

Soit ensuite A l'ascension droite moyenne du soleil moyen, on aura, dans la

il faudrait ajouter à cette dernière l'ascension droite apparente du point équinoxial moyen.

Avec ces méthodes très-simples, rien n'est plus facile que de déterminer, pour un instant quelconque, le temps moyen absolu, lorsque l'on connaît, pour ce même lieu et pour ce même instant, l'ascension droite moyenne du soleil moyen sur son équateur et le temps sidéral apparent. Il suffit d'observer les règles que nous venons d'exposer.

---

division décimale du jour,

$$\text{Temps moyen} = \frac{a - A}{40};$$

par conséquent, en mettant pour a sa valeur,

$$\text{Temps moyen} = \frac{a' - \varphi \cos \omega - A}{40}.$$

De même, en nommant A' l'ascension droite du soleil vrai, relativement à l'équinoxe vrai, on aura

$$\text{Temps vrai} = \frac{a' - A'}{40};$$

retranchant ces deux expressions l'une de l'autre, il vient

$$\text{Temps moyen} - \text{temps vrai} = \frac{A' - \varphi \cos \omega - A}{40}.$$

Cette différence du temps moyen au temps vrai s'appelle l'équation du temps. En formant son expression générale, elle sert à trouver l'un de ces temps, l'autre étant connu.

Dans toutes les relations précédentes, il faut mettre pour φ sa valeur numérique, telle que nous l'avons donnée dans le chapitre sur la nutation. En nommant, comme nous l'avons fait alors, N la longitude du nœud ascendant de la lune, et L la longitude du soleil, nous avons trouvé

$$\varphi \cos \omega = -50'',972 \sin N - 2'',834 \sin 2L.$$

C'est l'ascension droite vraie du point équinoxial moyen, du même que $\gamma\gamma''$ est sa déclinaison vraie. Cette valeur de $\varphi \cos \omega$ est donc celle qu'il faut employer dans les formules que nous venons d'exposer.

La différence $a' - a$, que nous avons cherché à évaluer par un calcul direct, au commencement de cette note, peut immédiatement se déduire des formules générales établies page 401, lesquelles expriment, en général,

Par exemple, en discutant un grand nombre d'observations du soleil faites par Maskeline, Delambre a trouvé que le soleil vrai, corrigé des petites perturbations qui l'affectent, et ramené ainsi au mouvement elliptique, a passé au périgée de son ellipse le 30 décembre 1780, à $4^h,19449$ de temps sidéral au méridien de Paris, ce temps étant compté du méridien supérieur et à partir de l'équinoxe vrai. La longitude du périgée rapportée à l'équinoxe moyen était à cet instant $310^{gr},17492$: c'était donc aussi l'ascension

---

les changements produits par la nutation, dans les deux coordonnées équatoriales moyennes a, d, propres à un point quelconque du ciel. En effet, pour les appliquer au point équinoxial moyen Υ, il n'y a qu'à y supposer d et a tous deux nuls, ce qui est le caractère spécifique de ce point. Elles donneront alors

$$d' = d + \varphi \sin \omega, \qquad a' = a + \varphi \cos \omega.$$

Ces valeurs sont identiques à celles qui se déduisent de notre construction actuelle. Néanmoins j'ai mieux aimé les former d'abord ainsi, par voie directe, pour qu'on en vît plus immédiatement l'application. J'avais dit à tort, dans l'édition précédente, que les *deux* triangles $\Upsilon I \Upsilon'$, $\Upsilon \Upsilon' \Upsilon$ avaient toujours leurs côtés fort petits. Cela n'est vrai que du second, parce que le rapport de φ à ω' pouvant varier entre toutes limites, dans le phénomène de la nutation, les arcs ΥI, $\Upsilon' I$ peuvent prendre toutes sortes de grandeur. Mais la petitesse absolue de φ et de ω' assure celle de leur différence, en astreignant l'angle dièdre $\Upsilon I \Upsilon'$ ou QIQ' à être du même ordre que ces variables. En effet, si on le nomme q, on aura rigoureusement, comme dans la page 395,

$$\sin^2 \tfrac{1}{2} q = \sin^2 \tfrac{1}{2} \omega' + \sin \omega \sin (\omega + \omega') \sin^2 \tfrac{1}{2} \varphi;$$

or, q étant connu, le triangle sphérique $\Upsilon I \Upsilon''$, qui est rectangle en Υ'', donne

$$\operatorname{tang} \Upsilon'' I = \operatorname{tang} \Upsilon I \cos q.$$

De là on peut facilement déduire que la différence $\Upsilon I - \Upsilon'' I$ est très-petite de l'ordre $\sin^2 \frac{1}{2} \varphi$, c'est-à-dire de l'ordre des quantités que l'on néglige. La prenant donc comme nulle dans ces conditions d'approximation, si l'on remplace l'arc total $\Upsilon'' I$ par les deux portions qui le composent, il en résultera, entre les mêmes limites,

$$\Upsilon I - \Upsilon' I = \Upsilon' \Upsilon''$$

comme je l'ai annoncé dans le texte.

droite moyenne du soleil moyen d'après la définition que nous en avons donnée. Si on la réduit en temps décimal en la divisant par 40, elle deviendra $7^h,754373$: la nutation du point équinoxial moyen en ascension droite, ou son ascension droite apparente, était alors — $0^{gr},00331$, ou en temps, — $0^h,0000827$; elle était négative, parce que le nœud de la lune se trouvait dans les signes ascendants de l'écliptique entre ♈ et ♋. Ainsi, en la retranchant du temps sidéral vrai $4^h,19449$, elle deviendra additive, et l'on aura $4^h,1945727$ pour l'ascension droite moyenne du zénith rapportée à l'équinoxe moyen. Si l'on en retranche l'ascension droite moyenne du soleil $7^h,754373$, en ajoutant, s'il le faut, 10 heures pour rendre la soustraction possible, la différence $6^h,4402$ est l'angle horaire du soleil moyen à cette époque. Ainsi, l'on peut dire que le soleil vrai, dépouillé des perturbations et réduit au mouvement elliptique, a passé au périgée de son orbite le 29 décembre 1780, à $6^h,4402$ de temps moyen au méridien de Paris. J'ai retranché une unité du nombre de jours, parce que nous en avons converti un en heures pour rendre la soustraction possible.

319. Maintenant que l'origine d'où l'on compte le temps moyen nous est bien connue, revenons aux phénomènes que présente la mobilité de l'ellipse solaire. Le grand axe de cette ellipse ayant un mouvement progressif sur le plan de l'écliptique, il a dû, à une certaine époque, coïncider avec la ligne des équinoxes, et dans un autre temps il lui a été perpendiculaire. Ces époques sont faciles à déterminer, puisque nous connaissons par les observations la position actuelle de cet axe et son mouvement (*).

Suivant les observations de la Caille, la longitude du périgée, en 1750, était $309^{gr},5827$.

(*) Nous avons vu que le mouvement sidéral du périgée à partir de 1750 est

$$t\,36'',443578 + t^2.0'',000252.$$

Soit ψ' le mouvement du point équinoxial sur l'équateur vrai, mouvement dont nous avons donné l'expression générale page 124. En l'ajoutant au résultat précédent, nous aurons le mouvement du périgée relativement au point

Quand le grand axe était perpendiculaire à la ligne des équinoxes, cette longitude était de 300^{gr}. La différence est de $9^{gr},5827$, qui à raison de $191'',0668$ par an, font un nombre d'années égal à $\frac{958270000}{1910668}$ ou environ 500 ans. Ce phénomène est donc arrivé en l'an 1250. Alors le périgée du soleil coïncidait avec le solstice d'hiver, et l'apogée avec le solstice d'été. Voyez *fig.* 30.

De même, quand le grand axe coïncidait avec la ligne des équinoxes, la longitude du périgée était de 200^{gr}, *fig.* 31. Depuis cette époque jusqu'en 1750, il s'est avancé de $109^{gr},5827$. Le nombre d'années nécessaires pour ce déplacement est $\frac{10958270000}{1910668}$ ou environ 5735, ce qui reporte ce phénomène à 4000 ans environ avant l'ère chrétienne. Par une rencontre assez singulière, c'est à peu près vers ce temps, selon la plupart des chronologistes, que remontent les premières traces du séjour de l'homme sur la terre, quoiqu'il paraisse d'ailleurs, par un grand nombre de preuves physiques, que la terre elle-même est beaucoup plus ancienne.

On voit que le même phénomène arrivera encore lorsque le périgée solaire aura atteint 400^{gr}, c'est-à-dire lorsqu'il aura décrit $100^{gr} - 9^{gr},5827$, depuis 1750; et, en partant des résultats précédents, on voit qu'il faut pour cela un nombre d'années exprimé par $5735 - 2.500$ ou 4735, ce qui reporte ce phénomène à l'an 6485.

Alors le périgée solaire coïncidera avec l'équinoxe du printemps, au lieu que, dans la position opposée, il a coïncidé avec l'équinoxe d'automne. Dans ces deux cas, la ligne des solstices, qui est tou-

---

équinoxial de 1750. Si nous ajoutons encore à ce mouvement la longitude du périgée à cette époque, laquelle était de $309^{gr},582716$ ($278^{\circ}\,37'\,28''$ sex.), nous aurons pour une époque quelconque cette longitude comptée de l'équinoxe de 1750; ce sera

$$309^{gr},582716 + \psi' + t.36'',443578 + t^2.0'',000252.$$

jours perpendiculaire à celle des équinoxes, est parallèle au petit axe de l'ellipse solaire.

Généralement, on voit que cette ligne des solstices ne répond jamais, pendant deux années consécutives, aux mêmes points de l'orbite du soleil. Au reste, les résultats précédents ne sont qu'approchés, car on sent que l'on obtiendrait des valeurs un peu différentes en ayant égard à la variabilité du mouvement du périgée et des équinoxes, ce qui serait facile, en employant les expressions exactes que nous avons données de ces mouvements ; mais cette exactitude ne serait pas ici d'une grande utilité.

320. Lorsque le grand axe AP, *fig.* 30, est perpendiculaire à la ligne des équinoxes, cette ligne des équinoxes E*e* partage l'ellipse en deux portions inégales, dont la plus petite est située du côté du périgée. Cette partie doit donc être décrite plus promptement que l'autre, puisque son étendue est moindre, et que les surfaces décrites sont proportionnelles aux temps. Cette circonstance, jointe au déplacement du grand axe, rend les durées des quatre saisons inégales entre elles, et variables dans les différents siècles.

Lors de cette position du soleil, en 1250, le périgée coïncidait avec le solstice d'hiver. Alors, le temps écoulé depuis l'équinoxe du printemps E jusqu'au solstice d'été était égal à l'intervalle de ce solstice à l'équinoxe d'automne : le printemps était donc égal à l'été, et l'automne à l'hiver.

Du temps d'Hipparque, ou 128 ans avant l'ère chrétienne, l'apogée était moins avancé qu'en 1750 d'une quantité égale à 191″,0668.1878 ou 35^gr^,8823. La longitude du périgée, à cette époque, était donc 273^gr^,7004. L'ellipse se trouvait placée, à peu près, comme on le voit dans la *fig.* 32, et l'angle PTS était de 26^gr^,2996. L'intervalle EAS′ de l'équinoxe du printemps au solstice d'été était alors 94 jours et demi, et l'intervalle S′*e* de ce solstice à l'équinoxe d'automne n'était que de 92 jours et demi, suivant les observations de ce grand astronome. Le printemps était alors plus long que l'été, et l'hiver plus long que l'automne.

321. Maintenant la position de l'ellipse est telle que la représente la *fig.* 33. L'angle PTS était de 10^gr^,5380 au commencement de l'année 1800, et les intervalles des diverses saisons, exprimés en

30..

jours solaires moyens, avaient les valeurs suivantes :

De l'équinoxe du printemps au solstice d'été,	92j,90588;
Du solstice d'été à l'équinoxe d'automne,	93,56584;
De l'équinoxe d'automne au solstice d'hiver,	89,69954;
Du solstice d'hiver à l'équinoxe du printemps,	89,07110.

Le printemps est donc maintenant plus court que l'été, et l'automne plus long que l'hiver (*).

Tant que le périgée solaire restera du côté de l'équateur, où il est maintenant, le printemps et l'été, pris ensemble, seront plus longs que l'automne et l'hiver. Dans ce siècle, la différence est d'environ 7 jours, comme on le peut voir par les valeurs précédentes. Ces intervalles deviendront égaux vers l'an 6485, lorsque le périgée atteindra l'équinoxe du printemps; ensuite il le dépassera, et le printemps et l'été, pris ensemble, deviendront plus courts que l'automne et l'hiver.

322. Ces phénomènes n'auraient pas lieu si le mouvement du soleil était circulaire et uniforme; toutes les saisons seraient égales entre elles, et l'on n'y remarquerait jamais aucune différence. L'excentricité de l'orbite, quoique fort petite, a donc une influence sensible sur leur durée. Le déplacement du grand axe, quoique très-lent, produit les variétés observées dans les différents siècles, variétés que nous n'apercevons pas pendant la courte durée de notre vie, mais dont les générations successives éprouvent réellement les effets. Voici la seconde fois que nous avons occasion de démontrer l'application de l'astronomie à l'état passé du ciel et à son état futur; c'est pourquoi on me pardonnera d'être entré dans quelques détails sur ce sujet.

(*) On verra plus loin, dans une note, la manière dont on a calculé ces nombres. Il faut auparavant que nous ayons expliqué la construction des Tables du soleil.

CHAPITRE XI.

Détermination exacte de l'excentricité, d'après les observations de l'équation du centre.

323. La position de l'ellipse solaire et son excentricité sont connues par ce qui précède. Si elles l'étaient exactement, on en déduirait, par le calcul, la marche du soleil.

Mais il peut rester encore beaucoup d'incertitude sur l'excentricité. Nous l'avons d'abord conclue de la comparaison des diamètres périgée et apogée, et les observations de ces diamètres portent sur de petites quantités affectées de l'irradiation dont on ne sait point les dépouiller. D'ailleurs, cette méthode ne serait plus praticable pour les planètes, dont le diamètre apparent est fort petit. Aussi, n'avons-nous employé cette méthode que pour démontrer l'ellipticité du mouvement du soleil; et cette ellipticité une fois reconnue, nous avons calculé l'excentricité par les rapports des vitesses angulaires observées au périgée et à l'apogée. Mais, pour obtenir cet élément avec toute la précision nécessaire, il faut chercher un résultat sur lequel il ait une influence plus continue et plus sensible. Nous le trouverons dans les variations du mouvement angulaire du soleil.

La loi fondamentale de ce mouvement est que les aires décrites par le rayon vecteur sont proportionnelles au temps. Si l'orbite du soleil était circulaire et sans excentricité, les aires égales correspondraient à des angles égaux, et le mouvement de cet astre serait uniforme. Les inégalités périodiques que l'on y observe sont donc l'effet nécessaire de l'excentricité de l'orbite. Elles sont liées à cette excentricité, et leur étendue dépend de sa grandeur. Or, on peut les observer très-exactement au moyen des excellentes horloges que nous avons aujourd'hui; on peut donc espérer de déterminer, par ce moyen, l'excentricité avec beaucoup plus de précision que par l'observation directe.

324. Pour avoir une idée nette de ces inégalités, il faut concevoir le mouvement du soleil comme composé d'un mouvement

circulaire et uniforme, qui en fait la partie principale, et d'une correction dépendante de l'excentricité de l'ellipse, qui modifie cette première valeur.

Ou, si l'on veut peindre ces considérations par la géométrie, concevons un soleil fictif *s*, *fig.* 34, qui se meuve uniformément autour de la terre, sur une circonférence dont le rayon soit égal à la distance périgée; donnons à cet astre fictif un mouvement moyen, égal à celui du vrai soleil, en sorte qu'étant partis ensemble du périgée P, ils y reviennent ensemble après une révolution entière, et suivons-les à partir de ce point. Tandis que le soleil fictif se meut d'une manière uniforme, le vrai soleil S se meut d'une manière inégale, en formant, avec la distance périgée, des secteurs d'ellipse proportionnels au temps. Comme il a, en partant, sa plus grande vitesse, il devance d'abord le soleil *s*; mais son mouvement se ralentit à mesure qu'il s'éloigne du périgée : il arrive un moment où sa marche est la même que celle du second soleil, après quoi celui-ci s'en rapproche, et l'atteint à l'apogée A, où ils arrivent en même temps. Le contraire a lieu en revenant vers le périgée; alors c'est le soleil fictif *s* qui devance le soleil véritable; mais peu après, celui-ci augmente de vitesse, en se rapprochant du périgée. Il arrive un moment où leurs marches sont égales; ensuite celle du vrai soleil S s'accélérant toujours, il suit l'autre de plus près, et, enfin, les deux astres se rejoignent au périgée, où leurs moyens mouvements tropiques les ramènent en même temps.

Par conséquent, si l'on conçoit deux rayons vecteurs, menés à un instant quelconque du centre de la terre aux deux soleils, l'angle formé par ces droites sera d'abord nul au périgée; il augmentera ensuite jusqu'à un certain terme où il atteindra sa plus grande valeur, puis diminuera jusqu'à l'apogée, où il redeviendra nul de nouveau; et de là jusqu'au périgée, il variera en sens contraire par les mêmes degrés. Cet angle est donc la correction qu'il faut faire au mouvement circulaire pour avoir le mouvement elliptique du soleil : on le nomme l'*équation de l'orbite*, ou l'*équation du centre*, parce que l'on a coutume d'appeler *équation* en astronomie, les quantités qu'il faut ajouter ou ôter aux résultats moyens pour les *égaler* aux résultats véritables.

525. Depuis le périgée jusqu'à l'apogée, l'équation du centre doit être ajoutée au moyen mouvement du soleil pour avoir le mouvement vrai; depuis l'apogée jusqu'au périgée, elle en doit être retranchée. De plus, il y a deux points dans l'orbite où elle atteint sa plus grande valeur. Le calcul fait voir que si cette valeur est connue, on en peut déduire immédiatement l'excentricité (*). Or

---

(*) Voici la formule. Soient E la plus grande équation du centre, e l'excentricité; que l'on fasse $\frac{E}{63^{gr},661977} = \alpha$, on aura l'excentricité par la série

$$e = \frac{1}{2}\alpha - \frac{11}{768}\alpha^3 - \frac{587}{983040}\alpha^5 - \frac{40583}{2642411520}\alpha^7 + \ldots$$

La quantité α est toujours une fraction très-petite, principalement pour le soleil. Si l'on suppose avec l'auteur de la *Mécanique céleste*, $E = 2^{gr},1409$, au commencement de 1750, on aura

$$\alpha = \frac{2^{gr},1409}{63^{gr},661977} = 0,033629,$$

ce qui donne

$$\frac{1}{2}\cdot\alpha = 0,016814.$$

Le second terme $\frac{11\alpha^3}{768}$ est au-dessous de 0,000001, et, par conséquent, insensible; on aura donc, en se bornant au premier,

$$e = 0,016814.$$

C'est le résultat adopté par l'auteur de la *Mécanique céleste* dans sa Table des éléments des planètes. Si l'on voulait, au contraire, déterminer les plus grandes équations par l'excentricité, il ne faudrait que retourner la série précédente, et l'on aurait

$$E = 63^{gr},661977\left\{2e + \frac{88}{384}e^3 + \ldots\right\}$$

Ces séries sont faciles à déduire des équations du mouvement elliptique que nous avons données page 451; il suffit d'exprimer dans ces équations que l'époque pour laquelle on calcule est celle à laquelle le mouvement vrai de l'astre égale son mouvement moyen. On trouvera la démonstration de ces résultats et de toutes ces formules relatives à la plus grande équation du centre, dans une note placée à la fin de ce chapitre.

il est facile de déterminer ce maximum par observation, comme on va le voir.

En effet, dans ces points, les deux soleils se meuvent pendant quelques instants avec même vitesse. Le mouvement du vrai soleil est donc alors égal à son moyen mouvement tropique, ou à 1^gr,0951635. C'est le caractère auquel on reconnaît l'époque de la plus grande équation.

Il y a deux points semblables dans l'orbite; et comme sa figure est symétrique, il est de toute nécessité qu'ils soient placés symétriquement de part et d'autre du grand axe, comme dans la *fig.* 34, où ils sont désignés par S et S'. D'ailleurs, avant le passage du soleil à l'apogée, l'équation du centre est additive au mouvement moyen; et après ce passage, elle est soustractive: d'où il suit que, dans l'un et l'autre cas, le soleil vrai est plus près de l'apogée que le soleil fictif, comme le représente la *fig.* 34.

On voit donc, par la seule inspection de cette figure, que si l'on pouvait calculer les angles STS', *s*T*s'*, leur différence serait égale à la somme des angles ST*s*, S'T*s'*, ou au double de la plus grande équation du centre; car à cause de la symétrie de l'orbite, les deux angles ST*s*, S'T*s'* doivent être égaux.

Or, si l'on représente par E*e* la ligne des équinoxes, l'angle STS' est facile à calculer. C'est la différence des longitudes vraies ETS, ETS' du soleil, observées dans les points de la plus grande équation.

L'angle *s*T*s'* ne présente pas plus de difficulté. C'est l'angle que le soleil aurait décrit en vertu de son moyen mouvement tropique pendant le même intervalle de temps. Il est égal à la différence des *longitudes moyennes*, en désignant par cette expression les longitudes que le soleil aurait eues à ces deux époques, s'il avait marché uniformément depuis son passage au périgée.

Ainsi, *lorsqu'on a deux longitudes vraies du soleil observées aux époques de la plus grande équation, l'excès du moyen mouvement tropique, sur le mouvement vrai en longitude, dans le même intervalle, est le double de l'équation du centre.*

326. Dans tout ceci nous n'avons pas eu égard au déplacement progressif de l'orbe solaire, relativement à la droite T♈ considérée comme fixe. Cependant il influe sur les positions du soleil, par rapport au grand axe de son ellipse. Par l'effet de ce déplacement, la longitude observée à la première époque devient trop faible; et pour la ramener au même point de l'ellipse auquel elle répondait d'abord, il faudrait lui ajouter l'arc décrit par le périgée, pendant l'intervalle de la première à la seconde observation. Ainsi l'angle STS' déduit de la différence des longitudes vraies est trop fort de la même quantité. Mais la différence des longitudes moyennes, qui se calcule d'après le temps écoulé entre les deux observations, se trouve augmentée de la même manière et d'une quantité que l'on peut considérer comme exactement égale; puisque la correction que l'on devrait y faire, à raison de la petite inégalité d'ouverture de ces angles, serait insensible évidemment. L'erreur disparaît donc du résultat final, qui est la différence des deux précédents, et tout se réduit à la règle très-simple que nous avons donnée.

327. Par exemple, en discutant les observations de Maskeline pour l'année 1755, on trouve la longitude du soleil de $13^{gr},9565$ pour le 2 avril, à $0^{h},0897$, temps moyen à Paris (*). Le soleil, à cette époque, était fort près de sa plus grande équation, circonstance indiquée par son mouvement diurne.

Le 30 septembre suivant, à $9^{h},9925$, la longitude du soleil était $208^{gr},9952$; il se trouvait encore fort près de sa plus grande équation.

La différence des deux longitudes est $195^{gr},0387$. Pour avoir celle des deux époques, il faut considérer que du 2 avril à 0^{h} au 30 septembre à 10^{h}, il y a 182 jours. La première observation est plus avancée de $0^{h},0897$; la seconde l'est moins de $0^{h},0075$, ce qui fait en tout $0^{h},0972$ ou $0^{j},00972$ à retrancher de 182 jours. Le reste est 181,99028; c'est l'intervalle des observations.

Le moyen mouvement tropique, correspondant à cet intervalle, est........................ $\dfrac{400^{gr}.\ 181,99028}{365,242264}$

(*) *Mémoires de Berlin* pour l'année 1785.

Ou	$199^{gr},3091$
Le mouvement vrai égale....	$195^{gr},0387$
La différence est............	$4^{gr},2704$
Ce qui donne pour la plus grande équation du centre....	$2^{gr},1352$

Pour que ce résultat fût tout à fait exact, il faudrait que les deux longitudes observées, l'eussent été précisément aux époques de la plus grande équation, ce qui est peu probable. Mais l'erreur est toujours fort légère, parce que vers cette époque, le soleil vrai et le soleil moyen se suivent à peu près avec la même vitesse pendant l'intervalle de quelques jours, et l'équation du centre varie très-peu. Cependant, pour obtenir un résultat plus exact, on opère ici comme dans les observations du solstice. On calcule, d'après les Tables, ce qui manque à la longitude observée pour être celle de la plus grande équation, et c'est ce que l'on peut faire avec beaucoup d'exactitude, d'après la valeur à peu près connue de l'excentricité. On calcule également ce qui manque à l'équation du centre à l'instant de l'observation, pour être la plus grande de l'orbite, et c'est encore ce que l'on peut faire avec une très-grande exactitude, quoique l'excentricité ne soit connue qu'à peu près. Alors, en ajoutant à la longitude observée la réduction de la longitude, et de plus la réduction de l'équation du centre, on ramène les choses précisément au même état que si l'observation eût été faite immédiatement dans le point de la plus grande équation; et le calcul établi sur les observations ainsi réduites devient tout à fait rigoureux (*).

On peut même se dispenser d'avoir égard à la correction de la longitude; car, si l'on transporte la longitude vraie à l'époque de

(*) Pour pouvoir calculer la réduction de la longitude, il suffit de savoir calculer l'anomalie qui répond à la plus grande équation du centre; car cette anomalie étant ajoutée à la longitude du périgée, ou retranchée de cette longitude, donnera les deux longitudes du soleil qui correspondent aux points de la plus grande équation. Or cette anomalie peut se développer en une série ordonnée suivant les puissances de l'excentricité. Soient e l'excentricité

la plus grande équation, il faudra y transporter aussi la longitude moyenne, et pour cela il faudra lui faire subir une réduction pareille à celle de la longitude vraie. Mais non-seulement ces corrections sont pareilles, elles sont encore tout à fait égales, puisque vers l'époque de la plus grande équation, le mouvement vrai du soleil est égal au mouvement moyen. Ainsi, comme en définitive il

---

et v l'anomalie cherchée; la formule qui la donne est

$$v = 100^{gr} + 63^{gr},661977 \left\{ \frac{3}{4} e + \frac{21}{128} e^3 + \frac{3409}{40960} e^5 + \frac{97875}{1835008} e^7 + \ldots \right\}.$$

Pour le soleil on a

$$e = 0,0168.$$

Le terme $\frac{21}{128} e^3$ sera moindre que 0,000001, et le terme qui en résultera dans la valeur de v sera au-dessous de 0,0001. Si l'on veut bien se permettre de le négliger, on aura simplement

$$v = 100^{gr} + 63^{gr},661977 \frac{3e}{4},$$

ce qui donne, en mettant pour e sa valeur

$$v = 100^{gr} + 0^{gr},8021 = 100^{gr},8021;$$

c'est l'anomalie du soleil qui répond à la plus grande équation du centre. Elle est plus grande que 100^{gr}, mais elle en diffère peu. Pour montrer qu'une valeur très-imparfaite de l'excentricité suffit pour déterminer l'époque de la plus grande équation avec une exactitude presque suffisante, employons la valeur de l'excentricité que nous avons déduite plus haut des observations de Maskeline, sans y faire aucune modification: cette valeur était 0,01728. En l'employant au lieu de e dans notre formule, on trouve

$$v = 100^{gr} + 0^{gr},8251.$$

Ce résultat diffère déjà bien peu de celui que donne la valeur exacte de e; mais pour apprécier l'influence que la différence peut produire sur la plus grande équation déduite des observations, il suffit d'ouvrir des Tables du soleil; on y verra que $2^{gr},2222$ de différence sur l'anomalie près de l'époque de la plus grande équation ne produisent pas $0^{gr},0012$ sur l'équation du centre, et pour une différence moitié moindre l'erreur est quatre fois plus petite; la valeur très-imparfaite de l'excentricité que nous avons trouvée suffisait donc déjà pour trouver à moins d'une seconde la plus grande équation du centre, et, par suite, pour obtenir exactement l'excentricité.

faudra retrancher l'intervalle vrai de l'intervalle moyen, on voit que cette correction commune est parfaitement inutile pour le résultat, et par conséquent il faut se dispenser de la faire.

Ayant la possibilité de ramener les observations à l'époque de la plus grande équation, on sent qu'il ne faut pas se borner à en employer une seule, mais qu'il faut en faire concourir le plus grand nombre possible à la détermination de cet élément important. On réduit ainsi à cette époque plusieurs observations qui la précèdent et qui la suivent de peu de jours. Toutes ces observations donnent l'équation du centre, telle qu'on aurait dû l'observer; et une moyenne arithmétique entre tous ces résultats fait connaître très-exactement sa valeur. C'est à peu près de cette manière que Delambre l'a trouvée égale à $2^{gr},1304$ pour l'année 1775. On en déduit immédiatement l'excentricité de 0,016803 à la même époque.

328. Les observations que nous venons de discuter donnent lieu à une remarque intéressante. Les époques qui les séparent sont éloignées l'une de l'autre d'environ 182 jours, c'est-à-dire d'une demi-année. Il faut donc que les rayons vecteurs correspondants se trouvent à peu près en ligne droite; et comme nous savons d'ailleurs qu'ils font des angles égaux avec le grand axe de l'orbite, il faut qu'ils soient à très-peu près perpendiculaires à cet axe. Ainsi l'anomalie qui répond à la plus grande équation diffère peu de l'angle droit. Le calcul fait voir que cette circonstance tient à la petitesse de l'excentricité (*).

329. La comparaison des observations prouve que l'équation du centre diminue à peu près uniformément. La théorie de l'attraction a confirmé cette diminution, et en a fait connaître la valeur plus exactement que les observations n'auraient pu faire. Elle est de $0^{gr},0053$ par siècle pour la plus grande équation, et de là on peut aisément conclure la variation correspondante à chaque point de l'orbite (**).

(*) Voyez la note de la page précédente.

(**) Nommons (Q) la valeur de la plus grande équation du centre au 1er janvier 1750, et Q sa valeur pour toute autre époque séparée de celle-là par un nombre $\pm t$ d'années juliennes moyennes, t devant être fait positif,

330. Ce phénomène suppose une diminution analogue dans l'excentricité de l'orbe solaire, car ces deux quantités sont liées entre elles, et elles doivent croître et décroître en même temps, puisque si l'excentricité était nulle, l'équation du centre serait nulle aussi. La théorie, en montrant cette dépendance, a fait connaître la diminution correspondante de l'excentricité. Elle est de 0,00004 16612 par siècle (*), le demi-grand axe, ou la distance moyenne étant prise pour unité. C'est environ 1416 lieues en 100 ans, ou 14 lieues par année, en n'évaluant qu'à 34 000 000 de lieues la distance moyenne du soleil à la terre. On voit que des fractions qui paraissent presque insensibles dans le ciel, deviennent

---

après 1750, et négatif auparavant. Selon la *Mécanique céleste*, tome III, page 157, l'expression générale de Q sera

$$Q = (Q) - t.0'',530224 - t^2.0'',00002\,10474;$$

désignons, comme précédemment, par e le rapport de l'excentricité de l'ellipse solaire à son demi-grand axe. On verra, dans la note annexée au présent chapitre, que l'expression générale de Q en e a pour terme principal $2Re$, R étant le rayon du cercle réduit en secondes d'arc. La quantité variable annexée ici à (Q) exprime la diminution qui s'opère dans ce terme $2Re$, après le nombre d'années $+t$, comptées depuis 1750. Les autres puissances de e, qui entrent dans Q, y composent des quantités trop petites pour que leur variation propre puisse devenir sensible aux époques les plus distantes auxquelles la formule puisse être appliquée.

(*) On peut facilement la calculer par les formules de la page 471; car la diminution séculaire de la plus grande équation du centre étant $0^{gr},00530224$, en n'ayant égard qu'à son premier terme, la diminution correspondante de l'excentricité est

$$\frac{1}{2}\,\frac{0,00530224}{63,661977},$$

ou

$$0,00004\,16437.$$

Si l'on veut avoir égard aux deux termes qui composent la variation complète du produit $2Re$, dans la page citée, nommons $+n$ le nombre de siècles postérieurs à 1750, pour lequel on veut la calculer, n devant être supposé négatif pour les siècles antérieurs. On aura alors $t = +100n$; et

très-considérables quand nous les rapportons à nos mesures ordinaires et usuelles.

331. Si cette diminution était toujours progressive, l'ellipse solaire se changerait à la longue en une circonférence de cercle; et par suite, l'excentricité décroissant toujours, la terre, après un grand nombre de siècles, tomberait enfin sur le soleil. Mais la théorie de l'attraction a prouvé que les variations de l'excentricité et de l'équation du centre sont périodiques; en sorte qu'après

---

la variation correspondante de e sera

$$-\frac{53'',0224}{2R}\,n - \frac{0'',210474}{2R}\,.\,n^2\,.$$

R devantêtre ici exprimé en secondes de la graduation décimale, on aura

$$\log R = 5{,}8038801,$$

et la variation de e, exprimée en parties du demi-grand axe de l'ellipse, comme l'excentricité elle-même, se trouvera être

$$-0{,}00004\,16437\,.\,n - 0{,}00000\,01653\,.\,n^2.$$

La valeur absolue de e en 1750 est, selon la *Mécanique céleste*, 0,01681395.

En y ajoutant la variation précédente, on l'obtiendra pour toute autre époque, qui ne sera pas trop distante pour que la formule théorique puisse y être appliquée.

Prenons comme exemple celle de 141 ans avant l'ère chrétienne, où l'on peut présumer qu'Hipparque s'occupait de la théorie du soleil. On aura alors $n = -18{,}91$; et la variation correspondante de e se trouvera être . . . . +0,0007883[7]

Ajoutant ceci à la valeur de e en 1750 . . . . 0,0168139[5]

On aura pour l'excentricité à cette ancienne époque. . . . 0,0175423[2]

Les observations d'Hipparque, calculées aussi dans l'orbite elliptique, donnent, comme on le verra plus loin. 0,0206906

La différence de ces deux évaluations doit être attribuée, en partie, à la nature fort incertaine des données employées par l'astronome grec, mais il se pourrait bien aussi que la formule théorique ne fût pas assez sûre pour être étendue à un temps si éloigné. Cette épreuve confirme toutefois le décroissement progressif de l'excentricité que la théorie indique; et on le vérifie bien plus évidemment par sa réaction sur le mouvement moyen de la lune, comme on le verra dans la suite de cet ouvrage.

avoir diminué jusqu'à un certain terme, pendant beaucoup de siècles, l'excentricité croîtra de nouveau, en reprenant successivement les mêmes valeurs. Elle oscillera ainsi dans des limites dont l'amplitude n'est pas encore bien connue, mais que l'on sait pourtant devoir être fort resserrée; et les choses se maintiendront ainsi éternellement, à moins que quelque cause extérieure et inconnue ne vienne changer l'état actuel du système du monde, et modifier les lois que nous y observons. Nous verrons plus loin que ces variations réagissent sur le moyen mouvement de la lune, qui s'accélère quand l'excentricité de l'orbe terrestre diminue, et se ralentit quand elle augmente. La phase de diminution dans laquelle elle se trouve, depuis bien des siècles, se manifeste ainsi, quand on veut employer le moyen mouvement actuel de la lune pour remonter aux anciennes éclipses observées par les Chaldéens, et que Ptolémée nous a transmises. Car ce calcul reporte trop la lune en arrière pour qu'elle pût éclipser le soleil aux dates assignées, si l'on n'y faisait une correction.

NOTE

Sur les rapports de l'excentricité avec la plus grande équation du centre.

J'ai promis de démontrer les séries qui donnent la plus grande équation du centre par l'excentricité, ou réciproquement, l'excentricité par la plus grande équation du centre. Je le ferai d'autant plus volontiers, que l'on n'a, jusqu'à présent, donné la démonstration de ces formules que par le calcul différentiel, ce qui les met hors de la portée des Éléments.

Pour cela, il faut partir de cette condition fondamentale, qu'à l'époque de la plus grande équation du centre, le mouvement vrai du soleil égale son mouvement moyen. Cherchons donc l'expression du mouvement vrai dans un point quelconque de l'ellipse, et tâchons d'y introduire cette condition.

A cet effet, rappelons-nous le principe des aires. Soient r le rayon vecteur du soleil à un point quelconque de son ellipse, et α le petit mouvement angulaire de ce rayon vecteur dans un temps très-court, par exemple dans une seconde de temps. Le petit secteur elliptique ainsi décrit sera, à fort peu près, exprimé par $\frac{r^2\alpha}{2}$, et cette expression sera d'autant plus exacte, que α sera moindre; en sorte qu'en diminuant α de plus en plus, nous pourrions rendre l'erreur moindre qu'une quantité quelconque donnée. Or nous avons trouvé, par les observations, que les surfaces des secteurs elliptiques sont proportionnelles aux temps employés à les décrire; c'est une des lois fondamentales du mouvement du soleil. Par conséquent, si nous appelons S la surface totale de l'ellipse, T le temps employé pour la décrire, et t le temps employé à décrire le petit secteur $\frac{r^2\alpha}{2}$, cette proportionnalité nous donnera

$$\frac{r^2\alpha}{2S} = \frac{t}{T}; \qquad \text{par conséquent} \qquad \alpha = \frac{2St}{r^2T}.$$

Mais, en nommant a le demi-grand axe de l'ellipse, e le rapport de l'excentricité au demi-grand axe, on démontre, dans les Éléments, que la surface de l'ellipse est égale à $\pi a^2\sqrt{1-e^2}$, π étant la demi-circonférence dont le rayon est l'unité (voyez *Géométrie analytique*, 8e édition, page 267). Ainsi, en substituant cette valeur au lieu de S, nous aurons

$$\alpha = \frac{2\pi a^2\sqrt{1-e^2}.t}{r^2T};$$

α est le mouvement angulaire vrai du soleil pendant le temps t. Si cet astre se mouvait uniformément, son mouvement angulaire serait simplement proportionnel au temps t; et en le nommant v, on aurait alors

$$v = 2\pi \cdot \frac{t}{T}.$$

Nous avons vu que ces deux mouvements doivent être égaux à l'époque de la plus grande équation du centre; on a donc alors

$$\frac{2\pi \cdot t}{T} = \frac{2\pi a^2 \sqrt{1-e^2} \cdot t}{r^2 T},$$

ou, en supprimant les diviseurs communs,

$$r^2 = a^2 \sqrt{1-e^2},$$

et, par conséquent,

$$r = a(1-e^2)^{\frac{1}{4}}.$$

C'est la valeur du rayon vecteur correspondant à la plus grande équation du centre. Puisque t a disparu, nous pouvons lui supposer telle valeur que nous voudrons; le résultat sera le même. Nous le supposerons si petit, que l'erreur de l'évaluation du secteur elliptique, par l'expression $\frac{r^2 \alpha}{2}$, soit moindre que toute quantité donnée, et le résultat sera encore le même; mais alors il s'ensuit que la condition à laquelle nous venons de parvenir pour r n'est pas seulement approchée, elle est rigoureusement exacte.

Il ne reste plus qu'à l'introduire dans les formules qui donnent le temps et l'anomalie. Ces formules sont

$$(1) \quad nt = u - e \sin u, \quad r = a(1 - e \cos u), \quad \operatorname{tang} \tfrac{1}{2} v = \sqrt{\frac{1+e}{1-e}} \cdot \operatorname{tang} \tfrac{1}{2} u.$$

Ce sont celles que j'ai déjà données dans la page 451; je n'y ai fait d'autre changement que celui de supposer, pour plus de simplicité, $\frac{2\pi}{T} = n$, et de faire $\varpi = 0$, ce qui revient à compter la longitude v du périgée. Il est visible que nt est le moyen mouvement du soleil depuis le périgée; c'est, par conséquent, son anomalie moyenne. v est son anomalie vraie, et la différence $v - nt$ est l'équation du centre, que nous nommerons généralement Q, pour un point quelconque de l'orbite.

Comme l'équation de l'ellipse entre r et v est

$$r = \frac{a(1-e^2)}{1 + e \cos v},$$

en égalant cette valeur de r à son expression en fonction de u, on aura

$$1 - e \cos u = \frac{1 - e^2}{1 + e \cos v}.$$

Cette équation n'est qu'une transformation de la dernière des équations (1), comme il est facile de s'en assurer; mais elle nous sera plus commode pour l'objet que nous nous proposons, et nous l'emploierons de préférence.

Si, dans ces équations, entre r et u, entre r et v, on introduit la valeur $r = a(1-e^2)^{\frac{1}{4}}$, qui a lieu lors de la plus grande équation du centre, on en tire

$$1 + e\cos v = (1-e^2)^{\frac{3}{4}}, \qquad 1 - e\cos u = (1-e^2)^{\frac{1}{4}},$$

par conséquent

$$(2) \qquad \cos v = -\frac{1-(1-e^2)^{\frac{3}{4}}}{e}, \qquad \cos u = \frac{1-(1-e^2)^{\frac{1}{4}}}{e}.$$

Ces équations, développées en séries par la formule du binôme de Newton, donneront les angles u et v en fonction de l'excentricité; ensuite on en déduira nt en fonction de la même quantité, et la différence $v - nt$ sera la plus grande équation du centre.

Si l'on développe les seconds membres des équations (2) en séries par la formule du binôme, on voit que le terme indépendant de l'excentricité e disparaîtra, et les termes restants étant divisés par e, les valeurs de $\cos v$ et de $\cos u$ seront de l'ordre de l'excentricité, c'est-à-dire fort petites. De plus, la première sera négative, la seconde positive, c'est-à-dire que v sera plus grand et u moindre qu'un angle droit. Faisons donc, pour plus de simplicité,

$$v = 100^{\text{gr}} + v', \qquad u = 100^{\text{gr}} - u',$$

les équations (2) deviendront

$$\sin v' = \frac{1-(1-e^2)^{\frac{3}{4}}}{e}, \qquad \sin u' = \frac{1-(1-e^2)^{\frac{1}{4}}}{e};$$

et comme l'excentricité e est fort petite, on voit que les angles v' et u' seront fort petits du même ordre. Si l'on effectue le développement des seconds membres en se bornant aux termes affectés des deux premières puissances de e, qui sont les plus sensibles, on aura

$$\sin v' = \tfrac{3}{4}.e + \tfrac{3}{32}.e^3, \qquad \sin u' = \tfrac{1}{4}.e + \tfrac{3}{32}.e^3.$$

Maintenant il faut savoir que la valeur d'un petit angle α peut toujours se développer en série suivant les puissances de son sinus, et les deux premiers termes de cette série, qui nous suffiront dans le cas actuel, sont

$$\frac{\alpha}{R} = \sin\alpha + \tfrac{1}{6}.\sin^3\alpha, \quad \text{ou} \quad \alpha = R\left(\sin\alpha + \tfrac{1}{6}.\sin^3\alpha\right).$$

R est le rayon qui avait été pris pour unité dans les formules analytiques, et qui se trouve ici reproduit sous sa désignation particulière, afin de donner la facilité d'exprimer l'arc α en parties d'une autre unité. Par exemple, si l'on veut exprimer α en secondes décimales, il faudra exprimer aussi R de la même manière; car les autres termes de l'équation étant des nombres abstraits, il faut que le rapport $\frac{\alpha}{R}$ soit aussi un nombre abstrait. On aura ainsi $R = 636619'',77$; c'est la valeur du rayon en secondes décimales. En appliquant ce développement aux expressions de $\sin v'$ et de $\sin u'$, et nous bornant toujours aux troisièmes puissances de e, nous aurons

$$v' = R\left(\tfrac{3}{4}e + \tfrac{31}{128}e^3\right), \qquad u' = R\left(\tfrac{1}{4}e + \tfrac{37}{384}e^3\right).$$

Maintenant, puisque l'équation du centre est $v - nt$, en mettant pour v et u leurs valeurs $100^{gr} + v'$, $100^{gr} - u'$, et désignant, pour plus de simplicité, $v - nt$ par Q, on aura

$$Q = v' + u' + e\cos u';$$

mais ici, comme les angles v' et u' sont exprimés en secondes, et non plus en parties du rayon pris pour unité, il faut faire subir le même changement au terme $e\cos u'$, qui se trouve encore ainsi exprimé, c'est-à-dire qu'il faut le multiplier par le rayon réduit en secondes, et écrire

$$Q = v' + u' + R.e\cos u',$$

ou bien

$$Q = v' + u' + Re - 2Re\sin^2\tfrac{1}{2}u'.$$

Le terme $\sin\frac{1}{2}u'$ sera de l'ordre e; par conséquent son carré sera de l'ordre e^2, et comme il se trouve déjà multiplié par e dans la formule, on voit que, dans la valeur de $\sin u'$, on peut se borner à la première puissance de e, c'est-à-dire prendre $\sin\frac{1}{2}u' = \frac{1}{2}\sin u' = \frac{1}{4}e$; alors, en substituant dans (Q) cette valeur et celles de v' et de u' trouvées plus haut, il vient

$$Q = R\left(2e + \tfrac{88}{384}.e^3\right).$$

Si l'on voulait en tirer e par le retour des suites, en faisant $\frac{Q}{R} = \alpha$, on aurait d'abord

$$e = \tfrac{1}{2}\alpha - \tfrac{44}{384}e^3;$$

et en substituant, dans le second terme, $\frac{1}{2}\alpha$ au lieu de e, ce qui borne le développement aux troisièmes puissances, il vient

$$e = \tfrac{1}{2}\alpha - \tfrac{11}{768}\alpha^3.$$

Ce sont les deux premiers termes de la série rapportée dans la note de la page 471.

Si l'on voulait trouver la valeur de nt qui répond à l'époque de la plus grande équation du centre, il suffirait de remarquer que l'on a, en général, $Q = v - nt$; par conséquent $nt = v - Q$, et les valeurs précédentes de v et de Q donneraient

$$nt = 100^{gr} - R\left(\frac{5}{4}e + \frac{21}{144}e^3 + \ldots\right).$$

Jusqu'ici nous n'avons considéré que la plus grande équation du centre; mais en partant des équations fondamentales du mouvement elliptique, données au commencement de cette note, et réduisant ces équations en séries ordonnées suivant les puissances de l'excentricité, on peut en déduire généralement la valeur de $v - nt$, ou l'équation du centre qui convient à chaque valeur de t. On trouve ainsi la formule suivante, dont la démonstration doit être renvoyée à la *Mécanique céleste*:

$$v - nt = R\left(2e - \frac{1}{4}e^3\right)\sin nt + R\left(\frac{5}{4}e^2 - \frac{11}{24}e^4\right)\sin 2nt + \ldots$$

Les divers coefficients de cette formule ne sont qu'approchés, car chacun d'eux doit contenir une infinité de termes; mais ceux que nous avons rapportés suffiront presque toujours. Dans les nouvelles Tables publiées par le Bureau des Longitudes, on trouve la même formule développée, par M. Oriani, jusqu'aux douzièmes puissances de l'excentricité.

ADDITION AU CHAPITRE XI.

Sur les lois du mouvement de circulation dans l'ellipse et dans l'excentrique des anciens.

332. L'expression de $v - nt$, rapportée à la fin de la note précédente, donne évidemment aussi celle de *l'anomalie vraie* v, comptée dans le sens du mouvement de l'astre, à partir du périgée de l'ellipse, où elle commence avec le temps t. Les mêmes équations fondamentales (1), page 481, qui ont fourni ce développement, donnent aussi celui du rayon vecteur focal r, ordonné pareillement suivant les puissances de e. Comme ces résultats rendent toutes les phases du mouvement de circulation parfaitement saisissables, et qu'ils sont les éléments essentiels d'une infinité d'applications, même élémentaires, je les consignerai ici, en restreignant les développements aux termes de l'ordre e^3, ce qui sera plus que suffisant pour tous les usages que nous aurons à en faire dans le cours de cet ouvrage. Je les extrais de la *Mécanique céleste*, tome Ier, pages 179 et 181. Seulement, pour rendre manifeste leur homogénéité de composition, à laquelle il faut toujours avoir égard quand on les applique, j'y ai remis en évidence le rayon R du cercle, dont les arcs mesurent l'angle v. Si l'on veut les exprimer en parties de ce rayon même, on le remplacera par 1. Mais si l'on veut les exprimer en secondes d'une graduation connue, on remplacera R par la valeur R'', qu'il a dans cette même graduation. En conservant donc aux deux développements cette généralité de forme, ils seront tels qu'on le voit ici :

$$(1)\quad \begin{cases} \dfrac{v}{\mathrm{R}} = nt + (2e - \frac{1}{4}e^3)\sin nt + \frac{5}{4}e^2 \sin 2nt + \frac{13}{12}e^3 \sin 3nt, \\[2ex] \dfrac{r}{a} = 1 + \frac{1}{2}e^2 - (e - \frac{3}{8}e^3)\cos nt - \frac{1}{2}e^2\cos 2nt - \frac{3}{8}e^3 \cos 3nt. \end{cases}$$

J'y joins l'équation focale de l'ellipse entre v et r, qui, en mettant pareillement l'origine des angles v au périgée, est

$$(2)\qquad r = a\,\frac{(1 - e^2)}{1 + e\cos v}.$$

En se reportant à la *fig.* 34, v représente l'angle STP, et r le rayon focal TS. e est un nombre abstrait, qui exprime le rapport de l'excentricité CT au demi-grand axe CP ou CA, désigné par a. On voit que les deux développements convergent d'autant plus vite, que ce rapport est moindre. D'après une importante remarque faite par Laplace (Mémoires de l'Académie des Sciences pour 1823, page 61), ils cesseraient d'être convergents si la valeur numérique du rapport e atteignait ou dépassait 0,66195, c'est-à-dire environ $\frac{2}{3}$. Alors ils ne seraient plus applicables, et il faudrait donner d'autres formes aux expressions développées des coordonnées elliptiques v, r. Quoiqu'on sache le faire, il est heureux que toutes les orbites planétaires jusqu'à présent reconnues aient des excentricités bien moindres que cette limite, de sorte que les deux développements (1) y suffisent. Si l'on y suppose le rapport e nul, ils donnent $r = a$, et $\frac{v}{R''} = nt$; c'est-à-dire le rayon vecteur focal constant, et son mouvement de circulation uniforme. Aussi, dans ce cas, l'ellipse dégénère en un cercle dont le point focal devient le centre. D'après la convention faite dans la note précédente, page 481, la lettre n représente $\frac{2\pi}{T}$, π étant le rapport de la circonférence au diamètre, ou 3,1415926, et T le temps de la révolution totale de l'astre dans son ellipse, dont le grand axe est supposé fixe. Ainsi le rapport $\frac{2\pi t}{T}$, ou nt, exprime la portion de la circonférence qui est proportionnelle au temps t, dans un cercle dont le rayon est 1; et le produit $\frac{2\pi R'' t}{T}$, équivalent à $\frac{360^{\circ} t}{T}$, ou $\frac{400^{gr} t}{T}$, exprime la valeur du même arc, traduite en secondes, ou en degrés, de la division du cercle que l'on adopte. Cette traduction est nécessaire pour se conformer aux énoncés des Tables trigonométriques usuelles, avec lesquelles on doit calculer les sinus et cosinus tant de cet arc que de ses multiples, qui entrent dans les développements de v et de r.

333. Considérons, *fig.* 35, l'ellipse PSA, décrite en apparence

par le soleil autour de la terre, placée au foyer T. Marquons en C le centre de cette ellipse. CA, égal à CP, sera son demi-grand axe, que nous désignons par a dans nos formules. CT, égal à CF′, sera son excentricité, et le rapport $\frac{CF'}{CA}$ ou $\frac{CT}{CP}$ sera exprimé par e. Les distances périgée et apogée TP, TA auront respectivement pour valeurs $a(1-e)$, $a(1+e)$. La droite TS, menée à chaque instant de la terre au soleil, sera le rayon vecteur elliptique r, correspondant au temps t, compté depuis le passage de cet astre au périgée; l'angle STP sera *l'anomalie vraie* v pour le même temps, et nt sera *l'anomalie moyenne* correspondante. Tout cela est d'une entière évidence.

334. Or, en exposant les hypothèses imaginées par les astronomes, antérieurement à Képler, j'ai signalé un fait remarquable qu'ils avaient anciennement reconnu : il consiste en ce que le mouvement angulaire des planètes peut être représenté fort approximativement, quant à ses apparences observables, en supposant qu'il s'opère uniformément autour d'un point situé sur le grand diamètre de l'orbite, non pas au centre C même, mais au delà et à même distance, relativement à la portion occupée sur la branche opposée par le soleil ou par la terre, considérés comme centre de vision. J'ai raconté comment Képler parvint à constater l'existence de la même condition dans le mouvement angulaire apparent du soleil, où, jusqu'à lui, on ne l'avait ni aperçue ni soupçonnée. Si le fait est réel, ce point d'uniformité ou d'*équant* doit être ici le second foyer F′ de l'orbe solaire. Il ne sera pas inutile d'examiner jusqu'à quel point cette présomption est fondée.

Menant donc la droite F′S, à partir de ce foyer, je désigne l'angle SF′P par x; puis je vais chercher l'expression de cet angle dans le mouvement elliptique exact. Quand nous l'aurons obtenue, il ne restera plus qu'à voir si elle est ou n'est pas proportionnelle au temps t.

A cet effet, je mène SK perpendiculaire à AP. Le segment TK a pour valeur $r\cos v$; et, comme l'intervalle F′T est $2ae$, l'expression de F′K est $2ae + r\cos v$. Or, par la propriété fondamentale de l'ellipse, F'S est $2a - r$. Donc, dans le triangle SF'K, rectangle en K, on aura

$$\cos x = \frac{2ae + r\cos v}{2a - r}.$$

Le produit $r\cos v$ est donné linéairement par l'équation polaire de l'ellipse. En lui ajoutant $2ae$, l'expression précédente prend cette forme,

$$(3) \qquad \cos x = \frac{1 + e^2 - \frac{r}{a}}{e\left(2 - \frac{r}{a}\right)}.$$

Il ne reste plus qu'à remplacer le rapport $\frac{r}{a}$ par sa valeur tirée du développement de r. En faisant cette substitution, je conserverai seulement, dans l'expression *finale* de $\cos x$, les termes dans lesquels le rapport e se trouve à ses deux premières puissances. On verra tout à l'heure que cela suffit pour l'épreuve que nous nous proposons. Mais, afin d'aller jusque-là, il faut d'abord conserver, dans l'évaluation du numérateur, les termes en e^3, parce que l'ensemble est tout entier divisible effectivement par e. Après qu'on a effectué cette division, il reste

$$\cos x = \frac{\cos nt + \frac{1}{2}e(1 + \cos 2nt) + \frac{3}{8}e^2(\cos 3nt - \cos nt)}{1 + e\cos nt - \frac{1}{2}e^2(1 - \cos 2nt)}.$$

Or on a identiquement

$$\cos^2 nt = \tfrac{1}{2}(1 + \cos 2nt); \quad \sin^2 nt = \tfrac{1}{2}(1 - \cos 2nt);$$
$$(\cos 3nt - \cos nt) = 4\cos^3 nt - 4\cos nt = -4\cos nt \sin^2 nt.$$

L'expression de $\cos x$, modifiée par ces transformations, acquiert donc en facteur commun $\cos nt$; et, en le séparant, elle devient

$$\cos x = \cos nt \frac{(1 + e\cos nt - \frac{3}{2}e^2\sin^2 nt)}{(1 + e\cos nt - e^2\sin^2 nt)}.$$

Dans la fraction qui reste comprise entre les parenthèses, le numérateur ne diffère du dénominateur que par l'adjonction d'un terme, qui est $-\frac{1}{2}e^2\sin^2 nt$. Supposant donc la division effectuée sur la portion commune, ce terme composera le reste, qui se trouvera être de l'ordre e^2. Donc, cet ordre étant celui auquel notre approximation s'arrête, on devra ensuite faire e nul dans le dénominateur, et l'on aura simplement

$$\cos x = \cos nt - \tfrac{1}{2}e^2 \sin^2 nt \cos nt.$$

Si e était nul, c'est-à-dire si l'ellipse dégénérait en une circonférence de cercle, cette équation donnerait $x = nt$, en sorte que l'angle x croîtrait proportionnellement au temps, ce qui produirait un mouvement angulaire uniforme autour du centre du cercle; mais, e n'étant pas nul, on voit que cette uniformité n'a pas lieu; ou, si l'on veut, elle n'a lieu qu'aux quantités près de l'ordre e^2.

338. Pour connaître les variations que l'angle x ou l'arc qui le mesure éprouve dans le cours de chaque révolution, je le remplace, dans le premier nombre, par $(x - nt) + nt$. Alors, en supposant toujours les deux éléments de cette somme exprimés en parties du rayon pris pour unité, $x - nt$ sera une petite fraction de l'ordre e^2; et, comme nous négligeons les e^3, nous devons prendre simplement

$$\cos x = \cos nt - (x - nt)\sin nt.$$

La substitution de cet équivalent fait disparaître $\cos nt$ des membres de l'égalité, et permet de diviser des deux parts les résidus par $\sin nt$. Il reste donc alors

$$x = nt + \tfrac{1}{4}e^2 \sin 2nt,$$

ou, si l'on veut exprimer l'arc x en secondes de la graduation du cercle,

$$\frac{x}{R''} = nt + \tfrac{1}{4}e^2 \sin 2nt.$$

On voit par là que les variations de l'angle x deviennent nulles quatre fois dans chaque révolution de l'astre, lorsque l'anomalie moyenne nt prend une des quatre valeurs 0°, 90°, 180°, 270°. Leurs maxima ont lieu dans chaque valeur de cette anomalie qui est intermédiaire entre celles-là; et leur amplitude s'y élève alternativement à $\pm\frac{1}{4}\,R''e^2$.

Évaluons ce maximum d'écart dans l'ellipse solaire, en attribuant à e la valeur 0,016803 que nous avons dit plus haut résulter des recherches de Delambre, pour l'année 1775.

Le calcul fait avec la graduation sexagésimale donne

$$\tfrac{1}{4}R''e^2 = 14'',559.$$

Une inégalité si petite et sujette à des intermittences si fréquentes, non-seulement pouvait paraître négligeable du temps de Képler, mais au temps même de Halley et de Newton, les observations n'étaient pas assez précises pour qu'il fût bien essentiel d'y avoir égard.

336. Puisque notre évaluation approchée de l'angle x s'étend jusqu'aux quantités de l'ordre e^2 inclusivement, elle doit évidemment reproduire les valeurs de r et de v dans la même limite d'approximation; néanmoins il ne sera pas inutile d'en faire l'épreuve.

Pour cela, je reprends d'abord l'équation (3) entre $\frac{r}{a}$ et $\cos x$. En dégageant la première de ces quantités, elle donne

$$\frac{r}{a} = \frac{1 + e^2 - 2e\cos x}{1 - e\cos x};$$

le numérateur du second membre peut se décomposer en $1 - e\cos x + e(e - \cos x)$. La division s'opère exactement sur la première partie; et sur la seconde il suffit de l'effectuer jusque dans les termes de l'ordre e^2. On trouve ainsi

$$\frac{r}{a} = 1 + e\,\frac{(e - \cos n)}{1 - e\cos x} = 1 + e\,[e - \cos x - e\cos^2 x],$$

ce qui équivaut à

$$\frac{r}{a} = 1 - e\cos x + e^2\sin^2 x.$$

Or x ne diffère de nt que dans les termes de l'ordre e^2; puisque nous ne dépassons pas cet ordre, il faut remplacer x par nt dans les termes du second membre qui sont déjà multipliés par e. De plus, on a identiquement

$$\sin^2 x = \tfrac{1}{2}(1 - \cos 2x);$$

faisant donc ces diverses substitutions, il en résulte

$$\frac{r}{a} = 1 + \tfrac{1}{2}e^2 - e\cos nt - \tfrac{1}{2}e^2 \cos 2nt.$$

C'est précisément l'expression de $\frac{r}{a}$ donnée par les développements (1) quand on les restreint aux termes en e^2. Ainsi la supposition de x égal à nt, c'est-à-dire de l'uniformité du mouvement angulaire, autour du second foyer F′ de l'ellipse, ne produit que des erreurs de l'ordre e^3, dans l'évaluation du rayon vecteur r.

337. Pour trouver v, il faut prendre un détour, parce que si on voulait le déduire de l'équation de l'ellipse, e se présenterait en diviseur, et l'expression de $\frac{r}{a}$ devrait être poussée jusqu'aux e^3 pour conserver les e^2 dans le quotient. Mais cet inconvénient n'a pas lieu quand on considère le triangle TSF′ de notre *fig.* 35. En effet, dans ce triangle, l'angle au sommet S est évidemment $v-x$; et comme il est opposé au côté TF′, qui est $2ae$, la relation de proportionnalité entre les côtés et les sinus des angles donne

$$\sin(v-x) = \frac{2e\sin x}{\left(\frac{r}{a}\right)}.$$

Le second membre a pour facteur permanent e, puisque le rapport $\left(\frac{r}{a}\right)$ commence par $+1$. Donc l'angle $v-x$ est très-petit de cet ordre; donc, puisque nous négligeons les e^3, il peut être substitué à son sinus. Par le même motif, le dénominateur $\left(\frac{r}{a}\right)$ de ce second membre n'a pas besoin d'être évalué en x, au delà des termes de l'ordre e. D'après ces remarques, on aura simplement

$$v - x = \frac{2e \sin x}{1 - e \cos x},$$

et en bornant la division du second membre aux limites prescrites, c'est-à-dire aux termes en e^2,

$$v = x + 2e \sin x + e^2 \sin 2x.$$

Or nous avons trouvé, dans ces mêmes limites,

$$x = nt + \tfrac{1}{4} e^2 \sin 2nt;$$

l'angle x ne différant de nt que par des quantités de l'ordre e^2, il faut le remplacer par nt dans les termes qui sont déjà multipliés par e. Mais pour obtenir l'expression complète de v jusqu'aux termes en e^2 inclusivement, il faut conserver à x la quantité de cet ordre qui s'ajoute à nt, lorsqu'on le substitue dans la portion de v, où il n'est pas multiplié par e. En effet, en opérant ainsi, on trouve

$$v = nt + 2e \sin nt + \tfrac{5}{4} e^2 \sin 2nt,$$

ce qui coïncide exactement avec l'expression elliptique de v, donnée par les développements (1), quand on la borne de même aux termes de l'ordre e^2. Or il n'en sera plus de même si l'on veut supposer le mouvement angulaire uniforme autour du second foyer F′ de l'ellipse; car alors, x devant être fait égal à nt, par hypothèse, il faudra lui attribuer cette valeur dans tous les termes de v indistinctement, ce qui donnera

$$v = nt + 2e \sin nt + e^2 \sin 2nt.$$

La valeur de v ainsi calculée sera donc fautive dans les quantités de l'ordre e^2, et l'erreur sera $\frac{1}{4} e^2 \sin 2nt$, c'est-à-dire précisément celle que l'on commet en supposant l'angle x égal à nt: elle suivra donc toutes les phases que nous lui avons reconnues plus haut, d'après cette expression même; et dans l'ellipse solaire elle s'élèvera seulement à $\pm 14'',559$ sexagésimales quand elle atteindra chacun de ses quatre maxima successifs.

L'hypothèse que nous venons de discuter a été appelée l'*hypo-*

thèse elliptique simple. On l'a imaginée peu de temps après Képler, pour suppléer au développement par séries, des coordonnées elliptiques, avant qu'on les eût obtenus. Elle a été employée par Halley, quelquefois même par Newton. En résumé, on vient de voir qu'elle donne le rayon vecteur r exact jusqu'aux quantités de l'ordre e^2 inclusivement; et l'anomalie vraie v, avec une petite erreur dans les termes de cet ordre, dont l'expression générale est $\frac{1}{4} e^2 \sin 2nt$.

338. Ceci va nous faire comprendre l'existence du point *d'équant*, que Képler avait découvert dans le mouvement du soleil, en admettant, comme on l'avait fait jusqu'alors, que l'orbite de cet astre dût être un cercle excentrique à la terre. Soient, *fig.* 36, C le centre de ce cercle, T la terre, A, P les points de périgée et d'apogée, placés aux extrémités du diamètre qui passe par C et T. Sur ce même diamètre, du côté du centre opposé à la terre, prenez CF′ égal à CT. Képler trouvait que le mouvement angulaire autour du point F′ était uniforme, en sorte que l'angle SF′P était constamment égal à l'anomalie moyenne nt.

Pour apprécier cette hypothèse, je nomme a le rayon du cercle, ρ la droite F′S, C la distance CT ou CF′; je représente le rapport $\frac{C}{a}$ par e, et je conserve d'ailleurs toutes les constructions, ainsi que les dénominations de la figure précédente, sauf que l'astre S est supposé se mouvoir sur le cercle, non sur l'ellipse, dont AP est le diamètre ou le grand axe. Comme le rayon central SC divise la base du triangle TSF′ en deux parties égales, on a d'abord la relation connue

$$\left(\frac{\rho}{a}\right)^2 + \left(\frac{r}{a}\right)^2 = 2 + 2e^2;$$

de là on déduira le développement de r quand on aura celui de ρ. Pour l'obtenir, du centre C je lui mène la perpendiculaire CN. Sa longueur est $ae \sin nt$; et celle du segment F′N est $ae \cos nt$. Donc SN est $\rho - ae \cos nt$. Ainsi le triangle SCN, qui est rectangle en N, donne

$$[\rho - ae \cos nt]^2 + a^2 e^2 \sin^2 nt = a^2,$$

et l'on en tire

$$\frac{\rho}{a} = e\cos nt + [1 - e^2\sin^2 nt]^{\frac{1}{2}}.$$

La condition que le périgée soit en P fait que le signe positif du radical est seul admissible.

En bornant le développement aux termes de l'ordre e^2, on en tire

$$\frac{\rho}{a} = 1 + e\cos nt - \tfrac{1}{2}e^2\sin^2 nt,$$

et, par suite,

$$\left(\frac{\rho}{a}\right)^2 = 1 + 2e\cos nt + e^2\cos 2nt.$$

Ceci étant substitué dans la première relation, il en résulte

$$\left(\frac{r}{a}\right)^2 = 1 + 2e^2 - 2e\cos nt - e^2\cos 2nt;$$

et en extrayant la racine carrée du second membre, dans les mêmes limites d'approximation, elle donne

$$\frac{r}{a} = 1 + e^2 - e\cos nt - \tfrac{1}{2}e^2\cos 2nt - \tfrac{1}{2}e^2\cos^2 nt,$$

ou, en réduisant les termes multipliés par e^2,

$$\frac{r}{a} = 1 + \tfrac{3}{4}e^2 - e\cos nt - \tfrac{3}{4}e^2\cos 2nt.$$

Si l'on compare cette expression à celle de $\frac{r}{a}$ dans l'ellipse, pour des conditions d'approximation pareilles, on voit qu'elle la surpasse d'une quantité toujours positive, qui est $\frac{1}{4}e^2[1 - \cos 2nt]$, ou $\frac{1}{2}e^2\sin^2 nt$. Ainsi, les constantes a, e étant supposées égales, le rayon vecteur excentrique surpasse toujours le rayon vecteur elliptique correspondant au même temps t, excepté au périhélie et à l'aphélie où ils coïncident. Cet excès de longueur a, pour expression générale, $+\frac{1}{2}ae^2\sin^2 nt$.

Il faut maintenant former l'expression de l'anomalie vraie v.

On l'obtiendra en établissant la proportion des sinus des angles, aux côtés opposés, dans le triangle F'ST de notre *fig.* 36. Car l'angle en F' étant nt, par hypothèse, on en tirera immédiatement

$$\sin(v - nt) = \frac{2e \sin nt}{\left(\frac{r}{a}\right)}.$$

Le second membre ayant pour facteur permanent e, l'angle $v - nt$ est très-petit de cet ordre : donc, puisque nous négligeons les e^3, il peut être substitué à son sinus. Par le même motif, le dénominateur $\left(\frac{r}{a}\right)$ de ce second membre n'a pas besoin d'être évalué en nt au delà des termes de l'ordre e. D'après ces remarques, on aura simplement

$$v - nt = \frac{2e \sin nt}{1 - e \cos nt},$$

et en bornant la division du second membre aux limites prescrites, c'est-à-dire aux termes en e^2,

$$v = nt + 2e \sin nt + e^2 \sin 2nt.$$

En comparant cette expression à celle des développements (1), on voit qu'il y manque le terme $+ \frac{1}{4} e^2 \sin 2nt$, précisément comme dans l'*hypothèse elliptique simple*, représentée *fig.* 35. Mais celle-ci donne le rayon vecteur r, exact jusque dans les quantités de l'ordre e^2, au lieu que l'*hypothèse de l'excentrique à équant*, représentée *fig.* 36, donne une expression de r qui est déjà fautive, dans les termes de cet ordre, comme nous l'avons tout à l'heure constaté.

339. Je vais maintenant discuter l'*hypothèse de l'excentrique simple*, avec un mouvement angulaire uniforme autour du centre, qui a été employée par Hipparque et par Ptolémée pour représenter l'orbe apparent du soleil. Les conditions en sont exprimées dans la *fig.* 37 : T désigne la terre, S le soleil, décrivant la circonférence dont le rayon est C'S, que l'on nomme a'; P est le périgée, A l'apogée, situés aux extrémités du diamètre mené par les points C′ et T. Selon l'hypothèse, le mouvement angulaire du rayon C′S, autour du centre C′, est uniforme; en sorte que l'angle SC′T, ou SC′P, est toujours égal à l'anomalie moyenne nt. Dans la figure j'ai donné au rayon C′S une autre longueur que dans la *fig.* 36, afin de rappeler que a' sera une arbitraire dont nous pourrons, au besoin, disposer pour faire concorder les résultats de l'hypothèse avec les phénomènes réels. Pour un motif semblable, je désignerai l'excentricité totale C′T par C′, et le rapport $\frac{C'T}{C'S}$ ou $\frac{c'}{a'}$ par e'. Ces lettres pareilles à celles que nous avons employées dans le cas de la *fig.* 36, mais distinguées d'elles par un accent, indiqueront à la fois l'analogie des éléments linéaires, ou des rapports abstraits qu'elles expriment, et la diversité de valeurs que nous serons libres de leur attribuer.

Je cherche d'abord l'expression du rayon vecteur TS ou r. Pour l'obtenir, je mène TN perpendiculaire à C′S. Sa longueur sera $a'e' \sin nt$; et celle du segment C′N sera $a'e' \cos nt$. Cela donne SN égal à $a'(1-e' \cos nt)$. Alors, dans le triangle TNS rectangle en N, on aura

$$r^2 = a'^2(1 - e' \cos nt)^2 + a'^2 e'^2 \sin^2 nt,$$

ou, en développant le premier carré binôme,

$$\left(\frac{r}{a'}\right)^2 = 1 + e'^2 - 2e' \cos nt.$$

Par cette expression, comme par la figure, la distance périgée TP est $a' - a'e'$, et la distance apogée TA est $a' + a'e'$. Le rapport de ces distances est donc $\frac{1-e'}{1+e'}$. Or, dans la *fig.* 36, comme dans l'ellipse réelle de la *fig.* 35, ce même rapport était $\frac{1-e}{1+e}$. On devrait donc faire ici e' égal à e, pour qu'il y restât conforme aux phénomènes. Mais, sans vouloir établir dès à présent cette identité, je me borne à en conclure que la fraction représentée par e' devra être d'un ordre de petitesse assimilable à e; de sorte que, pour rester dans les mêmes conditions générales d'approximation auxquelles nous nous sommes jusqu'ici restreint, il faudra ici évaluer $\frac{r}{a'}$ jusque dans les termes de l'ordre e'^2 inclusivement. Opérant donc ainsi sur l'expression précédente de $\frac{r^2}{a'^2}$, on en déduira

$$\frac{r}{a'} = 1 + \tfrac{1}{4} e'^2 - e' \cos nt - \tfrac{1}{4} e'^2 \cos 2nt.$$

En comparant ce résultat à son analogue, dans les développements elliptiques (1), on voit que, pour qu'ils s'accordent dans les termes de l'ordre e', il faudrait y faire $e' = e$, comme nous l'avons tout à l'heure reconnu. Si, en outre, on y supposait le rayon a' égal au demi-grand axe a de l'ellipse, les distances périgée et apogée auraient des grandeurs absolues exactement pareilles dans les deux hypothèses. Alors l'excentrique de la *fig.* 37 s'identifierait avec le cercle circonscrit à l'ellipse de la *fig.* 35; et les rayons vecteurs menés de la terre T à l'une ou l'autre courbe, au même instant physique, ne différeraient en longueur que par des termes de l'ordre e^2. Mais on va voir tout à l'heure que ces déterminations, si on les adoptait, donneraient des erreurs intolérables sur l'anomalie vraie v, qui, dans tous les âges de l'astronomie, a pu être évaluée par observation bien plus exactement que les distances soit absolues, soit relatives, de la terre au soleil.

340. Ici, comme dans les cas précédents, l'expression générale de v s'obtiendra avec facilité par la considération du triangle C'ST, où l'angle en S est $v - nt$. La proportion des sinus des angles aux côtés opposés donnera

$$\sin(v - nt) = \frac{e' \sin nt}{\left(\frac{r}{a'}\right)}.$$

Cette équation est de forme pareille à celles que les hypothèses précédentes nous ont présentées; on la traitera donc de la même manière. Négligeant ainsi les termes de l'ordre e'^3, on substituera l'arc $v - nt$ à son sinus, et dans le second membre on remplacera

$\left(\frac{r}{a'}\right)$ par son expression, restreinte aux termes de l'ordre e'. On aura ainsi

$$v - nt = \frac{e' \sin nt}{1 - e' \cos nt},$$

et en effectuant la division du second membre, jusque dans les termes en e'^2,

$$v = nt + e' \sin nt + \tfrac{1}{2} e'^2 \sin 2\,nt.$$

Or, entre des limites d'approximation de même ordre, les développements elliptiques (1) nous donnent pour v l'expression suivante :

$$v = nt + 2\,e \sin nt + \tfrac{5}{4} e^2 \sin 2\,nt.$$

Afin que ces développements s'accordent dans leurs termes du premier ordre, il faut faire évidemment

$$e' = 2\,e;$$

alors, pour chaque valeur commune de t, l'anomalie vraie v, calculée dans l'excentrique, différera encore de l'elliptique par un terme du second ordre qui sera $+\frac{3}{4} e^2 \sin 2\,nt$, et en secondes d'arc $+\frac{3}{4} R'' e^2 \sin 2\,nt$. Cela donnera lieu à une erreur de même période que celles de l'hypothèse elliptique simple, et de l'excentrique à équant imaginé par Képler, que représente notre *fig.* 36. Ainsi, dans l'application au soleil, ses maxima successifs s'élèveront à $\pm 43'',677$ sexagésimales au lieu de $14'',559$.

341. Cette nouvelle détermination rend le rapport $\frac{r}{a'}$ inexact, même dans le terme qui contient la fraction e' à la première puissance. Car nous avons vu tout à l'heure que pour l'accorder avec son analogue du développement elliptique, il faut faire $e' = e$. Le rapport entre les distances périgée et apogée se trouve aussi dénaturé, puisque ayant pour expression $\frac{1 - e'}{1 + e'}$, il devient $\frac{1 - 2e}{1 + 2e}$, au lieu de $\frac{1 - e}{1 + e}$, qui est sa valeur vraie dans l'ellipse.

Mais les astronomes antérieurs à Képler ne s'étaient pas avisés, comme lui, de déterminer expérimentalement cette valeur par une triangulation, dans laquelle Mars, revenu au même point de son orbite, servait de signal. Ils n'auraient pu la conclure que de la diminution opérée dans les diamètres apparents du soleil, en passant du périgée à l'apogée; laquelle dans l'excentrique d'Hipparque est à peu près double de ce qu'elle est dans l'ellipse réelle lorsque l'on suppose $e' = 2e$, comme l'exige l'accord de l'anomalie. Or, d'après les mesures des diamètres extrêmes, rapportées page 413, cette diminution traduite en mesures sexagésimales aurait été ainsi $127'',210$ par le calcul de l'excentrique, au lieu de $63'',605$ qu'elle est en réalité. Les procédés d'observation qu'on avait alors ne pouvaient pas faire apprécier de si petites différences, ni même donner avec quelque sûreté les mesures absolues des diamètres apparents. On ne pouvait donc pas prétendre à reproduire les vraies distances r que l'on ignorait; et il fallait seulement se préoccuper de représenter les lois du mouvement angulaire, exprimées par les variations de l'anomalie v, qui étaient bien plus manifestes. C'est ce que fit Hipparque en prenant comme données les intervalles de temps employés par le soleil, pour passer progressivement par les quatre points équinoxiaux et solsticiaux d'une même révolution annuelle. Il trouva ainsi la fraction e' égale à $0,04138$, ce qui offre peu de différence avec la valeur de $2e$ dans l'ellipse véritable à l'ancienne époque où il opérait. Or, dans le triangle SC′T, *fig.* 37, le côté C′T étant $a'e'$, la proportion des sinus des angles aux côtés opposés donne

$$\sin(v - nt) = e' \sin v.$$

$v - nt$ est l'angle en S, appelé l'*équation du centre*. Cette expression lui attribue un maximum positif lorsque $v = 90^\circ$, et un maximum négatif, lorsque $v = 270^\circ$; car l'angle v doit se compter continûment depuis 0° jusqu'à 360°. Nommant donc E ses valeurs pour ces deux cas, $\sin E$ sera $\pm e'$; et, avec la valeur de e', trouvée par Hipparque, on aura dans son excentrique

$$E = \pm 2^\circ\, 22'\, 18''.$$

Or l'angle E s'obtiendrait moitié moindre si l'on réduisait e' à la moitié de sa valeur donnée par la considération des anomalies, c'est-à-dire à 0,02069, comme cela serait nécessaire pour établir entre les distances périgée et apogée les distances qu'elles ont dû réellement avoir. Il est donc naturel que les anciens astronomes aient négligé cet élément qu'il leur était impossible d'apprécier, et qu'ils se soient conséquemment attachés à représenter de leur mieux le mouvement angulaire que les observations leur faisaient facilement saisir.

542. Lorsque l'on a fait ainsi $e' = 2e$ dans l'excentrique d'Hipparque, pour satisfaire aux amplitudes des variations de l'anomalie vraie e, on peut encore disposer du rayon a, de manière à rendre exacte celle des deux distances périgée ou apogée que l'on veut choisir. Supposons d'abord que ce soit la distance périgée. La condition d'identification sera évidemment

$$a'(1 - 2e) = a(1 - e);$$

ce qui donne

$$a' = a + \frac{ae}{1 - 2e},$$

et, en se bornant aux termes en e^2,

$$a' = a + ae + 2ae^2.$$

Alors, dans l'excentrique ainsi déterminé, on aura, entre les mêmes limites d'approximation :

Distance périgée...... $a' - 2a'e = a - a'e$,
Distance apogée ...... $a' + 2a'e = a + 3ae + 4ae^2$.

Supposons, au contraire, que l'on veuille rendre exacte la distance apogée. La condition sera

$$a'(1 + 2e) = a(1 + e);$$

ce qui donne

$$a' = a - \frac{ae}{1 + 2e},$$

et, en se bornant toujours aux e^2,

$$a' = a - ae + 2ae^2.$$

Alors, dans l'excentrique ainsi déterminé, on aura :

Distance périgée...... $a' - 2a'e = a - 3ae + 4ae^2$,

Distance apogée...... $a' + 2a'e = a + ae$.

Le rayon du premier excentrique sera plus grand que le demi-grand axe de l'ellipse réelle; le rayon du second sera moindre que ce demi-grand axe.

343. On a tracé, dans la *Pl. IX*, quatre figures disposées les unes au-dessous des autres, qui, par leur rapprochement, montrent, sous un point de vue facile à saisir, les rapports géométriques des diverses hypothèses que nous venons d'analyser. Elles sont désignées sous les n°s 38, 39, 40 et 41. La description que je vais en donner résumera tout ce qui précède.

La *fig.* 38 représente le mouvement apparent du soleil S dans une ellipse dont la terre T occupe un foyer. L'autre foyer est désigné par F'. Le périgée est en P, l'apogée en A, tous deux à d'égales distances a du centre C. Je prends cette figure comme type de l'orbite exacte, et je la suppose décrite suivant les vraies lois du mouvement elliptique rigoureux. Alors, pour chaque temps t, compté depuis le passage au périgée P, l'anomalie vraie v et le rayon vecteur focal r sont donnés par les développements (1) dans lesquels la lettre e représente le rapport de l'excentricité CT ou CF' de l'ellipse à son demi-grand axe CP ou CA, désigné par a.

Dans ces conditions rigoureuses du mouvement, la droite SF', menée de l'astre au foyer supérieur F', décrit autour de ce point des angles x, qui ne sont pas proportionnels aux temps t. L'*hypothèse elliptique simple* consiste à les supposer tels. L'erreur qui en résulte dans l'expression de v est de l'ordre e^3, et, dans l'expression de r, de l'ordre e^3, pour chaque valeur donnée du temps t.

La *fig.* 39 est l'*excentrique à équant* de Kepler. Il est identique avec le cercle circonscrit à l'ellipse réelle. Les distances du centre C′ aux points F′ et T sont égales entre elles et les mêmes que dans l'ellipse. F′ est le *point d'équant* autour duquel la droite SF′, menée de l'astre S, décrit des angles proportionnels au temps, lesquels se trouvent ainsi représenter l'anomalie moyenne nt, comme dans l'hypothèse précédente. Mais la substitution du cercle à l'ellipse fait que l'erreur du rayon vecteur r commence déjà aux termes de l'ordre e^2, comme celle de v. Celle-ci est d'ailleurs la même que dans l'hypothèse elliptique simple.

La *fig.* 40 représente l'excentrique d'Hipparque ayant son rayon a' déterminé par la condition de faire la distance périgée TP exacte, ce qui rend la distance apogée TA trop grande. La *fig.* 41 représente ce même excentrique assujetti à la condition inverse, c'est-à-dire de donner la distance apogée TA exacte, ce qui rend la distance périgée TP trop petite. Ce sont là autant de conséquences des expressions que nous avons obtenues pour ces distances, dans les deux cas de détermination que les figures reproduisent. Je dois seulement avertir qu'en les construisant, on s'est dispensé de tenir compte des termes en e^2.

CHAPITRE XII.

De l'usage des équations de condition pour la détermination des éléments.

344. Jusqu'ici nous avons considéré les éléments de l'orbe solaire, indépendamment les uns des autres; nous avons déterminé chacun d'eux en particulier, d'après les observations sur lesquelles il avait le plus d'influence. En répétant cette opération pour deux époques éloignées, nous avons reconnu, toujours d'après l'observation, les variations séculaires que chaque élément éprouve. Mais dans la réalité ces déterminations isolées ne peuvent être considérées que comme de premières approximations. Car les positions observées de l'astre, qui sont ici les données du problème, sont amenées par l'effet simultané de tous les éléments de son orbite, qui y contribuent dans des proportions diverses; et quoique l'on choisisse, pour déterminer chaque élément, l'époque où l'influence de tous les autres est la moindre possible, cependant on ne peut pas la détruire entièrement, ou en dépouiller les observations, comme cela serait nécessaire pour obtenir celui que l'on cherche séparé de tous les autres. C'est ainsi, par exemple, que le lieu du périgée influe sur la recherche de la plus grande équation, de sorte qu'une petite erreur sur un de ces éléments se reporte nécessairement sur l'autre. Il est donc nécessaire d'avoir égard à cette influence réciproque pour obtenir avec toute l'exactitude possible les valeurs absolues des éléments, et celles de leurs variations séculaires.

C'est l'analyse qui fait connaître cette dépendance, et les méthodes qu'elle emploie pour la découvrir sont trop élevées pour que je puisse en parler ici; mais en supposant la connaissance de ces rapports, on peut aisément concevoir la marche qu'il faut suivre pour y satisfaire, et je l'exposerai d'autant plus volontiers, qu'elle donne en quelque sorte le secret de l'exactitude actuelle des Tables astronomiques, et de l'accord qui existe dans leurs résultats.

345. L'esprit de la méthode consiste à corriger les éléments d'un seul coup, et tous à la fois par un grand nombre d'observations, tel que 1000 à 1200. Pour cela, on regarde chaque observation comme une donnée que l'on compare aux Tables astronomiques déjà faites et que celles-ci doivent représenter. Le résultat des Tables, comparé avec celui de l'observation, fait connaître l'erreur dont les Tables sont affectées dans cette partie de leur construction; il est vrai que cela suppose les observations parfaitement exactes, et elles ne sauraient l'être toutes que par un hasard presque impossible : mais comme la méthode dont on fait usage permet de faire concourir un grand nombre d'observations, il est extrêmement probable que leurs erreurs devront se compenser en grande partie dans les résultats moyens déduits de leur ensemble, pourvu toutefois qu'elles ne renferment point de vice constant et commun, tel que pourrait le produire, par exemple, un défaut de construction dans quelque partie essentielle des instruments dont on s'est servi, une méthode vicieuse d'observer, ou telle autre cause permanente et toujours dirigée dans le même sens. En supposant les observations exemptes de ces vices, et l'on doit toujours s'assurer qu'elles en sont exemptes, on peut attribuer aux Tables toutes les différences des résultats calculés et des résultats observés. Ces différences sont donc *les erreurs des Tables*.

Voyons maintenant d'où peuvent provenir ces erreurs. Ce n'est point de la forme même des Tables : car, dans l'état actuel de l'astronomie, cette forme se déduit de la théorie de l'attraction; elle n'est que la représentation des formules analytiques, réduites en nombres et décomposées de manière à réduire les calculs à leur plus grand degré de simplicité. C'est donc évidemment sur les éléments des Tables que le soupçon doit se porter; j'entends par éléments le petit nombre de données particulières à chacun des corps célestes donnés qui doivent se tirer des observations, parce qu'elles sont, pour ainsi dire, individuelles : ce sont les constantes arbitraires qui entrent dans les formules générales; elles ne peuvent être tirées que de l'expérience.

Si l'on a commis quelque erreur en déterminant ces éléments, s'ils ne sont pas tout à fait exacts, il est sensible que cette erreur introduite dans les formules analytiques se perpétuera dans leurs résultats, et produira des différences entre les observations qui sont vraies, et les quantités annoncées par les Tables qui sont fausses. Or il est presque impossible que l'on ne commette pas quelque petite erreur sur la première détermination des éléments; car on est d'abord obligé de les déterminer séparément, et cependant ils réagissent les uns sur les autres à cause des rapports par lesquels ils sont unis : l'évaluation de chacun d'eux ne saurait donc être définitivement exacte tant que tous les autres ne sont pas exactement connus. Ainsi, par exemple, le lieu du périgée ne peut pas être exactement connu si l'on ne connaît les dimensions de l'ellipse; par conséquent l'excentricité à son tour influe sur l'équation du centre, et la recherche de cette dernière exige aussi que l'on connaisse le lieu du périgée. Cette réaction générale des éléments, les uns sur les autres, fait qu'en corrigeant un d'eux isolément d'après une observation, on ne serait pas sûr que cette correction fût juste; il se pourrait même qu'elle devînt plus nuisible que favorable à l'exactitude, parce qu'en altérant la valeur d'un des éléments, on altère aussi tous ceux qui sont en rapport avec lui, sans connaître l'effet qu'on produit sur eux. Cette méthode de corrections isolées et partielles est donc essentiellement vicieuse. Lorsque chaque élément a été déterminé dans les circonstances qui lui sont les plus favorables, c'est-à-dire dans celles où il a le plus d'influence, il faut, pour pousser plus loin l'exactitude, trouver un procédé qui permette de les corriger tous simultanément : c'est à quoi l'on parvient par la méthode *des équations de condition*.

Cette méthode repose sur un principe général qui nous a déjà servi; c'est que si plusieurs causes de variations très-petites influent sur un résultat, il suffit de calculer leurs effets isolément, et la somme de ces effets partiels composera l'effet total. C'est ainsi que, pour connaître les changements de la déclinaison et de l'ascension droite des astres, par suite de la précession des équinoxes et de la variation d'obliquité, on calcule séparément les effets de ces deux causes et l'on en fait la somme : de même, dans le cas des Tables astronomiques, l'erreur totale des Tables est la somme des petites erreurs particulières produites par chacun des éléments. On calculera donc l'effet isolé que produirait une petite erreur indéterminée sur chacun d'eux, on en fera la somme, et, en l'égalant à l'erreur des Tables déduite de leur comparaison avec le ciel, on aura *une équation de condition* entre les erreurs, parce qu'en effet ce sera une condition à laquelle leurs valeurs simultanées devront satisfaire. Cette équation contiendra seulement les premières puissances des variations des éléments, car on peut négliger les autres comme fort petites, et cela est nécessaire pour n'avoir à traiter que des équations du premier degré. Les coefficients des différents termes de ces équations contiennent les éléments eux-mêmes ; mais comme ils sont tous multipliés par les erreurs des éléments, qui sont nécessairement fort petites, il n'est pas nécessaire que les valeurs des éléments soient connues d'une manière bien exacte pour réduire les coefficients en nombres, et les premières évaluations, qui ont servi à former les Tables que l'on corrige, suffiront pour cet objet. Le résultat de tous les calculs sera donc une équation numérique et du premier degré entre l'erreur des Tables dans chaque observation, et les erreurs particulières de tous les éléments.

Si les observations étaient d'une exactitude géométrique, il suffirait de former autant de ces équations qu'il y a d'éléments à corriger ; mais, comme elles comportent toujours quelques petites erreurs, on supplée à leur imperfection par leur nombre. On forme beaucoup plus d'équations de condition que l'on n'a d'éléments à déterminer ; on en forme autant que l'on a d'observations, puis on les combine successivement de manière à en tirer d'autres qui soient le plus favorables possible à la détermination de chaque élément, c'est-à-dire qu'on les ajoute ensemble ou qu'on les soustrait les unes des autres, de manière à en tirer d'autres équations où le coefficient numérique de l'erreur due à cet élément soit le plus grand possible, tandis que ceux des autres éléments sont les moins considérables. On sent, en effet, que l'erreur cherchée étant égale à la somme des autres termes de l'équation, divisés par le coefficient numérique qui la multiplie, plus ce dénominateur sera grand par rapport aux autres termes, plus les erreurs de ceux-ci seront de peu d'importance. D'après cette remarque, le procédé analytique qu'il faut employer pour obtenir directement l'équation la plus favorable à chaque élément se présente de lui-même. Disposez toutes les équations de manière que le coefficient de l'erreur due à cet élément soit positif dans toutes. Cela est toujours possible en changeant convenablement les signes de tous les termes qui les composent; puis faites la somme de toutes les équations ainsi préparées. Dans cette somme, l'erreur de l'élément que vous avez favorisé a le plus grand coefficient possible, puisqu'elle est multipliée par la somme de tous les coefficients particuliers qui l'affectent, au lieu que les coefficients des autres erreurs se sont en partie ajoutés et en partie soustraits, suivant la disposition fortuite de leurs signes, de manière qu'il a dû s'en compenser une partie. Quand on a formé autant de ces équations spéciales que l'on a d'erreurs à déterminer, on détermine chacune de celles-ci par le procédé ordinaire de l'élimination. Il est facile de voir que, dans cette opération, chacune des inconnues conserve, dans son équation, l'avantage que son grand coefficient lui donne. Car si l'on prend la valeur d'une de ces inconnues, de x par exemple, dans l'équation où elle est favorisée, les coefficients numériques de cette valeur seront tous des fractions moindres que l'unité. Par conséquent, si on les substitue dans toutes les autres équations, ils affaibliront le coefficient que x avait dans chacune d'elles; et ainsi les termes qui en résulteront ne pourront pas détruire la supériorité qu'avait dans chaque équation le coefficient d'une des autres inconnues. On doit parvenir, par ce procédé, à connaître avec la plus grande exactitude les corrections simultanées des éléments pour l'époque moyenne à laquelle se rapportent les observations dont on a fait usage. Ces corrections étant connues, on les applique aux éléments précédemment adoptés, et on a ainsi leurs valeurs définitives. En comparant ces valeurs à celles que l'on obtient par des calculs semblables pour une autre époque éloignée de la première, on parvient à trouver les variations très-lentes que les éléments éprouvent, et auxquelles on a donné le nom d'*inégalités séculaires* (*).

La méthode que nous venons d'expliquer a été imaginée par le célèbre astronome Tobie Mayer, qui en a fait le premier usage pour la formation de ses Tables de la lune. Elle a été depuis employée dans toutes les déterminations astronomiques où l'on a

(*) Comme cette méthode est très-importante en astronomie, je l'appliquerai à un exemple.

Supposons que l'on ait un grand nombre d'observations du soleil que l'on puisse regarder comme très-exactes. On en déduira les longitudes du soleil, et en les comparant à celles que donnent les Tables, les différences seront les erreurs de ces Tables. Je les représenterai par C, C', C''.

Comme les perturbations peuvent être supposées exactement connues par la théorie, et qu'on a dû en tenir compte dans les calculs, les erreurs restantes doivent résulter de toutes celles que l'on a pu faire sur les éléments elliptiques ; il faut y démêler ce qui appartient à chacun d'eux.

Considérons d'abord le lieu du périgée. On calculera l'effet qu'une minute de changement dans sa position produirait sur la longitude. Pour cela il faut avoir des Tables du soleil. Prenons celles de Delambre, que le Bureau des Longitudes a publiées, et qui sont calculées en mesures sexagésimales.

Dans ces Tables on a donné au périgée une certaine position, d'après laquelle on a calculé les anomalies, en retranchant la longitude du périgée de la longitude du soleil. Par conséquent, une minute de changement sur le lieu du périgée change d'une minute l'anomalie correspondante à chaque longitude. Supposons donc que la longitude qui a donné l'erreur C réponde, par exemple, à 198° sexagésimaux d'anomalie, comptée du périgée : ce sera six signes et dix-huit degrés, ou $6^s\,18^o$, suivant la manière de compter des astronomes, chaque signe valant 30° sexagésimaux. On trouvera dans la Table de l'équation du centre, qu'à ce point de l'orbite, 10' d'augmentation sur l'anomalie produisent un accroissement de 18'',8 sur l'équation du centre, d'où il suit que 1' produit 1'',88 ; et comme, à ce point, l'équation du centre S' Ts', *fig.* 34, est soustractive, la longitude ETS' se trouve diminuée de la même quantité. Or, augmenter l'anomalie ou l'angle obtus ETs' de 1', c'est reculer le périgée d'autant, puisque la longitude ETS' du soleil doit rester la même. Par conséquent, la diminution de 1' sur la longitude du périgée produit, à ce degré d'anomalie, 1'',88 de diminution sur la longitude vraie du soleil.

On calculera de même l'effet d'un changement arbitraire dans la valeur de la plus grande équation du centre. Pour faciliter cette recherche, il convient de choisir la diminution séculaire 17'',18 ($0^{gr},0053$) dont l'influence

réussi à obtenir une grande exactitude, et il faut convenir qu'elle seule peut leur donner la dernière perfection. Cette méthode serait également applicable aux recherches de la physique et de la chimie; en général, elle peut servir toutes les fois qu'il s'agit de représenter un grand nombre d'observations par des formules analytiques dont la forme est donnée: mais, jusqu'ici, cette méthode si universellement utile, étant restée entre les mains des

---

se trouve toute calculée dans la même Table pour chaque degré d'anomalie. On supposera donc que la plus grande équation soit augmentée de 17″,18.

Il en résultera à 198° d'anomalie une augmentation de 5″,10 sur l'équation du centre, ce qui donnera encore 5″,10 de diminution sur la longitude.

Enfin, il pourra y avoir aussi quelque erreur sur la longitude moyenne du soleil indiquée par les Tables pour un instant donné, par exemple pour le 1er janvier à minuit. Cette longitude moyenne, que les astronomes appellent *l'époque*, est aussi un des éléments que l'on emploie pour le calcul des observations relatives à un autre instant donné; car on part de là pour calculer quelle sera, pour ce nouvel instant, la longitude moyenne du soleil, et, à cet effet, on ajoute à *l'époque* le moyen mouvement du soleil, depuis le 1er janvier à minuit, jusqu'à l'instant de l'observation que l'on calcule. Il ne peut pas y avoir d'erreur dans cette réduction, parce que le moyen mouvement est parfaitement bien connu; c'est donc sur la longitude moyenne qui sert d'origine, c'est-à-dire sur *l'époque*, que le soupçon doit se porter. Supposons qu'elle ait besoin d'être augmentée d'un nombre z de secondes, en sorte que son erreur, exprimée en secondes, soit $+z$.

Désignons aussi par $+x$ l'augmentation qu'il faut faire à la longitude du périgée, et par $+y$ celle qu'il faut faire à la plus grande équation du centre, ces corrections étant aussi exprimées en secondes comme la première; et calculons l'effet qui en va résulter sur la longitude déduite des Tables.

Puisqu'un accroissement d'une minute sur la longitude du périgée en produit un de 1″,88 sur la longitude, x secondes donneront $\frac{x.1'',88}{60}$ ou $x.0,0313$, car ces changements étant très-petits peuvent, sans erreur sensible, être supposés proportionnés entre eux.

De même l'augmentation y de la plus grande équation donnera, dans l'expression de la longitude, la correction

$$\frac{-y\,5'',10}{17'',18} \text{ ou } -y.0,2969.$$

Et comme les Tables, si elles étaient parfaitement corrigées, devraient

savants, il ne paraît pas qu'on en ait jamais parlé avant nous dans aucun ouvrage élémentaire.

346. On peut encore combiner les équations de condition d'après un autre principe, qui a été employé, pour la première fois, par Legendre, et qu'il a nommé le principe des moindres carrés. Voici en quoi il consiste :

Si l'on cherchait à déterminer la position d'un point de l'espace, et que plusieurs observations eussent donné pour cette position

---

satisfaire aux observations, on aura

$$\text{Longitude observée} = \text{longitude calculée} + x.0{,}03133 - y.0{,}2969 + z.$$

Or on a trouvé

$$\text{Longitude observée} - \text{longitude calculée} = C;$$

on aura donc l'équation

$$C = z + x.0{,}03133 - y.0{,}2969,$$

qui sera une *équation de condition*, entre les trois corrections x, y, z.

Si C était connu avec une rigueur géométrique, trois équations semblables suffiraient pour déterminer ces trois inconnues. Mais les erreurs inévitables des observations exigent qu'on en emploie un plus grand nombre. On les combine, comme nous l'avons enseigné dans le texte, de manière à en tirer trois équations où les coefficients de x, y, z soient successivement aussi grands que possible comparativement à ceux des autres inconnues. Ces trois équations résultantes donnent les trois inconnues avec d'autant plus d'exactitude, qu'on a employé un plus grand nombre d'observations. On rapporte leurs valeurs au milieu de l'intervalle que les observations comprennent, ce qui suppose qu'elles ne sont pas trop éloignées les unes des autres, et que le moyen mouvement est assez exactement connu ; car cette connaissance est indispensable pour transporter les longitudes moyennes, depuis l'instant qui sert d'*époque* aux Tables, jusqu'à ceux des différentes observations. Dans l'état actuel de l'astronomie, ces suppositions sont plus que permises ; mais s'il s'agissait d'une nouvelle planète où l'on craindrait de les admettre, on introduirait, au lieu de z, une quantité variable

$$a + nt,$$

n étant la correction du mouvement annuel, et t le nombre d'années écoulées depuis une époque fixe, mais arbitraire, que l'on prendrait pour origine. En déterminant les valeurs de x, y, z pour deux époques éloignées, par

diverses valeurs peu différentes les unes des autres, comment déterminerait-on la position moyenne? Ce qui se présente de plus simple et de plus naturel serait de chercher une position qui s'écartât le moins possible, dans tous les sens, des positions observées; c'est-à-dire une position telle que la somme des carrés de ses distancee aux positions observées fût la plus petite possible. Le problème est absolument pareil, quand on veut combiner plusieurs observations de quelque genre que ce soit. Les distances des points sont les différences des résultats particuliers au résultat moyen. Puisqu'il est impossible de les anéantir toutes, il faut choisir le résultat moyen, de manière que la somme des carrés de ces différences soit un *minimum*.

L'analyse fournit pour cela une règle fort simple. *Pour former l'équation du* minimum *par rapport à une des inconnues, il faut multiplier tous les termes de chacune des équations de condition par le coefficient de l'inconnue dans cette équation, pris avec son signe, et faire une somme de tous les produits.* Si l'on effectue cette opération successivement sur chacune des inconnues, on en tirera pour chacune d'elles une équation différente. On aura donc ainsi autant d'équations que d'inconnues, et ces équations seront toutes du premier degré. On déterminera donc toutes les inconnues par le procédé ordinaire de l'élimination.

---

exemple vers 1756, par les observations de Bradley, et vers 1800, par celles de Maskeline, on verra si les moyens mouvements du soleil, le déplacement de l'apogée et les variations de la plus grande équation, supposés dans les Tables, s'accordent avec l'expérience.

En combinant les équations de condition, comme nous venons de le dire, il se présente quelquefois un cas où l'on pourrait être embarrassé; c'est celui où deux des inconnues auraient dans toutes les équations des coefficients de mêmes signes et proportionnels entre eux. Alors, en effet, on ne pourrait favoriser une de ces inconnues sans favoriser aussi l'autre. Dans cette circonstance, il n'y a qu'à considérer l'ensemble de ces deux termes comme une seule inconnue que l'on aura soin d'éliminer; puis quand les autres inconnues seront déterminées, on mettra leurs valeurs dans les premières équations de condition: tout y sera connu alors, excepté la somme des deux termes que l'on a réunis en un seul. Cela fait, on partagera la somme des équations de condition en deux groupes, à peu près également; on aura ainsi deux équations pour déterminer chaque terme en particulier.

Cette méthode, qui consiste en quelque sorte à prendre le centre de gravité des observations que l'on compare, a cela d'avantageux, qu'elle conduit, d'une manière directe et sans aucun tâtonnement, aux équations résultantes, qui doivent donner les valeurs les plus convenables aux inconnues du problème. Laplace est parvenu à démontrer, par la théorie des hasards, qu'elle devient nécessaire dans le cas où l'on veut prendre le milieu entre un grand nombre d'observations d'un même résultat, obtenues par des moyens différents, par exemple par des observations au mural et au cercle. Dans ce cas, elle est la seule que le calcul des probabilités permette d'employer pour avoir la plus grande chance possible d'exactitude. Son emploi forcé dans cette circonstance, et la sûreté du principe sur lequel elle repose, font penser qu'il convient de l'employer dans toutes les recherches de résultats moyens déduits d'un grand nombre d'observations, et qu'à cet égard il faut même lui donner la préférence sur la méthode de Mayer, qui a été jusqu'à présent la seule employée par les astronomes. Malheureusement elle exige beaucoup plus de calculs numériques pour la formation des équations spécialement relatives à chaque inconnue. Mais cet inconvénient réel ne doit pas empêcher d'en faire usage dans les recherches délicates où l'on aura besoin de la dernière exactitude(*).

(*) Comme le principe des moindres carrés peut être d'une application très-utile dans beaucoup de circonstances, je vais donner la démonstration du procédé analytique auquel il conduit. Pour cela, nommons x, y, z, etc., les corrections des éléments qui sont les inconnues du problème; les diverses équations de condition seront, en général, de la forme

$$0 = a + bx + cy + dz + \ldots,$$

en passant dans un seul membre tous les termes qui les composent; a, b, c, d seront des coefficients numériques déterminés. Si toutes ces équations pouvaient être satisfaites exactement par les valeurs de x, y, z, leurs seconds membres se réduiraient à zéro comme ils le doivent, lorsqu'on y substituerait pour x, y, z ces valeurs. Mais, comme cette condition est impossible à remplir, vu le nombre des équations, qui excède celui des inconnues, il y en aura toujours un certain nombre qui ne seront satisfaites qu'à peu près, et le plus souvent toutes seront dans ce cas. Ainsi, en repré-

Lorsqu'un art, une science ou une invention quelconque est arrivé presque tout à coup au plus haut degré de sa perfection, rien n'est plus intéressant que d'examiner les causes secrètes qui ont amené ces progrès. Pour l'astronomie observatrice, ces causes peuvent se réduire à trois principales: l'extrême perfection des

---

sentant par E ce qui ne se détruit point après la substitution de x, y, z..., E sera l'erreur que les corrections ne peuvent anéantir; et si l'on adopte une notation semblable pour toutes les équations de condition employées à la détermination de x, y, z, on aura

$$E = a + bx + cy + dz + \ldots.$$
$$E' = a' + b'x + c'y + d'z + \ldots,$$
$$E'' = a'' + b''x + c''y + d''z + \ldots;$$

et ainsi de suite. Maintenant la somme des carrés de ces erreurs sera $E^2 + E'^2 + E''^2 + \ldots$; et, en la représentant par S, on aura

$$S = (a + bx + cy + dz + \ldots)^2 + (a' + b'x + c'y + d'z + \ldots)^2 + \ldots.$$

D'après le principe des moindres carrés, les valeurs de x, y, z doivent être choisies de manière que cette somme soit la plus petite possible. Il s'agit de les déterminer de manière que cette condition soit remplie.

Pour cela, supposons le problème résolu, et admettons qu'en effet x, y, z aient été déterminés de manière à satisfaire à cette condition. Il faudra qu'en donnant une autre valeur à une de ces inconnues, à x par exemple, toutes les autres restant les mêmes, la somme S devienne plus grande qu'elle ne l'était d'abord. Exprimons cette condition analytiquement. Soit $x + x'$ la nouvelle valeur de x que l'on emploie; en la substituant au lieu de x, dans l'expression précédente, on aura la nouvelle valeur de S qui en résulte, et que je représenterai par S'; ce sera

$$S' = (bx' + a + bx + cy + \ldots)^2 + (b'x' + a' + b'x + c'y + \ldots)^2 + \ldots,$$

ou, en développant les carrés compris entre les parenthèses,

$$S' - S = 2x'[b(a + bx + cy + \ldots) + b'(a' + b'x + c'y + \ldots) + \ldots] + x'^2(b^2 + b'^2 + b''^2 + \ldots).$$

Pour que S' surpasse S, il faut que la somme des termes du second membre soit toujours positive quel que soit x', et soit qu'on le prenne positif ou négatif: or, comme l'un de ces termes est multiplié par x', et le second par x'^2, si l'on prend pour x' une fraction moindre que l'unité, le second terme se trouvera plus affaibli que le premier, parce que le carré d'une fraction moindre que l'unité est toujours plus petit que cette fraction elle-même;

instruments, la détermination des résultats particuliers par le concours d'un grand nombre d'observations voisines réduites par le calcul aux mêmes circonstances, enfin l'emploi des équations de condition pour la correction simultanée des éléments, en ayant

---

et comme rien n'empêche de prendre x' aussi petit que l'on voudra, il s'ensuit que, quels que soient les coefficients numériques a, b, c, a', b', c', et les valeurs des inconnues x, y, z, on peut toujours faire en sorte que le terme affecté de x' l'emporte sur le terme affecté de x'^2 : alors le signe du second membre dépendra donc absolument de celui de son premier terme. Or, quand on en sera venu à ce point, si l'on s'avise de changer $+x'$ en $-x'$, on changera donc aussi le signe du second membre; c'est-à-dire que s'il était positif avec $+x'$, il deviendra négatif avec $-x'$, et réciproquement. Mais, par une conséquence nécessaire, il y aura un des cas où S' surpassera S, et un autre où il sera moindre que S. Ce résultat est contraire à la supposition que S est un minimum : ainsi, pour que cette supposition soit vraie, il faut que le changement de signe du second membre en plus et en moins soit impossible, quelque valeur et quelque signe que l'on veuille donner à x'. Il n'y a pour cela qu'un moyen, c'est de rendre nul le coefficient de x', afin de faire disparaître ce terme, qui seul occasionne le changement de signe que l'on veut éviter. Pour cela, il faut qu'on ait

$$o = b(a + bx + cy + \ldots) + b'(a' + b'x + c'y + \ldots) + \ldots,$$

c'est-à-dire que les inconnues x, y, z doivent être déterminées de manière que cette condition soit remplie ; alors, en effet, on aura

$$S' = S + x'^2(b^2 + b'^2 + b''^2 \ldots),$$

et quelque valeur que l'on veuille donner à x', S' sera plus grand que S.

L'équation à laquelle nous venons de parvenir peut être mise sous la forme suivante, qui est plus simple :

$$(1) \qquad o = \int ab + x \int b^2 + y \int bc + z \int bd + \ldots,$$

en désignant par le signe $\int$ une somme de produits, telle que

$$\int ab = ab + a'b' + \ldots, \quad \int bc = bc + b'c' + \ldots,$$

et ainsi de suite. On voit que cette équation en x, y, z se déduit des équations de condition précisément suivant les règles que nous avons indiquées dans le texte.

Nous n'avons considéré qu'une des inconnues ; chacune d'elles, traitée de la même manière, conduirait à une condition analogue : par exemple, en considérant y, la condition que S soit aussi un minimum relativement à cette

égard à leur dépendance réciproque. Ces trois principes de perfectionnement seront également applicables à toutes les sciences d'observations dans lesquelles on parviendra à établir, par le calcul, les rapports des faits entre eux.

---

inconnue, exigerait qu'on eût entre x, y, z la condition

$$(2) \qquad 0 = \int ac + x \int bc + y \int c^2 + z \int cd + \ldots$$

De même, la condition relative à z serait

$$(3) \qquad 0 = \int ad + x \int bd + y \int cd + z \int d^2 + \ldots;$$

En appliquant successivement ce principe à toutes les inconnues x, y, z, on en tirera autant d'équations qu'il y a d'inconnues, et par l'élimination on pourra déterminer chacune d'elles.

Les valeurs de x, y, z, déterminées de cette manière seront telles, que si l'on fait quelque changement en plus ou en moins à une quelconque d'entre elles, la somme des carrés des erreurs qui en résulteront sera plus grande qu'elle ne l'était auparavant. Ces valeurs, ainsi déterminées, seront donc propres à représenter le mieux possible les observations, puisqu'elles donnent le système d'erreurs qui s'en écarte moins que ne ferait tout autre système.

CHAPITRE XIII.

Construction des Tables du soleil.

346. Les éléments de l'ellipse solaire étant bien déterminés, il ne reste plus qu'à construire les Tables, c'est-à-dire à calculer d'avance pour chaque jour le lieu du soleil. L'analyse fournit pour cela des méthodes directes et rigoureuses, qui font connaître la valeur du rayon vecteur et de la longitude en fonction du temps, à partir d'une époque et d'une position données.

Il n'est pas possible d'exposer ici les calculs qui conduisent à ces valeurs générales; je vais seulement donner une idée de leur forme et de l'usage qu'on en fait.

347. Nous avons reconnu précédemment que le mouvement du soleil peut être considéré comme composé d'un mouvement circulaire qui en fait la partie principale, et d'une correction dépendante de l'excentricité.

D'après cela, on conçoit que l'expression analytique du rayon vecteur doit être composée de deux parties : la première constante, et égale au demi-grand axe de l'ellipse, ou à la *distance moyenne* du soleil à la terre; la seconde variable, et représentant les accroissements ou les diminutions de cette distance dans les divers points de l'orbite.

De même, l'expression de la longitude doit contenir une partie proportionnelle au temps, et relative au mouvement circulaire : c'est la longitude moyenne, avec une correction dépendante du mouvement elliptique, et qui est l'équation du centre.

Ces corrections du rayon vecteur et de la longitude sont périodiques, et se renouvellent, par les mêmes degrés, à chaque révolution annuelle. L'analyse les représente par des sinus et des cosinus d'angles, qui croissent proportionnellement au temps. En effet, ces quantités sont également périodiques; car le sinus d'un angle, d'abord nul quand l'angle est nul, croît ensuite jusqu'à 100 grades, où il atteint son maximum; de là, décroît de même jusqu'à 200 grades, où il devient nul de nouveau, puis passe au-dessous du diamètre, où il reprend successivement les mêmes valeurs en sens contraire. Les cosinus ont une marche analogue. Ces quantités sont donc propres à représenter des valeurs périodiques, et la théorie de l'attraction a fait voir qu'en effet on peut exprimer de cette manière toutes les inégalités des mouvements célestes. L'expérience seule aurait conduit au même résultat, mais par une voie plus lente; car Lagrange a prouvé que si plusieurs quantités se suivent dans une marche régulière, on peut toujours en découvrir la loi; mais il faut, pour cela, que les observations soient tout à fait exactes, ou du moins qu'elles ne comportent que de très-petites erreurs (*). La théorie du mouvement elliptique fournit donc le moyen de prévenir, en cela, les observations, et d'anticiper sur la suite des temps.

Enfin, comme les corrections du mouvement circulaire du soleil sont toutes fort petites, puisqu'elles dépendent de l'excentricité, l'analyse les donne en *série*, c'est-à-dire qu'elles sont exprimées par une suite de termes ordonnés suivant les puissances de l'excentricité, et par conséquent de plus en plus petits. Ces formules, fondées sur la théorie de l'attraction universelle, sont démontrées dans le premier volume de la *Mécanique céleste*. Nous ne pouvons que renvoyer à ce grand ouvrage.

Les valeurs absolues du rayon vecteur et de la longitude dépendent des éléments de l'ellipse; et comme ces éléments changent peu à peu avec le temps, en raison des inégalités séculaires, les Tables construites sur leurs valeurs actuelles ne pourraient servir que pendant un temps assez court. Pour éviter cet inconvénient, on a joint aux Tables les corrections que la variabilité des éléments doit y introduire à la longue, et, de cette manière, elles peuvent s'étendre à un grand nombre de siècles avant et après l'époque pour laquelle elles sont calculées.

348. En comparant les résultats de ces Tables avec de longues suites d'observations très-exactes, on a reconnu que le mouvement elliptique du soleil ne suffit pas tout à fait pour les représenter. On a découvert ainsi, dans ce mouvement, de petites inégalités que

(*) *Mémoires de l'Académie* pour 1772, page 513.

l'on n'avait pas aperçues d'abord : ce sont les *perturbations*. La théorie de l'attraction en a fait connaître les lois, et même a donné la grandeur de quelques-unes. On a calculé les valeurs des autres par la méthode des équations de condition, et l'on joint ces résultats aux Tables, comme autant de corrections à faire au mouvement elliptique.

349. On a donc ainsi toutes les données et toutes les formules nécessaires pour calculer la position actuelle du soleil dans son orbite à un instant quelconque donné : il ne reste plus qu'à réduire ces calculs en Tables, qui permettent de les exécuter facilement. C'est ce qui peut se faire de plusieurs manières plus ou moins commodes; mais l'expérience a donné pour cela des règles dont on s'écarte peu. Ainsi, pour compléter les notions précédentes, il ne me reste plus qu'à faire connaître, en peu de mots, la construction de ces Tables et la manière d'en faire usage.

Leur principe fondamental consiste à présenter d'abord les valeurs *moyennes* des principaux éléments toutes calculées pour le commencement de chaque année, et à donner ensuite les moyens d'en déduire pour un autre instant quelconque les nouvelles valeurs, soit vraies, soit moyennes de ces éléments. Dans tous ces calculs, la première chose à connaître, c'est la longitude moyenne du soleil, et celle de son périgée ou de son apogée pour l'instant qui sert d'origine aux Tables; car, de là, on peut conclure les valeurs de ces quantités pour un instant quelconque, et, par suite, en vertu des lois du mouvement elliptique, on peut calculer l'anomalie, l'équation du centre, la longitude, l'ascension droite et la déclinaison du soleil. Aussi la longitude moyenne et la position du périgée ou de l'apogée pour l'origine de chaque année sont-elles les premières données que les Tables présentent, et ces valeurs initiales s'appellent l'*époque des Tables astronomiques*.

350. Dans les Tables publiées par le Bureau des Longitudes de France, on a pris pour origine le 1er janvier de chaque année, à minuit moyen au méridien moyen de Paris, et les époques sont calculées pour cet instant.

Mais dans les anciennes Tables astronomiques, où l'on s'embarrassait peu de se conformer à l'usage civil, l'origine est différente selon les années. C'est le 31 décembre, à midi, temps moyen, pour les années communes, et le 1er janvier, à midi, temps moyen, pour les années bissextiles. Cette différence a été introduite pour pouvoir transporter facilement d'une année à l'autre les lieux moyens calculés pour les différents jours de chaque mois. En effet, supposons-les calculés pour une année commune, et qu'on veuille les transporter à une année bissextile pour laquelle on ait conservé la même époque du 31 décembre : il n'y aura rien à changer dans les deux premiers mois, parce que les lieux moyens du soleil redeviennent les mêmes, aux mêmes jours, après une année; mais à la fin de février de l'année bissextile, on devra ajouter le mouvement pour un jour, à cause du jour intercalaire qui se place à cette époque. La longitude du soleil se trouvera donc augmentée de cette quantité, et cette augmentation se perpétuant jusqu'à la fin de l'année, il faudra, pour employer les résultats des années précédentes, les avancer tous d'un jour pendant les dix derniers mois. Au lieu de cela, si l'on prend le 1er janvier pour l'époque de l'année bissextile, les mouvements moyens de l'année précédente seront trop forts d'un jour pendant les deux premiers mois, et il faudra les diminuer de cette quantité pour les adapter à l'année bissextile; mais, à la fin de février, l'addition du jour intercalaire supplée à ce retard, et l'on est d'accord pour le reste de l'année. Cette différence d'époques est donc utile pour simplifier le transport des Tables d'une année à l'autre; c'est pourquoi on l'avait généralement adoptée. Mais le Bureau des Longitudes a considéré qu'il est plus avantageux encore de rendre tous les calculs uniformes. On obtenait cet avantage en plaçant toujours l'époque au commencement de l'année, et c'est ce que l'on a fait dans les nouvelles Tables. Il en résulte une colonne pour les années communes, une pour les années bissextiles; cela n'a aucun inconvénient.

Comme l'instant où l'on compte midi n'est pas le même dans les pays qui n'ont pas la même longitude, il fallait, pour lier les observations entre elles, convenir d'une époque commune qui fût fixée par un phénomène astronomique instantané, et qui servît partout d'origine au temps moyen. On a choisi pour cela, comme nous l'avons dit plus haut, l'instant du passage du soleil au périgée ou à l'apogée de son orbite. C'est l'apogée que l'on emploie dans les anciennes Tables, qui sont encore les plus communes; c'est pourquoi nous prendrons ce cas pour exemple.

331. Lorsque l'instant du passage du soleil à l'apogée est connu, ainsi que sa longitude comptée de l'équinoxe moyen pour le même instant, on ajoute à cette longitude moyenne le moyen mouvement du soleil jusqu'au 31 décembre ou au 1er janvier à midi, et l'on a la longitude moyenne du soleil pour cette époque, ou l'*époque des Tables*. En effet, lorsque le soleil est apogée ou périgée, son lieu vrai dans l'ellipse coïncide avec son lieu moyen, et la longitude vraie est la même que la longitude moyenne.

En ajoutant, jour par jour, à ce résultat le moyen mouvement diurne du soleil, on aura la longitude moyenne à midi pour tous les jours de l'année.

332. Par exemple, suivant les observations de Maskeline, calculées par Delambre, le soleil a passé à son apogée le 30 juin 1780 à $0^h 20^m 24^s$, temps moyen à Paris (*). Sa longitude, expri-

---

(*) J'emploie ici les anciennes divisions du cercle et du jour, parce qu'elles sont encore employées dans toutes les Tables astronomiques dont cet article suppose l'usage; ainsi les heures y sont comptées à partir de midi. Quant aux données dont j'ai fait usage, on peut aisément les déduire de celles que j'ai rapportées plus haut relativement au périgée. J'ai dit que, d'après les observations de Maskeline et les calculs de Delambre, le soleil avait passé au périgée le 29 décembre 1780 à $6^h,4402$ de temps moyen décimal compté de midi au méridien de Paris, et que sa longitude, relativement à l'équinoxe moyen, était alors $310^{gr},17491$ de la division décimale. Puisque la longitude du périgée augmente annuellement de $0^{gr},0191066$8, elle a dû augmenter en une demi-année de la moitié de cette quantité, ou de $0^{gr},009553$. Retranchant cette variation de la longitude du périgée le 29 décembre, on aura la longitude qu'il a dû avoir six mois auparavant: ce sera $310^{gr},16538$; par conséquent, la longitude de l'apogée à la même époque aura pour valeur $110^{gr},16536$ ou $99^\circ 8' 55'',8$ en mesures sexagésimales. C'est la valeur que nous avons adoptée pour la longitude de l'apogée, le 30 juin 1780.

Quant à l'époque précise où le soleil a passé par ce point, on l'obtiendra de même en partant de l'époque de son passage au périgée le 29 décembre 1780, à $6^h,4402$ de temps moyen au méridien de Paris; car il suffit d'ôter de cette époque une demi-révolution anomalistique, c'est-à-dire $182^j,629855$, et l'on trouve pour différence le 30 juin à $0^j,014165$ ou $0^h 20^m 23^s,86$ en mesures sexagésimales, comme nous l'avons adopté.

mée en degrés sexagésimaux, et rapportée à l'équinoxe moyen, était alors égale à 99°8′55″,8. C'était donc en même temps sa longitude moyenne.

Depuis cet instant jusqu'au 31 décembre 1780 à midi moyen, il s'est écoulé $183^j\,23^h\,39^m\,36^s$, qui, à raison de 360° pour une année tropique, donnent $\dfrac{360^\circ . 183{,}985833}{365{,}242564}$ ou 181°20′42″,4 pour l'accroissement de la longitude moyenne dans cet intervalle.

Ajoutant ce résultat au précédent, on a 280°29′38″,2. C'est l'époque des anciennes Tables du soleil pour l'année 1781.

L'apogée s'est déplacé dans cet intervalle d'une quantité égale à $\dfrac{61'',9 . 183{,}985833}{365{,}242264}$ ou 31″,2. Il faut ajouter ce résultat à la longitude de l'apogée au 30 juin 1780 : on aura ainsi 99°9′27″ pour cette longitude. Cette quantité se trouve ainsi toute calculée dans les Tables.

353. Quand on connaît l'époque pour une année, il est facile de l'obtenir pour l'année suivante. Il suffit d'ajouter le moyen mouvement du soleil pour 365 jours, si l'année à laquelle on veut transporter l'époque est une année commune; et pour 366, s'il s'agit d'une bissextile. Dans le premier cas, c'est 359°45′40″,4; dans le second, 360°44′48″,4. En rejetant du résultat les circonférences entières, la somme est l'époque cherchée (*). On trouve ces époques toutes calculées dans les Tables, pour un grand nombre d'années d'avance.

354. Supposons maintenant que l'on demande le lieu elliptique

(*) Cela se voit tout de suite en se rappelant que le *mouvement séculaire* du soleil, c'est-à-dire son mouvement pour 100 années juliennes de $365^j,25$, est égal à 100 circonférences + 45′45″ sexagésimales; car, en prenant la centième partie de cette quantité, on a 360° 0′27″,45 pour le mouvement du soleil en $365^j,25$: d'où retranchant 14′47″ pour le mouvement en $\frac{1}{4}$ de jour, à raison de 59′8″ en un jour entier, il reste 359°45′40″,4 pour le mouvement en 365 jours, comme nous l'avons adopté. En ajoutant 59′8″, on aura le mouvement pour un jour de plus, c'est-à-dire pour 366 jours; ce sera 360° 44′48″,4, comme nous l'avons employé.

du soleil pour le 28 janvier 1781 à midi, temps moyen à Paris. L'intervalle de cet instant à l'époque est 28 jours, qui donnent

$\frac{360^{\circ}.28}{365,242264}$ ou. . . . . $27^{\circ}\ 35'\ 53'',2$

pour l'accroissement de la longitude moyenne.

Ajoutons la longitude de l'époque, qui est . . . . $280^{\circ}\ 29'\ 38'',2$

On a la longitude moyennne du soleil pour l'instant demandé, égale à. . . . . $308^{\circ}\ 5'\ 31'',4$

Venons maintenant aux inégalités.

La longitude de l'apogée à l'époque était . . . . $99^{\circ}\ 9'\ 27'',0$

Son mouvement pour 28 jours est . . . . $4'',8$

Longitude de l'apogée à l'instant demandé . . . $99^{\circ}\ 9'\ 31'',8$

Si l'on retranche ce résultat de la longitude moyenne, on aura la distance moyenne du soleil à l'apogée de son orbite, c'est-à-dire l'anomalie qui aurait lieu si son mouvement eût été uniforme. C'est ce que l'on nomme l'*anomalie moyenne*; comptée de l'apogée, elle est de. . . . . $208^{\circ}\ 55'\ 59'',6$

Quand on connaît cette quantité, les Tables donnent l'équation du centre qui y correspond; elle est de.. . . . . $56'\ 53'',7$

Comme elle est additive dans cette partie de l'orbite, il faut l'ajouter à la longitude moyenne calculée pour le 28 janvier à midi; on aura ainsi . . . . $309^{\circ}\ 2'\ 25'',1$

C'est le lieu elliptique du soleil à cette époque. En y ajoutant les perturbations, la nutation et l'aberration, qui sont données par les Tables pour chaque position de l'astre, on aura la longitude vraie, ou le lieu apparent du soleil. Cette longitude étant trouvée, on en peut déduire aisément par le calcul l'ascension droite et la déclinaison, l'obliquité de l'écliptique étant connue. Les Tables donnent encore pour le même instant le rayon vecteur du soleil, ou sa distance vraie à la terre exprimée en parties de sa distance moyenne, et, par suite, elles font connaître sa parallaxe horizontale et son diamètre apparent, qui sont l'un et l'autre réciproques à la distance. Tous les éléments du lieu vrai de cet astre sont ainsi parfaitement déterminés.

335. Si l'on employait les nouvelles Tables du soleil de Delambre, le calcul ne serait pas plus difficile. Seulement comme les anomalies y sont comptées à partir du périgée, c'est le lieu du périgée qui sert d'époque avec la longitude moyenne; et ces éléments sont toujours calculés pour le 1er janvier à minuit moyen, comme nous l'avons dit plus haut.

336. Les recherches de chronologie et d'astronomie ancienne exigent fréquemment que l'on détermine, non pas avec une précision absolument rigoureuse, mais à quelques minutes de temps près, le jour et l'heure d'un équinoxe ou d'un solstice pour des époques très-distantes de nous. Faire ce calcul aussi complétement que s'il s'agissait d'obtenir une détermination astronomique serait entreprendre un travail superflu, dans lequel même on pourrait craindre de commettre aisément des erreurs, par le manque de pratique habituelle de ces sortes de cas éloignés. Pour obvier à ces inconvénients, M. Largeteau a construit des Tables abrégées qui, par un calcul arithmétique très-court, donnent spécialement les dates des équinoxes et des solstices, dans des limites d'erreur d'un petit nombre de minutes, jusqu'à 40 siècles avant l'ère chrétienne et jusqu'à 20 siècles après cette ère, ce qui satisfait à tous les besoins qu'on en peut avoir. Il a publié ces Tables dans les *Additions à la Connaissance des Temps* pour l'année 1847. Je les ai extraites de ce recueil avec son assentiment, et je les ai insérées à la fin du présent ouvrage. Elles seront d'un usage très-utile, même pour les astronomes qui auraient à faire de semblables recherches, en leur offrant des approximations sûres pour préparer des déterminations plus précises.

CHAPITRE XIV.

Sur l'inégalité des jours solaires et sur l'équation du temps. Conversion du temps vrai en temps moyen ou en temps sidéral, et réciproquement.

337. Maintenant que nous connaissons, avec exactitude, la marche du soleil et les dimensions de son orbite, il doit être possible de calculer l'arc qu'il décrit, parallèlement à l'équateur, dans chaque jour de l'année. Si ces arcs diurnes étaient égaux entre eux, la durée des jours solaires serait constante; mais ils sont inégaux, et voilà pourquoi les jours solaires varient.

Pour comprendre nettement le principe et les lois de ces inégalités, faisons abstraction de la nutation, et supposons l'équateur et l'écliptique immobiles. Par le pôle de l'équateur, imaginons deux méridiens, menés aux deux extrémités de l'arc de l'écliptique que le soleil décrit dans un jour sidéral. L'arc de l'équateur que ces méridiens interceptent, représentera, pour cette époque, la différence du jour sidéral au jour solaire; car, lorsque la rotation de la sphère céleste est terminée, il faut encore que ce petit arc de l'équateur traverse le plan du méridien, avant que le soleil y passe. Or il est facile de voir que ces arcs diurnes ne sont pas de même longueur dans les différents temps de l'année.

D'abord on conçoit qu'ils doivent varier par le seul effet des inégalités du mouvement propre du soleil dans son orbite; mais ce n'est pas là l'unique cause qui les rend inégaux. Ils le seraient encore, même quand le soleil parcourrait l'écliptique d'un mouvement uniforme, en y décrivant chaque jour des arcs égaux. En effet, à cause de l'obliquité de l'écliptique, ces arcs prennent successivement diverses inclinaisons, par rapport à l'équateur. Dans le temps des équinoxes, ils coupent ce plan sous un angle égal à l'obliquité de l'écliptique, parce que leur direction est alors perpendiculaire à la ligne des équinoxes, qui est la commune section de l'écliptique et de l'équateur. Au contraire, dans le temps des solstices, ils deviennent parallèles à cette même droite. Les méridiens menés par les extrémités des arcs diurnes, près du solstice, sont donc plus écartés qu'ils ne le seraient s'ils comprenaient le même arc de l'écliptique, près des équinoxes ; et comme l'écart de ces méridiens mesure, sur l'équateur, les retards successifs du soleil, ces retards sont inégaux et plus petits dans les équinoxes que dans les solstices (*).

Les variations journalières du mouvement du soleil, dans son orbite, sont une autre cause d'inégalité ; car elles augmentent ou diminuent les arcs diurnes que le soleil décrit sur l'écliptique, ce qui change encore l'écart des méridiens, et la longueur des arcs de l'équateur, qui sont compris entre eux.

338. On voit donc que l'inégalité des jours solaires est due à deux causes distinctes : l'obliquité de l'écliptique et l'inégalité du mouvement propre du soleil. Ces deux causes ont chacune leur action à part, de sorte qu'il faudrait les détruire toutes deux, pour

---

(*) Lorsqu'on rapporte les arcs de l'écliptique au plan de l'équateur, en menant des méridiens par leurs extrémités, on trouve que les arcs de l'équateur qui leur correspondent sont inégaux, ou plus grands, ou plus petits, suivant leur position. On peut facilement trouver par le calcul la mesure de cette différence. Soient, comme dans la *fig.* 42, C le centre de la terre, $Es's''$ l'écliptique, $Eq'q''$ l'équateur, CP son axe qui lui est perpendiculaire : alors Ec sera la ligne des équinoxes ; et si Es' est l'arc décrit dans un jour sur l'écliptique par le soleil, à partir du point E, le méridien $Ps'q'$ déterminera l'arc Eq' de l'équateur, qui fait à cette époque la différence du jour *solaire* au jour sidéral. D'après cette construction, le triangle sphérique $Es'q'$ sera rectangle en q' ; et, en nommant ω l'obliquité de l'écliptique, on aura, d'après les règles de la trigonométrie sphérique,

$$\text{tang } Eq' = \cos\omega \text{ tang } Es'.$$

Le cosinus d'un angle étant toujours moindre que l'unité, tang Eq' sera moindre que tang Es' ; par conséquent, l'arc diurne Eq' intercepté sur l'équateur sera plus petit que l'arc Es' décrit sur l'écliptique.

Cette relation subsistera également pour tous les arcs de l'écliptique et de l'équateur, comptés de la même manière, à partir de l'équinoxe ; en sorte que le soleil étant, par exemple, en s'', on aura encore

$$\text{tang } Eq'' = \cos\omega \text{ tang } Es''.$$

Si S est le lieu du solstice, les arcs ES, EQ sont égaux entre eux, et à

que les jours solaires devinssent égaux ; c'est-à-dire qu'il faudrait que le mouvement du soleil, dans son orbite, devînt uniforme, et que le plan de l'écliptique coïncidât avec l'équateur. Or on démontre, par la théorie de l'attraction, que cela n'arrivera jamais, du moins en vertu des causes permanentes qui agissent sur le système du monde.

359. D'après la discussion que nous venons d'établir, on voit que, pour calculer les inégalités des jours solaires, il faut calculer les arcs que le soleil décrit chaque jour sur l'écliptique, en vertu de son mouvement vrai en longitude ; projeter ces arcs sur l'équateur, par des méridiens, et prendre les différences successives des angles horaires compris entre eux.

360. Ce sont ces inégalités inévitables du mouvement du soleil en ascension droite, qui ont empêché les astronomes de s'en servir pour la mesure du temps, dans leurs Tables et dans leurs observations. Car ces perpétuelles variétés, dont il aurait fallu tenir compte, auraient excessivement multiplié les calculs, sans aucune utilité. Cet inconvénient n'a point lieu dans l'usage civil, où l'on

---

100^{gr}. Ainsi, puisque Eq'' est moindre que Es'', il faut, par compensation, que $q''Q$ soit plus grand que $s''S$, c'est-à-dire que l'arc intercepté sur l'équateur par les méridiens $Ps''q''$, PSQ, soit plus grand que l'arc de l'écliptique qui y correspond.

On peut aisément calculer leur différence : car $s''S = 100^{gr} - Es''$; $q''Q = 100^{gr} - Eq''$; par conséquent,

$$\text{tang}\, Es'' = \frac{1}{\text{tang}\, Ss''},$$

$$\text{tang}\, Eq'' = \frac{1}{\text{tang}\, Qq''}.$$

Ces valeurs, substituées dans l'équation précédente, donneront

$$\text{tang}\, s''S = \cos\omega\, \text{tang}\, q''Q$$

c'est-à-dire que le rapport des arcs diurnes qui se correspondent sur l'équateur et sur l'écliptique au solstice est inverse de ce qu'il est à l'équinoxe. Ainsi, en supposant que l'arc diurne décrit par le soleil sur l'écliptique fût toujours le même, les arcs correspondants de l'équateur seraient inégaux, plus grands que l'arc de l'écliptique dans les solstices, moindres dans les équinoxes.

n'a pas besoin d'une si grande exactitude, et aussi l'on y mesure le temps par le mouvement vrai du soleil, que l'on emploie comme uniforme, en négligeant ses inégalités qui ne sont d'aucune importance pour cet usage. Cette manière d'agir est d'autant plus raisonnable, que toute la distribution des travaux de la société est en rapport avec le mouvement vrai du soleil, et non pas avec son mouvement moyen.

Mais, pour les astronomes, auxquels l'uniformité était indispensable pour obtenir de la simplicité dans leurs calculs, l'usage civil n'était point praticable. D'un autre côté, la nécessité de dater leurs observations et d'en retrouver facilement les époques approchées, leur prescrivait de ne point s'éloigner trop de l'usage civil, qui remplissait parfaitement ces conditions. C'est pourquoi ils ont adopté pour mesure du temps le mouvement moyen du soleil, et ils ont placé l'origine de leur période de manière que le temps solaire moyen ne fît qu'osciller autour du temps solaire vrai, sans jamais beaucoup s'en écarter. C'est, en effet, ce qui résulte de la détermination du temps moyen, telle que nous l'avons expliquée plus haut; mais on comprendra mieux cette conséquence, en représentant les conventions que nous avons faites alors, au moyen d'une construction géométrique qui les rend sensibles. Pour cela, il faut d'abord dépouiller le soleil vrai des perturbations qui l'affectent, afin de le ramener au mouvement elliptique, sans quoi il serait impossible de représenter ses irrégularités. On conçoit ensuite un soleil fictif qui décrit le grand cercle de l'écliptique, d'un mouvement uniforme, et qui passe au périgée et à l'apogée en même temps que le soleil véritable. Cet astre fictif est déjà exempt des inégalités du mouvement elliptique. On conçoit ensuite un troisième soleil qui passe par les équinoxes moyens en même temps que le second, et qui se meut dans l'équateur moyen avec un mouvement uniforme, de manière que les distances angulaires de ces deux astres fictifs, à l'équinoxe moyen du printemps, sont constamment égales entre elles. L'effet de l'obliquité de l'écliptique disparaît donc pour ce troisième soleil; et, comme on a corrigé l'inégalité du mouvement propre, par la première supposition, sa marche n'est plus assujettie à aucune irrégularité : c'est elle qui mesure le *temps moyen* des astronomes. Le *jour moyen* est l'intervalle de temps compris entre deux passages consécutifs de ce soleil fictif au méridien moyen, et le *minuit* ou le *midi moyens* sont les instants de son passage dans ce plan.

361. Il est visible que cette construction satisfait pleinement aux conditions que nous avons posées dans la page 459, relativement à l'origine du temps moyen. En effet, suivant la définition que nous venons de donner, notre troisième soleil, dont le mouvement en ascension droite est uniforme, passe aux équinoxes moyens en même temps que le second soleil. Il coïncide donc alors avec lui. De plus, à partir de ce point, ils ont un mouvement parfaitement égal, le second sur l'écliptique, le troisième sur l'équateur. Donc, lorsque le second soleil arrivera à l'apogée ou au périgée de l'orbite, le troisième soleil aura son ascension droite égale à la longitude de l'apogée ou du périgée. C'est précisément la condition par laquelle nous avons déterminé l'origine du temps moyen, dans le passage cité plus haut.

Maintenant, puisque vous connaissez l'ascension droite du soleil moyen à l'instant du passage au périgée, si vous prenez le complément de cette ascension droite à 400 grades, vous aurez l'arc qui reste encore à parcourir au troisième soleil pour arriver à l'équinoxe moyen du printemps. Comme vous connaissez aussi son mouvement propre, qui est $1^{\text{gr}},0951635$ dans un jour moyen, vous pourrez facilement calculer le temps qu'il emploiera pour parvenir jusqu'à cet équinoxe; cet intervalle, ajouté à l'instant du passage au périgée ou à l'apogée, vous donnera l'instant auquel le soleil moyen doit passer à l'équinoxe. Cet instant s'appelle l'*équinoxe moyen*.

362. Le temps qui s'écoule entre deux retours consécutifs du soleil moyen au même équinoxe moyen forme l'*année moyenne tropique*, qui contient $365^{\text{j}},242264$, comme nous l'avons déjà plusieurs fois annoncé. Elle diffère un peu de l'année civile, qui se règle sur les retours du vrai soleil à l'équinoxe vrai. Celle-ci éprouve des oscillations périodiques causées par la nutation qui, avançant et reculant tour à tour le point équinoxial, tantôt diminuent l'année et tantôt l'accroissent. Le déplacement progressif de l'orbe solaire y produit encore de légères variations, parce que la vitesse du soleil est inégale dans les différents points de son ellipse, qui arrivent successivement à l'équinoxe (*).

363. En général, il est facile de trouver le lieu du soleil moyen dans le plan de l'équateur moyen, à un instant quelconque donné; car il suffit de calculer pour cet instant, par les Tables

---

(*) Nous avons maintenant toutes les données nécessaires pour expliquer comment on a calculé les durées des saisons, rapportées dans la page 468. Pour trouver les durées des quatre saisons dans une année quelconque, il faut chercher les instants de cette année auxquels la longitude vraie du soleil devient 0^{gr}, 100^{gr}, 200^{gr}, 300^{gr}, et compter les nombres de jours qui les séparent.

Cela se fait au moyen des Tables du soleil. A la vérité, ces Tables sont construites de manière à donner la longitude vraie du soleil, pour un instant connu ; au lieu que dans le cas actuel, c'est la longitude vraie qui est donnée, et il faut en déduire le temps. Mais il est facile d'éluder cette difficulté. En effet, on connait à peu près, par les éphémérides, les jours des équinoxes et des solstices. On peut donc calculer, par les Tables, les longitudes vraies du soleil, à midi, pour les jours qui précèdent et qui suivent ces phénomènes ; et comme on connait aussi le mouvement du soleil d'un jour à l'autre, on trouve, par une simple proportion, les instants précis où les longitudes vraies atteignent les valeurs requises. Ces époques étant connues, on peut ensuite, pour plus d'exactitude, calculer rigoureusement par les Tables, les longitudes correspondantes du soleil, s'assurer qu'elles sont réellement 0^{gr}, 100^{gr}, 200^{gr}, 300^{gr}. Si l'on y trouve quelque différence, on verra facilement, d'après le mouvement du soleil, les petites corrections qui en résultent dans les époques adoptées. On conçoit que dans cette recherche il faut avoir égard à la nutation ; car la nutation, déplaçant l'équateur sans déplacer le soleil, avance ou recule l'équinoxe vrai, d'où les longitudes vraies sont comptées. Par une conséquence nécessaire, les variations que la nutation éprouve dans l'intervalle d'une année à une autre, et même dans l'intervalle d'une seule année, doivent avoir aussi leur influence sur la durée des saisons. Elles y produisent, en effet, de petites variétés insensibles dans les usages civils, mais dont il faut tenir compte quand on veut avoir ces intervalles exactement ; ce qui, au reste, est bien rarement nécessaire, puisque la division de l'année en saisons est purement civile. Si l'on veut se borner à connaître la durée moyenne des saisons dans l'état actuel de l'orbe solaire, il faut faire abstraction de la nutation, et calculer les longitudes vraies 0^{gr}, 100^{gr}, 200^{gr}, 300^{gr} pour l'équinoxe moyen. C'est ainsi que l'on a calculé les nombres rapportés dans la page 468.

En ajoutant ces nombres, on trouve, pour la durée totale des quatre sai-

astronomiques, la valeur de la longitude moyenne du soleil comptée de l'équinoxe moyen, et cette longitude, reportée dans le plan de l'équateur moyen, est l'ascension droite du soleil moyen, ou l'*ascension droite moyenne* du soleil.

S'il n'y avait pas de nutation, le pôle vrai coïnciderait avec le pôle moyen, et l'ascension droite vraie du soleil se mesurerait sur le même équateur que celle du soleil moyen. Ces deux ascensions droites différeraient en général l'une de l'autre, parce que la marche du vrai soleil en ascension droite est inégale, tandis que celle du soleil moyen est uniforme. Leur différence réduite en temps, à

---

sons, $365^j,242364$. Elle surpasse de $10''$ la durée moyenne de l'année tropique. Cette légère différence tient à l'inégalité du mouvement du soleil dans les différents points de son orbite, qui arrivent successivement aux équinoxes et aux solstices, par suite du déplacement du grand axe, comme nous l'avons vu dans le texte.

Considérons, par exemple, l'équinoxe du printemps : l'anomalie moyenne qui y répond, étant comptée du périgée, a pour valeur, suivant les Tables, $87^{gr},33458$, en 1800, ce qui donne l'équation du centre égale à $+2^{gr},10407$. Après une année tropique moyenne, c'est-à-dire après $365^j,242264$, la même anomalie et la même équation du centre auraient encore lieu, si le périgée était immobile; mais comme il s'est déplacé de $191'',07$ dans l'intervalle, l'anomalie moyenne ne sera plus que $87^{gr},33458 - 0^{gr},019107$ ou $87^{gr},31547$, ce qui donne, pour l'équation du centre, $2^{gr},10396$, valeur plus petite de $0^{gr},00011$ que la précédente. Ainsi la longitude vraie, après une année moyenne, ne sera pas encore 0^{gr}, comme elle l'était l'année précédente, et le soleil aura encore $0^{gr},00011$ à parcourir, avant d'arriver à l'équinoxe vrai. Il lui faut, pour cela, $\frac{10^h.0,00011}{1,0951635}$, ou $0^h,0010$. Cette quantité doit donc être ajoutée à une année tropique moyenne, pour avoir l'intervalle de temps compris entre deux retours consécutifs du soleil vrai à l'équinoxe moyen du printemps. Par cette raison, l'intervalle des équinoxes vrais surpasse de $10''$ celui des équinoxes moyens. On voit aussi que cette différence n'est pas constante pour toutes les années. Elle varie avec la position de l'ellipse solaire sur le plan de l'écliptique.

Si l'on voulait avoir égard à la nutation, la différence de deux équinoxes moyens de même dénomination pourrait être encore plus grande; car la nutation peut faire varier le point équinoxial de $0^{gr},0018$ sur l'écliptique dans l'intervalle d'une année, ce qui ajouterait encore $0^h,0164$ à l'intervalle des équinoxes vrais, qui pourrait ainsi surpasser de $174''$ l'intervalle des équinoxes moyens. Cette différence varie d'une année à l'autre, parce que les changements de la nutation en longitude ne sont pas les mêmes tous les ans.

raison d'une heure décimale pour 40 grades, indiquerait l'intervalle de temps dont le vrai soleil suit ou précède l'autre, à l'instant que l'on a considéré.

Cet intervalle a été appelé par les astronomes l'*équation du temps*; parce qu'en effet, lorsque sa valeur est connue, en l'ajoutant au temps vrai, on a le temps moyen, et en la retranchant du temps moyen, on a le temps vrai (*).

Ce résultat est bien facile à démontrer quand on fait abstraction de la nutation comme nous le supposons ici; car, en désignant par A l'ascension droite du soleil vrai, par M celle du soleil moyen, et par a l'ascension droite du zénith, il est clair que $\frac{a - A}{40}$ sera le temps vrai, et $\frac{a - M}{40}$ sera le temps moyen. La différence entre le temps moyen et le temps vrai sera donc $\frac{a - M}{40} - \frac{a - A}{40}$, ou simplement $\frac{A - M}{40}$; de sorte que, a disparaissant, il ne reste que la différence des ascensions droites des deux soleils.

La nutation modifie un peu ce résultat; parce qu'alors les deux ascensions droites A et M ne se mesurent ni sur le même équateur, ni à partir du même équinoxe. On peut toutefois, en ayant égard à cette circonstance, trouver, par une marche analogue, la différence du temps moyen et du temps vrai. Pour y parvenir, soient T le temps moyen, et T′ le temps vrai que l'on compte à un même instant dans un lieu déterminé, à Paris par exemple. En convertissant ces temps en arcs, 40 T sera l'angle horaire du soleil moyen avec le méridien moyen de Paris, et 40 T′ sera l'angle horaire du soleil vrai avec le méridien vrai du même lieu (**). Or, puisque l'on

(*) Toutes les considérations qui vont suivre sont fondées sur les principes établis n° **318**, pages 459 et suivantes. Pour les bien saisir, il faut se reporter aux démonstrations qui ont été données alors, tant dans le texte que dans les notes qui l'accompagnaient.

(**) Le méridien moyen est celui qui est mené par le zénith moyen, perpendiculairement à l'équateur moyen; le méridien vrai est celui qui est mené par le zénith vrai, perpendiculairement à l'équateur vrai: c'est le méridien

connaît le temps moyen T, on peut calculer pour ce même instant, par les Tables astronomiques, l'ascension droite moyenne M du soleil moyen, comptée de l'équinoxe moyen; et en l'ajoutant à $40T$, l'arc $M + 40T$ sera, pour cet instant, l'ascension droite du zénith moyen, comptée du même équinoxe. Pour convertir cette quantité en ascension droite vraie, il suffit de lui ajouter l'ascension droite vraie du point équinoxial moyen, c'est-à-dire $\varphi \cos \omega$, en nommant φ la nutation en longitude. Cette réduction a été démontrée dans la page 462. Elle tient à la petitesse de la nutation et au peu d'obliquité de l'équateur vrai sur l'équateur moyen. $M + 40T + \varphi \cos \omega$ sera donc l'ascension droite vraie du zénith vrai comptée de l'équinoxe vrai. En la divisant par 40 pour la réduire en temps, on aurait le temps sidéral vrai, compté du même équinoxe.

Mais cette ascension droite peut s'obtenir encore d'une autre manière, en ajoutant à l'angle horaire vrai $40T'$ l'ascension droite vraie A' du soleil comptée de l'équinoxe vrai sur l'équateur vrai. L'arc $A' + 40T'$ devra donc égaler $M + 40T + \varphi \cos \omega$, et de cette égalité l'on tire $T - T' = \frac{A' - \varphi \cos \omega - M}{40}$; la quantité $\frac{A' - \varphi \cos \omega - M}{40}$ est donc proprement l'*équation du temps;* car on voit qu'en l'ajoutant au temps vrai T' on aura le temps moyen T, et qu'en la retranchant du temps moyen T, on aura T'.

Lorsque l'on a formé des Tables du soleil pour le méridien d'un lieu déterminé, on conçoit qu'avec ces Tables on peut calculer, pour un instant donné de temps moyen, l'ascension droite moyenne M, l'ascension vraie A' et la nutation $\varphi \cos \omega$. On peut donc réduire la formule précédente en nombres; et c'est ainsi que sont construites les *Tables de l'équation du temps* (*).

---

moyen déplacé par la nutation avec tout le reste de la terre, et avec l'équateur même, qu'il coupe toujours au même point physique. En général, il faut concevoir les méridiens et l'équateur vrai comme formant, avec la terre, un système invariable qui oscille autour de sa position moyenne, conformément aux lois de la nutation.

(*) Pour ne laisser aucune obscurité sur cette matière importante, je vais montrer comment on peut calculer numériquement les diverses parties qui

Ces Tables donnent le temps vrai quand on connaît le temps moyen; mais on peut, par un artifice très-simple, renverser le problème et trouver le temps moyen par le temps vrai. La différence de l'un à l'autre étant toujours peu considérable, puisqu'elle ne surpasse jamais $0^h,1134$, on se sert d'abord du temps vrai donné, comme si c'était un temps moyen; on en déduit une valeur de l'équation du temps, qui, ajoutée au temps vrai, donne une valeur approchée du temps moyen : avec cette valeur approchée, on calcule de nouveau l'équation du temps, qui se trouve alors avec une suffisante exactitude.

---

composent l'équation du temps. D'abord, pour l'ascension droite moyenne M, il n'y a aucune difficulté; elle est proportionnelle au temps. Cette même quantité M est aussi la longitude moyenne du soleil comptée de l'équinoxe moyen : ajoutons-y les perturbations planétaires P et l'équation du centre Q; la somme $M+P+Q$ sera la longitude du soleil vrai comptée de l'équinoxe moyen. Ajoutons-y encore la nutation en longitude, ou φ; la somme $M+P+Q+\varphi$ sera la longitude vraie du soleil vrai comptée de l'équinoxe vrai.

Maintenant, avec cette longitude et l'obliquité vraie de l'écliptique ω, calculez l'ascension droite correspondante; vous aurez A'.

Mais comme ω n'est pas un très-grand angle, la réduction que la longitude éprouve ainsi, pour être réduite en ascension droite, est peu considérable, et s'obtient aisément par des séries; c'est même la manière la plus exacte de calculer l'ascension droite par la longitude. Soit donc R cette réduction, on aura

$$A'=M+P+Q+R+\varphi.$$

Si nous substituons cette valeur de A' dans l'expression générale de l'équation du temps, qui est

$$T-T'=\frac{A'-\varphi\cos\omega-M}{40},$$

M disparaît, et il reste

$$T-T'=\frac{P+Q+R+2\varphi\sin^2\frac{1}{2}\omega}{40}.$$

On voit maintenant pourquoi l'équation du temps est toujours peu considérable; c'est parce que M a disparu. Les quantités restantes sont toutes resserrées dans des limites fort étroites : cela est évident pour P, Q, φ; et quant à R, on peut aisément prouver qu'elle reste toujours au-dessous de $2^{gr},8$, comme on le verra dans la page 538. On met, pour ces quantités, leurs va-

364. L'équation du temps est tantôt additive, tantôt soustractive : dans le premier cas, le vrai soleil précède en ascension droite le soleil moyen ; dans le second cas, c'est le vrai soleil qui reste en arrière. On conçoit que dans le passage d'un de ces états à l'autre, les deux soleils doivent se rencontrer sur le même méridien ; alors l'équation du temps doit devenir nulle. En effet, par une propriété très-remarquable, elle devient ainsi nulle quatre fois dans chaque année.

Pour montrer clairement la raison de ce phénomène, nous ferons d'abord abstraction de la nutation. Nous examinerons ensuite les modifications qu'elle peut y apporter. Le principe fondamental dont il faut partir, c'est que, si l'on prend sur l'écliptique deux arcs égaux, le premier près de l'équinoxe, le second près du solstice, et qu'on les rapporte à l'équateur, en menant des méridiens par leurs extrémités, les arcs interceptés sur l'équateur, par ces méridiens, seront inégaux ; le premier moindre, et le second plus grand que l'arc donné. Cette proposition a été démontrée n° **337**.

Concevons maintenant deux soleils S″ et S‴, partis en même temps de l'équinoxe moyen du printemps, et décrivant d'un mouvement égal et uniforme, le premier S″ l'écliptique, le second S‴ l'équateur, *fig.* 43 ; et supposons qu'on rapporte leurs mouvements à ce dernier plan. S‴ devancera d'abord le méridien de S″ ; mais ensuite celui-ci s'en rapprochera, et ils arriveront ensemble au solstice. Alors ce sera le méridien de S″ qui devancera S‴ jusqu'au second équinoxe, où ils arriveront en même temps. Les

---

leurs générales, qui sont données en fonctions du temps T par les formules analytiques fondées sur la théorie de l'attraction ; et, en effectuant le calcul numérique pour des valeurs de la longitude moyenne suffisamment rapprochées les unes des autres, on forme enfin les Tables de l'équation du temps. On refait une seconde fois le même calcul pour une autre année éloignée d'un siècle, en donnant aux éléments elliptiques les valeurs qu'ils auront ; la comparaison des résultats fait connaître la variation séculaire de l'équation du temps pour les divers degrés de longitude moyenne, ce qui permet de transporter la valeur de cette équation à une année quelconque différente de celle pour laquelle on a calculé.

mêmes circonstances se reproduiront dans l'autre moitié de l'orbite, et les positions des deux astres, rapportées à l'équateur, coïncideront quatre fois dans l'année, aux deux équinoxes et aux deux solstices.

365. Dans la nature, le soleil moyen ne part pas de l'équinoxe moyen en même temps que le soleil vrai; ils ne doivent donc plus se rencontrer aux mêmes points. L'inégalité du mouvement propre du soleil dans l'écliptique altère encore cette différence; mais ces causes réunies ne font que changer les époques des rencontres des deux soleils, le nombre de ces rencontres reste toujours le même. C'est ce que nous allons démontrer, en faisant d'abord abstraction des variations périodiques dues à la nutation.

En effet, en admettant la position actuelle de l'orbe solaire, considérons de nouveau les deux soleils S″, S‴, *fig.* 43, partant ensemble de l'équinoxe d'automne pour aller vers le périgée. Le vrai soleil S′ qui parcourt l'écliptique, étant rapporté par son méridien au plan de l'équateur, se trouve alors derrière eux, car il est précédé par S″ jusqu'au périgée, nº **324**. Voyons maintenant dans quel ordre s'exécute la marche de ces astres. Jusqu'au solstice d'hiver, S‴ précède S″, et S″ précède S′ : leur ordre est donc S′, S″, S‴. Au solstice d'hiver, S″ rejoint S‴, ensuite le dépasse, ce qui donne l'arrangement S′, S‴, S″; mais au périgée, S′ rejoint S″, et ensuite le précède. Pour cela, il faut que S′ et S‴ se rencontrent dans l'intervalle. La marche des trois astres devient alors S‴, S″, S′. Ainsi, entre le solstice d'hiver et le périgée, le méridien du vrai soleil S′ rencontre le soleil moyen S‴, et l'équation du temps devient nulle.

Depuis le périgée jusqu'à l'équinoxe du printemps, S′ devance S″, et S″ devance S‴ ; il ne se fait donc point de rencontre dans cet intervalle. A l'équinoxe du printemps, S‴ rejoint S″, ensuite le dépasse, et l'ordre des trois astres devient S″, S‴, S′ : mais S‴ ne peut pas rester longtemps compris entre les deux autres; car, dans chaque quart de cercle, l'écart de S‴ et de S″ va jusqu'à 2st,7483, comme on peut le voir par le calcul (*); celui de S′ et de

(*) Pour ne pas interrompre le raisonnement, je n'ai fait qu'indiquer le

S″, au contraire, ne s'élève jamais, dans l'écliptique, qu'à $2^{gr}, 1380$: c'est présentement la plus grande équation du centre; et comme elle a lieu près des équinoxes, dans la position actuelle de l'orbe solaire, l'arc qui lui correspond, sur l'équateur, est encore plus petit qu'elle. On conçoit donc qu'après l'équinoxe du printemps, et avant le solstice d'été, il doit arriver un moment où le soleil moyen S‴ atteint le méridien de S′; alors l'équation du temps est nulle pour la seconde fois.

De là, en allant vers le solstice d'été, la marche des trois soleils se fait dans l'ordre S″, S′, S‴. Au solstice, S″ rejoint S‴, ensuite le dépasse. Cependant S′ précède S″ jusqu'à l'apogée; par conséquent, le méridien de S′ rencontre encore, avant le solstice d'été, le soleil moyen S″, et l'équation du temps est nulle pour la troisième fois.

Depuis le solstice d'été jusqu'à l'apogée, la marche des trois astres se fait dans l'ordre S‴, S″, S′ ; à l'apogée, S″ atteint S′, ensuite le dépasse jusqu'au périgée, ce qui donne l'arrangement S‴, S′, S″. Or, à l'équinoxe d'automne, S‴ rejoint S″ ; par conséquent, il ren-

---

plus grand écart des trois soleils, S′, S″ et S‴, dans chaque quart de la circonférence; mais il serait facile de le calculer avec exactitude. En effet, S″ et S‴, *fig.* 43, ayant un mouvement égal, le premier sur l'écliptique, le second sur l'équateur, l'ascension droite de S‴ égale toujours la distance de S″ à l'équinoxe : ainsi, en nommant y cette ascension droite, et x la distance de l'équinoxe au méridien de S″, ou l'ascension droite de S″, on aura

$$\tang y = \frac{\tang x}{\cos \omega},$$

ω étant l'obliquité de l'écliptique. Or on a, par les formules trigonométriques,

$$\tang (y - x) = \frac{\tang y - \tang x}{1 + \tang y \tang x}.$$

Mettant pour $\tang y$ sa valeur, il vient

$$\tang (y - x) = \frac{(1 - \cos \omega)}{\cos \omega} \cdot \frac{\tang x}{1 + \frac{\tang^2 x}{\cos \omega}};$$

c'est, en général, la différence des ascensions droites de S″ et de S‴. Cette

contre dans l'intervalle le méridien de S', et l'équation du temps devient nulle une quatrième fois.

Alors l'ordre des trois soleils redevient S', S'', S''', et les mêmes apparences se reproduisent dans le même ordre, à chaque révolution.

366. On voit, par ce simple exposé, qu'en vertu de l'obliquité de l'écliptique, combinée avec le mouvement inégal du soleil, l'é-

---

expression peut se mettre sous la forme suivante :

$$\tang(y-x) = \frac{(1-\cos\omega)}{\sqrt{\cos\omega}} \cdot \frac{\frac{\tang x}{\sqrt{\cos\omega}}}{1+\frac{\tang^2 x}{\cos\omega}}.$$

Si l'on fait pour plus de simplicité,

$$\frac{\tang x}{\sqrt{\cos\omega}} = z,$$

la partie variable de cette expression deviendra

$$\frac{z}{1+z^2},$$

et l'on aura

$$\tang(y-x) = \frac{(1-\cos\omega)}{\sqrt{\cos\omega}} \cdot \frac{z}{1+z^2}.$$

Or la quantité $\frac{z}{1+z^2}$ peut se mettre sous la forme

$$\frac{1}{2} - \frac{(1-z)^2}{2(1+z^2)}.$$

Elle est donc constamment moindre que $\frac{1}{2}$, excepté dans le cas où $z=1$; car elle égale alors $\frac{1}{2}$, et c'est là sa plus grande valeur. Ainsi la plus grande différence entre les ascensions droites de S'' et de S''' correspondra à l'angle x donné par l'équation

$$z=1, \text{ ou } \tang x = \sqrt{\cos\omega},$$

et cette plus grande différence $y-x$ le sera par l'équation

$$\tang(y-x) = \frac{1-\cos\omega}{2\sqrt{\cos\omega}}.$$

Si l'on suppose $\omega = 26^{G},0735$, ce qui est l'obliquité de l'écliptique, vers 1800,

quation du temps devient nulle quatre fois dans l'année ; savoir : une fois entre le solstice d'hiver et le périgée, deux fois entre l'équinoxe du printemps et le solstice d'été, et une dernière fois entre l'apogée et l'équinoxe d'automne. On voit aussi que les époques de ces phénomènes varient avec la position du grand axe de l'orbe solaire. Présentement elles se trouvent placées vers les 25 décembre, 16 avril, 16 juin et 1er septembre. En général, on con-

---

on trouvera

$$x = 48^{gr},6260,$$

$$y - x = 2^{gr},7483,$$

et, par conséquent

$$y = 51^{gr},3743,$$

c'est-à-dire que la plus grande différence entre les ascensions droites de S'' et de S''' est de $2^{gr},7483$; elle arrive lorsque l'ascension droite de S''' est de $51^{gr},3743$, celle de S'' étant alors $48^{gr},6260$. Cette différence, réduite en temps, à raison de la circonférence entière pour 10 heures, donne $0^h,0687$, temps moyen décimal, pour le plus grand retard de S'' au méridien par rapport à S'''. C'est $9'54''$ en temps vulgaire de 24 heures au jour.

On peut facilement s'assurer que l'équation du centre, qui est maintenant $2^{gr},1380$ dans l'écliptique lorsqu'elle est la plus grande, ne peut jamais donner, en ascension droite, une différence égale à $2^{gr},7483$. En effet, supposons le cas le plus favorable, celui où elle atteindrait son *maximum* à l'instant du solstice : alors, en désignant par x l'arc qui lui correspondrait sur l'équateur, on aurait, suivant la note de la page 525,

$$\tang x = \frac{\tang 2^{gr},1380}{\cos \omega},$$

expression qui, étant calculée par le moyen des Tables de logarithmes, donne

$$x = 2^{gr},3306.$$

Si l'on supposait que le milieu de l'arc $2^{gr},1380$ coïncidât avec le solstice, on aurait

$$x = 2^{gr},3307,$$

ce qui ferait $1''$ de plus. Dans ce cas, qui est de tous le plus favorable, le résultat est encore beaucoup au-dessous de $2^{gr},7483$. On peut donc être assuré que, dans aucun cas, l'équation du centre, qui a lieu maintenant dans l'écliptique, ne peut donner sur l'équateur une différence d'ascension droite égale à $2^{gr},7483$; et comme tous ces éléments n'éprouvent que des variations périodiques très lentes, renfermées dans des limites fort étroites, on peut

çoit que le déplacement progressif de ce grand axe doit changer peu à peu la valeur absolue de l'équation du temps, qui convient à chaque longitude du soleil. Aussi a-t-on calculé par la théorie ces variations séculaires, et on les a jointes aux Tables du soleil.

On conçoit également que les causes qui rendent l'équation du temps nulle doivent encore avoir leur effet, malgré les petites variations que la nutation occasionne dans la marche de nos trois soleils. Ces variations, qui ne s'élèvent jamais qu'à quelques secondes, changent un peu les époques des quatre rencontres qui ont lieu chaque année; mais elles ne peuvent ni les détruire, ni les faire sortir des limites que nous leur avons assignées.

367. Si l'inclinaison de l'écliptique sur le plan de l'équateur était nulle, en sorte que ces deux plans coïncidassent toujours, la partie de l'équation du temps qui dépend de cette inclinaison serait nulle aussi. Alors le mouvement moyen et le mouvement vrai ne différeraient l'un de l'autre que par l'équation du centre. Le soleil vrai et le soleil moyen ne se joindraient qu'au périgée et à l'apogée, et le temps vrai ne coïnciderait avec le temps moyen que deux fois dans l'année, lorsque le soleil se trouverait dans les absides.

368. D'après ce qu'on vient de dire, il est facile de sentir que l'instant du midi vrai, marqué sur une méridienne par l'ombre d'un style, diffère en général du midi moyen. Mais comme on connaît, pour chaque jour, l'équation du temps, on peut marquer

---

en conclure que, dans toutes les positions possibles de l'orbe solaire sur l'écliptique, le soleil vrai et le soleil moyen coïncideront toujours quatre fois chaque année.

L'arc $2^{gr},3307$, réduit en temps, à raison de la circonférence entière, pour un jour donne $0^{h},0583$, temps moyen décimal, ou $8'\,24''$, temps moyen vulgaire; par conséquent, si la plus grande équation du centre coïncidait avec le plus grand écart de S'' et de S''', en sorte que les trois soleils fussent alors dans l'ordre S', S'', S''', ou S''', S'', S', la différence d'ascension droite entre le soleil vrai S' et le soleil moyen S''' serait moindre que $2^{gr},3340 + 2^{gr},7483$ ou $5^{gr},0823$, ce qui donne, en temps décimal, $0^{h},127$, ou $18'\,18''$ en temps vulgaire. Or cette disposition, la plus favorable de toutes, ne saurait avoir lieu dans la situation actuelle de l'orbe solaire; ainsi la différence du temps moyen au temps vrai ne peut s'y élever à $13'$ de temps décimal, ou à $19'$ de temps sexagésimal.

pour chaque jour, de part et d'autre de la méridienne, la direction et la limite de l'ombre, à l'instant du midi moyen. On a ainsi une suite de points qui marquent, autour de la méridienne vraie, les méridiennes successives du soleil moyen. La courbe qui unit leurs extrémités doit évidemment rencontrer la méridienne vraie, en quatre points, correspondants aux quatre instants de l'année où l'équation du temps devient nulle. De plus, elle doit être fermée et rentrante sur elle-même, puisque l'équation du temps reprend les mêmes valeurs après chaque révolution : aussi cette courbe a-t-elle à peu près la forme du chiffre 8. Mais elle n'est pas symétrique, parce que les époques auxquelles l'équation du temps devient nulle, sont inégalement éloignées. On la nomme la *méridienne du temps moyen ;* et lorsqu'on la trace, autour de la méridienne vraie, sur les cadrans solaires, on marque sur son contour, des signes correspondants aux diverses saisons, afin de reconnaître facilement la portion de la courbe qui convient à chaque partie de l'année. La *fig.* 44 représente un exemple de cette association, sur un cadran vertical déclinant vers l'est. On peut voir encore des méridiennes du temps moyen tracées sur d'anciens cadrans solaires. Mais aujourd'hui on abandonne de plus en plus l'emploi de ces instruments dans les lieux publics, et on les remplace avantageusement par des cadrans d'horloges, qui marquent bien plus sûrement le temps vrai ou le temps moyen, quel que soit l'état de l'atmosphère. On les fait même servir la nuit, en les éclairant par-derrière comme un tableau transparent.

CHAPITRE XV.

Des taches du soleil; de sa forme, de sa rotation (*).

369. Nous venons de calculer, avec la dernière exactitude, les mouvements du soleil : cherchons maintenant à acquérir quelques notions sur sa forme et sur sa nature.

A la vérité, nous sommes si éloignés de lui, que nos connaissances sur ces deux points semblent devoir toujours être fort incertaines; mais on désespère moins du succès, quand on considère les résultats que nous avons déjà obtenus, et quelque petites différences que puisse nous présenter cet astre, à la distance où il est placé, on peut être sûr qu'elles n'échapperont pas à des observations précises et multipliées.

Le soleil nous offre l'aspect d'un disque arrondi et lumineux; mais il n'en faut pas conclure que sa surface est réellement plate, car tous les corps arrondis, vus de très-loin, doivent présenter

---

(*) Depuis l'époque où ce chapitre a été écrit (en 1811), les taches du soleil et la constitution de cet astre ont été l'objet de recherches dans lesquelles on a fait concourir toutes les indications théoriques et expérimentales que la physique pouvait suggérer ou fournir. J'aurais voulu pouvoir les comprendre ici dans une nouvelle rédaction; mais le temps et les forces me manquent pour cette tâche. Je me bornerai donc à indiquer au lecteur une étude très-étendue sur la constitution du soleil, tant de son noyau opaque que de son enveloppe lumineuse, qui a été publiée par M. Arago dans l'*Annuaire du Bureau des Longitudes* pour 1842, pages 460 et suivantes. Le même astronome a constaté depuis, par des caractères propres à la lumière polarisée, que l'enveloppe lumineuse du soleil est une matière gazeuse.

On a publié aussi, sur les positions et les mouvements des taches solaires, des observations astronomiques plus précises que ne l'étaient celles de Messier, dont j'ai fait usage dans la note annexée à ce chapitre, pour déterminer la direction de l'équateur du soleil. Le même motif m'a empêché d'entreprendre les calculs qu'il aurait fallu faire pour les introduire dans les formules que j'ai données. Je ne puis donc qu'en recommander cette nouvelle application, qui ne présentera aucune difficulté particulière.

cette apparence. Le télescope a décidé la question, en montrant que le soleil tourne sur lui-même dans l'espace d'environ vingt-cinq jours et demi. En effet, il n'y a qu'un corps arrondi qui puisse, en se présentant sous toutes les faces, être toujours vu sous la forme d'un cercle.

Ces observations ont, de plus, appris qu'il se fait, à la surface du soleil, d'énormes bouillonnements, de vives effervescences. Tout s'accorde à faire considérer cet astre comme un immense globe enflammé, qui lance autour de lui des torrents de lumière, dont nous ressentons les effets à 30 millions de lieues de distance.

Comme ces phénomènes sont aussi curieux par eux-mêmes qu'importants pour la connaissance du système du monde, je vais les exposer avec quelque détail.

370. On observe souvent sur le disque du soleil des taches noires d'une forme irrégulière, qui traversent sa surface dans l'espace de quelques jours. Leur nombre, leur position, leur grandeur, sont extrêmement variables. On en a vu qui, à juger par l'espace qu'elles occupaient sur le diamètre apparent du soleil, devaient être cinq ou six fois plus larges que la terre entière (*). La vive lumière du soleil ne permet pas de les apercevoir à la vue simple; mais on les observe très-nettement avec des lunettes astronomiques, dans lesquelles le trop grand éclat de cet astre est adouci, et non pas effacé par les verres colorés que l'on peut placer devant l'oculaire. Chaque tache noire est ordinairement environnée d'une pénombre autour de laquelle on remarque une bordure de lumière plus brillante que le reste du soleil. Quelquefois on aperçoit d'abord des nuages lumineux sur le bord du disque, sans voir de taches à leur centre; mais à mesure qu'ils s'avancent, les taches commencent à se former, ou du moins à devenir visibles, et ce phénomène est assez constant pour qu'on puisse prévoir, par là, leur apparition. Lorsque les taches commencent à paraître sur le bord du soleil, elles ressemblent à un trait délié. Peu à peu leur

(*) Telle fut la tache observée par Herschel en 1779. Sa largeur réelle, conclue de son diamètre apparent, surpassait 17 000 lieues.

grandeur apparente augmente, à mesure qu'elles s'avancent vers le milieu du disque; ensuite elles diminuent par les mêmes périodes, et finissent par disparaître entièrement. Cependant la bordure lumineuse qui les environne est encore visible quelque temps après. Ces accroissements et ces diminutions s'expliquent facilement, si l'on suppose les taches adhérentes à la surface arrondie du soleil; car, alors, le seul mouvement de rotation doit nous les faire apercevoir sous divers degrés d'obliquité et de grandeur.

371. Pour observer les taches qui paraissent sur le disque du soleil, et pour déterminer exactement leurs positions successives sur ce disque, on emploie la machine parallatique, que nous avons décrite dans le premier livre. Elle est extrêmement propre à cette observation, puisqu'elle est destinée à mesurer les petites différences d'ascension droite et de déclinaison. On dirige la lunette de cet instrument sur le soleil, et après avoir mis à peu près le centre de cet astre sur le fil horizontal, on observe le temps qui s'écoule entre le passage du bord aux fils horaires, et celui de la tache qu'on veut observer. Cet intervalle donne la différence d'ascension droite, entre la tache et les bords, par conséquent entre la tache et le centre, puisque la distance des bords au centre, ou le demi-diamètre apparent du soleil est connu par les observations. On mesure de même avec le fil équatorial mobile la différence de déclinaison des bords et de la tache, et l'on en conclut la différence entre la tache et le centre. Ces résultats fixent la position de la tache sur le disque, et, en l'observant ainsi pendant tous les jours de son apparition, on peut, si cette apparition est de quelque durée, tracer la route apparente de la tache sur le disque, avec beaucoup d'exactitude, soit par un dessin graphique, soit par le calcul, ce qui est beaucoup plus précis.

Lorsqu'on a observé avec soin une même tache pendant tout le temps qu'elle emploie à traverser le disque du soleil, ce qui demande environ 14 jours, si l'on est assez heureux pour qu'elle dure, on la revoit encore après un intervalle de temps à peu près égal; mais elle se trouve sur le bord du soleil opposé à celui où elle a disparu. Cette marche révolutive est commune à toutes les taches. Cependant il arrive, pour l'ordinaire, qu'après quelques retours semblables, on cesse enfin de les revoir; mais comme on sait aussi qu'elles se dissipent et disparaissent même quelquefois sur le disque même du soleil, on est fondé à croire que celles qui ne reviennent plus se sont dissipées sur la surface opposée. En effet, leur nombre est extrêmement variable, et elles n'ont rien de régulier dans leurs apparitions. Il y a des années où l'on n'en voit aucune, d'autres où elles sont très-fréquentes.

372. Ces phénomènes ont conduit Herschel à penser que le corps du soleil est un noyau solide et obscur, environné d'une immense atmosphère, presque toujours remplie de nuages lumineux. Selon lui, ces nuages, flottant au hasard, s'entr'ouvrent quelquefois et nous découvrent le noyau obscur; de même que du haut des montagnes qui s'élèvent à la surface de la terre, on peut quelquefois, à travers les interstices des nuages, découvrir le fond des vallées. Herschel croit aussi qu'il existe à la surface du soleil des montagnes très-hautes, dont les sommets paraissant, par intervalles, au dessus de la matière lumineuse, nous offrent l'apparence de taches noires. En effet, ces explications s'accordent assez bien avec les phénomènes observés. Mais on y satisferait encore en supposant, avec l'auteur de la *Mécanique céleste*, que le corps même du soleil est embrasé; car le développement des fluides élastiques qui se formeraient dans le sein de cette masse devrait y exciter des bouleversements terribles : et, dans cette supposition, les taches pourraient être des cavités profondes, d'où sortiraient par intervalles de vastes éruptions de feux, faiblement représentés par les volcans terrestres.

373. Lorsqu'on eut découvert les taches du soleil, on s'empressa d'en suivre et d'en étudier les mouvements. Le moyen le plus simple de les déterminer est, comme nous l'avons dit, d'observer pendant plusieurs jours les différences de déclinaison et d'ascension droite entre une même tache et le centre du soleil, pour en conclure les différences de longitude et de latitude, en calculant celle du centre et celle de la tache par les formules de la page 75.

Alors supposons que T, *fig.* 45, représente le centre de la terre. Soient E*e* l'écliptique, ou le grand cercle de la sphère céleste décrit par le soleil, BSA le disque apparent de cet astre, C son centre, et M la position apparente de la tache, que je suppose au-dessous du plan de l'écliptique, du côté du sud. L'angle CTP sera la différence de longitude; l'angle PTM sera la différence de latitude (celle du centre du soleil est toujours nulle), et ces deux angles seront connus par l'observation, puisqu'on peut les conclure des différences de déclinaison et d'ascension droite observées.

Ces angles étant toujours très-petits, on peut, dans une première approximation, considérer les arcs qui les mesurent comme autant de petites lignes droites; et si on les suppose, comme à l'ordinaire, mesurées sur la sphère céleste, dont le rayon est CT, l'angle CTP, ou l'arc qui le mesure, sera représenté par la ligne CP, l'angle PTM par la ligne PM, et enfin le diamètre apparent du soleil par la ligne BA. Par conséquent, pour prendre une idée précise de la position de la tache, on pourra décrire à volonté un cercle ASB, *fig.* 46, dont le diamètre sera supposé contenir autant de parties de l'unité, que celui du soleil, donné par l'observation, contient de secondes de degré. On prendra la ligne CP égale au nombre de secondes contenues dans la différence des longitudes; on fera de même la perpendiculaire PM égale au nombre de secondes que contient la latitude de la tache, et l'on aura ainsi la position de cette tache représentée sur le disque apparent du soleil.

En répétant la même opération pendant plusieurs jours consécutifs, on aura une suite de points tels que M, M′, M″, M‴, *fig.* 46, qui représenteront la route apparente de la tache sur le disque du soleil; ou, pour parler plus exactement, ce sera la projection de la courbe qu'elle décrit, exécutée sur un plan perpendiculaire au rayon visuel, mené de la terre au centre du soleil. Cette projection est, en général, une courbe ovale assez ressemblante à une ellipse, et toutes les taches que l'on peut observer en même temps suivent des courbes semblables et parallèles. La durée de leur révolution est aussi la même. Elles emploient toutes environ $27^j,3$ pour revenir à la même position apparente sur le disque du soleil.

374. La forme de ces ovales, leur courbure et leur inclinaison éprouvent des variations très-grandes. A la fin de novembre et au commencement de décembre, ce sont de simples lignes droites, comme M*m*, M′*m*′, M″*m*″, *fig.* 47. Alors les taches vont de M en *m*, c'est-à-dire de la partie australe de l'écliptique dans sa partie boréale. Les points M, M′, M″, où elles commencent à paraître, et que l'on pourrait appeler leur orient, sont moins élevés que les points *m*, *m*′, *m*″, où elles disparaissent, et que l'on pourrait nommer leur occident. Peu à peu ces lignes droites se courbent et forment des ovales, comme dans la *fig.* 48. Pendant l'hiver et le printemps, la convexité de ces ovales est tournée vers le pôle boréal de l'écliptique; mais en même temps leur inclinaison change, et, au commencement de mars, les points où les taches commencent à se montrer sont aussi élevés sur l'écliptique que ceux où elles disparaissent, *fig.* 49. Depuis cet instant, le changement d'inclinaison continuant à se faire dans le même sens, la courbure des ovales diminue; ils se resserrent peu à peu, et à la fin de mai ou au commencement de juin, on les revoit de nouveau sous la forme de lignes droites, *fig.* 50; mais leur inclinaison sur l'écliptique est précisément contraire à ce qu'elle était six mois auparavant. Après cette époque, ils s'ouvrent de nouveau, comme dans la *fig.* 51, et leur convexité est dirigée vers la partie australe de l'écliptique; en même temps leur inclinaison change. Au commencement de septembre, on les voit sous la forme représentée *fig.* 52. Les points où les taches paraissent sont aussi élevés que ceux où elles se couchent. Parvenus à ce terme, les ovales se resserrent, s'inclinent de nouveau sur l'écliptique, et enfin, au mois de décembre, on les revoit sous la forme de lignes droites, tels qu'ils paraissaient un an auparavant.

373. Ces phénomènes se reproduisent chaque année dans le même ordre, en suivant les mêmes périodes d'accroissement et de diminution. On en doit conclure que la cause qui les produit est également uniforme et régulière. Il faut, de plus, qu'elle soit commune à toutes les taches, puisqu'elle leur fait décrire des orbites exactement parallèles et soumises aux mêmes variations dans leurs apparences. Ce qui se présente de plus simple, c'est de supposer que ces taches sont adhérentes à la surface du soleil, et qu'elles tournent avec cet astre dans l'espace de quelques jours.

De plus, les inflexions diverses et successives des lignes décrites par ces taches indiquent un axe de rotation qui n'est pas perpendiculaire à l'écliptique ; car, s'il lui était perpendiculaire, toutes les taches devraient décrire des cercles parallèles à ce plan. Ces cercles, vus de la terre et dans l'éloignement, paraîtraient comme autant de lignes droites parallèles à l'écliptique, et ces apparences resteraient constamment les mêmes, ce qui ne s'accorde point avec les observations.

Au contraire, tous les phénomènes s'expliquent de la manière la plus simple, en admettant la rotation du soleil autour d'un axe incliné à l'écliptique, et qui reste constamment parallèle à lui-même pendant la révolution annuelle. Cet axe, emporté par le soleil, prend successivement des positions différentes par rapport à la terre, et nous présente, sous des inclinaisons également variables, les cercles que les taches décrivent: de là les changements que nous observons dans leur courbure apparente. Parmi toutes ces positions, il en est deux qui doivent offrir des lignes droites: ce sont celles où le plan mené par l'axe de rotation, perpendiculairement à l'écliptique, devient aussi perpendiculaire au rayon visuel mené de la terre au centre du soleil. Cela ne peut arriver que deux fois l'année, dans deux points opposés de l'écliptique, et à six mois de distance. Alors nous apercevons les deux *pôles de rotation du soleil*, c'est-à-dire les deux points dans lesquels l'axe de rotation perce la surface de cet astre. Dans toute autre position, la route des taches doit paraître ovale: mais, lorsque nous découvrons le pôle supérieur ou boréal, la convexité des ovales est tournée vers la partie australe de l'écliptique; et quand nous découvrons le pôle inférieur, cette convexité est tournée vers la partie boréale. La marche des taches se faisant toujours dans le même sens, et de gauche à droite, ou d'orient en occident, les points du disque où elles se lèvent doivent être, pendant six mois, plus élevés que ceux où elles se couchent. Le contraire arrivera pendant les six autres mois, et il y aura deux époques de l'année où ces points se trouveront à égale hauteur au-dessus de l'écliptique. Après cet instant d'équilibre, l'inclinaison des ovales deviendra plus grande de jour en jour, elle parviendra en trois mois à sa plus grande obliquité; et de là, commençant à diminuer de nouveau jusqu'à un nouvel équilibre, il arrivera enfin que l'époque de la plus grande obliquité sera celle où le passage des taches sur le disque paraîtra se faire en ligne droite : et, au contraire, dans le moment de l'équilibre, l'ouverture des ovales sera la plus grande. Dans tous les autres temps, lorsque l'inclinaison des ovales diminuera, leur courbure ira en augmentant.

On a essayé de représenter ces apparences dans la *fig.* 53, où A, B, C, D, E sont des positions successives du soleil par rapport à la terre, figurée en T. P*p* indique partout l'axe de rotation, et M*m*, M′*m*′, M″*m*″, sont les routes des taches. Il faut suppléer à l'imperfection de la figure, où l'on n'a pu rendre l'extrême éloignement de la terre et du soleil. B est le lieu où l'axe de rotation devient parallèle au plan du disque solaire, et par conséquent perpendiculaire au rayon visuel TB. A, C sont les points où l'ouverture apparente des ovales est la plus grande. Quant aux points opposés, on n'a pas pu y figurer le globe du soleil, vu de la terre; mais il est sensible que les apparences y seraient contraires à celles des points ABC. Par exemple, le soleil étant parvenu en C présente au spectateur placé en T le même aspect qu'il aurait offert en A six mois auparavant pour un spectateur placé en A″, du côté opposé à la terre; c'est-à-dire qu'on revoit alors les routes des taches sous la forme d'ovales dont les extrémités sont également élevées sur l'écliptique, mais elles se présentent dans le sens opposé. Une opposition semblable a lieu dans toutes les situations du soleil qui sont diamétralement opposées sur son orbite.

376. Toutes ces conséquences étant exactement conformes aux observations, on en peut conclure avec certitude qu'en effet *le soleil tourne sur lui-même d'orient en occident, autour d'un axe incliné à l'écliptique.*

Le plan mené par le centre du soleil, perpendiculairement à cet axe, se nomme l'*équateur du soleil*. Il coupe le plan de l'écliptique, suivant une ligne droite qui s'appelle la *ligne des nœuds* de cet équateur. Les *nœuds* eux-mêmes sont les points où cette droite, prolongée indéfiniment dans les deux sens, rencontre la sphère céleste.

377. Pour connaître la position de l'axe de rotation dans l'espace, il faut déterminer l'inclinaison de l'équateur solaire sur l'écliptique, et l'angle que fait la ligne des nœuds avec une droite fixe menée sur le plan de l'écliptique ; par exemple avec la ligne des équinoxes. Cet angle se nomme la *longitude du nœud*. Voici la méthode qui me paraît la plus simple et la plus exacte pour déterminer ces éléments :

Lorsqu'on a observé la position d'une tache sur le disque du soleil, et qu'on a calculé sa longitude et sa latitude, on connaît la direction du rayon visuel mené de la terre à cette tache, à l'instant de l'observation. On sait de plus quelle était, à la même époque, la longitude du soleil, sa distance à la terre, et son diamètre apparent. C'est donc un simple problème de géométrie, de trouver les intersections de sa surface supposée sphérique, avec le rayon visuel mené à la tache. Trois observations semblables, d'une même tache, déterminent trois points sur la surface du soleil, et ces points sont situés sur une même circonférence de cercle, parallèle à l'équateur solaire. Or, en général, la position d'un plan est fixée, lorsqu'on sait qu'il passe par trois points connus : le plan du cercle décrit par la tache sera donc déterminé par ces trois observations, et l'on en pourra déduire la position de l'équateur solaire qui lui est parallèle.

378. Pour fixer les positions successives des taches sur la surface du soleil supposée sphérique, on conçoit, par le centre de cet astre, trois axes rectangulaires, menés dans des directions connues, et qui restent contamment parallèles à eux-mêmes, pendant la révolution annuelle. Le premier de ces axes est perpendiculaire à l'écliptique, les deux autres sont situés dans ce plan. L'un est parallèle à la ligne des équinoxes, l'autre lui est perpendiculaire. Ils sont représentés en S, *fig.* 54. On nomme *longitudes* et *latitudes héliocentriques*, les longitudes et les latitudes comptées du centre du soleil autour des trois axes précédents. Elles sont évidemment déterminées lorsqu'on a leurs analogues mesurées du centre de la terre, et que l'on nomme par opposition *longitudes* et *latitudes géocentriques*. La trigonométrie sphérique nous enseigne à trouver ces rapports, comme on le verra dans les notes placées à la suite de ce chapitre ; mais il suffira pour le moment d'en avoir indiqué la possibilité.

En appliquant cette méthode, on trouve que l'équateur solaire est incliné à l'écliptique de $7^{gr},0719$. Il paraît rester constamment parallèle à lui-même. Les points de cet équateur, en s'élevant par leur mouvement de rotation au-dessus de l'écliptique, vers le pôle boréal, traversent ce plan dans un point qui, vu du centre du soleil, se trouve à $78^{gr},6062$ de l'équinoxe du printemps; telle est donc *la longitude héliocentrique du nœud ascendant de l'équateur solaire*. Elle ne paraît pas éprouver de variations sensibles, si ce n'est celles qui résultent de la précession des équinoxes, effet général que nous avons déjà indiqué.

379. J'ai dit que la durée moyenne de la rotation du soleil par rapport à un même point de la terre est $27^{j},31$. C'est le temps après lequel un même point de la surface de cet astre revient à la même distance de son centre apparent; mais ce n'est pas le temps de la rotation réelle. En effet, dans cet intervalle, le soleil décrit sur l'écliptique un arc égal à $1^{gr},09516.27,31$, ou $29^{gr},91$. En vertu de ce seul mouvement, il nous découvre chaque jour de nouveaux points de sa surface, dont il nous montre successivement toutes les parties dans le cours d'une année. De là résulte une rotation apparente, qui semble se faire annuellement autour d'un axe perpendiculaire à l'écliptique. L'effet de cette illusion d'optique se compose avec la rotation réelle, dans les résultats observés; et pour y démêler les influences particulières de ces deux causes, il faut les étudier séparément.

Faisons d'abord abstraction de la rotation réelle. Imaginons un rayon visuel mené de la terre au centre du soleil, et concevons, par ce centre, un plan perpendiculaire à ce rayon. Le disque du soleil n'est que la projection de tous les points de sa surface sur ce plan perpendiculaire. L'intersection du plan et du rayon visuel forme ce que nous appelons le centre du disque. C'est à ce centre que nous rapportons le point de la surface du soleil qui est sur la direction du rayon visuel. Or il n'est pas difficile de voir que ce point varie sur la surface du soleil, quand le soleil change de position sur le plan de l'écliptique. En effet, s'il se trouve, par exemple en S, *fig.* 55, que T soit le centre de la terre, TS le rayon visuel mené au centre du soleil, C sera le point de la surface que nous verrons au centre du disque. Mais lorsque le soleil sera en S′, le point C′, qui sera parvenu au centre du disque apparent, différera du point C; et pour trouver l'arc décrit par ce dernier, il faut, par le point S, mener S′T′ parallèle à ST: le point C se trouvera en *c*. Ce point s'est donc éloigné du centre apparent du disque, par le seul effet de la révolution annuelle du soleil; il s'en est éloigné de l'angle TS′T′, qui est égal à S′TS, ou au mouvement du soleil dans son orbite, pendant l'intervalle des observations.

L'effet de la rotation réelle altère cette rotation apparente, parce qu'elle est dirigée en sens contraire. Si elle se faisait aussi autour d'un axe perpendiculaire à l'écliptique, il serait facile d'y avoir égard; car lorsqu'un même point de la surface du soleil serait revenu à la même distance de son centre apparent, ce qui se fait en $27^{j},31$, il se trouverait avoir décrit réellement $429^{gr},91$, c'est-à-dire une circonférence entière, plus le mouvement angulaire du soleil dans cet intervalle; d'où il est facile de conclure, par une simple proportion, que le temps d'une rotation complète serait $25^{j},4$.

L'axe réel de rotation du soleil étant oblique à l'écliptique, ce résultat n'est pas tout à fait exact, et les $29^{gr},91$ décrits par les points de cet astre parallèlement à l'écliptique ne produisent pas tout à fait le même angle sur l'équateur solaire. Mais comme l'inclinaison de ces deux plans est peu considérable, l'erreur qui en résulte est fort petite, et beaucoup au-dessous de celles que ce genre d'observation comporte. Au reste, la durée de la rotation réelle se trouve naturellement déterminée quand on calcule les positions successives d'une même tache par rapport à trois axes fixes menés par le centre du soleil, comme nous l'avons enseigné plus haut; car, de cette manière, on connaît l'arc réellement décrit par la tache sur son parallèle entre les observations, et, en comparant cet arc au temps employé à le parcourir, on en conclut la durée de la rotation totale.

380. En comparant, par des moyens très-précis, l'intensité de la lumière que nous envoient les bords du soleil, et celle qui vient du centre de son disque, Bouguer s'est assuré que celle-ci est la plus forte. Cependant le soleil étant un corps arrondi, ses bords

s'offrent obliquement à nous, et présentent, sous le même angle, une plus grande surface. Leur lumière devrait donc nous sembler plus intense. S'il en est autrement, c'est qu'une cause plus forte vers les bords que vers le centre en diminue graduellement l'intensité. Tel serait l'effet d'une épaisse atmosphère; car, s'il en existe une autour du soleil, les rayons lumineux venus de ses bords la traversent dans une étendue beaucoup plus considérable que ceux qui partent du centre de son disque, et qui la traversent directement. C'est ainsi que notre atmosphère affaiblit beaucoup plus la lumière des astres à l'horizon qu'au zénith. L'atmosphère solaire est donc indiquée, par ce phénomène, avec beaucoup de vraisemblance.

381. On verra plus loin que la lune est aussi un corps arrondi, mais qui n'a point d'atmosphère sensible. Ce fait sera prouvé d'une manière très-rigoureuse : mais l'on peut déjà en reconnaître la vérité, en observant avec soin les étoiles devant lesquelles la lune passe; car on ne voit pas leur lumière s'affaiblir peu à peu en approchant du disque de cet astre, elles brillent jusqu'auprès de ses bords, et s'éclipsent subitement. La lune n'a donc pas d'atmosphère sensible : aussi est-elle plus lumineuse vers les bords que vers le centre, comme Bouguer s'en est assuré. Ce rapprochement confirme très-bien la théorie précédente.

382. Un autre phénomène remarquable, qui tient, sans doute, à l'état actuel et à la nature même du soleil, c'est l'auréole lumineuse qui l'accompagne, et à laquelle on a donné le nom de *lumière zodiacale*. On l'observe le soir, lorsque le soleil vient de se coucher, et à l'endroit même où cet astre a quitté l'horizon. Sa forme est celle d'une lentille très-aplatie, placée obliquement sur l'horizon, et dont la tranche aiguë atteint très-loin dans le ciel (voyez *fig*. 56). Cette lumière est blanchâtre comme celle de *la voie lactée*. On s'est assuré qu'elle accompagne constamment le soleil, et, dans les éclipses totales, on l'aperçoit autour de son disque comme une chevelure lumineuse. Elle est toujours dirigée dans le plan de l'équateur solaire, et c'est pour cela qu'on ne la voit pas également bien, le soir, dans toutes les saisons. Car cet équateur étant diversement incliné à l'horizon, en raison des diverses positions du soleil dans l'écliptique, la lumière zodiacale s'incline avec lui et se cache en grande partie sous l'horizon, ou du moins son éclat est fort affaibli par les vapeurs qui s'élèvent près de la surface de la terre. Le temps le plus favorable pour l'observer, dans nos climats, est l'équinoxe du printemps, vers le mois de février ou de mars : alors la ligne des équinoxes est le soir, dans l'horizon, *fig.* 57. L'arc de l'écliptique SS', dans lequel le soleil va entrer, est plus élevé sur l'horizon que l'équateur SEQ. La différence est égale à l'obliquité de l'écliptique, c'est-à-dire à $26^{gr},0740$. Ainsi la lumière zodiacale, toujours dirigée dans le plan de l'équateur solaire, qui est presque dans le plan de l'écliptique, se trouve alors plus élevé que l'équateur de toute cette quantité. Dans nos climats, aucune autre position du soleil n'est aussi favorable : par exemple, au solstice d'été, l'arc S''T de l'écliptique est parallèle à l'arc EQ de l'équateur céleste. La pyramide lumineuse se trouve, le soir, parallèle à cet équateur, c'est-à-dire beaucoup plus inclinée qu'au temps de l'équinoxe du printemps : il en est de même dans toutes les autres positions.

383. On a formé plusieurs hypothèses sur la nature et la cause de cette lumière. On avait pensé d'abord qu'elle émane de l'atmosphère du soleil ; mais l'auteur de la *Mécanique céleste* a prouvé, d'après sa forme et d'après sa grandeur, que cela est impossible. On a cru remarquer qu'elle s'affaiblit quand le soleil a moins de taches, et qu'elle s'accroît quand il en a un plus grand nombre.

Au reste, quelle que soit la cause de cette lumière, il est certain que la matière qui nous la renvoie est extrêmement rare, car on voit les plus petites étoiles au travers.

384. Quant au nom de lumière zodiacale, il vient de ce que l'on appelle *zodiaque* une zone d'environ 20^{gr} de largeur, dont l'écliptique occupe le milieu, et dans laquelle on croyait autrefois que toutes les orbites des planètes étaient renfermées. L'auréole lumineuse, toujours comprise dans cette zone, en a reçu sa dénomination.

385. Je ne parlerai point ici de la grosseur du soleil, ni des moyens que l'on a employés pour évaluer sa densité. On ne peut parvenir à ces résultats que quand on connaît exactement la distance du soleil à la terre, et celle des autres corps célestes. Nous devons donc différer de nous en occuper, jusqu'à ce que nous ayons vu comment on a déterminé la parallaxe du soleil et les vraies dimensions des orbes planétaires.

NOTE.

Manière de trouver les coordonnées d'une tache du soleil, par rapport à trois axes fixes passant par le centre de cet astre. Détermination de l'équateur du soleil.

Soient X, Y les deux coordonnées du soleil rapportées à deux axes fixes et rectangulaires menés par le centre de la terre dans le plan de l'écliptique, l'axe des X étant supposé passer par l'équinoxe du printemps. Si l'on nomme L la longitude du soleil vue de la terre, et R la distance de cet astre, on aura

$$X = R \cos L, \quad Y = R \sin L.$$

Menons par le centre de la terre un troisième axe perpendiculaire au plan de l'écliptique; ce sera l'axe des Z, et nous supposerons les Z positifs dirigés vers le pôle boréal de ce plan. Soient x, y, z les cordonnées rectangulaires d'une tache du soleil rapportée à ces axes à un instant donné; soient de plus, au même instant, l la longitude géocentrique de la tache, λ sa latitude géocentrique, et ρ la projection de son rayon vecteur sur le plan de l'écliptique; on aura évidemment

$$x = \rho \cos l, \; y = \rho \sin l, \; z = \rho \operatorname{tang} \lambda.$$

Or, si l'on représente par r la vraie distance de la tache au centre de la terre, on aura aussi

$$\rho = r \cos \lambda;$$

par conséquent, en éliminant ρ, les valeurs de x, y, z deviendront

$$x = r \cos \lambda \cos l, \quad y = r \cos \lambda \sin l, \quad z = r \sin \lambda.$$

Cette forme de valeurs est souvent employée dans l'astronomie. Maintenant, si nous appelons x', y', z' les trois coordonnées de cette même tache, rapportées à trois axes parallèles aux précédents et fixes au centre du soleil, nous aurons, en général,

$$x' = x - X, \quad y' = y - Y, \quad z' = z;$$

et si l'on suppose que la surface du soleil soit sphérique et que son rayon soit r', on aura, entre les trois coordonnées x', y', z', la relation qui convient à la surface de la sphère, c'est-à-dire

$$x'^2 + y'^2 + z'^2 = r'^2.$$

Les véritables inconnues du problème sont x', y', z' : pour les déterminer, mettons-y d'abord à la place de x, y, z, X, Y leurs valeurs ; elles deviendront

$$x' = r\cos\lambda\cos l - \mathrm{R}\cos \mathrm{L}, \quad y' = r\cos\lambda\sin l - \mathrm{R}\sin \mathrm{L}, \quad z' = r\sin\lambda.$$

Substituons maintenant ces quantités dans l'équation de la surface du soleil et développons les carrés, nous trouverons

$$r^2 - 2\mathrm{R}r\cos\lambda\,.\cos(\mathrm{L}-l) = r'^2 - \mathrm{R}^2.$$

On peut à la place de R substituer sa valeur en fonction de r' : car, en nommant Δ le demi-diamètre apparent du soleil vu de la terre à l'instant que l'on considère, on aura évidemment

$$r' = \mathrm{R}\sin\Delta ;$$

et si, d'après cette relation, on élimine R, l'équation à résoudre devient

$$r^2 - 2rr'.\frac{\cos\lambda.\cos(\mathrm{L}-l)}{\sin\Delta} = -\frac{r'^2.\cos^2\Delta}{\sin^2\Delta},$$

d'où l'on tire pour r deux valeurs,

$$r = r'\left[\frac{\cos\lambda.\cos(\mathrm{L}-l) \pm \sqrt{\cos^2\lambda\cos^2(\mathrm{L}-l) - \cos^2\Delta}}{\sin\Delta}\right].$$

Mais de ces deux valeurs il ne faut prendre que la plus petite ; car lorsque nous observons les taches, elles se trouvent toujours dans la partie de la sphère du soleil qui est la plus voisine de la terre. On aura donc simplement

$$r = r'\left[\frac{\cos\lambda\cos(\mathrm{L}-\mathrm{L}) - \sqrt{\cos^2\lambda\cos^2(\mathrm{L}-l) - \cos^2\Delta}}{\sin\Delta}\right];$$

en substituant cette valeur de r dans les expressions générales de x', y', z', et y mettant aussi pour R sa valeur $\dfrac{r'}{\sin\Delta}$, on aura les coordonnées x', y', z' exprimées en fonction du rayon de la surface du soleil, et des longitudes et latitudes observées. Ainsi, géométriquement parlant, ces valeurs seront déterminées. Mais pour pouvoir les calculer numériquement avec beaucoup d'exactitude, il faut encore leur faire subir une préparation qui introduise les sinus des petits angles Δ et $\mathrm{L}-l$ au lieu de leurs cosinus, et qui, de plus, introduise ces petits angles partout où il y a des différences de sinus et de cosinus. C'est à quoi l'on parviendra en prenant d'abord un angle auxiliaire ψ, tel qu'on ait

$$\sin^2\psi = \cos^2\lambda\cos^2(L-l) - \cos^2\Delta\,;$$

cet angle ψ sera toujours fort petit, car l'équation qui le détermine peut être mise sous la forme suivante :

$$\sin^2\psi = \cos^2(L-l) - \cos^2\Delta - \sin^2\lambda\cos^2(L-l),$$

ou bien

$$\sin^2\psi = \sin(\Delta+L-l)\sin(\Delta-L+l) - \sin^2\lambda\cos^2(L-l).$$

Comme les angles Δ, $L-l$ et λ sont toujours extrêmement petits, chacun des termes de cette équation se calculera par les Tables ordinaires de logarithmes avec une extrême exactitude, et la racine carrée de leur différence donnera $\sin\psi$, et par conséquent ψ, avec une exactitude pareille. Par le moyen de cette transformation, la valeur de r devient

$$r = r'\left[\frac{\cos\lambda\cos(L-l) - \sin\psi}{\sin\Delta}\right];$$

et, en la substituant dans x', y', z', après y avoir mis pour R sa valeur $\frac{r'}{\sin\Delta}$, on trouve

$$x' = r'\left[\frac{\cos^2\lambda\cos(L-l)\cos l - \cos L - \cos\lambda\cos l\sin\psi}{\sin\Delta}\right],$$

$$y' = r'\left[\frac{\cos^2\lambda\cos(L-l)\sin l - \sin L - \cos\lambda\sin l\sin\psi}{\sin\Delta}\right],$$

$$z' = r'\sin\lambda\left[\frac{\cos\lambda\cos(L-l) - \sin\psi}{\sin\Delta}\right].$$

La valeur de z' n'a besoin d'aucune autre préparation à cause du facteur très-petit $\sin\lambda$ qui la multiplie tout entière. Il n'en est pas ainsi de x' et y'; mais il est facile de voir qu'en mettant pour $\cos^2\lambda$, sa valeur $1-\sin^2\lambda$, les termes indépendants de λ peuvent se transformer de manière à y introduire les sinus du petit arc $L-l$. On aura ainsi, pour x', y', z', les expressions suivantes :

$$x' = r'\left[\frac{\sin(L-l)\sin l - \sin^2\lambda\cos(L-l)\cos l - \cos\lambda\cos l\sin\psi}{\sin\Delta}\right],$$

$$y' = r'\left[\frac{-\sin(L-l)\cos l - \sin^2\lambda\cos(L-l)\sin l - \cos\lambda\sin l\sin\psi}{\sin\Delta}\right],$$

$$z' = r'\sin\lambda\left[\frac{\cos\lambda\cos(L-l) - \sin\psi}{\sin\Delta}\right];$$

à quoi il faut joindre l'équation auxiliaire

$$\sin^2\psi = \sin(\Delta+L-l)\sin(\Delta-L+l) - \sin^2\lambda\cos^2(L-l).$$

Ces expressions très-simples et très-symétriques donneront, avec la dernière exactitude, les valeurs de x', y', z', d'après les longitudes et latitudes conclues des observations. Quant au rayon r de la surface du soleil, il disparaîtra de lui-même de tous les résultats calculés relativement au centre du soleil, de même que celui de la sphère céleste disparaît de tous les résultats géocentriques ; c'est pourquoi il faut le conserver en facteur afin de le laisser en évidence. On verra plus loin que les observations introduites dans nos formules permettent de juger si ce rayon est constant, et par conséquent si la surface du soleil est réellement sphérique.

On pourrait aisément déduire de nos formules *les longitudes* et *latitudes héliocentriques*, c'est-à-dire vues du centre du soleil : quantités dont les astronomes font un fréquent usage, tant pour le problème qui nous occupe que pour d'autres questions analogues. En nommant λ' et l' cette latitude et cette longitude, celle-ci étant toujours comptée dans le même sens que la longitude géocentrique à partir du même équinoxe, c'est-à-dire du même point de la sphère céleste, on aurait évidemment

$$\operatorname{tang} l' = \frac{y'}{x'}, \quad \operatorname{tang} \lambda' = \frac{z'}{\sqrt{x'^2 + y'^2}};$$

ce qui donnerait encore

$$x' = r' \cos \lambda' \cos l', \quad y' = r' \cos \lambda' \sin l', \quad z' = r' \sin \lambda'.$$

Mais ces expressions nous seront inutiles dans la recherche de l'équateur du soleil, et je ne les ai rapportées qu'à cause des applications que l'on en peut faire dans d'autres circonstances.

Revenons donc à nos valeurs de x', y', z'. On y introduira les valeurs numériques des longitudes et latitudes du centre du soleil et de la tache déduite des observations ; il n'y aura, dans cette substitution, d'autre attention à avoir que d'observer fidèlement les signes des sinus et cosinus, et de faire ensuite le calcul exactement. Pour s'assurer que l'on ne s'est pas trompé, il sera bon de faire la somme des trois carrés $x'^2 + y'^2 + z'^2$, et cette somme devra être égale à r'^2. On répétera ce calcul pour trois positions observées d'une même tache, et l'on aura ainsi les coordonnées héliocentriques correspondantes, que je représenterai par

$$\begin{array}{lll} x' & y' & z', \\ x'' & y'' & z'', \\ x''' & y''' & z'''. \end{array}$$

Ces calculs faits, le reste n'a plus aucune difficulté.

En effet, par ces trois positions successives de la tache, menons un plan : ce sera le parallèle à l'équateur solaire sur lequel la tache se meut. L'équation de ce parallèle, rapportée au même système de coordonnées que la tache, sera nécessairement de la forme

$$z = Ax + By + D,$$

A, B, D étant trois coefficients constants qui déterminent la position du plan cherché. Puisque ce plan contient les trois positions successives de la tache, les coordonnées de ces trois positions doivent y satisfaire; c'est-à-dire que l'on doit avoir

$$(1) \quad \begin{cases} z' = Ax' + By' + D, \\ z'' = Ax'' + By'' + D, \\ z''' = Ax''' + By''' + D. \end{cases}$$

Ces trois conditions suffisent pour déterminer A, B, D; en soustrayant successivement la seconde et la troisième de la première, D disparaît, et il vient

$$(2) \quad \begin{cases} z' - z'' = A(x' - x'') + B(y' - y''), \\ z' - z''' = A(x' - x''') + B(y' - y'''). \end{cases}$$

Celles-ci déterminent A et B; mais maintenant, puisque le plan que nous venons de mener est un parallèle à l'équateur solaire, cet équateur, qui passe par le centre du soleil, aura évidemment son équation de la forme

$$z = Ax + By,$$

A et B étant, à cause du parallélisme, les mêmes que nous venons de déterminer. La position de cet équateur sera donc ainsi connue; et si l'on nomme I son inclinaison sur l'écliptique, et N la longitude de son nœud aussi sur l'écliptique, on aura

$$\tang I = \sqrt{A^2 + B^2}, \quad \tang N = -\frac{A}{B}.$$

Ces résultats étant connus, il est facile de trouver *la déclinaison solaire* de la tache. Par l'axe de l'écliptique et par l'axe de l'équateur solaire qui se croisent tous deux au centre du soleil, menons un plan ECZ, *fig.* 58, et soient CE et CZ ces deux axes; désignons maintenant par R le point où l'axe de l'écliptique est rencontré par le parallèle de la tache. Si de ce point nous menons une perpendiculaire sur l'axe de rotation CZ, la distance CQ, comprise entre le centre du soleil et cette perpendiculaire, exprimera la distance du parallèle de la tache au centre du soleil; et, en la divisant par le rayon r' de la surface de cet astre, le rapport $\frac{CQ}{r'}$ sera le sinus de la déclinaison de la tache, relativement à l'équateur du soleil. Or, dans le triangle CQR, l'angle en C, formé par les deux axes de l'équateur solaire et de l'écliptique, est le même que l'angle des deux plans qui leur sont respectivement perpendiculaires; il est donc égal à I, puisque nous avons nommé I l'inclinaison de l'équateur solaire sur l'écliptique. Dans ce même triangle, la distance CR est aussi connue : c'est la valeur de z dans l'équation du parallèle, quand x et y sont nuls; elle est, par conséquent, égale à D ou à $z' - Ax' - By'$. D'après cela, on aura $CQ = D \cos I$; et par conséquent, si l'on nomme d' la déclinaison solaire de la tache, on aura cette expression très-simple,

$$\sin d' = \frac{D \cos I}{r'} \quad \text{ou} \quad \sin d' = \frac{(z' - Ax' - By')}{r'} \cos I.$$

Lorsque A et B auront été déterminés par trois observations de la tache, on pourra calculer d'autres coordonnées $x^{\text{IV}}, y^{\text{IV}}, z^{\text{IV}}$, de cette même tache par des observations subséquentes; et comme elles devront satisfaire encore à l'équation du même parallèle, on aura pareillement

$$D = z^{\text{IV}} - Ax^{\text{IV}} - By^{\text{IV}}.$$

On verra donc si la valeur de D, ainsi déterminée, est ou n'est pas la même que précédemment, et, par là, on jugera si la tache suit réellement un même parallèle solaire, ou si elle s'en écarte par l'effet de quelque cause de variation.

Puisque nous connaissons la déclinaison d' du parallèle, son rayon sera $r' \cos d'$; il sera donc aussi connu.

La corde de l'arc de ce parallèle compris entre la première observation et la seconde a pour expression $\sqrt{(x' - x'')^2 + (y' - y'')^2 + (z' - z'')^2}$; la moitié de cette corde, divisée par le rayon du parallèle, exprime le sinus de la moitié de l'angle décrit par la tache entre les deux observations. Ainsi, en le nommant A', on aura

$$\sin^2 \tfrac{1}{2} A' = \frac{(x' - x'')^2 + (y' - y'')^2 + (z' - z'')^2}{4 r'^2 \cos^2 d'}.$$

L'angle A' sera bien facile à calculer par cette formule. Si l'on nomme pareillement A'' l'angle décrit entre la première observation et la troisième, on aura de même

$$\sin^2 \tfrac{1}{2} A'' = \frac{(x' - x''')^2 + (y' - y''')^2 + (z' - z''')^2}{4 r'^2 \cos^2 d'}.$$

Soient T', T'' les intervalles de temps correspondants écoulés entre la première et la seconde observation, ainsi qu'entre la première et la troisième. Si l'on nomme T le temps de la rotation totale, supposée uniforme, les temps étant proportionnels aux arcs décrits, on aura

$$T = \frac{400^{\text{gr}} T'}{A'}, \qquad \text{ou bien} \qquad T = \frac{400^{\text{gr}} T''}{A''}.$$

Si la rotation est parfaitement uniforme, ces valeurs de T doivent s'accorder exactement; mais cela suppose aussi que les observations soient parfaitement exactes, et c'est ce qui n'a jamais lieu. Il y aura donc généralement une différence entre ces valeurs; on prendra une moyenne arithmétique entre elles, et on la regardera comme la valeur de T. Mais, pour savoir jusqu'à quel point cette divergence est admissible et attribuable aux erreurs des observations, il faudra calculer les valeurs de T' et T'' qu'elles donnent comme correspondantes aux arcs A' et A''; puis, en comparant ces intervalles à ceux qui ont été réellement observés, on verra en quoi ils diffèrent. Ensuite, d'après le mouvement apparent de la tache, relativement au centre du disque solaire, on pourra calculer le changement que l'erreur du temps aurait dû produire sur les différences de déclinaison ou d'ascension droite, observées entre le centre de la tache et celui du soleil, et l'on jugera si ces changements sont assez faibles pour qu'on puisse les attribuer aux erreurs inévitables des observations.

Pour ne laisser aucun nuage relativement à l'emploi de ces formules, je les appliquerai à un exemple, et je choisirai pour cela les trois observations suivantes de Messier, qui ont déjà été calculées par Dionis-du-Séjour, au moyen d'une méthode indirecte et excessivement pénible. Je rapporte ces observations telles qu'elles ont été faites, en mesures sexagésimales :

DATE des observations.	TEMPS SOLAIRE apparent.	DIFFÉRENCE en temps entre le passage du premier bord du soleil et la tache au fil horaire.	DIFFÉRENCE des déclinaisons entre le bord boréal du soleil et la tache.
	h ′ ″	′ ″	′ ″
14 décembre 1777.....	11.41.33	2.11,5	24.28
17	11.35.46	1.51,5	23.15
22	0.10.18	0.43,0	21. 3

En supposant l'obliquité de l'écliptique égale à 23°27′47″, à cette époque, les éléments du lieu du soleil aux trois instants des observations étaient :

DÉSIGNATION des observations.	LONGITUDE du centre du soleil.	ASCENSION DROITE du centre du soleil.	DÉCLINAISON du centre du soleil, australe.
	s ° ′ ″	s ° ′ ″	° ′ ″
1re observation......	8.22.55.10	8.22.17.19	23.16.25
2e observation......	8.25.58.14	8.25.36.32	23.41. 6
3e observation	9. 1. 5.36	9. 1.11.31	23.27.31

Une erreur de quelques secondes sur ces longitudes et sur l'obliquité ne serait d'aucune conséquence, parce qu'elle se reporterait également sur les coordonnées de la tache, de sorte que les différences de ces coordonnées à celles du centre du soleil resteraient les mêmes : or, c'est surtout de ces différences que dépend l'exactitude des coordonnées héliocentriques.

Maintenant, je trouve qu'aux trois instants des observations, le demi-diamètre du soleil avait les valeurs suivantes :

$$\Delta' = 16' 17'',11,$$
$$\Delta'' = 16' 17'',34,$$
$$\Delta''' = 16' 17'',62.$$

Ces valeurs sont exprimées en parties de grand cercle de la sphère céleste ; pour les transporter sur les parallèles où les observations ont été faites, on les divisera respectivement par les cosinus des déclinaisons correspondantes du centre du soleil, puis on les retranchera des différences d'ascension droite observées entre le bord antérieur et la tache, ces différences ayant été d'abord converties en arc. Le reste de la soustraction sera la différence d'ascension droite entre le centre de la tache et celui du soleil; ces différences, ajoutées aux ascensions droites absolues du soleil, donneront celles de la tache. On opérera de même sur les différences de déclinaison; mais, comme l'observation les donne immédiatement en parties de grands cercles, il faudra employer dans la soustraction les valeurs de Δ', Δ'', Δ''' sans aucune réduction; on aura ainsi, pour les ascensions droites et les déclinaisons successives de la tache, les valeurs suivantes :

DÉSIGNATION des observations.	ASCENSIONS DROITES de la tache.	DÉCLINAISONS de la tache.
	s ° ′ ″	° ′ ″
1re observation.......	8.22.32.27,84	23.24.35,89
2e observation........	8.25.46.45,57	23.31. 1,66
3e observation........	9. 1.41.30,30	23.32.16,38

Avec ces valeurs et la même obliquité 23° 27′ 47″ dont nous avons déjà fait usage, on pourra, en employant les formules de la page 75, calculer les longitudes et latitudes géocentriques de la tache, c'est-à-dire les valeurs de l et de λ dans les trois observations. On trouvera ainsi :

DÉSIGNATION des observations.	LONGITUDE géocentrique de la tache, ou valeurs de l.	EXCÈS de la longitude du soleil, ou $L-l$.	LATITUDE de la tache, ou valeurs de λ, australes.
	s ° ′ ″	″	′ ″
1re observation.....	8.23. 9.29,151	−14.19,151	− 7.26,622
2e observation......	8.26. 7.43,592	− 9.29,592	− 6.41,483
3e observation......	9. 0.59. 8,256	+ 6.27,744	− 4.42,632

En substituant ces valeurs et celles de Δ', Δ'', Δ''' dans nos formules, nous aurons les coordonnées héliocentriques de la tache dans ses trois positions successives ; on trouve ainsi :

$$x'=+r'.0,889094109 \quad x''=+r'.0,628876498 \quad x'''=-r'.0,411557018;$$
$$y'=+r'.0,029245944 \quad y''=+r'.0,661242838 \quad y'''=+r'.0,864712679;$$
$$z'=-r'.0,456790925 \quad z''=-r'.0,408982004 \quad z'''=-r'.0,287908420.$$

En substituant ces valeurs dans l'équation du parallèle que décrit la tache, on trouve les deux conditions suivantes :

$$-0,047808921=A.0,260217611-B.0,631996894,$$
$$-0,168882504=A.1,300651127-B.0,835466735,$$

qui donnent pour A, B, D, les valeurs

$$A=-0,110469584 \quad B=+0,030162979 \quad D=-r'.0,359455268.$$

On aura ensuite la longitude du nœud de l'équateur solaire et son inclinaison sur l'écliptique par les formules

$$\text{tang } N=-\frac{A}{B}, \qquad \text{tang } I=\sqrt{A^2+B^2},$$

qui, dans le cas actuel, donnent

$$N=74^\circ 43' 41'', \qquad I=6^\circ 31' 57''.$$

Cette valeur de N est la longitude du nœud *ascendant*, c'est-à-dire de celui par lequel les taches passent quand elles percent le plan de l'écliptique en montant vers le pôle boréal. Cela est facile à voir d'après l'équation de l'équateur solaire, qui est en général

$$z=Ax+By,$$

car les valeurs précédentes de A et B donnent

$$A = -\tan I \sin N, \qquad B = +\tan I \cos N.$$

En les substituant dans l'expression générale de z, elle devient

$$z = y \tan I \cos N - x \tan I \sin N.$$

Maintenant, supposons que x, y, z appartiennent à un point dont la longitude héliocentrique soit v, et dont la distance au centre du soleil, projetée sur le plan de l'écliptique, soit ρ; dans cette supposition on aura

$$x = \rho \cos v, \qquad y = \rho \sin v,$$

par conséquent

$$z = \rho \tan I \sin(v - N),$$

c'est-à-dire que z deviendra positive quand la longitude v du point que l'on considère commencera à surpasser la longitude N du nœud. Dans ce cas, le point que l'on considère sera dans la partie boréale de l'écliptique; au contraire, si v est un peu plus petit que N, z sera négative et le point se trouvera dans la partie australe. Ce sont précisément là les caractères qui distinguent le *nœud ascendant*.

Les résultats précédents donneront la déclinaison solaire de la tache par la formule

$$\sin d' = \frac{D \cos I}{r'},$$

et l'on trouvera

$$d' = -20^\circ 55' 24''.$$

La valeur de $\sin d'$ étant négative, la déclinaison est australe; c'est pourquoi je lui ai donné le signe négatif. On trouvera de même les angles A', A'' décrits par la tache autour de l'axe de rotation, au moyen des formules

$$\sin^2 \tfrac{1}{2} A' = \frac{(x' - x'')^2 + (y' - y'')^2 + (z' - z'')^2}{4 r'^2 \cos^2 d'},$$

$$\sin^2 \tfrac{1}{2} A'' = \frac{(x' - x''')^2 + (y' - y''')^2 + (z' - z''')^2}{4 r'^2 \cos^2 d'},$$

qui donneront

$$A' = 43^\circ 1' 51'', \qquad A'' = 112^\circ 39' 32''.$$

Les intervalles correspondants T', T'', déduits des observations et convertis en temps moyen, sont

$$T' = 2^j 23^h 55' 43'', \qquad T'' = 8^j 0^h 28' 45'',$$

ou, en réduisant tout en fraction décimale de jour,

$$T' = 2^j,99703, \qquad T'' = 8^j,02275.$$

Pour obtenir ces intervalles exprimés ainsi en temps moyen, il faut prendre d'abord les intervalles de temps apparent qui sont donnés immédiatement par les observations, et les augmenter de $\frac{1}{2872}$ à raison de 30″ pour 24 heures; parce que, à cette époque, le jour solaire vrai était plus long de 30″ que le jour solaire moyen. Avec ces valeurs, on calculera le temps T de la rotation par les formules

$$T = \frac{360^{\circ}.T'}{A'}, \quad \text{ou bien} \quad T = \frac{360^{\circ}.T''}{A''};$$

ce qui donnera

$$T = 25^{j},0734, \quad \text{ou bien} \quad T = 25^{j},6366.$$

Ces résultats diffèrent d'un demi-jour; mais le second mérite plus de confiance comme étant déduit d'un plus grand arc : ainsi, pour en prendre la moyenne, il convient d'avoir égard à cette circonstance; à cet effet, je les ferai entrer dans le résultat moyen, proportionnellement à l'étendue des arcs A′, A″, c'est-à-dire dans le rapport de 1 à $2\frac{1}{2}$, ou de 2 à 5. En multipliant ainsi le premier par 2, le second par 5, et divisant leur somme par 7, on aura le temps moyen de la rotation, qui sera

$$T = 25^{j},4756 = 25^{j}\,11^{h}\,24'\,51''.$$

Il faudra maintenant examiner jusqu'à quel point ce résultat représente les observations : pour cela, on en déduira la valeur des temps T′ T″, en le mettant dans les formules

$$T' = \frac{T.A'}{360^{\circ}}, \qquad T'' = \frac{T.A''}{360^{\circ}};$$

on trouvera ainsi

$$T' = 3^{j},04510, \qquad T'' = 7^{j},97236.$$

Et, en les comparant aux intervalles observés que nous avons donnés plus haut, on verra que l'erreur du premier est $+0^{j},04807$ ou $1^{h}\,9'\,13''$, et celle du second, $-0^{j},05039$ ou $-1^{h}\,12'\,34''$. Examinons l'effet que ces erreurs peuvent produire sur les différences d'ascension droite et de déclinaison observées entre le centre de la tache et celui du soleil. En comparant d'abord les deux premières observations, qui sont séparées l'une de l'autre par un intervalle de trois jours, on voit que la différence d'ascension droite a varié dans l'intervalle de 20″ de temps, et la différence de déclinaison a varié de 73″ de degré : ainsi proportionnellement pour $1^{h}\,9'\,13''$, la première changerait de 0″,32, et la seconde de 1″,17, c'est-à-dire qu'il aurait suffi de se tromper de ces quantités sur la première observation, ou sur la seconde, ou en partie sur l'une et en partie sur l'autre, pour avoir une erreur de $1^{h}\,9'\,13''$ sur la durée totale de la rotation de la tache dans l'intervalle des observations. En opérant de même sur l'intervalle de temps compris entre la première observation et la troisième, on trouvera que l'erreur $-1^{h}\,12'\,34''$ répond à une erreur de 0″,56 en temps, sur la différence d'ascension droite, et à 1″,29 sur la différence de déclinaison observée. Ces quantités sont trop petites pour que l'on puisse en répondre, en observant des taches dont il faut déterminer le centre par estimation, et dont les contours, peu réguliers et mal terminés, éprouvent souvent des variations considérables d'un jour à l'autre. Les résultats auxquels nous sommes parvenus peuvent donc être regardés comme représentant bien les observations dont nous sommes partis, et la petitesse des erreurs qu'ils supposent dans ces observations prouve la bonté de ces dernières. Si l'on peut espérer de pousser plus loin l'exactitude, c'est en combinant un très-grand nombre d'observations d'une même tache ou de plusieurs taches différentes par la méthode des équations de condition.

En effet, pour donner encore ici un exemple de l'application de cette méthode féconde, supposons que l'on eût seulement deux autres observations d'une tache du soleil, soit de la précédente, soit de toute autre; on pourrait en déduire également les coordonnées héliocentriques $x_{,}$, $y_{,}$, $z_{,}$, $x_{,,}$, $y_{,,}$, $z_{,,}$, auxquelles je mets les accents en bas, pour les distinguer de celles dont nous venons de faire usage. Maintenant l'équation du plan décrit par cette tache parallèlement à l'équateur solaire serait nécessairement de la forme

$$z = Ax + By + D';$$

A et B seraient les mêmes que nous venons de déterminer, mais D' serait différent, puisqu'il dépendrait de la déclinaison solaire de la tache. Les coordonnées héliocentriques des deux positions observées devant satisfaire à cette équation, on aurait, comme tout à l'heure,

$$z_{,} = Ax_{,} + By_{,} + D',$$
$$z_{,,} = Ax_{,,} + By_{,,} + D';$$

par conséquent, en éliminant D',

$$z_{,} - z_{,,} = A(x_{,} - x_{,,}) + B(y_{,} - y_{,,}).$$

Si les valeurs de A et B, que nous avons trouvées plus haut, étaient parfaitement exactes, et si les observations qui donnent les nouvelles coordonnées héliocentriques étaient parfaitement exactes aussi, cette équation se trouverait satisfaite, et la valeur numérique du premier membre se trouverait précisément égale à celle du second; mais cela ne saurait arriver ainsi que par un hasard extraordinaire et tout à fait invraisemblable. Ainsi l'on doit s'attendre, en général, qu'en vertu de toutes les causes d'erreurs que nos éléments et les observations comportent, l'équation précédente ne sera satisfaite qu'à très-peu de chose près. Soient donc A' et B' les corrections que nos éléments comportent, en sorte que les vrais coefficients de l'équation du plan de l'équateur solaire soient A + A', B + B' au lieu de A et B que nous avons trouvés d'abord. En substituant ces valeurs dans l'équation de condition précédente, elle pourra se mettre sous cette forme,

$$A'(x_{,} - x_{,,}) + B'(y_{,} - y_{,,}) = z_{,} - z_{,,} - A(x_{,} - x_{,,}) - B(y_{,} - y_{,,}).$$

Le second membre est tout connu et peut se réduire en nombres. En le représentant par C, nous aurons simplement

$$A'(x_{,} - x_{,,}) + B'(y_{,} - y_{,,}) = C.$$

C'est *une équation de condition* entre les erreurs A', B' des deux éléments A et B que nous avons adoptés. Chaque couple d'observations d'une même tache donnera une équation de ce genre, où A' et B' seront les mêmes. Quand on aura formé un très-grand nombre de ces équations, soit avec les observations d'une même tache, soit avec des observations de taches différentes, faites dans des positions diverses du soleil, de manière à donner aux coefficients des erreurs des valeurs très-différentes, on combinera toutes ces équations par la méthode générale que nous avons expliquée plus haut dans le texte, page 507, et l'on obtiendra ainsi la position de l'équateur solaire avec toute la précision que sa détermination comporte.

Pour faire l'application de cette méthode à un exemple, je choisirai les deux observations suivantes de Messier, qui sont faites sur la même tache que les précédentes :

DATE des observations.	TEMPS SOLAIRE apparent.	DIFFÉRENCE en temps entre le passage du premier bord du soleil et la tache au fil horaire.	DIFFÉRENCE des déclinaisons entre le bord boréal du soleil et la tache.
18 décembre 1777	11^h.42$'$.10$''$	1$'$.39$''$,0	22$'$.48$''$
24	0.48.27	0.19,0	20.57

En supposant toujours l'obliquité de l'écliptique égale à 23°27'47", comme dans les observations précédentes, on avait aux instants de ces observations :

DATE des observations.	LONGITUDE du centre du soleil.	ASCENSION DROITE du centre du soleil.	DÉCLINAISON du centre du soleil, australe.
Observation du 18...	8^s.26°.59$'$.39$''$	8^s.26°.43$'$.25$''$,677	23°.25$'$.43$''$,843
Observation du 24...	9. 3. 9.30	9. 3.26.32,481	23.25.31,030

A ces mêmes instants, le demi-diamètre apparent du soleil avait pour valeurs,

Le 18. . . 16′17″,42,
Le 24. . . 16′17″,71.

Avec ces valeurs et les différences des déclinaisons et d'ascension droite observées, on peut calculer la déclinaison et l'ascension droite de la tache; on trouve ainsi :

DATE des observations.	ASCENSION DROITE de la tache.	DÉCLINAISON de la tache, australe.
Le 18..............	8ˢ.26°.50′.25″,437	23°.32′.14″,423
Le 24..............	9. 3.13.31,941	23.30.10,320

Avec ces valeurs et l'obliquité 23° 27′ 47″, on peut calculer les longitudes et latitudes de la tache; on trouvera :

DATE des observations.	LONGITUDE géocentrique de la tache, ou valeurs de l.	EXCÈS de la longitude du soleil, ou $L-l$.	LATITUDE de la tache, ou valeurs de λ, australes.
Le 18..........	8ˢ.27°. 6′.12″,609	— 6′.33″,609	— 6′.21″
Le 24..........	9. 2.57.27,728	+12. 2,372	— 4.23

Avec ces données, on peut calculer les coordonnées héliocentriques de la tache pour ces deux positions; on trouvera ainsi :

DATE des observations.	x	y	z
Le 18....	$+ r'.0,444050560$	$+ r'.0,807029791$	$- r'.0,389252016$
Le 24....	$- r'.0,769560310$	$+ r'.0,579386905$	$- r'.0,268207088$

et en combinant successivement ces valeurs et les précédentes avec celles qui correspondent à la première position de la tache, on en tirera les quatre équations de condition suivantes, que je désignerai par les caractéristiques (1), (2), (3), (4):

$$(1)\qquad +A'.0,2602176105 - B'.0,6319968940 = 0,$$
$$(2)\qquad +A'.0,4450435485 - B'.0,7777838470 = +0,005079994,$$
$$(3)\qquad +A'.1,3006511267 - B'.0,8354667353 = 0,$$
$$(4)\qquad +A'.1,6587544185 - B'.0,5501409605 = +0,011252033.$$

A' et B' sont les erreurs de A et de B. On a employé pour ces coefficients les valeurs

$$A = -0,110469584, \qquad B = +0,030162979,$$

que nous avons déterminés plus haut par trois observations. C'est pour cela que les seconds membres des équations (1) et (3) sont nuls ; car ces équations viennent des mêmes observations qui ont déterminé A et B, et ainsi elles doivent être satisfaites par leurs valeurs. A' et B' sont supposés être additifs à A et à B, c'est-à-dire que les vraies valeurs de ces coefficients seront $A+A'$ et $B+B'$.

Puisque nous avons quatre équations de condition et seulement deux inconnues, il faut combiner nos équations de la manière la plus favorable à la détermination de ces inconnues.

Je remarque d'abord que B' a un coefficient presque égal dans les équations (1) et (4), tandis que celui de A' est fort petit dans la première et fort grand dans la seconde : ainsi, en retranchant ces deux équations l'une de l'autre, le coefficient de B' deviendra fort petit, et celui de A' restera encore fort grand. Cette combinaison sera donc propre à déterminer A'. Je remarque que la même chose arrivera si j'ajoute ensemble les équations (3) et (4), et que je retranche de leur somme celle des équations (1) et (2) ; j'aurai donc ainsi les deux équations

$$(4)-(1)\ldots\ldots\ldots\ldots +A'.1,3985368080 + B'.0,081855934 = +0,011252033,$$
$$(3)+(4)-(1)-(2)\ldots +A'.2,254144386 + B'.0,024173045 = +0,006172090.$$

Cette combinaison sera très-propre à déterminer A' exactement ; mais elle serait très-peu propre à déterminer B'. Pour avoir cette dernière, j'ajoute ensemble les équations (2) et (3), et de leur somme je retranche l'équation (4); j'ai ainsi

$$(2)+(3)-(4)\ldots\ldots +A'.0,086940257 - B'.1,063109622 = -0,006172090.$$

Maintenant, je traite ces trois équations précisément comme celles qui nous ont servi, page 437 du tome Ier, pour déterminer le coefficient de la réfraction. Je détermine d'abord A' et B' par les deux premières seulement, mais je ne compte que sur la valeur de A', à cause des petits coefficients dont B' se trouve affecté, et qui, devenant diviseurs de la valeur qu'on en tire, agrandissent considérablement les erreurs dont les autres termes de l'équation peuvent être affectés ; mais, par une raison contraire, la valeur de A′ doit être peu affectée de ces erreurs ; je la substitue donc dans la troisième équation qui doit déterminer B′, et j'ai ainsi une valeur beaucoup plus exacte de cette quantité. C'est donc cette valeur qu'il faut employer dans les deux premières équations ; je l'y substitue, et j'en tire deux valeurs de A′ qui ne s'accordent plus tout à fait ensemble ; mais j'en prends la moyenne, et avec cette moyenne je calcule de nouveau B′. Après deux approximations de ce genre, je m'arrête aux valeurs suivantes :

$$A' = +0{,}005162250, \qquad B' = +0{,}006620920\,;$$

et, en ajoutant ces valeurs à celles de A et de B que nous avons employées, j'en déduis les suivantes :

$$A = -0{,}105307080, \qquad B = +0{,}036783898,$$

qui, étant déduites de l'ensemble des observations, doivent être considérées comme plus exactes.

Avec ces valeurs et celles des coordonnées de la tache dans ses positions successives, rien n'est plus facile que de calculer le coefficient constant D qui détermine la déclinaison solaire du parallèle décrit par la tache ; car puisqu'on a, en général,

$$z = Ax + By + D,$$

on aura

$$D = z - Ax - By\,;$$

et, en calculant successivement D par chacune des observations, on verra jusqu'à quel point elles s'accordent pour donner à la tache une orbite plane. On trouve ainsi les valeurs suivantes, que je désignerai par les numéros des observations dont elles dérivent :

VALEURS DE D.	EXCÈS des valeurs de D sur la moyenne.	OSCILLATIONS de la déclinaison solaire de la tache autour de la moyenne.
$D' = -r'.\ 0{,}364238804$	$-r'.\ 0{,}003187289$	$-\ 11'.43''$
$D'' = -r'.\ 0{,}367079962$	$-r'.\ 0{,}000346091$	$-\ 1.17$
$D''' = -r'.\ 0{,}372176058$	$+r'.\ 0{,}004749965$	$+\ 17.27$
$D^{IV} = -r'.\ 0{,}363065770$	$-r'.\ 0{,}004360323$	$-\ 16.\ 0$
$D^{V} = -r'.\ 0{,}370569872$	$+r'.\ 0{,}003143779$	$+\ 11.32$

Ces écarts n'ont rien de régulier, et ils sont de moitié plus petits que ceux que nous avons trouvés en calculant les observations du 18 et du 24, par nos premières déterminations. Par cette raison, nos dernières valeurs paraissent préférables : en les employant et les introduisant dans les formules données plus haut, on trouve :

Longitude du nœud ascendant de l'équateur solaire . . . . $N = 70°44'44''$
Inclinaison sur l'écliptique . . . . $I = 6.21.53$
Déclinaison solaire de la tache. . . . . $d' = -21.25.3$ australe.

On trouve ensuite les arcs décrits entre la première observation et les suivantes, qui auront pour valeurs :

43°10' 57''
57.43. 5
113.14.20
141.29.34.

Comme ces diverses positions de la tache, au moins telles que l'observation les donne, ne sont pas exactement dans le plan du parallèle, à cause des erreurs que les observations comportent, on doit s'attendre que ces différents arcs ne donneront pas exactement la même durée pour la rotation entière ; il faut donc employer de préférence les observations qui, étant les plus éloignées, comprennent le plus grand intervalle, et peuvent donner la révolution entière plus exactement. Nous prendrons ainsi les arcs parcourus entre la première observation et chacune des deux dernières : ces arcs sont

113° 14' 20'', 141° 29' 34'' ;

les intervalles de temps moyen qui y correspondent sont

$8^j 0^h 28^m 45^s = 8^j,02275$, $10^j 1^h 11^m 55^s = 10^j,04994$.

La durée de la rotation déduite du premier arc est. . . . . $25^j,5053$
» » » du second. . . . . $25^j,5700$

En multipliant le premier résultat par 8, le second par 10, et divisant la somme par 18, on aura un résultat moyen, où chacun des deux arcs influera proportionnellement au nombre de jours qu'il comprend ; on trouve ainsi

$$T = 25^j,54127.$$

Sans doute, pour obtenir cette détermination avec toute l'exactitude désirable, il faudrait pouvoir observer encore de plus longs intervalles, revoir une même tache après une révolution entière, ou combiner ensemble un nombre très-considérable d'observations. On a cet avantage pour la lune dont les taches sont fixes, et l'on peut avec succès employer la méthode précédente, pour déterminer la position de son équateur. Cette méthode peut également servir pour déterminer l'équateur des planètes sur lesquelles on peut observer des taches constantes ; il faut seulement faire aux formules quelques modifications légères, pour les appliquer à ce problème. Nous indiquerons plus tard ces modifications, ou plutôt elles se présenteront d'elles-mêmes, quand nous aurons expliqué les lois des mouvements des planètes; mais, dès à présent, l'application que nous venons de faire nous a conduit à un résultat utile, et nous a offert un exemple de l'emploi des équations de condition. On verra bientôt que les formules établies dans cette note nous deviendront utiles dans beaucoup d'autres circonstances, et qu'elles serviront à rendre claires et évidentes des déterminations qu'il serait difficile de comprendre sans leur secours.

CHAPITRE XVI.

De l'inégalité des jours et des saisons dans les différents pays de la terre.

386. Revenons maintenant sur la terre, et puisque la présence du soleil a tant d'influence sur ses productions, servons-nous des connaissances que nous venons d'acquérir pour l'étudier sous ce nouveau rapport. Comparons les divers aspects qu'elle présente à cet astre, dans ses différentes positions : peut-être cette comparaison nous conduira-t-elle à des rapprochements curieux.

Remarquons d'abord que nous ne pouvons pas fixer la trace du plan de l'écliptique sur la surface terrestre, comme nous y avons déjà marqué celle de l'équateur. L'équateur est perpendiculaire à l'axe de rotation de la sphère céleste : en tournant avec elle, il ne change pas de position par rapport à la terre, qu'il coupe toujours dans les mêmes points. L'écliptique, au contraire, est oblique à l'axe de l'équateur : il est fixe dans le ciel, mais mobile par rapport à la terre : en tournant avec la sphère céleste, il coupe nécessairement la terre dans des points différents, et la trace qu'il y forme est perpétuellement variable (*).

Cependant nous pouvons fixer la limite de cette trace, et déterminer la partie de la terre où elle reste toujours comprise pendant la rotation. Elle est bornée au midi et au nord par deux parallèles terrestres, correspondants aux tropiques du Capricorne et du Cancer. Si l'on conçoit une ligne droite, menée du centre de la terre à deux points opposés des tropiques célestes, et qu'on fasse tourner la terre sur son axe, cette droite restant fixe, elle tracera sur la surface terrestre les deux parallèles dont il s'agit, et auxquels on a conservé les noms qui leur correspondent dans le ciel. Tous

(*) On décrit ordinairement la trace de l'écliptique sur les globes destinés à l'étude de la géographie, et on la fait passer par les points où l'équateur coupe le premier méridien. Cet usage a un très-grand inconvénient ; l'élève peut croire qu'en effet la trace de l'écliptique est fixe aux points marqués sur le globe, tandis qu'elle est réellement variable.

les lieux qui y sont situés ont un des points des tropiques célestes à leur zénith, et leur latitude est égale à l'obliquité de l'écliptique, ou à $26^{gr},07$, en négligeant les décimales ultérieures. Ces conditions suffisent pour les reconnaître.

387. Le *tropique du Cancer*, ou *tropique boréal*, traverse la partie septentrionale de l'Afrique, sort au sud du mont Atlas; passe à Syène en Éthiopie, traverse la mer Rouge, passe au nord de la Mecque, entre dans l'Inde au sud du golfe Persique, la traverse, et sort du continent par les côtes de la Chine; de là, se prolongeant dans la mer du Sud, il vient retrouver l'Amérique septentrionale à l'extrémité australe de la Californie. Enfin, il sort dans le golfe du Mexique, et va se terminer sur la côte occidentale de l'Afrique, non loin des îles Canaries.

388. Le *tropique du Capricorne*, ou *tropique austral*, coupe la pointe australe de l'Afrique et de l'île de Madagascar. Il traverse toute la mer des Indes, jusqu'à la Nouvelle-Hollande. Après avoir quitté cette terre, il s'étend sur la mer du Sud, dans toute sa largeur, traverse l'Amérique méridionale au pays du Paraguay, et va rejoindre l'Afrique en passant sur l'Océan. La très-grande partie de ce tropique passe sur des mers. En général, la partie australe du globe contient beaucoup moins de terres abandonnées par les eaux que n'en contient la partie septentrionale.

389. Il est encore utile pour la géographie physique de distinguer sur la surface de la terre deux petits cercles analogues aux cercles polaires célestes. Si l'on fait tourner la terre sur elle-même, dans le sens du mouvement diurne, l'axe de l'écliptique restant fixe, cet axe tracera sur sa surface les parallèles dont il s'agit. Les lieux qui y sont situés ont un point des cercles polaires à leur zénith; leur latitude est donc égale à la déclinaison de ces cercles, ou à $73^{gr},93$. C'est le complément de l'obliquité de l'écliptique à l'équateur.

390. Le *cercle polaire boréal* ou *arctique* traverse l'Islande dans l'Océan septentrional; il s'étend sur cet océan vers l'est, entre dans la Norwége, passe à l'extrémité nord du golfe de Bothnie, de là traverse la Russie asiatique, le détroit du Nord; et, après avoir passé sur des contrées inconnues de l'Amérique septentrionale, franchi le détroit de Davis, une partie du Groenland, il rentre en Islande sur lui-même.

391. Le *cercle polaire austral* ou *antarctique* est défendu de tous côtés par des glaces perpétuelles, et l'on n'a pas pu, jusqu'à présent, en approcher.

392. Généralement, l'hémisphère austral de la terre paraît plus froid que l'hémisphère boréal. La ceinture de glace qui environne le pôle arctique ne s'étend guère qu'à 10^{gr} de distance en latitude; celle du pôle antarctique s'étend à plus de 20^{gr}; et les énormes glaçons qui s'en détachent voyagent jusqu'au 65ᵉ grade et même jusqu'au 55ᵉ, ce qui est à peu près la latitude de Boulogne et d'Abbeville. La même proportion se soutient de part et d'autre pour les terres que les eaux ont abandonnées; et des contrées, telles que la Terre-de-Feu, situées dans l'hémisphère austral, à la même latitude que la France, y sont couvertes de neiges éternelles. Nous verrons, plus loin, ce que l'on a pensé sur la cause de cette différence.

Les deux cercles polaires et les deux tropiques partagent la surface de la terre en cinq bandes, que l'on nomme *zones*, et qui sont aussi distinctes les unes des autres par leur position à l'égard du soleil, que par la variété de leurs productions et de leur température.

393. Pour bien saisir ces variétés, suivons la marche du soleil d'un tropique à l'autre; et comme la chaleur qu'il répand ne dépend que de son élévation et de la durée de sa présence, il nous suffira, dans cette recherche, d'avoir égard à son mouvement en déclinaison.

Le soleil, à cause de sa grandeur, éclaire à la fois plus de la moitié de la terre; car on prouve, par les éclipses de lune, que l'ombre terrestre a la forme d'un cône très-allongé. Mais les rayons de ce cône se croisent sous un si petit angle, qu'on peut n'en pas tenir compte dans ces considérations générales, et regarder les rayons solaires comme absolument parallèles. Alors, si l'on conçoit une ligne droite, menée du centre de la terre au centre du soleil, le plan perpendiculaire à cette droite séparera, sur la surface terrestre, la partie éclairée de la partie obscure. Le cercle qui forme cette limite s'appelle le *cercle d'illumination*.

Supposons maintenant le soleil au tropique austral en S, *fig.* 59. Alors le rayon CS fait avec l'équateur CE un angle de $26^{gr},07$ égal à l'obliquité de l'écliptique. Le cercle d'illumination II′ fait, avec le même plan, un angle ICE de $100^{gr} - 26^{gr},07$ ou $73^{gr},93$, égal au complément de cette obliquité. Ainsi, le parallèle IP est le cercle polaire arctique; et I′P′ est le cercle polaire antarctique. Maintenant, si l'on fait tourner la terre autour de l'axe AB de l'équateur, pour représenter l'effet du mouvement diurne, voici ce qui arrivera :

L'équateur EQ sera à moitié dans la lumière et à moitié dans l'ombre : la durée du jour y sera égale à celle de la nuit.

Tous les points situés depuis le pôle boréal B jusqu'au cercle polaire arctique IP n'auront pas de jour.

Tous les points situés depuis le pôle austral A jusqu'au cercle polaire antarctique I′P′ n'auront pas de nuit.

Les parallèles intermédiaires entre ces deux extrêmes auront la nuit plus longue que le jour, ou le jour plus long que la nuit, selon qu'ils seront situés au nord ou au midi de l'équateur.

Enfin, cette position du soleil sera le solstice d'hiver pour les parallèles du nord, situés au delà des tropiques; ce sera le solstice d'été pour ceux du midi.

A mesure que le soleil s'avance vers l'équateur, *fig.* 60, le cercle d'illumination II′ s'avance vers les pôles : il abandonne un peu le cercle polaire austral P′p′, dont une partie se trouve plongée dans l'ombre ; il découvre, au contraire, le cercle polaire boréal Pp, qui commence à apercevoir le soleil. Par l'effet de ce changement, les jours croissent pour les peuples du Nord, ils diminuent pour ceux du Midi.

Généralement le parallèle boréal qui commence à voir le jour, a sa distance polaire égale à la déclinaison du bord supérieur du soleil, c'est-à-dire à la déclinaison du centre, moins le demi-diamètre apparent; et le parallèle austral qui commence à voir la nuit, a sa distance polaire égale à celle du centre du soleil, plus le demi-diamètre apparent. Il est évident qu'il faut employer ici la déclinaison apparente, c'est-à-dire affectée de la réfraction, moins la parallaxe à l'horizon.

Parvenu dans le plan de l'équateur, *fig.* 61, le soleil éclaire la terre d'un pôle à l'autre, et les jours sont partout égaux aux nuits : c'est l'instant de l'équinoxe.

Bientôt cet astre, en s'avançant vers le tropique boréal, abandonne tout à fait le pôle austral, qui se trouve plongé dans l'ombre ; il éclaire entièrement le pôle boréal : alors celui-ci a des jours sans nuits, et l'autre des nuits sans jours : l'égalité se maintient constamment à l'équateur, *fig.* 62.

Cet état progressif continue jusqu'à ce que le soleil arrive au tropique boréal, *fig.* 63.

Alors tous les points situés depuis le pôle boréal jusqu'au cercle polaire arctique ont des jours sans nuits.

Tous les points situés depuis le pôle austral jusqu'au cercle polaire antarctique ont des nuits sans jours.

Les parallèles intermédiaires ont le jour plus long que la nuit, ou la nuit plus longue que le jour, selon qu'ils sont situés au nord ou au midi de l'équateur, qui conserve toujours l'égalité.

C'est l'instant du solstice d'été pour les parallèles du nord situés au delà du tropique ; c'est le solstice d'hiver pour ceux du midi.

Ces phénomènes sont opposés à ceux que présente la position du soleil, dans le tropique austral. En revenant vers ce tropique, les mêmes apparences se reproduisent en sens contraire, par les mêmes degrés (*).

(*) Il est facile de calculer, en général, la durée du jour et celle de la nuit dans un lieu quelconque de la terre et pour un instant quelconque de l'année, quand on connait la latitude du lieu et la déclinaison du soleil. En effet, considérons le triangle sphérique formé par trois rayons visuels menés de l'observateur au zénith à l'astre et au pôle, à l'instant où l'astre paraît sur l'horizon. Dans ce triangle, on connaît les trois côtés, savoir : la distance du pôle au zénith, que je nomme D ; la distance polaire de l'astre, que je nomme Δ ; enfin la distance de l'astre au zénith à l'instant où il se lève, distance que je nommerai Z, et qui est égale à 100^{gr} + réfraction — parallaxe. Avec ces données, on peut calculer l'angle horaire P, opposé au

La zone comprise entre les deux tropiques a toujours le soleil presque à plomb. La chaleur y est excessive, et c'est pour cela qu'on la nomme *zone torride*, c'est-à-dire *brûlée*. C'est là que la nature déploie toutes ses richesses : les animaux, les plantes, et même les substances inorganiques, y sont doués des plus vives couleurs. On y trouve les fruits les plus savoureux.

Au contraire, les régions comprises depuis les pôles jusqu'aux cercles polaires ne voient jamais le soleil que sous une très-grande obliquité. Elles ont de longs intervalles de jours et de nuits, et, sous le pôle, il n'y a dans l'année qu'un jour et une nuit de six mois. Le froid est excessif dans ces contrées ; elles sont stériles et presque inhabitables, même du côté du pôle boréal. On les nomme les *zones glaciales*.

Les pays, tels que notre Europe, intermédiaires entre les tro-

---

côté Z, au moyen de la formule

$$\sin \tfrac{1}{2} P = \sqrt{\frac{\sin \frac{1}{2}(Z + \Delta - D) \sin \frac{1}{2}(Z + D - \Delta)}{\sin \Delta \sin D}}.$$

L'angle P, réduit en temps, fera connaître le temps qui s'écoule depuis l'instant du lever de l'astre jusqu'à son passage au méridien. C'est la moitié du temps que l'astre reste au-dessus de l'horizon ; par cette raison, cet arc P est appelé, en astronomie, l'*arc semi-diurne*.

En mettant, dans cette formule, pour Z, Δ et D leurs valeurs, on trouvera la valeur de P, et, par conséquent, la durée du jour solaire dans le lieu et pour l'époque que l'on aura considérée. On trouverait, par la même formule, l'arc semi-diurne d'un astre quelconque.

Le même triangle sphérique que nous venons d'employer peut servir encore à déterminer le point de l'horizon où le soleil se lève et se couche chaque jour dans un lieu donné ; car, puisque l'effet de la réfraction et de la parallaxe se porte tout entier dans les verticaux, l'angle formé au zénith, entre le plan du méridien et le vertical de l'astre, à l'instant où il se lève, est précisément l'azimut du point de l'horizon où il semble se lever. Soit donc A cet azimut, compté du nord : il est opposé au côté Δ dans notre triangle ; ainsi on aura

$$\sin \tfrac{1}{2} A = \sqrt{\frac{\sin \frac{1}{2}(\Delta + Z - D) \sin \frac{1}{2}(\Delta + D - Z)}{\sin Z \sin D}}.$$

Le complément de l'angle A s'appelle l'*amplitude ortive de l'astre*, quand on

piques et les cercles polaires, ne recevant jamais le soleil sous une trop grande, ni sous une trop petite obliquité, et n'étant point exposés à de longues alternatives de jour et de nuit, conservent une température moyenne, qui leur a mérité le nom de *zones tempérées*.

394. Il existe, toutefois, plusieurs causes qui tendent à diminuer la longue obscurité des régions polaires. D'abord la plus petite portion visible du disque du soleil suffit pour répandre le jour. Ainsi le jour commence lorsque le centre du disque du soleil est encore abaissé sous l'horizon de $0^{gr},29$, c'est-à-dire d'une quantité presque égale à son demi-diamètre. Cette circonstance ajoute plusieurs jours au temps où le soleil est visible, sous les cercles polaires. Les réfractions augmentent encore cet effet, et d'autant plus qu'elles sont considérables dans ces pays glacés, où l'air se trouve condensé par le froid. Une autre cause doit les accroître encore, c'est la congélation presque habituelle de la surface du sol, qui rend le décroissement de la densité de l'air très rapide à de petites hauteurs. Ces circonstances réunies doivent souvent produire des réfractions extraordinaires qui rendent le soleil visible beaucoup plus tôt. C'est ce qu'observèrent, en 1597, trois Hollandais qui, s'étant avancés jusqu'au 84ᵉ grade de latitude boréale,

---

le compte vers le levant; et l'*amplitude occase*, quand on le compte vers le couchant. Ce sont les distances du lever et du coucher de l'astre aux points d'est et d'ouest.

On pourrait trouver encore une expression plus simple de l'azimut A en considérant le triangle sphérique rectangle formé par les trois rayons visuels menés à l'astre, au pôle et au point nord de la méridienne, à l'instant même où l'astre paraît sur l'horizon. Car, dans ce triangle, la distance polaire apparente Δ' sera l'hypoténuse; et l'azimut A, ou l'arc de l'horizon qui le mesure, sera un des côtés de l'angle droit; on aura donc ainsi

$$\cos A = \frac{\cos \Delta'}{\sin D}.$$

Mais, pour employer cette expression, il faudrait corriger la distance polaire vraie Δ de l'effet que produisent sur elle la réfraction et la parallaxe, afin d'obtenir la valeur de Δ'; de sorte que le calcul par l'autre formule devient encore plus simple.

se trouvèrent pris par les glaces, et furent forcés de passer l'hiver à la Nouvelle-Zemble. Après trois mois d'une nuit continuelle, le froid étant devenu terrible, le soleil reparut un instant, à midi, sur l'horizon quatorze jours plus tôt qu'ils ne l'attendaient à cette latitude, et il continua, depuis cette époque, à s'élever de plus en plus; relation qui, si elle est véritable, suppose une réfraction considérable et pour le moins égale à 4^{gr}.

Le crépuscule, plus long dans ces contrées que dans les nôtres, y maintient encore une faible lueur, qui les garantit d'une obscurité totale. Pour concevoir cet effet, il faut savoir que le crépuscule ne cesse d'être sensible que quand le soleil est abaissé sous l'horizon d'environ 20°. On estime cette limite par expérience, en observant le temps qui s'écoule depuis le coucher du soleil jusqu'à l'instant où l'on peut voir les petites étoiles à la vue simple. Si donc on mène un plan parallèle à l'horizon, et qui passe à 20^{gr} au-dessous du centre de la terre, le crépuscule sera sensible jusqu'à ce que le bord supérieur du soleil ait atteint ce plan. Supposons-nous maintenant placés au pôle boréal, désigné par B, *fig.* 64; nous avons l'équateur à l'horizon : le soleil restera visible tant que son bord supérieur, élevé par la réfraction moins la parallaxe, sera au-dessus de ce plan; nous le perdrons de vue quand il passera au-dessous : mais le crépuscule nous éclairera encore, tant que cet abaissement sera moindre que 20^{gr}. Or le plus grand abaissement du soleil a lieu quand cet astre arrive au tropique austral, éloigné de $26^{gr},07$ de l'équateur. Ainsi, en comptant seulement $1^{gr},1$ pour le demi-diamètre du soleil, plus la réfraction moins la parallaxe à l'horizon, il n'y aura d'obscurité totale au pôle que dans le temps employé par le soleil pour parcourir $26^{gr},07-20^{gr}-1^{gr},1$ ou environ 5^{gr} avant et après le solstice, ce qui fait seulement 70 jours, au lieu des six mois de nuit qui auraient eu lieu sans cette circonstance. Cette durée sera beaucoup moindre si, au lieu de nous supposer au pôle, nous nous plaçons sur quelque parallèle plus rapproché du cercle polaire, et sur lequel les hommes puissent habiter (*).

(*) Prenons pour exemple un parallèle boréal. Soit D sa distance au pôle

598. De plus, lorsque la lune passe au nord de l'équateur, elle tourne constamment autour du pôle, et les habitants des régions polaires l'aperçoivent toujours sur l'horizon, comme ils voient toujours le soleil quand il s'approche du tropique boréal.

Enfin, un grand nombre de météores ignés, tels que des aurores boréales et des globes de feu très-fréquents, jettent encore quelques lueurs sur ces contrées sauvages.

---

boréal de l'équateur. S'il n'y avait ni réfraction ni parallaxe, ce parallèle commencerait à être éclairé quand la déclinaison δ du soleil, supposée australe, diminuée de son demi-diamètre apparent d, égalerait la distance D du pôle au zénith, c'est-à-dire quand on aurait

$$D = \delta - d,$$

d'où l'on tire

$$\delta = D + d,$$

et il finirait d'être éclairé quand le soleil reprendrait cette même déclinaison. En cherchant dans les Tables du soleil les deux époques de ce phénomène, et prenant leur différence, on aurait le temps de l'année pendant lequel ce parallèle se trouve éclairé. Le complément de cette quantité à la durée d'une année tropique donnerait le temps pendant lequel le parallèle se trouve plongé dans la nuit.

Mais à cause de la réfraction et de la parallaxe, il faudra employer, au lieu de δ, la déclinaison apparente δ — réfraction + parallaxe ; ce qui donnera

$$D = \delta - d - \text{réfraction} + \text{parallaxe},$$

par conséquent

$$\delta = D + d + \text{réfraction} - \text{parallaxe}.$$

Enfin, si l'on veut tenir compte aussi du crépuscule, il faudra encore mettre $\delta - 20^{gr}$ au lieu de δ dans l'équation précédente, et l'époque à laquelle la lumière du crépuscule commencera à devenir sensible à midi serait donnée par l'équation

$$D = \delta - d - 20^{gr} - \text{réfraction} + \text{parallaxe},$$

par conséquent

$$\delta = D + d + 20^{gr} + \text{réfraction} - \text{parallaxe}.$$

La réfraction augmente donc la valeur de δ, pour laquelle la nuit finit et le jour commence ; elle accroît donc la durée du temps pendant lequel le parallèle se trouve éclairé. Le crépuscule augmente encore cet effet, en ajoutant 20^{gr} à cette déclinaison.

Dans tous ces calculs, la réfraction et la parallaxe doivent être prises l'une

396. Puisque j'ai commencé à parler du crépuscule, il ne sera pas hors de propos de donner quelques détails sur ce sujet (*). Soit O, *fig.* 65, l'observateur placé sur la terre, et considéré comme étant au centre de la sphère céleste; soient ABH l'horizon, EQ l'équateur, HEH′ le méridien, et A′B′C′ le cercle crépusculaire, abaissé sous l'horizon de 20^{gr}. Le crépuscule ne cessera que quand le soleil aura atteint cette limite; mais il ne l'atteindra pas toujours dans le même temps. En effet, en faisant abstraction des inégalités de son mouvement propre, qui sont ici de peu d'importance, cet astre décrit le même nombre de degrés en temps égal, sur quelque parallèle qu'il se trouve. Or les arcs AA′, BB′, CC′ contiennent des nombres de degrés différents; d'abord parce qu'ils sont inégaux en longueurs, et en second lieu parce que les longueurs des degrés y sont inégales. Ces deux causes se contrarient mutuellement : en effet, si l'on considère un parallèle austral situé très-près de l'équateur, il est facile de voir que l'accroissement de la déclinaison australe tend d'abord à diminuer la longueur de l'arc AA′; car le parallèle devenant austral, les plans de l'horizon et du cercle crépusculaire le coupent plus près de son centre que s'il était boréal. L'arc AA′ intercepté par ces plans leur devient moins oblique, et comme leur plus courte distance est toujours la même, la longueur des arcs interceptés diminue avec leur obliquité. Mais, d'un autre côté, à mesure que la déclinaison augmente, le rayon du parallèle diminue, et le nombre de degrés devient plus grand sur la même longueur. On sent donc qu'il doit exister un parallèle sur lequel la compensation se fait de la manière la plus avantageuse; c'est lui qui donne le plus court crépuscule.

---

et l'autre à l'horizon; mais la valeur de la première, variant avec la température et la pression atmosphérique, peut accélérer ou retarder l'époque à laquelle le parallèle commence à revoir la lumière.

(*) J'ai parlé, avec plus de détail, des phénomènes crépusculaires dans le chapitre VIII du tome Ier, page 309; néanmoins j'ai cru devoir conserver ici le peu que j'en avais dit dans l'édition précédente, tant comme complément du chapitre cité que pour montrer ce que des notions plus exactes de la constitution de l'atmosphère ont pu ajouter à la théorie, ainsi qu'à l'appréciation des phénomènes.

Le calcul fait voir que, pour Paris, ce parallèle est situé un peu au delà de l'équateur, à $7^{gr},61$ de déclinaison australe. Lorsque le soleil se trouve sur ce parallèle, le crépuscule est, à Paris, de $0^{j},0743$ ($1^{h}47^{m}$ sex.). Cette durée varie pour les différents lieux. Mais le plus court de tous les crépuscules possibles a lieu à l'équateur au temps de l'équinoxe; il est de $0^{j},050$ ($1^{h}12^{m}$). Le plus long crépuscule, au contraire, a lieu au solstice d'été, pour tous les pays de la terre qui ont la *sphère oblique*, c'est-à-dire pour lesquels l'axe de l'équateur est incliné à l'horizon; à Paris, sa durée est de $0^{j},1104$ ($2^{h}39^{m}$).

Je ne puis donner ici la démonstration de ces résultats qui supposent l'usage de l'analyse infinitésimale; d'ailleurs tous les problèmes que l'on peut se proposer sur la durée du crépuscule sont de pure curiosité, et ne sont susceptibles d'aucune exactitude. Sa durée même, élément principal de ces calculs, n'est qu'une évaluation arbitraire que chacun peut augmenter ou diminuer, selon la force de sa vue. Enfin les variations de température et de pression atmosphérique, en condensant ou en dilatant l'atmosphère, y apportent de très-grandes variations, qui deviennent même sensibles dans l'intervalle d'un jour; car généralement le crépuscule du soir est plus long que le crépuscule du matin. Par toutes ces raisons, on doit peu regretter que nous ne soyons pas entrés dans de plus grands détails sur ce sujet.

397. Les observations du crépuscule font connaître la hauteur de l'atmosphère, ou plutôt celle des particules d'air dont la densité est encore assez grande pour nous renvoyer une lumière sensible. En effet, soient C, *fig.* 66, le centre de la terre, O l'observateur placé à sa surface, et SH la direction des rayons solaires à la fin du crépuscule, c'est-à-dire lorsque l'angle S'CH', qu'ils forment avec l'horizon, est de 20^{gr}. Alors, les dernières molécules de l'atmosphère qui nous renvoient la lumière, sont à l'horizon en H; et le rayon lumineux SH, qui les éclaire, est tangent à la terre. Ainsi, en menant le rayon CO′ et la sécante CH, l'angle O′CO, égal à H′CS′, sera de 20^{gr}, et HCO sera de 10^{gr}. Or, si l'on cherche dans les Tables trigonométriques la sécante de 10^{gr}, on la trouve égale à 1,01, le rayon étant pris pour unité. La flèche GH est donc égale à la centième partie du rayon terrestre, ou à 60 000 mètres, en prenant simplement 6 000 000 de mètres pour la longueur de ce rayon. Ainsi, les couches supérieures de l'atmosphère sont élevées au moins de 60 000 mètres. Comme les observations sur lesquelles ce résultat repose ne comportent pas une grande exactitude, on ne peut le regarder que comme une limite. C'est pour cela que j'ai négligé les fractions dans le calcul, et, par la même raison, je n'ai point eu égard aux réfractions atmosphériques, qui cependant influent sur la durée du crépuscule, et le prolongent de quelques instants.

598. Au reste, ce que nous venons de dire sur les limites du crépuscule n'est applicable qu'aux plaines; il paraît que sur le sommet des hautes montagnes, la clarté réfléchie par l'atmosphère est beaucoup plus longtemps sensible : non pas, à la vérité, qu'elle vienne des couches mêmes où l'on est placé, car leur densité est, au contraire, très-faible à ces hauteurs; mais elle est réfléchie par la masse d'air, épaisse et profonde, qui borde l'horizon de toutes parts. Pendant plusieurs nuits que Saussure passa sur une montagne des Alpes, qui a 3435 mètres de hauteur, et que l'on nomme le *Col du Géant*, il vit tout le contour de l'horizon ceint d'une lueur pâle, mais distincte, qui durait depuis le coucher jusqu'au lever du soleil, quoique cet astre, au milieu de la nuit, se trouvât abaissé bien au-dessous des limites ordinaires du crépuscule, puisqu'il se trouvait alors à plus de 50^{gr} sous l'horizon. M. de Humboldt a observé une lueur semblable du haut du volcan d'Antisana. On a supposé que ce phénomène était produit par des vapeurs phosphoriques répandues dans l'air; mais dans le travail sur les réfractions extraordinaires, dont j'ai parlé dans le premier livre, j'ai prouvé, par le calcul, qu'un décroissement de densité de l'air, un peu plus rapide que celui qui a lieu ordinairement dans les couches inférieures de l'atmosphère, suffit pour produire cet effet, et pourrait même ramener ainsi jusqu'à l'observateur, placé sur le sommet d'une montagne, la lumière réfléchie de l'hémisphère opposé du ciel. Nous remarquerons plus loin un phénomène analogue produit par la même cause dans les éclipses de lune.

CHAPITRE XVII (*).

De la température de la terre.

599. Quand on réfléchit sur la diversité des êtres qui peuplent notre globe terrestre, et sur la multitude des végétaux qui y croissent, on est étonné que ces modifications infinies puissent être, sinon produites originairement, du moins perpétuées et maintenues possibles dans leurs conditions d'existence, par la seule différence de la température dans les divers lieux. Aussi les physiciens se sont-ils beaucoup attachés à étudier une cause aussi étendue et aussi générale.

On ne fait d'abord aucun doute que le soleil ne soit la source de cette chaleur qui féconde la terre; cependant quelques phénomènes semblent indiquer au premier coup d'œil que notre globe a aussi une chaleur propre, et indépendante de la présence du soleil. On sait que la température se maintient constamment la même dans les

---

(*) Depuis que ce chapitre a été publié, le perfectionnement des instruments de physique, le zèle des voyageurs et des expérimentateurs sédentaires, surtout les perfections opérées en beaucoup de points de la surface terrestre pour l'établissement des puits artésiens, ont considérablement accru nos connaissances sur l'état de la température moyenne de la terre près de cette surface, et sur l'accroissement général qui s'y manifeste à mesure qu'on la sonde plus profondément. De là sont nées deux théories principales que je puis seulement indiquer, ainsi que les faits de détail sur lesquels elles s'appuient. Je renverrai pour cela à la collection des *Annales de Chimie et de Physique*, par MM. Arago et Gay-Lussac, comme étant un ouvrage généralement répandu. Quand on aura lu attentivement les observations qui s'y trouvent rapportées, ainsi que les extraits qu'on y a donnés des deux grandes théories que je viens de mentionner tout à l'heure, on pourra recourir ultérieurement aux Traités originaux mêmes où elles sont exposées, si l'on veut faire une étude complète de cette grande question :

1°. *Observations locales et générales sur la température de la terre près de sa surface et à diverses profondeurs* (*Annales*, tomes XIII, p. 183; XIV, p. 220; XVI, p. 78; XIX, p. 438; XXI, p. 308; LIII, p. 225);

2°. *Théorie* (*Annales*, tome XXVII, pages 136 et suiv.). *Mémoire de Fourier sur les températures du globe terrestre et des espaces planétaires.* Il admet une

souterrains à 27 ou 30 mètres de profondeur (80 ou 100 pieds). Passé ce terme, on ne ressent ni les grands froids de l'hiver, ni les chaleurs brûlantes de l'été. On a aussi observé que les amas de glaces qui recouvrent certaines montagnes des Alpes se fondent continuellement par le pied, lorsqu'elles sont assez épaisses pour préserver du froid extérieur le terrain sur lequel elles reposent; et de dessous ces glaciers sortent des courants d'eau vive qui coulent même pendant l'hiver.

Quelques physiciens ont cru voir dans ces phénomènes les traces d'un ancien état d'embrasement. Selon eux, c'est par l'effet d'un refroidissement très-lent que la surface de la terre est parvenue à la température actuelle; et l'intérieur de la masse, exposé à une déperdition moins considérable, a conservé une chaleur plus grande, qu'ils appellent la *chaleur centrale*, et à laquelle ils attribuent les effets que nous venons de rapporter.

---

chaleur intérieure qui a été primitivement assez forte pour mettre toute la masse terrestre à l'état de fusion et qui maintient encore dans cet état son noyau intérieur, au-dessous de la croûte extérieure refroidie.

Tome LXIV. *Mémoire de Poisson sur les températures de la partie solide du globe terrestre, de l'atmosphère et du lieu de l'espace où la terre se trouve actuellement.* Poisson admet que la température absolue des diverses parties de l'espace où se meuvent les corps célestes peut être inégale. Il suppose alors que la terre, avec tout notre système planétaire, a pu être transportée antérieurement dans une plage de température élevée, où elle aurait résidé assez de temps pour s'y échauffer jusqu'à une grande profondeur, peut-être jusqu'à l'état de fusion. Mais, transportée aujourd'hui avec ce même système dans un espace plus froid, elle y perdrait progressivement la chaleur qu'elle aurait précédemment acquise; et celle de perdition s'opérant d'abord avec plus d'énergie sur les couches extérieures de la masse, produirait l'accroissement de température qu'on y observe à mesure qu'on y pénètre plus profondément.

Le petit nombre d'observations que l'on a pu jusqu'à présent recueillir sur ce grand phénomène, et surtout leur date récente, me semblent ne pas fournir, encore aujourd'hui, de données suffisantes pour décider entre ces deux théories : l'avenir seul apprendra laquelle des deux est conforme à la vérité. C'est pourquoi j'ai cru devoir conserver presque intégralement l'ancienne rédaction du présent chapitre, tout imparfaite qu'elle pourra paraître, comme exprimant les opinions les plus vraisemblables qu'on pût avoir à l'époque, déjà éloignée, où il fut écrit.

D'autres philosophes, frappés de l'ordre qui règne dans l'univers, où tout paraît disposé pour un état durable, ont cherché la raison de ces mêmes faits dans une cause permanente, et ils ont vu qu'on peut également les expliquer par la seule action longtemps prolongée de la chaleur solaire.

Chaque année le soleil envoie à la terre une certaine quantité de feu. Si ce feu s'accumulait sans cesse, la température s'élèverait à proportion, et la terre serait depuis longtemps embrasée. Mais une grande partie se dissipe insensiblement dans l'espace; car c'est un fait certain, que l'air n'arrête pas la chaleur qui *rayonne* dans tous les sens, en s'exhalant des corps échauffés. La perte qui résulte de ce rayonnement augmente avec la température et lui est proportionnelle. Ces deux causes contraires, agissant peut-être depuis des milliers de siècles, ont dû porter, depuis longtemps, la terre au degré de température qu'elle pouvait atteindre. Alors il s'est établi un certain équilibre entre la chaleur qui vient annuellement du soleil, et celle qui se dissipe annuellement. De là l'état constant et durable de la température.

Tous les points de la surface terrestre ne sont pas placés dans des situations également favorables pour recevoir l'action du soleil. Par exemple, les pays qui se trouvent entre les tropiques sont plus fortement échauffés que les pôles. La quantité de chaleur rayonnante qu'ils émettent dans l'espace est donc également variable, puisqu'elle est proportionnelle à leur température. Il doit donc s'établir à la longue des différences dans la température de la surface de la terre pour ces différents points; c'est ce que l'observation confirme. Il est connu que dans certains lieux de la Sibérie la terre ne dégèle jamais; et en Égypte, au contraire, à plus de 60 mètres de profondeur (200 pieds), la température a été trouvée de 22°,5 du thermomètre centigrade (*): tandis qu'à Paris, qui se trouve intermédiaire entre ces deux extrêmes, la température des caves de l'Observatoire se maintient constamment

(*) Cette expérience a été faite au fond du puits de Joseph, par les membres de la Commission des arts et des sciences, attachés à l'expédition d'Égypte.

à 12°. La Table suivante montre avec un peu plus d'étendue la marche générale de ces résultats pour différentes latitudes (*) :

LATITUDES.	NOMS des villes.	TEMPÉRATURE moyenne.
gr		°
77,87	Wadso, en Laponie..........	2,2
66,06	Pétersbourg................	4,2
54,26	Paris	12,0
46,54	Rome.......................	15,9
33,04	Le Caire...................	22,5
22,20	Dans l'Océan...............	26,0
00,00	Dans l'Océan...............	27,0

Cette Table, extraite des observations les plus exactes, prouve incontestablement que *la température du globe terrestre, observée près de sa surface, décroît de l'équateur aux pôles.* Mais la loi de ce décroissement n'est pas encore bien connue ; c'est une question que les voyages décideront.

400. Au reste, on doit s'attendre à y découvrir de grandes irrégularités ; car les circonstances locales ont une grande influence sur la température de chaque lieu, et les accidents naturels, ou les travaux des hommes, en changeant ces circonstances, ont pu souvent la modifier.

Une des causes principales de ces différences est l'élévation des lieux au-dessus du niveau de la mer.

On sait, par expérience, que la température de l'atmosphère

(*) Les deux dernières observations sont extraites du *Voyage de M. de Humboldt.*

Ce tableau ne présente qu'un aperçu général du décroissement de la température moyenne, à mesure que l'on s'avance de l'équateur vers les pôles, en se tenant à de très-petites hauteurs au-dessus du niveau des mers. Pour plus de détails, voyez ci-après la note ajoutée, page 649.

n'est pas la même à toutes les hauteurs ; elle diminue à mesure que l'on s'éloigne de la surface terrestre. Les physiciens ont fait beaucoup d'expériences pour déterminer la loi de ce décroissement ; mais ils y ont trouvé de grandes irrégularités. On conçoit, en effet, qu'elle doit dépendre de la forme du terrain, de son exposition, de la faculté rayonnante qu'il possède : ainsi le décroissement de la température ne sera pas le même au-dessus d'une vaste plaine aride et sur le penchant d'un pic isolé. Cependant, au milieu de ces irrégularités, on est parvenu à fixer quelques limites extrêmes. Le décroissement de la température paraît dépendre de la température inférieure de la surface : il est plus rapide quand cette température est plus haute ; plus lent quand elle est plus basse. Par exemple, en Europe, suivant les observations de Saussure, il faut, pendant l'été, s'élever de 160 mètres, pour que le thermomètre baisse de 1° centésimal ; en hiver, suivant le même observateur, il faut s'élever de 230 mètres pour avoir le même abaissement. Le décroissement moyen de toute l'année doit donc généralement dépendre de la température moyenne du lieu, et par conséquent se ralentir à mesure que l'on va de l'équateur vers les pôles. Toutefois ce ralentissement, même dans les cas extrêmes, n'est pas très-considérable. Car, dans les froids les plus rigoureux de la Laponie, le décroissement est au plus de 244 mètres pour 1° centésimal. Nous ne parlons ici que des couches inférieures de l'atmosphère, de celles qui sont assez voisines de la surface terrestre, pour éprouver sensiblement l'influence de sa température propre, soit par réflexion, soit par rayonnement. En effet, cette influence doit s'affaiblir en s'étendant à mesure que l'élévation des couches augmente, et probablement à de grandes hauteurs dans l'atmosphère, la température de l'air est à fort peu près la même, la nuit, le jour, et dans toutes les saisons de l'année. Il est également probable qu'à ces élévations, la température ne décroît plus en progression arithmétique, ou du moins cette progression ne doit pas y être la même que près de la surface. Plusieurs phénomènes, et particulièrement quelques accidents des réfractions extraordinaires, semblent indiquer que le décroissement de la température s'y fait avec plus de rapidité.

401. Par une suite de ce décroissement, il arrive que dans tous les pays, même sous la zone torride, le sommet des hautes montagnes est couvert de neiges qui ne se fondent jamais. Cette ligne de neiges perpétuelles est placée à des élévations différentes, suivant les diverses latitudes. Sous l'équateur, elle commence à 4800 mètres (2400 toises). On la rencontre à 2900 mètres (14 ou 1500 toises) vers le milieu des zones tempérées, et elle s'abaisse ainsi graduellement jusqu'à la surface de la terre qu'elle atteint dans le voisinage des pôles. Là, le sol est constamment dans l'état de congélation.

Voici un tableau de cette progression qui a été dressé par M. de Humboldt :

LATITUDES BORÉALES exprimées en grades.	HAUTEUR de la limite inférieure des neiges perpétuelles au-dessus du niveau de la mer.	TEMPÉRATURE moyenne de la plaine aux mêmes latitudes.	NOMS des observateurs.
0,00 gr	4800 m	27,0 °	Bouguer. La Condamine. Humboldt.
22,22	4600	26,0	Humboldt.
50,00	2550	12,7	Saussure. Ramond.
68,89	1750	4,0	Buch.
72,22	950	0,0	Ohlsen. Vetlafsen.

Il paraît, ajoute M. de Humboldt, qu'il ne faut pas confondre la limite inférieure des neiges perpétuelles avec la limite de la congélation. Les observations prouvent que la couche d'air, par laquelle passe la courbe des neiges perpétuelles, n'a pas la même température moyenne dans les différentes zones du globe ; elle est *au-dessus* de zéro à l'équateur, *au-dessous* dans les régions boréales. Par exemple, le couvent du Saint-Gothard est à 600 mètres au-dessous des neiges perpétuelles, et pourtant la température moyenne y est déjà de — 1° (*).

Ce grand froid que l'on éprouve sur les hautes montagnes paraît dû à deux causes : d'abord au peu de densité de l'air, qui n'intercepte qu'une très-petite partie de la chaleur solaire; secondement, à la conformation même des montagnes : par exemple, à l'isolement des pics élevés, à leur éloignement du reste de la masse terrestre, à leur escarpement vertical, qui ne permet jamais au soleil de les éclairer que d'un seul côté à la fois, et qui leur fait toujours projeter leur ombre les uns sur les autres. Toutes ces circonstances diminuent considérablement la réverbération de la chaleur; or c'est cette réverbération qui élève si fortement la température des plaines, et particulièrement celles de la zone torride, où le soleil donne toujours presque à plomb.

Parmi les causes générales qui modifient la température des lieux, nous n'avons jusqu'ici considéré que la hauteur. Le voisinage des mers a aussi beaucoup d'influence, non pas peut-être pour élever ou pour abaisser la température annuelle, mais pour la rendre égale; car on a trouvé, par expérience, que la température de la mer, au large et loin des côtes, se maintient toujours à peu près constante et égale à la température moyenne de l'air pendant toute l'année. Cela vient sans doute de ce que la masse des eaux se mêle continuellement, par l'action des vents et des autres causes qui les agitent, et même par les variations continuelles qu'éprouve la température de leur surface; au lieu que la surface solide des terres s'échauffe davantage et se refroidit plus rapidement, sans pouvoir faire partager sa chaleur aux couches inférieures, ou en recevoir d'elles autrement que par une communication lente : partage qui, dans les fluides, se fait par le contact même des particules mélangées. Ainsi les mers doivent être, pour

(*) Comme complément de ce tableau, très-restreint, d'observations, *voyez* dans les *Annales de Chimie et de Physique*, les Mémoires suivants, tous relatifs à la hauteur des neiges perpétuelles en diverses contrées de la terre : Tomes II, p. 183; IX, p. 310; XIV, p. 1.

les lieux qu'elles avoisinent, comme de vastes réservoirs de température toujours égale, qui les réchauffent dans l'hiver et les rafraîchissent dans l'été : aussi les bords de la mer sont-ils, en général, plus tempérés que l'intérieur des terres. Les effets de cette égalité se font sentir sur les végétaux qui y croissent. On voit vivre naturellement, et à l'air libre, sur les côtes de la Bretagne, des arbres que, dans les contrées beaucoup plus méridionales, mais aussi plus intérieures de la France, on est obligé d'abriter en orangerie pendant l'hiver, parce qu'ils ne pourraient point en supporter la rigueur. L'*Arbutus unedo*, arbrisseau originaire des contrées méridionales, se voit dans l'Irlande en forêts.

Les courants constants qui existent à la surface de certaines mers sont encore une cause de modification puissante pour les lieux qu'ils traversent; car, selon que les eaux qu'ils y portent, viennent d'une latitude plus chaude ou plus froide, la temperature propre des lieux en est élevée ou abaissée. Le plus remarquable de ces courants est celui que l'on nomme le *Gulph Stream*, ou *Courant du Golphe*. Il est formé par les eaux de l'Océan, comprises entre les tropiques, qui, poussées continuellement d'orient en occident, par le souffle éternel des *vents alizés*, dont nous aurons occasion de parler tout à l'heure, vont s'engouffrer dans le golfe du Mexique, et de là, refluant vers le nord, forment comme un fleuve d'eau chaude qui traverse l'océan Atlantique. Ces eaux de la zone torride, transportées dans des régions plus froides, exhalent d'abondantes vapeurs qui se condensent en épais brouillards : ces phénomènes sont tellement constants qu'ils servent aux navigateurs pour leur indiquer la longitude. Le *Gulph Stream* remonte au delà du banc de Terre-Neuve, et va jeter des fruits de la Jamaïque sur les côtes de l'Irlande et de la Norwége.

Un autre phénomène bien curieux, et qui paraît également produit par des circonstances locales, c'est celui des grands froids observés vers le pôle austral; car ils surpassent beaucoup ceux qu'on observe dans le nord à pareille latitude, puisque les montagnes de glaces qui, dans l'hémisphère boréal, sont reléguées près du pôle, s'avancent sans se fondre, dans l'hémisphère austral, jusque par les latitudes de Boulogne et d'Abbeville : effet d'autant plus singulier, qu'il n'a lieu que pour les latitudes élevées. La température est la même jusqu'à 44[gr] de latitude des deux côtés de l'équateur.

Quelques physiciens ont cherché la cause de ces phénomènes dans l'ellipticité de l'orbe solaire. En effet, la température d'un lieu résulte de la distance du soleil, de sa hauteur sur l'horizon, et de la durée de sa présence. Dans notre hémisphère, nous avons l'hiver quand le soleil est périgée, et l'été quand il est apogée. Cette disposition paraît devoir tempérer les chaleurs et modérer les froids que nous éprouvons. C'est le contraire dans l'hémisphère austral, et la différence du froid au chaud doit en être augmentée. Par une autre conséquence de notre position, le temps où le soleil est bas sur notre horizon est plus court que celui où il est plus élevé ; actuellement la différence est d'environ sept jours ; et cette seconde cause peut contribuer à nous donner une température moyenne plus chaude. Peut-être aussi la grande étendue des mers qui recouvre l'autre hémisphère contribue-t-elle puissamment à le refroidir par l'évaporation qu'elles occasionnent, et aussi parce qu'elles s'échauffent moins que les terres. Enfin la marche différente que suivent les décroissements et les déperditions de chaleur pour les deux hémisphères, en raison de leur position relativement à l'orbite du soleil, doit aussi modifier leur température : car, en vertu de cette différence, les deux hémisphères, quoique recevant des quantités égales de chaleur, les perdraient par le rayonnement, suivant des lois inégales, plus promptement dans l'hémisphère austral où la chaleur absolue de l'été est plus intense ; moins promptement dans l'hémisphère boréal. Mais l'examen comparé de toutes ces causes nous mènerait trop loin, et peut-être, pour comparer leur influence avec exactitude, faut-il attendre que les voyages maritimes, qui se multiplient de nos jours vers la partie australe du globe, aient réuni plus de faits positifs sur cette importante question. Jusqu'alors, nous ne pouvons mieux faire que de renvoyer les lecteurs à l'excellent ouvrage de M. Prevost, de Genève, sur le calorique rayonnant. Ils y trouveront cette matière traitée avec tout le détail désirable.

Toutes les considérations que nous venons d'exposer ont eu

pour objet la température de la terre à sa surface. Il est beaucoup plus difficile de savoir quelle peut être celle de son intérieur. Décroît-elle comme celle de l'atmosphère, à mesure que l'on s'éloigne de la surface, ou reste-t-elle toujours constante ? Ce sont des choses que nous ignorons. Pour éclaircir cette question, quelques physiciens ont fait des expériences sur la température de la mer à de grandes profondeurs, en y descendant des thermomètres revêtus de plusieurs enveloppes peu conductrices du calorique, et qui, les rendant très-lents à prendre la température de ces abîmes, les rendaient aussi très-lents à la perdre, dans le temps qu'on employait pour les retirer du fond de la mer. On a trouvé ainsi que la température des eaux était d'autant plus froide, que la profondeur où l'on descendait le thermomètre était plus grande. Près de l'équateur, à 600 mètres de profondeur, M. Péron a trouvé la température de l'eau $+ 7°,5$ de la division centésimale, tandis qu'à la surface elle était à $+ 30°$. La loi de ce décroissement est extrêmement variable suivant les profondeurs et les localités. A quoi tiennent ces phénomènes? sont-ils dus à un décroissement réel de la température propre du globe, à mesure que la profondeur augmente; ou doivent-ils être attribués à des courants inférieurs d'eau glacée qui viendraient des pôles vers l'équateur? Cette dernière cause est d'autant plus probable, que la plus grande densité de l'eau ayant lieu un peu au-dessus du terme de la congélation, mais très-près de ce terme, les eaux provenant des glaces polaires, qui se fondent chaque été par la chaleur du soleil, doivent descendre au fond des mers, et y maintenir un abaissement durable de température : c'est ainsi que dans tous les lacs de la Suisse, qui sont alimentés par des neiges fondues, et dont la profondeur est trop grande pour pouvoir être complétement pénétrée, dans un été, par la chaleur du soleil, la température des eaux est à $+ 4°$; ce qui est la température du maximum de densité de l'eau. Les couches profondes de ces lacs sont de véritables glacières liquides, qui, se renouvelant sans cesse chaque année, durent autant que les glaciers solides d'où ils descendent (*).

(*) Postérieurement à la publication de ce chapitre, en 1817, M. de Hum-

Au reste, quelque idée que l'on puisse se faire sur l'état de la chaleur intérieure du globe, il faut concevoir cet état comme invariable à une petite profondeur, ou, du moins, comme infiniment peu troublé par les variations périodiques qui ont lieu à la surface. Les variations journalières de la température, extrêmement sensibles à cette surface, disparaissent déjà à quelques centimètres de profondeur, pour ne laisser voir que des variations annuelles; celles-ci, à leur tour, s'affaiblissent à mesure que la profondeur augmente : les époques des oscillations qu'elles y produisent sont en rapport avec le temps nécessaire pour leur propagation. A une profondeur, même peu considérable, comme de 10 ou 12 mètres, on a l'hiver quand nous avons l'été, et les variations annuelles du thermomètre ne sont déjà plus que de quelques degrés; plus bas, ces variations sont encore moindres, et leur propa-

---

boldt a conçu et exécuté l'idée de représenter la distribution de la chaleur sur la surface du globe, par une construction graphique, qui permet d'en saisir l'ensemble d'un seul coup d'œil. Pour cela, choisissant un terme défini de température, par exemple + 10° centigrades, il marque sur une carte géographique la suite des points où cet état se réalise; puis il fait passer par tous ces points une courbe continue, qu'il appelle *ligne isotherme*, c'est-à-dire de *même température*. Le cours de cette ligne et ses sinuosités se trouvent ainsi dépendre de toutes les circonstances, générales et particulières, qui produisent en résultat un tel état moyen. Les générales sont les trois coordonnées géographiques de chaque lieu, sa latitude, sa longitude et sa hauteur au-dessus du niveau des mers, appelée aujourd'hui l'*altitude*; les particulières sont les accidents de localité. Concevez une série de courbes pareilles, correspondantes à autant de degrés du thermomètre, peu distants entre eux et embrassant tout l'intervalle des températures moyennes, qu'on observe sur la surface du globe terrestre; on aura une représentation évidente des lois phénoménales suivant lesquelles la chaleur s'y trouve distribuée. Telle est la construction imaginée par M. de Humboldt; il en a donné la première exposition dans un travail inséré au tome III des *Mémoires de la Société d'Arcueil*, page 464; il l'a étendue, depuis, au tracé des courbes qui indiquent les lieux dans lesquels il se produit un même maximum moyen de température en été, ou un même minimum en hiver. Tous les physiciens ont adopté, d'après lui, ce mode simple et frappant de représenter l'état thermométrique de la surface terrestre, dans sa généralité, avec la diversité des accidents locaux qui se modifient. *Voyez*, comme exemple, *la Météorologie* de Kæmtz, traduite par M. Charles Martins, avec l'Appendice de M. L. Lalanne; Paris, 1843.

gation plus tardive; enfin, en augmentant la profondeur jusqu'à 100 mètres, les variations annuelles sont tout à fait insensibles, l'état de la température est constant et représente exactement la température moyenne de la surface.

De tout ce que nous venons de dire sur les effets prolongés de la chaleur solaire, il ne faut pas conclure, comme une chose certaine, que la terre ne renferme aucune cause intérieure et indépendante du soleil, qui contribue aussi à l'échauffer. On peut dire seulement que, s'il existe une cause semblable, elle nous est jusqu'à présent inconnue, puisque tous les faits observés peuvent s'expliquer sans y avoir recours. Peut-être acquerra-t-on plus de lumières sur cet objet, lorsque l'on saura positivement si la chaleur souterraine diminue ou augmente; mais l'invention des thermomètres est encore trop récente pour que l'on puisse rien décider sur cette question.

402. Je ne dois pas non plus passer sous silence un mouvement très-remarquable qui se produit constamment dans l'atmosphère, et qui, en modifiant la température des différents pays de la terre, est lui-même un indice très-frappant de sa rotation. Je veux parler des *vents d'est* qui soufflent constamment entre les tropiques, principalement sous l'équateur, et que l'on nomme les *vents alizés* (*). Leur régularité est si bien connue des navigateurs, que pour passer d'Europe en Amérique, ils commencent par remonter vers l'équateur jusqu'à la hauteur des vents alizés, et ensuite, en s'y abandonnant, ils traversent l'Océan en ligne droite.

Or ce courant continuel s'explique très-aisément dans l'hypothèse de la rotation de la terre. Le soleil, par l'action de sa cha-

(*) J'ai exposé ce phénomène avec beaucoup de détail au chapitre VI du tome Ier, pages 181 et suivantes. Néanmoins, je n'ai pas cru devoir supprimer les courtes indications que j'en avais données ici, dans l'édition précédente, parce qu'elles ne font que le rappeler dans sa connexion avec les autres accidents généraux qui modifient les températures superficielles. J'ai conservé aussi le peu de mots que j'avais dits sur les variations horaires du baromètre, quoique j'en aie parlé aussi avec plus de détail au même chapitre VI du tome Ier, page 166. En cela encore, j'ai désiré laisser à l'ancienne rédaction le caractère d'ensemble que j'avais cherché à lui donner.

leur, dilate l'atmosphère près de l'équateur, où il donne toujours à plomb. Les colonnes d'air, ainsi soulevées, s'élèvent au-dessus de leur véritable niveau ; mais, lorsque leur sommet a dépassé les colonnes voisines, elles se renversent et retombent vers les pôles par leur propre poids. Au contraire, dans la partie inférieure, l'air frais des pôles afflue vers l'équateur, comme pour remplir le vide causé par la dilatation ; d'où résultent deux courants d'air continuels : l'un supérieur, de l'équateur au pôle ; l'autre inférieur, du pôle à l'équateur.

Supposons maintenant que la terre tourne sur elle-même, en entraînant l'atmosphère qui l'enveloppe. Chaque particule d'air doit avoir pris depuis longtemps la vitesse de rotation qui convient au parallèle sur lequel elle se trouve. Celles qui sont près de l'équateur vont plus vite ; celles qui sont près des pôles vont plus lentement : mais si une partie de ces dernières sont forcées de se rapprocher de l'équateur, elles porteront sur les nouveaux parallèles où elles passent, la vitesse de rotation qu'elles avaient d'abord ; elles resteront, par conséquent, en arrière par rapport aux autres molécules situées depuis longtemps sur ces parallèles. La lenteur de leur mouvement sera d'autant plus sensible, qu'elles s'approcheront davantage de l'équateur où la vitesse de rotation est plus grande. Les corps terrestres situés sur ces parallèles, rencontrant ces molécules, les choqueront avec tout leur excès de vitesse. Il en sera de même d'un spectateur qui participera à ce même mouvement ; mais comme il se croira immobile, il supposera que ce sont les particules d'air qui le choquent en sens contraire, d'orient en occident : il aura, par conséquent, la sensation d'un vent d'est, effet conforme à celui que produisent les vents alizés.

403. Ce serait le contraire si l'on pouvait s'élever dans les régions supérieures de l'atmosphère : les particules d'air qui refluent de l'équateur vers les pôles, y portant leur excès de vitesse, doivent y produire un vent d'ouest réel, que l'on pourrait appeler le *contre-alizé*, et qui, peut-être, deviendrait sensible jusque dans les régions inférieures, si l'on s'attachait à l'observer. Les mêmes particules transportent aussi l'excès de chaleur que leur situation

primitive sous l'équateur leur avait donnée, et peut-être, par l'effet de cette cause, la température des couches supérieures près des pôles est-elle plus douce que celle des couches inférieures qui avoisinent la surface de la terre.

Enfin, pour n'omettre aucun des phénomènes physiques qui paraissent tenir à l'action du soleil sur notre globe, j'indiquerai ici un phénomène curieux qui s'observe principalement dans les régions des tropiques, quoiqu'on puisse aussi le rendre sensible dans nos climats, par de longues suites d'observations faites avec soin. Ce phénomène consiste en ce que, tous les jours, le mercure du baromètre monte graduellement, et ensuite s'abaisse suivant des périodes déterminées, et d'autant plus constantes, ou, du moins, d'autant plus remarquables, qu'il éprouve d'ailleurs moins de variations accidentelles. Ces *variations horaires* du baromètre s'exécutent dans l'intervalle d'un jour solaire. Elles paraissent avoir un rapport marqué avec l'angle horaire du soleil; mais leur étendue et l'époque de leurs maximum et minimum ne sont pas les mêmes en différents lieux. Cet effet tient-il aux vents plus ou moins réguliers que la présence du soleil excite ordinairement à certaines heures, et qui font monter ou baisser le baromètre, suivant qu'ils apportent de l'air plus froid ou plus chaud, plus lourd ou plus léger? Tient-il à quelque cause attractive, comme le flux et le reflux de la mer? C'est ce que l'on n'est pas encore en état de décider.

CHAPITRE XVIII.

De l'hypothèse du mouvement annuel de la terre.

404. Jusqu'ici nous avons supposé la terre immobile dans l'espace, et le soleil en mouvement sur le plan de l'équateur; mais il se pourrait que ce ne fût qu'une apparence, et que le soleil fût réellement immobile, la terre étant en mouvement. Alors elle exécuterait autour de lui tous les mouvements qu'il semblerait faire autour d'elle en sens contraire. La révolution annuelle de la terre se ferait dans une ellipse dont le soleil serait un des foyers, et tout ce que nous avons dit de l'ellipse solaire devrait s'entendre de l'ellipse terrestre.

Non-seulement cette disposition est possible, mais l'analogie la rend extrêmement probable; car on verra plus tard que toutes les planètes et les comètes se meuvent ainsi autour du soleil. Comme les preuves de cette vérité s'offriront successivement, je vais, pour qu'on les saisisse mieux et qu'on en suive bien la liaison, présenter sous ce point de vue les phénomènes du mouvement annuel, ainsi que je l'ai déjà fait pour le mouvement diurne.

405. Concevons donc que la terre aît un double mouvement: de rotation sur elle-même, et de révolution autour du soleil.

L'axe de rotation de la terre, qui est perpendiculaire à l'équateur terrestre, reste, à très-peu près, parallèle à lui-même dans chaque révolution; car les changements que la nutation et les attractions des planètes produisent dans l'inclinaison de l'équateur sur l'écliptique ne s'élèvent qu'à quelques secondes dans l'intervalle d'une année. La terre parcourra ainsi son ellipse en décrivant autour du soleil des aires proportionnelles aux temps.

406. Ce double mouvement composé de rotation et de révolution n'a rien en soi d'impossible ni de contraire aux lois de la mécanique. Les toupies qui servent de jouet aux enfants nous en offrent l'image. Leur mouvement est produit et entretenu par des impulsions latérales qui les font, en même temps, tourner sur elles-mêmes, et décrire, par leur pointe, des courbes très-variées.

En effet, on démontre en mécanique qu'un mouvement pareil peut résulter d'une seule impulsion latérale (*); et ceci s'applique à la fois à la toupie et à la terre, avec cette différence, que la terre, ne paraissant éprouver dans l'espace aucune résistance, n'a pas besoin que son mouvement soit renouvelé et entretenu; au lieu que celui de la toupie diminue sans cesse, à cause du frottement de la pointe et de la résistance de l'air.

407. Pour montrer comment les explications des phénomènes doivent se transformer dans cette hypothèse, je vais l'appliquer à la différence et à l'inégalité des saisons.

Quand nous supposons la terre immobile, c'est le soleil qui, en s'élevant ou s'abaissant d'un tropique à l'autre, produit la différence des saisons. Si nous mettons la terre en mouvement, c'est elle qui vient se présenter au soleil sous différents aspects, dans les différentes parties de son orbite.

Au solstice d'été, vers le 22 juin, la terre est à sa plus grande distance du soleil, ou à son *aphélie :* alors sa position est telle que la représente la *fig.* 67. Le soleil donne à plomb sur le tropique boréal Tt; le pôle boréal est entièrement éclairé : c'est l'été des peuples septentrionaux.

Au solstice d'hiver, vers le 22 décembre, la terre a pris une position directement contraire (voyez *fig.* 68). Elle est à sa plus petite distance du soleil, ou à son *périhélie.* Les rayons de cet astre tombent à plomb sur le tropique austral, désigné par $T't'$, et le pôle austral est entièrement éclairé : c'est l'hiver pour les peuples du Nord, l'été pour ceux du Midi.

Entre ces positions contraires, il en est deux aussi opposées, et dans lesquelles le plan de l'équateur terrestre passe par le centre du soleil : ce sont les instants de l'équinoxe, qui arrivent vers le 24 septembre et le 21 mars.

Ce peu de mots suffit pour montrer comment les explications données précédemment d'après les observations s'adaptent au mouvement de la terre.

(*) *Mécanique céleste*, tome 1er, page 84.

CHAPITRE XIX.

De la précession des équinoxes, considérée comme l'effet du déplacement de l'équateur terrestre.

408. On vient de voir que le mouvement annuel du soleil, dans l'écliptique, peut fort bien se représenter par un mouvement réel de la terre en sens contraire. Il en est de même de la précession des équinoxes, et de ces petits déplacements des étoiles, que nous avons nommés *nutation*. En général, on sent qu'il en doit être ainsi de tous les mouvements généraux qui semblent affecter tous les astres : il n'y a pas plus de raison pour les attribuer à tous les astres, qu'à la terre seule, en sens contraire. Même si nous n'étions pas prévenus par une habitude involontaire de nous supposer immobiles, on pourrait dire que l'idée qui attribue ces mouvements à la terre est infiniment plus simple que celle qui les imprime à tous les astres. Mais ce n'est pas par de simples aperçus que l'on peut se décider en pareille matière ; c'est en entrant dans les détails, et les employant à faire l'épreuve de nos conjectures. Voyons si les phénomènes de la précession peuvent se représenter dans les deux hypothèses, et examinons dans laquelle ils le sont avec plus de simplicité.

409. La *fig.* 69 est tracée en considérant le mouvement annuel du soleil comme apparent, et celui de la terre comme réel. Dans cette supposition, S désigne le centre du soleil, et T la terre, décrivant autour de lui son orbite propre, qui est figurée circulaire, pour plus de simplicité. Autour du point S, avec un rayon, dont la grandeur est comme infinie comparativement aux dimensions de cette orbite, on a décrit, dans le même plan, un cercle représentant le grand cercle écliptique de la sphère céleste, et, sur son contour, on a marqué douze divisions qui comprennent autant d'arcs de 30° sexagésimaux. Elles désignent les points de la sphère céleste sur lesquels le soleil, vu de la terre, se projette au moment où il paraît entrer dans chaque *signe* zodiacal, à l'époque considérée. C'est pourquoi on y a inscrit les caractères conventionnels

de ces signes. Dans cet état de choses, la terre T voit toujours le soleil au point de l'écliptique céleste qui est diamétralement opposé à celui où elle se trouve sur son orbite propre; et l'on a marqué ceux-ci des mêmes caractères affectés d'un indice supérieur, pour rappeler cette opposition sans les confondre. Par une conséquence optique évidente, le soleil voit toujours la terre au point de l'écliptique céleste, qui est diamétralement opposé à celui où elle le projette. Ainsi, en définissant ses positions réelles et successives par le signe zodiacal qui désigne ses positions apparentes vues de cet astre, on devra dire : Lorsque la terre *est* dans le signe du Bélier, elle *voit* le soleil dans la Balance. Lorsqu'elle est dans le Taureau, elle le voit dans le Scorpion; et ainsi de suite. Tandis qu'elle se meut suivant l'ordre des signes, le soleil paraît se mouvoir à l'opposé de l'orbite et dans le même sens.

Je vais montrer présentement comment la précession des équinoxes peut s'expliquer, dans cette hypothèse, sans mettre en mouvement toute la sphère céleste.

410. Soit TT'*tt'*, *fig.* 70, l'orbite annuelle et elliptique de la terre, dont le soleil occupe un des foyers; soient ETQ le plan de l'équateur, TP l'axe du pôle qui lui est perpendiculaire : l'équinoxe arrivera lorsque la ligne TQ, intersection de l'équateur et de l'écliptique, passera par le centre du soleil; car alors cet astre se trouvera dans le plan ETQ de l'équateur.

En supposant que l'équateur reste parallèle à lui-même dans chaque révolution, il y aura deux positions opposées dans l'orbite, T et *t*, qui donneront chacune un équinoxe : l'un du printemps, qui arrive vers le 21 mars; l'autre d'automne, qui arrive vers le 24 de septembre, dans notre calendrier grégorien, maintenu en coïncidence avec les phases solaires par l'intercalation. Le passage de la terre par ces points ne partage donc pas l'année en deux portions égales. Cela tient à la nature du mouvement elliptique et à la position actuelle du périhélie, comme on l'a vu dans la page 468. En partant des valeurs données alors, on trouve qu'en ce moment la terre emploie $186^j,47172$ pour aller de l'équinoxe du printemps à celui d'automne, et seulement $178^j,77064$ pour revenir de l'équinoxe d'automne à l'équinoxe du printemps.

Si la trace TQ restait constamment parallèle à elle-même, l'équinoxe arriverait toujours dans les mêmes points. Mais pendant que la terre se meut dans le sens TO, cette trace elle-même a un petit mouvement; et lorsque la terre est revenue en T', elle ne se trouve plus dirigée suivant T'S' parallèle à TS, mais suivant T'Q', qui fait, avec T'S', un petit angle S'T'Q', égal à 154",63. Alors la trace T'Q' rencontre le soleil avant que la terre soit revenue en T; l'équinoxe arrive plus tôt qu'il ne devrait sans cette circonstance : c'est en cela que consiste la *précession des équinoxes.*

La trace T'Q' prolongée paraît répondre en t' sur l'écliptique. Elle semble donc reculer chaque année de la quantité tt', contre l'ordre des signes, c'est-à-dire en sens contraire du mouvement annuel de la terre. On dit, par cette raison, que le mouvement des équinoxes est *rétrograde.*

Pour compléter ce qui concerne les mouvements de l'équateur terrestre, on a aussi représenté dans la figure le cercle parallèle à l'écliptique, que décrit le pôle moyen de l'équateur en vertu du mouvement de précession, et la petite *ellipse de nutation* sur laquelle oscille *le pôle apparent*, suivant les lois que nous avons expliquées dans le chapitre VIII.

CHAPITRE XX.

Utilité de la théorie du soleil et des mouvements de l'équateur, de l'écliptique, et des équinoxes, dans les recherches de chronologie et d'antiquité (*).

411. Les résultats auxquels nous sommes parvenus dans ce livre n'intéressent pas seulement l'astronomie : leur connaissance peut être utile dans l'histoire pour déterminer les dates d'anciens documents, sur lesquels on trouverait des nombres ou des symboles figurés, se rapportant au passage du soleil par les équinoxes ou par les solstices, à certains jours d'un calendrier dont la concordance avec le nôtre serait connu. On peut s'en servir encore pour assigner l'époque présumable d'anciennes traditions que les écrivains des siècles passés nous auraient transmises, et dans lesquelles on aurait indiqué la position que certaines étoiles ou certains groupes stellaires, de dénomination connue, occupaient alors autour du pôle apparent de la sphère céleste ; dans quel ordre relatif, et dans quelles phases de l'année solaire, ils se levaient ou se couchaient sur l'horizon d'un lieu défini. En effet, ces diverses particularités de l'aspect du ciel, ayant progressivement changé

(*) Depuis l'époque où ce chapitre fut rédigé, pour l'édition précédente, l'interprétation des caractères hiéroglyphiques appliquée à l'étude des monuments publics de l'Égypte a donné lieu d'attribuer des significations moins incertaines, et des dates moins douteuses aux tableaux astronomiques qu'on avait trouvés sculptés sur plusieurs d'entre eux. Il est parfaitement établi aujourd'hui que tous ceux qui présentent un zodiaque grec complet, exprimé par ses douze figures conventionnelles, ont été *exécutés* sous la domination romaine, conséquemment avec la connaissance de ce zodiaque et des lois du ciel, établies dans l'ouvrage de Ptolémée. Cela n'exclut pas, toutefois, l'adaptation que l'on peut avoir alors pour but d'en faire aux idées ou aux événements qui furent propres à l'Égypte, soit dans ce temps, soit dans des temps plus anciens. Je n'ai pas dû parler, dans ma nouvelle rédaction, des conjectures que l'on a pu émettre sur ce sujet, et je me suis borné à présenter des applications astronomiques de la précession, qui soient tout à fait incontestables.

depuis les anciens temps jusqu'au nôtre, suivant une marche réglée dont nous savons les lois, nous pouvons retrouver, par le calcul, les époques antérieures où elles ont dû être telles qu'on nous les décrit; sous ce rapport, tous les mouvements séculaires qui affectent les positions apparentes des astres peuvent être considérés comme de grandes mesures chronologiques, communes à tous les peuples et à tous les âges du monde. La plupart de ces inégalités ont été découvertes et calculées depuis trop peu de temps pour que l'on ait pu encore en faire beaucoup d'applications. Le phénomène de la précession était presque le seul qui fût assez connu pour que l'on songeât à l'employer dans des recherches d'érudition, et son application comme élément de critique est même toute moderne. Newton, Fréret, Bailly, en ont fait un grand usage pour établir ou justifier des systèmes chronologiques par lesquels ils ont entrepris de remonter jusqu'aux plus hautes époques de l'antiquité. Mais le vague des traditions qui servaient de base à leurs calculs, la difficulté d'en fixer exactement le sens, ainsi que l'identification avec le ciel, et leur flexibilité à fournir les conséquences les plus diverses, ont fait reconnaître, pour trop téméraires, ces systèmes d'interprétation que les découvertes de monuments réels ont depuis matériellement infirmées et démenties. La critique s'est alors éloignée de ces voies périlleuses, et, par un excès contraire, elle semble y attacher aujourd'hui une réprobation qui serait trop générale et trop absolue. Car, les anciens peuples, surtout les Orientaux, paraissant s'être plu à exprimer fréquemment leurs idées sous des formes symboliques, on se priverait, en méconnaissant ce fait, de données qui pourraient devenir très-utiles et très-précieuses, si on les employait avec prudence et jugement. Je me borne à indiquer ces applications, qui sortiraient du plan de mon ouvrage, et je ne m'attacherai, dans ce qui va suivre, qu'à des questions purement astronomiques, susceptibles d'être immédiatement résolues par le calcul.

412. La première que je considérerai aura pour but l'appréciation du catalogue d'étoiles qui est consigné dans l'ouvrage de Ptolémée, et qu'il présente comme établi sur ses propres observations. Les positions y sont exprimées en coordonnées écliptiques, rapportées à l'époque de l'avénement du premier Antonin, date égyptienne, ce qui, dans le calendrier julien intercalé, coïncide avec le 20 juillet de l'année de l'ère chrétienne + 137. Hipparque avait construit antérieurement un catalogue pareil, aujourd'hui perdu; et Delambre a soupçonné, non sans vraisemblance, que Ptolémée en a déduit le sien par simple transport, en ajoutant à toutes les longitudes l'arc de précession compris entre les deux époques, et laissant les latitudes constantes. Or Ptolémée attribuait à la précession une valeur trop faible, seulement de 36″ sexagésimales par année; tandis que, d'après la théorie, elle devait être, vers ces époques, 153″,2232 décimales, comme on l'a vu page 127; ce qui, étant multiplié par 0,324, produit, en division sexagésimale, 49″,644. Cette omission de 13″,644 dans l'arc de précession annuel devait donc rendre toutes les longitudes transportées, plus faibles que l'observation ne les aurait présentées à l'époque finale. En effet, on les trouve telles par la théorie, et l'erreur qui les affecte est trop grande, comme trop générale, pour ne pas donner beaucoup de probabilité au soupçon que Delambre avait conçu.

415. La preuve de ce fait se tire des formules établies page 231, pour transporter les coordonnées écliptiques d'une époque à une autre, séparée de celle-là par un nombre quelconque $+t$ d'années juliennes moyennes. Dans les *fig.* 10 et 11 qui nous servaient alors de type, l'époque fondamentale d'où t se compte était 1750. Remplaçons-la ici par l'année 1800, pour laquelle nous avons définitivement évalué en nombres tous les éléments de la précession. Alors l'intervalle de temps t étant donné avec son signe propre, on calculera d'abord les constantes n et L, dont la première exprimera l'angle E′NE, formé par l'écliptique de $1800+t$ avec celui de 1800 maintenu fixe, et la seconde l'arc ♈N, distance de l'origine ♈ au nœud le plus proche de ces deux plans. Ce sera une application des formules finies, établies page 173, ou des expressions de la page 337 qui leur sont équivalentes. On calculera ensuite l'arc ψ' qui représente la rétrogradation apparente du point équinoxial, après le temps $+t$, sur l'écliptique mobile; et

l'on verra tout à l'heure que, pour l'application ici projetée, on l'obtiendra avec une exactitude très-suffisante par l'expression comprenant les deux premières puissances de t qui a été établie page 337. Ces préparations étant faites, soient l et λ, les deux coordonnées écliptiques d'une étoile en 1800, l'', λ'' les coordonnées analogues pour $1800+t$. Si l'étoile est restée fixe sur la sphère céleste, ou si on la ramène à cette condition en tenant compte de son mouvement propre, comme je le dirai tout à l'heure, l'' et λ'' seront données théoriquement par les expressions, soit rigoureuses, soit approximatives, de la page 231. Ainsi, en comparant leurs valeurs à celles que leur assigne le catalogue que l'on veut éprouver, on pourra juger de sa fidélité dans les limites d'exactitude que comportent les formules théoriques à l'époque distante où on les transporte. Pour simplifier l'épreuve, je la bornerai aux longitudes l'', et je la faciliterai encore en ne l'appliquant qu'à des étoiles assez peu écartées de l'écliptique de 1800, pour qu'il suffise de comprendre, dans leur évaluation, le terme qui contient la première puissance de tang λ. On aura alors

$$l''=l+\psi'-n\cos(l+\mathrm{L})\operatorname{tang}\lambda \qquad \text{et} \qquad \lambda''=\lambda+n\sin(l+\mathrm{L}).$$

La date du catalogue de Ptolémée, exprimée en années juliennes, est très-approximativement $+137,5$. La valeur de t, comptée de 1800, qui s'y rapporte, sera donc, par différence,

$$t=-1800+137,5=-1662,5.$$

Avec cette valeur de t, les formules citées donnent, en mesures sexagésimales,

$$n=-0^{\circ}\,13'\,28'',004; \qquad \mathrm{L}=+3^{\circ}\,32'\,39'',66;$$
$$\psi'=-23^{\circ}\,7'\,23'',5.$$

Les valeurs de n et de L montrent que la situation de l'ancienne écliptique NE', relativement à celle de 1800, est telle que la représente la *fig* 11, supposé qu'on y marque l'époque fondamentale par 1800, au lieu de 1750 qu'on avait écrit.

414. Il ne reste plus qu'à se donner les valeurs de l ou de λ pour en déduire l'' et λ''. J'extrairai ces valeurs d'un catalogue très-étendu, inséré dans la *Connaissance des Temps* pour l'année 1804. Il contient les coordonnées écliptiques de 600 étoiles conclues de leurs coordonnées équatoriales pour cette année 1800 même, que nous prenons ici pour origine du temps. Mais avant d'en faire usage, il faut prévenir une objection qui se présente avec évidence.

415. Nous voulons apprécier l'exactitude du catalogue de Ptolémée en comparant ses indications à celles de nos formules théoriques, dont les éléments ne sont évalués qu'en tenant compte des deux premières puissances du temps t. Or peut-on légitimement étendre leur application jusqu'à une si grande distance de l'époque d'où elles partent? Si l'on n'établit pas d'abord ce point de fait, les différences que l'on pourra trouver entre les résultats du calcul et ceux du catalogue, présenteront un sujet de doute. Car on ne saura pas si c'est aux formules ou au catalogue que l'on doit les imputer. Heureusement nous avons un moyen très-sûr de décider cette alternative.

416. Ptolémée nous a conservé trois longitudes d'étoiles observées par Hipparque à des époques diverses. Ces époques sont datées en années de la période calippique, dont la concordance avec le calendrier julien est bien constatée, de sorte qu'on peut les convertir en dates juliennes sans incertitude. Je donnerai, dans le volume suivant, les éléments de cette conversion quand je traiterai des périodes chronologiques les plus usitées. Ici, je me bornerai à rapporter les dates originales avec les intervalles de temps t qui en résultent pour chacune des observations, sans chercher à tenir compte des fractions d'années qui ne peuvent avoir qu'une importance négligeable comparativement à leurs erreurs. Tel est l'objet du tableau suivant :

DÉSIGNATION des étoiles observées par Hipparque.	DATE des observations en années de la période calippique.	LEUR DIST. à l'ann. 1800, exprimée en années juliennes. t	LONGITUDES observées. l''	INDICATION des passages de l'Almageste où ces observations sont rapportées.
α Vierge (l'Épi).	3ᵉ pér., année 32	—1945	173°.30′	Liv. III, chap. II, p. 156, éd. de Halma.
α Vierge........	3ᵉ pér., année 43	—1934	174.45	*Id.* *Id.*
α Lion (Régulus).	3ᵉ pér., année 50	—1927	119.50	Liv. VII, chap. II, p. 12.

Pour comparer ces observations à nos formules théoriques, j'ai d'abord calculé, par celles-ci, les éléments de la précession pour chacune des valeurs de t qui y correspondent, et j'ai trouvé les résultats suivants :

DISTANCE à l'année 1800. t	n	L	ψ'
— 1945	— 0°.15′.47″,93	+ 2°.52′.55″	— 27°. 2′. 9″,3
— 1934	— 0.15.42,46	+ 2.54.28	— 26.53. 1,3
— 1927	— 0.15.38,98	+ 2.55.27	— 26.47.12,5

Dans un Mémoire sur la constante principale de la précession, publié à Pétersbourg, en 1842, M. Otto Struve a consigné les valeurs qu'il a obtenues pour les mouvements propres d'un grand nombre d'étoiles, en comparant le catalogue de Bradley pour 1755, à celui de Dorpat pour 1830, publié par M. Argelander. Relativement à l'Épi, les quantités qu'il trouve sont trop petites pour qu'il me semble possible d'en répondre; et conséquemment, j'ai considéré cette étoile comme étant demeurée fixe sur la sphère céleste. Quant à Régulus, le mouvement de déclinaison trouvé par M. Struve est encore plus petit, et je le négligerai par le même motif. Mais le mouvement propre d'ascension droite serait de $-17'',69$ en 70 ans, ce qui produirait $-486'',98$ en 1927 ans, si on le suppose uniforme. Son sens négatif diminuant l'ascension droite à mesure que le temps augmente, le Régulus d'Hipparque, s'il était resté fixe, aurait une ascension droite plus forte de $486'',98$ que le Régulus réel de 1800. On obtiendra donc très-approximativement ses coordonnées équatoriales pour cette dernière époque, si l'on ajoute cette quantité à l'ascension droite qu'avait, en 1800, le Régulus visible, et lui appliquant une déclinaison égale. C'est ce que j'ai fait, et, par conversion, j'en ai déduit les coordonnées écliptiques du Régulus d'Hipparque, telles qu'elles auraient dû être en 1800, s'il ne s'était pas déplacé alors; il ne m'est plus resté qu'à calculer les valeurs théoriques de l'', aux trois époques des observations d'Hipparque, d'après les valeurs correspondantes de l et de λ en 1800, propres aux deux étoiles demeurées fixes. De là est resulté le tableau suivant qui se comprendra sans autre explication :

…nat. …toiles …sidé- …main- …ues …t fixe sur …phère …leste.	LONGITUDE en 1800. l	LATITUDE en 1800. λ	DISTANCE de l'observ. à l'année 1800, exprim., en années julienn.	TERME ADDITIF à ψ'. $-n \cos(l+') \tang \lambda$	RÉDUCTION de transport applicable à la longitude de 1800.	LONGITUDE à l'époque de l'observat. d'Hipparque. Selon la théorie. l''	Selon l'Almageste. l''	EXCÈS relatif de la longitude calculée par la théorie.
…pi. .	201° 3′ 0″,00	−2° 2′ 20″	−1945	+ 0° 0′ 30″,8	−27° 1′ 38″	174° 1′ 22″	173° 30′	+0° 31′ 22″
…pi. .	201. 3. 0,00	−2. 2.20	−1934	+ 0.0.30,7	−26.53. 1	174.10.30	174.45	−0.34.30
…ulus.	147.10.19,65	+0.30.13	−1927	− 0.0. 7,1	−26.47.20	120.23. 0	119.50	+0.33. 0

La dernière colonne de ce tableau manifeste évidemment deux résultats : le premier, c'est que les trois observations d'Hipparque ne s'écartent des indications théoriques que d'environ un demi-degré, soit en plus, soit en moins; le second, c'est que, dans les deux observations de l'Épi, les écarts de signes contraires se compensent si approximativement, que leur moyenne offre seulement un excès négatif de $1' 34''$, quantité dont il était impossible de répondre par les procédés de détermination employés alors (*). Rien ne prouve qu'une compensation aussi proche ne s'obtiendrait pas également pour Régulus, si, au lieu d'une évaluation unique et isolée de sa longitude, Ptolémée nous en avait transmis plusieurs, dont le concours aurait pareillement atténué les incertitudes propres. Ces épreuves suffisent donc pour nous assurer que les applications de nos formules de transport peuvent être légitimement étendues jusqu'au temps d'Hipparque sans y être affectées d'une erreur constante de quelque valeur. A plus forte raison, elles devront être encore moins suspectes d'une erreur de ce genre pour l'époque du catalogue de Ptolémée, qui est moins distante. Par conséquent, si les positions rapportées dans ce catalogue ont été déduites d'observations réelles, leur comparaison avec nos formules ne pourra présenter que des discordances accidentelles, variant de sens et de grandeur dans les limites d'incertitude que ces observations comportaient. Mais l'ensemble ne devra pas se montrer vicié par une erreur notable qui les affecte toutes dans un même sens. Or c'est précisément ce qui a lieu, comme on va le voir.

417. Afin de mettre ce résultat en évidence, j'ai choisi, dans le catalogue de Ptolémée, 18 étoiles réparties sur le contour de l'écliptique, assez proches de ce plan pour que la détermination effective de leurs longitudes n'offre pas de difficultés particulières, et, qu'en outre, les évaluations correspondantes, qui se déduisent des formules de transport, pussent être obtenues avec une suffi-

(*) En rapportant ces deux observations de l'Épi, Ptolémée indique le sens présumable d'erreur qu'Hipparque attribuait à chacune d'elles. Selon lui, celle de l'année 32 plaçait l'étoile en avant de l'équinoxe, à une distance plutôt trop forte que trop faible; celle de l'année 43, au contraire, la plaçait à une distance de ce même équinoxe, plutôt trop faible que trop forte. Ainsi, au jugement d'Hipparque, la première donnait la longitude absolue un peu trop petite; la deuxième, un peu trop grande. Ce sont précisément les sens d'erreur que la théorie moderne leur assigne dans les deux cas.

TABLEAU P, afférent à la page 611.

Comparaison des longitudes d'étoiles données par Ptolémée, avec les longitudes calculées théoriquement pour l'époque fondamentale de son catalogue, le commencement du règne du premier Antonin, date égyptienne; de l'ère de Nabonassar, année 885, 1er jour; de l'ère chrétienne, année + 137, 20 juillet.

NUMÉROS d'ordre.	DÉSIGNATION des étoiles considérées.	LONGITUDE en 1800. l	LATITUDE en 1800. λ	TERME ADDITIF à l', ... sin (l+L) tang λ	RÉDUCTION de transport appliquée à la longitude de 1800	LONGITUDE à l'époque du catalogue de Ptolémée. Selon la théorie l''	Selon le catalogue l'	EXCÈS de la longitude calculée.	ÉCARTS des excès partiels autour de leur moyenne.	REMARQUES.
1	γ Pégase	6°.21'. 9"	+ 12°.35'.47",5	+ 0°. 1'.23",9	− 23°. 4'.56"	343°.17'.13"	341°.10'. 0"	+ 2°. 7'.13"	− 0°. 2'.13"	
2	α Poissons	26.34.47	− 9. 4.58,2	− 0. 1.54,4	− 23. 9.22	3.22.32	1.30. 0	[illegible]	− 0.11.38	
3	α Cassiopée	35. 0.36	+ 46.36.27	+ 0.21.38,4	− 23.33.17	11. 4.21	10.30. 0	[illegible]	[illegible]	
4	α Baleine	41.21.32	− 12.35.28	− 0. 2. 7,5	− 23. 9.34	18.22. 1	17.40. 0	[illegible]	− 0.25.29	
5	α Taureau	66.59.47	− 5.28.40	− 0. 4.18,7	− 23.11.42	43.45.36	42.40. 0	[illegible]	+ 0. 0.22	
6	β Orion	74. 3. 1	− 31. 8.45	− 0. 2.14,3	− 23. 9.38	50.53. 3	50.50. 0	[illegible]	− 1. 4. 7	
7	γ Orion	80.54.47	− 16.53.37	− 0. 0.39,4	− 23. 7.46	57.46.53	57. 0. 0	+ 0.46.53	+ 0.20.37	
8	α Orion	85.27.38	− 16. 4. 7	− 0. 0.16,4	− 23. 5.40	62. 4.58	62. 0. 0	[illegible]	− 0.17.32	
9	β Gémeaux	105.43.40	+ 6.12. 8	+ 0. 0. 8,8	− 23. 7.23	82.36.17	81.40. 0	+ 0.56.17	− 0.13.13	
10	α Lion	147. 9.18	+ 0.27.51	− 0. 0. 8,1	− 23. 7.30	124. 2.48	122.30. 0	+ 1.32.48	+ 0.34.18	La longitude calculée est dépendante du mouvement propre de l'étoile.
11	α Vierge	201. 3. 0	− 2. 2.20	[illegible]	− 23. 6.37	177.56. 1	176.40. 0	+ 1.16. 1	+ 0. 8.39	
12	α² Balance	222.17.33	+ 0.21.39	− 0. 0. 3,5	− 23. 7.27	199.10. 8	198. 0. 0	+ 1.10. 8	+ 0. 0.38	
13	β Scorpion	240.18.47	+ 1. 5. 8	− 0. 0. 8,4	− 23. 7.36	217.16.17	216. 8.20	[illegible]	[illegible]	
14	Antarès	246.58. 0	− 4.32.29	+ 0. 0.21,4	− 23. 7.49	223.50.43	222.40. 0	+ 1.10.43	[illegible]	
15	α Hercule	253.21.21	+ 37.18.44	− 0. 0.19,6	− 23. 9.43	230.11.38	227.40. 0	+ 2.31.38	+ 1.24. 8	
16	γ Aigle	298. 9.12	+ 31.16. 7	+ 0. 4.17,9	− 23. 3. 6	275. 6. 6	273.10. 0	+ 1.56. 6	+ 0.48.30	
17	α² Capricorne	301. 3.23,5	+ 6.57. 4	− 0. 0.53,96	− 23. 6.27,6	277.57.26	277.20. 0	[illegible]	− 0.30. 4	
18	β Verseau	320.38.40	+ 10.40.34	+ 0. 0.17,0	− 23. 3. 6	297.38.39	296.40. 0	[illegible]	[illegible]	
	Excès moyen des longitudes calculées sur les longitudes du catalogue							+ 1. 8.[illegible]		

sante exactitude, en s'arrêtant au terme de l'expression de l'' qui contient en facteur la première puissance de tang λ. J'ai eu soin aussi de prendre ces étoiles parmi celles dont les mouvements propres sont reconnus assez faibles pour qu'on pût en négliger l'effet, comparativement aux incertitudes des anciennes observations. Effectuant alors le calcul avec les trois constantes du transport relatives à l'époque du catalogue de Ptolémée, desquelles j'ai donné plus haut les valeurs, j'ai obtenu les résultats consignés dans le tableau P annexé en regard de la présente page. Je n'ai fait porter l'épreuve que sur les longitudes, parce que les changements séculaires des latitudes ne pouvant pas excéder l'angle n, qui est ici 13′28″, ils se confondraient avec les erreurs que comportent les déterminations absolues de cet élément dans le catalogue de Ptolémée.

418. En jetant les yeux sur l'avant-dernière colonne, on voit que les longitudes théoriquement calculées excèdent toutes, sans aucune exception, les longitudes correspondantes du catalogue. La grandeur moyenne de cet excès est double des écarts individuels, de sens variable, que nous avons trouvés entre la même théorie et les déterminations plus distantes d'Hipparque. On ne peut donc y reconnaître qu'une erreur constante, propre à toutes les longitudes du catalogue. Si on les en dépouille par différence, comme on l'a fait dans la dernière colonne du tableau, deux seulement, sur les 18, conservent des écarts notables de sens divers, et toutes les autres ne présentent plus que des oscillations accidentées, de l'ordre des erreurs que les déterminations d'Hipparque nous avaient offertes, étant prises isolément.

419. Ce vice général du catalogue de Ptolémée devient très-explicable, s'il n'a fait que transporter les longitudes d'Hipparque à l'époque du premier Antonin, en leur appliquant la fausse valeur de 36″ par année, qu'il attribuait à la précession mesurée sur l'écliptique. La plus ancienne observation d'Hipparque qu'il nous rapporte est antérieure à cette époque de 283 ans, la dernière de 265, comme on le conclut des valeurs de t qui y correspondent. A défaut d'indication plus précise, prenons la moyenne de ces différences, qui sera 274 ans. Pour cet intervalle, la fausse précession de 36″ donnera un arc total de 2°44′24″, qui devra être simplement ajouté à toutes les longitudes primitives, puisque Ptolémée supposait l'écliptique absolument fixe. Maintenant voyons ce que donne la théorie. La valeur de ψ', pour la plus ancienne observation d'Hipparque, est — 27° 2′ 9″,3; pour la plus récente, — 26° 47′ 12″,5; en moyenne, — 26° 54′ 40″,9. La valeur analogue pour l'époque du catalogue de Ptolémée est — 23° 7′ 23″,5. La différence 3° 47′ 17″,4 exprime donc l'arc de précession réel qu'il aurait dû ajouter aux longitudes d'Hipparque, pour les transporter à cette dernière date; et s'il leur a seulement ajouté 2° 44′ 24″, celles qu'il obtient doivent être toutes trop faibles de 1° 2′ 53″,4, abstraction faite des erreurs dont elles peuvent être individuellement affectées. Nous avons trouvé 1° 7′ 30″ par les 18 étoiles que nous avons choisies. La différence 0° 4′ 36″,6 est bien petite, comparativement aux incertitudes individuelles des observations mêmes. Elle peut résulter d'une imparfaite compensation de leurs erreurs propres, dans ce petit nombre que nous avons combiné. Elle peut tenir aussi à ce que la date moyenne du catalogue d'Hipparque aurait été de quelques années antérieure aux trois seules déterminations qui nous restent de lui, ou encore à ce que Ptolémée n'aurait pas augmenté toutes ses longitudes d'une quantité rigoureusement constante, et mathématiquement conforme à la fausse précession de 36″, précaution qui eût été, en effet, indispensable pour déguiser un emprunt qu'il n'aurait pas voulu avouer. Ainsi, en résumé, sans avoir ici une démonstration absolue de ce vieux plagiat, nous devons reconnaître qu'il est, au moins, extrêmement vraisemblable. Car, si Ptolémée avait réellement déterminé, par observation, ce grand nombre de longitudes qu'il rapporte, il y a bien peu de probabilité pour qu'on les trouvât toutes affectées, comme elles le sont, d'une erreur commune si considérable, et en même temps si conforme, pour le sens comme pour la grandeur, à celle qu'il aurait dû commettre en ne faisant que transporter les longitudes d'Hipparque par l'application de la fausse valeur qu'il attribuait à la précession.

420. On n'a pas toujours des éléments de comparaison aussi précis que ceux dont nous venons de faire usage. Par exemple, on peut avoir seulement trouvé dans un ancien texte ou sur un monument sculpté, l'indication d'un fait astronomique, daté ou non daté. Si la réalisation de ce fait est théoriquement possible, en introduisant dans les formules les relations astronomiques dont il dépend ou qu'il suppose, on retrouvera, par le calcul, l'ancien état du ciel qui avait lieu à l'époque où il s'est produit, et l'on retrouvera aussi cette époque même. En comparant ces résultats théoriques au phénomène que l'on donne pour avoir été réellement observé, l'accord ou la discordance montrera si l'indication historique est vraie ou fausse, certaine ou douteuse. N'y a-t-il aucun doute sur le fait, et les textes qui l'attestent comme observé sont-ils incontestables, on vérifiera l'exactitude de la date à laquelle ils le placent. Enfin, si cette date est précise, et l'observation digne de toute confiance, tant pour sa réalité que pour son exactitude, on peut, au moyen de cette comparaison, vérifier l'exactitude des Tables astronomiques modernes, confirmer ainsi la théorie de l'attraction dont elles dérivent, et connaître jusqu'à quel nombre de siècles, en avant ou en arrière, on peut les étendre sans crainte d'erreur. Je vais rapporter des exemples de ces diverses applications.

421. Je choisirai pour cela les observations chinoises, relatives à l'obliquité de l'écliptique et à la position des équinoxes, qui ont été discutées et calculées par Laplace dans la *Connaissance des Temps* pour l'année 1811; l'exemple en sera d'autant plus frappant, que la réalité de ces observations a été révoquée en doute par quelques auteurs. On verra par la discussion suivante qu'ils ne l'eussent pas fait, s'ils eussent eu les connaissances nécessaires pour sentir et apprécier la force des preuves astronomiques que nous allons rapporter. J'exposerai d'abord ces applications en me servant des mêmes formules de transport, rendues empiriquement indéfinies, dont Laplace a fait usage, afin que les résultats auxquels nous parviendrons se trouvent numériquement identiques à ceux qu'il a consignés dans son Mémoire et dans le *Système du monde*. Mais j'effectuerai ensuite les mêmes déterminations par les formules approximatives que nous avons préparées, page 337, en partant de l'année 1800. Cela nous fera reconnaître que celles-ci, dont le calcul est beaucoup plus facile, peuvent être étendues avec tout autant de sûreté aux époques les plus distantes, où l'on puisse trouver quelques vestiges de résultats astronomiques numériquement exprimés. Car, même alors, elles ne s'écartent des formules de Laplace que de quantités très-faibles, et complétement négligeables comparativement aux incertitudes que comportent les déterminations de ces temps éloignés.

La plus ancienne de ces observations, et même de toutes les observations qui nous soient parvenues sur la même matière, est attribuée à Tcheou-koung, frère de Vou-vang, empereur de la Chine, qui, suivant les calculs de Fréret et du P. Gaubil, savant missionnaire, vivait 1100 ans avant l'ère chrétienne. Une ancienne tradition, conservée dans des livres très-anciens, dont l'autorité passe, chez les Chinois, pour incontestable, rapporte que Tcheou-koung observa la longueur de l'ombre, à midi, au solstice d'été, dans la ville de Lo-yang, avec un gnomon de 8 pieds chinois. Il la trouva de 1 pied 5 pouces, c'est-à-dire $1^p,5$, car le pied chinois se divise en décimales. Cette tradition paraît d'autant plus croyable, que l'on sait que les Chinois, par leur culte et par leurs usages, ont été de tout temps adonnés à l'observation des ombres méridiennes des gnomons. On sait, de plus, que l'ancien livre où l'observation de Tcheou-koung se trouve rapportée, est du petit nombre de ceux que des motifs religieux et politiques firent excepter de la proscription, lorsque l'empereur Tsin-chi-hoang ordonna l'incendie générale des livres chinois, 246 ans avant l'ère chrétienne; exception qui donne encore une nouvelle probabilité à l'observation de Tcheou-koung.

Suivant une autre tradition rapportée pareillement dans les livres chinois, et citée par le P. Gaubil et par d'autres savants missionnaires, Tcheou-koung avait aussi observé, dans la ville de Lo-yang, la longueur de l'ombre du même gnomon au solstice d'hiver, et il l'avait trouvée de 13 pieds chinois.

Puisque nous connaissons les longueurs des ombres méridiennes dans les deux solstices, nous pouvons en déduire les deux distances du soleil au zénith de la ville de Lo-yang. La demi-somme de ces distances sera la latitude géographique de cette ville; leur demi-circonférence sera l'obliquité de l'écliptique qui avait lieu à l'époque de ces observations.

Commençons par le solstice d'été. La longueur de l'ombre étant de $1^p,5$, et celle du gnomon de 8, le rayon lumineux extrême faisait avec l'axe du gnomon, c'est-à-dire avec la verticale, un angle dont la tangente trigonométrique était exprimée par $\frac{1,5}{8}$; cet angle, étant évalué par les Tables de sinus, répond à $10^\circ 37' 10'',77$ de la division sexagésimale. Or ce rayon prolongé jusqu'au soleil n'aboutissait point à son centre, mais au bord supérieur de son disque. Ainsi l'angle $10^\circ 36' 10'',7$ exprime la distance apparente du bord supérieur du soleil au zénith; pour avoir la distance vraie de ce même bord, il faut y ajouter la réfraction moins la parallaxe. L'observateur chinois ne connaissait ni l'une ni l'autre de ces corrections; le baromètre et le thermomètre n'existaient point alors. Il faut donc faire une supposition sur la pression barométrique et sur la température. Nous prendrons pour la première $0^m,76$, et pour la seconde $+25^\circ$ de la division centésimale: la première est celle qui a lieu ordinairement au niveau de la mer; la seconde paraît assez convenir au climat de Lo-yang, le jour du solstice. Au reste, une petite erreur sur ces éléments n'aurait sur le résultat qu'une influence négligeable, comparativement aux erreurs que comportent des observations de gnomon. Avec ces données et la distance zénithale observée, on trouve pour la réfraction $10'',32$; pour la parallaxe, $1'',28$; différence, $9'',04$: de plus, le demi-diamètre du soleil à cette époque de l'année était $15' 47'',7$; on aura donc la distance zénithale du centre ainsi qu'il suit:

Distance apparente du bord supérieur du soleil au zénith de Lo-yang	$10^\circ 37' 10'',77$
Réfraction moins parallaxe	$+9'',04$
Distance vraie	$10^\circ 37' 19'',81$
Demi-diamètre du soleil	$15' 47'',70$
Distance vraie du centre du soleil au zénith de Lo-yang au solstice d'été	$10^\circ 53' \; 7'',51$

En répétant un calcul semblable pour l'observation du solstice d'hiver, on trouve :

Distance apparente du bord supérieur du soleil au zénith de Lo-yang	58° 23′ 33
Réfraction moins parallaxe	1′ 26″,78
Distance vraie	58° 24′ 59″,78
Demi-diamètre du soleil	16′ 14″,03
Distance vraie du centre du soleil au zénith de Lo-yang au solstice d'hiver	58° 41′ 13″,81
Demi-somme des distances solsticiales, ou latitude du gnomon	34° 47′ 10″,66
Demi-différence ou obliquité de l'écliptique à l'époque des observations	23° 54′ 3″,15

Nous avons deux moyens d'éprouver la vérité de ces résultats, et par conséquent la réalité des observations : c'est de comparer la latitude à celle qu'ont observée les missionnaires, et l'obliquité à celle que nos formules donnent pour l'époque que Fréret assigne aux observations de Tcheou-koung.

La ville de Lo-yang, au rapport du P. Gaubil et de tous les missionnaires, est la même que celle qui s'appelle aujourd'hui Ho-nan-fou. Trois observations de latitude y ont été faites par les missionnaires: la première donne 34° 52′ 8″; la seconde, 34° 46′ 15″; la troisième, 34° 43′ 15″ : la moyenne 34° 47′ 13″ ne diffère que de 2″ du résultat de Tcheou-koung. Cet écart paraîtra bien petit si l'on considère que les observations même des missionnaires ne s'accordent pas tout à fait entre elles, et si l'on fait attention à la difficulté d'observer bien exactement l'extrémité de l'ombre d'un gnomon. Une si faible différence paraît donner un haut degré de probalilité à l'observation chinoise.

Cependant on pourrait objecter encore que les missionnaires, jaloux d'exalter l'antiquité de l'empire de la Chine, ce qui a été reproché quelquefois au P. Gaubil lui-même, bien injustement à ce qu'il me semble, ont pu arranger leurs observations de latitude de manière à tomber d'accord avec le résultat de l'astronome chinois. Ou bien encore on pourrait dire qu'ils ont inventé et fabriqué ces prétendues observations de Tcheou-koung, d'après les leurs, et qu'ils les donnent aujourd'hui comme anciennes, afin d'appuyer leurs systèmes chronologiques.

Tous ces doutes seront levés si nous comparons l'obliquité résultante des observations de Tcheou-koung avec celles que donnent les formules, pour l'époque de 1100 ans avant notre ère, époque à laquelle, d'après les témoignages historiques, Fréret et le P. Gaubil ont cru tous deux devoir rapporter la régence de ce prince (*). Car ni Fréret, ni le père Gaubil, ni aucun des missionnaires, n'ont pu avoir aucune connaissance de ces formules, puisqu'en 1712, à l'époque où les missionnaires observèrent la latitude de Lo-yang, les astronomes étaient encore incertains si l'obliquité de l'écliptique était variable ou constante. Or l'expression générale de cette obliquité, que nous avons rapportée dans la page 93, donne $23^{\circ}51'58'',03$ pour sa valeur en mesures sexagésimales, 1100 ans avant l'ère chrétienne (**). Ce

(*) Les calculs de Fréret, fondés sur les périodes que présente le calendrier chinois, fixent l'époque de la régence de Tcheou-koung entre les années 198 et 1104 avant notre ère; en quoi il est d'accord avec le P. Gaubil.

(**) En nommant l'obliquité apparente ω', cette formule était, d'après Laplace,

$$\omega' = 26^{gr},0812 - 1^{gr},03304 \sin(t.99'',1227) - 0^{gr},73532 \sin^2(t.21'',5223).$$

L'origine du temps t est l'année 1750 : ainsi 1100 ans avant notre ère, on avait $t = -2850$. En calculant avec cette valeur de t, on trouve $\omega' = 26^{gr},51791$, ou, en degrés sexagésimaux, $23^{\circ}51'58'',03$, comme je l'ai dit dans le texte. L'énoncé décimal de ω' est celui qui est rapporté en tête du tableau de la page 90.

Avec notre formule approximative de la page 337, on a, en mesures sexagésimales,

$$\begin{array}{c}\qquad(\bar{1},6770683)\qquad(\bar{6},2562775)\\ \omega' = \omega_0 - 0'',47541\, t - 0'',00000180417\, t^2.\end{array}$$

La constante ω_0 a pour valeur $23^{\circ}27'54'',5$. Ici le temps t est long à partir de l'année 1800, ce qui donne, pour l'époque de Tcheou-koung, $t = -2900$. Il en résulte

$$\omega' = \omega_0 + 1378'',69 - 15'',17 = 23^{\circ}50'38'',0;$$

c'est le nombre que j'ai rapporté.

résultat diffère seulement de 2′5″,12 de celui que donnent les ombres du gnomon, observées aux deux solstices. Avec nos formules approximatives, partant de 1800, l'obliquité calculée pour la même époque serait 23° 50′ 38″,0; ce qui porterait la différence correspondante à 3′ 25″,15, dans le même sens. Mais il n'y a pas lieu de choisir entre ces deux évaluations : car, quelle que soit celle que l'on adopte, on ne saurait attendre un accord plus proche, entre des expressions mathématiques et des observations de gnomon à style, où l'extrémité de la pénombre est si difficile à reconnaître. On doit donc en conclure que cette observation de Tcheou-koung est très-certaine; car, pour qu'elle fût supposée d'après l'évaluation postérieure de la latitude, il faudrait non-seulement que la différence des deux hauteurs solsticiales eût été arrangée conformément au décroissement véritable de l'obliquité de l'écliptique, il faudrait encore que chacune de ces distances en particulier eût été arrangée aussi conformément à cette loi, qui était alors inconnue : car chacune de ces distances, combinée avec la latitude des missionnaires, s'accorde également avec les formules. Ces suppositions sont tellement invraisemblables, on pourrait dire tellement impossibles, que la réalité de ces anciennes observations ne peut nullement être mise en doute; et tant de justesse dans les résultats, avec de pareils instruments, suppose une longue habitude d'observer.

422. Tcheou-koung avait également déterminé par ses observations le moment du solstice d'hiver; mais elles ne nous ont pas été transmises. Nous savons seulement, par les lettres des missionnaires, que, suivant Tcheou-koung, l'ascension droite du solstice d'hiver surpassait de 2 degrés chinois l'ascension droite de la constellation *Nü*, constellation qui commence par ε du Verseau. Ainsi, en retranchant 2 degrés chinois, ou 1° 58′ 17″, de l'ascension droite du solstice d'hiver, qui est de 270°, la différence 268° 1′ 43″ sera, suivant le témoignage de Tcheou-koung, l'ascension droite de ε du Verseau à l'époque où il observait. Voyons si la chose a pu être ainsi à l'époque que nous avons assignée à Tcheou-koung, c'est-à-dire 1100 ans avant l'ère chrétienne.

Au commencement de 1750, la longitude de ε du Verseau était. . . . . $l = 308^\circ\, 14'\, 10''$

Sa latitude était . . . . $\lambda = \;\; 8^\circ\;\, 6'\, 20''$ bor.

En comparant les catalogues de Bradley et de Mayer avec celui de Piazzi, on voit que cette étoile n'éprouve point d'autres déplacements que ceux qui sont causés par la précession, l'aberration et la nutation. Elle n'a donc point de mouvement propre sensible.

Maintenant, pour déduire de ces données sa déclinaison et son ascension droite, 1100 ans avant l'ère chrétienne, ou 2850 avant l'époque de 1750, il faut employer la méthode exposée dans le n° 98, page 144, et faire usage des formules que nous avons rapportées page 147, en conservant toujours la notation que nous avions adoptée alors. On supposera dans les formules le temps $t = -2850$; et avec cette valeur, on trouvera :

Obliquité de l'équateur sur l'écliptique fixe de 1750, 1100 ans avant l'ère chrétienne. . . $\omega = \;\; 23^\circ\, 32'\, 48''$

Déplacement du point équinoxial sur l'écliptique fixe entre les deux époques. . . . $\psi = -\;\, 40^\circ\;\, 2'\, 43''$

Déplacement du point équinoxial sur l'écliptique mobile. $\psi' = -\;\, 39^\circ\, 23'\, 32''$

Déplacement du point équinoxial sur l'équateur. . . . $\dfrac{\psi - \psi'}{\cos\omega} = -\;\; 0^\circ\, 42'\, 44'',5$

Ajoutant ψ à la longitude de l'étoile, en 1750, on aura cette longitude rapportée à l'intersection de l'équateur sur l'écliptique fixe, 1100 ans avant notre ère. . . . . . . $l' = l + \psi = \;\; 268^\circ\, 11'\, 27''$

Avec la longitude $l + \psi$, la latitude λ et l'obliquité ω, on peut calculer l'ascension droite de l'étoile rapportée à cette même intersection de l'équateur, avec l'écliptique fixe de 1750. Il ne faut pour cela qu'appliquer les formules de la page 77; on trouvera ainsi pour la valeur de cette ascension droite. . . . $a' = 268^\circ\ 8'\ 31''$

Retranchant de cette ascension droite le mouvement du point équinoxial sur l'équateur ou $\frac{\psi - \psi'}{\cos\omega}$, on aura la même ascension droite rapportée à cette époque, à l'équinoxe vrai. . . . . $a'' = a' - \alpha' = 268^\circ 51' 16''$

Telle était donc, d'après nos formules, l'ascension droite de ε du Verseau, 1100 ans avant notre ère. Cette valeur surpasse seulement de 49′ 33″ la détermination attribuée à Tcheou-koung. Cette différence, ajoute Laplace, paraîtra fort petite, si l'on considère l'incertitude de l'époque précise des observations sur lesquelles cette détermination est fondée ; il suffirait de remonter de 54 ans au delà de 1100 ans avant l'ère chrétienne, pour faire disparaître cette différence, et alors l'observation se rapporterait au temps de Ou-en-ouang, père de Tcheou-koung, prince que le P. Gaubil nous dit avoir aimé et cultivé l'astronomie. L'imperfection des observations peut être aussi pour quelque chose dans cette différence. Les astronomes chinois déterminaient l'instant du solstice en observant des longueurs égales de l'ombre du gnomon 40 ou 50 jours avant et après le solstice, et ils prenaient l'époque moyenne entre toutes ces observations correspondantes. Cette méthode serait exacte, si le grand axe de l'ellipse solaire coïncidait avec les solstices : dans ce cas, la marche du soleil en déclinaison serait symétrique de part et d'autre du solstice, comme l'ellipse qu'il décrit l'est de part et d'autre de son grand axe. Mais à l'époque de Tcheou-koung, 1100 ans avant notre ère, cette coïncidence était fort éloignée d'avoir lieu; il en doit, par conséquent, déjà résulter quelque erreur sur la position du soleil à l'instant du solstice. Une cause d'erreur plus à craindre encore dans cette détermination, était la manière de rapporter le solstice aux étoiles, et de fixer sa position dans le ciel. Pour y parvenir, voici la méthode que l'on employait : On partait de l'instant du solstice déterminé par les observations du gnomon, et douze heures après cet instant, dans la nuit suivante, on observait les étoiles qui se trouvaient dans le plan du méridien. L'ascension droite de ces étoiles était donc celle du point de l'équateur diamétralement opposé au solstice que l'on avait observé : c'était, par conséquent, le solstice d'hiver, si l'observation était faite au solstice d'été, ou réciproquement. Or, pour employer ce procédé, il faut mesurer exactement un intervalle de 12 heures. Il paraît, d'après le P. Gaubil, qu'on se servait alors de clepsydres. On mesurait le temps qu'un vase employait à se remplir à diverses hauteurs, en y faisant couler l'eau d'un vase plus élevé. On sent combien cette manière de mesurer le temps doit offrir d'incertitudes, et 3 minutes d'erreur sur un intervalle de 12 heures suffisent pour expliquer l'erreur de la détermination de Tcheou-koung, puisque 3′ de temps font 45′ en arc. Nous sommes donc encore ici ramenés à la même conclusion où nous avait conduits le calcul des hauteurs méridiennes: c'est que les observations attribuées à Tcheou-koung, par les historiens chinois et par tous les missionnaires, sont incontestables, qu'elles se rapportent très-bien à l'époque de 1100 ans avant notre ère, que Fréret et le P. Gaubil assignent pour celle de la régence de ce prince; et qu'enfin, loin de révoquer ces observations en doute, on doit plutôt s'étonner qu'on ait pu en faire d'aussi exactes à une pareille époque et avec de pareils instruments.

423. La méthode trigonométrique de transport que nous avons suivie dans cet exemple est, en elle-même, très-simple. Mais le calcul préliminaire des éléments ω, ψ et α', par les formules en sinus de Laplace, est fort pénible. C'est pourquoi il sera utile de montrer, par une épreuve comparative, que, même pour des applications aussi distantes, on peut les déduire immédiatement des expressions approximatives que nous avons préparées page 337, sans que les résultats obtenus diffèrent de quantités dont on puisse répondre, dans les anciens documents astronomiques que l'on veut reconstruire ou apprécier.

Ces expressions partent du 1er janvier 1800. Pour cette époque, le catalogue inséré dans la *Connaissance des Temps* pour l'année 1804 assigne aux coordonnées écliptiques de ε du Verseau les valeurs suivantes :

$$l = 308^\circ 55' 54'', \qquad \lambda = +8^\circ 6' 12'';$$

de + 1800 à − 1100, l'intervalle t est − 2900. Avec cette valeur de t, nos formules approximatives donnent directement :

$$\omega = 23^\circ 28' 58'',9, \quad \psi = -40^\circ 51' 28'',5, \quad \alpha' = -0^\circ 6' 12''.$$

L'évaluation de α' pourrait sembler suspecte, parce que le terme qui a pour facteur le carré de t s'y trouve plus que quadruple de celui qui a pour facteur sa première puissance : car ce fait pourrait être considéré comme un symptôme de divergence dans le développement de α'. Mais la note annexée précédemment à la page 335 détruit ce soupçon, en montrant que le terme affecté de t^3, qui suit ces deux-là, est affaibli par la petitesse de son coefficient numérique, au point de rester négligeable, même à des époques aussi distantes. Or, en effet, si l'on calcule α' par son expression exacte $\frac{\psi - \psi'}{\cos \omega}$, dans l'exemple actuel, le nombre de secondes d'arc qui le termine se trouve être 29'',1, au lieu de 28'',7 ; ce qui fait une différence tout à fait insignifiante pour l'application.

Le calcul s'achève ensuite comme tout à l'heure. Ainsi, les coordonnées écliptiques l, λ de l'étoile étant transportées à leur origine antérieure sur l'écliptique fixe de 1800, deviennent ici

$$l' = l + \psi = 268^\circ 4' 25'',5, \qquad \lambda' = \lambda = +8^\circ 6' 12''.$$

Alors, en les transformant en coordonnées équatoriales avec l'obliquité ω, elles donnent l'ascension droite a' comptée de la même origine, laquelle se trouve être

$$a' = 268^\circ\, 1'\, 20'',1\,;$$

et, en transportant cette origine au point équinoxial de l'ancienne époque, on aura enfin

$$a'' = a' - \alpha' = 268^\circ\, 42'\, 48'',8.$$

Ce résultat ne diffère de celui de Laplace que d'une quantité sans importance, parce que les constantes théoriques ne sont pas assez sûres pour que l'on puisse en répondre à des époques si éloignées. Mais, dans l'incertitude qu'il comporte, il se rapproche encore un peu plus de l'ancienne observation que le sien. On pourra donc, pour toutes les épreuves aussi distantes, calculer sans crainte les éléments du transport ω, ψ, par nos expressions approximatives, dont l'emploi numérique sera toujours beaucoup plus facile et plus abrégé.

424. On voit, par cet exemple, comment les observations anciennes peuvent être comparées aux Tables astronomiques modernes. Si ces observations peuvent être regardées comme plus exactes que les Tables à cette distance, où l'on entreprend de les étendre, alors on peut regarder la différence comme l'erreur des Tables; et, en faisant varier les éléments de ces dernières d'une quantité fort petite et indéterminée, on en déduit une équation de condition entre l'erreur observée des Tables et les erreurs indéterminées des éléments.

C'est en comparant ainsi les Tables astronomiques avec les anciennes observations grecques, arabes, perses et chinoises, que l'on a pu constater l'exactitude des constantes qu'on y avait introduites, et que l'on avait conclues des seules observations modernes. Mais les plus délicates de ces épreuves se tirent surtout des mouvements de la lune à cause de leur grande rapidité relative. Je ne pourrai donc en parler qu'après que nous aurons établi leurs lois théoriques et phénoménales. En conséquence, continuant de me restreindre aux seules applications de la précession dans lesquelles la théorie des mouvements du soleil est suffisante, je montrerai l'usage qu'on en peut faire pour retrouver ou vérifier les observations relatives aux levers et aux couchers des étoiles, que l'on trouve fréquemment rapportées dans les auteurs anciens. Ces phénomènes, trop vagues pour être maintenant compris dans les indications de notre astronomie perfectionnée, ont été, pendant bien des siècles, les seuls éléments des calendriers de la Grèce, de Rome et probablement de l'Égypte. On les y annonçait, sans doute, dans les premiers temps, d'après l'expérience habituelle, plus tard d'après des globes célestes ou par le calcul, en concordance avec les époques solaires qui les ramenaient annuellement sur l'horizon du lieu auquel le calendrier était destiné, et on les accompagnait de pronostics météorologiques semblables à ceux de nos almanachs populaires. Le Traité de Ptolémée, intitulé: *Des apparitions des fixes*, est un calendrier de ce genre, dont les annonces sont spécifiées pour les divers parallèles terrestres qui embrassaient les régions du globe où la civilisation romaine avait pénétré. A défaut d'autre science, ces indications servaient aux prévisions des agriculteurs, aux besoins des navigateurs et même aux spéculations des astrologues, dans lesquelles toute l'antiquité avait une croyance universelle, que la propagation du christianisme a pu seule dissiper progressivement. Tout cela n'a plus aujourd'hui qu'un intérêt historique. Mais pour s'y reporter par un calcul rétrograde, il faut rappeler les énoncés précis des phénomènes que l'on avait pour but de spécifier.

On distinguait deux classes de levers et deux classes de couchers: les uns appelés *vrais*, les autres *apparents*. Les premiers étaient caractérisés par la présence simultanée de l'étoile et du soleil dans le plan de l'horizon; ils étaient inobservables à la vue simple. Dans les autres, l'étoile était perceptible pour la première fois, ou pour la dernière fois, à l'horizon, le soleil étant au-dessous de ce plan justement autant qu'il le fallait pour que l'on pût la distinguer dans la lueur crépusculaire. Cette limite d'abaissement a été supposée par Ptolémée de 11° dans le sens vertical, pour les étoiles de première grandeur vues du même côté de l'horizon où se trouve le soleil, et seulement de 7°, quand elles sont vues en opposition avec lui. Relativement aux étoiles de deuxième grandeur, qui sont moins brillantes, il fait les limites analogues de 14° et de 8° 30′.

il n'énonce pas explicitement ces conditions ; mais M. Ideler les a déduites de ses nombres par le calcul : elles ne peuvent avoir rien d'absolument fixe, devant varier avec la transparence de l'air et avec l'acuité d'une vue plus ou moins perçante. Ainsi, pour l'œil armé d'une lunette astronomique, les deux classes de levers et de couchers se confondent, parce que, à l'aide d'un pareil instrument, les étoiles se voient à l'horizon, même quand le soleil s'y trouve simultanément, pourvu qu'elles ne soient pas angulairement très-rapprochées de lui.

425. Toutes les combinaisons de circonstances dans lesquelles ces phénomènes se produisent pour chaque étoile désignée, sont rassemblées dans le tableau suivant, avec les dénominations qu'on y attachait :

L'étoile à l'horizon oriental : LEVER	du mat.	Vrai, ou cosmique : le soleil à l'horizon oriental.
		Apparent, ou héliaque : le soleil sous l'horizon oriental, à la plus grande distance de visibilité.
	du soir	Vrai ou acronique : le soleil à l'horizon occidental.
		Apparent : le soleil sous l'horizon occidental, à la moindre distance de visibilité.
L'étoile à l'horizon occidental : COUCHER	du soir	Vrai ou cosmique : le soleil à l'horizon occidental.
		Apparent ou héliaque : le soleil sous l'horizon occidental, à la plus grande distance de visibilité.
	du mat.	Vrai ou acronique : le soleil à l'horizon oriental.
		Apparent : le soleil sous l'horizon oriental, à la moindre distance de visibilité.

426. Tous les calculs relatifs à ces phénomènes s'établiront très-simplement sur les *fig.* 71^b, 71^a, 72^b, 72^a. Le premier couple se rapporte aux levers des étoiles considérées, le second à leurs couchers. Dans les quatre figures, la sphère céleste, définie par ses différents cercles, est représentée en projection orthogonale sur le plan du méridien local HMZNH. Ainsi, chaque point de ces cercles est reporté sur le tableau par une droite parallèle à la ligne est et ouest. Mais, pour que l'application du raisonnement à ces constructions fût plus facile et plus évidente, on a spécialement adapté chaque couple de figures au problème astronomique que l'on y voulait considérer. Les lignes pleines caractérisent l'hémisphère qui se présente comme antérieur à chaque tableau; et les lignes ponctuées, celui qui est supposé postérieur. D'après cette convention, le premier couple montre en saillie l'hémisphère oriental où les levers s'opèrent; et le second, l'hémisphère occidental où s'opèrent les couchers. Conséquemment, pour regarder les détails des levers, le lecteur est censé faire face à l'ouest, ayant le pôle boréal P à sa droite; pour regarder les détails des couchers, il fait face à l'est, et dans cette position intervertie le même pôle boréal se trouve à sa gauche. Les quatre figures offrent d'ailleurs une analogie complète, que j'ai maintenue dans leurs détails, par l'identité des lettres appliquées aux parties qui se correspondent. Il suffira donc d'expliquer spécialement l'une d'entre elles, pour faire comprendre les trois autres. Je choisis, dans cette intention, la *fig.* 71^b, qui se rapporte aux levers d'une étoile située au nord de l'équateur.

O est le centre de la sphère céleste, P son pôle boréal, OP le demi-axe polaire passant par ces deux points, et contenu avec le cercle méridien dans le plan du tableau; OZ est la verticale du lieu. Le plan de l'horizon et celui de l'équateur, tous deux perpendiculaires au plan du méridien, se coupent dans la ligne d'est et ouest, sur laquelle l'œil est placé à l'infini. Le premier se projette donc suivant la droite HMONH, perpendiculaire à OZ; le second suivant la droite QOQ, perpendiculaire à OP. L'angle dièdre QOM est ainsi le complément de la hauteur du pôle sur l'horizon du lieu, ou $90^o - h$, si h désigne cette hauteur. L'écliptique étant un grand cercle oblique à l'équateur, il se projette suivant une ellipse dont le grand axe ΣΣ est constant et égal au diamètre donné dans le dessin à la sphère figurée. Mais, aux diverses phases du mouvement diurne, le petit axe varie en longueur depuis o jusqu'à 2.OΣ sin ω′, ω′ désignant l'angle dièdre actuel des deux plans. La première limite se réalise lorsque leur commune intersection ♈♎, qui contient les deux équinoxes, coïncide avec la ligne d'est et ouest; la seconde quand elle est dans le méridien. ♈ désigne l'équinoxe vernal, placé au nœud ascendant de l'écliptique sur l'équateur. Nos figures sont construites de manière que ce nœud se trouve amené sur l'hémisphère que le spectateur regarde : au-dessus de l'horizon dans le premier couple, au-dessous dans le second. Cela a pour but de mettre toujours en évidence l'origine commune des arcs de l'équateur et de l'écliptique qui concourent à la formation des triangles sphériques que l'on a besoin de considérer. Les formules établies sur ces types s'étendront, par le seul jeu des signes algébriques, à tous les autres cas.

427. Dans la *fig.* 71^b, S désigne une étoile située au nord de l'équateur, et qui se trouve actuellement à l'horizon oriental. A partir du pôle P, décrivez son cercle de déclinaison PSA, qui sera perpendiculaire en A à l'équateur. AS sera la déclinaison de l'étoile que j'exprime, dans sa spécification boréale, par $+d$, et le segment ♈A de l'équateur représentera son ascension droite a; car tous les arcs de grands cercles tracés ainsi sur la sphère doivent s'interpréter avec leur caractère de sphéricité réel, quelle que soit la forme elliptique ou rectiligne sous laquelle ils sont figurés dans la projection. Ceci convenu, considérons le triangle sphérique SOA : il est rectangle en A. De plus, on y connaît le côté SA, qui est d; et l'angle opposé SOA, qui est $90 - h$. Avec ces données, on aura l'hypoténuse OS et le côté OA, par les formules suivantes :

$$\sin \mathrm{OS} = \frac{\sin \mathrm{SA}}{\sin \mathrm{SOA}}, \qquad \sin \mathrm{OA} = \frac{\operatorname{tang} \mathrm{SA}}{\operatorname{tang} \mathrm{SOA}}.$$

L'arc OS s'appelle l'*amplitude ortive* de l'étoile S; je l'exprimerai par $+A$ en la comptant ici à partir du point *est*, positive vers le nord, négative vers le sud, comme notre figure la représente. L'arc OA est la différence qui existe entre l'ascension droite ♈A de l'étoile S et l'ascension droite ♈O du point de l'équateur qui se trouve simultanément avec elle dans l'horizon oriental; on l'appelle pour cette raison la *différence ascensionnelle*. Je l'exprimerai par $+\alpha$, en attachant son signe positif au sens d'application que notre figure suppose. Alors, en remplaçant les éléments géométriques des formules précédentes, par leurs symboles algébriques, on aura généralement

$$(1) \qquad \sin A = \frac{\sin d}{\cos h}, \qquad \sin \alpha = \operatorname{tang} d \operatorname{tang} h.$$

L'arc ♈O s'appelle l'*ascension oblique de l'étoile*; je le désignerai généralement par a_1. Lorsque α sera connu, on en déduira, selon notre figure,

$$a_1 = a - \alpha.$$

Tout grand cercle de la sphère coupe l'horizon suivant un diamètre. Ainsi le point de l'équateur qui se lève avec l'étoile boréale S, ayant pour ascension droite a_1, le point du même cercle qui se couche au même instant aura pour ascension droite $180° + a_1$.

La *fig.* 71^b, qui nous sert de type, présente l'arc ♈A comme moindre que 180°. Mais l'expression algébrique de a_1 est applicable à toutes les valeurs de l'ascension droite a_1. On y a supposé, en outre, que l'étoile est boréale. Si elle doit être australe, on n'a qu'à faire d négatif dans les formules. Alors les arcs A et α changeront de signe, et ce dernier s'introduira dans l'expression de a_1, comme additif à a. Les résultats ainsi modifiés s'appliqueront d'eux-mêmes à la *fig.* 71^a, qui est construite spécialement pour les levers des étoiles, situées au sud de l'équateur.

428. Reprenant la *fig.* 71^b, il faudra y calculer l'arc ♈L, lequel représente la longitude du point de l'écliptique qui se lève avec l'étoile S. Je nommerai cet arc L. Nous aurons aussi besoin de connaître l'angle dièdre ♈LO, qui mesure l'inclinaison du plan de l'écliptique sur l'horizon au moment du phénomène. Je désignerai cet angle par I. Ces deux éléments s'obtiendront en résolvant le triangle sphérique obliquangle ♈OL, où l'on connaît l'arc ♈O, qui est a_1; l'angle ♈OL égal à $90° + h$; et l'angle O♈L, obliquité actuelle de l'écliptique sur l'équateur, que nous avons nommée ω'. C'est une application du quatrième cas de Legendre, et l'on en déduira

$$\frac{1}{\operatorname{tang} \Upsilon L} = \frac{\cos O \Upsilon L}{\operatorname{tang} \Upsilon O} + \frac{\sin O \Upsilon L}{\sin \Upsilon O \operatorname{tang} \Upsilon OL},$$

$$\cos \Upsilon LO = \cos \Upsilon O \sin O \Upsilon L \sin \Upsilon OL - \cos O \Upsilon L \cos \Upsilon OL;$$

ou, en remplaçant les éléments géométriques par leurs symboles algébriques,

$$(2) \qquad \frac{1}{\operatorname{tang} L} = \frac{\cos \omega'}{\operatorname{tang}(a-\alpha)} - \frac{\sin \omega' \operatorname{tang} h}{\sin(a-\alpha)},$$

$$\cos I = \cos(a-\alpha) \sin \omega' \cos h + \omega' \sin h.$$

Quand on aura trouvé ainsi L et I, on fera sagement d'en vérifier les valeurs numériques, en appliquant au triangle OL la condition de proportionnalité qui doit toujours exister entre les sinus des angles sphériques et les sinus des côtés opposés; cela donnera

$$\sin \Upsilon L = \frac{\sin \Upsilon O \sin \Upsilon OL}{\sin \Upsilon LO},$$

ou

$$\sin L = \frac{\sin(a-\alpha)\cos h}{\sin I}.$$

Cette expression, qui emploie comme donnée l'arc I conclu de la deuxième formule, devra fournir la même valeur de L que la première, si l'on a bien opéré.

Le point de l'écliptique qui se lève avec l'étoile S, ayant pour longitude L, le point L' de ce grand cercle, qui se couche au même instant, aura pour longitude $180° + L$. Si l'on détermine, par les Tables du soleil, le temps où cet astre atteint ces deux longitudes, dans l'année pour laquelle les coordonnées équatoriales a, d de l'étoile S ont été prises, on obtiendra pour cette même année les deux dates de ses levers vrais du matin et du soir.

En attribuant à la déclinaison d, dans ces formules, des valeurs négatives, on en déduira immédiatement tous les résultats analogues relatifs aux levers vrais des étoiles australes, pour lesquelles la *fig.* 71^a est spécialement tracée.

429. Continuons à considérer la *fig.* 71^b, qui est relative aux étoiles boréales. Lorsque le soleil sera en L, l'étoile ne sera pas perceptible en S à la vue simple. Pour qu'elle le devienne, il faudra qu'au moment où elle se lève, cet astre soit parvenu en S', à une longitude *plus grande*, tel qu'il se trouve alors abaissé au-dessous de l'horizon, dans son vertical propre, d'une certaine quantité conventionnelle VS', que je désignerai par H. Nommons e l'accroissement de longitude LS', qui satisfait à cette condition : ce sera l'hypoténuse du triangle sphérique rectangle LS'V, dans lequel on connaît le côté VS', désigné par H, plus l'angle opposé VLS' ou I, tout à l'heure calculé. On aura donc

$$(3) \qquad \sin e = \frac{\sin H}{\sin I}, \quad \text{ou encore} \quad \sin e = \frac{\sin H \sin L}{\sin(a-\alpha)\cos h}.$$

Le lever apparent du matin de l'étoile, que l'on appelle aussi son lever héliaque, aura lieu, quand le soleil atteindra sa longitude $L + e$.

430. Un calcul pareil donnera la correction L'S' ou e', qu'il faut faire à la longitude du point L', exprimée par $180° + L$, pour avoir celle du point S' où le soleil doit se trouver, sous l'horizon occidental, afin que l'étoile puisse être perceptible en S, à son lever du soir. Dans le triangle L'S'V', analogue à LS'V, l'angle en L', formé par l'écliptique avec le plan de l'horizon, sera encore I comme au point L. Mais le côté V'S', qui lui est opposé, devra être conventionnellement moindre que VS'. En le désignant par H', on aura de même

$$(4) \qquad \sin e' = \frac{\sin H'}{\sin I}, \quad \text{ou encore} \quad \sin e' = \frac{\sin H' \sin L}{\sin(a-\alpha)\cos h}.$$

Ici l'arc e' devra être soustrait de la longitude du point L, c'est-à-dire de $180° + L$, pour obtenir celle du point S', comptée continûment à partir du point équinoxial ♈, dans le sens de cette coordonnée. Conséquemment le lever apparent du soir aura lieu pour l'étoile S quand le soleil atteindra la longitude $180° + L - e'$.

431. Toutes les conditions relatives aux diverses sortes de levers d'une même etoile se résument ainsi dans le tableau suivant :

POSITION DE L'ÉTOILE.			LONGITUDE du soleil à l'instant du phénomène.
L'étoile à l'horizon oriental : LEVER..	du matin.	Vrai................	L
		Apparent ou héliaque.	$L + e$
	du soir. .	Vrai................	$180^o + L$
		Apparent.	$180^o + L - e'$

Dans les applications numériques, les longitudes L et les ascensions droites a doivent être comptées continûment, depuis 0° jusqu'à 360°, dans leur sens propre. Les déclinaisons d doivent être employées comme positives au nord de l'équateur, et comme négatives au sud de ce plan. Avec ces seules précautions, les formules précédentes s'adapteront d'elles-mêmes à toutes les étoiles, soit boréales, soit australes; et les signes algébriques de leurs résultats étant interprétés conformément aux dispositions conventionnelles établies sur la figure type, indiqueront dans chaque cas le sens selon lequel ils doivent être construits.

432. Je passe maintenant à la détermination des couchers, en prenant pour type la *fig.* 72^b, qui est analogue à la *fig.* 71^b. L'étoile qui se trouve à l'horizon occidental y est de même désignée par S, et on la suppose boréale. Toutes les lignes qui correspondent à celles de la première construction y sont également caractérisées par des lettres pareilles, et présentent des rapports de configuration tout à fait analogues. Les raisonnements et les procédés de calcul qu'on devra leur appliquer seront par conséquent les mêmes, et les formules qu'on en déduira ne différeront que par les détails des données propres au problème actuel. Je n'aurai donc presque qu'à les écrire dans l'ordre que nous avions suivi, en y introduisant seulement ces modifications. Pour conserver l'analogie jusque dans les expressions finales, je désignerai les éléments successivement obtenus, par des lettres pareilles à celles que nous avons employées dans le problème précédent, sauf que je les envelopperai d'une parenthèse pour les distinguer.

433. La résolution du triangle sphérique SOA, qui est rectangle en A, nous donnera d'abord l'*amplitude occase* OS ou (A) et la *différence ascensionnelle* OA ou (α), par les formules suivantes :

$$\sin \mathrm{OS} = \frac{\sin \mathrm{SA}}{\sin \mathrm{SOA}}, \qquad \sin \mathrm{OA} = \frac{\operatorname{tang} \mathrm{SA}}{\operatorname{tang} \mathrm{SOA}};$$

l'arc SA est la déclinaison $+d$ de l'étoile ; l'angle SOA est $90^\circ - h$. On aura donc en symboles algébriques :

$$(1)_1 \qquad \sin(\mathrm{A}) = \frac{\sin d}{\cos h}, \qquad \sin(\alpha) = \operatorname{tang} d \operatorname{tang} h.$$

L'amplitude (A) se compte ici à partir du point *ouest*, et elle est prise positive vers le nord. L'arc AO ou (α) doit être ici ajouté à ♈A qui est a, pour former l'*ascension droite oblique* ♈O, que nous désignerons par $(a)_1$. Il en résultera donc

$$(a)_1 = a + (\alpha).$$

♈O étant connu, on résoudra le triangle sphérique ♈LO, pour trouver l'arc ♈L ou (L), longitude du point de l'écliptique qui se couche avec l'étoile, et l'angle ♈LO ou (I), inclinaison de l'écliptique sur l'horizon au moment de ce coucher. Ces deux éléments s'obtiendront par les formules suivantes :

$$\frac{1}{\operatorname{tang} ♈\mathrm{L}} = \frac{\cos \mathrm{O}♈\mathrm{L}}{\operatorname{tang} ♈\mathrm{O}} + \frac{\sin \mathrm{O}♈\mathrm{L}}{\sin ♈\mathrm{O} \operatorname{tang} ♈\mathrm{OL}},$$

$$\cos ♈\mathrm{LO} = \cos ♈\mathrm{O} \sin \mathrm{O}♈\mathrm{L} \sin ♈\mathrm{OL} - \cos \mathrm{O}♈\mathrm{L} \cos ♈\mathrm{OL};$$

ce qui donnera en symboles algébriques :

$$(2)_1 \quad \left\{ \begin{array}{l} \dfrac{1}{\operatorname{tang}(\mathrm{L})} = \dfrac{\cos \omega'}{\operatorname{tang}[a + (\alpha)]} + \dfrac{\sin \omega' \operatorname{tang} h}{\sin[\alpha + (\alpha)]}, \\ \cos(\mathrm{I}) = \cos[\alpha + (\alpha)] \sin \omega' \cos h - \cos \omega' \sin h; \end{array} \right.$$

à quoi l'on pourra joindre, comme vérification, l'identité résultante

$$\sin \Upsilon L = \frac{\sin \Upsilon O \sin \Upsilon OL}{\sin \Upsilon LO},$$

c'est-à-dire

$$\sin(L) = \frac{\sin[a+(\alpha)] \cos h}{\sin(I)}.$$

Le point de l'écliptique qui se couche avec l'étoile S, ayant pour longitude (L), le point L' de ce grand cercle, qui se lève au même instant, aura pour longitude 180° + (L). Si l'on détermine par les Tables du soleil les temps où cet astre atteint ces deux longitudes, dans l'année pour laquelle les coordonnées équatoriales *a*, *d* de l'étoile S ont été prises, on obtiendra, pour cette même année, les deux dates, auxquelles s'opèrent son coucher vrai du soir et son coucher vrai du matin.

434. Mais pour que l'étoile soit réellement perceptible en S à la vue simple, il ne faut pas que le soleil se trouve avec elle en L dans le même horizon ; il faudra qu'il soit alors abaissé au-dessous de ce plan dans son vertical propre, d'une certaine quantité VS' que nous avons nommée conventionnellement H. L'arc de longitude LS' ou (*e*), qui le mettra dans cette condition, s'obtiendra par la résolution du triangle sphérique rectangle LS'V; lequel donnera

$$(3) \quad \sin(e) = \frac{\sin H}{\sin(L)}, \quad \text{ou encore} \quad \sin(e) = \frac{\sin H \sin(L)}{\sin[a+(\alpha)] \cos L}.$$

D'après la figure qui nous sert de type, on devra soustraire cet arc (*e*) de la longitude (L) pour avoir la longitude du point S', inférieur au point L. Ainsi le coucher apparent du soir de l'étoile, que l'on appelle aussi son coucher héliaque, aura lieu lorsque le soleil atteindra la longitude (L) — (*e*).

435. Un calcul pareil donnera la correction analogue L'S' ou (*e*)', qu'il faudra faire à la longitude du point L', exprimée par 180° + (L), pour avoir celle du point S', où le soleil doit se trouver, sous l'horizon oriental, afin que l'étoile puisse être perceptible en S à son coucher du matin. Cet arc L'S' s'obtiendra par la résolution du triangle sphérique rectangle L'S'V', analogue à LS'V, dans lequel l'angle en L' sera encore (I), comme sur l'autre hémisphère ; tandis que l'arc de depresion vertical V'S' aura la valeur conventionnelle H′ un peu moindre que H. De là on déduira

$$(4), \quad \sin(e)' = \frac{\sin H'}{\sin(I)}, \quad \text{ou encore} \quad \sin(e)' = \frac{\sin H' \sin(L)}{\sin[a + (\alpha)] \cos h}.$$

D'après notre figure type, cet arc $(e)'$ devra être ajouté à la longitude $180° + (L)$ pour donner la longitude du point S′, inférieur à L′. Ainsi le coucher apparent du matin de l'étoile S aura lieu quand le soleil atteindra la longitude $180° + (L) + (e)'$.

436. Toutes les conditions relatives aux diverses sortes de couchers d'une même étoile se résument donc dans le tableau suivant :

POSITION DE L'ÉTOILE.			LONGITUDE du soleil à l'instant du phénomène.
L'étoile à l'horizon occidental : COUCHER	du soir.	Vrai................	(L)
		Apparent ou héliaque.	$(L) - (e)$
	du mat.	Vrai.	$180° + (L)$
		Apparent...........	$180° + (L) + (e)'$

Dans les applications numériques, les arcs (L), a, d devront être pris avec les mêmes conditions de continuité et de signe que dans le calcul des levers ; et avec ces précautions, les formules que nous venons d'établir, s'adapteront également aux couchers de toutes les étoiles, soit boréales, soit australes.

437. Pour montrer complétement l'emploi de ces deux systèmes de formules, je vais les faire servir à calculer les conditions des levers et des couchers, tant vrais qu'apparents, de l'étoile Sirius à Memphis, en l'an + 139 de l'ère chrétienne ; je dirai ensuite pourquoi j'ai choisi particulièrement cet exemple.

La latitude de Memphis, égale à la hauteur du pôle, étant, selon Ptolémée, 29° 50′ ; en l'adoptant, nous aurons donc

$$h = 29° 50' 0''.$$

D'après M. Ideler, les arcs de dépression du soleil admis par Ptolémée, pour la visibilité de cette même étoile, sont, dans la conjonction, 11°, et dans l'opposition, 7°. En adoptant ces nombres, nous devrons faire

$$H = 11°, \quad H' = 7°.$$

Pour avoir les coordonnées équatoriales a, d de l'étoile, en l'an + 139, j'opère comme je l'ai fait dans la page 619, pour obtenir celles de ε du Verseau, au temps de Tcheou-koung; je prends d'abord, dans la *Connaissance des Temps* pour l'année 1804, la longitude et la latitude de Sirius en 1800, qui sont

$$l = 101° 19' 32'', \quad \lambda = -39° 33' 38'';$$

de + 1800 à + 139, l'intervalle t est − 1661. Avec cette valeur de t, nos formules approximatives de la page 337 donnent

$$\omega = 23° 28' 15'',6, \quad \psi = -23° 20' 22'',4, \quad \alpha' = -0° 15' 28'',1;$$

ω est l'obliquité de l'équateur de l'an + 139, sur l'écliptique de 1800 maintenu fixe. Il nous faudra aussi connaître l'obliquité de ce même équateur sur l'écliptique actuel de l'an + 139, qui est désignée par ω' dans nos déterminations trigonométriques. On l'obtiendra en faisant $t = -1660$, dans l'expression théorique de la page 337, où elle est représentée par cette même lettre, pour un temps quelconque; on trouvera ainsi, en l'an + 139,

$$\omega' = 23° 40' 59'',2.$$

Avec ces données, procédant comme dans la page 619, je transporte d'abord les coordonnées l, λ à leur origine antérieure sur l'écliptique de 1800, c'est-à-dire au point d'intersection Υ', en prenant pour type la *fig.* 10, adaptée au 1er janvier 1800, comme terme de départ du temps t. J'obtiens ainsi leurs anciennes valeurs

$$l' = l + \psi = 77° 59' 10'', \quad \lambda' = \lambda = -39° 33' 38''.$$

Je transforme alors celles-ci en coordonnées équatoriales comptées de la même origine, sous l'obliquité ω, au moyen des formules de conversion établies page 77; il en résulte

$$a' = 80° 21' 57'',6, \quad d' = -16° 29' 26'',2.$$

Il ne reste plus qu'à transporter l'origine des a' au point équinoxial γ'', intersection de l'ancien équateur avec l'ancien écliptique, en l'an 139. On a ainsi, pour coordonnées finales,

$$a'' = a' - \alpha' = 80°\,37'\,25'',0, \quad d'' = d' = -16°\,29'\,26'',2.$$

Ce sont ces a'' et d'' qu'il faut employer comme coordonnées équatoriales actuelles a, d de Sirius, dans les calculs trigonométriques que nous avons à effectuer ; et il faut les y associer à l'obliquité ω' de la même époque, dont nous avons formé plus haut la valeur.

438. Je considère d'abord les levers. En réduisant en nombres les formules qui s'y rapportent, on trouve les résultats suivants dont les signes algébriques s'appliquent à la figure type 71^b. Mais, appartenant à une étoile australe, ces signes mêmes les placent en construction, comme le montre la *fig.* 71^a. En voici l'énumération dans l'ordre suivant lequel nos formules les déterminent :

OBSERVATIONS.	DÉSIGNATION graphique.	EXPRESSION ANALYTIQUE et numérique.	APPLICATION des résultats calculés.
Amplitude ortive de l'étoile.	OS	$A = -19°.\ 6'.\ 1'',1$	De l'est vers le sud
Différence ascensionnelle...	OA	$\alpha = -9.46.28,0$	
Ascension droite du point orient de l'équateur.......	γO	$a - \alpha = 90.23.53,0.$	
Longitude du point orient de l'écliptique	γL	$L = 103.19.4,8$	Lever vrai du matin
Longitude du point occident du même cercle..........	γL'	$180° + L = 283.19.4,8$	Lever vrai du soir.
Inclinaison actuelle de l'écliptique sur l'horizon....	γLO	$I = 63.3.12,0$	Intérieur au triangle γLO.
Correction de longitude pour la visibilité dans la conjonction..................	LS'	$e = 12.21.35,0$	
Correction de longit. pour la visibilité dans l'opposition.	L'S'	$e' = 7.51.27,6$	
Longit. du soleil à l'instant du lever apparent du matin.	γS'	$L + e = 115.40.39,7$	Lever apparent du matin, ou héliaque
Longit. du soleil à l'instant du lever apparent du soir..	γS'	$180° + L - e' = 275.27.37,2$	Lever appar. du soir

Je cherche de même les éléments des couchers par les formules qui s'y rapportent; et l'étoile considérée étant australe, je les place en construction comme le montre la *fig.* 72^a :

OBSERVATIONS.	DÉSIGNATION graphique.	EXPRESSION ANALYTIQUE et numérique.	APPLICATION des résultats calculés.
Amplitude occase de l'étoile.	OS	(A)=−19° 6′ 1″,1	De l'ouest vers le nord
Différence ascensionnelle...	OA	(α)=− 9.46 28,0	
Ascension droite du point occident de l'équateur ...	♈O	a+(α)= 70.50.57,0	
Longitude du point occident de l'écliptique	♈L	(L)= 60.40.10,0	Coucher vrai du soir.
Longitude du point orient du même cercle.	♈L′	180°+(L)= 240.40 10,0	Coucher vrai du mat.
Inclinaison actuelle de l'écliptique sur l'horizon . ..	♈LO	(I)= 109.57.15,7	Intérieur au triangle ♈LO.
Correction de longitude pour la visibilité dans la conjonction.	LS′	(e)= 11.42.43,9	
Correction de longit. pour la visibilité dans l'opposition.	L′S′	(e)′= 7.26.58,4	
Longit. du soleil à l'instant du coucher apparent du soir.	♈S′	(L)−(e)= 48.57.26,1	Coucher apparent du soir, ou héliaque. .
Longit. du soleil à l'instant du coucher apparent du mat.	♈S′	180°+(L)+(e)′= 248. 7. 8,4	Couch. appar. du mat.

439. De là résultent huit indications phénoménales embrassant le cercle entier de l'année solaire, et qui se succèdent dans l'ordre suivant, marqué par l'accroissement progressif des longitudes du soleil, qui les produisent à partir de l'équinoxe vernal :

DÉSIGNATION du phénomène dans son application à Sirius.	LONGITUDE du soleil à l'instant où il s'opérait en l'an 139, sous le parallèle de Memphis.	CARACTÈRE SPÉCIFIQUE du phénomène.
Coucher apparent du soir.....	48°.57'.26"	L'étoile visible le soir à son coucher, pour la dernière fois.
Coucher vrai du soir..........	60.40.10	L'étoile se couche avec le soleil ; elle est invisible
Lever vrai du matin	103.19. 5	L'étoile se lève avec le soleil ; elle est invisible.
Lever appar. du mat. (héliaque).	115.40.40	L'étoile visible le matin à son lever, pour la première fois.
Coucher vrai du matin	240.40.10	L'étoile se couche le matin quand le soleil se lève elle est invisible.
Coucher apparent du matin ..	248. 7. 8	L'étoile visible le matin à son coucher, pour la première fois.
Lever apparent du soir.... ...	275.27.37	L'étoile visible le soir à son lever, pour la dernière fois.
Lever vrai du soir	283.19. 5	L'étoile se lève le soir quand le soleil se couche elle est invisible.

440. Il faut maintenant trouver les jours auxquels le soleil atteint les longitudes indiquées dans la deuxième colonne ; car ce sont là les dates annuelles de chacun des phénomènes qu'elles désignent. Je vais donner un moyen très-simple d'obtenir ces dates, à quelques minutes de temps près. Je dirai ensuite comment on arriverait à des déterminations plus précises, si l'on jugeait à propos de le faire. On ne pourrait d'ailleurs y être porté que par un intérêt de curiosité numérique, ces phénomènes étant essentiellement incertains par la nature des données conventionnelles dont on les fait dépendre, et par toutes les circonstances physiques qui en modifient l'observation.

Je choisis comme exemple la longitude du soleil qui correspond à l'époque du lever héliaque ; elle excède de 25° 40′ 40″ celle de 90°, qui correspond au solstice d'été. Je détermine la date julienne de ce solstice en l'an + 139, par les Tables abrégées de

M. Largeteau, que l'on trouvera à la fin de cet ouvrage : cela n'exige qu'un calcul de quelques instants. Elles donnent cette date en temps moyen, compté de minuit au méridien de Paris. Mais comme le méridien de Memphis est plus oriental de $1^h 56^m$ de temps moyen, il faut ajouter cette différence à la date tabulaire, pour avoir celle que l'on comptait à Memphis au même instant physique. On trouve ainsi :

Solstice d'été en l'an + 139... Juin $24^j\, 2^h\, 1^m\, 22^s$, temps moyen à Memphis compté de minuit.

Il faut maintenant avoir égard à l'arc ultérieur, que le soleil a dû décrire au delà de ce solstice. Pour cela je cherche, comme première approximation, le nombre de jours que ce trajet aurait exigé si l'astre l'avait parcouru avec sa vitesse moyenne diurne. D'après ce que nous avons trouvé page 59, cette vitesse moyenne, exprimée en grades, est $1^{gr},0951635$; ce qui, transformé en mesures sexagésimales, équivaut à $0^o\, 59'\, 8''$, ou $3548''$ d'arc. Les $25^o\, 40'\, 40''$ au delà du solstice valent $92440''$ de la même division. Donc, en substituant la vitesse moyenne du soleil à sa vitesse réelle, le nombre de jours qu'il emploierait à décrire cet arc serait proportionnellement $\frac{92440}{3548}$, c'est-à-dire $26^j,054115$, ou $26^j\, 1^h\, 17^m\, 55^s$. En l'ajoutant à la date tabulaire du solstice, la date cherchée du lever héliaque à Memphis, en l'an + 139, serait juin $50^j\, 3^h\, 19^m\, 18^s$; ce qui équivaut à juillet $20^j\, 3^h\, 19^m\, 18^s$, en défalquant les trente jours du mois de juin. L'erreur de cette évaluation approximative ne peut s'élever qu'à un petit nombre de minutes de temps, et elle est tout à fait insignifiante pour l'indication d'un phénomène aussi vague. Si l'on voulait avoir la date rigoureuse, on chercherait, par les Tables générales du soleil, quelle a dû être la longitude exacte de cet astre, à l'époque obtenue par notre approximation. Elles donneraient en même temps son mouvement diurne actuel. Alors, comme la longitude trouvée par les Tables différerait très-peu de la longitude exigée $115^o\, 40'\, 40''$, on obtiendrait par une simple proportion le court intervalle de temps qui serait nécessaire pour la compléter. Ce temps, ajouté à la date approximative, ou retranché de cette date, selon son signe propre, ferait connaître la date rigoureuse. Mais il y aura bien peu de circonstances où l'on trouvera de l'intérêt à pousser l'exactitude jusque-là.

441. Voici maintenant par quel motif j'ai choisi Sirius, comme exemple de ces phénomènes, si habituellement observés autrefois par les anciens peuples de qui nous avons reçu l'astronomie. Ptolémée, dans son Traité *Des apparitions des fixes*, exprime les dates des levers et des couchers héliaques, en jours de l'année julienne intercalée, qui était en usage alors à Alexandrie, *parce que*, dit-il, *dans cette forme de calendrier, les phénomènes reviennent pendant beaucoup de temps, sous chaque parallèle terrestre, aux jours de même dénomination*. La remarque est juste. Mais on peut s'étonner qu'il n'en ait pas fait une autre qui en semble bien voisine. C'est que par une combinaison singulière des éléments de position propres à Sirius, depuis plus de 3000 ans avant l'ère chrétienne, jusqu'à plusieurs siècles après cette ère, l'intervalle de temps compris entre deux levers héliaques consécutifs de cette étoile, sur tous les parallèles de l'Égypte, étant calculé par les hypothèses de visibilité que nous avons admises, se trouve presque exactement de $365^{j}\frac{1}{4}$; de sorte que la persistance de son lever héliaque, à un même jour julien fixe, qui n'est qu'approximative pour les autres étoiles, a été tout à fait exacte pour celle-là dans la longue étendue de temps que je viens de spécifier. Ainsi, sous le parallèle de Memphis par exemple, la date de ce lever, calculée comme nous venons de le faire, coïncide toujours avec un 20 juillet. La constance de son retour, après $365^{j}\frac{1}{4}$ justes, paraît avoir été très-anciennement constatée en fait par les Égyptiens, et cela a servi de fondement à une période astrologique imaginée sous la domination romaine en l'honneur de l'avénement du premier Antonin, à laquelle les prêtres égyptiens de ce temps donnèrent le nom de *sothiaque*, Sothis étant la dénomination égyptienne de l'étoile Sirius. Les personnes qui voudraient avoir plus de détails sur la nature de cette période et sur les applications qu'on en a faites, ou qu'on lui a supposées, pourront consulter un Mémoire inséré au tome XX du *Recueil de l'Académie des Sciences*, avec ce titre : *Mémoire sur divers points d'astronomie* *ancienne, et en particulier sur la période sothiaque, comprenant* 1460 *années juliennes de* 365j $\frac{1}{4}$.

442. Les questions que nous venons de traiter, et un grand nombre d'autres qui, de même que celles-là, se rapportent à des déterminations d'astronomie ancienne, peuvent se préparer avantageusement, et souvent se résoudre, avec une approximation suffisante, à l'aide d'un globe céleste dont l'axe équatorial est rendu coniquement mobile autour de l'axe de l'écliptique; de manière que l'on puisse à volonté amener et fixer les pôles de la rotation diurne du ciel, sur les directions successives que la précession leur assigne parmi les étoiles, aux époques diverses que l'on veut considérer. J'ai fait construire, pour la Faculté des Sciences de Paris, un instrument de ce genre, où l'axe équatorial, devenu ainsi mobile, entraîne avec lui son équateur et ses cercles de déclinaison, de manière à montrer toujours immédiatement leurs directions actuelles. Ayant eu beaucoup d'occasions d'en apprécier l'utilité, je vais donner ici les détails de sa construction.

443. Le principe fondamental de son mécanisme est rendu sensible dans la *fig.* 73. Le cercle intérieur que l'on y voit tracé représente la projection orthogonale du globe céleste sur un plan contenant l'axe de l'écliptique désigné par le diamètre $P'p'$, dont P' marque le pôle boréal, et p' le pôle austral. Toutes les constellations, caractérisées par leurs étoiles principales, qui ont été placées sur le globe dans leurs positions relatives, par longitude et latitude, doivent être supposées reportées sur cette projection; mais on ne les y a point dessinées pour que l'indétermination de la figure convienne à l'éventualité d'une rotation du globe autour de l'axe $P'p'$. On y a seulement tracé, perpendiculairement à cet axe, la droite ECE qui, dans toutes les phases de la rotation, forme la projection du grand cercle de l'écliptique sur le plan du tableau, l'œil du spectateur étant placé à l'infini sur la droite menée perpendiculairement à ce plan par le centre C. Pour que le globe puisse tourner matériellement autour de l'axe $P'p'$, il est traversé dans ce sens par une tige métallique dont les deux bouts saillants entrent dans deux cylindres de métal très-courts, AA, *aa*, qui leur servent de pivots. Ces cylindres sont extérieurement fixés à

demeure dans un cercle de cuivre divisé en degrés et demi-degrés, que je désignerai par I_1 dans le discours, comme type de spécification. L'usage de ces divisions, et le sens de leur numérotage sera expliqué plus tard. Sur notre figure, ce cercle I_1 est supposé coïncider avec le plan du tableau, et y être maintenu fixement, tandis que le globe fait sa révolution indéfinie autour de l'axe $P'p'$.

Concevez maintenant, par le centre C, une droite idéale, immatérielle, CP, formant avec CP′ un angle ω égal à l'obliquité de l'écliptique, que l'on supposera constante dans ces sortes de constructions; car les faibles changements qu'elle a éprouvés depuis les plus anciennes observations jusqu'à nos jours peuvent être négligés dans des déterminations approximatives, applicables à des indications d'autant plus incertaines qu'elles sont plus distantes. Parmi toutes les positions que le globe pourra prendre, en tournant autour de l'axe $P'p'$, il y en aura toujours une, une seule, où la droite idéale CP le percera au point dans lequel se trouvait le pôle de l'équateur, à telle époque temporaire que l'on voudra considérer; et je donnerai tout à l'heure le moyen de reconnaître cette position spéciale. Supposons provisoirement qu'on l'ait constatée. Pour fixer le globe dans cette position relativement au cercle métallique I_1 qui l'entoure, on se sert d'une tige à rappel T, dont le bout T est libre, l'autre tenant à ce cercle par une charnière placée à 90° du pôle P′, conséquemment dans le plan du cercle écliptique. Elle est représentée renversée par rotation sur le plan du tableau. Mais, en la faisant tourner dans sa charnière, elle vient s'appliquer sur le cercle elliptique EE, qui est percé de trous espacés à 10° d'intervalle; et sa tête T s'y fixe par le moyen d'une vis de pression VV qui s'engage dans de petits écrous dont ces trous sont garnis intérieurement. La course du rappel embrasse une longueur d'un peu plus de 5°, ce qui permet d'arrêter le globe dans chaque position précise, où la droite idéale CP le perce au point que l'on a reconnu comme pôle actuel de l'équateur. Pour réaliser maintenant cette droite, dans la relation qui lui est assignée, on a fixé extérieurement, au cercle métallique I_1, deux tourillons BB, *bb*, placés sur ses prolongements; et, à leurs centres extérieurs, s'engagent les pivots d'un deuxième cercle I_2, qui, de même que I_1, est représenté ramené dans le plan du tableau (*). Ce cercle, ainsi attaché, peut tourner librement autour de la droite idéale PCp, comme axe. Donc, une fois cette droite amenée à percer le globe au point P, qu'occupait le pôle boréal de l'équateur à l'époque assignée, si l'on fixe le cercle métallique intérieur I_1 aux divisions de l'écliptique par sa pince d'attache, sans déranger le point d'intersection P, ce cercle, et le globe, pourront tourner ensemble autour d'elle, comme axe réel de l'équateur du moment. Cet équateur temporaire pourra être représenté par un cercle métallique QQ_1, concentrique au globe, et fixé perpendiculairement au cercle intérieur I_1, à 90° des pôles BB, *bb*. On connaîtra ainsi les étoiles qui se trouvent sur sa direction à l'époque choisie. On pourra encore faire partir des mêmes pôles deux demi-cercles à rotations indépendantes, l'un représenté ici comme antérieur au tableau, l'autre comme postérieur; ils figureront les cercles de déclinaison actuels des étoiles sur lesquelles on les fera coïncider. Dans l'état de fixité donné ici au globe relativement au pôle équatorial actuel P, le cercle I_1, qui contient dans son plan ce pôle, et le pôle P de l'écliptique, devient le colure des solstices pour l'époque choisie. Les relations qui se trouvent ainsi matériellement établies entre les différents cercles que nous venons de décrire, nous indiquent le sens qu'il convient de donner aux divisions tracées sur leur contour, pour les approprier le plus avantageusement à exprimer les parties des arcs célestes qu'ils représentent. Ainsi, pour les cercles I_1, I_2, et pour les demi-cercles de déclinaison, la graduation devra partir de l'extrémité du diamètre qui est assujettie à se trouver toujours sur le prolongement du pôle P; et des deux côtés de cette origine elle s'étendra continûment depuis 0° jusqu'à 180°. Alors les arcs de chaque graduation mesureront immédiatement des distances polaires, comptées à partir du pôle boréal de l'équateur actuel. Le

(*) La *fig.* 73, que j'emploie ici pour l'exposition, présente ces deux cercles beaucoup plus distants entre eux, et du globe, qu'ils ne le sont dans la construction réelle. Cela était nécessaire pour rendre sensibles les conditions de leur ajustement. Mais, en fait, on les rapproche autant qu'il est possible, sans qu'ils se gênent dans leur rotation individuelle. C'est ce que l'on voit sur les *fig.* 74 et 75.

cercle QQ_1, qui représente cet équateur, devra seul être divisé continûment depuis 0° jusqu'à 360°, pour que sa graduation se conforme à la continuité des ascensions droites qui se comptent sur ce cercle. Le sens de la numération devra suivre l'ordre de longitude des constellations dessinées sur le globe. Ainsi ces longitudes étant supposées croissantes dans le sens EE_1, la graduation du cercle équatorial devra marcher dans le sens QQ_1.

D'après cela, le point Q étant toujours contenu dans le colure des solstices, d'après les dispositions précédentes, il correspondra en ascension au solstice d'été, et le point Q_1 au solstice d'hiver. La division du cercle équatorial devra donc marquer 90° en Q; 270° en Q_1. Le point intermédiaire, appartenant à l'hémisphère antérieur du tableau, qui se projette en C, sera marqué 180°. Il répondra à l'équinoxe automnal. Le point diamétralement opposé, appartenant à l'hémisphère postérieur, et qui se projette aussi en C, répondra à l'équinoxe vernal: il sera marqué 0°. Ces concordances conventionnelles étant établies, rien ne sera plus facile que d'ajuster l'instrument de manière que la droite idéale CP, dirigée dans l'axe du tourillon polaire BB, perce le globe au point précis où se trouvait le pôle boréal de l'équateur, à une époque assignée. Car, supposez, par exemple, qu'une étoile connue de l'écliptique se trouvât alors à l'équinoxe vernal, ou à l'équinoxe automnal. Ayant dévissé la pince d'attache et rendu le globe libre, on le fera tourner autour de l'axe $P'p'$, jusqu'à ce que l'étoile dont il s'agit vienne se placer proche de la division équatoriale, qui est marquée 0° ou 180°. Puis on le fixera au cercle I, par sa pince d'attache, dans cette position approximative; et l'on achèvera d'amener l'étoile à son équinoxe par le rappel. On opérera d'une manière analogue si l'étoile de l'écliptique qui est donnée comme régulatrice doit avoir telle ou telle longitude à l'époque assignée. On arriverait encore au même but si l'on savait qu'une étoile connue a dû avoir alors un degré donné d'ascension droite. Dans ce cas, on amènerait sur l'étoile le cercle de déclinaison mobile qui appartient au même hémisphère; et l'on fixerait le globe dans la position où ce cercle vient couper l'équateur QQ_1 au degré d'ascension droite indiqué. Enfin, si l'on avait seulement la date de l'époque pour laquelle on devrait replacer le pôle équatorial P, on prendrait l'intervalle de cette époque à l'année 1800, et l'on calculerait l'arc de précession dont les longitudes ont dû varier sur l'écliptique dans cet intervalle, d'après la proportion simple de 50″,2 par année, soit en avant, soit en arrière. On appliquerait cette correction à la longitude qu'avait, en 1800, une des étoiles situées dans l'écliptique ou très-près de ce cercle, comme l'Épi ou Régulus; et l'on ajusterait le globe d'après cette donnée, comme je l'ai dit tout à l'heure pour le cas où la longitude est assignée immédiatement.

Afin de rendre toutes ces opérations facilement praticables, le cercle extérieur I_2 s'enchâsse dans une monture à pied, qui le maintient vertical, en lui laissant un mouvement de glissement dans ce sens à frottement ferme, qui permet de placer à volonté l'axe équatorial CP dans toutes les inclinaisons relativement au plan de l'horizon. Cet ajustement est représenté dans les *fig.* 74 et 75, où il est vu en perspective sous deux faces diamétralement contraires. On y reconnaîtra facilement les divers cercles de la *fig.* 73, par l'identité des lettres qui les désignent. Le plan de l'horizon y est représenté matériellement, et dans sa position naturelle, par le cercle HH_1, qui est pareillement divisé sur son contour depuis 0° jusqu'à ± 180°. Le zéro est placé au point d'insertion du cercle I_2 qui doit représenter l'extrémité nord de la ligne méridienne. Quand le globe est ajusté pour l'époque que l'on a choisie, on fait tourner le cercle I_2 dans son plan, de manière à placer le pôle boréal P au-dessus ou au-dessous du point nord de l'horizon, à l'angle d'élévation ou d'abaissement auquel il se trouve être en réalité dans le lieu de la terre que l'on veut considérer. Alors, en faisant tourner le système intérieur autour de l'axe P*p*, on voit tous les phénomènes de la rotation diurne se succéder relativement au cercle méridien I_2 et à l'horizon HH, tels qu'ils s'opéraient ou devront s'opérer en réalité dans le lieu dont il s'agit, à l'époque pour laquelle l'instrument est ajusté. On y voit les longitudes des diverses étoiles, leurs déclinaisons, leurs ascensions droites, leurs amplitudes ortives, occases, leurs hauteurs méridiennes, enfin toutes les circonstances que l'on peut avoir quelque intérêt à étudier ou à reproduire. On y voit aussi les rapports de ces circonstances avec les phases du mouvement annuel du soleil dans l'écliptique, phases dont les Tables de cet astre font connaître les époques absolues, au temps pour léquel le globe a été disposé. Tout cela, je le répète, est extrêmement utile pour préparer les calculs d'astronomie ancienne, et suffit très-souvent pour y suppléer. Ce sont les motifs qui m'ont décidé à entrer dans les détails de la construction qui procure ces avantages.

NOTES

ET EXEMPLES DE CALCULS

RELATIFS AU TOME IV.

NOTE I.

Exemple d'un calcul du temps vrai, du temps moyen et du temps sidéral, d'après des hauteurs absolues du soleil, observées hors du méridien.

Soient, comme dans la page 482 du tome III, Δ la distance polaire apparente du soleil, D la distance du pôle au zénith, ou le complément de la latitude du lieu où l'on observe; nommons Z la distance zénithale du soleil observée, et corrigée de la réfraction et de la parallaxe; enfin, soit P l'angle horaire cherché : avec ces données, on aura P par la formule

$$\sin\tfrac{1}{2}P = \sqrt{\frac{\sin\left(\frac{Z+\Delta-D}{2}\right)\sin\left(\frac{Z+D-\Delta}{2}\right)}{\sin\Delta\sin D}},$$

dont nous avons déjà fait un fréquent usage. Voici un exemple de calcul appliqué à une observation du soleil, faite par M. Mathieu et moi, à Dunkerque, le 21 mars 1809. La latitude était de $51^{\circ}21'2'',5$, la hauteur du baromètre $0^{m},76840$, et le thermomètre centésimal à $+8^{\circ}$.

Le temps vrai de l'observation était déjà connu à très-peu près par les observations des jours précédents : avec cette donnée, supposée exacte, on a calculé, par les Tables du soleil, quelle devait être la distance apparente de cet astre au pôle boréal de l'équateur pour l'instant moyen de la série. Une petite erreur sur le temps ne pouvait avoir sur ce résultat qu'une influence insensible, parce que la distance polaire du soleil varie très-peu dans un petit intervalle de temps. Toutefois cette erreur peut se redresser d'elle-même; car, si l'on s'est trompé sur le temps en calculant la distance polaire, l'angle horaire déduit de l'observation différera de celui que l'on a supposé. On recommencera donc le calcul de la distance polaire avec cette nouvelle donnée ; et cette fois l'erreur du temps, s'il en reste une, sera certainement assez petite pour qu'on puisse employer la distance polaire comme exacte. Dans notre exemple, on avait cette distance polaire, ou $\Delta = 89^\circ 44' 12''$.

L'observation faite au cercle répétiteur à niveau fixe, après le passage du soleil au méridien, avait donné la distance apparente du centre du soleil au zénith. $75^\circ 2' 54'',29$

Correction du niveau. . . . . $-\ 5,27$

$75^\circ 2' 49'',02$

Réfraction. . . . . $+3.39,01$

Parallaxe . . . . $-8,57$

Distance vraie du soleil au zénith. . . . . $Z = 75^\circ 6' 19'',46$

Avec ces données, on effectue le calcul ainsi qu'il suit :

$$\begin{array}{rl}
\Delta = & 89^\circ 44' 12'',00 \\
D = & 38^\circ 57' 55'',00 \\ \hline
\Delta - D = & 50^\circ 47' 17'',00 \\
Z = & 75^\circ\ 6' 19'',46 \\ \hline
Z + \Delta - D = & 125^\circ 52' 36'',46 \\
\dfrac{Z + \Delta - D}{2} = & 62^\circ 56' 18'',23
\end{array}
\qquad
\begin{array}{rl}
 & 50^\circ 46' 17'' \\
 & 75^\circ\ 6' 19,46 \\ \hline
Z + D - \Delta = & 24^\circ 20'\ 2,46 \\
\dfrac{Z + D - \Delta}{2} = & 12^\circ 10'\ 1,23
\end{array}$$

$$\begin{array}{rl}
\log \sin \left(\dfrac{Z + \Delta - D}{2}\right) = & \bar{1},9496427 \\
\log \sin \left(\dfrac{Z + D - \Delta}{2}\right) = & \bar{1},3237922 \\ \hline
 & \bar{1},2734349 \\
 & \bar{1},7985420 \\ \hline
\log \sin^2 \tfrac{1}{2} P = & \bar{1},4748929 \\
\log \sin^2 \tfrac{1}{2} P = & \bar{1},7374464 \\
\tfrac{1}{2} P = & 33^\circ\ 6' 53'',47 \\
P = & 66^\circ 13' 46'',9 = 4^h 24^m 55^s,13
\end{array}
\qquad
\begin{array}{rl}
\log \sin \Delta = & \bar{1},9999954 \\
\log \sin D = & \bar{1},7985466 \\ \hline
 & \bar{1},7985420
\end{array}$$

Avec le temps vrai ainsi connu, les Tables donnent le temps moyen . . . . $16^h 32^m 20^s,17$

Et ensuite le temps sidéral . . . . . . $4^h 27^m 20^s,59$

Époque moyenne de la série en temps de la pendule. . . . . $2^h 10^m\ 9^s,65$

Retard de la pendule sur le temps sidéral à l'époque de l'observation du soleil . . . . $2^h 17^m 10^s,94$

NOTE II.

Exemple d'un calcul de l'obliquité de l'écliptique par une déclinaison du soleil observée près du solstice.

L'observation que je prendrai pour exemple a été faite par M. Mathieu et moi, à l'Observatoire de Paris, avec un cercle répétiteur à niveau fixe, le 15 juin 1809, le baromètre étant à $0^m,75722$; le thermomètre attaché au baromètre marquait $+18^o,8$ de la division centésimale, et le thermomètre exposé à l'air libre et à l'ombre marquait $+22^o,5$.

Voici d'abord le tableau des angles horaires observés et des réductions au méridien. Nous avons fait un calcul semblable pour la polaire, tome III, page 484.

Passage du soleil au méridien en temps de la pendule :
$5^h 23^m 7^s$.

ÉPOQUE des observations.	ANGLE HORAIRE.	RÉDUCTION.
h m s	m s	
5. 5. 9	17.58	633″,4
9.53	13.14	343,7
13.23	9.44	186,0
15. 7	8. 0	125,7
16.11	6.56	94,4
17.12	5.55	68,7
18. 1	5. 6	51,1
19. 2	4. 5	32,7
19.58	3. 9	19,5
21.50	1.17	3,2
22.55	0.12	0,1
24.22	1.15	3,1
25.10	2. 3	8,2
27.36	4.29	39,8
28.38	5.31	59,8
29.43	6.36	85,5
30.48	7.41	115,9
32. 0	8.53	154,9
33.35	10.28	215,1
34.41	11.34	262,6
36.10	13. 3	334,3
36.58	13.51	376,5
37.59	14.52	433,8
38.50	15.43	484,8
39.33	16.26	530,0
40.46	17.39	611,3
41.40	18.33	675,3
42.27	19.20	734,1
		6683,2

Avec cette somme, on calcule la réduction moyenne de la distance par la formule

$$\delta = \frac{\sin \Delta \sin D\,(1+2r')}{\sin Z} \cdot \frac{2''.\sin^2 \frac{1}{2} p'}{\sin 1''}$$

La quantité 6683″,2 est la somme des facteurs variables $\frac{2''.\sin^2\frac{1}{2}p'}{\sin 1''}$. Pour calculer le facteur constant, il faut connaître les valeurs de Δ, Z et r'. D'abord, l'observation étant faite à l'Observatoire, dont la latitude est 48° 50′ 14″, on avait. . . . . $D = 41°\ 9'\ 46''$

La distance polaire du soleil, calculée par les Tables, pour midi, était. . . . . $\Delta = 66.40.43$

Comme il s'agit d'un passage au méridien supérieur, on avait. $Z = \Delta - D = 25.30.57$

De plus, la pendule avançait par jour sur le soleil de $106^s,8$; ainsi, comme r' exprime, en général, le retard diurne divisé par 86400^s, on avait. $r' = -\frac{106,8}{86400}$

Avec ces données, le calcul du facteur constant se fait de la manière suivante, comme on l'a déjà vu pour la polaire à l'endroit cité :

log (1 + 2 r′).	= $\bar{1}$,9989251
log sin D.	= $\bar{1}$,8183583
log sin Δ.	= $\bar{1}$,9629812
	$\bar{1}$,7802646
log sin Δ − D.	= $\bar{1}$,6343359
log facteur constant.	0,1459287
log 6683,2.	3,8249845
	3,9709182
log 28.	1,4471580
	2,5237552
Réduction moyenne.	334″,006

Cette réduction est soustractive de la distance zénithale, mais elle suppose la distance polaire du soleil constante, tandis qu'elle allait en diminuant, parce que le soleil n'était pas encore arrivé au solstice. La correction que cette circonstance nécessite a été expliquée dans le tome III, page 448; nous en ferons ici l'application. La somme des angles horaires exprimés en minutes de temps et fractions de minute est :

Avant le passage au méridien.	$75^m,60$
Après le passage au méridien.	$187^m,92$
Différence.	$112^m,32$
Diminution de la distance polaire en 1^m de temps. . .	0″,10
Somme des corrections.	11″,23
Divisant par 28 le nombre des observations, on a la correction moyenne, qui est.	0″,401

Puisque la distance polaire va en décroissant, les distances zénithales observées avant midi, et réduites au méridien, sont plus grandes que la distance méridienne; au contraire, les observations faites après midi donnent des distances méridiennes trop petites. Puisque celles-ci l'emportent, la correction moyenne $0'',401$ doit être ajoutée aux distances zénithales observées; on doit donc écrire $+0'',401$. Généralement, soient M la somme des angles observés avant midi, S la somme des angles observés après, ces angles étant exprimés en minutes; nommons ϖ l'accroissement de la distance polaire du soleil en $1'$ de temps : la correction moyenne additive aux distances zénithales a pour expression $+\dfrac{(M-S)\varpi}{n}$, n étant le nombre des observations. Il ne reste, dans chaque cas particulier, qu'à suivre les signes que prend cette formule.

Enfin, il nous faut calculer la réduction que la distance méridienne exige pour être ramenée au solstice. Cette réduction, toujours additive, est donnée par la formule

$$\sin D' = 2 \operatorname{tang} \omega \sin^2 \tfrac{1}{2} L' - 2 \operatorname{tang}^2 \omega \sin^4 \tfrac{1}{2} L',$$

ω est l'obliquité de l'écliptique, et L' la distance du soleil au solstice, en longitude. Cette formule a été démontrée page 42.

Dans notre exemple, on avait $\omega = 23^\circ 27' 43'',37$; de plus, la valeur de L', calculée par les Tables du soleil, de Delambre, était $L' = 6^\circ 7' 37''$. Avec ces données, le calcul s'effectue ainsi qu'il suit :

$\log 2 \ldots$	$= 0,3010300$	$\log 2 \ldots$	$= 0,3010300$
$\log \operatorname{tang} \omega$	$= \bar{1},6375143$	$\log \operatorname{tang}^2 \omega$	$= \bar{2},9125429$
$\log \sin \frac{1}{2} L'$	$= \bar{3},4557688$	$\log \sin^4 \frac{1}{2} 4'$	$= \bar{6},9115376$
	$\bar{3},3943131$		$\bar{6},1251105$
1er terme	$0,0024792097$	2e terme.	$-0,0000023339$
2e terme	$-0,0000023339$		
$\sin D'$.	$0,0024768758$		
$\log \sin D'$.	$= \bar{3},3940795$		
$D' \ldots$	$= 8' 31'',10$		

Toutes nos réductions étant connues, nous achèverons le calcul comme il suit :

Distance zénithale moyenne observée	25° 36′ 12″,05
Correction du niveau	+ 0″,15
	25° 36′ 12″,20
Réfraction moins parallaxe.	+ 22″,79
	25° 36′ 34″,99
Réduction au méridien.	− 5′ 34″,006
Pour la variation de déclinaison	+ 0″,401
Distance méridienne du soleil au zénith.	25° 31′ 1″,39
Distance de l'équateur au zénith.	48° 50′ 14″
Déclinaison du soleil observée.	23° 19′ 12″,61
Réduction au solstice	8′ 31″,10
	23° 27′ 43″,71
Correction pour la latitude du soleil, donnée par les Tables, page 33.	+ 0″,85
Obliquité apparente	23° 27′ 44″,56

Cette obliquité est celle qui avait lieu réellement à l'époque de l'observation ; il faudrait encore en déduire la nutation, si l'on voulait obtenir l'obliquité moyenne.

On forme ainsi autant de valeurs de l'obliquité apparente que l'on a d'observations du soleil. On réduit ces valeurs à l'obliquité moyenne en tenant compte de la nutation. Le milieu entre tous ces résultats donne, avec une grande précision, l'obliquité moyenne de l'écliptique à l'époque où l'on a observé. Ceci a été expliqué avec détail dans les pages 33 et 41 du présent volume.

NOTE III,

RELATIVE A LA PAGE 34.

Exemple d'un calcul de la longitude du soleil près de l'équinoxe d'automne, pour trouver la correction des Tables du soleil.

Ce calcul est tout à fait analogue à celui que nous avons détaillé dans la note précédente; c'est pourquoi je l'exposerai plus brièvement. L'observation qui nous servira d'exemple a été faite à l'Observatoire de Paris, le 15 septembre 1809, par MM. Mathieu et Arago, avec un cercle répétiteur à niveau fixe. Le baromètre marquait $0^m,75742$, le thermomètre à l'air libre $+19^o$.

Époque du passage du soleil au méridien en temps de la pendule : $11^h 25^m 3^s,8$.

ÉPOQUE des observations.	ANGLE HORAIRE.	RÉDUCTION
h m s	m s	″
11.22.50	2.14	9,8
23.43	1.21	3,6
24.40	0.24	0,3
25.32	0.28	0,4
26.33	1.29	4,3
27.20	2.16	10,1
28.33	3.29	23,8
30.59	5.55	68,7
31.59	6.55	93,9
32.48	7.44	117,4
34.12	9. 8	163,8
35. 0	9.56	193,7
		68,98

La réduction au méridien se calcule par la formule

$$\delta = \frac{\sin \Delta \sin D (1 + 2r')}{\sin Z} \cdot \frac{2''.\sin^2 \frac{1}{2} p}{\sin 1''} .$$

Or on avait, dans ces observations,

$$D = 41^{\circ}\ 9'\ 46'',$$
$$\Delta = 86^{\circ}\ 53'\ 37''\ \text{croissante},$$
$$Z = \Delta - D = 45^{\circ}\ 43'\ 51''.$$

La pendule *avançait* par jour de 219^s ; on avait donc

$$r' = -\frac{219}{86400}.$$

Avec ces données, on calcule δ ; et, en divisant la somme des δ par 12, nombre des observations, on a la correction moyenne. Voici ce calcul :

log $(1+2r')$	= $\bar{1}$,9977925
log sin D.	= $\bar{1}$,8183583
log sin Δ.	= $\bar{1}$,9993617
	$\bar{1}$,8155125
log sin $(\Delta - D)$.	= $\bar{1}$,8549525
log facteur constant	= $\bar{1}$,9605600
log 689,8	= 2,8387332
	2,7992832
log 12.	1,0791812
	1,7201020
Réduction moyenne au méridien . $-52''$,49	soustractive.

La correction moyenne résultant du changement de la distance polaire pendant l'intervalle de la série a été donnée dans la note précédente. Son expression générale est

$$+\frac{(M-S)\varpi}{n};$$

elle s'ajoute à la distance zénithale moyenne avec son signe. Ici, en ajoutant les angles horaires avant et après le passage, on trouve :

	$M = \quad 4^m,00$
	$S = \quad 47^m,33$
Différence.	$M - S = -43^m,33$
Accroissement de la distance polaire en 1^m de temps, déduite des Tables	$\varpi = +\ 0'',96$
Par conséquent	$(M-S)\varpi = -\ 41'',5968$
	$\frac{(M-S)\varpi}{12} = -\ 3'',466$

Avec ces résulats on peut calculer la déclinaison du soleil ainsi qu'il suit :

Distance zénithale observée.	45° 43′ 52″,50
Correction du niveau	+ 0″,89
	45° 43′ 53″,39
Réfraction moins parallaxe.	51″,27
	45° 44′ 44″,66
Réduction au méridien.	— 52″,49
Pour la variation de la distance polaire	— 3″,466
Distance méridienne du soleil au zénith	45° 43′ 48″,70
Distance de l'équateur au zénith, ou latitude de l'Observatoire.	48° 50′ 14″,00
Déclinaison du soleil, boréale.	3° 6′ 25″,30
Réduction à l'écliptique à cause de la latitude du soleil .	— 0″,48
Déclinaison du point correspondant de l'écliptique . .	3° 6′ 24″,82

Cette déclinaison étant connue et représentée par d, on peut en déduire la longitude L par cette formule,

$$\sin L = \frac{\sin d}{\sin \omega},$$

ω étant l'obliquité de l'écliptique que nous prendrons égale à 23° 27′ 43″,62; on trouve :

$$\log \sin d = \bar{2},7339902$$
$$\log \sin \omega = \bar{1},6000385$$
$$\log \sin L = \bar{1},1339517$$

Longitude du soleil, déduite de l'observation L. =	172° 10′ 33″,85
Longitude du soleil, calculée par les Tables, pour le même instant.	172° 10′ 35″,80
Différence ou erreur des Tables.	+ 1″,95

On forme ainsi vingt ou trente observations de cette erreur, et l'on prend la moyenne entre elles, comme il a été dit dans le texte, page 34.

NOTE IV.

Détermination de la latitude par des observations du soleil faites près du méridien.

Dans cette méthode, on suppose les Tables du soleil exactes; on observe la distance méridienne de cet astre au zénith; on prend dans les Tables sa distance à l'équateur. On ajoute ces quantités si le soleil se trouve entre l'équateur et le zénith. Dans le cas contraire, on retranche la plus petite de la plus grande; la somme ou la différence est la distance de l'équateur au zénith, ou la latitude.

La distance méridienne du soleil au zénith se déduit des observations précisément comme nous venons de le faire dans l'exemple précédent; nous avons trouvé alors :

Distance méridienne du soleil au zénith.	45° 43′ 48″,70
Admettons la déclinaison boréale du soleil donnée par les Tables, et supposons	3° 6′ 25″,30
La somme sera la distance de l'équateur au zénith, ou la latitude de l'Observatoire	48° 50′ 14″

Nous avons ajouté la déclinaison à la distance zénithale, parce que le soleil se trouvait entre l'équateur et le zénith. Si la déclinaison eût été australe, il aurait fallu la retrancher.

Tableau indiquant les années bissextiles et les années communes, depuis 1750 jusqu'à 1900.

(Les années marquées de la lettre B sont bissextiles ; toutes les autres, exemptes de cette indication, ou marquées exceptionnellement de la lettre C, sont communes.)

XVIIIe SIÈCLE.		XIXe SIÈCLE.		
1750	1776 B	1801	1835	1868 B
1751	1777	1802	1836 B	1869
1752 B	1778	1803	1837	1870
1753	1779	1804 B	1838	1871
1754	1780 B	1805	1839	1872 B
1755	1781	1806	1840 B	1873
1756 B	1782	1807	1841	1874
1757	1783	1808 B	1842	1875
1758	1784 B	1809	1843	1876 B
1759	1785	1810	1844 B	1877
1760 B	1786	1811	1845	1878
1761	1787	1812 B	1846	1879
1762	1788 B	1813	1847	1880 B
1763	1789	1814	1848 B	1881
1764 B	1790	1815	1849	1882
1765	1791	1816 B	1850	1883
1766	1792 B	1817	1851	1884 B
1767	1793	1818	1852 B	1885
1768 B	1794	1819	1853	1886
1769	1795	1820 B	1854	1887
1770	1796 B	1821	1855	1888 B
1771	1797	1822	1856 B	1889
1772 B	1798	1823	1857	1890
1773	1799	1824 B	1858	1891
1774	1800 C	1825	1859	1892 B
1775		1826	1860 B	1893
		1827	1861	1894
		1828 B	1862	1895
		1829	1863	1896 B
		1830	1864 B	1897
		1831	1865	1898
		1832 B	1866	1899
		1833	1867	1900 C
		1834		

FIN DU TOME QUATRIÈME.

www.ingramcontent.com/pod-product-compliance
Lightning Source LLC
LaVergne TN
LVHW010554180726
843502LV00001B/31
* 9 7 8 2 3 2 9 2 1 6 3 9 3 *